"十二五"国家重点图书出版规划项目

典型生态脆弱区退化生态系统恢复技术与模式丛书

黄土丘陵沟壑区生态综合整治技术与模式

于洪波 陈利顶 蔡国军 等 著

科学出版社
北京

内 容 简 介

　　本书以黄土丘陵沟壑区小流域为研究对象，从流域的整体性出发，遵循统一规划、综合治理、综合开发的基本原则，通过空间结构优化配置，充分利用小流域的土地资源，促进小流域农林牧各业的协调发展，做到植物措施、工程措施与保土耕作措施相结合。在试验示范研究基础上，系统论述了适生乔灌木物种筛选与评价、土壤水分动态、植被恢复的水土保持效益、植被恢复的空间结构配置、流域土地利用结构优化、产业结构调整与水土保持综合防治的理论基础与方法。在此基础上，提出了黄土丘陵沟壑区坡面乔灌草空间配置模式、农林复合经营模式及流域水土流失综合治理技术和空间配置模式。

　　本书可为从事水土保持、生态恢复与重建等方面工作的科技人员提供参考。

图书在版编目（CIP）数据

　　黄土丘陵沟壑区生态综合整治技术与模式／于洪波，陈利顶，蔡国军等著. —北京：科学出版社，2011

　　（典型生态脆弱区退化生态系统恢复技术与模式丛书）

　　"十二五"国家重点图书出版规划项目

　　ISBN 978-7-03-031264-8

　　Ⅰ. 黄… Ⅱ. ①于… ②陈… ③蔡… Ⅲ. 黄土高原－丘陵地－沟壑－生态环境－综合治理－研究 Ⅳ. X171.4

　　中国版本图书馆 CIP 数据核字（2011）第 101163 号

责任编辑：李　敏　张　菊　张　震／责任校对：钟　洋
责任印制：徐晓晨／封面设计：王　浩

科 学 出 版 社 出版
北京东黄城根北街 16 号
邮政编码：100717
http://www.sciencep.com

北京京华虎彩印刷有限公司 印刷
科学出版社发行　各地新华书店经销

*

2011 年 7 月第　一　版　　开本：787×1092 1/16
2017 年 4 月第二次印刷　　印张：24 3/4
字数：580 000

定价：150.00 元
如有印装质量问题，我社负责调换

《黄土丘陵沟壑区生态综合整治技术与模式》
撰 写 成 员

主　　笔　　于洪波　　陈利顶　　蔡国军

成　　员　　（以姓氏笔画为序）

卫　伟　　于洪波　　王子婷　　刘国华　　巩　杰

吴东平　　吴祥林　　邹天福　　陈利顶　　陈　瑾

周映梅　　苗　鸿　　莫保儒　　柴春山　　黄亦龙

黄志霖　　戚登臣　　彭鸿嘉　　蔡国军　　魏　强

总　　序

　　我国是世界上生态环境比较脆弱的国家之一，由于气候、地貌等地理条件的影响，形成了西北干旱荒漠区、青藏高原高寒区、黄土高原区、西南岩溶区、西南山地区、西南干热河谷区、北方农牧交错区等不同类型的生态脆弱区。在长期高强度的人类活动影响下，这些区域的生态系统破坏和退化十分严重，导致水土流失、草地沙化、石漠化、泥石流等一系列生态问题，人与自然的矛盾非常突出，许多地区形成了生态退化与经济贫困化的恶性循环，严重制约了区域经济和社会发展，威胁国家生态安全与社会和谐发展。因此，在对我国生态脆弱区基本特征以及生态系统退化机理进行研究的基础上，系统研发生态脆弱区退化生态系统恢复与重建及生态综合治理技术和模式，不仅是我国目前正在实施的天然林保护、退耕还林还草、退牧还草、京津风沙源治理、三江源区综合整治以及石漠化地区综合整治等重大生态工程的需要，更是保障我国广大生态脆弱地区社会经济发展和全国生态安全的迫切需要。

　　面向国家重大战略需求，科学技术部自"十五"以来组织有关科研单位和高校科研人员，开展了我国典型生态脆弱区退化生态系统恢复重建及生态综合治理研究，开发了生态脆弱区退化生态系统恢复重建与生态综合治理的关键技术和模式，筛选集成了典型退化生态系统类型综合整治技术体系和生态系统可持续管理方法，建立了我国生态脆弱区退化生态系统综合整治的技术应用和推广机制，旨在为促进区域经济开发与生态环境保护的协调发展、提高退化生态系统综合整治成效、推进退化生态系统的恢复和生态脆弱区的生态综合治理提供系统的技术支撑和科学基础。

　　在过去10年中，参与项目的科研人员针对我国青藏高寒区、西南岩溶地区、黄土高原区、干旱荒漠区、干热河谷区、西南山地区、北方沙化草地区、典型海岸带区等生态脆弱区退化生态系统恢复和生态综合治理的关键技术、整治模式与产业化机制，开展试验示范，重点开展了以下三个方面的研究。

　　一是退化生态系统恢复的关键技术与示范。重点针对我国典型生态脆弱区的退化生态系统，开展退化生态系统恢复重建的关键技术研究。主要包括：耐寒/耐高温、耐旱、耐盐、耐瘠薄植物资源调查、引进、评价、培育和改良技术，极端环境条件下植被恢复关键技术，低效人工林改造技术、外来入侵物种防治技术、虫鼠害及毒杂草生物防治技术，多层次立体植被种植技术和林农果木等多形式配置经营模式、坡地农林复合经营技术，以及受损生态系统的自然修复和人工加速恢复技术。

二是典型生态脆弱区的生态综合治理集成技术与示范。在广泛收集现有生态综合治理技术、进行筛选评价的基础上，针对不同生态脆弱区退化生态系统特征和恢复重建目标以及存在的区域生态问题，研究典型脆弱区的生态综合治理技术集成与模式，并开展试验示范。主要包括：黄土高原地区水土流失防治集成技术，干旱半干旱地区沙漠化防治集成技术，石漠化综合治理集成技术，东北盐碱地综合改良技术，内陆河流域水资源调控机制和水资源高效综合利用技术等。

三是生态脆弱区生态系统管理模式与示范。生态环境脆弱、经济社会发展落后、管理方法不合理是造成我国生态脆弱区生态系统退化的根本原因，生态系统管理方法不当已经或正在导致脆弱生态系统的持续退化。根据生态系统演化规律，结合不同地区社会经济发展特点，开展了生态脆弱区典型生态系统综合管理模式研究与示范。主要包括：高寒草地和典型草原可持续管理模式，可持续农—林—牧系统调控模式，新农村建设与农村生态环境管理模式，生态重建与扶贫式开发模式，全民参与退化生态系统综合整治模式，生态移民与生态环境保护模式。

围绕上述研究目标与内容，在"十五"和"十一五"期间，典型生态脆弱区的生态综合治理和退化生态系统恢复重建研究项目分别设置了 11 个和 15 个研究课题，项目研究单位 81 个，参加研究人员 463 人。经过科研人员 10 年的努力，项目取得了一系列原创性成果：开发了一系列关键技术、技术体系和模式；揭示了我国生态脆弱区的空间格局与形成机制，完成了全国生态脆弱区区划，分析了不同生态脆弱区面临的生态环境问题，提出了生态恢复的目标与策略；评价了具有应用潜力的植物物种 500 多种，开发关键技术数百项，集成了生态恢复技术体系 100 多项，试验和示范了生态恢复模式近百个，建立了 39 个典型退化生态系统恢复与综合整治试验示范区。同时，通过本项目的实施，培养和锻炼了一大批生态环境治理的科技人员，建立了一批生态恢复研究试验示范基地。

为了系统总结项目研究成果，服务于国家与地方生态恢复技术需求，项目专家组组织编撰了《典型生态脆弱区退化生态系统恢复技术与模式丛书》。本丛书共 16 卷，包括《中国生态脆弱特征及生态恢复对策》、《中国生态区划研究》、《三江源区退化草地生态系统恢复与可持续管理》、《中国半干旱草原的恢复治理与可持续利用》、《半干旱黄土丘陵区退化生态系统恢复技术与模式》、《黄土丘陵沟壑区生态综合整治技术与模式》、《贵州喀斯特高原山区土地变化研究》、《喀斯特高原石漠化综合治理模式与技术集成》、《广西岩溶山区石漠化及其综合治理研究》、《重庆岩溶环境与石漠化综合治理研究》、《西南山地退化生态系统评估与恢复重建技术》、《干热河谷退化生态系统典型恢复模式的生态响应与评价》、《基于生态承载力的空间决策支持系统开发与应用：上海市崇明岛案例》、《黄河三角洲退化湿地生态恢复——理论、方法与实践》、《青藏高原土地退化整治技术与模式》、《世界自然遗产地——九寨与黄龙的生态环境与可持续发展》。内容涵盖了我国三江源地区、黄土高原区、青藏高寒区、西南岩溶石漠化区、内蒙古退化草原区、黄河河口退化湿地等典型生态脆弱区退化生态系统的特征、变化趋势、生态恢复目标、关键技术和模式。我们希望通过本丛书的出版全面反映我国在退化生态系统恢复与重建及生态综合治理技术和模式方面的最新成果与进展。

典型生态脆弱区的生态综合治理和典型脆弱区退化生态系统恢复重建研究得到"十五"和"十一五"国家科技支撑计划重点项目的支持。科学技术部中国21世纪议程管理中心负责项目的组织和管理，对本项目的顺利执行和一系列创新成果的取得发挥了重要作用。在项目组织和执行过程中，中国科学院资源环境科学与技术局、青海、新疆、宁夏、甘肃、四川、广西、贵州、云南、上海、重庆、山东、内蒙古、黑龙江、西藏等省、自治区和直辖市科技厅做了大量卓有成效的协调工作。在本丛书出版之际，一并表示衷心的感谢。

科学出版社李敏、张菊编辑在本丛书的组织、编辑等方面做了大量工作，对本丛书的顺利出版发挥了关键作用，借此表示衷心的感谢。

由于本丛书涉及范围广、专业技术领域多，难免存在问题和错误，希望读者不吝指教，以共同促进我国的生态恢复与科技创新。

丛书编委会

2011 年 5 月

目　　录

第1章 绪 论

1.1 甘肃黄土高原自然概况

1.1.1 地理位置

甘肃黄土高原位于我国黄土高原西部，东起陕甘省界，西止甘青省界，北由乌鞘岭向东与甘宁省（自治区）界相连，南以积石山、西秦岭分水岭为界。其地理坐标为东经 $102°36' \sim 108°42'$、北纬 $34°08' \sim 37°37'$，总土地面积 11.3 万 km^2，占甘肃全省总面积的 22%。在行政区划上包括庆阳、平凉、定西、兰州、白银、临夏等市（州）的全部，天水的武山、甘谷、秦安、清水、张家川 5 县的全部及秦城区、麦积区的秦岭以北部分，武威市的天祝、古浪两县的乌鞘岭以南至毛毛山以东地区。

1.1.2 自然地理概况

甘肃黄土高原处于我国东部湿润区向西北干旱区过渡的地带，同时又与青藏高原高寒区交汇，气候、土壤等既随纬度变化而呈水平地带性分布，又受到山系分布的深刻影响，随中、高山地海拔的差异而表现出垂直带谱的变化。

1.1.2.1 地貌

甘肃黄土高原在构造上属鄂尔多斯地台、祁连山褶皱系与西秦岭褶皱系的交接地段，中、新生代陷落为内陆盆地，沉积了厚逾千米的甘肃系红层，经喜马拉雅造山运动而隆起。第四纪中晚期，风成黄土堆积于红层之上。第三纪喜马拉雅期造山运动中隆起的接近南北走向的陇山（六盘山），把高原分为陇东黄土高原与陇中黄土高原（又称陇西黄土高原）两部分，并形成了明显不同的地貌，对气候、水文、土壤、植被均有深刻影响。

位于六盘山（陇山）以东的陇东黄土高原，地势大致由东、北、西三面向中南部缓慢倾斜，呈向南开口的簸箕状盆地。黄土沉积深厚，多在几十米至百米以上，绝大部分地区海拔为 1000 ~ 1700 m，主要河流为泾河及其支流马莲河、蒲河等。该区有以下 4 个地貌单元。

1）东部子午岭黄土丘陵区。该区为子午岭西坡，主要地貌为黄土丘陵沟壑，其西部分布有残塬沟壑。沟道分布较密，多为小川道。海拔为 1117 ~ 1756 m，相对高差 200 m 左右。该区为次生林区。

2）南部泾河中游高原沟壑区。该区因泾河水系的长期侵蚀，形成黄土塬、梁、峁与川、滩、沟壑等多级阶状地貌，黄土塬保存比较完整。该区为重要的农业耕作区。

3）北部泾河支流上游残塬与丘陵沟壑区。该区主要地形为残塬丘陵与山地丘陵、掌地和嵝岘。残塬主要分布在环江两侧，数量较多，但面积较小。山地丘陵分布于东北部，西北部主要由长梁和梁间平坦宽阔的掌地等组成，掌地是该区的主要农业用地。

4）陇山（六盘山）中山区。陇山为石质山区。甘肃境内的陇山南延余脉，海拔多在2600 m左右，其东侧的太统山、崆峒山海拔为2200 m左右。山区普遍有次生林分布，基本属于森林景观。

位于陇山以西的陇中黄土高原，地势西南高、东北低，呈北开口的菱形盆地，黄土分布的高度与厚度超过陇东黄土高原，一般厚200 m左右，局部超过300 m，兰州九州台厚达330 m，黄河南岸晏家坪后缘西津村四级河谷阶地，黄土厚达413 m。该区是我国黄土高原最西部分，如老虎山、哈思山、屈吴山、马啣山等，被红层与黄土分割包围，犹如"黄土海"上的"岩石岛"。南部的西秦岭、太子山等为石质山地。河流有黄河及其支流渭河、洮河、祖历河、大通河等。该区大致有以下3个地貌单元。

1）陇中中部、南部黄土梁状丘陵沟壑区。该区为陇中主要地貌单元，而华家岭又将其分成南北两部分。该区梁岭起伏连绵，沟壑纵横交错。渭河谷地横贯该区南部。全区海拔大多为1200~2000 m，相对高差可达600 m。该区西南部海拔较高，河谷海拔多在1900 m以上。

2）黄河中游黄土梁峁与河谷盆地地区。黄河由西南至东北横贯该区，受其干流及支流的影响，地形主要为半山梁峁和河谷相间分布，河流地形较为突出，形成峡谷、盆地相间的葫芦状地貌。较大的冲积盆地有兰州、靖远盆地，是重要的农业和工业区。

3）陇中北部黄土丘陵与丘间盆地地区。该区为祁连山东延余脉与黄土丘陵穿插地貌，主要为低矮的黄土梁峁状丘陵、河谷、丘间盆地及滩地，较大的丘间盆地有秦王川、景泰川等，地势平坦，而山地多为荒漠景观。

1.1.2.2 气候

甘肃黄土高原属温带季风气候，具有明显的向大陆性气候过渡的特征。各气候要素呈现从东南向西北递减或递增的规律性变化，同时兼有垂直带气候变化的特点。由于南有东西走向的秦岭山脉、中有南北走向的六盘山山系，对夏季风的北上和西移，冬季风的南下均有明显的屏障作用，并由此引起陇东和陇中在气候上的明显差异，使陇东水、热条件优于陇中。

（1）光照

该区日照充足，太阳年总辐射460.5~586.2 kJ/cm²，≥0℃期间的有效生理辐射188.4~221.9 kJ/cm²，年日照时数1600~2700 h，作物生长期日照时数1300~2100 h，日照分布特征由东南向西北递增，高山林区日照时数偏少，但均能充分满足林木生长发育的需要。

（2）温度

受高原地形的影响，该区年平均气温大多在4.0~11.0℃，随海拔升高而降低，递减率为每百米下降 0.4～0.6℃，海拔 1600 m 以下的地方年平均气温在 8.0℃ 以上，海拔 2500 m 以上的地方年平均气温在 4.0℃ 以下，≥10℃ 活动积温为 1300～3000℃，分布特征由河谷、川道地区向中、高山高海拔地区递减，垂直递减率每百米下降 120～170℃，一般递减率干旱区比半干旱区、半湿润区大，阳坡比阴坡大。大部分地区年 ≥10℃ 活动积温在 3000℃ 以下，仅部分河谷地带如泾河、渭河、黄河河谷地带可达 3200～3400℃。从纬度上看，该区应属暖温带，但由于地面海拔高，大部分地区实际上为中温带，地形破坏了等温线的纬向分布规律。

（3）降水

该区年降水量为 184.0～637.0 mm（南部局部山地可达 900 mm），变动幅度较大，其空间分布的变化规律为由东南向西北递减，沿河谷、川道向山地随海拔升高而递增。年均相对湿度为 46%～71%，其变化规律与年降水量的变化规律基本一致，而干燥度则是由东南向西北递增，变动为 0.7～3.0。

根据以上地带性气候变化规律，可将全区由南向北、由东向西划分为半湿润、半干旱和干旱三个气候分区。

该区气候有如下特点。

1）大部分地区气候干燥，旱灾出现频率较高（表 1-1）。特别是陇中，由于特殊地形条件的影响，形成了一条较我国北方其他同纬度地区如晋北、陕北、祁连山东段更为严重的干旱少雨带。

表 1-1 甘肃中部各地不同时期干旱出现频率　　　　　（单位:%）

干旱类型	靖远	兰州	定西	通渭	静宁	天水	环县	西峰	灵台	崇信
春旱	52	50	48	57	43	21	63	16	41	38
春末夏初旱	67	70	52	52	48	36	38	42	27	56
伏旱	50	43	42	35	48	64	58	37	41	14

2）降水变率大，有效利用率低。该区降水在时间分布上有两个特点：一是年内降水分布不均，冬季降水量很少，仅占年降水量的 1%～3%，而 7～9 月降水量占到 51%～68%；二是年际降水变率大，历年最大降水量为最小降水量的 2.1～3.7 倍（即降水变化商为 2.1～3.7）。该区降水过程也有两个特点：一是小雨多，累计降水量不少，但很快被蒸发，成为无效降水；二是历时短强度大的暴雨频率虽小，但所占降水量比例较大（如庆阳单日最大降水量达 190 mm，占当年降水量的 34.5%；华池 143.5 mm，占 28.6%；临洮 143.8 mm，占 25.4%；兰州 96.6 mm，占 29.5%；景泰 57.1 mm，占 30.9%）。这种暴雨超过黄土渗透率，在裸露地表形成径流，很快流走。由此，自然降水利用率很低。

3）垂直气候差异显著。尤其是陇中山地，由于海拔高低悬殊（马啣山海拔 3670 m 与海拔 1100 m 左右的渭河河谷相差 2500 m），因而热量的纬向分布不明显，主要随海拔增高而降低。河谷浅山层热量丰富、光照充足、日较差大，但干旱缺水。高山降水较多，但阴湿冷凉。

1.1.2.3 植被

该区植被主要为草原。由南向北、由东向西随气候的变化植被呈现出森林草原带、典型草原（干草原）地带和荒漠草原地带。

（1）森林草原带

森林草原带主要分布在临夏、渭源、秦安及平凉、庆城一线以南，属暖温带落叶阔叶林向温带草原过渡地带。落叶阔叶林主要分布于湿润的梁峁阴坡和石质山地，如陇东东部的子午岭、中部的关山，陇中南部的西秦岭、太子山等。其中主要森林类型有辽东栎（*Quercus liaotungensis*）林、山杨（*Populus davidiana*）林、白桦（*Betula platyphylla*）林和油松（*Pinus tabulaeformis*）林、侧柏（*Platycladus orientalis*）林等，杜梨（*Pyrus betulaefolia*）、山杏（*Armeniaca vulgaris* var. *ansu*）、华椴（*Tilia chinensis*）、华山松（*Pinus armandii*）、栓皮栎（*Quercus variabilis*）、黄蔷薇（*Rosa hugonis*）、珍珠梅（*Amygdalus triloba*）、水栒子（*Cotoneaster multiflora*）、多花胡枝子（*Lespedeza floribunda*）、中国沙棘（*Hippophae* subsp. *sinensis*）、虎榛子（*Ostryopsis davidiana*）及多种绣线菊（*Spiraea* spp.）、灌木柳（*Salix* spp.）等为主要建群种。其森林类型属于原始林被破坏后演替而成的天然次生林。在干暖的梁峁阳坡、半阳坡或梁峁脊部的缓坡上，主要是中国沙棘、狼牙刺（*Sophora viciifolia*）、酸枣（*Ziziphus jujuba* var. *spinosa*）、黄蔷薇、扁核木（*Prinsepia uniflora*）、黄背草（*Themeda japonica*）、白羊草（*Bothriochloa ischcemum*）为主的灌丛草原或黄背草、本氏针茅（*Stipa bungeana*）、大油芒（*Spodiopogon sibiricus*）为主的典型草原。森林与草原多呈复合分布，在一些人为利用和干扰影响严重的地方，已呈现荒山秃岭的景观（龚得福，1998）。

（2）典型草原（干草原）地带

典型草原地带主要分布在森林草原地带以北，兰州、环县以南。代表性植被，陇东北部黄土区以大针茅（*Stipa grandis*）、短花针茅（*S. breviflora*）、本氏针茅、白草（*Pennisetum flaccidum*）等为主的群落；陇中黄土区则以本氏针茅、百里香（*Thymus mongolicus*）及蒿类（*Artemisia* spp.）植物等为主组成的群落，残存灌木有中国沙棘、中国枸杞（*Lycium chinense*）等；华家岭、车道岭以北则以本氏针茅、短花针茅、灌木亚菊（*Ajania fruticulosa*）、阿尔泰狗娃花（*Aster altaicus*）等为主，零星分布有中国枸杞、唐古特白刺（*Nitraria tangutorum*）、红砂（*Reaumuria soongorica*）等；石质山地如马啣山、兴隆山等，由于海拔较高、气候湿润，分布有以山杨、辽东栎为主的落叶阔叶林及由青杆（*Picea wilsonii*）等组成的针叶林。灌木树种种类较多。

（3）荒漠草原地带

荒漠草原地带分布于典型草原地带以北，古浪、景泰一条山一线以南，境内属中温带干旱性气候，植被稀疏，覆盖率在10%以下。荒漠草原地带大体以狄家台为界，其南部为半荒漠化草原，代表性植被以红砂、短花针茅、灌木亚菊、驴驴蒿（*Artemisia dalailamae*）、阿尔泰狗娃花等为主；其北部为荒漠化草原，代表性植被为红砂、珍珠猪毛菜（*Salsola passerina*）、盐爪爪（*Kalidium foliatum*）、合头草（*Sympegma regelii*）、戈壁针茅（*Stipa gobica*）、沙生针茅（*S. glareosa*）等。该区石质山地如屈吴山、哈思山等，分布有小面积天然林，并形成一定的垂直分布带；基带为荒漠草原，其上为山地典型草原。在海拔 2200 m 以上分布有油松林，局部地段有山杨、白桦等为主的次生林，海拔 2500 m 以上则分布有青海云杉（*Picea crassifolia*）。

1.1.2.4　土壤

由于受气候、植被和复杂多变的地形地貌的综合影响，该区土壤分布也呈复杂变化。但土壤水平地带性分布和垂直分布都比较明显。由南向北地带性土壤主要有黑垆土、黄绵土、灰钙土和棕钙土等。

（1）黑垆土

黑垆土既是古老的耕作土类，又是黄土高原一种地带性土壤，处于南部褐土和北部灰钙土之间。在陇东黄土高原，土壤侵蚀较弱，在人为培肥条件下，土体上层形成厚 30 ~ 50 cm 的耕作覆盖层。陇中黄土丘陵区，土壤侵蚀流失比较严重，表层不能形成耕作覆盖层，仅在丘陵缓坡保留有较为完整的剖面。腐殖质层厚 0.8 ~ 2.0 m，有机质含量为 1.0% ~ 2.0%，C/N 值为 7 ~ 12，通体呈弱碱性至碱性反应。黑垆土有以下 4 个亚类：①黏黑垆土，分布在正宁、泾川、秦安、武山一线以南，为黑垆土与褐土间的过渡土壤，既具有黑垆土厚腐殖质层的特征，又具有褐土的黏化特征。②黑垆土，分布在陇东黄土高原塬面上，土体上层有厚 40 ~ 50 cm 近代黄土沉积与人类增施有机肥形成的覆盖层，肥力较高。有机质含量为 1.0% ~ 1.5%、全氮含量为 0.03% ~ 0.10%、全磷含量为 0.15% ~ 0.17%，但多为难溶的磷酸钙，含钾丰富。③黑麻土，分布在六盘山以西黄土丘陵上部，地势较陇东黄土塬面高 700 ~ 1000 m，腐殖质层厚 1 m 左右，有机质含量一般在 1.5% 左右。④淡黑垆土，分布在环县、静宁、会宁等县北部，为黑垆土向灰钙土过渡的土壤。母质较粗，多为黄沙土，质地疏松、耕作层薄、肥力偏低。

（2）黄绵土

黄绵土为黄土性幼年土类，在水土流失严重的黄土丘陵地区分布最广，所占面积达 40% ~ 60%，常与黑垆土交错出现，是在大面积侵蚀和局部堆积的黄土母质上，经人为耕作和土壤熟化过程共同作用下发育起来的。土壤熟化程度低，没有明显的剖面发育层次，仅有耕作层与母质之分。耕作层厚 16 ~ 30 cm，有机质含量为 0.6% ~ 0.7%、全氮为 0.039% ~ 0.056%、全磷为 0.125% ~ 0.134%，pH 为 8.0 ~ 8.4，呈碱性反应。母质层厚 70 ~ 80 cm，有机质含量小于 0.5%。

（3）灰钙土

灰钙土为草原带到荒漠带的过渡性土壤，分布在华家岭以北，永登、白银、靖远一线以南。灰钙土是由黄土母质或黄土状沉积物在弱腐殖化的共同作用下形成的。腐殖质层薄、有机质少，并与钙积层有明显的差异，而钙积层多较坚实。兰州南山丘陵坡地腐殖质层厚 30 ~ 40 cm，有机质含量 1.5% 左右，C/N 值为 6.5 ~ 8.8，碳酸钙含量为 14.5%，全氮量为 0.07%，pH 8.7，钙积层在 40 cm 以下。黄河以北，腐殖质层减薄到 20 ~ 30 cm，有机质含量减少到 0.6% ~ 1.2%，碳酸盐、硫酸盐含量增高。灰钙土有三个亚类：①暗灰钙土。分布在黄河以南海拔 2100 m 以下的山地阴坡，腐殖质层厚 50 ~ 70 cm，有机质含量为 1.5% 左右。②灰钙土。分布于兰州、会宁、皋兰一带，腐殖质层厚 40 ~ 50 cm、有机质含量 1.0% 左右。③淡灰钙土。分布于皋兰石洞寺、永登秦王川一带，植被上荒漠植物占优势，腐殖质层厚 20 ~ 30 cm，有机质含量小于 1.0%。

（4）棕钙土

棕钙土形成于温带荒漠草原环境，主导成土过程仍为弱腐殖化过程和强石灰聚积过程。而荒漠环境土壤的积盐过程和石膏化过程也表现得比较突出，土壤剖面分化比较明显。腐殖质层厚 15 ~ 25 cm、有机质含量为 0.5% ~ 1.0%、C/N 值为 7 ~ 12，棕钙土机械组成较粗，砂粒含量 68% ~ 90%，因而土壤质地以砂土、沙壤土为主。棕钙土有两个亚类：①棕钙土。分布在景泰县中部、南部，靖远、白银一带的北部。腐殖质层厚 20 ~ 25 cm，地表无盐化现象。②淡棕钙土。分布在景泰县北部。土壤沙砾化程度高，腐殖质层厚仅 10 ~ 20 cm，有机质含量为 0.5% 左右。钙积层距地表为 10 ~ 15 cm，硫酸盐层位升高，地表普遍累积白色盐霜。

（5）灰褐土

在垂直带谱中灰褐土也是该区的一个重要土类。灰褐土是半干旱、干旱地区山地森林及山地灌丛下发育的土壤。成土母质为伟晶花岗岩、砂岩、板岩风化的堆积残积物，平缓的坡地有黄土状沉积物，是在中性和微碱性森林灌丛环境下由腐殖质累积过程、弱黏化过程、石灰淋溶和淀积过程共同作用下形成的，剖面分化明显。林地下腐殖质层有机质含量高达 5.5% ~ 7.5%、全氮量为 0.22% ~ 0.38%，C/N 值为 10 ~ 13。灰褐土有 4 个亚类：①淋溶山地灰褐土；②山地灰褐土；③碳酸盐灰褐土；④草甸山地灰褐土。

此外，该区分布的较为重要的土类还有栗钙土。

我国地学界明确肯定了黄土的风成性质，即在冰期干燥寒冷气候条件下、在荒漠和草原环境下，由强大的发源于西伯利亚的冬季风，从沙漠中带出以粉砂为主的土状堆积物堆积而成。其土壤质地有明显的地带性。例如，在黄土高原西北边沿沉积颗粒较粗的"沙黄土"，其中粗粉砂占 30% 以上，黄土中富含碳酸钙和硫酸钙。由此往南大部分地区为典型黄土带，黄土颗粒变细，粗粉砂降到 30% 以下，黏粒增多，无硫酸钙聚集而多碳酸钙。黄土高原东南部（陕西关中平原南部）则为"黏黄土"分布区。据此，按黄土高原由北向南顺序可划分为沙壤带、轻壤带、中壤带和重壤带。甘肃黄土高原兰州、环县一线以北属轻壤带，定西、庆阳一带以北属中壤Ⅰ带（<0.01 mm 的颗粒小于 40%），陇西、通渭、秦安、天水、泾川、宁县一带属中壤Ⅱ带（<0.01 mm 的颗粒大于 40%）。但黄土高原的土壤质地在颗粒组成上又有明显的一致性，表现在：①整个黄土高原属壤质土类型，轻 - 中壤质土占全部面积的 90%；②粉粒（0.001 ~ 0.05 mm）含量高，大部分土壤占 60% ~ 75%，并且在广大面积上变幅小，其中 0.01 ~ 0.05 mm 粉粒占 50% 左右；③除南部壤土（陕西境内）有下伏黏化层外，该区内土壤剖面质地没有明显差异。

此外，该区由于受降水制约，土壤大多水分不足，常呈干旱状态。在年降水量为 300 ~ 400 mm 的地方，降水年渗深多为 120 ~ 250 cm，很少超过蒸发蒸腾作用层，导致土壤水分渗入层（活动层）之下形成一个永久干层。土壤有机质含量低，致使基础肥力差，土壤结构性差。地力瘠薄又限制了土壤保水供水能力。黄土母质富含碳酸钙，且淀积在不深处形成钙积层，这是草原土壤特征之一，也是影响植物生长的障碍性因素（高世铭，2003）。

1.1.3　立地分区

根据甘肃地貌、气候、土壤和植被等方面的研究结果，兼顾地块的完整性，可将甘肃黄土高原划分为 3 条森林植物地带、7 个类型区（李嘉珏，1990）。森林植物地带采用四级命名法，即"热量带 + 干湿状况 + 地带性土壤 + 地带性植被"。类型区采用"地理位置 + 地貌类型"命名法（邹年根和罗伟祥，1997），具体分区如下。

1.1.3.1　中温带半湿润区黑垆土、黄绵土森林草原地带（Ⅰ）

该区简称半湿润地区，其范围包括陕甘南部边界、北秦岭、太子山一线以北，华池县城南、镇原孟坝、华家岭、临洮辛甸、东乡县城一线以南。由东向西根据 3 种主要地貌类型将该地带分为 3 个类型区。

（1）Ⅰ-1 陇东南部黄土高原沟壑类型区

该区位于东经 106°50′ ~ 108°42′、北纬 34°53′ ~ 36°25′，包括正宁、宁县、合水、灵台、崇信、华亭等县的全部及华池、庆城、镇原、崆峒等县（区）的大部分，面积 2.13 万 km²。该区年平均气温为 8 ~ 12℃，1 月平均气温为 -7.1 ~ 4.0℃，极端最低气温 -25.4 ~ -19.7℃，≥10℃活动积温 2700 ~ 3330℃，无霜期 160 ~ 190 d，年均降水量 500 ~ 700 mm，年均蒸发量 1386 ~ 1592 mm，年相对湿度 62% ~ 70%，干燥度 0.95 ~ 1.50。

该区东部为子午岭山地，西南部关山等为石质山地，中部塬区为该区主要地貌类型。较大的塬有董志塬、早胜塬、宫河塬、荔堡塬、高平塬、什字塬等。董志塬为甘肃最大的黄土塬，面积约 910 km²，塬面地势平坦，坡度一般为 0° ~ 6°，海拔为 1100 ~ 1300 m。各塬区边缘为残塬沟壑地貌类型，沟壑切割较深，相对高差为 150 ~ 250 m，沟壑密度为 2 ~ 3 km/km²。泾河河谷有多级阶地，海拔为 1000 ~ 1200 m，主要河流为泾河及其支流马莲河、蒲河、汭河、黑河等。年侵蚀模数为 2 000 ~ 10 000 t/km²。土壤以黑垆土为主，分布于塬面和川台地；其次为黄绵土，分布于梁峁、侵蚀坡地；部分川道河滩有潮土，地势较低的河滩有草甸土，侵蚀严重的沟壑底部有红土裸露。该区天然林主要分布于子午岭、关山一带。子午岭森林断续地分布在温湿的梁峁阴坡、半阴坡，干暖的梁峁阳坡、半阳坡，干旱风大的梁峁顶部则为草原，从而组成该地山地植被垂直带的基带——森林草原带，其上为已不明显的山地森林带，大部分地段为次生灌丛或次生草甸。主要树种在阴坡、半阴坡有油松、辽东栎、山杨、白桦，阳坡、半阳坡有侧柏及散生的杜梨、山杏、春榆（*Ulmus propinqua*）等。灌木有狼牙刺、虎榛子、黄蔷薇、胡颓子（*Elaeagnus pungens*）及文冠果（*Xanthoceras sorbifolia*）等。关山森林植被有明显的垂直分布：海拔 1400 ~ 1600 m 为森林草原，阴坡为森林，主要树种为辽东栎、山杨、白桦等；阳坡为草原，分布有山桃（*Amygdalus davidiana*）、中国沙棘、狼牙刺等树种。但阴坡森林多被破坏，代之以次生灌丛，主要种类有中国沙棘、山桃、灰栒子（*Cotoneaster acutifolia*）、水栒子、山柳（*Salix characta*）、甘肃山楂（*Crataegus kansuensis*）、珍珠梅等，这些灌丛分布高度可达海拔 2600 m，并且各个坡向均有。海拔 1600 ~ 2600 m 为山地落叶阔叶林带，主要建群种有辽东栎、山杨、白桦、红桦（*Betula albo-sinensis*）、黄花柳（*Salix caprea*），伴生树种有华山松、鹅耳枥（*Carpinus turczaninowii*）、锐齿栎（*Quercus aliena var. acuteserrata*）、黄连木（*Pistacia chinensis*）、山荆子（*Malus baccata*）、杜梨、陕甘花楸（*Sorbus koehneana*）、漆树（*Toxicodendron verniciflum*）等，灌木主要有毛榛（*Corylus mandshurica*）、胡颓子、甘肃山楂、箭竹（*Sinarundinaria nitida*）、毛樱桃（*Cerasus tomentosa*）、黄蔷薇、多花胡枝子、水栒子等。塬区天然植被已残存无几，局部地区阴坡、半阴坡有以虎榛子为主的群丛，或以杜梨、紫丁香（*Syringa oblata*）、小叶丁香（*Syringa microphylla*）、扁核木、本氏针茅、大油芒等组成的群丛，阳坡分布有白羊草、野古草（*Arundinella anomala*）为主的草原，也有酸枣、狼牙刺、扁核木等灌木分布。

该区四旁植树较多，常见的栽培树种有臭椿（*Ailanthus altissinia*）、槐树（*Sophora japonica*）、刺槐（*Robinia pseudoacacia*）、兰考泡桐（*Paulownia elongata*）、光泡桐（*P. tomentosa var. tsinlingensis*）、灰楸（*Catalpa fargesii*）、侧柏、小叶杨（*Populus simonii*）、新疆杨（*P. bolleana*）、北京杨（*Populus X beijingonsis*）、大官杨（*P. dakuaensis*）、旱柳（*Salix withelmsiana*）、白榆（*Ulmus pumila*），以及苹果（*Malus pumila*）、梨（*Pyrus* spp.）、枣（*Ziziphus jujuba*）、桃（*Amygdalus persica*）、杏（*Armeniaca vulgaris*）、桑（*Morus alba*）、花椒（*Zanthoxylum bungeanum*）、核桃（*Juglans regia*）等，均生长良好。

该区为甘肃粮食生产的精华之地，人口密度为 20～160 人/km²，塬区远远高于林区，耕垦指数为 28.4%～45.1%，塬区基本为农田。由于森林面积不断减少，水土流失严重，沟壑不断下切蚕食塬面，沟头年均延伸 2 m，固沟保塬已成为该区重要生态问题之一。

（2）Ⅰ-2 陇中南部黄土梁状丘陵沟壑类型区

该区位于东经 104°10′～106°10′，北纬 34°08′～35°20′，包括庄浪、张家川、秦安、清水、甘谷、武山、陇西、通渭等县的全部，以及渭源、静宁、漳县、秦城、麦积等县（区）的部分或大部分，面积 2.43 万 km²。该区年平均气温为 6.6～10.9℃，1 月平均气温为 -7.0～2.4℃，极端最低气温为 -26.9～-17.5℃，≥10℃ 活动积温为 2225.2～3536.9℃，无霜期为 143～204 d，年均降水量为 440～584 mm，年均蒸发量为 1271～1658 mm，年相对湿度为 66%～70%，干燥度为 0.84～1.38。

该区以梁状丘陵沟壑地貌为主。渭河横贯该区，两岸为河谷盆地，海拔为 1100～1500 m，黄土丘陵海拔为 1800～2000 m，与河谷相对高差 400～600 m，沟壑密度为 3～5 km/km²。主要河流为渭河及其支流葫芦河、耤河、牛头河、散渡河等，年侵蚀模数为 5000～10 000 t/km²。土壤以黄绵土为主，通渭、渭源、临洮、陇西一带丘陵山地分布有黑麻土，高寒山地林区有薄层褐色土，河谷川地为冲积、洪积性熟化的潮土。该区森林覆被率 11.82%。境内山地下部天然植被分布为阴坡森林、阳坡草原，构成森林草原景观。由于大部分森林遭到毁灭性破坏，有的被次生灌丛或次生草甸所代替，有的被开垦为农田，有的甚至成为童山秃岭，特别是广大黄土丘陵基本上被开垦为耕地，少量森林呈孤岛式分布。清水、秦安、武山、甘谷一带阴坡多为虎榛子、黄蔷薇、黄背草、蒿属（*Artemisia* spp.）等植物群丛，阳坡为扁核木、酸枣、本氏针茅、白草群丛，梁峁顶为中国沙棘、本氏针茅、冷蒿（*Artemisia frigida*）、龙胆（*Gentiana* spp.）群丛。该区西北部植被以中国沙棘、山桃、甘蒙锦鸡儿（*Caragana opulens*）、百里香、本氏针茅、铁杆蒿（*Artemisia sacrorum*）等为主。西部个别山地位置偏僻，海拔较高（露骨山海拔 3941 m、岭罗山海拔

3346 m、南屏山海拔3126 m)、植被保存较好，且垂直分布明显，海拔2200 m以下分布以中国沙棘、虎榛子、黄蔷薇、水枸子等为建群种的灌丛草原。分布于阴坡、半阴坡的灌丛为山地森林植被破坏后形成的次生灌丛，其分布高度可达海拔2800 m以上，常见种类有三裂绣线菊（*Spiraea trilobata*）、甘肃小檗（*Berberis kansuensis*）、甘肃山楂、胡颓子、水枸子等，片状分布的乔木林主要为华山松、山杨、白桦等。阳坡除叉子圆柏（*Sabina vulgaris*）、中国沙棘等少数灌木外，大部分为草原植物群落。因此，海拔2200 m以下的灌丛草原前身为森林草原，是山地植被垂直分布的基带。海拔2200 ~2600 m的阴坡、半阴坡多为华山松、油松纯林，少数见于半阳坡，这些森林破坏后则为山杨、白桦次生林取代。海拔2600 ~3200 m为云杉（*Picea asperata*）针叶林，下部云杉常与华山松、栎类（*Quercus* spp.）、桦类（*Betula* spp.）等混交，中上部为纯林或混生有青杆、紫果云杉（*Picea purpurea*）等。海拔3200 ~3400 m为高山灌丛草甸带。海拔3400 m以上为高山草甸。该区南部小陇山、西秦岭主要为油松、华山松与落叶阔叶树种组成的混交林，主要树种除油松、华山松外，还有侧柏、辽东栎、锐齿栎、栓皮栎、白桦、山杨、华椴、青榨槭（*Acer davidii*）、漆树、胡颓子、粗榧（*Cephalotaxus sinensis*）、多花胡枝子、虎榛子、水枸子、黄果悬钩子（*Rubus xanthocarpus*）等。20世纪60年代小陇山林区引进栽培华北落叶松（*Larix principis-rupprechtii*）、日本落叶松（*L. kaempferi*）、欧洲云杉（*Picea abies*）等长势良好。该区常见散生及栽培树种主要有毛白杨（*Populus tomentosa*）、河北杨（*P. hopeiensis*）、新疆杨、兰考泡桐、毛泡桐（*Paulownia tomentosa*）、油松、刺槐、旱柳、国槐、灰楸、白榆、臭椿、合欢（*Albizzia julibrissin*）、白蜡（*Fraxinus chinensis*）等。经济林树种主要有苹果、梨、桃、杏、李、核桃、花椒、柿树（*Diospyros kaki*）等。近年来天水引种欧洲甜樱桃（*Cerasus avium*）获得成功。

该区人口密度为120 ~270人/km²，耕垦指数为26.1%左右，秦安可达44.4%，水土流失严重。

（3）Ⅰ-3陇中西南部黄土丘陵类型区

该区位于东经102°41′ ~104°10′、北纬35°00′ ~35°40′，包括康乐、广河、和政、临夏、积石山等县的全部及渭源、临洮、东乡等县的部分，面积0.75万km²。该区气候温凉湿润，年均气温为5.0 ~8.0℃，1月平均气温为 -8.5 ~ -6.3℃，极端最低气温为 -29.0 ~ -23.0℃，≥10℃活动积温为1810.9 ~2415.8℃，无霜期为132 ~156 d，年均降水量为498.5 ~628.1 mm，年均蒸发量为1259.0 ~1431.0 mm，年相对湿度为63% ~71%，干燥度为0.71 ~0.95。

该区主要地貌为黄土丘陵谷地，海拔大多在1800 m以上，南部太子山为石质山地，海拔在3000 m以上，北部东乡一带为梁状丘陵，沿洮河、大夏河两岸有多级阶地及河谷冲积平原，较大的阶地被称为塬，地势平坦，如临夏州的北塬，是重要的农耕地带。主要河流均系黄河支流，有洮河、大夏河等。该区年侵蚀模数为3000 ~7000 t/km²。土壤主要为黑麻土、栗钙土及部分褐色土，土壤肥力较好。太子山林区分布有高山寒漠土、高山草甸土等。该区森林覆被率为10.81%，森林植被主要在南部太子山、白石山、小积石山及部分高海拔的山地阴坡。达里加山（主峰海拔4638 m）、太子山（主峰海拔4371 m）大致为黄土高原与甘南高原的分界。河谷山岭相对高差1000 m以上。这一带海拔2000 ~2800 m

为森林草原带，阴坡为森林，主要有云杉、青杆和紫果云杉等为优势种组成的亚高山针叶林，乔木层伴生树种有山杨、白桦等，灌木层有箭竹、峨眉蔷薇（*Rosa omeiensis*）、钝叶蔷薇（*R. sertata*）、陕甘花楸、甘肃小檗、刚毛忍冬（*Lonicera hispida*）、西藏忍冬（*L. tibetica*）、甘青茶藨子（*Ribes meyeri* var. *tanguticum*）、川青锦鸡儿（*Caragana tibetica*）等。在大夏河谷地，海拔 2400 m 以下阴坡、半阴坡分布有辽东栎林、华山松林和油松林。该区受人为破坏较大，阴坡、半阴坡的森林多被次生灌丛和次生草甸所代替。在海拔 2800~3200 m，为大果圆柏（*Sabina tibetica*）、云杉、紫果云杉与岷江冷杉（*Abies faxoniana*）组成的亚高山针叶林。大果圆柏仅分布于阳坡、半阳坡，其余见于阴坡和半阴坡，岷江冷杉在海拔 3100 m 以上。此外中国沙棘、灰栒子、珍珠梅、黄刺玫（*Rosa xanthina*）、三裂绣线菊、川青锦鸡儿等为主的灌木梢林多呈片状分布。北部植被较南部差，多为草原景观，主要种类为川青锦鸡儿、灌木铁线莲（*Clematis fruticosa*）、茭蒿、铁杆蒿、本氏针茅、冠芒草（*Enneapogon borealis*）、百里香等。该区为青杨（*Populus cathayana*）分布和栽培的中心，旱柳也栽培广泛。其他常见的栽培树种还有油松、新疆杨、北京杨、白榆、杞柳（*Salix purpurea*）、甘蒙柽柳（*Tamarix austrmongolica*）、柠条（*Caragana intermedia*）及梨、杏、苹果、花椒等。

该区人口密度较大，平均为 171 人/km²，最高达 242 人/km²，耕垦指数为 11.8%~26.3%，相差较大。海拔较高，气候温凉湿润，高山地区有发展云杉、青杆等树种的良好条件，油松、华北落叶松也很有发展前途。

1.1.3.2　中温带半干旱区黄绵土、灰钙土典型草原地带（Ⅱ）

该带可简称半干旱地区，位于半湿润地区以北，会宁河畔、榆中定远、永靖一线以南，东北至陕甘省界，西至甘青省界，以六盘山为界可分为两个类型区。

（1）Ⅱ-1 陇东北部黄土残塬、丘陵沟壑类型区

该区位于东经 106°21′~108°06′、北纬 35°41′~37°10′，包括环县全部，华池、庆城、镇原、平凉等部分，面积为 1.33 万 km²。因受西伯利亚气流影响较大，气候较为干燥。但由于该区面积较大，南北气候差异亦加大，北半部年平均气温为 7.0~8.0℃，≥10℃ 活动积温为 2400.9~2700.0℃，无霜期为 100~160 d，年均降水量为 350~420 mm。南半部年平均气温为 8.0~9.4℃，≥10℃ 活动积温为 2500~3200℃，无霜期为 140~160 d，年均降水量为 450~530 mm。中部环县县城年平均气温为 8.6℃，1 月平均气温为 −6.8℃，极端最低气温为 −23.2℃，≥10℃ 活动积温为 3085.2℃，无霜期为 162 d，年均降水量为 407.6 mm，年均蒸发量为 1675 mm，年相对湿度为 56%，干燥度为 1.49 左右。该区镇原、环县北部多大风，年≥8 级大风日达 24~60 d。

地貌基本上由丘陵沟壑、残塬沟壑组成。北部丘陵沟壑海拔为 1300~1800 m，最高海拔为 2082 m，相对高差 200~300 m，多梁、峁、崾岘，沟道底部多呈"V"字形，沟壑密度 2~4 km/km²。但西北部丘陵较低矮、坡度较缓，地形主要由长梁和梁间宽阔平坦深长的掌地组成，海拔 2000 m 左右。南部为残塬沟壑地貌。残塬主要分布于环江两侧，塬块面积大小不一，最大的只有 5 km²。主要河流为马莲河的上游——环江及其支流。年侵蚀模数为 5000~9000 t/km²。土壤以黄绵土为主，间或有淡黑垆土，肥力较低，低洼地带土壤含盐量较高，北部多为苦水区，地下水不能饮用与灌溉，水利条件较差。森林覆被率1.87%。乔灌木仅限于河谷低地分布，其余地区植被均属于典型草原类型。在环县曲子、天池以南，阳坡为酸枣、本氏针茅、茵陈蒿（*Artemisia capillaris*）、荩蒿群丛，阴坡为中国沙棘、本氏针茅、冷蒿、百里香、南牡蒿（*Artemisia eriopoda*）群丛。梁顶为达呼里胡枝子（*Lespedeza davurica*）、本氏针茅、冷蒿、百里香群丛。此线以北，阳坡为扁核木、大针茅、短花针茅、荩蒿、阿尔泰狗娃花群丛，阴坡为川青锦鸡儿、本氏针茅、火绒草（*Leontopodium leontopodioides*）群丛，梁峁顶为大针茅、本氏针茅、冷蒿、达呼里胡枝子群丛。散生分布和人工栽培树种有侧柏、河北杨、白榆、旱柳、小叶杨、刺槐、山杏、柠条、狼牙刺、杞柳等，在阴坡、河谷、沟边、塬面及四旁生长良好。

该区地广人稀，人口密度26～28人/km²，耕垦指数24%左右，人均耕地10亩①以上，广种薄收。北部为牧区，草山、草场因放牧过度而严重退化，植被盖度仅30%左右，草层高度只有20～40 cm，亩产草量最低的不到15 kg，最北部已呈现半荒漠草原景观。该区西北部有近2000 km²的土地有不同程度的沙漠化。

（2）Ⅱ-2陇中中部黄土梁状丘陵沟壑类型区

该区位于东经102°44′～105°20′，北纬35°21′～35°50′，包括定西安定、会宁、榆中、兰州市城关、七里河、临洮、东乡、永靖等县（区）全部或部分，面积1.38万km²。该区年均气温6.3～6.6℃，1月平均气温－8.1～－7.0℃，极端最低气温－27.2～－22.8℃，≥10℃活动积温2088.5～2370.9℃，无霜期135～167 d，年均降水量350～475 mm，年均蒸发量1407～1736 mm，年相对湿度61%～66%，干燥度1.25～1.58。

该区主要为梁状丘陵地貌，海拔大多在1600～2300 m，地形多为黄土长梁和河谷阶地，呈黄土岭、沟壑谷地起伏景观，相对高差150～300 m，北部兴隆山、马啣山为石质山区，南部华家岭为中山区。主要河流为祖历河、宛川河、洮河，年侵蚀模数2000～7000 t/km²，土壤以黄绵土、灰钙土为主，兴隆山、马啣山林区有灰褐土分布，局部河滩地有斑块状盐碱土，含盐量较高，形成苦水河。森林覆被率为1.96%，地带性植被为草原，以本氏针茅草原为主，其次为短花针茅草原，百里香、蒿属植物草原。常见伴生植物有甘蒙锦鸡儿、白毛锦鸡儿、铁杆蒿、二裂委陵菜（*Potentilla bifurca*）、多茎委陵菜（*P. multicaulis*）、紫花地丁（*Viola philippica*）、甘草（*Glycyrrhiza uralensis*）、二色棘豆（*Oxytropis bicolor*）、草木樨状黄芪（*Astragalus melilotoides*）、阿尔泰狗娃花等。农业开垦历史悠久，大部分地区都已垦为农田，自然植被只残留在黄土荒坡及石质山地上、且人为干扰破坏严重。兴隆山、马啣山植被有明显的垂直地带性分布。以山地阴坡为例，海拔2050 m以下为草原带，系水平带的草原向山地延伸部分，以本氏针茅草原、克氏针茅（*Stipa krylovii*）、大针茅草原为代表。海拔2050～2200 m为山地森林草原，以黄蔷薇、扁刺蔷薇（*Rosa sweginzowii*）、水枸子、绣线菊、珍珠梅、甘肃小檗、小叶鼠李（*Rhamnus parvifolia*）等为建群种的山地落叶灌丛。海拔2200～2900 m为亚高山针叶林带，下部为青杆，其分布上限常与红桦混交，局部与山杨、白桦混交，灌木有虎榛子、湖北花楸（*Sorbus hupehensis*）、华西蔷薇（*Rosa moyesii*）、甘肃小檗、葱皮忍冬（*Lonicera ferdinandii*）、东陵绣球

---

① 1亩≈666.7m²，后同。

（*Hydrangea bretschneideri*）等。山地上部为云杉林、混生红桦、黄花柳、箭竹等，海拔2400 m以上的山杨林为青杆、云杉林破化后所形成的次生植被；海拔2400 m以下的山杨林则多为辽东栎林破坏后所形成的（王香亭等，1996）。该区散生及栽培树种主要有侧柏、青杨、新疆杨、小叶杨、河北杨、油松、白榆、旱柳、刺槐、臭椿、山杏、甘蒙柽柳、山桃、柠条、毛条（*Caragana korshinskii*）等，山杏、白榆、刺槐长势中等。

该区人口密度为50~100人/km²，耕垦指数50%左右，森林覆被率低，人均有林地不足0.2亩，大部分地区植被相当稀疏，山地多开荒到顶，所剩的草山、荒山由于放牧及挖草采薪等造成荒山秃岭，历史遗留下来的水土流失问题仍十分严重，植被恢复与重建任务艰巨。

1.1.3.3　中温带干旱区淡灰钙土、棕钙土荒漠草原带（Ⅲ）

该区简称干旱地区，位于半干旱地区以北，乌鞘岭、景泰营盘水及甘宁交界以南，因地貌、气候、土壤、植被的差异可划分为两个类型区。

（1）Ⅲ-1 陇中北部黄土丘陵、河谷盆地类型区

该区位于东经102°36′~105°17′、北纬35°50′~36°33′，包括兰州市安宁、红古及榆中、永登、皋兰、靖远、永靖、天祝等县的全部或部分。面积2.12万km²。该区年均气温为5.9~9.1℃，1月平均气温为-9.1~-5.3℃，极端最低气温为-28.1~-17.7℃，≥10℃活动积温为2798.3~3242.0℃（黄河河谷地带≥10℃活动积温一般均在3000℃以上），无霜期为157~182 d，年均降水量为239.8~327.9 mm，年均蒸发量为1437.0~1879.1 mm，年相对湿度为54%~59%，干燥度为1.82~2.29。

该区河谷地貌发育，黄河贯流该区，形成峡谷与河谷盆地相间的葫芦状地形。其中兰州河谷盆地最大，形成冲积性平原，黄河及其支流两岸以梁峁状丘陵占优势，并有多级阶地和侵蚀沟壑。东部祁连山东延余脉为石质山地。主要河流为黄河干流及其支流庄浪河、湟水、祖历河等。年侵蚀模数为4000~6000 t/km²。土壤以淡灰钙土为主，永登北部、天祝西部有栗钙土分布，此外靖远屈吴山等高寒石质山地有灰褐土分布。森林覆被率为1.50%，森林集中分布在屈吴山、连城等石质山地。主要树种有青海云杉、云杉、油松、辽东栎、山杨、白桦、刺柏（*Juniperus formosana*）、虎榛子、叉子圆柏、灰栒子、甘肃山楂、珍珠梅等。青海云杉分布高度为海拔2500~2700 m，油松分布海拔为2200~2500 m，山杨、辽东栎等分布海拔为2100~2300 m，海拔2800 m以上则有密枝杜鹃（*Rhododendron fastigiatum*）、百里香杜鹃（*Rh. thymifolium*）、高山绣线菊（*Spiraea alpina*）、杯腺柳（*Salix cupularis*）、金露梅（*Potentilla fruticosa*）等分布。在黄土区则主要由禾本科及蒿属植物与旱生小灌木组成建群种，如红砂、川青锦鸡儿、灌木亚菊（*Ajania fruticulosa*）、猪毛蒿（*Artemisia scoparia*）、短花针茅、本氏针茅、芨芨草（*Achnatherum splendens*）、冷蒿、铁杆蒿、骆驼蓬、草霸王（*Zygophyllum mucronatum*）等，多为半荒漠化的草原植被。在黄河河谷兰州、靖远盆地，由于积温较高、灌溉条件较好，有较多的人工栽培树种，如国槐、白榆、臭椿、旱柳、银白杨（*Populus alba*），它们均有胸径1~2 m的大树。此外圆柏（*Sabina chinensis*）、侧柏、刺柏、雪松（*Cedrus deodara*）、毛白杨、新疆杨、北京杨、国槐、刺槐、臭椿、白蜡、兰考泡桐、甘蒙柽柳生长良好，苹果、梨、桃、枣、杏、核桃、

花椒均有栽培。黄河两岸山地造林生长较好的树种为侧柏、甘蒙柽柳、刺槐、柠条、毛条、蒙古扁桃（*Amygdalus mongolica*）、沙冬青（*Ammopiptanthus mongolicus*）、紫穗槐（*Amorpha fruticosa*）等。

该区干旱少雨，森林植被集中分布于石质山地及河谷盆地，丘陵山地除红砂、合头草等小灌木外，几乎没有乔木树种分布，基本上是荒山秃岭。河谷地带人口稠密，是重要的工业区，空气污染是河谷盆地的普遍问题，也是城市绿化、环境保护亟待解决的问题。

（2）Ⅲ-2 陇中北部黄土丘陵、丘间盆地类型区

该区位于东经 102°50′~104°42′，北纬 36°31′~37°37′，包括景泰、白银、皋兰、靖远、平川等县（区）的全部或部分，面积约 1.13 万 km²。该区年均气温为 7.9~8.2℃，1月平均气温为 -7.8~-7.7℃，极端最低气温为 -27.3~-26.0℃，≥10℃活动积温为2920.3~2988.7℃，无霜期为 167~192 d，年均降水量为 184.8~204.3 mm，年均蒸发量为 2004.1~3028.5 mm，年相对湿度为 46%~51%，干燥度为 2.61~2.91。

该区主要地貌类型为黄土峁状低矮丘陵及丘间盆地，较大的丘间盆地称为川，如秦王川、景泰川等，地势平坦，为农业耕作区。西北部祁连山东延余脉寿鹿山、昌岭山及哈思山为石质山地，北部临近腾格里沙漠，有固定沙丘。该区年降水稀少，地下水源缺乏，且矿化度高，为苦水区。河流属于季节性河，冬春季节无流水。该区年侵蚀模数为 500~2000 t/km²。土壤以钙棕土为主，寿鹿山、昌岭山、哈思山分布有灰褐土，低洼地带土壤含盐量较高，北部有风砂土。该区森林覆被率为 0.71%。森林植被基本分布于寿鹿山、昌岭山、哈思山的阴坡、半阴坡。主要树种为青海云杉、云杉、祁连圆柏（*Sabina przewalskii*）、山杨、辽东栎、红桦、糙皮桦（*Betula utilis*）、黄花柳等，海拔 3000 m 以上地带有烈香杜鹃（*Rhododendron anthopogonoides*）、头花杜鹃（*Rh. capitatum*）、高山绣线菊、金露梅、鬼箭锦鸡儿（*Caragana jubata*）等。在丘陵山地及丘间盆地，主要植被多由极旱生的灌木及禾本科的荒漠草原植物组成，如红砂、白刺（*Nitraria sibirica*）、荒漠锦鸡儿（*Caragana roborovskyi*）、盐爪爪、珍珠猪毛菜、合头草、沙冬青、霸王（*Zygophyllum xanthoxylum*）、驴驴蒿、戈壁针茅、沙生针茅、芨芨草、马蔺（*Iris lacteal* var. *chinensis*）等，植被稀疏。人工栽培树种有旱柳、臭椿、白榆、沙枣（*Elaeagnus angustifolia*）、河北杨、箭杆杨（*Populus nigra* var. *thevestina*）、柠条等，主要以小片人工林和四旁零星植树的形式分布在川滩、村庄及引黄灌区的农田林网。该区为甘肃黄土高原最干旱的地区，地广人稀，植被群落极易受到破坏，广大的梁岭、丘陵山地已完全呈童山秃岭。农业生产只限于丘间盆地区，采用引洪、引黄等灌溉或压砂保墒的方式进行农业耕作，广种薄收，产量低而不稳。年均降水量只有 200 mm 左右，除灌区外，无特殊技术措施已不宜进行造林。保护现有植被是维护该区生态安全的根本措施。

1.2　定西地区自然环境因子评价与分析

定西地区包括安定区、通渭县、陇西县、渭源县、临洮县、漳县、岷县 1 区 6 县，总土地面积为 2.033 万 km²，常住人口为 293.51 万。该地区位于我国甘肃中部，地处黄河上游、西部脆弱黄土高原区的西南端和西秦岭末端，是典型黄土高原丘陵沟壑区地貌类型，也是我国生态环境脆弱带的腹地。该地区气候恶劣，干旱少雨，地形地貌复杂多变，水土流失极为严重，生态环境"过渡性"和"边缘性"突出，脆弱度高。其资源开发技术基础差且开发程度低，工农业基础薄弱，资金缺乏，社会经济贫困，土地生产力低下。总耕地面积为 770.2 万亩，农民人均 2.9 亩。全区海拔为 1420 ~ 3941 m，年降水量为 350 ~ 600 mm，年均气温为 7℃，无霜期为 140 d。

1.2.1 气候

该区气候处于季风区向非季风区的过渡带，气候类型属于北温带半干旱大陆性季风气候。由于深居内陆，远离海洋，且不少山脉走向与来自海洋的暖湿气流相垂直，致使暖湿气流不易到达，降水机会稀少。总的气候特点是干燥寒冷，冬季长，温差大，降水量少且分布不均，蒸发量大，日照强。安定区主要气象因子见表 1-2、表 1-3。

表 1-2 安定区部分气象指标各月数据

时间	气温（℃）	降水量（mm）	蒸发量（mm）	相对湿度（%）
1 月	-7.5	2.9	40.2	61
2 月	-3.8	4.2	56.6	59
3 月	2.0	11.5	108.4	60
4 月	8.4	25.4	183.5	56
5 月	13.1	44.5	228.7	58
6 月	16.4	53.6	216.7	65
7 月	18.6	76.9	222.6	69
8 月	18.0	83.8	209.2	70
9 月	13.2	48.1	138.2	73
10 月	7.0	28.4	97.0	73
11 月	4.0	5.7	61.8	66
12 月	-5.5	1.6	43.5	61
全年	6.7	386.6	1606.4	64

表 1-3 安定区主要气象指标

年日照时数（h）	日照比例（%）	年较差（℃）	最大日降水（mm）	极端高温（℃）	极端低温（℃）	霜日数（d）	大风日数（d）	平均风速（m/s）	沙尘暴日数（d）
2433.0	55	26.1	64.5	34.9	-29.7	121.8	4.5	2.0	1.0

资料来源：《甘肃省（1971~2000）30 年整编气候资料》

1.2.2 地质、地貌

该区主要为梁状丘陵，地形多为黄土长梁峁和阶地，呈黄土梁岭、沟壑谷地起伏景观。区内主要河流祖历河、宛川河，为黄河支流，年侵蚀模数为 2000~7000 t/km²。

该类型区地质构造属祁连山褶皱系东延部分与西秦岭褶皱系交接间的隆起地带，由于新生代以来中生代、新生代喜马拉雅期造山运动活跃，使地质基部与上部盖层产生大幅度不均衡的升降运动，形成断陷山地。基岩以古老的太古代皋兰系变质岩、南山系变质板岩、片岩、石英岩为主，其次为白垩系砂质岩及第三系（距今 6500 万~300 万年前）红色地层，沉积最大厚度近千米。于第四纪（距今 300 万年）在第三纪红层上沉积了厚度一般为 100 m 以内的风成黄土。

在干燥气候条件下，黄土堆积物经过强烈的风蚀、水蚀的作用，逐渐形成特殊的黄土沟壑地貌，地貌特征可分为黄土山地、梁状丘陵及河谷川台阶地三大类型，共同组成千沟万壑、地形支离破碎的地貌单元。区内海拔多为 1800~2400 m，相对高差为 100~300 m，沟壑密度为 3~5 km/km²，沟底比降为 5%~10%；山地坡度一般为 20°~50°，受水土流失长期冲刷的影响，阳坡普遍陡峭，多在 30°以上，阴坡相对平缓。川道海拔较低，地势相对平坦，土壤较山地肥沃。

1.2.3 水文

1.2.3.1 地表水

该区域由于年降水量较低，且日降水量低于 10 mm 的次数占总降水次数的比例较大，这部分降水多不产生径流，因此该地自产地表水资源比较匮乏。加之植被覆盖率较低，年蒸发量数倍于降水量，因此平均年径流系数仅为 0.045，所产径流量为降水量的 4.5%，而 95.5% 的降水量消耗于地面蒸发和植物蒸腾。另外，部分降水属产生洪水的暴雨，由于强度大，多为径流损失，加之含沙量大、矿化度高，多难以利用。

该项目区属祖历河流域，该河基本常年呈干枯状态，只在雨季有少量流水，区域内农业基本为雨养农业。

1.2.3.2 地下水

该区地下水主要为基岩裂隙水、承压潜水和第三纪深层水 3 种类型，其主要来源是大气降水及河流渗入水。由于地质地貌和地域的影响，形成了缺水的山区、贫水的河谷川地两种类型。区内山坡地带，在部分低洼处有基岩裂隙水溢出，此基岩裂隙水多赋存于各类基岩风化裂隙及半风化构造裂隙带，常以下降泉的形式溢出地表，但水量不大，在干旱季节常枯竭，供人畜饮用明显不足。深层地下水，盐碱度极高，不能饮用与灌溉，所以群众生活用水基本来自定西城南输送城内的自来水，靠拖拉机拉水。因此，该区的造林用水基本依赖于天然降水，造林季节少量用水依靠城内拉水灌溉。

1.2.4 土壤

定西地区位于我国黄土高原的西部，土壤母质基本为第四纪风成黄土，地带性土壤主要为灰钙土、黄绵土，局部河滩地和低洼地有盐碱土分布。由于侵蚀作用的影响，部分山体基部和侵蚀沟底有第三纪红层裸露，红层经长期风化成为红砂土或红黏土。山坡地带由于侵蚀强烈，植被稀疏，成土过程缓慢，原始土壤已残存无几，现所见土壤基本为黄土母质或灰钙土下残存的钙积层，腐殖质缺乏、有机质含量低，土壤肥力和保水保肥能力极差。

　　灰钙土为草原带到荒漠带的过渡性土壤，是由黄土母质或黄土状沉积物在弱腐殖化和强钙化的共同作用下形成的，腐殖质层薄、有机质少，并与钙积层有明显的分异，而钙积层多较坚实。由于气候比较干旱、蒸发量大、淋溶作用微弱，灰钙土土层中的可溶性盐类淋洗很少，土层上部的碳酸盐类含量较高。黄绵土是在大面积侵蚀和局部堆积的黄土母质上，经人为耕作和土壤熟化过程共同作用下发育起来的，土壤熟化程度较低，没有明显的剖面发育层次，仅有耕作层与母质之分。黄土层具湿陷性，质地疏松、抗侵蚀能力弱、易崩塌。

　　通过对该区不同立地条件和植被类型下土壤养分状况化验分析，可以看出该区养分总体不足，尤其全磷、速效磷更为缺乏。但对于营造防护林，特别是水土保持林，土壤养分短缺的问题尚不是主要因素，不属限制性的因子。详细分析结果见表1-4。

表1-4　区内不同植被类型土壤养分测定

坡向	坡位	植被类型	样层（cm）	有机质（%）	速效钾（mg/kg）	全磷（%）	速效磷（mg/kg）	全氮（%）	NO_3-N（mg/kg）	NH_3-N（mg/kg）
阳坡不同植被类型	梁坡上部	柠条	0~10	2.38	229.10	0.06	2.89	0.16	13.68	12.06
			10~20	2.39	129.95	0.06	2.19	0.16	21.71	12.80
			20~40	2.20	96.25	0.06	1.42	0.15	9.75	11.06
		山杏林	0~10	1.51	200.20	0.06	1.36	0.11	8.30	10.38
			10~20	1.40	99.05	0.06	0.96	0.09	8.51	8.57
			20~40	1.43	76.05	0.06	0.98	0.10	7.17	8.15
		荒地	0~10	1.45	219.90	0.06	3.37	0.09	12.72	7.17
			10~20	0.80	121.50	0.06	1.50	0.06	5.48	7.14
			20~40	0.63	95.90	0.06	0.87	0.04	3.95	6.31
	梁坡下部	侧柏	0~10	0.82	159.20	0.06	2.88	0.06	4.24	7.51
			10~20	0.72	122.90	0.06	1.74	0.05	4.35	6.49
			20~40	0.46	88.90	0.06	1.16	0.04	3.25	6.29
		油松	0~10	1.08	181.15	0.07	1.80	0.07	5.04	7.89
			10~20	0.96	142.75	0.06	1.32	0.06	5.25	7.34
			20~40	0.72	92.65	0.06	1.37	0.05	3.95	6.33
		撂荒地	0~10	1.09	189.70	0.07	7.84	0.07	4.07	6.32
			10~20	0.97	116.70	0.07	3.63	0.07	3.30	5.64
			20~40	0.99	140.30	0.07	3.19	0.07	3.38	5.71

坡向	坡位	植被类型	样层（cm）	有机质（%）	速效钾（mg/kg）	全磷（%）	速效磷（mg/kg）	全氮（%）	NO₃-N（mg/kg）	NH₃-N（mg/kg）
阴坡不同植被类型	梁峁顶	荒草	0~10	1.82	216.30	0.07	1.21	0.12	10.96	8.98
			10~20	1.45	182.00	0.06	1.04	0.09	8.11	10.80
			20~40	0.61	128.55	0.06	0.24	0.04	3.73	8.10
	梁坡上部	杏树	0~10	3.56	342.90	0.07	5.56	0.21	24.14	11.04
			10~20	2.45	254.55	0.06	2.48	0.14	16.57	8.49
			20~40	1.30	87.15	0.06	0.47	0.08	6.27	6.42
		油松	0~10	2.66	308.30	0.07	9.48	0.15	27.22	7.88
			10~20	1.60	228.40	0.07	3.73	0.10	16.93	8.13
			20~40	1.22	115.00	0.06	2.95	0.08	13.18	6.46
	梁坡中部	沙棘	0~10	1.02	175.95	0.07	21.70	0.06	10.46	7.02
			10~20	0.98	133.75	0.07	14.32	0.06	14.51	5.54
			20~40	0.66	117.35	0.06	3.27	0.04	7.50	7.37
		沙棘	0~10	1.10	164.35	0.06	2.04	0.07	5.84	8.69
			10~20	1.02	110.30	0.06	1.83	0.06	4.95	7.20
			20~40	0.68	76.95	0.06	1.29	0.04	3.34	6.91
		撂荒地	0~10	2.23	251.70	0.07	3.06	0.13	14.79	8.79
			10~20	1.47	130.95	0.06	1.70	0.09	10.44	6.32
			20~40	1.30	123.65	0.06	1.56	0.08	8.30	8.30

1.2.5　植被

定西地区总土地面积为 196.48 万 hm²，有林地 46.28 万 hm²，其中用材林 3.97 万 hm²、防护林 2.73 万 hm²、薪炭林 0.45 万 hm²、特用林 0.13 万 hm²、经济林 0.19 万 hm²；疏林地 1.51 万 hm²；灌木林地 5.84 万 hm²；未成林造林地 6.09 万 hm²，活立木蓄积量 315 万 m³。从以上可以初步看出，该区森林覆被率低、宜林荒山荒地面积大，林业建设的任务比较艰巨。

该区内林地面积较少，且多为疏林地，郁闭度大于 0.2 的只有小块的油松林、山杏林和柠条林、甘蒙柽柳林及梨、苹果等，树种单一，难以很好地发挥保持水土的作用。

该区植被主要为典型草原，以禾本科、菊科和豆科植物为主。由于受长期人为生产、生活等活动的干扰，原始自然植被破坏十分严重，部分灌木树种呈零星分布，草本植物多生长不良，造成植被覆盖稀疏，种类相对贫乏。地带性植被以本氏针茅（*Stipa bungeana*）草原为主，其次为短花针茅（*S. brevifora*）草原、百里香（*Thymis mongolicus*）、蒿属植物草原。其他植物有大针茅（*Stipa grandis*）、铁杆蒿（*Artemisia gmelinii*）、小黄亚菊（*Ajania fruticulosa*）、二裂委陵菜（*Potentilla bifurca*）、多茎委陵菜（*P. multicaulis*）、紫花地丁

（*Viola chinensis*）、二色棘豆（*Oxytropsis bicolor*）、骆驼蓬（*Peganum harmala*）、阿尔泰狗娃花（*Heteropappus altaicus*）、硬质早熟禾（*Poa sphondylodes*）、多叶隐子草（*Cleistogenes polyphylla*）、冰草（*Agropyron cristatum*）、赖草（*Aneurolepidium dasystachys*）、草木樨状黄芪（*Astragalus melilotoides*）、披针叶黄华（*Thermopsis lanceolata*）、瑞香狼毒（*Stellera chamaejasme*）、甘草（*Glycyrrhiza uralensis*）、狗尾草（*Setaria viridis*）、野韭（*Allium ramosum*）、金色补血草（*Limonium aureum*）、白茎盐生草（*Halogeton arachnoideus*）等。常见天然分布的灌木树种主要有康青锦鸡儿（*Caragana tibetica*）、甘蒙锦鸡儿（*C. opulens*）、多枝柽柳（*Tamarix ramosissima*）、唐古特白刺（*Nitraria tangutorum*）、中国枸杞（*Lycium chinenes*）、中国沙棘（*Hippophae rhamnoides* subsp. *sinensis*）、狼牙刺（*Sophora viciifolia*）、黄蔷薇（*Rosa hugonis*）、暴马丁香（*Syringa reticulata* var. *mandshurica*）、高丛珍珠梅（*Sorbaria arborea*）、互叶醉鱼草（*Buddleja alternifolia*）、达乌里胡枝子（*Lespedeza davurica*）、麻黄（*Ephedra intermedia*）等。常见分布的乔木树种主要有旱柳（*Salix matsudana*）、白榆（*Ulmus pumila*）、臭椿（*Ailanthus altissinia*）、国槐（*Sophora japonica*）、青杨（*Populus cathayana*）、河北杨（*P. hopeiensis*）、山杏（*Armeniaca vulgaris* var. *ansu*）、侧柏（*Platycladus orientalis*）等。

山地人工造林树种主要有侧柏、千头柏（*Platycladus orientalis* cv. *Sieboldii*）、云杉（*Picea asperata*）、青杆（*P. wilsonii*）、油松（*Pinus tabulaeformis*）、樟子松（*P. sylvestris* var. *mongolica*）、青杨、新疆杨（*Populus alba* var. *pyramidalis*）、河北杨、小青杨（*P. pseudo*）北京杨（*Populus × beijingensis*）、大官杨（*P. dakuaensis*）、国槐、刺槐（*Robinia pseudoacacia*）、旱柳、白榆、臭椿、沙枣（*Elaeagnus angustifolia*）、山杏、沙棘、甘蒙柽柳（*Tamarix austrmongolica*）、多枝柽柳、柠条（*Caragana microphylla*）、毛条（*C. korshinskii*）、山桃（*Amygdalus davidiana*）、紫穗槐（*Amorpha fruticosa*）、狼牙刺等。

在该区域内绿化和栽培的树种主要有云杉、青杆、油松、侧柏、圆柏（*Sabina chinensis*）、刺柏（*Juniperus formosana*）、杜松（*J. rigida*）、毛白杨（*Populus tomentosa*）、新疆杨、河北杨、国槐、龙爪槐（*Sophora japonica* var. *pendula*）、刺槐、朝鲜槐（*Maackia amurensis*）、旱柳、垂柳（*Salix babylonica*）、臭椿、白榆、栾树（*Koelreuteria paniculata*）、白蜡（*Fraxinus chinensis*）、五角枫（*Acer mono*）、复叶槭（*A. negundo*）、香椿（*Toona sinensis*）、甘蒙柽柳、中国柽柳（*Tamarix chinensis*）、火炬树（*Rhus typhina*）、沙枣、榆叶梅（*Prunus triloba*）、连翘（*Forsythia suspensa*）、毛叶探春（*Jasminum floridum*）、紫斑牡丹（*Paeonia suffruticosa* var. *papaveracea*）、北京丁香（*Syringa pekinensis*）、黄刺玫等。

经济林树种主要有杏树（*Armeniaca vulgaris*）、梨树（*Pyrus bretschneideri*）、苹果（*Malus pumila*）、沙果（*M. asiatica*）、花椒（*Zanthoxylum bungeanum*）等。

农作物主要有小麦（*Triticum aestivum*）、玉米（*Zea mays*）、谷子（*Setaria italica*）、糜子（*Panicum brevifolium*）、黄豆（*Glycine max*）、豌豆（*Pisum sativum*）、蚕豆（*Vicia faba*）、胡麻（*Linum usitatissimum*）、油菜（*Brassica campestris*）等。栽培牧草主要有紫花苜蓿（*Medicago sativa*）、红豆草（*Onobrychis viciaefolia*）、沙打旺（*Astragalus adsurgens*）等。马铃薯（*Solanum tuberosum*）是该地区重要的农产品。

1.3 黄土高原生态修复与环境治理的历史实践

中国西北部的黄土高原，以其独特深厚的黄土覆盖和强烈的土壤侵蚀为世人瞩目。严重的侵蚀与该地区特有的自然条件和人类长期的掠夺破坏息息相关。历史地理学家经过大量考证和研究后发现，黄土高原曾经是青山绿水、郁郁葱葱的自然景象，与今日荒山秃岭、千沟万壑的景观形成鲜明对比（史念海，2001）。作为世界上水土流失最严重的地区，该区年均侵蚀模数曾一度高达 5000 ~ 10 000 t/（km² · a），局部地区则更高（Fu, 1989; Chen et al., 2007）。严重的水土流失已经导致土地退化、贫穷落后、环境恶化和下游河床持续抬升等一系列严峻问题，给当地造成了巨大的经济包袱和生态负荷（Shi and Shao, 2000）。据估算，黄河内 90% 的泥沙都来源于黄土高原的土壤侵蚀（唐克丽和张科利，1992）。在过去的几十年里，大量可耕作的土地由于侵蚀而最终废弃，仅此一项就已造成 13 亿美元的经济损失（叶青超和陆中臣，1992）。

早在几百年前，围绕黄土高原的水土保持问题，当地人民就进行了艰苦卓绝的尝试。新中国成立后，为从根本上改善当地的贫困面貌和恶劣环境，政府和民间都进行了大量探索和实践，学术界也提出不少治理思路。但需要指出的是，由于人工影响天气的能力和覆盖范围有限，这些思路都是从务实的角度出发，即局限于对下垫面的改造上。客观上讲，多年来对黄土高原的各种改造还是取得了巨大成就，尽管这种成就尚不能从根本上扭转该地区生态环境退化态势。资料显示，在黄河中游开展大规模水土保持之前，每年约有 16 亿 t 泥沙进入下游，而经过 30 多年治理，黄河泥沙已经减少近一半，约 9 亿 t（周金星等，2006）。鉴于此，在广泛查阅文献和实际调研的基础上，笔者对历史治理过程进行了系统的总结和提炼，并将之命名为"五大理论和实践"，以期能为该区域研究和决策提供些许科学参考。

1.3.1 "坝系根治理论"及其实践

持"坝系根治理论"观点的学者认为，几十年来的实践证明：单纯依靠植被措施试图解决黄土高原的水土流失问题是完全行不通的（Xu et al., 2004）。他们认为主要原因有两个：第一，该区域特有的干旱气候和贫瘠土壤难以使植被存活，即使存活下来也会因不良长势而难以发挥应有的水保效益。第二，即便筛选出了适合某些特定区域的植被种，但由于黄土高原地缘辽阔、地形破碎复杂，气候时空变异很大，因而，即便能将这些措施直接在整个黄土高原地区赋予实施，也未必能达到预期的效果和目标。

他们主张修建淤地坝，认为淤地坝能从根本上解决黄土丘陵沟壑区严峻的水土流失问题（Xu et al., 2004）。主要依据如下所述：第一，淤地坝具有很强的拦蓄泥沙能力。有研究认为，由于黄河中下游的泥沙绝大部分都来源于黄土高原，而通过修建淤地坝不仅可以大大减少排入黄河的泥沙量，也可以从根本上解决由于泥沙堆积而在黄河下游产生的"地上悬河"问题。数据显示，在黄河下游，被拦截的泥沙可达 16 680 ~ 72 840 t/hm²，而且水土流失越严重的地区，修建淤地坝后水土保持优势越明显。单就黄河流域而言，被淤地坝拦截的泥沙为 71.27 亿 m^3，约占拦截泥沙总量的 66.9%。第二，结构完备的淤地坝包括坝体、溢洪道、放水建筑物三大部分（Xu et al.，2004；Chen et al.，2007）。因而，淤地坝可有效降低洪峰径流，并大量蓄存雨水。第三，淤地坝可以为坝地农田提供肥沃的土壤和充足的水分条件，因而淤地坝形成的基本农田具有很高的土地生产力。据测算，坝地产量是坡耕地的 8~10 倍，甚至在一些地区高达 16 倍之多（高季章等，2003）；其土壤中含有丰富的氮、磷以及大量的有机物，土壤水分含量为坡地的 2~3 倍（周立花等，2006）。目前，黄土丘陵沟壑区的坝地农田占总耕作面积的 9% 左右，但其产量已经达到 23.5%，在一些地方甚至更高（焦菊英等，2001）。因此，淤地坝一度被认为是控制土壤侵蚀最为有效的措施（Valentin et al.，2005）。基于以上原因，在过去，特别是新中国成立以来的半个世纪里，黄土高原淤地坝建设得到大发展，超过 10 万座淤地坝投入使用。最近，相关部门还表态，为配合西部大开发，计划未来 20 年内在黄土高原再建设淤地坝 16.3 万座，以进一步推进该地区的水土保持和山川整治工作。因此，一定意义上讲，淤地坝的确发挥了其他工程措施无法达到的水保效果。

然而，"坝系根治理论"存在着明显偏颇，并在实践中得以暴露。事实上，关于建设淤地坝的争论从来没有停止过。笔者认为主要存在以下弊病和突出问题。

第一，忽视甚至否定林业治理措施在涵养水源、保持水土中所发挥的巨大作用，这显然是不科学的、片面的。淤地坝虽然在很大程度上降低了泥沙的输送，但在改善区域小气候、调节水热资源等方面却无能为力。事实上，生物治理和林业措施在调控局地气候和促进水文过程良性循环中发挥着其他水利工程无法替代的作用。而在 20 世纪 60~70 年代，由于受到"左"的思潮影响，片面强调"人定胜天"思想，在水土保持中存在严重违背自然规律的行为，植被自身所发挥的作用在相当程度上被忽略。

第二，淤地坝建设工程量巨大，人力、物力和财力都损耗极大，其投入是否真正能远大于其所能够发挥的社会、经济和生态效益，尚需进一步研究证实。据笔者走访甘肃定西相关工作人员，修建一座小型淤地坝的工程预算即高达 50 万元，大面积实施中型和大型淤地坝更是地方财政所无法承担的天文数字。而目前的实际情况是，尽管几十年来修建了数以千计的淤地坝，大量泥沙依旧源源不断地流入黄河，其水土保持效益并不理想。同时，倘若将如此浩大的工程在整个黄土高原付诸实施，其可行性值得质疑。

第三，截至目前，淤地坝设计中的诸如稳定性、持久性、坚固耐用性等质量问题尚未得到有效解决。资料显示：20 世纪 70 年代末，由于建造质量低劣，陕北地区超过 80% 的淤地坝在长期干旱后的一场罕见暴雨中全部损毁（Xu et al.，2004），造成巨大财产损失和人员伤亡，也严重挫伤了修建淤地坝的信心和积极性。类似的例子还很多，1975 年 8 月发生在河南省板桥石漫滩水库的垮坝事件震惊中外，造成 2.6 万人悲惨死去，直接经济损失高达百亿元。2007 年 4 月 10 日，中央电视台焦点访谈栏目播出了四川丹棱县吴嘴水坝漏水事件。该项调查同时显示：散布在我国广大农村的 3 万多座中小型病险水坝，既影响农业生产，又存在严重安全隐患；而维修费用高昂，仅丹棱县病险水坝的修复费用就达 1.6 亿元人民币。据水利部的相关资料，1954~2005 年，中国共有 3486 座水库垮坝，平均每年有 68 座垮坝，每座水库垮坝所造成的损失都不亚于一次局部战争。

第四，淤地坝建设是一种大规模的人为运动，大范围改变了流域内部的自然生态系统和物质能量循环，是否会产生长时期的不良生态后果尚有待进一步监测研究。特别是为了降低泥质淤地坝所带来的不稳定和难持久性，目前新型淤地坝在设计和施工的过程中所用的基本材料多是钢筋水泥结构及防渗材料，这无疑会在很大程度上降低土壤通透性、影响微生物活动等水文学循环过程，从而影响生物和水文循环，有可能造成不可预见的生态后果。同时，流域作为一个完整连续的自然综合体，其生态水文格局也具有连续性，主要表现在水文系统、生态系统、水域与陆域的连续性及陆域系统的连续性等（刘树坤，2003）。而大规模无序、机械的水文工程方法，没有考虑流域本身的水循环对生物地球化学演化进程的作用和贡献，从而可能严重紊乱流域水循环和生物循环的动态平衡，导致水循环短路化、绝缘化及生态系统的孤立化等一系列问题，进而可能威胁流域社会—经济—环境的可持续发展。

1.3.2 "生物（植被）工程"理论及其实践

不少学者认为，黄土高原在古代是一个有着肥美草原和茂密森林的地方（Chen et al.，2007）。有观点认为，在相当长的一段时期内，黄土高原的植被覆盖率曾一度达到了53%，且地形以宽广平整的"塬"地貌为主（Wang et al.，2006）。然而，人口膨胀逐渐改变了这一状况。资料显示，2000年前的秦汉时期，黄土高原的人口仅有800万，到1949年已高达3640万；1985年再创新高，达到8100万（蒋定生，1997）。为了缓解人口压力带来的口粮问题，原始植被遭到毁灭性破坏，大面积的森林、灌丛和草原被开垦，坡耕地迅速增加。植被覆盖率也从2000年前的50%下跌至1500年前的33%、400年前的15%、1949年的6.1%（Wei et al.，2006），土壤侵蚀模数则呈指数式上升（Chen et al.，2007）。因此，人口增长被指责为毁林开荒的主要原因，而毁林开荒又被认为是导致严重侵蚀的根源。可以说，人类活动导致的近代加速侵蚀在黄土高原环境蜕变中发挥了关键作用。6000年前，人类活动诱导的侵蚀增加率仅为2%，随后逐渐升至4000年前的8%、2000年前的18%，20世纪80年代中期已高达30%（张天曾，1993）。

据此，基于以上观点的生物（植被）工程理论认为，解决黄土丘陵沟壑区的水土流失问题完全可以依靠在坡面上种树植草来实现。而当时，又恰逢20世纪70年代末淤地坝由于质量低劣和安全稳定性差等原因而大面积损毁，使人们对单纯依靠淤地坝来遏制水土流失产生极大怀疑，大规模修建淤地坝的运动一度中止。代之而来的，是20世纪70年代末80年代初大规模的绿化荒山运动，甚至在当时飞行技术、经验和经费相对不足的情况下，在黄土高原地区广泛采用了飞播造林的技术。

然而，随之而来的现象让人沮丧。第一，人工植被的存活率十分低下。由于黄土高原自身恶劣的气候条件，加之存在植被选择不当、重栽植、轻管理等误区，特别是因水分条件的制约，幼林甚至成年林的死亡率很高，植被平均存活率仅为25%（Zhang et al.，1998）。1999年，在陕北地区人工培育了400万株油松，最终仅仅存活了100余株，被当地群众戏称为梁山好汉。第二，存活下来的植被在生长过程中发生严重衰败，存在枯枝干梢、小老头树等现象。相当一部分人工纯林生长缓慢、过早老化、病虫害严重、难以成林成材、水土保持效益极差。目前在甘肃定西华家岭存活的大面积小叶杨林就是一个典型。

21

第三，土体理化性状呈恶化态势，很多林分下发现土壤干层，并以人工纯林最为严重。这种失利严重挫伤了人们通过植被恢复的方式治理黄土高原的信心。

事实上，对于黄土高原地区植被覆盖率达到50%甚至更高的说法一直存在争议。许多学者通过古植被、古地质和古代植物花粉（pollen）及孢子（spores）化石的研究基本上否定了上述说法。例如，有学者选择了黄土高原济源、蓝田等几个区域，通过对比分析古花粉的时空分布特征，发现尽管不同地区植被类别及其组分存在差异，但总体上讲，蒿类最多，菊科、禾本科等草本植物也有较大比例，一些地区灌木植物占据相当比例，而乔木普遍较少。另外，不少地区还发现了大量的古蕨类植物的花粉和孢子化石。经过分析，他们最终认为，昔日的黄土高原是一个以蒿类植被为主导的草原生态系统（Jiang and Ding，2005）。

另外，生物工程主要强调在坡面上进行植被建设来控制水土流失。但也有不少学者认为坡面侵蚀仅占流域侵蚀总量的10%～30%，而沟道侵蚀却要占到60%～90%（Li et al.，2006）。因此，即便所有的坡面侵蚀都能得到有效控制，也无法从根本上解决该地区的水土流失问题。

而在现实操作中，由于过分依赖乔木、轻视灌草，不遵循适地适树（林）等生态学原则、不重视乔灌草的空间合理配置，进一步导致植被恢复的成效甚微。事实上，黄土高原地区生态环境存在明显的地域差异，植被选择也应该结合这种区域的差异性进行。如有学者指出，黄土高原总体上属于暖温带森林草原区（Chen et al.，2007），它是开展植被恢复的基础，也决定了该地区植被恢复的大方向。

1.3.3 "自然修复理论"及其实践

由于实践中人工植被建设的失利，近些年来一些学者提出目前黄土丘陵区的水土保持和生态恢复应遵循自然规律，以自然修复为主。建议主要采取封山育林、禁伐禁牧的方式，最大限度降低人为破坏和扰动，放任植物自行生长和演替，以达到新的顶级群落和新的平衡点，实现自然群落结构优化的功效。

他们的根据是，在植被自然演替过程中，由于物种多样性的增加，群落稳定性逐渐增强，群落生产力逐渐提高，因而自然植被很少在短期内出现衰败，表明自然植被具有较强的稳定性。事实上，生态系统的可自我修复性，以及通过自我修复遏制土壤侵蚀的普遍有效性，是提出自然修复的前提和基础，也是该理论有一定生命力和广泛接受性的动力所在。在这一理论的指引下，在重点水土流失和生态脆弱区实施了大规模的以禁牧禁伐为手段、封山育林促进植被自然恢复为目的的"天然林保护工程"。这项工程的开展在一定程度上遏制了人为破坏的局面，同时对于增进当地居民的环保意识也产生了深远的影响。

但单从客观自然条件来看，自然修复在黄土高原重点水土流失区的执行就存在两大现实障碍。第一是时间问题。研究表明，由于气候、立地条件、植物繁殖体来源等多种因素的差异，天然植被在没有人为干扰抚育的前提下，通过自然演替实现自我修复的速度非常缓慢，少则几十年，多则需要数百年乃至上千年的时间（Zhou et al.，2006）。尤其是黄土高原这样的区域，气候恶劣、生态系统又极度退化，自然修复的速度会更慢。第二个是空间问题。资料显示，越是湿润和温暖潮湿的地方，越容易进行植被自然修复（胡甲均，2004）。对于国内的广大区域而言，自然修复更适宜在水肥充足、温暖湿润的长江流域以南的地区，而黄土高原地区严重缺水且气候偏冷，是自然修复理论执行的又一巨大现实障碍。

另外，从社会层面看，由于国内现行的政绩考核和提拔机制，当地政府和相关部门官员可能认为这种单纯的封山育林是一种不作为的方式，无助于政绩积累和仕途升迁。同时，由于单纯的封山育林不涉及国家补助和赔偿，对于当地农民增收没有多大帮助，因而也不为广大农民群众所看重和支持。因此，从我国目前特定的区域条件和国情出发，单纯依靠自然修复来治理整个黄土高原、实现该区域生态和社会良性互动是不大可能行得通的。

1.3.4 "土地优化理论"及其实践

许多学者已经指出，不合理的土地利用是招致黄土高原水土流失和生态环境持续恶化的根本原因，这一提法也得到了学术界的广泛认可。在学者的呼吁声中，调整土地利用结构一度成为各级政府部门关注的一个焦点。"土地优化理论"的形成、发展和应用也因此发育了深厚的土壤（Fu, 1989）。在这一思路指引下，我国于20世纪末启动了"退耕还林（草）工程"，西部脆弱生态区大面积坡耕地逐步转变为不同类型的生态用地和经济林地。

但问题的关键是不能仅仅停留在各土地利用类型之间相互转化了多少，不是简单的林草地面积增加了多少、坡地退耕了多少，而更多地应关注其质量的提高。如果不从相对微观的尺度上，如土壤水分和养分乃至微生物状况的改善、植被生长量和生长势的提高、涵养水源保持水土的量、基本农田增产增收等方面去考虑与评估，土地利用结构调整就失去其应有的意义和价值，土地优化则更谈不上，包括典型丘陵沟壑区在内的黄土高原也无法真正实现山川秀美。而提高其质量的关键在于前期科学评估、中期规划执行和后期的持续有效管理，但现实中这方面存在明显的不足。

目前，在实践"土地优化"的过程中，尚存在不少亟待解决的现实问题。主要表现在以下几个方面：第一，土地利用优化的评价方法和相关标准尚不完善，且可操作性不强。第二，治理成效的后期管理、跟踪调查和相关研究相对滞后，导致家底不清。如针对目前的退耕还林（草）工程，退下来的耕地到底对控制黄土高原土壤侵蚀起到多大作用，新的侵蚀模数能达到多少，植被恢复和重建的效果到底如何，尚缺乏系统、有力、翔实的数据支持。第三，在现实利益驱动下，一些地区存在盲目转换土地利用类型的现象，而相应的监督、制约的长效机制不健全。例如，调查发现，在退耕过程中，受国家补贴的吸引，加之青壮年劳务输出和生产成本提高，不少家庭乃至集体将本不属于退耕范围的优质梯田也退了耕，以换取国家粮食和现金补偿，从而造成基本农田流失，给当地粮食安全带来不利影响。

1.3.5 "小流域综合治理理论"及其实践

小流域综合治理已经被证明是防治水土流失、增进生态系统恢复力的有效措施（Mailhot et al.，1997）。这一举措已经在许多国家实施，但是在中国，直到 20 世纪 80 年代后才得到重视。这一思路是将流域视为一个有机整体和独立的生态系统单元，在进行侵蚀防控时，综合考虑各种因素，把发展流域经济、促进农民增收和治理生态环境紧密结合起来。目前，较为有代表性的是所谓的"山、水、林、田、路"综合治理模式。指导思想就是通过教育并培养当地群众的环保意识和参与意识，以国家投资为主的群众参与式的区域水土流失治理模式。将生态学、水力学、循环经济学等理论综合运用于实际治理中，以达到生态环境根本好转和当地群众脱贫致富的双赢局面。

然而，这种思路依旧遭遇了现实挫折，主要原因有两个：一是耗资巨大，人力需求很高。小流域综合治理由于考虑到方方面面，是一个系统工程，所需的人力物力和财力巨大。对于当地相关部门来说，倘没有来自中央或者地方的支持，这项工程很难顺利开展。而由于当地近年来实施"走出去"战略，即大多数青壮年劳力外出务工以发展经济，使得人力资源更加缺乏，实施起来难度更大。二是基础研究和科技支撑相对滞后。黄土高原地形破碎，区域发展和区位差异很大。因而，各个流域既有共性，又有很多不同之处。因而，针对不同流域，需要分别做出科学评估和规划设计。而目前，相关学术标准尚不成熟，难以达到有效支撑。且综合治理涉及面广，需要平衡各方利益，操作起来难度加大。

1.3.6　黄土高原生态综合治理的展望

黄土高原特有的自然和区域特性决定了在该地区实施生态修复和山川整治的难度。如何更好地总结正反两方面的历史经验和教训，是下一步开展新一轮规划和治理的关键所在。事实上，本章论述的 5 种治理思路均有其各自优势、不足乃至缺陷，关键在于实践中如何权衡利弊、因地制宜地综合分析，进而选择适宜的治理方式，或几种模式互相补充、有机结合。除此之外，对于生态修复和水土保持过程中困扰人们的一些关键科学问题，尚需进一步深入思考。例如，无论是人工造林还是封山育林，都存在一个较大的困惑，即恢复到何种程度才算最佳？有学者是认为恢复到最初始的状态。但有研究指出，气候的可逆性不能决定植被的可逆性，即便气候条件能恢复到初始状态，植被也不可能恢复如初（Jiang and Ding，2005）。还有学者认为是达到一个新的平衡状态。但如何确定这个平衡状态？达到这个状态需要多长时间？特别是在当前气候变异和人类影响加剧的大背景下，如何确保这种平衡早日实现？又如何降低自然和人为因素带来的不确定性？凡此种种，科学回答这些困惑有助于深化对黄土高原生态环境和地理现状的把握，从而规划出更加缜密可行的治理方案。

第 2 章　植被恢复与水土流失治理

2.1　植被恢复与水资源利用

黄土高原是我国乃至全世界水土流失最为严重的地区之一，近现代人类不合理的土地利用及其所驱动的植被覆盖缺乏被认为是加剧黄土高原侵蚀过程的主要因素。黄土高原恶化的生态环境不仅影响着该区的生态与经济的可持续发展，而且对黄河甚至全国的生态安全构成严重威胁。因此，在黄土高原地区开展植被恢复进而优化区域生态环境，对于促进人地和谐和区域可持续性具有极其重要的战略和现实意义。

2.1.1　植被恢复与水分利用

2.1.1.1　植物与水分的关系

不同的景观都有一些相似的水文过程，而从独特的水文过程可以分析出景观的某些独特性质，其原因主要是景观中的植被可以在多个层次上影响降水、径流和蒸发，进而对水资源进行重新分配，并由此影响水文循环全过程，而人类活动和气候变化放大了植被的生态水文效应。

植被覆盖能够有效地影响地表反射率、地表温度、下垫面的粗糙度和土壤—植被—大气连续体间的水分交换。一般认为森林的蒸散量/降水量值要高于灌丛和草地，它是森林影响土壤水、地表水和地下水水位的重要因素。在干旱区和其他生态系统，植被的蒸腾耗水也十分明显，如湖泊周围植被的蒸散发要数倍于空旷水域的蒸发，它超过湖泊其他形式的水分损失。林区气温降低、地表粗糙度较高，增加了拦截、液化水平气流（如云、雾和霜等）的能力。我国 1951～1999 年林区和非林区的降雨量和植被覆盖间关系的研究均表明，林区能在一定程度上增加降雨，并且增加的主要是水平降雨。但在大尺度上，大面积自然植被的破坏，特别是热带雨林的破坏可能造成降雨量的减少，并改变整个区域的水文循环模式。科学家在亚马孙河流域做了大量的工作，预测表明流域的森林被全部砍伐后，当地的降雨量将大幅度减小，并将改变降雨过程的分配模式。现今，全球变化暖、极端气候频现是一个不争的事实，人们更加重视植被对降雨量的影响，并将其研究和全球植被覆盖率降低、土地利用强度加大联系在一起。

植被通过对降雨过程的再分配是它影响水文循环的重要方面。森林林冠截留的大部分雨量由蒸发返回大气，通过林冠后到达地表的雨量减少，时间上也要滞后一些。国外的研究表明，林冠的截留率一般占年降雨量的 20%～40%，我国研究得出的结果是 11.4%～34.3%。通过林冠后，雨滴动能减少，同时林地枯落物对地表径流有较大的影响，枯落物吸水可达自重的 40% ~260%。林内枯落物通过对降水的吸纳，使地表径流减小、峰值滞后，并增加对土壤水分的补给。来自四川冷杉林的研究表明，降雨量小于 5 mm 时，枯落物几乎可以吸收这部分雨量。枯落物及林地良好的结构增加水分的渗透和蓄积，同时使地表径流减弱和径流时间滞后。林地土壤入渗率可以达到草地的 2 ~4 倍，其土壤的保水能力也比灌木、草地和裸地要高。周晓峰的研究表明，将藓类—杉木林转变为灌木林后，0 ~80 cm 土壤蓄水能力降低了 42.13%，0 ~20 cm 降低了 66.1%。

然而，由于森林生态系统本身以及影响地表径流因素的复杂性，人们对森林对径流的影响一直存在不同的看法。在集水区尺度上，国内外研究均表明：植被覆盖增加，径流和养分流失减少；并且在原无植被覆盖的地区恢复植被将会减少地表径流量。一般认为，与壤中流、溪流相比，地表径流对植物覆盖参数最为敏感。在澳大利亚对桉树砍伐方式的研究表明，斑块状的皆伐方式比间伐对径流量的贡献更大。Hornbeck 等 (1993) 在美国西南部研究表明，森林皆伐后，不同地理单元降雨量的高低通过影响植被恢复速度也影响水量的变化；从长时间来说，降雨量对干旱区的影响将更为持久；而皆伐后，自然恢复比人工恢复能更快地降低产流量。另外有观点认为，植被减少、径流减少。来自埃塞俄比亚北部、坦桑尼亚 Kondoa 和我国长江上游的研究都得出类似的结论。在原苏联西北部和上伏尔加流域等集水区以及我国海南等地的集水区研究也表明，小流域尺度上年流量和植被覆盖率没有明显的比例关系。因此，不同的自然条件和尺度下，植被对径流的影响不尽相同，降雨量、土壤前期湿润状况、地理条件和森林覆盖率、植被群落结构都有可能占优势，并由此而导致径流的时空格局与过程上的差异，某一自然条件和不同尺度上得出的结论不能简单地对外推广。

总之，森林能在一定的条件下通过改变水分在蒸发、径流、土壤水和地下水间的分配，从而影响极端水文事件（洪水和干旱）的发生，增加区域的保水能力和对水土流失的控制能力。灌丛和草地对水文过程有相似的影响，但和森林相比要简单得多。植被通过影响水文过程而影响生态系统的营养负荷和沉积物运移，被认为是生物地球化学循环的重要"发动器"。

2.1.1.2 植被格局与生态水文过程

水文过程控制了许多基本生态学格局和生态过程，特别是控制了基本的植被分布格局，是生态系统演替的主要驱动力之一。利用调整水文过程的方法可以很好地控制植被动态。例如，水文过程可以调整和配置景观内的"流"（包括营养物、污染物、矿物质、有机质），水质的恶化和水位（特别是地下水浅水位）变化，水化学特征及其变化，影响植物的群落结构、动态、分布和演替。可以利用水的流量、流速、质量等水文要素对生境进行重塑并控制植被群落。近代人类对土地利用强度的加大，增加了植被对水分的获取程度，适干群落易于入侵，并成为优势种。对南非 Nylsvley 稀疏草原的研究表明，虽然对水的利用不同，但在水胁迫下，不同的群落都有一些相同的响应方式；对 Texas 的研究表明，植物根系的深度和年度降雨影响着土壤水动态和植物水分胁迫程度，树木和草本对水胁迫的响应程度不同，在水胁迫下浅根系的植物对水的利用效率要更高；对 Colorada 稀疏草原的研究表明，不同的土壤结构条件下，在湿润季节适合于某一植物生长的立地在干旱季节将变得不再适合于生长，这为解释"优势种"出现的原因提供了帮助。Glaser 等（1990）研究了植被对水化学和水文梯度的响应，通过 Minnesota 北部同一个水文景观内碱沼和高位沼泽两个不同湿地类型的对比表明植被对水化学梯度很敏感，水化学梯度（主要是 pH 和 Ca 含量）对植被群落演替具有重要的作用，碱沼具有较低的植物多样性，并且生长的都是根系极深的植物。而合理的水供给可以增加植物对营养物的获取，增加植物的固碳能力，并由此促进植物的生长和净初级生产力，这在干旱区、半干旱区及湿地都被证明是正确的。

2.1.2　植被演替过程中的水资源问题

天然降水是植被对水分需求的主要来源，降水资源成为影响植被空间分布及其时间演替的重要因素，土壤水分状况也成为植被恢复与重建的主要限制性因子。植被带的划分及对生态综合整治和可持续发展对策的制订都是基于降水、土壤水资源和植被分布状况。在我国黄土高原地区，水分是制约植被分布、恢复与重建的主要限制因子，水分不足及其时空分布特征决定了区域土地水资源承载力十分有限，由此林草的现实生产力受到不同程度的制约，增加了该区林草建设的难度。

我国黄土高原由于特殊的土壤、地理和气候环境，土壤水分循环有其特殊性，虽然具有巨大的蓄水库容潜力，但常常处于水分亏缺状态。降水可渗入深层却很少能超过蒸散作用层的深度，土壤水分收支的负平衡直接导致低湿层的形成等。多年来，国内学者对黄土高原土壤水分问题的研究已经形成了比较完整的体系，但多是直接针对土壤水分有关环境问题的研究。

植被的水分需求和植被演替过程的土壤水分有效供给成为目前研究的重要内容，主要有以下特点：① 以不同植被类型为单元，以单点或地块上的土壤水分平衡、水分—植物关系的研究为基础，研究其水量平衡及其时间演变趋势；② 从降水资源对不同植被和土地利用类型的土壤水分的补给程度入手，分析降水对植被分布的影响特征，同时，探讨植被恢复与重建对水环境的影响；③ 植被类型的水文过程，如植冠截流、入渗、产流、蒸发、蒸腾等，国内外众多学者已做了大量研究（单点或地块尺度），揭示了不同植被的形成与发展过程中，随着植被覆盖度及其生物量增加，土壤水分循环及其水分平衡的时间演变过程。

黄土高原地区近年来大面积植树造林，植被增加后，降雨—入渗—径流关系发生了变化，土壤呈现干燥化趋势。如何维持不同土地利用/覆被管理类型（林、草、农田等）总耗水量与总的有效降水的平衡，仍有待更深入的研究。

2.1.2.1　土壤水资源

大气降水是半干旱黄土丘陵区重要的气候资源，由此派生出的水资源包括地表水、地下水和土壤水。黄土高原地区水资源先天不足，并且分配极为不均。大部分地区为旱作农业，地下水一般埋深达 50～200 m，与近地表土壤水分供应层之间隔着一层深厚的包气带，很难供给植物利用。

评价区域水资源时，多以地表水和地下水总量作为区域水资源总量。杨文治（2001）认为只把地表水和地下水作为区域水资源总量远远不够，土壤水作为水资源的重要组成部分，土壤水资源相当于地表水和地下水总量的4.1倍。忽略土壤水资源的价值，特别在半干旱的黄土丘陵沟壑区，不可能对该区水资源做出完整的客观评价。

黄土层深厚疏松，持水性能较好，降水入渗大部分被截留贮存于土体之中，形成了土壤水。2 m深的土层即能贮存全年的全部降水量，素被称为"土壤水库"。据测定，以植物需水的主要供水层200 cm土层计算，黄土性土壤的贮水能力可达450～600 mm。"土壤水库"必须同时具备库容和水源两个条件，降水量和降水分布的限制决定其徒有高容量的土壤贮存能力，即使倾全年的降水，也只能接近或达到其所谓的库容；即使在降水初停后，土壤表层或上层贮水量大体相当于土壤饱和持水量与田间持水量之间水分贮量水平，对植被供水的深层土壤贮水量实际上并没有意义，土壤贮水存留时间很短暂，因而常趋近于或低于土壤实际有效供水能力。

在黄土丘陵区，占地面积很大的梁峁地土壤深层均处于低湿状态，其值一般小于田间稳定湿度。在此低湿状态下，由于灌木林根系对水分的吸收、消耗和水分的负补偿效应，进一步促进了土壤向干燥化发展，因此梁峁地区深层贮水对灌木林生理需水的调节作用明显减弱。

当土壤湿度低于凋萎湿度时，即为土壤水库的死库容，土壤水分不能为植物利用，田间持水量与凋萎湿度之间土壤所含水分为有效水分，为土壤水库的有效库容。土壤层调节水分供给和保持有效水时间非常有限，土壤水库中的无效水贮量占总库容的33%～50%，实际可被植物利用的数量，在人工林草地下，由于植被的强烈蒸散，土壤水分处于亏缺状态，普遍存在生物利用干层，土壤层处于相对干旱的状态，土壤含水量甚至达到凋萎湿度的水平。

2.1.2.2 人工林草植被与水分动态

（1）植被耗水

新中国成立以来，人们在黄土高原开展了大规模的植树造林工作。人工林草植物生长相对较快、其耗水强度也较大。一般林草地土壤水分平均值仅为田间持水量的40%～60%，深层土壤水分可形成永久干旱层，难以恢复。平水年降水对土壤墒情恢复深度仅1 m，多雨年份为2 m，平均1.5 m。黄土丘陵区阳坡林地土壤含水量一般为3.3%～7.6%。

沙打旺人工种植，其水分维持正常生长的周期仅为6～10年，研究认为8～10年后沙打旺会衰败而死亡，其主要原因就是水分严重不足。一般研究认为，沙打旺2～4 m土层平均含水量5%～18%，个别层次甚至低于4%。陕西安塞试区1983～1990年连续8年的观测结果表明：一般年份，裸地（0～2 m）土层雨季后期都存在明显土壤水分亏缺，亏缺量多年平均约为90 mm，而林草植被的参与大大强化了土壤水分的消耗过程，使亏缺明显增强。3～6年生灌木林地依靠3～10 m深层土壤保存的水分补充，水分严重不足。7年生以上的灌木林地则主要依靠当年降水维持低生长的水分条件。

（2）土壤水分动态

土壤水分动态受植被、气候、土壤及地形等因素的综合影响，随空间尺度和时间尺度分异而变化。水文过程要素的空间分异，包括降水、冠层截流、入渗、径流、蒸散等在不同立地条件下的分异表现，地形、土壤及小气候因素等对土壤水分动态的影响；水文过程要素的时间演变，包括年际变化及季节变化。

土壤含水量主要随土壤、大气温度（光、热条件）、降水条件及植被生长土壤水利用情况而变化。由于植被生长和气候具有季节性（以年为周期的变化），土壤水分也具有季节性变化特征。一般来说，土壤湿季从当年雨季的中、后期一直延续列翌年早春。但入冬前至入春却是气候上的早季，而从仲春进入夏季，气候上开始进入雨季，土壤湿度却降低到一年之中的最低点。

杨新民和杨文治（1998）对灌木林地土壤水分季节变化分析认为：6 月下旬至 8 月上旬是一年中土壤水分含量最低的时间，灌木林生长旺盛期，气温偏高，土壤水分蒸发量大。经过雨季降雨，土壤水分虽可得到一定的补偿，但在大气干旱和植物利用的共同作用下，第二年 6~7 月土壤湿度下降到一年最低值。

土壤水分的收支随深度的变化具有明显的层次。根据各层土壤水分测定值的标准差和变异系数可以划分土壤水分的剖面层次。土壤剖面水分的变幅一般随土层深度的增加而变小，大致可划分为三个层次：①速变层，土壤和大气的边界，受大气降水和蒸发作用土壤水分最为敏感，水分交换剧烈；②活跃层，植物根系因分布较密而耗水较多，尤其浅根系作物，该层土壤贮水较低；③相对稳定层，对浅根系作物该层土壤贮水较多，对深根系作物该层耗水较多，补偿和恢复较为困难。

土壤水分动态变化主要受降水和蒸散年内变化的影响，地形（地貌类型、坡度、坡位及海拔高度）和土地利用也是重要的影响因素（邱扬等，2001）。由于降雨在坡面上再分配的影响，沿坡各部位土体内储蓄的水量有较大差异，一般坡的中下部水分交换最活跃，土壤贮水量最大。

邱扬等（2001）分析了土壤水分时空分异与环境因子的关系，认为在丰水年土壤水分垂直变化的主要影响因素是土地利用与地形；土壤水分季节变化的主要影响因素为降雨与地形。由于各地气候、植被类型及土地利用的差异，土壤水分年内变化规律有一定的区别，但一般可分为三个主要阶段：旱季严重亏缺期、雨季补偿恢复期和冬春相对稳定期。

2.1.2.3 土壤水分循环与水分亏缺

(1) 土壤水分循环

水是制约黄土高原植被恢复的关键因素，土壤水和生长期降水是该区植被用水的基本来源。黄土高原土壤的特殊性，气候和植被的过渡带特征使人们更加重视植被与土壤水资源的相互影响，特别是土壤水分状况对植被生长的作用研究。对黄土高原的土壤水分循环的研究主要集中在地上部植物的蒸散发、土体内的水分变化动态以及林草地的水量平衡研究（李玉山，1983），但对土壤水分循环随时间的变化过程研究目前较少。

a. 土壤水循环

土壤水由于降水、蒸发、蒸腾、径流等因素的影响，经常处于循环变化之中。土壤水循环在时间上具有年周期变化特征，在空间上表现为循环深度和强度的差异。土壤水的循环量，在很大程度上受制于土壤水分贮量的变化，即其增加或减少的数量；而水分贮量的变化，又受制于降水状况。土壤干旱是对大气干旱的响应，尽管二者在时间上具有不吻合性。

b. 蒸散发

植物的蒸腾耗水特征因物种的不同而表现出明显的差别。在黄土高原地区，目前针对刺槐（*Robinia pseudoacacia*）、油松（*Pinus tabulaeformis*）、柠条（*Caragana intermedia*）、中国沙棘（*Hippophae rhamnoides* subsp. *sinensis*）、紫花苜蓿（*Medicago sativa*）等常见主要造林树种及草种的蒸腾作用进行过较为系统的研究。

c. 植被冠层截留

植被冠层对降雨量将进行第一次分配。首先是林冠对其截留。林内雨量与大气降雨量的差就为林冠截留量，林冠截留量与大气降雨量的比值为截留率。截留率与冠层结构、降雨量、降雨强度等有密切关系。冠层截留部分降水，然后通过蒸发又返回到大气中，实质上是乔灌草耗水的一种方式，也是植被体系对土壤入渗量和地表径流量影响的主要因素。

d. 地表水量的分配

林内降水一部分渗入土体，形成土壤水；另一部分形成地表径流而流失。区内地表径流的年内变化深受降水状况影响，具有明显的夏雨型特征。其产流过程受地形、植被、土壤等因素的深刻影响。

e. 剖面动态

土壤水分由于植物蒸腾作用及地面蒸发不断地向大气输出，同时又有一定的降水补充到土体内，引起土壤水分在剖面上的动态变化，主要表现为土壤剖面上的垂直分布特征、土壤剖面水分分布的季节变化和年变化。

蒸发量和降水量季节变化（土壤水分收支平衡状态）决定了土壤水分分布变化，不同深度的土层，土壤水分随季节变化幅度具有不同分布特征。韩仕峰（1993）根据黄土区裸地土壤剖面的水分分布特征，将其分为速变层、活跃层、次活跃层和相对稳定层4个层次；对于林地下的土壤水分分布，考虑到林草的作用，王孟本和李洪建（1990）将其分为活跃层、次活跃层和相对稳定层；刘增文和王佑民（1990）则根据植物对水分的利用情况，将林地土壤水分的分布分为微弱利用层、利用层、补充调节层和微弱调节层。不同土地利用类型其各层次相对深度不同，并受降水量的大小及其季节分布的影响。

土壤水分的季节动态在降雨量大或分布不均的年份中差异明显，土壤水分的年际变化主要取决于当年降雨量的多少，基本上与年降雨量的变化一致。

（2）土壤水分亏缺

干层是黄土高原特有的土壤水文现象，它是半干旱和半湿润环境下，由于总体水量不足，在植物的蒸散和土壤的蒸发作用下，土壤水分出现负补偿，从而在土体的一定深度形成稳定和持久的低湿层。

土壤干层形成的机制一般认为有两种：①由于植物根系吸水导致土壤水分大量蒸散形成的干层称为蒸散型干层，存在于半干旱和半湿润区；②在大气干旱和水势梯度的双重作用下，土壤水分强烈蒸发形成的干层称为蒸发型干层，存在于干旱和半干旱地区。

李玉山（1983）从植物利用水分的角度，将干层分为利用型干层和地区型干层两种。

李裕元和邵明安（2001）认为植被演替过程与气候的变迁是一个漫长的渐变过程，从气候变迁与土壤水分的消耗过程来讲，人工植被土壤出现干层的起因是气候向干旱发生演化和乔灌草的配置方式选择不当，致使植被对土壤水分的强烈消耗。

4. 土壤水分补偿与植被承载力

天然降水是黄土丘陵区土壤水分储量的唯一补给源，区内土壤水分亏缺的补偿和恢复，主要在雨季，微雨和暴雨对土壤水分的补给意义不大，只有降雨强度适中、历时长而降雨量大的降雨过程才能有较大的降水入渗补给量。

在黄土高原地区，土壤水分生态条件是生产力高低的标志。马玉玺和杨文治（1990）研究发现刺槐的材积生长受水分条件的影响，材积的生长量滞后于降水量。

对沙打旺草地的生产力的研究表明，其产量主要取决于其生物学特性，但水热条件的影响也很大。不同立地条件下的同龄沙打旺草地，水分条件越好，生产力就越高。

2.1.3 植被恢复中的水平衡问题

土壤水分由于降雨、蒸发、蒸腾、径流及地下水等因素的影响，经常处于循环变化之中，其循环过程又取决于气象、土壤、植被及利用状况。土壤水分循环在时间上具有年周期的特征；在空间上表现为水分循环深度和强度的差异。从数量上分析，水分的输出必然取决于水分的输入及其在系统中的动态变化，黄土高原的地下水埋藏很深，可以认为不参与土壤水的循环过程。概括地说，降雨经过土壤，根系吸收进入植物体，然后经过植物蒸腾和物理蒸发，以气态水的形式进入大气，这是一个连续过程。黄土高原土壤水分循环过程包括土壤—植物—大气系统中水分交换的各个可能途径，在这个系统中，大气降雨是首要的输入项；其中一部分降雨被植物冠层截留或形成地表径流，大部分渗入土壤成为土壤水，再经植物根系吸水，通过植物蒸腾和物理蒸发又进入大气；在地下水埋藏较浅地区，可能会有部分土壤水进入地下水中，也即深层渗透，而在干旱时期则相反，可能会有部分地下水补给土壤水，但在黄土高原大部分地区地下水埋藏很深，深层渗透和地下水补给很少发生。至于土壤径流，也即水平入流或水平出流，由于黄土高原的土层深厚，降雨较小且土壤相对湿度较低，产生水平流动的可能性较小。因此，在这一地区，土体中水分的流动主要是垂直方向上的流动。

2.1.3.1 水分平衡概念及其意义

水分平衡是指任意选择的区域（或水体），在任意时段内，其收入的水分与支出的水分之间差额必然等于该时段区域（或水体）内蓄水的变化量，即水在循环过程，从总体上说收支平衡。

水分平衡是质量守恒原理在水循环过程中的具体体现，也是地球上水循环能够持续不断进行下去的基本前提。一旦水分平衡失控，水循环中某一环节就要发生断裂，整个水循环也将不复存在。反之，如果自然界根本不存在水循环现象，也就无所谓平衡了，因而，两者密切不可分。水循环是客观存在的自然现象，水分平衡是水循环的内在规律。水分平衡方程式则是水循环的数学表达式，而且可能根据不同的水循环类型，建立不同水分平衡方程，如陆地水分平衡、流域水分平衡等。

水分平衡研究是水文、水资源学科的重大基础研究课题，同时又是研究和解决一系列实际问题的手段和方法。因而具有十分重要的理论意义和实际应用价值。

首先，通过水分平衡研究，可能定量地揭示水循环过程、自然生态系统之间相互联系、相互制约的关系，揭示水循环过程对人类社会的深刻影响，以及人类活动对水循环过程的消极影响和积极控制的效果。

其次，水分平衡是研究水循环系统内在结构和运行机制，分析系统内蒸发、降雨及径流等各个环节相互之间的内在联系，揭示自然界水文过程基本规律的主要方法，是人们认识和掌握不同区域水分平衡特征的重要手段。

再次，水分平衡分析是水资源现状评价与供需预测研究工作的核心。在黄土高原土壤水资源的现状评价是进行农业生产的前提，也是生态恢复工作中植被类型选择的重要依据。

2.1.3.2 水分平衡研究进展

目前，黄土高原土壤水分平衡研究主要集中在植物的蒸腾蒸发、土壤水分动态以及土壤水分平衡 3 个方面。

(1) 植物蒸腾蒸发

植物的蒸腾蒸发量因物种的不同而表现出明显的差别。在黄土高原地区，主要对刺槐、油松、柠条、沙棘、沙打旺、紫花苜蓿等常见主要造林树种及草种的蒸腾作用进行过研究，同时对春小麦、冬小麦、谷子、高粱、糜子、马铃薯等农作物有过较多的探讨。

在叶面蒸腾方面，也有过较多的工作，主要集中在不同植被类型的蒸腾速率及其与环境因子的关系方面。例如，王百田和张府娥（2003）通过水分胁迫研究了黄土高原 34 种乔木、灌木和果树的光合速率、叶面蒸腾速率、气孔导度、叶水势、饱和亏缺和太阳总辐射、大气相对湿度、气温、风速、土壤含水量及叶面积等因素之间的关系，发现侧柏对水分胁迫反应最为敏感，是具有抗旱能力的重要生理基础；山杏、白榆有较大的临界饱和亏缺和较低的相对含水量，具有较高的耐旱能力；当土壤含水量大于 6% 时，土壤含水量与苗木蒸腾速率的关系密切，当土壤含水量低于 6% 时蒸腾速率与土壤含水量关系不密切；不同的植被类型对环境因素的响应不同。王孟本和李洪建（1990）研究了晋西人工林系统植被（沙棘、柠条和小叶杨等）的光合、蒸腾特征，表明光合有效辐射（PAR）和气温等因子对植被的蒸腾影响较明显。

(2) 土壤水分动态

土壤水分动态包括土壤水分分布与土壤水分变异两个方面：① 土壤水分分布。韩仕峰（1993）研究了黄土高原地区裸地土壤剖面的水分分布特征，将其分为速变层、活跃层、次活跃层和相对稳定层 4 个层次。李凯荣、刘增文等则根据植物对水分的利用情况，将林地土壤水分的分布分为微弱利用层、利用层、补充调节层和微弱调节层。杨文治（2001）认为，黄土高原土壤水分在剖面中可大体分为 3 个层次：第一个层次为土壤水分交换活跃层，位于厚度 20 cm 左右的土体，这个层次与大气的交换十分密切，其土壤水分与植被关系不大，而主要取决于大气环境和土壤的理化性状；第二个层次为土壤水分的双向补偿层，此层位于 20 ~ 120 cm，所谓 "双向补给" 层是指降雨入渗对封贮水的补给和水分上行运移对蒸发面的补给，这个层次经常处于增湿和失水的不稳定状态；第三个层次为土壤水分的相对稳定层，此层位于 100 cm 以下，在不同的区域和不同的土地利用类型，这个层次会有所不同，如林地的稳定层可能在 2 ~ 3 m，而在不同的干旱或湿润年份，这个层次也会上下移动。② 土壤水分变异。土壤水分在不同的时空尺度上均具有较强的变异性，在这方面国内外均有较多研究。

影响土壤水分变异的因素较多，包括地形、土壤质量、植被类型、平均土壤含水量、地下水位、降雨、辐射和其他气象因素。

第一，地形因子。坡向、坡位、坡度、曲率和相对高程等都影响着土壤水分的时空分布特征。

1）坡向。坡向影响入渗、排泄和径流过程。相同条件下，由于具有较慢的渗透性、较大的地表径流，陡坡地比平地干燥。Nyberg（1996）发现坡度影响土壤水分变异。坡向影响太阳的辐射，并因此影响蒸散发和土壤水分。曲率是指景观的凹凸，它们影响水分的侧向流动。例如，洼地（即凹陷处）或曲率较大的地方比平坦的地方（曲率较小处）会更为湿润。曲率可以定义为平面曲率（垂直于坡向）、剖面曲率（平行于坡向）和平均曲率（所有方向曲率的平均值）。

2）坡位。研究人员发现坡位或相对高度通过影响水分的重新分配而影响土壤水分的变异。Nyberg（1996）研究发现土壤水分与相对高程成反比。就黄土高原而言，赵晓光等（1999）研究发现，坡长对土壤水分的影响存在一个临界值，在 30 m 以内土壤含水量与坡度为正相关，超过 30 m 后表现为负相关。

第二，土壤质量。土壤异质性由于土壤质地、有机质、结构和孔隙度等的差异影响着土壤的入渗性和持水力，从而影响土壤水分的分布。此外，土壤颜色影响反射率，从而影响土壤的蒸发速率。Hawley 等（1983）研究发现土质与土壤水分变异的相关性在湿润时段要大于干旱时段。

第三，植被或土地利用。植被或土地利用由于不同的水分消耗而影响土壤水分。一般说来，土壤含水量以天然用地 > 人工用地；就人工用地而言，以农地 > 林地和草地 > 灌木地，而用水层深度和亏缺程度正好相反。Hawley 等（1983）研究发现植被覆盖与土壤水分变异有显著的相关性。在黄土丘陵区，坡面尺度上的土地利用结构对水分具有重要影响，从坡顶到坡脚以坡耕地—草地—林地这种土地利用结构的含水量结构最有利于水土保持。在流域尺度上，相同郁闭度的森林小流域较自然草地小流域有较小的径流量、较大的蒸散量和较低的 3 m 土层平均含水量。

第四，气象因子（降雨）的时空影响。在干旱地区，降雨是土壤水分的主要来源之一，所以土壤水分及其空间变异、季节变化和年际变化往往与降雨特征息息相关。Hawley 等（1983）认为，土壤水分的平均值和空间变异（方差）都随降雨量的增加而增大。

在黄土高原地区，降雨及变化决定了农地、草地、林地以及小流域整体的土壤含水量及其季节变化和年际变化。对于坡面植被，在干旱年份土壤水分呈现为下降型，而在湿润年份表现为上升型。但沟坡植被的变化与坡面不同，一般来说没有明显的季节变化特征，也即受降雨的影响较小。就小流域整体而言，降雨与土壤水分的时间动态呈现出"三峰型"、"四峰同步型"和"四峰滞后型"3种类型；从丰水年到欠水年，土壤水分的剖面分布类型由"降低型"向"波动型"转化，"波动型"向"增长型"转化（邱扬等，2001）。

第五，多因子综合影响。土壤水分的时空变异是多重尺度上地形、土壤、土地利用（植被）、气象等多因子综合作用的结果，但是其主控因子因地因时因尺度而异。此外，平均土壤含水量、地下水位、辐射和其他气象因素也影响土壤水分的时空变异，但在流域尺度来说，其影响程度较小。

（3）土壤水分平衡

根据水分平衡方程，在多年的观测中，以年周期分析，在黄土高原无论是农田、裸地还是人工林草植被，年总蒸散量与降雨量均基本保持均衡。据研究，土壤总蒸发量与降雨量之比，各年有一些偏离，但从一个较长周期或从宏观分析，二者几乎相等。

虽然长时间年周期分析表明，土壤水分的输入和输出是基本保持均衡的，但如果按不同的水文年进行分析，则会发现，在干旱年裸地土壤水分仍会出现水分支出大于收入；同时丰水年水分收入大于支出，只有在平水年土壤水分的收入和支出才基本保持均衡，这是黄土高原土壤水分平衡一个重要特征。研究表明，如果按植物生育期研究土壤水分平衡问题，水分的输入量与输出量在大多数年份常常是不相等的，土壤水分盈亏对作物与林草植物生长关系密切。

李代琼和刘克俭（1990）通过近10年研究表明，林地（沙棘林地）的蒸散量约为降雨量的1.02倍，草地（沙打旺）的蒸散量为降雨量的0.98倍。李玉山（2001）经过多年的研究发现，冬小麦的蒸散量为降雨量的0.94倍，其水分平衡性好于裸地，裸地的蒸散量为降雨量的0.98倍。造林密度过大是造成林地蒸散量大的直接原因。杨新民和杨文治（1998）等研究了陕北黄土丘陵沟壑区刺槐林地的水量平衡后认为，该区的林冠截留量、径流量和蒸散量之和已等于大气降水量，大气降水没有多余的水量可补给林下土壤来贮存，土壤水分经常处于亏缺状态。韩仕峰（1993）等通过多年研究表明：黄土高原主要夏田作物的生育期耗水量与降雨量之比，多变动于1.5~2.0，这说明夏粮作物生育期水分的输出量与输入量存在不平衡现象，水分的供需矛盾甚为突出，生育期需要土壤补给的水量要耗水量的35%~50%；就秋粮而言，生育期耗水量与降雨量，多变动于0.9~1.4，大多情况下，秋粮作物的耗水量90%以上来自降雨。

近年来在黄土高原地区多年生林草地，出现了以土壤旱化为主要特征的土壤退化现象。土壤旱化反过来影响植物的生长和发育，最终将导致植物群落衰败和生态系统的退化，从而影响到林草植被的长期稳定，这已成为当前林草植被建设的重大问题之一。

2.1.3.3 水量平衡模型

干旱区的水分收支运动主要发生在冠层到根区不深的一个界面层内，所以旱区水量平衡的研究也主要集中在这个层次。

灌草植被的水量平衡包括水分的输入、转移以及土层内贮水量的变化。黄土高原因其特殊的地理位置和土壤气候条件，基本不存在水分的深层渗漏和壤中径流。

土壤水分平衡方程：

$$\Delta W = P - E_t - R$$

式中，ΔW 为土壤水分变化量（增量）；P 为降水量；E_t 为系统总蒸散量；R 为径流量。

平衡量主要反映土壤贮水量的变化。当土壤贮水量增加，土壤水分为正补偿状态，土体水分得到一定程度的补充和恢复；土壤贮水量不变，说明土壤水分收支平衡；土壤贮水量降低时，土壤水分出现负补偿，结果使土层干燥，土壤出现干层，影响并制约着植物的生长发育。

对于特定的区域环境条件下，不同类型植被发生土壤干旱的风险不一。杨海军等（1993）研究了晋西黄土残源沟壑区水土保持林地的水量平衡后认为：大气垂直降水量是黄土区林地的唯一水分输入量，乔木林的蒸散量超过同期降水量，易于发生土壤干旱；沙棘、虎棒子等灌木林发生干旱的危险性次之，草地与裸地的危险性最小。

杨新民和杨文治（1998）对陕北黄土丘陵沟壑区刺槐林地的水量平衡研究表明，该区的林冠截留量、径流量和蒸散量之和已等于大气降水量，大气降水没有多余的水量可补给林下土壤来贮存，土壤水分经常处于亏缺状态。黄土高原大部分地区年降水量为 300 ~ 600 mm，潜在蒸发量为 800 ~ 1600 mm，潜在蒸发量大于降水量，是林地发生土壤水分循环负平衡的决定性条件。

土壤水量转化通常以研究地表蒸发、植被蒸腾以及根系吸水为主。虽然地表蒸发和植被蒸腾是坡地水量转化和水量平衡中的一个重要内容，但也是研究工作的难点。蒸发和蒸腾常结合一起，通过水量平衡法进行测定，但有适用条件和局限性。

2.2　植被恢复与生态需水

长期以来，水科学中关注更多的是社会经济系统的水资源供需平衡问题，对生态用水的忽视，带来了严重的生态退化和环境恶化。如何进行水资源的优化配置，将人类活动控制在生态和环境允许范围之内，恢复和重建受损的生态系统等问题越来越受到国际社会的广泛关注和重视，而其核心问题之一就是水，于是生态用水问题逐渐得到重视。

2.2.1　生态需水的概念与内涵

2.2.1.1　生态需水的概念

生态需水（ecological water demand）方面的研究，最早出现于 20 世纪 40 年代，美国渔业和野生动物保护组织为防止河流生态系统退化，规定需保持河流最小生态流量。英国、澳大利亚等国 20 世纪 80 年代起接受河流生态流量的概念，并广泛开展研究；亚洲、南美洲国家目前逐步接受这一概念。国内的研究多集中在干旱和半干旱地区，且以河流和植被的生态需水作为主要研究对象。目前，国内外对生态需水都还没有公认的定义。综合相关研究，笔者认为生态需水是指在某一时空尺度和环境标准下，维持生态系统健康运行必须消耗和蓄存的水资源量。生态需水的数量值是动态的，取决于气候条件、水资源数量和时空分布特征及利用程度等诸多因素。

2.2.1.2　生态需水的内涵

(1)　时空内涵

依据生态需水量的定义,生态环境需水具有明显空间性和时间性。首先,它具有明显空间性,表现在不同地理分布区域如干旱区和湿润区,陆地和水域,同一流域上、中、下游及入海口不同地段等,对维持生态系统平衡的水量及分布的需求有明显差异。其次,它具有时间性,表现在两个方面:一是水生态系统现状的不同时段,生态需水的分布特性有所差异;二是在未来不同时间尺度上的某个特定时间段,随环境的治理、自然生态的逐步恢复,生态环境需水量的外延和内涵都会有所改变。

(2)　自然生态优先内涵

水对生态系统有明显的限制作用,生态环境需水量是维持生态系统平衡最基本的需用水量,这部分水量是维持自然再生产必须保障的水量和最基本的需求,不能再作为其他用途进行调控。自然生态系统需水得到保障后,方可进行人类经济活动和社会发展用水的配置。

(3)　可持续内涵

生态环境需水的前提"维持流域或区域特定的生态环境功能"充分体现了可持续内涵,为维持生态系统良性循环,满足人与自然和谐的生态环境标准,必须明确人类各种取用水、排污等经济和社会活动对水生态系统的影响不能超出其承受能力。

2.2.2　生态需水的组成

2.2.2.1　河道生态需水

河道生态需水的研究范围应包括河道及连通的湖泊、湿地、洪泛区范围内的陆地,其生态需水由以下6个方面组成:① 维持水生生物栖息地生态平衡所需的水量;② 维持合理的地下水位,以保护河流湿地、沼泽生态平衡,保持和地表水转换所必需的入渗补给水量和蒸发消耗量;③ 维持河口淡、咸水平衡和生态平衡所需保持的水量;④ 维持河流系统水沙平衡和水盐平衡的入海水量;⑤ 使河流系统保持稀释和自净能力的最小环境流量;⑥ 防止河道断流、湖泊萎缩所需维持的最小径流量。

2.2.2.2　河道外生态需水

河道外生态需水包括以下几个部分:① 天然和人工生态保护植被、绿洲防护林带的耗水量,主要是地带性植被所消耗降水和非地带性植被通过水利供水工程直接或间接所消耗的径流量;② 水土保持治理区域进行生物措施治理需水量;③ 维系特殊生态环境系统安全的紧急调水量(生态恢复需水量)。

从维系生态系统平衡角度,不同的流域或区域生态需水量的组成依据地理位置、水资源质量、时空间分布等有所差别,而且并不是上述各项需水量的简单相加,要根据相互制约关系和需维持的基本生态功能目标及耦合效应确定。

2.2.3　黄土高原生态需水

黄土高原的生态需水主要包括以下几个部分。

2.2.3.1　水土保持生态需水

水土流失综合治理措施包括工程措施、林草措施、水土保持耕作措施等。相关研究表明：黄土高原的生态用水定额为水土保持林 12 亿 m^3，人工草地生态用水为 1 亿 m^3 左右，坡改梯为 13 亿 m^3，除坡改梯以外的各类水土保持工程措施用水总量估计可达 5 亿 ~ 10 亿 m^3。综合以上几个部分，黄土高原生态用水总量应为 30 亿 ~ 35 亿 m^3。

2.2.3.2　植被建设生态需水

根据黄河流域森林资源状况和现有水土保持林面积，黄河流域中上游地区植被用水总量在 17 亿 m^3 左右，其中的水土保持林 8 万 km^2 用水 12 亿 m^3，天然林面积尚有 3.45 km^2，用水量为 5 亿 m^3。

2.2.3.3　维持河流水沙平衡生态需水

黄河中游黄土高原地区多年平均水土流失总量为 16 亿 t，目前的水利水保措施减沙 3 亿 t，要维持黄河干流下游河道泥沙平稳，汛期需消耗一定的冲沙用水。据研究，维持黄河水沙平衡生态用水为 170 亿 m^3。

2.2.3.4　维护河流生态系统的生态基流

要维持黄河不断流，保护黄河三角洲生态系统，黄河枯季生态基流约需 50 亿 m^3，河流水面蒸发为 10 亿 m^3。

综上所述，黄土高原主要生态用水总量约为 270 亿 m^3，其中植被建设生态用水约为 17 亿 m^3。

2.2.4　生态需水研究进展

河道外生态需水中针对天然植被和人工植被的生态需水研究较多，国外在 20 世纪 40 年代开始对农作物需水进行研究，以此为基础建立了不同条件下农作物、森林和草地生态需水的计算和预报模型，可完成模拟土壤水分变化、植被（作物）生长需水过程的水平衡问题和需水预测，具有较成熟的理论和方法。

我国学者主要集中在对干旱区的生态用水的分类和计算方法研究上，而对生态环境需水的概念和理论方法研究较少，研究的目标是进行干旱区水资源的宏观调控，计算的方法和理论多为水量平衡理论、面积定额法等，多以植物耗水量（植被蒸腾量）代替生态需水量。贾宝全和许英勤（1998）提出生态用水的概念：在干旱区内，凡是对绿洲景观的生存与发展及环境质量维护与性状起支持作用的系统（或组分）所消耗的水分就是生态用水，并将新疆的生态用水分为人工绿洲生态用水、荒漠河岸林生态用水、河谷林生态用水、低平草甸生态用水、河湖生态用水、荒漠植被生态用水。2000年，中国工程院"21世纪中国可持续发展水资源战略研究"项目组发表的《中国可持续发展水资源战略研究综合报告》提出广义生态用水的概念。赵文智（2002）根据植被需水的实际提出了植被临界生态需水量、最适生态需水量和饱和生态需水量的概念。梁瑞驹等（2000）在分析植被生态需水基础上，将植被生态需水划分为植被可控性生态需水和不可控生态需水，提出采用结合水资源计算理论和植被生态理论结合定量估算生态需水的方法，并对西北生态需水进行了定量估算；梁季阳等（2000）根据维持植被稳定和地下水均衡原则，建立了植被生态需水和维护湖泊水面稳定需水量的组成和计算方法。

2.3　植被恢复的生态环境效应

2.3.1　植被恢复的土壤物理环境效应

2.3.1.1　植被恢复与土壤团粒结构

植被建设措施能增加土壤的团粒结构，改善土壤物理性状和结构，提高土壤的抗拉力和土壤的渗透性，提高土壤有机质、氮、磷、钾的含量。但不同植物提高土壤质量的效果有一定的差别，一般来说，原始林在提高土壤质量方面要优于次生林和人工林。对土壤的渗透力试验表明乔木林＞灌木林＞草地＞农地，并且土壤的贮水、根须的密度、抗侵蚀能力、有机质的含量、黏粒含量也有类似的趋势和顺序。

2.3.1.2　植被恢复与土壤颗粒组成

植被恢复对土壤颗粒组成也有一定的影响。已有研究表明，土壤颗粒组成的不同是造成养分差异的最主要内在原因。土壤侵蚀裸地植被恢复后土壤有机碳提高很快，新增加的有机碳对土壤的大团聚体的胶结作用比小团聚体的更明显。侵蚀土壤植被恢复后，土壤团聚体稳定性的变化因破碎机制和植被类型而异。快速湿润是团聚破碎最主要的机制，不同植被类型因向土壤提供不同数量和质量的有机碳而影响土壤团聚体稳定性的大小。

2.3.1.3　不同植被类型对土壤的改良作用

不同的植被类型对土壤的改良与肥力发育有着不同的影响。乔木林和草地都有良好的改善土壤物理性能、化学特性和土壤入渗能力的作用，且对上层土壤的改良效果要好于下层，对土壤物理性能的改良乔木林地要优于草地，对土壤化学特性和土壤入渗性能的改良草地要优于乔木林地。草本植物对 0 ~ 40 cm 土壤养分的提高作用一般大于乔木和灌木（王国梁等，2002）。乔木林地速效养分丰富，黏粒和大于 0.25 mm 团聚体的数量大；灌丛草地则酸性较强，坚实度偏低，大于 0.05 mm 的微团粒含量较高，乔木林地防止土地退化的效益好于灌丛草地。

2.3.1.4　撂荒对土壤物理性状的影响

侯扶江等（2002）对黄土丘陵区不同撂荒年限的自然恢复草地的研究表明，退耕地恢复演替 1 ~ 7 年，土壤黏粒和粉粒分别以 5.6% 和 5.5% 的平均速率减少，其中第一年、第二年降幅分别高达 29.7% 和 22.9%，砂粒平均以 6.1% 的速率递增，其中退耕后第二年比第一年增加 26.1%，与黏粒和粉粒的变化趋势相反，7 年后变化趋势相反。退耕地 0 ~ 100 cm 土壤含水量在恢复期间呈逐渐上升趋势，中期增幅显著，全氮和速效氮含量在恢复前期减少，后期增加。

2.3.2　植被恢复的土壤水分效应

在黄土高原地区，农田、草地和人工林地等土地利用条件下的土壤水分问题一直成为土壤学和生态学领域研究的热点（李玉山，2001）。区域土壤水分与植被类型分布的相互作用也是国内恢复生态学研究的重点。水土流失、干旱和土壤退化是制约黄土丘陵区小流域农业生产和生态环境重建的主要因素。黄土高原地区的植被生态环境问题很早就受到了众多学者的关注，并得到较系统和充分的研究，积累了一大批有价值的研究成果。现有研究表明，水分是制约黄土高原地区植被建设和健康持续发展的决定性因子，水分的不足及其时空分布特点决定了土壤水分的承载力十分有限，林草的现实生产力受到制约，增加了该区林草建设的难度。

2.3.2.1　植被恢复及其生态水文效应

植被水文效益是植被生态系统的重要功能。由于植被的截留、拦蓄作用，植被不仅可以涵养水源、保持水土，而且还可以减少地表径流、变地表水为地下水，也可以消洪补枯，使降雨在土壤中以潜流的形式汇入河道，形成稳定而平缓的水资源，满足工农业生产的需要。但由于不同的植被类型，其物种组成、结构、空间配置等方面存在着较大的差异，因此，其对水文过程的作用也有所不同，具有不同的水文效益。

植被之所以对水文过程产生不同的影响，是因为不同植被类型在降雨截留、枯枝落叶层持水力、土壤水分入渗与贮水、蒸发散等方面有着较大的差异。森林植被对降雨的截留较灌木林和草类植被大，原因是森林植被具有极大的截留容量。由于森林植被物种丰富，并且不同的物种组成上下交错的复合层状结构，可以对降雨多次截留，截留量也远多于其他植被类型。同时，乔木冠层具有较大的空气动力学阻力，可以增加对截留降雨的蒸发。我国的有关研究表明，森林植被冠层对降雨的截流率为 11.4% ~ 34.3%，变异系数为 6.68% ~ 55.05%。

枯枝落叶的持水力受枯落物组成、林分类型、林龄、枯落物分解状况、累积状况、前期水分状况、降雨特点的影响。我国的研究结果表明，枯枝落叶吸水量可达自身干重的 2 ~ 4 倍，各种森林枯落物的最大持水率平均为 309.54%。对黄土高原人工油松林枯枝落叶层的研究表明，油松林枯枝落叶层最大吸水量为其自身重量的 260.00%，浸泡饱和所需时间为 30 h。在一般降水条件下，枯枝落叶层的吸水达不到饱和程度。而乔木林由于其较大的生物量累积，枯枝落叶的持水量也往往大于草本植物群落。土壤水分入渗和贮水对于流域径流形成具有重要意义。一般地，森林植被下的土壤具有比其他植被类型高的入渗率，良好的森林土壤稳定的水文入渗率可达 8.0 cm/h。从水分蒸散损失看，森林植被由于其高大的乔木冠层、深广的根系和发达的水分传输系统，蒸散量比其他植被类型更大。

2.3.2.2 植被恢复与深层土壤水环境

在黄土高原地区，农田、草地和人工林地等土地利用类型下的土壤水分问题一直是土壤学和生态学领域研究的热点（刘增文和王佑民，1990；李玉山，2001；李代琼和刘克俭，1990）。

穆兴民等（2003）分析 10 m 土壤水分剖面发现，随着土层深度的变化，土壤含水量具有波动性和相对稳定性的特征。黄土高原疏松深厚的黄土层，使乔木、灌木和人工草地根深均在 8 m 以下，一年生作物亦达 2~3 m，由此形成了植物利用深层贮水的强大能力，根层内可用到有效库容贮水量的 70%~100%，远超过降水对土壤的可能补给量和入渗深度。一些造林树种可利用 9~10 m 以下土层的土壤水资源，人工林植被的耗水使 3~8 m 土层土壤含水量降低到长期接近或低于凋萎湿度，形成难以恢复的深厚土壤干层。

黄土高原地区雨季是土壤水分的主要补给时期，每年降水补给土壤的深度主要在 1.5 m 甚至 2 m 以上土层，在特别湿润年份降水入渗补给深度可达 3 m。黄土高原多数牧草坡和农田植被的耗水深度一般不超过 3 m。因此，3 m 以下土层受降水随机性变化影响较小，且不受一般浅根系植物影响，谓之为土壤水分稳定层。研究结果表明各种植被类型均存在不同程度的水分亏缺，即使经过雨季补给，某些土层土壤水分也不能恢复到正常水平。

低湿层次在降雨入渗深度以下，即地表 2~3 m 以下，土壤湿度处于田间持水量的 50%~75%（李玉山，2001）。半干旱区人工草地测到的低湿层，其湿度接近土壤萎蔫湿度，干层的发生是土壤水分循环负平衡造成的。蒸发潜势大于降水量的半干旱地区，乔、灌林地和人工草地蒸散需水量超过年降水量，需水缺额通过吸取土壤深层贮水来补充，使土壤深层贮水得以参与土壤—植物—大气的水分循环。该区降水量只能补充上部干湿交替层的消耗水量，深层因无降水补充而发生干燥化。

黄土高原主要地貌是黄土梁峁，地下水埋深为 40~100 m，降水垂直入渗是梁峁坡面地下水补给的唯一来源。因吸力梯度发生的下渗移动距离有限，以及重力水运动以土层达到田间最大持水量的前提难以满足，决定了地表入渗—蒸散过程中，入渗深度只能到达干湿交替层下界，具有巨大水分亏缺量的干层成为水分传递的隔离层，中断了降水垂直入渗补给地下水的路径。为了满足植物强烈蒸散发需要，根系迅速扩展，大量消耗利用深层土壤贮水，而土壤水分补给深度和总量有限，多年生人工林草地出现了以土壤旱化为主要特征的土壤退化现象，土壤旱化现象相当广泛。

黄土高原植被建设引起的土壤水文效应问题，尤其由于植物根系吸水，土壤水分大量蒸散形成的蒸散型土壤干层（杨文治，2001）问题日益引起人们的重视。杨维西（1996）

对我国北方地区人工植被的土壤干化问题进行了探讨，杨新民和杨文治（1998）对黄土丘陵区人工林地土壤水分平衡进行了初步研究，穆兴民等（2003）对水土保持措施防止土壤干化进行了初步研究。

2.3.2.3　植被恢复与土壤干层和土壤退化

在黄土高原，土壤水分生态条件是生产力高低的标志。只要水分条件改善，林草的生产力也会相应提高。所以，黄土高原林草生产力水平的时空分布，与区内水分状况的宏观分布、微域分布和季节分配有着严格的一致性。一般来说，东南部高于西北部；沟底、坡脚高于峁顶、峁坡；阴坡高于阳坡；雨季高于旱季。马玉玺和杨文治（1990）研究了黄土丘陵沟壑区刺槐林的材积生长与水分生态条件的关系，结果表明，刺槐的材积生长受水分条件的影响上下波动，但材积的生长量滞后于降水量，说明当年的降水没有或仅有少量得到利用，刺槐由于蒸散量大，生产力过高，恶化了土壤水分环境，加剧了土壤的干燥，不利于刺槐以后的生长。

近年来在黄土高原地区多年生林草地，出现了以土壤旱化为主要特征的土壤退化现象。旱化土壤反过来影响植物的生长和发育，最终将导致植物群落衰败和生态系统退化，从而影响到林草植被的长期稳定性，已经成为当前林草植被建设的重大问题之一。

土壤干层是黄土高原特有的土壤水文现象，它是半干旱和半湿润环境下，由于总体水量不足，在植物的蒸散和土壤的蒸发作用下，土壤水分出现负补偿，从而在土体的一定深度形成稳定和持久的低湿层。土壤干层形成的机制一般认为有两种：① 由于植物根系吸水导致土壤水分大量蒸散形成的干层，称为蒸散型干层，存在于半干旱和半湿润区；② 在大气干旱和水势梯度的双重作用下，土壤水分强烈蒸发形成的干层，称为蒸发型干层，存在于干旱和半干旱区。

李玉山（1983）则从植物利用水分的角度，将干层分为利用型干层和地区型干层两种。杨维西（1996）则认为，人工植被下的土壤干层（土壤干化层）是人为粗放经营（如植被类型选择不当、密度过大、群落生产力过高等）造成的。李裕元和邵明安（2001）认为植被演替过程与气候的变迁是一个漫长的渐变过程，从气候变迁与土壤水分的消耗过程来讲，人工植被土壤出现干层的起因是气候向干旱发生演化和乔灌草的配置方式选择不当，致使植被对土壤水分强烈消耗。

在黄土丘陵区，草地土壤水分含量优于灌木地，灌木地优于乔木林地，选用乡土树种油松造林造成的土壤干化程度轻；同时，天然草本植被也会形成土壤干层，其中白羊草和长芒草形成有利于自身群落稳定的干层，但茭蒿形成的干层则对自身稳定不利。目前在黄土高原地区发生的因土壤干燥出现的土地退化主要表现在以下几个方面。

1) 土地板结。在壤质—黏质土壤条件下，水分亏缺导致了土壤表层的板结和土壤紧实度的增高。生长茂密的红豆草和沙打旺人工草地比相对稀疏的人工苜蓿草地紧实度高，而天然草地和无植物生长的休闲地相同层次的紧实度较低，相差最大的可高达10倍左右。人工植被的土壤干化通过植被自身生长环境中水分条件的不断恶化而引起土壤质量的恶化，最终导致了退化。

2) 植被生长衰退。由于土壤低湿层的存在，土壤供水能力大大降低，生存环境恶化，林草植被生长衰退，提早老化。

3）天然下种更新不良。天然下种更新是林草地繁衍后代、保持植被稳定的重要手段，但有严重土壤低湿层的林分普遍存在天然下种更新不良。在黄陵、富县、宜川一带，油松林林下都有天然下种的幼苗，而在定西油松林下很难见到更新的幼苗。柠条是黄土高原广泛分布的灌木，结实量大，直播造林简单易行、成活率高，但天然更新却不易，柠条林下很难观测到第二代幼苗。

4）新造林种草难度大。黄土高原降水量少，林草植被衰败后，土壤低湿层含水量很难在短期内得到恢复。由于土壤低湿层存在，林草衰败后，重新造林种草，其难度要比荒山大得多。吴旗沙打旺草地衰败 4 年后，土壤水分恢复深度为 3.5 m，土壤含水量只提高 2%，与天然草地相比，有效水仅为天然草地的 1/7，在这一时期内造林种草很难收到良好的效果。

由于黄土高原特殊的水文特征，其降水入渗深度一般小于 2 m，且没有深层渗漏，因此，低湿层一旦形成很难在短时间内得到恢复，这对黄土高原地区植被建设的可持续发展造成极大的威胁。

2.3.2.4 植被恢复与土壤水分时空变化

土壤水分是最重要的水文变量之一。从气象学和生态学背景来看，它起着关键性的作用，既是表征系统特性，自身也作为系统的驱动变量。其空间分布和时间演化是气候、地形、土壤和土地利用之间复杂相互作用的结果，这些又反过来影响土壤水分。在黄土高原地区，关注土壤水分可利用性和植被的联系，可以很容易地了解许多重要的过程，这些过程关联到土壤水分的存在以及直接或间接地影响植被。

土壤水分也是植被和生物存在的基础和营养物质的供给源地。自然植被具有拦截降水、调节地面径流的功能，以禾本科为主的植被须根又能串联缠绕分割土体，形成富有团粒结构的表层，在强化降水入渗性能的同时，又大大加强了土壤贮存水分容量。

黄土高原地区植被的迅速繁生可以巩固和提高土体通渗性，黄土地区不同植被覆盖下土壤稳定入渗率常高达 0.5 ~ 12 mm/min。其中以坡耕地最低，有时可下降到 0.2 mm/min 以下，但一经撂荒 3 ~ 5 年后又将随着植被的繁生而不断恢复。

黄土高原土壤水分的时空变化研究主要集中在小流域尺度，包括土地利用、土地利用结构及环境因子（邱扬等，2001）、地形和土地利用等对土壤水分的影响。邱扬等（2001）以数学模型、地统计学和时空分异等对土壤水分分布和时空变化进行预测。

土壤水分平衡是降水输入和土壤入渗的随机表现，同时，蒸发、蒸腾作用的影响则依赖具体状况的变化。Russell 等（2000）通过对根际土壤水分的重新分布特征长期观测，应用模型（HYDRUS）模拟了土壤水分补偿特征，结果显示，实际的根际区土壤水分补偿，其水分下渗峰线移动到 130 cm 深度。由于该区夏季降水的长期变异性，即使在有限的研究区间，深层土壤剖面的水分补偿可信度也不高。

分析土壤水分变异性季节动态，研究土壤水分时间—空间动态特征。通过高频度测定土壤水分，得到大量的不同深度（0 ~ 125 cm）土壤水分数据。通过这些数据，分析控制土壤水分时空动态因子及其对不同土壤深度水分的影响。首先，考虑植被因子在土壤水分时空关系中的作用；其次，鉴别不同深度的土壤水分模式的空间结构的时间动态；再次，调查土壤水分平均值与空间变异随时间尺度变化的关系。结果表明，植被类型在表层土壤水分模式的时间尺度的动态变化发挥了不可忽略的作用。研究发现，空间变异性与平均土壤水分之间存在着负相关关系。

近十年来，国外对土壤水分时空变化的研究，主要集中在土壤水分的区域估算和评价方面。这些研究中，有些是基于近地表层次的土壤水分（0~5 cm）监测和不同的空间尺度（一平方米到数千平方米）研究，有些则是基于不同时间尺度（数天到数年）、不同的监测技术（如重力取样，TDR 和遥感）和不同的水文和气候条件下的研究。在所有的这些研究中，明确限定了变量属性的时间—空间变异，主要的变量影响土壤水分的空间–时间动态变化。

土壤水分的空间—时间的变异性主要受地形特征和植被因子的影响，如土壤表面坡度、土壤特性、植被分布、土地利用，特别是农业活动、气候变异以及这些因素的综合影响。

然而，迄今为止，对土壤水分的地形控制研究强度远高于对植被的研究，已有大量可用的数字高程模型，通过参数进行统计模型分布分析。另外，对土地利用的影响，大量的研究主要在地块尺度，而且明确规定了研究区域的一致性。植被生长综合了众多互相作用的因素，如气候、地形、环境、土壤水分和养分胁迫、土壤性质和人类干扰。在地块尺度，植被覆盖阶段，通过蒸发蒸腾过程，植物对土壤水分模式的空间进展发挥不可忽略的作用。

2.3.3　植被恢复对土壤质量的影响

人类活动可以导致土壤性质变化的速度加快。由于受人类活动的影响，当前世界各地土地退化相当严重，已日益威胁到人类所赖以生存的土地资源。土地利用变化能影响土壤水分和土壤养分的分布和迁移，进而影响土壤的性质和质量。

目前，土地利用变化和土壤质量方面的研究主要集中在：① 土地利用的时空变化对土壤质量的影响；② 土地管理措施对土壤质量的影响；③ 土地利用的配置对土壤质量的影响；④ 植被恢复对土壤质量的影响。土壤碳、氮、磷含量不仅与降水量和温度有关，而且与土壤特性、土地利用方式、植被特性及人类的干扰程度有关（巩杰等，2005）。土壤质量的变化会引起植被结构、组成的变化，植被的演变也会导致土壤性状的改变，影响土壤碳和氮的动态变化。土壤质量变化对农业的可持续发展影响最为直接、深刻和长远。土壤有机碳、氮、磷、钾等肥力因子是土壤质量的重要影响因子，它们也是相对容易受人类活动作用改变的土壤质量因素。有关土壤肥力变化的研究是当前土壤学研究的主要课题。

对比天然林、人工林、草地、耕地等不同土地利用对土壤质量影响时发现，土地利用/土地覆被变化影响了土壤的物理结构、机械组成和养分等，耕作导致土壤质量的明显降低，而造林和草地则有助于改善土壤。巩杰等（2005）对黄土丘陵区小流域持续利用25 年后的 6 种土地利用类型的土壤性状研究结果表明，人类活动和植被恢复对不同土地利用类型的土壤综合质量有较大的影响。植被恢复和农地撂荒有一定的土壤培肥作用，灌丛具有明显的肥力岛屿效应，粗放的耕作措施会降低土壤肥力，导致土壤退化。撂荒会在一定程度上恢复土壤肥力，改善土壤肥力水平。

2.3.3.1 植被恢复的土壤培肥作用

植被恢复具有一定的土壤培肥和改良效应。恢复植被、增加森林覆盖度是改善生态环境、防止土地退化、提高土壤肥力和生产能力的有效途径。在宁夏南部山区恢复植被能显著提高土壤有机质和速效氮、钾等营养元素的含量，降低土壤 pH，增加土壤保肥性能，随林龄增加，土壤养分状况明显改善。植被对土壤的培肥改良是一种正向持续反馈机制，植被恢复时间越长，效益越显著。

2.3.3.2 土壤养分空间分布

土壤养分的空间分布状况是土壤、植被和周围环境共同作用的结果。植被对土壤的影响表现在植物根系对土壤的挤压、穿插和分割作用；死亡根系和枯枝落叶产生的有机质及根际分泌物对土壤性质的影响；植物对土壤中营养元素的富集和再分配作用；植被防止或减轻水土流失引起的养分损失。由于不同植物对不同元素的选择吸收以及吸收能力的不同，必然造成土壤剖面上养分差异。同时，土壤养分状况反过来又对植被的生长状况产生影响。许明祥和刘国彬（2004）对黄土丘陵区刺槐人工林的土壤养分特征研究表明，人工林表层土壤养分中有机质和速效磷的空间变异性较大。各种养分在剖面中的含量具有明显的层次性，表层与下层养分含量差异极显著，这反映了植被对土壤养分的"表聚效应"。各种养分含量在剖面中的变异性也有明显差异，20～40 cm 土壤养分的变异系数最小，0～20 cm 土壤养分的变异系数最大，表明植被及土壤环境因子主要对表层土壤养分产生影响。

王国梁等（2003）研究发现，在黄土丘陵区纸坊沟小流域，经过 20 多年的人工植被恢复和采取封育措施，植被对土壤养分产生明显影响。从土壤剖面来看，植被对 0～20 cm 土壤养分影响大于 20～40 cm；从植被生活型来看，草本对 0～40 cm 土壤养分的提高作用大于乔木和灌木。植被对土壤养分的作用规律总体表现为，在植被作用下，土壤有机质、全氮、水解氮、全磷、速效磷向土壤上层富集，但不同植被对土壤养分的作用各不相同。对于纸坊沟小流域土壤养分循环系统来说，土壤全氮与土壤有机质之间有良好的线性相关关系，并可以用关系式 $y = a + bx$ 表示。土壤全磷与土壤有机质之间也有一定的线性相关关系，其中 0～20 cm 相关性好，但 20～40 cm 相关性较差，说明土壤有机质的累积和分解对土壤全磷和全氮含量有重要影响（王国梁等，2002）。郭胜利等（2003）对小流域不同植被恢复下土壤养分的分布特征研究表明，植被条件也是影响土壤养分分布的重要因素。坡顶由农田撂荒 7 年后，地表植被已恢复为长芒草＋赖草＋阿尔泰狗娃花群落，同时有机碳、氮的含量比相邻的农田提高了 1 倍以上。坡面部位多年生苜蓿地对土壤养分也具有改善作用。在坡脚，芭蕾和做饲草用的草谷子对土壤养分的改善作用高于春小麦和玉米。在阳坡，30 年生柠条林土壤有机碳、氮、磷含量低于短花针茅＋冷蒿的自然植被群落，反映了草本植被群落对土壤养分积累的促进作用高于灌木。

2.3.3.3　不同植被恢复类型对土壤养分的影响

对退化土地进行植被恢复和重建可以采取不同有效措施，但不同的恢复措施对土壤特别是土壤理化性质的影响却不尽相同。在甘肃太子山对云杉幼林+油松林群落、云杉成熟林+杨桦林群落和荒坡草地三种不同的植物群落的样地土壤养分变化研究发现，两种林分下土壤有机质、全氮、速效氮、速效磷和速效钾的质量分数与随剖面深度的增加呈有规律的递减变化、全磷和全钾在两种林分下的质量分数随着剖面深度增加变化不明显。两种不同措施中土壤的有机质，全氮、全磷都明显高于无林荒坡草地中的，有效养分也比荒坡草地有所提高，土壤酶活性增强。

封育措施可以增加土壤含水量，提高土壤有机质、全氮、全磷含量和阳离子交换能力；围栏内封育2年后，翻耕措施对增加土壤水分、养分均高于人工补种（羊草+豆科）和对照；封育5年土壤表层（0~10 cm）有机质增加0.54%；封育8年土壤表层有机质增加1.06%，土壤表层含水量增加3.2%，羊草+豆科措施的土壤养分及水分均高于翻耕和对照，这与豆科植物深根性有关。随着封育时间的延长，草地植被的生长和发育不断变化，但封育的年限过长，枯草覆盖地面，不能接受到阳光的照射，土壤中的有机质分解及微生物活动就会减慢。生物篱的采用具有保水拦沙，减少土壤肥力流失，提高土地生产潜力，增加坡地植被覆盖度的独特功效。休闲不能在短期内改善土壤的物理性状，重耙对土壤的影响有限，深耕能部分改善土壤的物理性状，浅耕则可大大改善土壤的物理性状，并促进羊草的生长。

2.3.3.4　撂荒对土壤养分的影响

马祥华和焦菊英（2005）在黄土丘陵区安塞研究表明，退耕地自然恢复后在群落的演替过程中，土壤有机质、全氮、有效氮和速效钾的含量不断增加，土壤pH和速效磷含量不断减小，土壤表层密度变小、孔隙度变大。在黄土丘陵区不同撂荒年限的自然恢复草地的研究表明（侯扶江等，2002），在0~20 cm土层，土壤有机质和全氮含量为永久草地（20年草地）>6~8年草地>3~4年草地>人工草地；在20~50 cm土层，随着草地恢复年限的降低而降低的过程中，在3~4年草地出现了一个上升值，但仍然是自然草地最高，人工草地最低；在0~50 cm土层中，土壤有效氮和速效磷，除自然草地最高和人工草地最低外，3~4年和6~8年草地都表现出了较高值，这可能与撂荒前的耕作有关。在刈割干扰下，退耕地恢复过程中土壤全磷、速效磷和有机碳持续衰竭（侯扶江等，2002）。对退化土地进行植被恢复的时候，应该采取适当的恢复措施，并掌握一定的度。例如，封育要选择好封育的时间，刈割要控制好刈割时间和高度等，以便达到既可以缩短恢复的时间又可以起到良好的改善土壤性状的目的。

2.3.4　植被恢复与水土流失治理

植被是水文循环中最为活跃的因素，良好的植被覆盖是保持水土最有效的措施。研究表明，森林植被具有林冠截留、灌林层截留、枯枝落叶层截留的能力，能够减少径流的产生和使产流滞后，其截流率可达到降雨量的 15% ~30%；此外，叶冠能削减雨滴的动能，枯落物能防止雨滴对地表的直接打击和冲蚀，能够减少侵蚀（邱杨等，2002）。灌木、草地和森林有相似的作用，在拦蓄径流和减少泥沙方面的作用也很突出。一般认为：植被覆盖率越高，控制径流和侵蚀的能力越强，当植被覆盖度达到 90% 时，林地基本不产流；枯落物的厚度越大，其吸水能力越强；而深根植物比浅根植物具有更好的减水减沙效果。研究发现，单位厚度枯落物的吸水量油松 >山杏 >华北落叶松 +山杏 +沙棘混交林 >樟子林 >沙棘 >华北落叶松。不同的林草植被，其减水减沙效益不同，柠条 >刺槐 >沙打旺 >天然草地 >农地。对于林地，油松对径流的滞后作用要优于樟子林和华北落叶松，和自然坡地相比，其滞后分别可达 45%、35%、33%。而不同的草地对径流的拦蓄作用不同，沙打旺 >紫花苜蓿 >红豆草 >草木樨（张兴昌等，2000）。柠条由于间作能力强，用它和草地间作，水保效果较好，试验表明有以下组合：柠条 +沙打旺 >柠条 +紫花苜蓿 >柠条 +草木樨 >柠条 +红豆草。此外，林草植被的空间分布及其所导致的土地利用类型变化也影响水保效果，草地—林地—坡耕地和林地—草地—坡耕地（由坡顶至坡底）结构由于在径流的形成区就进行了控制，因此水保效果较好。另外，林草地在增大地面覆盖度的同时，由于生物量大、根系发达，其耗水量的 95% 均被用于蒸腾，是水分循环中的最大输出项。

2.3.4.1 植被的水土保持功能

植被恢复水土保持效应的研究历来就是水土保持研究的一项重要内容。植被保持水土的功能主要有冠层截流的研究、枯落物层的作用、耕层抗蚀效应，以及综合作用下减流、减沙的效益等。森林草被对防治土壤侵蚀有明显作用。良好的植被覆盖是保持水土的最为有效的办法。例如，植被中的森林植被通过林冠截留、灌木层截留和枯枝落叶层截留，能减少径流产生和使产流滞后，其截留率可达到降水量的 15% ~30%；此外，叶冠层能消减雨滴的动能，枯落物能防止雨滴对地表的直接打击和冲蚀，能减少侵蚀。灌木、草地和森林有相似的作用，在拦蓄径流和减少泥沙方面的作用也很突出。黄土高原退耕还林还草恢复了植被，可使径流量减少 1/2 ~2/3（焦峰等，2005）。退耕还林（草）在增加地表植被、提高覆盖率的基础上，涵养水源，将天然降雨较多的保留在土壤中，减少了蒸发，使土壤保持长期湿润，增加了土壤含水量。据研究，坡耕地的土壤侵蚀量是茂密林地的 5 ~10 倍，退耕还林（草）还能明显地减少流域内的水土流失。据在安塞县大南沟的研究表明，退耕还林（草）可使流域内洪峰流量、洪水流量和水土流失总量分别减少 64%、65% 和 72%（温仲明等，2002）。

植被覆盖度在防止土壤侵蚀与溅蚀产沙过程中有着重要的作用。在澳大利亚，Lang 和 Mccaffrey 的试验资料表明：土壤流失速率在地表覆盖度不足 50% 的地方比土壤形成的速率大的多，而在地表覆盖为 75% 以上的地方土壤流失的速率比土壤形成的速率要小，土壤流失和形成相平衡的地表覆盖应在 50% ~75%。一般认为，黄土丘陵区林地保持水土有效盖度为 60%，在此值以上林分减少土壤侵蚀量的作用大且趋于稳定。一般来说，植被覆盖率越高，控制径流和侵蚀的能力越强，当植被覆盖度达到 90%，林地基本上不产生径流。

2.3.4.2　植被的减蚀作用

植被减蚀作用表现为 5 个方面：一是植被茎叶对降雨雨滴动能的消减作用；二是对降雨的截流作用；三是植物茎及枯枝落叶对径流流速的减缓作用；四是植物根系对提高土壤抗冲抗蚀的作用；五是改良土壤结构，增加水分入渗。林草地大量枯枝落叶形成较多腐殖质，并使养分元素在表层富集。有机凋落物分解形成的有机酸、酚类物质，根系和微生物分泌的有机酸，使土壤 pH 下降、酸度增加、营养元素的生物有效性提高。有机质的增加，促进土壤微生物和动物的活动，有利于水稳性团聚体和微小团粒的形成，根系的分割挤压使土体的抗蚀性和抗冲性增强，有利于蓄水保土。

林草植被是防止土壤侵蚀、控制水土流失的有效措施，在植被的恢复过程中，由于林草的种植使土壤侵蚀减弱，水土流失也得到了一定的控制。退耕地造林种草，增加了地面覆盖度、减少了雨水的击溅、固结了土壤、提高了土壤抗冲能力，同时保蓄了雨水、防止了地表径流和土壤侵蚀。自然植被恢复后，坡面基本发生土壤侵蚀，坡面浅沟侵蚀停止发育，浅沟沟槽发生淤积，降雨和地形因子对土壤侵蚀的影响不甚明显，沟谷侵蚀及重力侵蚀得到了有效控制。陕西吴旗县实施禁牧封育 3 年的山坡，自然恢复的植被基本上可以控制水土流失。黄土丘陵区人工沙棘林及其混交林减少径流泥沙的作用突出，但不同的结构和混交模式所发挥的作用大小不同；沙棘纯林长势良好，在 6 龄左右基本郁闭，现存枯落物厚 2 ~ 4 cm，发挥的水保功能高于其他林分（陈云明等，2002）。另外，在森林植被的恢复过程中，苔藓层的形成也有利于改良土壤表层物理化学性质，对缓冲生境的剧烈变化、减少土壤侵蚀及稳定植被和减少地面径流方面具有积极意义。

2.3.4.3　不同植被类型的水土保持效果

就植被类型而言，不同植被类型对水土流失影响很大。张兴昌等（2000）利用 5 ~ 6 年野外径流小区资料，研究了安塞县纸坊沟流域山坡地作物、草地、草粮间作和草灌间作不同植被类型覆盖对土壤侵蚀的影响，结果发现，作物、草地、草粮间作和草灌间作不同植被类型覆盖在年平均径流量和年平均侵蚀量比相应撂荒地依次有不同程度的减少。一般而言，农田比林地、草地的土壤侵蚀量大，特别是在陡坡条件下，情况更是如此。在安塞试验区，林草地与坡耕地相比，一般可以减少侵蚀量 60% 以上、减少径流量 50% 以上，有些可以高达 99% 以上。其中植被覆盖度对坡面土壤侵蚀量的影响最大，有植被覆盖的农田比没有植被覆盖的农田，水土流失的速率减少 90% ~ 99%。

由于坡耕地、林地和草地等不同植被类型的土壤侵蚀方式和强度不同，所以不同植被类型会影响水土流失的变化。Rai 和 Sharma（1998）在 Sikkim Himalaya 的 Mamlay 农业集水区的研究表明，在由传统农田、休闲地、森林和复合农林生态系统组成的集水区中，传统农田对整个集水区的径流贡献为 81%，侵蚀土壤的贡献为 97%。传统农田、休闲地、小豆蔻复合农林生态系统和温带森林的土壤侵蚀率分别为 47.70 t/（km²·a）、4.30 t/（km²·a）、3.00 t/（km²·a）、0.80 t/（km²·a）。通过研究黄土丘陵坡面小区尺度上不同植被类型与水土流失的关系表明，在坡度、坡长、小区面积、降雨量和降雨强度相同的条件下，6 种植被类型径流量和泥沙量的变化趋势为农田 > 油松幼林 > 荒草地 > 林地 > 幼年沙

棘 > 成年沙棘。农田退耕可以显著降低径流量和泥沙量。除成年沙棘外，其余 5 种植被类型的径流量与泥沙量关系明显，径流量的多少决定泥沙量的高低。

植被能显著降低水土流失，且不同植被类型在遏制水土流失中的贡献程度不同。由于林草植被的减蚀作用，在黄土丘陵沟壑区开展植被恢复，进而对不同土地利用类型进行调整，必将有效遏制流域水土流失，达到优化区域生态环境、实现人地关系和谐发展之目标。

第 3 章　土壤水分动态与水平衡

3.1　坡面土壤水分动态

土壤水是陆地水资源的重要组成部分，它在土体中不停地运动着，并不断地供给陆生植物所必需的水分。在许多研究中，土壤水分在根系区是一个十分重要的参数，如在气象、水文和农业的相关研究中。同时，在不同的时空尺度上，土壤水分均具有较强的变异性（Western and Blöschl，1999）。有些研究探讨了表层土壤水分的时空变异性，而对深层土壤水分重视不够。而表层和深层土壤水分都对气象、水文（Famiglietti et al.，1998）和植物生长具有重要的影响。

由于土壤水分的重要性，研究其在生态系统和全球尺度上时空行为均受到了越来越多的重视（Famiglietti et al.，1998）。研究表明，植被或土地利用（Fu et al.，2000）、坡度（Nyberg，1996）、剖面曲率（Moore et al.，1998）、相对高程（Nyberg，1996）、土壤质地（Wendroth et al.，1999）、平均土壤含水量（Nyberg，1996）和其他气象因子均会影响土壤水分的时空变异性。

在集水区尺度上，土地利用是影响土壤质量的主要因子，其气候条件也没有明显的空间变化，土壤水分与土地利用和地形的关系是理解和预测土壤水分变异、预测植物生长的有效方法（Walker et al.，2001）。虽然前人已在土壤水分变异与地形和土地利用时空关系方面进行过探索，但他们没有考虑不同因子之间的协同作用，特别是重要因子之间的协同作用问题，所以未能有效揭示影响土壤水分时空变异的因子的相对重要性。

3.1.1　研究方法

为了研究流域内（图 3-1）土壤水分的时空变异特征，我们在流域内选取 4 个典型土地利用类型的剖面，根据地形特征和土地利用类型，选取了 44 个样地。对各个样地的土地利用和 4 个环境因子（坡向、坡度、相对高程和坡位）都进行了记录，其详细情况如表 3-1 所示。

3.1.1.1　气象因子与土壤水分测定

用流域内的小型气象站进行气象因子的测定（包括气温、湿度、风速、辐射等），降雨数据用自记式降雨计记录。

采用土钻进行取样。取样时间为 2002～2003 年的 4～9 月，每个样地做 4 个重复，间隔约 2 周。土壤水分测定深度为 100 cm，分 5 层测定（0～20 cm、20～40 cm、40～60 cm、60～80 cm 和 80～100 cm）。

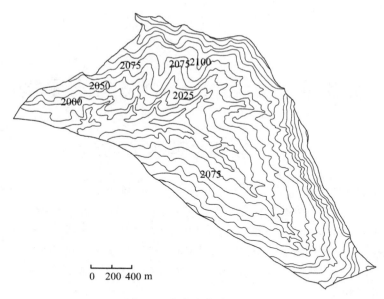

图 3-1　安家沟流域地形图

表 3-1　样地的土地利用类型和地形特征

样点	相对高程	坡度（°）	坡向	坡位	土地利用类型
P1	212	13	北西	上部	荒草地
P2	185	18	北西	上部	灌木林地
P3	179	15	北西	上部	灌木林地
P4	161	12	北西	上部	灌木林地
P5	136	1	北西	中部	农地
P6	132	1	北西	中部	撂荒地
P7	122	1	北西	中部	农地
P8	117	1	北西	下部	撂荒地
P9	120	1	北西	下部	灌木林地
P10	99	1	北西	下部	灌木林地
P11	283	11	北西	上部	灌木林地
P12	266	10	北西	上部	乔木林地
P13	237	12	北西	上部	乔木林地
P14	212	12	北东	上部	乔木林地
P15	190	5	北东	中部	农地
P16	186	1	北东	中部	撂荒地
P17	170	1	北东	中部	农地
P18	156	1	北东	中部	撂荒地
P19	151	1	北东	下部	乔木林地

样点	相对高程	坡度（°）	坡向	坡位	土地利用类型
P20	141	1	北东	下部	农地
P21	116	1	北东	下部	撂荒地
P22	96	1	北东	下部	农地
P23	298	1	东	上部	农地
P24	292	1	东	上部	农地
P25	265	1	东	上部	农地
P26	227	1	东	上部	农地
P27	186	1	东	中部	农地
P28	168	1	东	中部	农地
P29	140	5	东	中部	农地
P30	121	4	东	中部	农地
P31	103	1	东	下部	农地
P32	86	1	东	下部	农地
P33	78	8	东	下部	荒草地
P34	46	7	东	下部	荒草地
P35	194	12	东南	上部	荒草地
P36	189	11	东南	上部	荒草地
P37	184	12	东南	上部	乔木林地
P38	180	1	东南	上部	农地
P39	157	11	东南	中部	乔木林地
P40	139	11	东南	中部	灌木林地
P41	111	1	东南	中部	农地
P42	84	1	东南	下部	撂荒地
P43	79	1	东南	下部	灌木林地
P44	74	1	东南	下部	撂荒地

3.1.1.2　植被覆盖度与叶面积指数

植被覆盖度与叶面积指数（LAI）测定采用目测法和照相法两种方法进行。目测法：主要用于乔灌林地，方法是肉眼估值（植被覆盖度较大时估算光斑的面积），依据经验进行判断。照相法：使用相机在距离地表 2 m 左右处垂直向下拍摄，将照片扫描进入计算机，用图像处理方法计算获得植被的覆盖度。

在叶面积指数测定方面，对于乔灌草和农地采用不同的方法进行。

对于农地和草地，选择一块 1 m² 的样地，统计样地内的植物株数（N），然后选择有代表性的 10 株植物，并将所有的叶片扫描并计算其叶面积（a），最后样地的 LAI 计算如下：

$$LAI = \frac{N \cdot a}{10} \tag{3-1}$$

对于林地，选择一块 25 m²（5 m×5 m）的样地，统计样地内树木株数（N），选择有代表性的 5 株，统计其每株树木的树枝数（$n_1 \sim n_5$），并统计每枝树枝平均的叶子数（m），然后采集 20 片有代表性的叶子，将其扫描并计算每片叶子的平均面积（a），最后林地 LAI 计算如下：

$$LAI = \frac{N \cdot (n_1 + n_2 + n_3 + n_4 + n_5) \cdot m \cdot a}{25} \tag{3-2}$$

3.1.1.3 统计分析方法

（1）计算方法

统计中我们假设：样地 i，第 j 层，第 k 次取样的土壤水分表示为 $M_{i,j,k}$；N_t 表示取样层次；N_k 表示取样次数。

0~100 cm 平均土壤水分为

$$M_{i,j} = \frac{1}{N_t} \sum_{k=1}^{N_k} M_{i,j,k} \tag{3-3}$$

层次平均土壤水分为

$$M_{i,k} = \frac{1}{N_t} \sum_{k=1}^{N_k} M_{i,j,k} \tag{3-4}$$

（2）统计方法

本研究中所考虑的环境因子包括坡向、坡度、相对高程、坡位和剖面曲率。前 4 个环境因子在样地中直接测量，剖面曲率定义为景观在坡向同一方向的曲率变化程度，其数据在数字高程模型图上获取（DEM）（Famiglietti et al.，1998）。

应用 ANOVA 分析、多重比较和 LSD（最小显著性差异，$P < 0.05$）分析地形和土地利用类型对土壤水分的影响。研究中自变量为土地利用类型、坡向和坡位（表3-2）。用 F 值对 ANOVA 中的分析进行显著性检验。两者之间的差异采用多重比较（GLM—ANOVA 法）进行分析，用均值后面的小写字母表示其差异程度。所有的分析均在 SPSS 软件中进行。

表 3-2　流域主要土地利用类型的坡度、凋萎湿度、田间持水量和植被

项目	荒草地	灌木林地	林地	撂荒地	农地
坡度（°）	>20	10~20	10~20	0~10	0~5
凋萎湿度（%）	7.26	6.21	7.33	7.41	7.1
田间持水量（%）	24.05	22.75	22.75	27.6	27.6
主要植被类型	针茅、冰草	沙棘、柠条	山杏、油松	冰草、蒿类	小麦、马铃薯

3.1.2　土壤水分时空变异

3.1.2.1　植物生长的气候条件

研究区内降雨量较低且具有较大的时空变异性。1982~2003 年，降雨量为 253~539.9 mm、平均降雨量为 421.3 mm、变异系数为 17.8%。1994~2002 年，干旱年份出现的次数增加（图 3-2）。2002 年和 2003 年分别为典型的干旱年和湿润年。

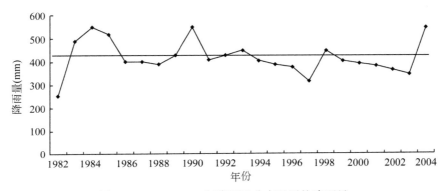

图 3-2　1982~2003 年降雨量分布及平均降雨量

3.1.2.2　植被盖度和叶面积指数

图 3-3 为不同土地利用类型的植被盖度。由图可知，这几种土地利用类型之间的植被盖度差异较大，乔木林地的盖度最大（>60%），灌木林地和农地居中（30%~40%），撂荒地和荒草地最小（5%~20%）。同时，由于降雨量及其他因子的影响，2002 年的植被盖度小于 2003 年。

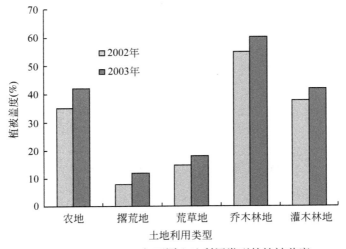

图 3-3　2002~2003 年不同土地利用类型的植被盖度

图 3-4 为不同土地利用类型的叶面积指数。由图可知，这几种土地利用类型之间的叶面积指数差异较大，乔木林地的叶面积指数最大（2~3），灌木林地和农地居中（1~1.5），撂荒地和荒草地最小（<0.5）。同时，由于降雨量及其他因子的影响，2002 年的叶面积指数小于 2003 年。其中灌木林地 2003 年的叶面积指数比 2002 年增加较多，农地增加较小。

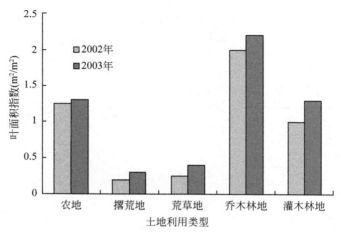

图 3-4　2002~2003 年不同土地利用类型的叶面积指数

3.1.2.3　土壤水分时间动态

图 3-5 表示的是该区域 2002 年降雨特征、不同土地利用类型的土壤水分时间动态及 F 值。2002 年是一个典型的干旱年份，土壤水分时间动态表现为农地具有最高的土壤含水率，撂荒地次之，自然草地、乔木林地和灌木林地最低。这一结果与王孟本和李洪建（1989）、李洪建等（1999）、Wang 等（2000）的研究结果相似。其原因与不同土地利用

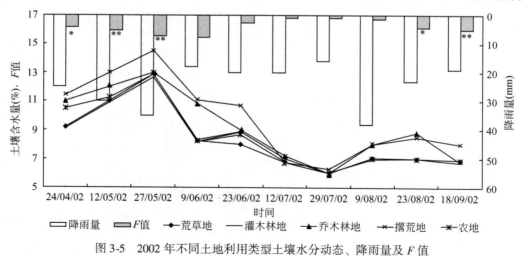

图 3-5　2002 年不同土地利用类型土壤水分动态、降雨量及 F 值

F 值上标有一个 * 时表示不同土地利用类型的土壤水分之间有显著的差异（$P<0.05$）；
F 值上标有两个 * 时表示不同土地利用类型的土壤水分之间极显著的差异（$P<0.01$）（下同）

类型的耗水特征有关（穆兴民，2000）。

不同土地利用类型的土壤水分时间动态在观测时段内有一个相似的变化格局，所有土地类型的土壤水分均呈现为下降型。在生长季节的初期水分较高，在中期较低，而在后期为中等。最高值出现在 5 月 27 日的取样中，最小值出现在 7 月 29 日的取样中。

4 月 24 日到 6 月 23 日、8 月 18 日到 9 月 28 日时段内，土地利用对 0～100 cm 平均土壤含水量有显著的影响，而在 7 月 12 日到 8 月 9 日时段内的影响不明显。这一结果与 Grayson 等（1997）的相似，但与王军和傅伯杰（2000）在黄土高原的研究结果不同。这可能与研究地点和尺度有关。我们研究的时间尺度与 Grayson 等（1997）相同，而和王军等相差较大。这一结果也从一个侧面说明，在某一尺度上得到的结果并不能随意用到其他尺度，也即要考虑尺度效应。

图 3-6 表示的是不同土地利用类型在 2003 年降雨特征、土壤水分时间动态及 F 值。2003 年是一个典型的湿润年，在这一年，农地具有较高的土壤含水量，荒草地在生长季节后期也较高，与农地接近，而其他三种类型都较低且较接近。所有类型的年度变化都是相似的格局，土壤水分都呈现为增长型。除第一次取样外，其余各次不同类型间土壤水分均有显著的差异。

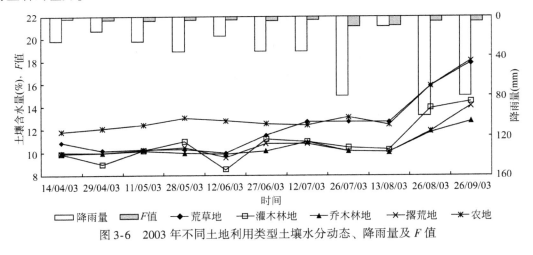

图 3-6　2003 年不同土地利用类型土壤水分动态、降雨量及 F 值

3.1.2.4　土地利用与土壤水分变异

根据土壤水分的时间动态特征和 F 值，把研究时段分为三个时段：①湿润期（从 4 月 24 日到 6 月 23 日），在这个时段土壤水分较高，不同类型间的差异显著；②干旱期（从 7 月 12 到 8 月 9 日），这个时段土壤水分较低，且不同类型间的差异不明显；③中等期（从 8 月 23 日到 9 月 18 日），在这个时段土壤水分中等，不同类型间的差异显著。

图 3-7 表示的是湿润状态时不同土地利用类型间层次土壤含水量和 F 值。和荒草地、乔木林地、灌木林地相比，撂荒地和农地的土壤含水量较高。空间分布上，各类型均呈现下降，其原因主要是土壤水分由土壤水分的损失和降雨补给相互作用来决定（穆兴民，2000）。一般来说，在湿润季节，表层土壤比深层土壤可以接受更多水分净补给（王孟本和李洪建，1996）。剖面内农地和撂荒地的层次土壤水分随着深度变化显著，其他三种土

地利用类型变化较为平缓。5 个层次的土壤水分均以农地最高，撂荒地居中，而荒草地、灌木林地和乔木林地最低，王孟本等（1996）和李洪建等（1999）在黄土高原的相关研究也得出过相似的结论。方差分析表明：土地利用在湿润状态时对 4 个层次（20～40 cm、40～60 cm、60～80 cm 和 80～100 cm）水分空间变异具有显著的影响，但对 0～20 cm 的影响不明显。

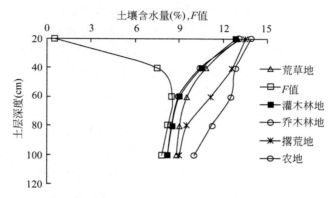

图 3-7　2002 年湿润时段不同土地利用类型土壤水分和 F 值剖面分布

图 3-8 表示的是干旱状态时不同土地利用类型土壤水分和 F 值随土层深度在空间上的分布。在空间分布上，各土地利用类型下的土壤含水量均为增长型。其主要原因在于和深层土壤相比，表层土壤水分补给较小，而其水分的消耗较大（王孟本等，1996；Zhang et al.，1998；穆兴民，2000）。在干旱状态下，土地利用对 5 个层次（0～20 cm、20～40 cm、40～60 cm、60～80 cm 和 80～100 cm）的土壤空间变异均没有明显的影响。其原因主要是在这个时段土壤水分均较低，接近其凋萎湿度，所以其分布主要受局地因子的影响（Grayson et al.，1997）。

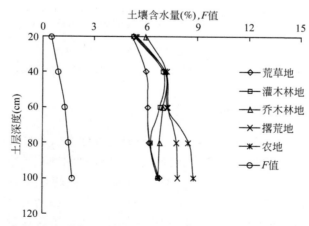

图 3-8　2002 年干旱时段不同土地利用类型土壤水分和 F 值剖面分布

图 3-9 表示的是中等湿润时段层次土壤水分、F 值随着深度在空间上的分布状态。和荒草地、乔木林地、灌木林地相比，农地和撂荒地具有较高的层次土壤含水量。农地、撂荒地和灌木林地的层次土壤含水量随着深度呈下降趋势。但荒草地、乔木林地都随着深度

先增加后下降的趋势。在这个时段，表层土壤比深层可以接受更多的水分补给（李洪建等，1999；穆兴民，2000），但不同土地利用类型水分的散失速度并不相同。在这个时段土地利用类型对表层 0~20cm 的影响不明显，但对其他 4 个层次的（20~40 cm、40~60 cm、60~80 cm 和 80~100 cm）水分空间格局具有明显的影响。

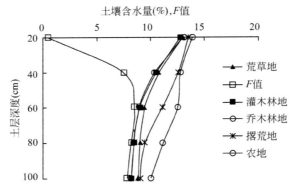

图 3-9　2002 年中等湿润时段不同土地利用类型土壤水分和 F 值剖面分布

图 3-10 表示的是 2003 年不同土地利用类型间层次土壤含水量和 F 值。农地的土壤含水量较高、荒草地居中，乔木林地、灌木林地、撂荒地较低。空间分布上，各类型均呈下降趋势。剖面内农地和荒草地的层次土壤水分在随着深度变化显著；其他三种土地利用类型变化较为平缓。方差分析表明：土地利用对 5 个层次（0~20 cm、20~40 cm、40~60 cm、60~80 cm 和 80~100 cm）水分空间变异具有显著的影响。这说明在湿润年份，表层土壤比深层土壤可以接受更多水分净补给（王孟本和李洪建，1996；李洪建等，1999）。而在这个年度荒草地的土壤水分呈现在较高的水平上，与撂荒地相比，荒草地具有较高的植被覆盖，保持水分蒸发的能力优于撂荒地。这也说明在干旱年份，土壤水分更多地受控于植被的蒸腾，而在湿润年份，土壤蒸发的影响增加。

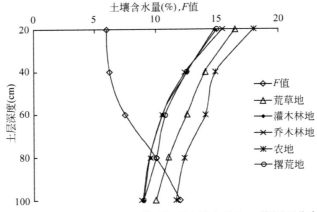

图 3-10　2003 年不同土地利用类型土壤水分和 F 值剖面分布

3.1.2.5　环境因子与土壤水分变异

图 3-11 表示的是不同水分条件下，环境因子对荒草地下不同层次土壤水分的影响。坡向

在不同水分状态下对 4 个层次（20 ~ 40 cm、40 ~ 60 cm、60 ~ 80 cm 和 80 ~ 100 cm）的空间变异影响不明显，但对湿润状态下的表层土壤水分（0 ~ 20 cm）有显著的影响。湿润、中等湿润和干旱三个水分状态下，坡向、剖面曲率、坡位、相对高程和坡度对各个层次的土壤水分空间变异影响均不明显。但对这 5 个环境因子来说，其影响程度在湿润时段和中等湿润时段要高于干旱时段。

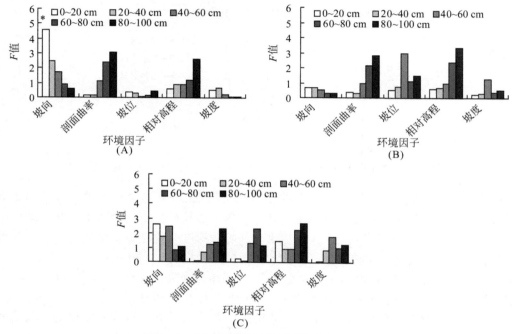

图 3-11　环境因子对荒草地土壤水分的影响
（A）湿润状态；（B）干旱状态；（C）中等湿润状态
F 值上标有 * 时表示环境因子的影响达到显著程度，$P < 0.05$（下同）

图 3-12 表示的是不同水分条件下，5 个环境因子对灌木林地的层次土壤水分的影响。湿润时段，坡向对 80 ~ 100 cm 土壤含水量有明显的影响；在中等湿润时段，坡向对 0 ~ 20 cm、20 ~ 40 cm 和 40 ~ 60 cm 土壤水分有明显的影响；而在干旱时段影响均不显著。剖面曲率、坡位、相对高程和坡度在不同的水分状态和不同层次土壤水分空间变异均没有显著的影响。各个环境因子对水分变异的影响程度随着水分的增加而增大。

图 3-13 表示的是不同水分条件下，环境因子对乔木林地层次水分空间变异的影响。结果表明在湿润时段，坡向对 40 ~ 60 cm、60 ~ 80 cm 和 80 ~ 100 cm 层次的土壤水分有显著影响；而在中等湿润时段，坡向对 0 ~ 20 cm、20 ~ 40 cm 和 40 ~ 60 cm 水分有显著影响。剖面曲率、坡度、相对高程和坡位在所有水分条件和所有土层均影响不显著。各个环境因子对水分变异的影响程度随着在湿润程度的增加而增加。

图 3-14 表示的是不同水分条件下，环境因子对撂荒地层次水分空间变异的影响。在湿润状态下，坡向对 0 ~ 20 cm 土壤水分有显著的影响。坡位和相对高程对不同层次土壤水分的影响在不同水分状态下均影响不显著。

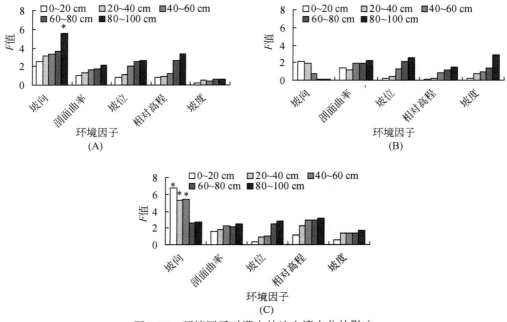

图 3-12　环境因子对灌木林地土壤水分的影响

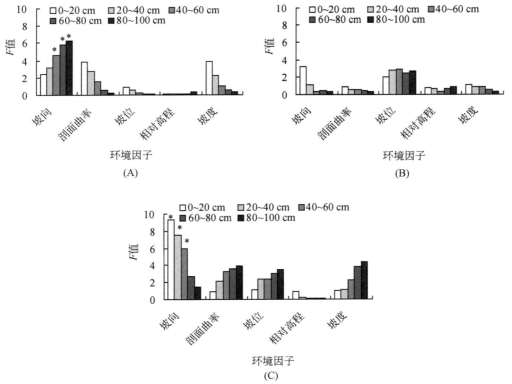

图 3-13　环境因子对林地土壤水分的影响

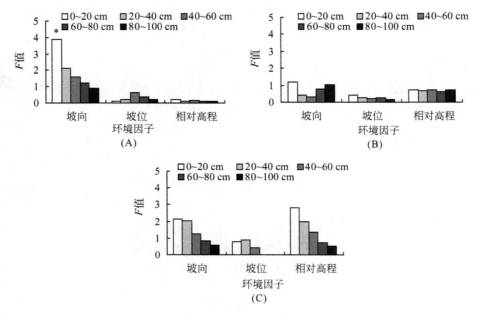

图 3-14　环境因子对撂荒地土壤水分的影响

图 3-15 表示的是环境因子对农地土壤水分的影响，所有环境因子在所有水分条件下

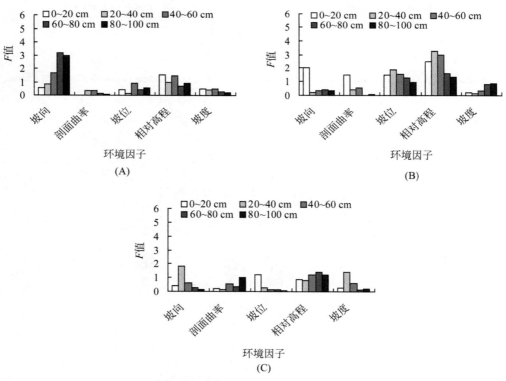

图 3-15　环境因子对农地土壤水分的影响

对所有层次的水分变异均没有显著的影响。各个环境因子对水分变异的影响程度在湿润时段大于干旱时段。

2003 年的研究结果与 2002 年相似，对于相同的类型来说，除坡向对土壤水分影响较大外，其他 4 个环境因子的对土壤水分影响都不显著。

3.1.3 土壤水分变异机理与土地管理

3.1.3.1 土壤水分变异机理

对于干旱年（2002 年）：在湿润时段和中等湿润时段，土地利用对 4 个层次（20 ~ 40 cm、40 ~ 60 cm、60 ~ 80 cm 和 80 ~ 100 cm）的土壤水分都具有显著的影响（图 3-7、图 3-9）。在干旱时段，土地利用类型对所有层次的土壤水分影响均不明显（图 3-8）。而对于 0 ~ 20 cm 土层，所有时段土地利用类型的影响均不明显。剖面曲率、坡位、坡度和相对高程在所有 3 个水分状态对 5 个层次均影响不明显（图 3-11 至图 3-15）。在湿润时段，对于撂荒地和荒草地，坡向对 0 ~ 20 cm 土壤含水量有明显的影响；但对农地来说，坡向对所有水分状态都没有显著的影响（图 3-9、图 3-12 和图 3-13）；对于灌木林地，坡向对 80 ~ 100 cm 土壤水分在湿润时段有显著影响，对 0 ~ 20 cm、20 ~ 40 cm 和 40 ~ 60 cm 土壤水分在中等湿润时段有显著影响。对于乔木林地，坡向对层次水分的影响格局与灌木林地相似，只是在湿润时段的影响深度增加。干旱时段、土地利用和环境因子都对层次水分影响不明显，5 种土地利用类型的水分都接近其凋萎湿度，其空间变异由局地因子（土壤自身的属性）所决定（Grayson et al.，1997）。

对于湿润年（2003 年）：土地利用对 5 个层次（0 ~ 20 cm、20 ~ 40 cm、40 ~ 60 cm、60 ~ 80 cm 和 80 ~ 100 cm）土壤水分都具有显著影响（图 3-10）。对于相同的土地利用类型来说，剖面曲率、坡位、坡度和相对高程在整个湿润年份的影响均不明显，坡向也仅是对部分层次的土壤水分有显著影响。

本项研究的结果揭示土地利用是影响土壤水分空间变异的关键因子，而环境因子（除坡向外）的影响相对较小，这一结果与国内外的一些研究并不相同（Famiglietti et al.，1998）。产生这种结果的原因与研究的地点和分析方法有关。我们相信，当研究不同影响因子对土壤水分空间变异的相对重要性时，我们必须区分出其他因子的协同作用，特别是影响较大的因子的协同作用。只有这样，我们才能分析出不同影响因子的相对重要性。

3.1.3.2 土壤水分变异与土地持续管理

在半干旱黄土区，土地管理的基本目标是控制水土流失，为植被生长提高土壤水分含量。由于恶劣的自然条件和强烈的人类活动，黄土高原生态系统整体上处于退化阶段。严重的水土流失和水分亏缺是限制该区生态恢复和土地生产力的主要因子。如何对其进行控制是该区十分重要的任务。

与水文学意义相比，土壤水分具有不同的生态学意义。半干旱黄土区，土壤水分是限制植被生长的重要因子。在湿润时段，所有土地利用类型 0 ~ 100 cm 平均土壤含水量只有饱和含水量的 50% 左右，而在干旱时段，其土壤水分接近凋萎湿度（表 3-1 和图 3-5、图

3-8）。在正常年份，黄土高原的植被覆盖度和叶面积指数都呈现先增加后降低的过程，其最大值出现在7月。但在本项研究中，叶面积指数6～8月对于乔木林地和灌木林地来说基本保持不变，但其他三种土地利用类型，呈现下降趋势。2003年的植被盖度和叶面积指数均高于2002年。在2002年，水分缺乏严重地影响着植被的生长。采取相关措施，如修建梯田可以增加降雨的入渗，从而可以增大土壤含水量。由于降雨和蒸发的影响，0～20 cm土壤水分变化幅度较大（图3-7至图3-9），选择生长季节与降雨季节同期的作物可以提高降雨的利用。Huang等（2003）建议在雨养农业区从单一耕作转向不同作物的轮作可以提高水的供给和保持高的产量。农林复合系统，发挥林农的相互优势，是旱农区较好的耕作方式，此外，土壤水分动态对农田和水资源管理措施的应用十分重要。当土壤水分较低时，灌溉和覆盖（Raeini-Sarjaz and Barthakur，1997）将会是非常有效的措施，如本研究中的干旱水分状态时（图3-5、图3-8）。植被恢复和农业发展都应考虑环境因子和土地利用对土壤水分时空变异的影响（图3-11至图3-15）。

此外，不同剖面土壤水分的时间动态特征对水文模型在农业和生态环境研究中的应用十分重要。我们的研究结果表明不同土地利用类型的土壤水分动态有较大的差别（图3-5至图3-9）。农地、撂荒地的土壤水分时间动态和乔木林地、灌木林地相比有显著的差异。不同土地利用类型的土壤水分剖面分布具有显著的差异，相同土地利用类型在不同的水分状态，其土壤水分剖面也具有显著的差异（图3-7至图3-9），这说明了入渗水和水分蒸发间的不同。不同土地利用类型，环境因子对土壤水分变异的影响程度并不相同（图3-11至图3-15）。所以不同水文响应单元要考虑地形变异（特别是坡向的变异），还需要考虑土地利用类型及其格局。此外，由于土地利用在坡面尺度上对土壤物理性状的影响，土地利用格局对土壤水分分布的影响是非常复杂的。用平均的土壤水分代替坡面或忽略土地利用的时间和剖面特征，会导致错误的结果。

3.2 沟道土壤水分平衡

目前，黄土高原的水土流失在小流域尺度上出现新的特点，即呈现以坡面（梁峁坡）系统侵蚀为主转为以沟坡系统侵蚀为主的特点。虽然沟坡兼治的思想在以往的小流域综合治理中有所体现，坡面在以梯田、水平沟、水平阶等工程措施和林草植被措施的综合作用下，已经较好地控制了产流，侵蚀也大为减弱，但由于荒坡、道路和村庄的产流直接排至沟坡，导致侵蚀由坡面系统为主转变为以沟坡系统为主，侵蚀物的粒径也有逐渐增大的趋势。

沟坡系统的侵蚀以切沟侵蚀为主。切沟的产生说明土壤侵蚀已经到了十分严重的阶段（Brooks et al.，1997）。黄土高原地区的降雨强度一般较大，加上黄土具有垂直节理发育、疏松、多孔隙等特性，致使切沟侵蚀在黄土高原地区十分普遍。切沟侵蚀原本是一种自然侵蚀过程，但人类不合理的土地利用和耕作政策大大加速了侵蚀过程。切沟侵蚀不仅破坏上坡位或上游地区的土地资源，而且严重地影响下坡位和下游地区的生态环境。切沟侵蚀使上游地区土地变得破碎，降低了土地生产力，侵蚀下来的土壤经过搬运还会影响下游地区土地生产力、人类发展和正常的地表运动过程（Brooks et al.，1997）。到目前为止，对切沟侵蚀发生与发展规律的研究和认识，与其他侵蚀形式如细沟侵蚀或面蚀相比，仍然十分有限，更难以定量研究，目前的土壤侵蚀预报模型也没有包括切沟侵蚀。

当有切沟侵蚀的产生条件时，切沟侵蚀将很难控制，并且其治理代价也较高。Brooks 等（1997）认为，恢复立地的水文过程是控制切沟侵蚀的基础。为此，我们不仅要在切沟侵蚀区，而且还要在径流的形成区营造足够的植被覆盖和枯落物。Hudson（1995）曾引用一位水土保持工程师的一句话："对于切沟控制来说，一袋化肥的效果远比一袋水泥的效果好。"为此必须充分了解切沟内水分、养分等的空间分布特征，以采取适宜的植被保护措施。到目前为止，关于切沟中土壤水分或养分空间分布的研究十分有限。

黄土高原地区地处半干旱区，水分条件有限，水分的可获得性被认为是制约植被生存和生长的关键因子。因此，研究切沟中水热变化规律可以为切沟侵蚀模型的建立提供基础，也可以为我国退耕还林还草政策的实施提供科学指导。

3.2.1　研究方法

3.2.1.1　沟道选择与样带设置

安家沟流域内沟坡面积占总面积的 21.33%，流域内有一条主沟和两条较大的支沟，主沟为近东—西走向，沟坡和梁顶相对高差一般在 300 m 左右，沟内没有常年流水，但有泉水出露，据泉水推测，沟道内潜水埋深一般不超过 2 m。沟坡内的阴坡地形较为平缓，平均坡度 15°左右，年均植被盖度在 45% 以上；而阳坡地形陡峭，平均坡度超过 30°，植被稀少，最大盖度不超过 15%，部分地区由于侵蚀严重，坡度较大，多为裸土。沟坡土地利用类型主要为灌木林地和荒草地。

本研究采用样带取样的方法，兼顾地形和土地利用类型，设置了一个沟坡样带，共 12 个样地。取样时间为 2002~2003 年的 4 月到 9 月，大约半月取样一次。样地分 5 层（0~20 cm、20~40 cm、40~60 cm、60~80 cm 和 80~100 cm）测定，每个样地取 4 个重复，取其平均值为该层的含水量。取样时采用均层取样法，土壤水分的测定采用烘干法。用流域内的小气象站观测降雨量。梁峁坡和沟坡太阳辐射、湿度和温度等小气候方面的观测周期为 5 d，每天测量 4 次。

3.2.1.2　分析方法

以沟坡样带的 12 个样地为主，并从梁峁坡样地中选取两个梯田农地和沟坡进行比较。根据地形将沟坡分为沟道、阴坡和阳坡。沟坡中的阳坡包括两个灌木林地、两个草地样地；沟道有两个灌木林地；沟坡中的阴坡包括 4 个阴坡灌木林地和两个草地样地（表 3-3）。按照这个分类标准，从流域空间位置上分为阳灌（阳坡灌木林地，主要植被类型为柽柳）、阳草（阳坡草地）、沟灌（沟道灌木林地以柽柳或柽柳+白刺为主）、阴灌（阴坡灌木林地主以柠条和沙棘为主）、阴草（阴坡草地）和农地（梁峁坡农地）6 种组合类型，各类型土壤水分为其所含样地的平均值。6 种类型样地间的差异程度用 ANOVA 方法进行分析，用 F 值进行显著性检验。两者之间的差异采用多重比较（GLM-ANOVA）方法进行分析，用均值后的小写字母表示其差异程度。所有的分析均在 SPSS 软件中进行。

沟坡灌木林地、草地和梁卯坡农地 0 ~ 100 cm 土壤剖面的容重、凋萎湿度及饱和含水量如表 3-4 所示。光照、大气湿度、温度和风速以月为单位进行统计，分别计算梁峁坡和沟坡各月的平均值。

表 3-3   不同土地利用类型和地形条件样地分布

土地利用类型	阳沟坡	沟道	阴沟坡	梁峁坡梯田
灌林木地	2	2	4	—
草地	2	—	2	—
农地	—	—	—	2

表 3-4   不同土地利用类型的土壤容重、凋萎湿度和饱和含水量

土壤参数	灌林木地	草地	农地
土壤容重（g/cm³）	1.21	1.24	1.15
凋萎湿度（%）	6.53	7.44	7.41
饱和含水量（%）	23.93	25.64	27.6

3.2.2   沟坡水热条件

3.2.2.1   土壤 0 ~ 100 cm 土层水分动态

典型干旱年 2002 年（图 3-16）：对于 0 ~ 100 cm 土层平均含水量来说，沟道灌木林地土壤水分最高，阴阳两坡草地和灌木林地次之，梁峁坡农地最低；对于相同的植被类型来说，阳坡的林草植被土壤水分均要小于阴坡林草植被，但没有达到显著差异水平（$P > 0.05$）；而在同一坡向，草地的含水量要高于灌木林地，在干旱时段能达到显著差异水平

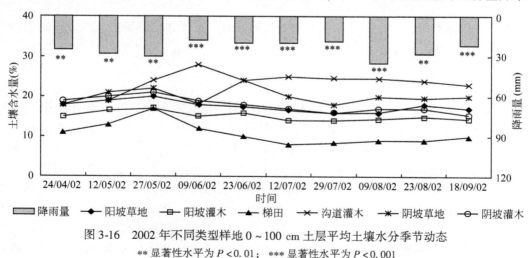

图 3-16   2002 年不同类型样地 0 ~ 100 cm 土层平均土壤水分季节动态

** 显著性水平为 $P < 0.01$；*** 显著性水平为 $P < 0.001$

（$P < 0.05$）。方差分析表明，从 4~9 月的 10 次取样中，6 种类型样地间的土壤水分都有显著或极显著的差异（$P < 0.01$ 或 $P < 0.001$），且在干旱季节其差异性增大。对于梁峁坡农地，其 0~100 cm 土层含水量具有明显的季节变化特征，在整个生长季节呈现下降的趋势，但本年度为一特殊的干旱年份，在降雨较少的 6~7 月其土壤水分较低，并在 7 月 12日的取样中达到最低点，仅有 6.59%，接近其凋萎湿度。但对沟坡和沟道植被来说，其土壤水分的季节变化不明显。对于阳坡草地、阳坡灌木林地、梁峁坡农地、沟道灌木林地、阴坡草地和灌木林地，其土壤水分的季节变异系数分别为 9.44%、14.22%、30.32%、11.51%、10.83%、14.90%。从中可以看出：沟坡的各种植被类型其土壤水分在观测时段内的变异系数在 9.44%~14.9%，变化较小；而梁峁坡农地在观测时段的土壤水分变异系数最大，达到 30.32%。

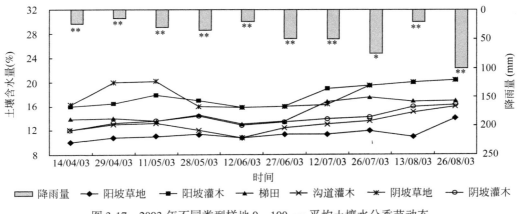

图 3-17　2003 年不同类型样地 0~100 cm 平均土壤水分季节动态

典型湿润年 2003 年（图 3-17）：不同类型之间的差异与干旱年份相似，唯一不同的是在 2003 年沟道灌木林地的土壤水分并不同最高的，这与 2003 年降雨特征有关。虽然是一个湿润年份，但 2003 年的流域产流次数和产流量均小于 2002 年。坡向和植被类型对土壤水分的影响也与干旱年份相似。对于相同的植被类型来说，阳坡的林草植被土壤水分均要小于阴坡林草植被，而在同一坡向，草地的含水量要高于灌木林地。方差分析表明，从 4~9 月的 10 次取样中，6 种类型样地间的土壤水分都有显著的差异（$P < 0.01$）。对于这 6 种类型，其 0~100 cm 土层含水量的季节变化特征并不明显，只是在较为干旱的 6 月土壤水分较低。对于阳坡草地、阳坡灌木林地、梁峁坡农地、沟道灌木林地、阴坡草地和灌木林地，其土壤水分的季节变异系数分别为 14.3%、16.3%、9.9%、11.5%、7.5%、14.3%。从中可以看出，沟坡的各种植被类型其土壤水分在观测时段内的变异系数大于梁峁坡农地。这也与 2003 年流域的降雨流域特征有关。

以上结果表明沟坡土壤水分在整个观测期内均呈现在较高的水平上，这也从一个侧面说明，相对于梁峁坡来说，即使是在极端干旱的年份，沟坡水分也可满足林草植被的生长耗水的需要。这一结果与毕慈芬等（2001）在黄土高原的研究结果相似，即由于地形地貌和沟内径流排泄，沟坡水分呈现在较高的水平上，但与谢云等（2002）的研究结果不同，这可能与研究地点和沟的等级有关。

3.2.2.2　土壤水分剖面变化特征

由图 3-18 可知：梁峁坡农地和阴坡的灌木林地的土壤水分在 0～100 cm 剖面内随着深度变化平缓；而阴阳两坡的草地、阳坡的灌木林地以及沟道的灌木林地的土壤水分在剖面内随深度均呈现增加的趋势；沟道内灌木林地各个土壤层次的含水量均为最大，梁峁坡农地最小，阴阳两坡的植被居中；对相同的植被类型来说，阴坡草地或灌木林地各层土壤的含水量均大于阳坡（$P > 0.05$）；对于同一坡向来说，草地各层土壤水分显著地（$P < 0.05$）高于灌木林地。方差分析表明：这 6 种类型样地间 5 个层次的土壤水分均存在极显著差异（$P < 0.001$），且随着深度的增加而增大。对于阳坡草地、阳坡灌木林地、梁峁坡农地、沟道灌木林地、阴坡草地和灌木林地，其土壤水分在剖面内的变异系数分别为11.32%、6.7%、1.4%、8.7%、14.2% 和 1.5%，这与不同植被类型对土壤水分的消耗和土壤的入渗特性有关。

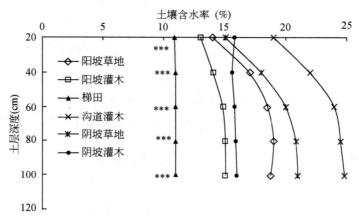

图 3-18　2002 年不同类型样地土壤水分剖面变化特征

由图 3-19 可知：对于 0～100 cm 剖面，梁峁坡农地表现为减少型；沟道和阴坡灌木林地、阴坡草地表现为增加型；而其他两种类型表现为稳定型。沟道内灌木林地和阴坡草地各个土壤层次的含水量均为最大，阳坡草地其中，阴、阳坡灌木林地较小，而梁峁坡农地最小；对相同的植被类型来说，阴坡草地或灌木林地各层土壤的含水量均大于阳坡（$P > 0.05$）；对于同一坡向来说，草地各层土壤水分显著地（$P < 0.05$）高于灌木林地。方差分析表明：这 6 种类型样地间 5 个层次的土壤水分均存在显著差异（$P < 0.05$），且随着深度的增加而增大。对于阳坡草地、阳坡灌木林地、梁峁坡农地、沟道灌木林地、阴坡草地和灌木林地，其土壤水分在剖面内的变异系数分别为 3.2%、5.7%、10.6%、8.8%、10.4% 和 8.5%，这与不同植被类型对土壤水分的消耗和土壤的入渗特性有关。

对于沟坡植被，其土壤除受大气降雨补给外，还可以接受流域径流形成区所形成径流的补给。相对于梁峁坡来说，沟坡水分条件较好，土壤水分可以满足各种类型植被生长的需要，因此土壤水分在整个剖面内呈现出随着深度增加而增大的趋势。但对于同一地形条

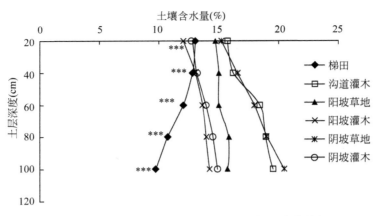

图 3-19　2003 年不同类型样地土壤水分剖面变化特征

件下的不同植被来说，如阴坡的草地和灌木林地相比，草地的土壤水分要显著地高于灌木林地，这与坡面上的许多研究结果相同（傅伯杰等，2003；黄奕龙等，2003）。

3.2.2.3　梁峁坡与沟坡小气候

由表 3-5 可知，对于梁峁坡和沟坡来说，4~5 月风速均是观测期内最大的，但沟坡风速要小于梁峁坡，特别是在 9 月，沟坡风速不到坡面的 1/2。一般来说，风速过大不利于植物的生长，但如果风速过小，又不利于气体的交换，会在一定程度上影响植物的光合和蒸腾作用。在观测期内，梁峁坡和沟坡大气湿度的高值期均出现在 5 月，由于观测年为一干旱年份，降雨特征与平水年不同。其中 5 月为降雨相对较多的月份，同时这也与这一时期的土壤蒸发速度有关。和梁峁坡相比，沟坡大气湿度较大，这与沟坡内土壤水、地下水和地表水等水分条件较好有关。观测期内 6 月、7 月和 8 月气温较高，这与流域多年气象特点相同。和梁峁坡相比，沟坡气温比梁峁坡要高。光照是植物生长的基础，观测期内光照呈现抛物线性变化，在 6~7 月达到其一年的最大值。与梁峁坡相比，沟坡的光照较小，特别是在夏秋季节。

表 3-5　坡面和沟坡小气候条件

因子	位置	4 月	5 月	6 月	7 月	8 月	9 月
风速（m/s）	梁峁坡	1.64	1.37	0.99	0.87	1.01	0.86
	沟坡	1.11	1.00	0.90	0.79	0.73	0.40
湿度（%）	梁峁坡	53.60	69.65	64.73	64.06	61.47	65.41
	沟坡	58.93	71.74	66.19	66.57	63.81	67.82
气温（℃）	梁峁坡	8.85	13.10	15.35	17.90	17.30	11.70
	沟坡	9.60	14.50	16.30	18.80	18.30	12.80
光照（kJ/cm^2）	梁峁坡	60.20	62.06	66.32	67.63	64.32	45.58
	沟坡	56.05	60.54	59.86	57.34	51.45	37.61

3.2.2.4 沟坡生态修复

生态修复是指为了恢复已被破坏生态系统，以人工措施促进生态系统健康运转，而加快自然恢复的进程（焦居仁，2003）。它与自然恢复不同，自然恢复是指停止人为干扰，解除生态系统的超负荷压力，依靠生态系统本身的自适应、自组织和调控能力，按生态系统自我规律，通过其休养生息的漫长过程，使生态系统向自然状态演化。生态修复的关键是突出了人类干预的作用。目前，生态修复在美国、日本、欧洲以及我国的部分地区退化生态系统的恢复重建工作中取得良好的效果（焦居仁，2003）。对于黄土丘陵沟壑区沟坡的生态修复，主要是构建合理的生态水文格局，以调节和控制生态水文过程（Barid and Wilby，2002）。

（1）水热条件与生态修复

水热条件在任何生态系统中都是非常重要的，水热条件的多样性是维持景观多样性的重要因素。对退化生态系统水热条件的了解是对其进行生态修复的基础。和梁峁坡相比，沟坡植被具有较高的 0~100 cm 季节土壤水分和剖面土壤水分，较高的温度和大气湿度，比较适合于植被的生长。而黄土高原生态修复的最终目标是建立符合当地自然规律的景观多样性，从潜在景观到原生景观（毛德华等，2003）。甘肃定西地区黄土丘陵区梁峁坡的原生景观一般认为是草原，而沟坡则是森林景观（毛德华等，2003）。而目前沟坡现实景观和潜在景观、原生景观相比都有明显的差别，这就要求生态修复时首先要恢复到与目前水热条件相吻合并具有较强景观功能的潜在景观，然后再恢复到原生景观。

（2）生态修复措施

对于整个沟坡系统，主要是构建合理的植被格局，以提高生态修复的程度和效率。在斑块尺度上，主要是合理植被类型的选择和植物恢复技术措施的设计。此外，我们在进行生态修复时，不仅要重视景观结构的合理布局，更要重视过程的修复（水分和养分循环过程）（黄志霖等，2002）。从已有研究来看，沟坡植被先恢复到与水热条件相符的灌木为主较好（Ludwing et al.，1999）。而在该地区可以采用的植被恢复模式主要有甘蒙柽柳或甘蒙柽柳＋白刺、杨树或杨树＋沙棘。

对于沟坡坡度不大的坡面，可以采取反坡台和鱼鳞坑等措施改善立地条件；而对于坡度过大不适于植被和工程措施的坡面，可以采用自然封育措施，利用生态的自我修复能力进行自然恢复。为了减少沟坡的侵蚀和提高水资源利用效率，一个重要的措施就是淤地坝建设。淤地坝能够减缓坡面水流造成的溯源侵蚀，制止沟蚀的发展，抗旱增产，迅速有效地减少侵蚀（黄奕龙等，2003）。但淤地坝仅仅是将径流拦蓄在沟道，并未对其进行利用。安家沟小流域中，每年有约 1 万 m^3 的洪水资源在沟道中被无效蒸发。为了提高土壤水分和径流的利用效率，可以采用"上坝下塘"，即在沟道上游建坝、下游挖塘、上坝保护下塘免遭水毁，减少侵蚀并为下塘提供水源，下塘可拦蓄地表径流又可拦蓄潜流，这种模式可对淤地坝进行改进，以减轻沟坡的盐碱化并为农田灌溉提供水源。

3.2.2.5　小结

1）0～100 cm 土层平均土壤水分以沟道灌木林地最高，沟坡中的阳坡和阴坡的草地和灌木次之，梁峁坡梯田最低；对于相同的植被类型来说，阳坡的林草植被土壤水分均要略小于阴坡；而在同一坡向（阴坡或阳坡），草地的含水量要高于灌木林地。梁峁坡农地的土壤水分具有明显的季节变化特征，在观测期内总体上呈现下降的趋势，但沟坡和沟道植被土壤水分的季节变化不明显。在干旱的 2002 年，和沟坡各样地相比，梯田农地土壤水分变异系数最大，达到 30.32%。但在湿润的 2003 年，梯田农地的土壤水分变异系数小于沟坡植被。其原因与降雨特征和流域产流有关。

2）在 2002 年，对于梯田农地和阴坡的灌木林地来说，土壤水分在剖面内随着深度变化平缓；而阴阳两坡面的草地、阳坡的灌木林地以及沟道灌木林地的土壤水分在剖面内随着深度呈增加的趋势。

2003 年，梁峁坡农地不同剖面土壤水分表现为减少型；沟道和阴坡灌木林地、阴坡草地表现为增加型；而其他两种类型表现为稳定型。沟道内灌木林地和阴坡草地各个土壤层次的含水量均为最大，阳坡草地其中，阴、阳坡灌木林地较小，而梁峁坡农地最小；对相同的植被类型来说，阴坡草地或灌木林地各层土壤的含水量均大于阳坡；对于同一坡向来说，草地各层土壤水分显著地高于灌木林地。

3）对于梁峁坡和沟坡来说，4～5 月风速均是观测期内最大的，但沟坡风速要小于梁峁坡坡面；在观测期内，高湿期出现在 5 月，且沟坡大气相对湿度高于梁峁坡；和梁峁坡相比，沟坡气温较高，但光照较小。

4）沟坡的生态修复可采用反坡台地、鱼鳞坑和"上坝下塘"等工程措施。根据沟坡环境条件，植被建设应先恢复到与水热条件相符的潜在景观，其植被可以先以灌木为主。而在该地区可以采用甘蒙柽柳、甘蒙柽柳＋白刺、杨树和杨树＋沙棘等几种植被恢复模式。

3.3　土地利用与土壤水循环

半干旱黄土丘陵沟壑区土壤水分主要来源于自然降水。降水进入土壤后转为土壤水，土壤水分通过渗透、下渗和浸润等向深层次运动。该区土壤水分状况为非淋溶型，地下水不参与水循环过程，其主要方式为土壤和大气之间的循环过程。土壤储水量绝大部分消耗于蒸发过程（杨文治和邵明安，2000）。

土壤水分循环特征与土地利用类型密切相关。在植被参与下，蒸发、蒸腾过程和土地利用影响土壤水分循环过程，强化土壤水循环强度和加深土壤水循环深度；同时，植被生长的季节性节律特征，改变土壤水分的季节性循环过程，土壤水分的变化强度和深度是土地利用对土壤水循环的重要指示，土壤水分层次分布特征明显。

本节通过长期定位观测小区尺度的土地利用类型的水分循环、土壤水分变化过程，在土地利用的环境条件的一致性基础上，通过对土地利用类型的土壤水循环过程连续观测，则能够把握土壤水分的季节和年度分布、时间变化趋势，了解在半干旱丘陵沟壑区的植被与土壤相互作用以及土壤水分变化影响。

3.3.1 研究方法

3.3.1.1 试验设计

在黄土丘陵沟壑区坡面选择 5 种代表性的植被与土地利用类型。这 5 种类型居于坡面的中上坡位，分别位于 3 种坡度的 15 个径流小区。小区的具体状况第 2 章有具体描述。

土地利用类型分别为坡耕地（春小麦）、牧草坡地（苜蓿）、灌木林地（沙棘）、乔木林地（油松）和自然草地（针茅）。

取样日期一般为月初（1 日）和月中（15 日），若有降水发生，采样顺延，降水停止后采样；采样持续时段：1986 ~ 1999 年、2002 年和 2003 年。

土壤水分取样分别在各类型不同坡度的径流小区缓冲隔离区进行。采样采取均匀分层混合取样。每个样点以 20 cm 为间隔分为均等的 5 层。土壤含水率通过恒温烘干法以质量百分率表示。用环刀法取样测定样点的分层次容重。取样深度为 30 cm，根据各个层次计算相应的类型水分常数。

3.3.1.2 数据处理

（1）环境变量

所选土地利用类型小区（15 个）位于相对一致的坡度、坡向和坡位，小区起始条件一致，观测时间一致。因此，考察各类型之间的土壤水分变化过程，这些环境因素对各类型的影响效应可以得到消除。

采样前期降水量和蒸发量数据，根据日降水量和蒸发量按照测次日期和间隔进行统计。对于各年度各测次的降水量分布分别按照相邻测次之间的降水量作为测次降水量变化。土壤水分常规月测定次数为两次，较大降水后加测。

自由水面蒸发量作为描述土地表面蒸发的重要气象因子，影响土壤水分特别是表层土壤水分的动态变化。测次间蒸发量的计算按照降水量的统计方法。

（2）土壤水分的统计指标

1986 ~ 1999 年及 2002 年、2003 年，对 5 种类型 3 个重复的样地共 15 个小区分别取样，取样层次分别为 L1（0 ~ 20 cm）、L2（20 ~ 40 cm）、L3（40 ~ 60 cm）、L4（60 ~ 80 cm）和 L5（80 ~ 100 cm）5 个层次。

1）植被类型的土壤水分统计。分别为：①测次各土层平均土壤含水率及标准差；②测次总土层平均含水率及标准差；③年度（或季节）各土层次平均土壤含水率及标准差；④年度总土层平均含水率及标准差。

2）土壤水分的时间（年度或月份）变化。分别为：①各土层的年度平均含水率及标准差；②总土层年度平均含水率及标准差；③测次各土层多年平均含水率及标准差；④测次总土层平均含水率多年值及标准差。

3）土壤剖面层次的土壤水分变化。① 分别对相同类型的各土壤层次之间进行分析；②对以相同层次不同类型之间进行分析。

4）植被类型间土壤水分比较。根据方差分析及多重比较（LSD 法），对类型之间的层次、总土层的年度或季节土壤水分是否具有显著性差异以及多重比较结果进行分析。

（3）统计分析方法

统计方法采样单因素方差分析（One-way ANOVA）方法和均值比较（LSD），研究不同类型的土壤水分随时间变化。通过不同时间的土壤水分多重比较，分异土壤水分变化动态模式及其影响因素，显著性检验水平为 $\alpha = 0.05$。数据整理、计算和分析均在 SPSS 软件环境下进行。

3.3.2　土壤水分层次分布

土壤水分在半干旱黄土丘陵沟壑区具有特殊的生态学意义。在上一章讨论人工乔木林地、灌木林地和牧草地与荒坡土壤水分垂直分布，在土壤一定深度以下，与荒坡相比，普遍存在低湿层。土壤低湿层的形成，是人工植被对土壤水分的消耗和林地土壤水分的供给失去平衡，长期水分亏损的累积结果。即使在黄土丘陵半湿润气候条件下，丘陵沟壑区现有的人工牧草地、灌木和乔木林地，水分供需关系失去平衡，土壤水分经雨季补偿后，仍在 1.6 m 左右以下的土壤中，普遍含水率低的低湿层（孙长忠等，1998）。

本节分析不同土地利用类型的土壤水分层次分布特征，对了解土地利用类型的土壤水循环过程具有重要的参考意义。

3.3.2.1　土壤水分层次分布

分析坡耕地、苜蓿草地、沙棘林地、油松林地和自然草坡的各层次测次土壤水分与其相邻层次土壤水分之间的关系，结果如表 3-6 所示。

表 3-6　不同土地利用类型层次之间土壤水分相关矩阵

类型		L1	L2	L3	L4	L5
坡耕地	L1	1.00				
	L2	0.72 **	1.00			
	L3	0.52 **	0.85 **	1.00		
	L4	0.41 **	0.72 **	0.86 **	1.00	
	L5	0.35 **	0.63 **	0.77 **	0.96 **	1.00
牧草地	L1	1.00				
	L2	0.71 **	1.00			
	L3	0.51 **	0.84 **	1.00		
	L4	0.43 **	0.70 **	0.89 **	1.00	
	L5	0.33 **	0.59 **	0.82 **	0.88 **	1.00

类型		L1	L2	L3	L4	L5
灌木林地	L1	1.00				
	L2	0.78**	1.00			
	L3	0.56**	0.86**	1.00		
	L4	0.42**	0.69**	0.89**	1.00	
	L5	0.35**	0.58**	0.77**	0.91**	1.00
乔木林地	L1	1.00				
	L2	0.72**	1.00			
	L3	0.53**	0.87**	1.00		
	L4	0.45**	0.75**	0.92**	1.00	
	L5	0.40**	0.69**	0.86**	0.95**	1.00
自然草地	L1	1.00				
	L2	0.74**	1.00			
	L3	0.52**	0.84**	1.00		
	L4	0.42**	0.72**	0.93**	1.00	
	L5	0.37**	0.65**	0.85**	0.96**	1.00

* 、** 、*** 分别表示方差分析差异显著水平为 $\alpha = 0.05$、0.01 和 0.001，下同

表 3-6 表明了不同层次之间的土壤水分之间的相关程度。随着深度的增加，表层土壤水分与其下层土壤水分相关程度明显下降。每个土层土壤水分与其相邻土层的相关性好，但随深度的增加，相邻层次土壤水分相关系数逐步增大。随着深度的增加，相邻层次土壤水分变化趋势更为一致，说明深层降水增湿过程和水分上行蒸发变化过程的时间分异明显小于表（上）层土壤层次。表层与其非邻层次之间的相关关系表明：随深度的增加，与表层比较，土壤水分变化具有更长的时滞性。

3.3.2.2　土壤层次土壤水分差异

以 16 年观测结果进行比较，采用类型之间的多重比较（LSD），分析在不同层次各类型之间的差异水平，见表 3-7。

表 3-7　土壤各层次不同类型间土壤水分差异及比较

土地利用类型	L1		L2		L3		L4		L5	
	均值	标准差	均值	标准差	均值	标准差	均值	标准差	均值	标准差
坡耕地	13.1a	5.2	10.6a	4.1	9.6a	3.4	9.1a	3.1	8.9a	2.8
牧草地	13.3a	5.1	11.2ab	3.9	10.3ab	3.5	9.9bd	2.9	9.7b	2.9
灌木林地	13.7a	5.1	11.4ab	4.0	10.2ab	3.2	9.5ab	3.1	9.0a	2.8
乔木林地	13.4a	5.1	11.5b	3.9	10.9b	3.6	10.5cd	3.6	10.4b	3.6
自然草地	14.9b	5.6	13.2c	4.7	11.7c	4.1	10.9c	3.9	10.2b	3.5

注：每列中有相同字母时表示不同类型间差异不显著，下同

在 L1 层，5 种植被及土地利用类型土壤含水率平均值之间存在显著性差异（$\alpha = 0.01$）。各层次的土壤含水率平均值多重比较结果比较一致，自然草地的平均土壤含水率显著大于其余 4 种类型，其余 4 种类型的平均土壤含水率之间没有显著性差异。不同类型的平均土壤含水率的标准差和标准误也大致相同，但自然草地的土壤水分变动较其余类型土壤变动大。

在 L2 层，5 种植被及土地利用类型土壤含水率平均值之间存在显著性差异（$\alpha = 0.001$）。类型均值比较（LSD，$\alpha = 0.05$）结果分为 3 个土壤水分水平：自然草地的土壤含水率均值显著高于其余 4 种类型，坡耕地土壤水分显著高于油松林地。牧草地和沙棘林地则与坡耕地和乔木林地没显著性差异。但自然草地均值标准差明显大于其余类型。

在 L3 层，类型之间差异检验和多重比较结果与 L2 cm 土壤层次相同。

在 L4 层，土地利用类型之间土壤含水率平均值之间存在显著性差异（$\alpha = 0.001$）。各类型的土壤含水率多重比较结果较为复杂。

在 L5 层，各土地利用类型土壤含水率存在显著性差异（$\alpha = 0.001$）。按照土壤含水率差异比较，将土地利用类型基本分为两组：①坡耕地和沙棘林地；②首蓿草地、油松林地和自然草地。组内各类型之间无显著差异，但①组与②组之间存在显著性差异，前者土壤含水率显著低于后者，其标准差也是小于后者的变动幅度。

3.3.2.3　土地利用类型与土壤水分分异

对各类型不同层次的土壤含水率变化进行深入分析（表3-8），表述如下。

表 3-8　不同土地利用类型各层次土壤水分差异及比较

土壤层次	坡耕地		牧草地		灌木林地		乔木林地		自然草地	
	均值	标准差	均值	标准差	均值	标准差	均值	标准差	均值	标准差
L1	13.1a	5.2	13.30a	5.1	13.7a	5.1	13.4a	5.1	14.9a	5.6
L2	10.6b	4.1	11.28b	3.9	11.4b	4.0	11.5b	3.9	13.2b	4.7
L3	9.6c	3.4	10.3c	3.5	10.2c	3.2	10.9cb	3.6	11.8c	4.1
L4	9.16c	3.1	9.9c	2.9	9.5cd	3.1	10.6c	3.6	10.9cd	3.8
L5	8.96c	2.8	9.7c	2.9	9.0d	2.8	10.4c	3.6	10.2d	3.5
F 值	36.67**		24.78**		45.26***		16.21***		32.73***	

1）整个观测土壤剖面（0~100 cm）从表层至底层，土壤水分随深度的增加而逐步降低，表层土壤水分显著地高于其下各层次（LSD，$\alpha = 0.05$）。

2）各层次土壤的变动幅度差异很大。随着土壤剖面深度的增加，土壤水分的变动幅度逐步降低，即土壤水分随深度的增加，受外部环境的干扰和影响强度减少。

3）坡耕地和牧草地类型。土壤剖面水分分布为随深度的增加而降低，层次之间的土壤水分差异显著水平不同。按照土壤剖面水分差异分为 3 个区：表层（0~20 cm）、次表层（20~40 cm）和深层（40~100 cm）。

4）灌木林地和自然草地类型。土壤水分随深度的增加降低，层次之间比较分为明显差异的 4 个区：L1 层、L2 层、L3 层和 L5 层。L4 层与 L3 层和 L5 层无显著差异。层次土壤水分随深度增加渐次显著降低。

5）乔木林地类型。按照层次间土壤水分差异，土壤剖面可分为 3 个区：L1 层、L2 层和 L3 层、L4 层和 L5 层。

3.3.3 土壤层次水分的季节变化

定西安家沟流域的气温、地温、植被生长、降水和蒸发具有明显的季节性分布特征，对土壤水分按月份进行分析，可以揭示不同土地利用和气候条件季节变化对土壤水分的相对影响。

年度降水量和季节分布过程影响土壤水分变化趋势。研究类型的年度均值差异及其比较，只能从整体上了解类型之间土壤水分差异程度和土壤土层含水率变化。本节分析不同植被及土地利用类型的土壤水分季节变化。

3.3.3.1 不同土地利用类型的土壤水分月变化

方差分析结果表明，所有土地利用类型，各月份测次的土壤水分无显著性差异（α < 0.05），详见表 3-9。

表 3-9 不同土地利用类型的土壤水分月份间差异及比较

月份	坡耕地	牧草地	灌木林地	乔木林地	自然草地
5	11.3a	11.4ab	11.5a	11.1a	12.8ab
6	10.9a	12.0a	11.5a	12.1a	13.2a
7	10.0ab	10.7ab	10.4ab	11.6a	12.0ab
8	9.3b	9.9b	10.0b	10.8a	11.4b
9	10.2ab	10.5ab	10.7ab	11.2a	11.8ab
F 值	2.1	2.3	1.7	0.8	1.35

对各月份测次土壤水分均值进行多重比较，结果表明，坡耕地的土壤水分在 5 月、6 月与 8 月有显著差异（α < 0.05）。8 月是坡耕地土壤水分含量较低的季节。牧草地的土壤水分是 6 月与 8 月之间具有显著性差异。灌木林地土壤水分是 5 月、6 月与 8 月有显著性差异。乔木林地各月之间均无显著性差异。自然草地的土壤水分是 6~8 月有显著性差异。

分析结果表明，所有土地利用类型的土壤水分在 8 月是最低值，5 月、6 月土壤水分含量较高，这是与植被生长、降水季节分配和土壤水蒸散发是一致的。

3.3.3.2 前期降水和蒸发量的季节变化

方差分析结果表明，测次的不同月份前期降水量、蒸发量没有显著性差异。对各月层次平均前期降水比较：除 5 月与 8 月有显著性差异，其余各月之间的前期降水、前期蒸发量均值比较没有显著差异。

表 3-10　各测次前期降水量和蒸发量月份差异（ANOVA）及其比较（LSD）

变量	5 月	6 月	7 月	8 月	9 月	F 值
降水量	22.5a	25.3ab	27.9ab	33b	27.1ab	1.5
蒸发量	80.6a	81.9a	72.1a	75.4a	69.4a	0.7

注：均值结果表明，5 月土壤水分测次的前期降水量最小，且明显低于 8 月

3.3.3.3　不同层次土壤水分季节分异

（1）坡耕地

各测层土壤水分的季节变化方差分析表明：表层（0~20 cm）及次表层（20~40 cm）土壤水分月均值季节性变化无显著性差异（表 3-11）。60~100 cm 测层土壤水分月均值之间差异显著（$\alpha = 0.05$）。各月份，随深度的增加，土壤水分下降。有以下特点：① L1 层、L2 层各月没有差异；② L3 层 5 月与 7 月、8 月土壤水分差异显著；③ L4 层 5 月、6 月与 8 月土壤水分差异显著；④ L5 层 5 月、6 月与 8 月、9 月土壤水分差异显著。

表 3-11　坡耕地土壤水分层次月份变化

月份	L1	L2	L3	L4	L5
5	13.4a	11.9a	11.3a	10.3a	9.8a
6	12.8a	10.9a	10.4ab	10.3a	10.1a
7	12.8a	10.1a	8.9b	9.0ab	9.0ab
8	13.4a	9.5a	8.3b	7.7b	7.8b
9	13.6a	11.0a	9.5ab	8.5ab	8.1b
F 值	0.18	1.79	4.10*	4.77**	4.7**

（2）牧草地

牧草地土壤各测层的土壤水分季节动态和坡耕地的类似（表 3-12）。

1）表层土壤水分的季节性变动不具显著性差异（ANOVA 和 LSD，$\alpha = 0.05$）。由于坡耕地和牧草地的耕作措施的影响，同时，表层土壤受天气变化明显，干湿交替频繁，坡耕地和牧草地的表层土壤季节变化受植被影响较为一致。

2）L2 层和 L3 层土壤水分变化季节变化一致。5 月、6 月土壤水分明显高于 8 月，其余月份之间无显著差异。

3）L4 层和 L5 层：土壤水分月份变化不同于其以上层次，6 月土壤水分显著大于 8 月、9 月。

4）除 8 月外，其余各月土壤水分含量随深度的增加而降低。8 月，L3 和 L4 层土壤水分低于相邻的层次，可能的原因是 8 月对该层次土壤水分的过度消耗。

表 3-12　牧草地土壤水分层次月份变化

月份	L1	L2	L3	L4	L5
5	13.5a	12.1a	11.2a	10.5ab	9.8ab
6	13.7a	12.1a	11.7a	11.4a	11.0a
7	13.1a	10.6ab	10.2ab	10.0ab	9.8ab
8	13.2a	10.0b	8.6b	8.6b	9.1b
9	12.9a	11.5ab	10.2ab	9.1b	8.9b
F 值	0.1	2.0	4.0*	5.0**	2.8*

（3）灌木林地

灌木林地土壤水分季节变化主要表现出以下特点：①L1 层和 L2 层，各月之间差异不具显著性。较低层次的土壤水分季节变化差异显著。结果说明较低层次土壤水分循环受季节性因素影响。②表层土壤水分各月之间无显著差异。③L2 层，5 月土壤水分显著高于 8 月。④L3 层，5 月、6 月土壤水分显著高于 7 月、8 月。⑤L4 层，5 月、6 月土壤水分显著高于 8 月。⑥L5 层，6 月土壤水分显著高于 8 月、9 月（表3-13）。

表 3-13　灌木林地土壤水分层次月份变化

月份	L1	L2	L3	L4	L5
5	14.2a	12.6a	11.2a	10.1a	9.5ab
6	13.7a	12.0ab	11.1a	10.6a	10.2a
7	13.3a	10.8ab	9.7b	9.3ab	9.0ab
8	13.8a	10.5b	9.1b	8.4b	8.1b
9	14.0a	11.4ab	10.2ab	9.1ab	8.7b
F 值	0.2	1.5	3.0*	3.1*	2.7*

（4）乔木林地

对于乔木林地来说，不同层次之间土壤水分表现出以下特点：①L1～L3 层各月间土壤水分均无显著性差异；②L4 层、L5 层：6 月土壤水分显著高于 8 月（表3-14）。

表 3-14　乔木林地土壤水分层次月份变化

月份	L1	L2	L3	L4	L5
5	13.2a	11.1a	10.7a	10.4ab	10.2ab
6	13.4a	12.4a	11.8a	11.7a	11.3a
7	13.5a	11.7a	11.3a	11.0ab	10.8ab
8	13.8a	10.9a	10.2a	9.6b	9.5b
9	13.3a	11.7a	10.9a	10.2ab	10.2ab
F 值	0.1	0.8	1.1	1.8	1.3

（5）自然草地

对于自然草地（荒草地）来说，不同层次之间土壤水分表现出以下特点：① L1 层、L2 层各月之间土壤水分均无显著差异；② L3 ~ L5 层：6 月土壤水分显著大于 8 月、9 月（表 3-15）。

表 3-15　自然草地土壤水分层次月份变化

月份	L1	L2	L3	L4	L5
5	15. 5a	13. 8a	12. 6ab	11. 4ab	10. 5ab
6	15. 3a	14. 1a	12. 9a	12. 3a	11. 6a
7	14. 4a	12. 9a	11. 4ab	10. 9ab	10. 4ab
8	15. 2a	12. 3a	10. 7b	9. 6b	9. 2b
9	14. 8a	13. 1a	11. 6ab	10. 4b	9. 3b
F 值	0. 2	0. 8	1. 7	2. 4 *	3. 1 *

本节主要讨论土壤各层次水分的季节分异。

1）所有类型的表层土壤水分含量随月份变化较小，深层土壤水分含量季节变化显著。

2）随土壤深度的增加，土壤水分的季节性差异也随之变化。较浅土层的季节性差异主要集中在 5 月、6 月和 8 月，深层土壤水分季节性差异主要是 6 月与 8 月、9 月。在 5 月、6 月，土壤水分含量显著高于 8 月、9 月。其原因是 5 月、6 月，气温、地温较低，蒸发量较小，同时，植被蒸腾也较小，但秋、春季降水蓄积较好。在春、夏季节，浅层土壤水分含量较高的，深层土壤水分随着作物的生长消耗，土壤水分支出较多。

3.3.3.4　土壤层次水分与降水和蒸发影响

自由水面蒸发量的高低是风速、空气干燥度和温度的综合反映。蒸发量的大小也影响植被蒸腾速率，其季节变化对土壤湿度影响的程度和强度也随之改变。特别是在高温、风速较大和干燥环境下，表层土壤水分含量因为蒸发而迅速降低。

在半干旱黄土丘陵区，表层土壤与其相邻层次的土壤水分变化具有密切相关关系。无论是水分的下移和水分上行，相邻层次的土壤水分变化受气候因素的影响程度随土壤深度变化而不同。

在相同的坡位、坡向、土壤特性和相同的气候环境条件下，土地利用和植被类型的差异决定了各层次土壤水分受气候因素（降水、蒸发）影响的程度。

表 3-16 至表 3-20 分别描述坡耕地、牧草地、灌木林地、乔木林地和自然草地土壤的不同层次（L1 层、L5 层）水分变化与其前期降水量之间的关系。

表 3-16　坡耕地土壤各层次土壤水分与前期降水量和蒸发量偏相关矩阵

变量	L1	L2	L3	L4	L5
降水量	0. 527 **	0. 296 **	0. 153 *	0. 049	0. 028
蒸发量	0. 414 **	0. 282 **	0. 149	0. 154	0. 148

表 3-17 牧草地土壤各层次土壤水分与降水量和蒸发量偏相关矩阵

变量	L1	L2	L3	L4	L5
降水量	0.553 **	0.291 **	0.175 *	0.112	0.114
蒸发量	0.399 **	0.219 **	0.124	0.046	0.057

表 3-18 灌木林地土壤各层次土壤水分与降水量和蒸发量偏相关矩阵

变量	L1	L2	L3	L4	L5
降水量	0.527 **	0.344 **	0.167 *	0.116	0.065
蒸发量	0.406 **	0.258 **	0.164 *	0.125	0.13

表 3-19 乔木林地土壤各层次土壤水分与降水量和蒸发量偏相关矩阵

变量	L1	L2	L3	L4	L5
降水量	0.505 **	0.211 **	0.028	0.048	0.063
蒸发量	0.436 **	0.305 **	0.290 **	0.284 **	0.233 **

表 3-20 自然草地土壤各层次土壤水分与降水量和蒸发量偏相关矩阵

变量	L1	L2	L3	L4	L5
降水量	0.501 **	0.313 **	0.123	0.034	0.006
蒸发量	0.451 **	0.312 **	0.197 *	0.185 *	0.181 *

各层次土壤水分及其水分变化受前期降水量和蒸发量综合影响的结果。因此，对各月土壤水分的变化与前期降水量和蒸发量相关时，研究单一变量因素对土壤水分影响程度，必须控制另一个变量对土壤水分的影响而采用偏相关分析。

（1）坡耕地

坡耕地各层次土壤水分与前期降水量和蒸发量的偏相关分析见表 3-16。

结果表明，坡耕地表层土壤水分与前期降水量的相关系数最大。随着土壤层次的增加，降水量与土壤水分相关关系逐步下降，在 L1～L3（0～60 cm）层，土壤水分变化与降水量显著性相关。在 60 cm 以下层次，土壤水分变化与降水已无显著相关关系，即整体上，降水的显著性影响深度达 60 cm。蒸发量对土壤水分变化的影响深度低于降水量，蒸发量的影响随土壤深度的增加而迅速下降，仅在 0～40 cm 层产生显著性相关关系。

（2）牧草地

偏相关分析表明，降水对土壤水分的显著性影响深度为 0～60 cm，蒸发量与土壤水分变化显著相关深度为 0～40 cm。

（3）灌木林地

降水量变化的显著影响深度也为 0～60 cm，但其次表层土壤水分与降水量相关系数要大于坡耕地和苜蓿地相应层次（表 3-18）。

(4) 乔木林地

乔木林地土壤水分与降水相关关系显著性深度仅在表层的 0～40 cm，且其相关关系系数要小于其余类型的相应层次。但其与蒸发量关系相关深度达到 100 cm 层次，这种结果只能是乔木林地植被覆盖和植被结构有利于蒸发、蒸腾对土壤水分的影响。林地较长时间植被覆盖度较小，林地近地面缺乏植被或枯落物层的覆盖，同时，针叶树种树冠面积较小，且远离地面，有利于蒸发过程。因此，乔木林地的土壤水分循环过程由于林地的结构性变化受到影响，即降水影响作用降低，而蒸发因素影响作用升高，不利于土壤水资源的补偿与供给需求。

(5) 自然草地

自然草地的土壤水分变化与降水量和蒸发量的相关关系系数是 5 种类型中最高的。这个相关关系结果与针茅草地的变化有关。在自然草地起始的年度（1986～1993 年），土壤水分状况较好，但后期，由于土壤层次逐渐坚实，土壤入渗率降低，降雨补充较少，再加上根系都集中分布在表层，蒸腾耗水显著，造成比较剧烈的表层土壤水波动。同时，深土层的从紧实的上层获得的降雨补充比较少，针茅草逐渐稀疏，减弱了对表层土壤的覆被保护，也增强了蒸发的影响作用。降水量与土壤水分显著相关深度在 0～40 cm。

乔木林地和自然草地土壤水分与其前期降水量相关深度为 0～40 cm，而与前期蒸发量相关深度达到 100 cm，说明蒸发因素强烈影响乔木林、自然草地的地面蒸发和植被蒸腾。坡耕地、牧草地和灌木林地土壤水分与前期降水显著相关深度为 0～60 cm，土地利用影响水分的下渗，其受蒸发量影响深度为 0～40 cm，蒸发量影响较乔木林地和自然草地深度要浅。

3.3.4　土壤水分的年际变化特征

通过对土地利用类型土壤层次之间的土壤水分分布（图 3-20），对层次间水分差异进行检验并通过层次土壤水分比较，考查土壤剖面层次水分的变化趋势，并依据层次土壤水分标准差确定年度水循环的深度和强度。

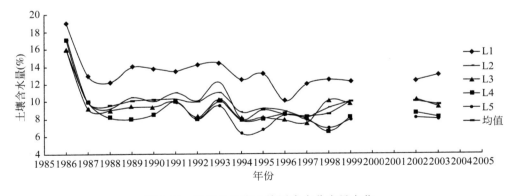

图 3-20　坡耕地年度土壤层次水分含量变化

3.3.4.1 坡耕地年度水循环

方差分析结果表明：坡耕地土壤测层之间土壤水分分异不具显著性差别（$\alpha = 0.05$）。进一步的多重比较（LSD，$\alpha = 0.05$），各年份测层之间的差异具有不同结果。在试验期间，1986 年、1991 年、1996 年和 2002 年，土壤表层及其以下各层次之间无显著性差异。其余年度，表层土壤（0~20 cm）水分均值显著性高于其下各层次（表 3-21）。

表 3-21 坡耕地各年度层次土壤水分差异（ANOVA）及均值比较（LSD）

年份	L1	L2	L3	L4	L5	平均值
1986	18.6a	17.4a	16.2a	16.6a	15.8a	16.9
1987	12.8a	9.7b	9.2b	9.3b	9.7b	10.1
1988	12.0a	8.8b	8.4b	8.1b	8.5b	9.1
1989	13.8a	10.6b	8.9bc	7.6c	7.6c	9.7
1990	13.7a	10.2b	9.1b	8.7b	8.6b	10
1991	12.8a	11.0a	10.5a	10.2a	10.1a	10.9
1992	14.1a	9.9b	8.3bc	7.9c	7.7c	9.6
1993	14.3a	11.8b	10.7b	10.2b	9.8b	11.4
1994	12.4a	8.4b	7.5b	7.1b	6.9b	8.4
1995	12.6a	10.2ac	8.4bc	7.6bc	7.3b	9.2
1996	9.8a	8.5a	8.1a	8.6a	8.8a	8.8
1997	11.2a	7.8b	7.1b	7.2b	7.5b	8.2
1998	12.2a	10.7a	9.9ab	7.3cb	6.6c	9.3
1999	11.7a	10.6ab	9.4ab	9.0ab	8.3b	9.8
2002	12a	10.6a	10.2a	9.3a	8.7a	10.2
2003	12.9a	10.9ab	9.6b	8.2b	7.9b	9.9

对各年度在 20~100 cm 的 4 个测层进行多重比较，均无显著性差异。这表明在坡耕地类型下，层次间土壤水分含量差异较小，也说明各测层土壤水分受降水、蒸发和蒸腾作用所综合响应结果的一致性。

对整个试验期间的坡耕地 179 个土壤水分测次及各测次土壤层次水分之间的相关关系分析表明，各测次土壤水分平均值（0~100 cm）与土壤剖面的次表测层土壤含水率相关系数最大，其线性相关系数达到 0.931。

测次土壤水分平均值（mean）与土壤 L2 层土壤含水率线性回归方程为

$$\text{mean} = 2.602 + 0.931 SM_{(20~40)} \tag{3-5}$$

R 为 0.867；判定系数 R^2 为 0.866。

因此，以 L2 层的土壤水分测定值代表整个测层（0~100 cm）的土壤水分平均值。

各年度土壤水分活跃层次表现了土壤水分受影响的深度和变化范围（图 3-21）。按照标准差方法比较，在所有年份，坡耕地土壤表层水分属于活跃层次，60~100 cm 各测层各年都居于次活跃层或相对稳定层，出现相对稳定层的年份为 1989 年、1992 年、1994 年、1995 年和 1997～1999 年，在 0～100 cm，土壤水分变动从活跃层次到相对稳定层，说明降水、蒸发和蒸腾的综合影响随土壤深度的增加而急剧降低，而且随季节间的变化幅度缩小。

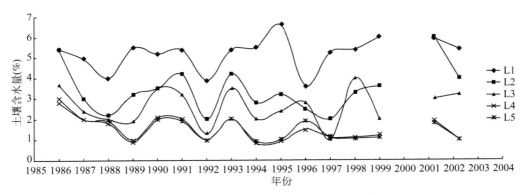

图 3-21　坡耕地年度土壤层次水分活跃层次分布

3.3.4.2　牧草地年度水循环

方差分析结果表明，所有年份的苜蓿地层次土壤水分分异不具显著性差别（$\alpha = 0.05$）（表 3-22）。层次水分进行多重比较（LSD，$\alpha = 0.05$），1986 年、1990 年、1991 年、1996 年和 1999 年，各测层土壤水分均值之间无显著性差异。其余年份，表层土壤水分含量显著高于下层。对各年份除表层以下的 4 测层之间的土壤水分均值进行多重比较，层次之间无显著性差异，表明具有相似的土壤水分。

表 3-22　牧草地各年度层次土壤水分差异（ANOVA）及均值比较（LSD）

年份	L1	L2	L3	L4	L5	平均值
1986	17.7a	16.2a	16.4a	15.2a	15.1a	16.1
1987	11.9a	8.7b	8.5b	8.7b	8.8b	9.3
1988	11.1a	8.7b	7.7b	7.6b	7.6b	8.6
1989	13.8a	11.4b	9.4bc	8.3c	7.9c	10.2
1990	11.9a	10.9a	10.3a	10.0a	10.1a	10.6
1991	13.5a	13.0a	12.9a	12.8a	12.5a	12.9
1992	12.8a	8.7b	8.0b	7.8b	7.8b	9
1993	15.8a	12.6b	10.9b	10.4b	10.0b	11.9
1994	13.4a	10.1b	9.2b	8.9b	8.6b	10
1995	13.2a	11.6ab	10.0b	9.5b	9.2b	10.7
1996	11.4a	9.7a	9.4a	9.7a	9.9a	10
1997	11.9a	8.8b	8.5b	8.7b	8.9b	9.4
1998	13.2a	12.7a	10.7ab	9.1b	8.5b	10.9
1999	13.5a	13.0a	11.7a	11.0a	10.0a	11.9

对苜蓿地 165 个土壤水分测次以及各测次土壤层次水分之间的相关关系分析表明，各测次土壤水分平均值（0～100 cm）与土壤剖面的第二（L2）测层、第三测层（L3）土壤含水率相关系数最大，其相关系数分别为 0.915 和 0.922。

测次土壤水分平均值（mean）与土壤 L2 层或 L3 层土壤含水率线性回归方程为

$$\text{mean} = 2.720 + 0.730SM_{(20\sim40)} \tag{3-6}$$
$$R^2 = 0.837$$
$$\text{mean} = 2.459 + 0.816SM_{(40\sim60)} \tag{3-7}$$
$$R^2 = 0.855$$
$$\text{mean} = 1.856 + 0.381SM_{(20\sim40)} + 0.462SM_{(40\sim60)} \tag{3-8}$$
$$R^2 = 0.918$$

牧草地各层次土壤水分变化活跃层次分布状况与坡耕地相似（图 3-22）。但各年度的土壤活跃层次差异很大（图 3-23）。1987 年和 1996 年，较低层次之间的标准差值近乎相同。其余年份各层次土壤水分均值的标准差差异很大，表明这些年份的土壤水分层次随季节的变动幅度差异明显。80～100 cm 层次水分变化为相对稳定层的年份为 1988 年、1989年、1992 年、1994 年和 1998 年。

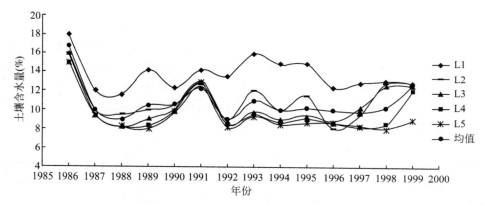

图 3-22　牧草地各年度土壤层次水分含量变化

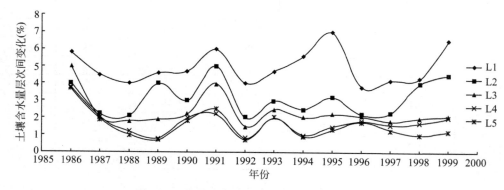

图 3-23　牧草地各年度土壤含水量层次间变化

统计结果表明，苜蓿草地最大含水率出现在中间层次和底层，土壤各个层次都出现过低于萎蔫湿度的结果。

3.3.4.3　灌木林地年度水循环

对各年度土壤层次土壤水分进行方差分析（ANOVA）结果表明，除 1998 年外的所有年份，测层土壤水分没有显著性差异（$\alpha = 0.05$）（表 3-23）。多重比较（LSD，$\alpha = 0.05$）结果显示，在 1986 年、1991 年，5 测层之间土壤水分无显著性差异。

表 3-23　灌木林地各年度层次土壤水分差异（ANOVA）及均值比较（LSD）

年份	L1	L2	L3	L4	L5	平均值
1986	17.6a	16.3a	15.4a	15.8a	15.7a	16.1
1987	13.5a	9.7b	8.7b	8.6b	9.1b	9.9
1988	11.0a	8.8b	8.2b	8.0b	8.0b	8.8
1989	13.4a	11.1b	9.2bc	7.9c	7.5c	9.8
1990	14.2a	11.0b	10.3b	10.6b	10.3b	11.3
1991	12.6a	11.8a	11.7a	11.0a	9.8a	11.4
1992	12.6a	9.6b	7.8c	7.4c	7.2c	8.9
1993	15.5a	13.7ab	12.0bc	11.2bc	10.4c	12.6
1994	14.6a	11.4b	9.8cb	8.3c	7.8c	10.4
1995	15.1a	13.0ac	11.1bc	9.5b	8.6b	11.5
1996	13.2a	11.5ab	11.1ab	10.8ab	10.2b	11.3
1997	12.3a	9.1b	8.5b	8.0b	7.7b	9.1
1998	12.6a	10.8ab	9.8b	7.8c	6.9c	9.6*
1999	13.3a	11.8b	10.5ac	9.1bc	8.2c	10.6
2002	13.4a	10.4ab	8.54b	7.58b	7.12b	9.4
2003	13.5a	11.1ac	8.5bc	6.8b	6.2b	9.2

多重比较结果显示，多数年份土壤的表层（L1）及其相邻的层（L2 和 L3）土壤水分没有显著性差异，同时，L5 层的土壤水分与其上相邻测层存在显著性差异。

在 1987 年、1988 年、1992 年、1994 年、1997 年、2002 年和 2003 年，甚至出现 L3 和 L4 同时居于相对稳定层的结果。在出现土壤水分相对稳定层上移的年份，L3、L4 和 L5 层的土壤水分含量相对较低。相对稳定层次在土壤剖面大幅度上移，L5 层土壤水分均值接近萎蔫湿度。土壤水含量下降的结果说明，沙棘林对土壤水分的消耗强度和控制作用逐步加强。

这种土壤层次分布不是单纯性由蒸发、蒸腾及降水影响的结果，而是由于灌木林植被覆盖、根系活动、阔叶落叶累积及草本植被等的综合影响形成复杂的土壤水分分布格局。L1 层为土壤水分的速变层次，主要依靠降水及深厚的枯枝落叶层次调节土壤水分，土壤水分消耗极少，该层确定土壤水分含量变化（图 3-24）。L2 层为土壤水分利用层，由于草本植被的根系分布区多数集中在该层次，该层次水分消耗利用率较高，但降水也较容易进入该层次，土壤水分随季节变化（影响植物生长蒸腾、降水）幅度较大。L3 层及其以下土层，由于受降水影响较弱，该层次主要是灌木的侧根系和部分草本根系活动层所形成的水分消耗，该层土壤水分变化不大。

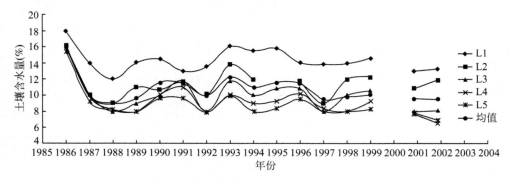

图 3-24　灌木林地年度土壤层次水分含量变化

沙棘灌木林地的植被覆盖和草本植物生物量的增加，对土壤—大气的水文过程产生重要影响。一方面，地上部分对降水的影响加大；另一方面，植被根系活动区的分异也形成不同层次土壤水分消耗量及强度（图 3-25）。同时，由于冠层和枯落物层的影响，降水和蒸发因素对土壤水分影响程度降低。

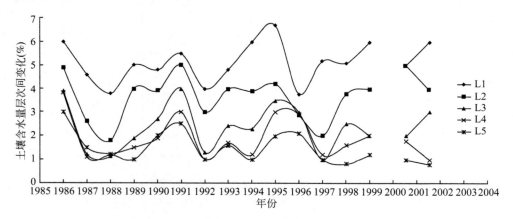

图 3-25　灌木地各年度土壤含水量层次间变化

对各测次测层土壤含水率与土层平均含水率的相关关系分析结果：

$$\text{mean} = 2.459 + 0.728 SM_{(20\sim40)} \tag{3-9}$$

$$R = 0.931, R^2 = 0.867$$

随深度的增加，土壤水分含量下降，各测层最大湿度值也随深度的增加而降低。对于 100 cm 以上各个土壤层次，都出现过低于萎蔫湿度的现象，这说明在半干旱区，林地蒸发作用和沙棘蒸腾对水分的消耗强度大。

3.3.4.4　乔木林地年度水循环

所有年份，各测层土壤水分没有显著性差异（ANOVA，$\alpha = 0.05$）。测层土壤水分的多重比较（LSD，$\alpha = 0.05$）结果显示，在 1986 年、1987 年和 1991 年，测层土壤水分之间无显著性差异（表 3-24）。

表 3-24　乔木林地各年度层次土壤水分差异（ANOVA）及均值比较（LSD）

年份	L1	L2	L3	L4	L5	平均值
1986	18.8a	18.4a	18.1a	18.1a	18.0a	18.3
1987	15.3a	13.8a	14.3a	14.3a	14.4a	14.4
1988	13.2a	11.3b	11.7ab	11.5b	12.2ab	12
1989	14.5a	13.3ab	12.4ab	10.8b	10.2c	12.2
1990	13.6a	11.7ab	10.6b	11.7ab	11.5ab	11.8
1991	13.7a	13.1a	13.0a	13.0a	12.2a	13
1992	13.2a	10.1b	9.2b	8.6b	8.6b	9.9
1993	15.1a	12.0b	10.7bc	10.1bc	9.6c	11.5
1994	12.3a	9.2b	8.8b	8.2b	8.1b	9.3
1995	12.3a	9.8b	8.2bc	7.5bc	7.3c	9
1996	9.5a	8.6ab	8.6ab	8.2ab	7.9b	8.5
1997	10.3a	8.2b	8.0b	7.8b	7.7b	8.4
1998	11.8a	10.7a	9.6ab	8.2b	7.8b	9.6
1999	11.3a	9.6ab	9.0ab	8.6b	8.5b	9.4
2002	11.5a	7.3b	6.7b	6.8b	6.9b	7.8
2003	12.9a	10.7ab	9.0b	8.0b	7.8b	9.7

乔木林地试验前期和后期结果不同。前期，林地土壤水分含量较高，层次之间土壤水分差异较小，在 1992~2003 年，L4 和 L5 两个层次土壤水分含量均值在 8% 左右，并且各年度这两个层次土壤水分的标准差都低于 1.0，说明在 1992 年之后，油松林地土壤水分已经形成稳定的土壤低湿层（图 3-26，表 3-25）。

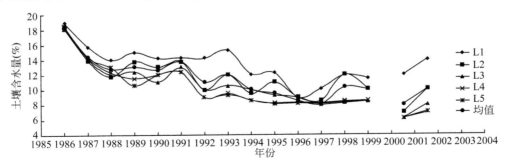

图 3-26　乔木林地年度土壤层次水分含量变化

表 3-25　乔木林地各层次含水率水平及其分布（1992～2003 年）

土壤层次	最小值	最大值	平均值	标准误
L1	4.5	22.1	12.1	4.8
L2	4.8	18.0	9.7	2.8
L3	6.2	14.2	8.9	1.7
L4	6.2	12.0	8.3	1.1
L5	6.1	11.3	8.0	1.0

上层土壤水下渗透补充存在障碍，土壤干旱无法得到缓解，至少在连续的 10 年，油松林地的低湿层一直存在，土壤水分处于无效状态。对于 L2 层土壤层次出现低湿层，且积久难以改变，对油松林地深层土壤水分的补偿无法完成，因此，油松人工林的建立，对其立地的土壤水循环和水平衡造成极大负面影响。

40～100 cm 层，土壤水分标准差较小，表明土壤水分均值的变异度极小，土壤水分分布具有稳定性，从而证实该层土壤湿度较低（图 3-27）。同时从最大土壤含水量可以看出，土壤水分被补偿的概率和补偿强度极小。

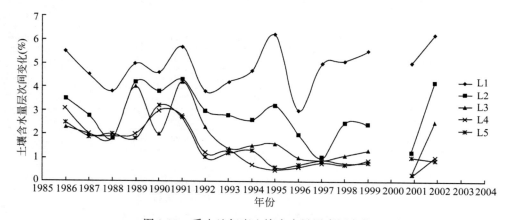

图 3-27　乔木地年度土壤含水量层次间变化

3.3.4.5　自然草地年度水循环

土壤层次土壤水分的方差分析（ANOVA）结果表明，除 1992 年、1993 年外，其余年份不同测层之间土壤水分没有显著性差异（$\alpha = 0.05$）；多重比较（LSD，$\alpha = 0.05$）结果显示，1986 年、1991 年和 1996 年，5 测层之间土壤水分无显著性差异（表 3-26，图 3-28，图 3-29）。

表 3-26　自然草地各年度层次土壤水分差异（ANOVA）及均值比较（LSD）

年份	L1	L2	L3	L4	L5	平均值
1986	19.4a	20.0a	19.5a	18.9a	17.8a	19.1
1987	16.7a	14.6ab	13.6b	13.2b	12.7b	14.2
1988	14.3a	11.8b	10.4bc	10.4bc	10.0c	11.4

续表

年份	L1	L2	L3	L4	L5	平均值
1989	15.4a	14.4ab	11.9bc	10.1c	9.4c	12.3
1990	15.4a	13.5ab	12.4ab	12.4ab	12.1b	13.1
1991	15.1a	15.1a	15.0a	14.6a	13.2a	14.6
1992	15.0a	11.2b	9.6b	8.4c	7.6c	10.4*
1993	17.8b	16.5bc	15.2c	13.8ac	12.5a	15.2*
1994	14.2a	10.2b	9.1b	8.0b	7.5b	9.8
1995	14.5b	12.0bc	9.5ac	8.4a	7.7a	10.4
1996	11.0a	9.9a	9.3a	9.1a	8.6a	9.6
1997	11.7a	8.3b	7.7b	7.4b	7.2b	8.5
1998	13.2a	12.3a	9.0b	7.5b	7.1b	9.8
1999	13.3a	13.0a	9.9ab	8.8b	8.0b	10.6
2002	15a	11.7ab	11ab	9.8ab	8.4b	11.2
2003	14.4a	12.5a	11.0ab	8.8b	7.8b	10.9

1992 年、1994 年、1995 年、1997～1999 年，L5 层次或 L4 层次的年均土壤水分和标准差较低。

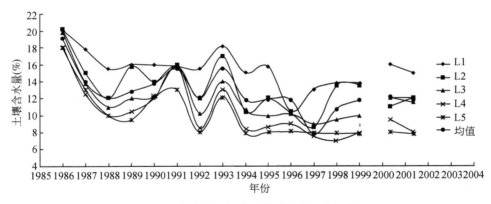

图 3-28　自然草地年度土壤层次水分含量变化

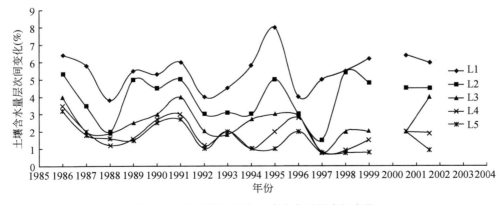

图 3-29　自然草地年度土壤含水量层次间变化

3.4 土地利用与土壤水平衡

水分平衡是指任意选择的区域（或水体），在任意时段内，其收入的水分与支出的水分之间差额必然等于该时段区域（或水体）内蓄水的变化量，即水在循环过程中，从总体上说收支平衡。

目前，对不同植被/土地利用类型的水分平衡问题有不同的研究结果。杨文治和邵明安（2000）应用多年的资料，以单个完整年份为周期进行分析，发现在黄土高原无论是农田、裸地，还是人工林草植被，年总蒸散量与降雨量均基本保持均衡。但如果按不同的水文年进行分析，在干旱年裸地土壤水分仍会出现水分支出大于收入，同时丰水年水分收入大于支出，只有在平水年土壤水分的收入和支出基本保持均衡。但有些研究认为，黄土高原人工林草的蒸散量大于当地水分承载能力，而这也是永久性土壤干层出现和加剧的原因（李玉山，2001）。相关研究还表明，如果按植物生育期研究土壤水分平衡问题，水分的输入量与输出量在大多数年份常常是不相等的，土壤水分盈亏对作物与林草植物生长关系密切（杨文治和邵明安，2000）。

因此，研究不同植被/土地利用类型的生理生态特征、蒸散发和水分平衡，特别是生育期的水分平衡问题是十分必要和迫切的，这将有助于黄土高原生态恢复中植被类型的选择和植被恢复的效率（黄奕龙等，2004）。

3.4.1 研究方法

3.4.1.1 测定项目

测定植物为半干旱黄土高原的主要水土保持植物、经济林和农作物，包括小麦、马铃薯、沙棘、山杏、油松、柠条 6 种植物（其中，乔灌林为大于 25 年的成年林）。

1）叶片光合、蒸腾：测定选择在晴天无风日进行，测定枝选择在树冠中部向阳方向，每种植物选择两株长势良好的作为测定株，每次测定 6 个重复。光合有效辐射（Par）、叶面温度（Tl）、蒸腾速率（E）、气孔导度（G_s）、光合速率（P_n）用 CIRAS-1 光合测定系统测定。测定频率为每月两次，测定时间为 2003 年的生长季节。

2）土壤含水量：采用土钻取土，然后进行烘干称重。测定深度为 0～300 cm，20 cm 为一层。阴坡典型植被/土地利用类型的测定时间为 2002～2003 年的 4～9 月。而整个流域为每年测定两次，分别在 4 月初和 9 月末进行。样地在第 3 章的基础上，在阴坡根据乔灌草等植被类型各增加了两个样地。

3）径流量：典型植被类型的径流用流域内的径流场进行测定。测定时段为每年的 4～9 月，当降雨产生径流量时进行测定。

3.4.1.2 分析方法

（1）蒸腾效率

蒸腾效率的计算可以采用如下公式进行计算（张祝平等，1993）：

$$E_e = P_n/E \tag{3-10}$$

式中，E 为蒸腾速率 $[g/(m^2 \cdot s)]$；P_n 为光合速率 $[g/(m^2 \cdot s)]$。

（2）蒸散发

植被群落的蒸散量用土壤水分平衡方程进行计算，其方程如下：

$$E_t = (P + C) - (R + D) - \Delta S \tag{3-11}$$

式中，E_t 为植被蒸散量；P 为降雨量；C 为地下水补给量；R 为地表径流量；D 为土壤水渗漏量；ΔS 为土壤蓄水变化量。

根据研究区的自然地理条件，地下水补给量和土壤水渗漏量可以忽略，故其计算方程可以简化为

$$E_t = P - R - \Delta S \tag{3-12}$$

3.4.2　不同植被的光合、蒸腾特征

3.4.2.1　环境因子的变化特征

6 种植被光合有效辐射的日变化如图 3-30 所示（采用生长季节 6 月 29 日测定的数据，下同）。从图中可以看出，该地的有效光合辐射较高，特别是其早上 8 点和晚上 18 点的光合有效辐射就较高，其数值要普遍高于全国其他地方。这种特点有利于植物的光合作用和干物质的积累。而对于这 6 种植被来说，其光合有效辐射日进程都表现为单峰型，其最高值出现在 12 点或 14 点。

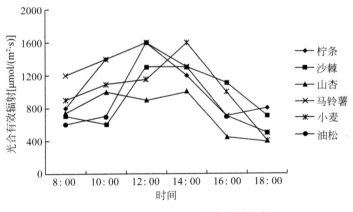

图 3-30　不同植被类型光合有效辐射

图 3-31 为 6 种植被类型的叶面温度日进程。从中可以看出，各种植被的叶面温度都较高，这也有利于植物的光合作用和干物质的积累。而对于这 6 种植被来说，其叶面温度的日进程都表现为单峰型，其最高值出现在 14 点。

图 3-32 为 6 种植被类型的气孔导度。这几种植被类型的气孔导度都表现为增加型或下降型两种。其中马铃薯、沙棘、小麦和柠条表现为增加型，而其他两种植被表现为下降型。这一般是受控于植被的生理学特性和小环境特征。

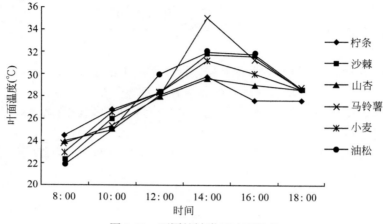

图 3-31　不同植被类型叶面温度

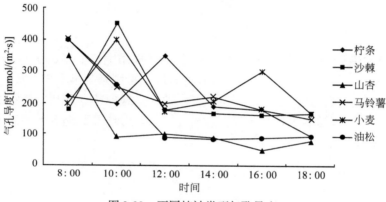

图 3-32　不同植被类型气孔导度

3.4.2.2　光合作用与蒸腾特征

图 3-33 为 6 种植被类型的蒸腾特征。这几种植被类型的蒸腾速率在各个时间点上都差

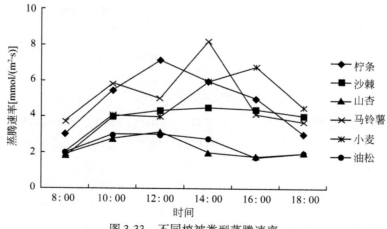

图 3-33　不同植被类型蒸腾速率

异比较明显，这与国外比较生态学的研究结果相似（Busch，2000）。在日进程上蒸腾速率都表现为单峰型或双峰，其峰值一般出现在 12 点或 14 点。柠条、沙棘、山杏、马铃薯、小麦、油松的叶面蒸腾速率都表现为单峰型，除山杏外，其他 5 种植被类型的峰值明显。

图 3-34 为 6 种植被类型的光合速率。从图中可以发现这 6 种植被类型的光合速率都表现为下降型或双峰型，这说明本地植被的光合速率明显地受到光照的影响，表现出光合午休现象。此外，马铃薯的光合速率要明显地高于其他 5 种植被，这从一个侧面说明马铃薯的干物质积累效率较高。

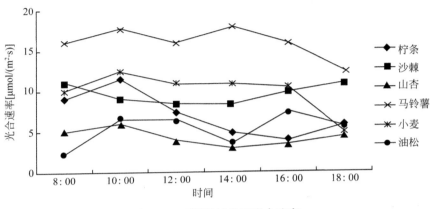

图 3-34　不同植被类型光合速率

3.4.2.3　蒸腾速率与环境因子的关系

表 3-27 为不同植被蒸腾速率与环境因子的关系。由表 3-27 可知，植被的蒸腾速率主要由光合有效辐射所控制。柠条的蒸腾速率主要由光合有效辐射所控制，其相关性达到 $P < 0.01$。沙棘的蒸腾速率与光合有效辐射和叶面温度均显著相关，其相关性分别达到 $P < 0.05$ 和 $P < 0.01$。

表 3-27　不同植被类型蒸腾速率与环境因子的关系

物种类型	光合有效辐射	叶面温度	气孔导度
柠条	0.809**	0.591	0.671
沙棘	0.663*	0.927**	0.26
山杏	0.819*	0.083	0.150
马铃薯	0.549	0.70*	0.134
小麦	0.394	0.934**	0.208
油松	0.754*	0.085	0.136

* 显著性 $P < 0.01$；** 显著性 $P < 0.05$。

以上研究结果与黄土高原的相关研究结果相似。例如，王孟本和李洪建（1996）的研究也表明光合有效辐射对沙棘和柠条的蒸腾速率影响较明显。阮成江等（2001）通过对沙棘蒸腾速率的研究，也发现了类型的规律。马铃薯和小麦的蒸腾速率由叶面温度所影响，

其相关性分别达 $P < 0.05$ 和 $P < 0.01$。山杏的蒸腾速率主要由光合有效辐射控制，其相关性达到 $P < 0.05$；油松的蒸腾速率由光合有效辐射控制，其相关性达到 $P < 0.05$。王百田和张府娥（2003）通过对黄土高原 34 种主要造林树种蒸腾特征的研究，也表明了植被蒸腾速率主要受光合有效辐射和气温的影响，由于生物学特性的差异，不同的植被对环境因子的响应程度有所差异。

3.4.2.4 蒸腾效率

图 3-35 为不同植被类型的蒸腾效率，从图中可以看出，各种植被类型蒸腾效率在日进程中都呈现 V 字形：早上 8 点时的蒸腾效率最高，14 点最低，表明该区的植被蒸腾效率存在明显的"午休"现象。从整体上来说，马铃薯、小麦的蒸腾效率较高，沙棘、油松和山杏居中，柠条较低。这说明柠条主要是靠消耗大量的水分来积累干物质。

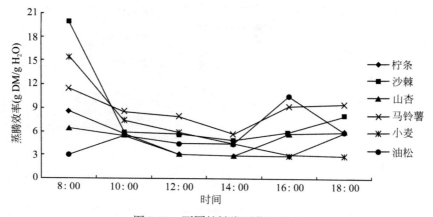

图 3-35　不同植被类型蒸腾效率

3.4.3　不同植被/土地利用类型的水分平衡

3.4.3.1　月蒸散发与水分平衡

（1）月蒸散发特征

图 3-36 为 2002 年流域主要植被/土地利用类型的蒸散发量（阴坡），从图中可以看出，这 8 种植被/土地利用类型的月蒸散发在生长季节表现为单峰型或双峰型，其峰值一般出现在 6 月或 7 月。8 种类型中只有山杏林地的蒸散发为双峰型，其峰值分别出现在 5 月和 7 月，其原因可能与植被的生长特征有关，因为 5 月是山杏的花期，而 7 月是山杏的果期，因此在这两个时段，其耗水量较大。小麦、荒草地和柠条的蒸散发都为单峰型，且峰值都出现在 6 月，这与植被的生长季节、年度降雨特征等因素有关。6 月是小麦的出穗和灌浆期，而 7 月是全年最干旱月份，因此其峰值出现在 6 月。由于草本植被的根系较短，难于利用深层土壤水分，因此受降雨的影响较大；在 2002 年，随着干旱月份的来临，其可利用水分急剧减小，而植被的水分平衡调节能力较弱。柠条的土壤水分含量一直维持

在较低的水平上，因此在干旱季节其可利用的水资源量也较少。撂荒地的水分利用特征与荒草地相似，因为它的主要植被类型是草本，其植被只能利用表层的土壤水分，深层水分的利用能力较弱。和草本植被不同，油松有较为发达的根系，在极为干旱的时段可以利用较多的深层水分，其植被的水分调控能力相对较强。由于生长季节和降雨特征的影响，马铃薯的最大耗水量出现在 7 月。在这个年份由于水分的胁迫，各种植被的生长期都缩短，在 8 月、9 月，本还可以继续生长积累干物质的植被如草本植物都枯萎了，其他乔灌林也都提前结束了生长。

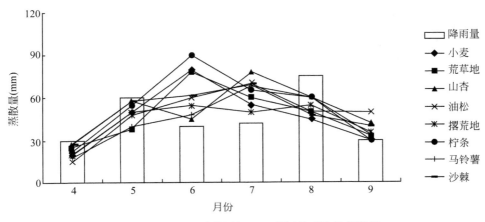

图 3-36　2002 年不同植被/土地利用类型的月蒸散量

图 3-37 为 2003 年流域主要植被/土地利用类型的蒸散量（阴坡），从图中可以看出，这 8 种植被/土地利用类型的月蒸散发特征与 2002 年相似，都表现为单峰型或双峰型。但其峰值出现的时间比 2002 年滞后，一般出现在 7 月或 8 月。在这 8 种类型中只有山杏的蒸散发为双峰型，其峰值分别出现在 5 月和 8 月。而其他植被/土地利用类型都为单峰型，这与 2003 年的降雨特征有较大关系。在 4 月、5 月，山杏的蒸散发是最大的。6 月、7 月，柠条的蒸散发也较大，其 6 月为花期。而在 7 月、8 月、9 月，油松、荒草地和马铃薯的蒸散发较高，这与植被的生长特征有关，在这几个比较湿润的月份，马铃薯是生长的旺季，荒草地耗水量虽然不高，但其植被的覆盖度较低，土壤蒸发较大，因此其蒸散发也较

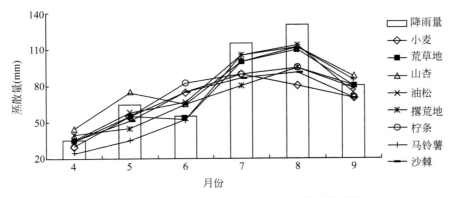

图 3-37　2003 年不同植被/土地利用类型的月蒸散量

大。由于小麦在生长季节在 7 月末停止，因此 8 月、9 月它的耗水量较小。

与 2002 年相比，2003 年是一个丰水年，在这个年份降雨较为充足，乔、灌、草几种植被的生长期都延长，在 9 月，草本植物、乔灌植被都还处于生长期。

以上结论与黄土高原的一些研究结果相似。例如，贾志清等（1999）用称重法测定了沙棘、柠条和刺槐等植被的蒸腾特性，发现其蒸腾峰值都出现在 7 月或 8 月，并呈现单峰型或双峰型。

黄土高原植被的蒸散特征与南方的植被有所不同。例如，程积民和万惠娥（2002）对四川冷杉、草地等的研究结果表明，其植被蒸散的峰值出现在 4~5 月，7~8 月并不是最高的，这可能与两地的气候、降雨有较大关系。

（2）水分平衡

2002 年，4~5 月各种不同植被/土地利用类型的蒸散量与降雨量基本持平，土壤水分可以基本保持持平或略有增加；6~7 月蒸散量远大于降雨量，在这个时期，植被为维持蒸散发耗水的需要，以消耗土壤水来达到水分平衡，土壤水分急剧下降；8 月的降雨量与各种植被/土地利用类型的蒸散发基本相等；而在 9 月，降雨量又小于蒸散量，植被消耗了部分土壤蓄水。

2003 年，4~5 月不同植被/土地利用类型的蒸散量与降雨量基本持平，土壤水分可以基本保持持平，只有山杏在这个时段的蒸散量要大于降雨量；6 月降雨量较小，在这个时段，植被的蒸散量都大于降雨量，土壤蓄水处于消耗状态；在 7~9 月，各种植被（马铃薯除外）蒸散量都大于降雨量，在这个时期，土壤水分处于补给状态，而马铃薯的土壤蓄水略有减小。

3.4.3.2　年度蒸散发与水分平衡

（1）年度蒸散发特征

采用的数据为全流域样地。方差分析发现，对于同一种植被/土地利用类型来说，坡位和坡向的影响程度都不明显（$P < 0.05$）。虽然不同坡向和坡位的气候小环境有一定的差异，但并不能明显的影响植被的蒸散发过程，其水分利用主要还是受水资源供给（降雨量）和植被类型所控制。相对而言，阴坡的植被蒸散发要稍低于阳坡，而坡位间的差异没有明显的规律。

研究发现，对于相同的植被/土地利用类型来说，1982 年的植被蒸散量小于 1983~1985 年的蒸散量，而 2002 年的植被蒸散量也远小于 2003 年（表 3-28）。对于相同的时段，环境因子包括温度、湿度、光照、风速等并没有显著的变化，只有降雨量有较大的差异。这说明降雨量对这植被的蒸散发有很大的影响，它在一定程度上控制了植被的生存和生长。

表 3-28　不同植被/土地利用类型年度蒸散发

年份	马铃薯	小麦	荒草地	柠条	山杏	榆+杨	沙棘	油松	撂荒地
1982	289.8b	298.2b	287.3b	354.1a	346.6a	366.8a	NV	NV	NV
1983	390.6c	371.2c	403.8b	465.2a	442.9a	479.8a	NV	NV	NV

续表

年份	马铃薯	小麦	荒草地	柠条	山杏	榆 + 杨	沙棘	油松	撂荒地
1984	396.7c	391.1c	446.2b	498.5a	466.8ab	495.4a	NV	NV	NV
1985	412.5b	407.6b	456.8a	485.7a	476.3a	489.4a	NV	NV	NV
2002	263.1b	273.4b	268.2b	308.9a	292.2a	NV	278.5b	299.7a	240.2c
2003	425.2b	417.6b	420.7b	438.1a	432.2a	NV	414.3b	435.0a	412.8b

注：每列中有相同字母时表示不同类型间的蒸散量的差异不显著（$P < 0.05$，LSD）；1982 年、2002 年为干旱年份，1983 ~ 1985 年和 2003 年为湿润年份

1982 年，这几种植被/土地利用类型的蒸散发为 287.3 ~ 366.8 mm，林地的蒸散发均显著地高于几种土地利用类型。其中，柠条、榆杨混交林和山杏的蒸散量较大，它们都显著地高于其他三种类型，小麦、马铃薯和荒草地的蒸散量都比较接近。

1983 年，这几种植被/土地利用类型的蒸散发为 371.2 ~ 479.8 mm，林地的蒸散发均显著地高于几种土地利用类型。在这三种林地中，榆杨混交林的蒸散量最大、柠条居中、山杏最小，而小麦的蒸散量小于马铃薯，并且它们都低于荒草地的蒸散量。

1984 年，这几种植被/土地利用类型的蒸散量为 391.1 ~ 498.5 mm，林地的蒸散发均显著地高于几种土地利用类型。在三种林地中柠条的蒸散量最大，它和榆杨混交林比较接近，山杏较低，而小麦的蒸散量略小于马铃薯。

1985 年的各种植被/土地利用类型间的蒸散发特征及差异情况与 1984 年相似。

2002 年，这几种植被/土地利用类型的蒸散发为 240.2 ~ 308.9 mm，其差异较大。其中，柠条、油松和山杏的蒸散量较大，它们都显著地高于其他 5 种类型，小麦、荒草地和沙棘居中，它们都显著高于撂荒地。在这一年内，土壤较为干旱，不同植被/土地利用类型间蒸散的差异受植被蒸腾的控制较大。

2003 年，这几种植被/土地利用类型的蒸散发为 412.8 ~ 438.1 mm，差异相对较小。其中，柠条、油松和山杏的蒸散量比较接近，并且它们都显著地高于其他 5 种类型。其他 5 种植被/土地利用类型的蒸散发也都比较接近。在这一年内，土壤较湿润，不同类型间蒸散的差异受降雨和土壤蒸发的影响增大。

以上有关乔灌林和农地的蒸散量的研究结果与杨颉等（2003）在黄土高原皇甫川流域的研究结果有一定的差异性，但差异不大，但撂荒地和荒草地的蒸散量相关较大。这可能与两地的气候条件及土地覆盖有关。

人工林草的蒸散发与原始林（次生林）草有较大的差别。本章的研究结果表明，人工林的蒸散发虽然高于荒草地，但由于人工林的水源涵养能力较差，其差异程度在小于天然林地与草地的差别。天然林草则不同，林地的蒸散发可以比草地高 1 倍左右（Famiglietti et al.，1998）。

（2）水分平衡

表 3-29 为 8 种植被/土地利用类型 2002 ~ 2003 年的土壤水分平衡表。由表 3-29 可知，2002 年各种类型都为负平衡，2003 年都为正平衡。在 2002 年，柠条、油松、山杏的负平衡较大，沙棘、小麦和荒草地居中，马铃薯和撂荒地较小。在 2003 年，沙棘、马铃薯、

小麦、撂荒地、荒草地的正平衡较大，它们都显著地大于其他三种类型，山杏和柠条居中，油松最小，其中油松的正平衡显著地小于其他 7 种类型。

表 3-29　不同植被/土地利用类型水分平衡　　　　　（单位：mm）

年份	马铃薯	小麦	荒草地	柠条	山杏	沙棘	油松	撂荒地
2002	23.6	33.9	35.0	69.4	61.4	45.2	75.7	11.9
2003	37.9	45.5	36.2	25	22.5	44.9	15.1	40.6

（3）土壤水分消耗特征

以比较干旱的 2002 年为例说明植被对不同层次土壤水分的消耗比例情况。从表 3-30 中可以看出，受该地降雨特征的影响，植被的耗水以 0~2 m 剖面为主。以草本层为主的撂荒地和荒草地的供水层次主要为 0~1 m 剖面（>80%），0~2 m 剖面较少，为 12.3%~15.7%，而 2~3 m 剖面极少，为 2.4%~4.2%。而农作物（小麦和马铃薯）以 0~2m 剖面为主，0~1 m 占 54.6%~66.7%，1~2 m 剖面为 27.5%~38.3%，而 2~3 m 剖面也较低，小于 7%。山杏、沙棘、柠条和油松的消耗特点相似，由三个层次供给，0~1 m 剖面供给量比例相对下降，2~3 m 剖面相对增加。这说明，由于草本层的根系较短，可以利用的土壤水分层次较浅；而农作物的根系比草本层稍长，可利用深度增加；乔灌林地具有较长的根系，因此在极为干旱的年份也可以利用部分深层土壤水分。由此可见，在极为干旱的季节，乔灌林地的水分循环深度增加，高于平水年的 1.2 m 左右，可以达到 2.0 m，甚至更深；农地中的小麦和马铃薯也可以利用部分 1~2 m 的土壤水分。

表 3-30　2002 年 8 种植被/土地利用类型土壤水分消耗特征

剖面	小麦	撂荒地	荒草地	山杏	油松	柠条	沙棘	马铃薯
0~1 m (%)	54.6	85.3	80.1	49.7	47.7	45.1	52.5	66.7
1~2 m (%)	38.3	12.3	15.7	35.7	35.2	36.3	34.8	27.5
2~3 m (%)	7	2.4	4.2	14.6	17.2	18.6	11.7	5.8

3.4.3.3　水分利用与农作物产量

水分亏缺及降雨的变异性严重地影响着该地区的农业生产，导致区域农作物产量持续偏低且具有较大的变异性。以小麦为例，该区的多年平均产量为 1633 kg/hm²，变异系数为 39.4%。

2002~2003 年小麦和马铃薯的产量如表 3-31 所示。由表 3-31 可知，在两年小麦产量都远小于该地多年平均产量，这与降雨特征有很大的相关性。2002 年为一个干旱年，7 月的干旱在一定程度上影响到小麦的产量。而 2003 年虽然是一个湿润年，但在小麦的生长季节前期 4~7 月，土壤水分并不比 2002 年高，这严重地影响到小麦的生长，进而影响到最终的经济产量。马铃薯的情形与小麦相似。除了干旱外，降雨与作物需水的供需错位也影响着该地的农业生产。

表 3-31　2002~2003 年小麦和马铃薯产量

年份	小麦（kg/hm^2）	马铃薯（kg/hm^2）
2002（干旱年）	930	45 000
2003（湿润年）	765	33 000

第4章　土地利用/覆被变化对生态环境的影响

4.1　土地利用/土地覆被对水土流失的影响

水土流失被认为是半干旱黄土丘陵沟壑区的主要生态问题（卫伟等，2006）。人类活动的影响形成了不同尺度的（局部、区域乃至全球）土地利用变化过程（Fu and Chen，2000）。近几十年以来，在自然、经济等多重驱动力的作用和影响下，土地利用变化主要体现为土地利用类型、土地覆盖和耕作方式发生改变，进而影响地表径流和土壤侵蚀等生态过程（傅伯杰等，1999，2002）。这些研究再次证实，地表径流、侵蚀状况与土地利用和植被覆盖变化有高度相关性（Bajaracharya and Lal，1992；Wei et al.，2007）。

选择代表性的试验区观测包括乔木林地、灌木林地、农作物坡耕地、牧草坡地和自然草坡的地表径流和土壤侵蚀量，不同土地利用及植被类型的地表径流、土壤侵蚀年变化过程，分析水土保持效应随时间的变化，为半干旱黄土丘陵沟壑区的乔灌草人工植被恢复重建及水土保持措施合理布局与配置提供了一定的依据。

半干旱黄土丘陵沟壑区水土流失是自然因素与人为因素共同作用的结果，陡坡开垦耕种等不适宜的土地利用是该区水土流失加剧的主要原因。坡耕地退耕及林（草）植被重建与恢复，是控制水土流失的基本措施。

植被作为控制水土流失发生的重要生物措施，已得到众多学者的关注。当前，大量文献主要集中在不同植被结构及其结构、覆盖变化等对水土流失产生影响的研究上（Nicolau et al.，1996；Cantón et al.，2001；Kosmas et al.，1997），但现有研究囿于降水观测时间或模拟降水次数的限制，植被类型单一或覆盖相对固定，不同土地利用类型的水土保持效应水平及其随时间动态变化过程分析存在不足。本章以坡耕地为对照，通过自然降水条件下径流小区试验，连续14年同步观测人工乔、灌、草植被和自然草地的径流泥沙结果，揭示不同土地利用类型的减流、减沙效果差异及其时间（季节、年度）变化趋势。

由于半干旱区的降水分布直接影响植被及其对水土流失的影响，研究单次或单年度的径流、侵蚀变化，对研究植被和土地利用对径流和侵蚀的作用机理来说是必要的，但对评价不同土地利用类型的水土保持功能具有极大的局限性和较低的可信度。由于土壤理化特性、植被、地面覆盖及土壤的渗透性等随着时间尺度的变化而逐渐演化，需要从更长的时间尺度以及植被演变过程分辨不同类型的径流、侵蚀效应，才能较为准确地把握各类型的整体径流和侵蚀效应。

4.1.1　研究方法

4.1.1.1　径流小区设置

径流小区始建于 1985 年，1986 年布置植被类型，具体观测和管理参照第 3 章。

1）5 种不同土地利用类型的径流小区，各类型小区 3 个重复，小区坡度范围在 10° ～ 20°，各坡度小区随机排列，坡耕地和牧草径流小区按照当地传统方式耕作和管理。灌木林地、乔木林地和自然草地没有人为管理或干扰，灌草自然状态演替。在 2002 年，对坡耕地和牧草地小区撂荒后改种苜蓿和柠条带。

2）观测时间：1986 ～ 1999 年、2002 ～ 2003 年、年度各次径流观测。

3）坡耕地弃耕撂荒地：10 个弃耕撂荒地小区，在 2002 年，条带状垂直坡面等高栽植沙棘、柠条灌木容器苗；坡度为 10° ～ 20°，观测年份为 2002 年、2003 年。

4）阳坡柠条带径流场：以 20 年生条台柠条带，按照完全平茬、隔行平茬和保持原貌处理，建立 4 个径流小区，观测径流、侵蚀量。观测年份为 2002 年、2003 年。

4.1.1.2　统计方法

基于径流小区长期连续监测数据，开展以下统计分析。

1）各土地利用类型小区的次径流、侵蚀数据，按照月份或年度进行统计。相同土地利用类型的不同坡度小区间以次径流量、侵蚀量或年度径流量进行方差分析，检验不同坡度小区之间产流量是否存在显著性差异。

2）不同土地利用类型之间的径流量、侵蚀量差异：通过对不同土地利用类型的径流量、侵蚀量进行方差分析（ANOVA）和均值多重比较（LSD）。

3）以各坡度小区的次径流量的平均值作为类型的次降水径流特征值进行统计，以径流量、侵蚀量进行方差分析和多重比较，将农耕地作为对照，以确定土地利用类型之间是否有显著性差异。

4）年度径流量和侵蚀量，按照试验期各年径流量（R_i）、侵蚀量（E_i）分别进行累积。累积径流量（CR_T）和侵蚀量（CE_T）的计算见式（4-1）、式（4-2）：

$$CR_T = \sum_{i=1}^{T} R_i \tag{4-1}$$

$$CE_T = \sum_{i=1}^{T} E_i \tag{4-2}$$

5）类型累积减流率、减沙率（以坡耕地为对照）：

$$R_T = \left(1 - \frac{CR_{T(O)}}{CR_{T(C)}}\right) \times 100\% \tag{4-3}$$

$$E_T = \left(1 - \frac{CE_{T(O)}}{CE_{T(C)}}\right) \times 100\% \tag{4-4}$$

式中，R_T（%）和 E_T（%）分别为减流率和减沙率；T（O）和 T（C）分别为土地利用类型。

4.1.2 坡度和土地利用影响下的水土流失效应

土地利用类型及其相关特征、环境变量（如地形、坡度、坡长、地表物质等）及气象因素如降水等的变化都影响水土流失的结果。

不同的土地利用类型会有不同的影响方式和影响程度。影响水土流失的环境变量一般变化相对缓慢，人类活动对其影响通常不太显著。比较而言，土地利用和植被则可能（尤其是退耕还林）发生明显的变化，这种变化过程和趋势也就成为合理评估和预测区域生态环境工程的水土流失动态变化的关键。

同时，在干旱半干旱黄土丘陵沟壑区的自然、人工环境下，为促进退化土地质量的改善，植被恢复与重建是恢复生态系统结构与生态功能的重要措施。更好地理解不同土地利用类型的径流侵蚀效应，也可为土地利用结构的景观空间配置提供径流和土壤侵蚀等变量的信息。

4.1.2.1 不同坡度径流小区的产流、侵蚀量比较

对 1986~2003 年各径流小区的次产流量按照类型和坡度进行分析，考察不同坡度径流小区间产流量是否存在显著性差异。对 145 次天然降水事件和对应的径流量进行记录，分类型按照坡度差异进行方差分析（ANOVA）和不同坡度间的均值多重比较（LSD）。

统计结果表明，不同坡度径流产生不同，随坡度的增加而提高，但方差分析结果表明：同一土地利用类型不同坡度小区间的径流量之间没有显著性差异（$\alpha = 0.05$）。进一步进行均值比较，各坡度小区之间没有显著性差异（均值差异显著水平为 0.05）。14 年的径流小区径流结果显示：坡耕地、牧草地、灌木林地、乔木林地和自然草地，坡度为 10°~20°，各小区径流量无显著性差异（表 4-1）。因此，可以将三个不同坡度的径流小区的径流平均值作为土地利用类型的次径流量。

表 4-1 不同土地利用类型的不同径流小区径流和侵蚀统计结果（1986~2003 年）

土地利用类型	径流量	次数	径流均值（mm）	侵蚀量均值（g/m²）
坡耕地	1	145	1.6a	39.0a
	4	145	1.6a	18.7a
	11	145	2.1a	83.0b
	F 值		1.9	5.44**
牧草地	2	145	1.5a	14.9a
	5	145	1.5a	20.7ab
	12	145	2.0a	50.4b
	F 值		2.31	2.49
灌木林地	3	145	1.7a	7.9a
	6	145	1.2a	4.7a
	9	145	1.5a	10.5a
	F 值		1.6	0.81

土地利用类型	径流量	次数	径流均值（mm）	侵蚀量均值（g/m²）
乔木林地	7	145	1.2a	3.2a
	8	145	1.0a	3.2a
	10	145	0.9a	2.4a
	F 值		2.0	0.54

在以后的分析或计算中，不再单独计算某类型单一径流小区的径流值，将三个不同坡度重复小区平均值作为该土地利用类型的特征值。

一般在较小的坡度变化范围内，特别是在小区尺度的地块，坡度变化不被认为是影响径流和土壤侵蚀的主要因素。对 16 年的 145 次产流降水及其所对应的径流、土壤侵蚀的观测数据进行分析，结果显示，径流量随小区的坡度的增加而升高但没有形成显著性差异，对各坡度小区的年径流进行均值比较，不同坡度小区之间无显著性差异。

对各小区次侵蚀量统计结果表明：不同坡度小区的侵蚀量随小区坡度增加而升高。方差分析表明：除坡耕地外，其余各类型不同坡度径流小区之间侵蚀量没有显著性差异，坡耕地不同坡度小区之间侵蚀量的显著性差异（$\alpha = 0.05$），可能由于坡耕地受坡度的影响、或人为活动较为频繁，农作物生长和耕作措施的不一致造成。为了计算或比较的方便，将坡耕地类型各坡度小区侵蚀量平均值作为次降水的土壤沉积量。

4.1.2.2　不同坡度径流小区的产流、侵蚀次数比较

在分析径流小区差异的同时，对不同坡度的径流小区产流次数进行比较，同时，也比较不同土地利用类型的径流差异。按照一定的次径流量进行分析，分别以次降水产生径流量、侵蚀量大于或等于 0.5 mm 和 1 g/m² 作为产流和侵蚀次数统计基准值，统计结果见表4-2。

表 4-2　不同土地利用类型的径流产生次数（1986~1999 年）

项目	土地利用（植被）														
	坡耕地（春小麦）			牧草地（紫花苜蓿）			灌木林地（沙棘）			乔木林地（油松）			自然草地（针茅）		
小区号	4	1	11	2	5	12	3	6	9	8	7	10	13	15	14
坡度	10°	15°	20°	10°	15°	20°	10°	15°	20°	10°	15°	20°	10°	15°	20°
径流次数	101	106	106	105	105	106	52	63	48	87	105	96	86	81	85
平均		104			105			54			96			84	
侵蚀次数	98	112	118	96	104	111	27	30	33	58	77	75	62	49	56
平均		109			104			30			70			56	

注：径流次数、侵蚀次数分别以次径流量大于 0.5 mm、次侵蚀量大于 1 g/m² 为标准进行统计

1986~1999 年，15 个小区产流及侵蚀次数统计表明，由于低于 0.5 mm 的径流次数未

能列入统计结果，相同土地利用类型的不同径流小区间产流次数有差异，但差异不明显，如坡耕地、牧草地和自然草地径流小区间差异很小。不同土地利用类型间的产流次数不同。坡耕地、苜蓿草地和乔木林地径流次数几乎相同，但远多于灌木林地的径流次数，即1986～1999年，坡耕地、牧草地、灌木林地、乔木林地和自然草地类型平均径流次数分别为104次、105次、54次、96次和84次。各土地利用类型之间的径流产生次数具有明显差异（表4-3）。牧草地与坡耕地产流次数大致相同，但比灌木林多产流50次，比自然草地产流次数多20次。

表4-3 不同土地利用类型的年均径流值方差分析和多重比较（1986～2003年）

土地利用类型	平均值	总值	最小值	最大值	年数	标准差	标准误差
坡耕地	17.1a	273.0	6.1	32.6	16	8.8	2.1
牧草地	15.7a	251.2	5.1	33.7	16	8.1	2.0
灌木林地	5.7b	91.7	1.2	24.2	16	5.2	1.3
乔木林地	13.9ac	221.9	4.7	29.5	16	6.8	1.7
自然草地	9.7bc	154.8	1.8	17.7	16	5.1	1.3
F 值	7.01**						

*、** 分别表示在0.05、0.01的显著性水平；具有相同字母表示无显著性差异（$P<0.05$，LSD）。下同

不同坡度的侵蚀产生次数分异明显，且不同类型之间的侵蚀次数也是明显差异。整体上，坡耕地和牧草地侵蚀次数相近，但远高于其余类型的侵蚀产生数。

4.1.2.3 土地利用类型与径流、土壤侵蚀量

以各土地利用类型的次径流值、侵蚀量分别进行月份、年度或多年的统计。对各类型年度径流值、侵蚀量进行方差分析和多重比较，统计结果见表4-3。

方差分析结果表明，不同土地利用类型的年径流值具有显著性差异（$\alpha=0.05$）。均值多重比较（LSD）结果表明，农坡耕地、牧草地与灌木林地和自然草地径流年均值具有显著性差异，同时，灌木林地与乔木林地差异具有显著水平（$\alpha=0.05$）。

不同类型年均径流量水平之间差异显著。以坡耕地和牧草地径流量为最大，但与乔木林之间无显著性差异。5种土地利用类型，农坡耕地、牧草地、乔木林地等的径流量水平位居第一梯队，灌木林地径流水平最低，自然草地的径流量则介于两者之间。

16年总径流量以农耕坡地为最高，依次为：农耕坡地＞牧草地＞乔木林地＞自然草地＞灌木林地。径流量差异也反映出各类型不同的减流效果（表4-4）。与农耕坡地相比较，牧草地、灌木林地、乔木林地和自然草地径流量分别降低了5%、67%、18%和44%。

对不同类型的年度土壤侵蚀量水平进行差异比较，各类型年均侵蚀量的差异达到显著水平（$\alpha=0.01$）。坡耕地年均侵蚀量与牧草地无显著性差异，灌木林地、乔木林地和自然草地之间年均侵蚀量差异不显著。但乔木林地与牧草地之间的年侵蚀量无显著差异。

表 4-4　不同土地利用类型的年均侵蚀量的方差分析和多重比较（1986～2003 年）

土地利用类型	平均值	总值	最小值	最大值	年数	标准差	标准误差
坡耕地	450.2a	7203	2.0	267.9	16	482	18.4
牧草地	262.6ac	4202	3.7	302.6	16	444	18.5
灌木林地	18.4b	295	0.0	7.9	16	37	0.7
乔木林地	84.3bc	1348	0.4	60.6	16	148	4.1
自然草地	29.4b	471	0.2	14.8	16	32	1.5
F 值	5.722**						

不同土地利用类型之间年径流量、侵蚀量的方差分析和多重比较结果显示，不同类型之间具有不同的径流、侵蚀水平。并且，类型之间的年度径流和侵蚀差异结果也不同。农耕地、牧草地和乔木林地之间年径流没有显著性差异，保持较高的年平均径流量水平。灌木林地与自然草地径流量也没有显著性差异，其径流量水平相对很低。坡耕地、牧草地与非耕作类型之间侵蚀量具有显著性差异，牧草地与乔木林之间以及灌木林与自然草地之间无显著性差异，坡耕地、牧草地和乔木林地显著地大于灌木林地和自然草坡的侵蚀量（$P < 0.01$）。

植被与土地利用无疑是影响控制侵蚀产生的强度和频率的重要因素。吴钦孝和杨文治（1998）的研究表明，在乔木、灌丛和草被三种主要植被类型中，乔木林具有垂直分层结构，保持水土的各项指标最高。在半干旱丘陵沟壑区，乔木林地比灌木林地、天然草地有更高的土壤侵蚀强度及频率，这可能与半干旱气候下的油松林地不能形成良好的植被层次和枯落物层有关。

4.1.3　土地利用类型的径流、侵蚀的季节分布

植被覆盖度随季节发生变化，同时，不同土地利用类型具有不同的土地管理方式。本节分析在不同因素综合影响下不同土地利用与植被类型下径流、侵蚀的季节变化。

4.1.3.1　径流量、侵蚀量季节分布

各类型径流量月份分布与降水量分布密切相关，5～9 月各类型总径流量分布见图 4-1。

各月平均径流量占年平均总径流量的比例分别为 11%、14%、28%、38% 和 9%，也就是各类型平均有 66% 的径流发生在 7 月和 8 月，在 5 月和 9 月径流较少分布仅占 20%。坡耕地、牧草地和乔木林地 7 月、8 月径流量占全年的 68%，而灌木林地占 57%，自然草地的 7 月、8 月径流占全年总量的 64%。

侵蚀在各月的分布差异显著（图 4-2）。侵蚀量的月份分布主要集中在 7 月、8 月。坡耕地、牧草地和乔木林地的年侵蚀量的 77%、81% 和 82% 出现在 7 月、8 月。

自然草地在 7 月、8 月侵蚀量所占比例为 61%。灌木林地的侵蚀量分布比较均匀，5

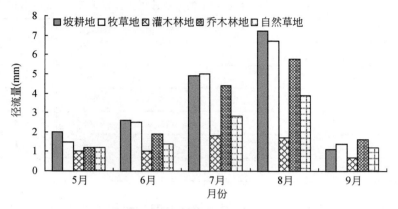

图 4-1　不同土地利用类型径流的月份分布（1986~2003 年）

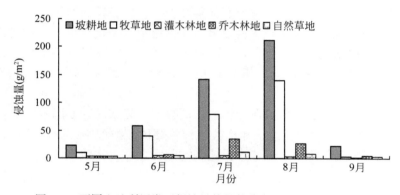

图 4-2　不同土地利用类型侵蚀量的月份分布（1986~2003 年）

月、6 月、7 月和 8 月所占比例分别为 18%、27%、25% 和 22%。

与坡耕地比较，各类型减流、减沙效应也主要发生在 7 月和 8 月。苜蓿草地、沙棘林地、油松林地和针茅草地 7 月、8 月减流量分别占年总减少量的 50%、74%、68% 和 72%，减沙量分别占总减少量的 72%、78%、76% 和 78%。

减流、减蚀效应主要发生在 7 月、8 月，与植被覆盖变化和降水集中有关。在黄土丘陵沟壑区，降水主要集中在夏秋时节，坡耕地由于收获期间，地面覆盖度极小，同时，地面由于收获活动引起土壤表面疏松，缺乏覆盖的坡耕地遭遇强度和雨量较大的降水，径流量较高。与此对应，其余类型正是植被覆盖度最大的时期，加上土壤没有耕作活动的影响，其径流值较低。可见土地利用类型的季节变化、降水的集中分布和覆盖度差距明显等共同决定了在 7 月、8 月是径流的最大月份，同时，也是各类型减流量最大的时期。

4.1.3.2　不同土地利用的径流量、侵蚀量季节分异

对不同类型的月径流量的分布分别进行比较，可以分析出土地利用植被类型的季节分异。表 4-5 和表 4-6 表明在相同的时间和气候条件背景下，不同土地利用类型的植被覆盖变化和土地利用方式的不同是否产生显著差异的径流量、侵蚀量。

通过对 5 月的不同土地利用类型产流量的方差分析，结果表明：类型之间径流均值无显著性差异（$\alpha = 0.05$）。多重比较结果也表明：类型之间无显著性差异。

表 4-5 土地利用类型间径流差异分析

土地利用类型	5 月	6 月	7 月	8 月	9 月
坡耕地	2.0a	2.6a	4.9a	7.2a	1.1a
牧草地	1.5a	2.5a	5.0a	6.7ac	1.4a
灌木林地	1.0a	1.0b	1.8b	1.7b	0.7a
乔木林地	1.2a	1.9ab	4.4ab	5.8c	1.6a
自然草地	1.2a	1.4ab	2.8ab	3.9bc	1.2a
F 值	0.769	2.511 *	1.752	3.89 **	0.416

表 4-6 土地利用类型间侵蚀差异分析

土地利用类型	5 月	6 月	7 月	8 月	9 月
坡耕地	22.6a	59.6a	141.7a	211.1a	22.0a
牧草地	9.0b	39.6a	79.4ab	140.9ab	3.1a
灌木林地	2.8b	4.3b	4.0b	3.6b	1.3a
乔木林地	3.2b	6.2b	34.5b	26.7b	4.1a
自然草地	3.8b	5.5b	10.4b	8.1b	2.7a
F 值	3.626 *	6.204 **	2.307	2.564 *	0.92

土壤侵蚀量的方差分析结果显示，5 月土地利用类型之间的侵蚀具有显著差别。多重比较结果显示，坡耕地与其余 4 种土地利用类型差异显著，但其余 4 种类型之间无显著分异。这可能是由于 5 月降水较少，同时，植被覆盖度差异和土地耕作措施影响差异等因素形成的。

6 月，不同土地利用类型之间径流量和侵蚀量都具有显著性差异（ANOVA，$\alpha = 0.05$、0.01），对径流量和侵蚀量的多重比较结果能够细分类型之间的差异水平。其一，坡耕地、牧草地与灌木林地之间的显著分异，坡耕地和牧草地的径流高于灌木林地；其二，自然草地和乔木林地的径流量介于坡耕地和灌木林地二者之间，与二者并无显著性分异，表明乔木林地和自然草地作为非耕作土地利用类型，与坡耕地类型比较无显著性差异，也表明其对径流的控制作用较弱。

7 月，土地利用类型之间的径流量和侵蚀量不具显著性差异（ANOVA，$\alpha = 0.05$）。类型之间径流量的多重比较结果与 6 月相同。

8 月，不同类型的产流量具极显著性差异（$\alpha = 0.001$）。不同类型径流量多重比较具有显著性差异。5 种土地利用类型的径流差异特征是：坡耕地、灌木林地和自然草地之间的显著性差异，三者径流量从大到小的顺序为坡耕地、自然草地、灌木林地。牧草地和乔木林地的径流量位于坡耕地和自然草地之间，与二者无显著性差异，但远高于灌木林地。

9 月，各类型之间径流、侵蚀均为不显著性差异。各类型之间的多重比较结果也无显著性分异。

整体上，在 5~9 月，灌木林地、乔木林地和自然草地之间以及坡耕地与牧草地之间的径流量、侵蚀没有显著性差异。

4.1.3.3 季节分布与影响因素

（1）降水的季节分布

地表径流及土壤侵蚀的产生与降水因素紧密关联。已经有大量的径流、侵蚀量与气象因子的经验模型描述气象因子（降水）对径流、侵蚀的数量关系。降水特征包括降水量、降水强度和持续时间等对径流和侵蚀的产生有决定性影响作用。

在半干旱黄土丘陵沟壑区，降水及其分布不仅能影响农作物产量和草地生物量，也是决定地表径流、土壤侵蚀的主要因素。黄土丘陵区的年降水分布具有很高的集中度。对 1984~2003 年的年度降水月份分布进行统计，5~8 月降水占全年的 67.7%，从产流降水次数来看，各月差异明显；5~9 月，16 年总次数分别为 18 次、31 次、41 次、46 次和 9 次。

降水的季节分布对植被生长和植被覆盖具有很大的影响。在黄土丘陵沟壑区，除总体降水量不足外，春季降水量小，降水变率大，因此，春、夏季干旱将严重影响所有土地利用类型的包括农作物的生长、苜蓿的出苗和返青以及自然草本的生物量。4 月和 5 月是大多数树木开始萌发、展叶、开花的季节，需水量大，但近半数年份的 4 月降水低于 20 mm。正常年份进入 5 月降水开始增多，此时正值树木新梢生长旺期，需水量进一步加大，降水虽增多，但总量明显不足。持续春旱，严重影响树木的生长，甚至造成地面植物稀疏，缺乏良好的植被覆盖层。

（2）地面盖度的季节变化

植被对水土流失具有抑制作用。良好的植被覆盖，可以有效抑制水土流失，破坏植被则加剧水土流失。植被对水土流失的影响，是通过植被冠层或叶面的抗雨滴击溅作用和截留作用、根系的固土及改善土壤物理性能作用（增强土壤抗冲性）、枯落物层的抗击减流作用；对于形成群落具有一定植被层次空间结构的，还包括茎干的阻流调流作用、降低风速、林草地结皮抗冲刷等作用。

植物根系也能增加土壤有机质，改良土壤结构（Famiglietti et al.，1998；侯喜禄等，1995），增加土壤的抗冲性（李勇和朱显谟，1991）。

土地利用类型影响土壤的结构、有机质含量和土壤团稳性。Perfect 等（1990）研究发现，土壤团稳性以苜蓿地和草地显著大于谷子地和休闲地；而土壤结构的改善以草地最为明显，进而影响土壤入渗性能。土壤有机质、土壤腐殖质和黏粒含量也是影响土壤团稳性的主要因子之一（Bazzoffi et al.，1995）。

植被盖度是评价土地利用（类型）结构的重要生物变量。植被盖度的季节变化与土地利用类型有关。农作物和苜蓿草地的地面植被覆盖随着生长进入旺盛生长后，雨热同期，地面植被覆盖度逐步提高。但由于降水、土壤耕作和种植等农作影响，农作物对地面覆盖的起始时间晚，覆盖度较小，且随季节增长缓慢。到了 7 月末，是农作物、苜蓿收获时期，地面覆盖度急剧下降，面临夏秋季的集中降水，因此，坡耕地面临大的水土流失风险。相反，灌木、乔木和自然草本在春季返青生长，地面即受到植被（或死地被物）覆盖，并且，经历水热同期的夏秋，植被覆盖度迅速增加，冠层、灌草等地面植被以及枯落物层，形成层次结构的地面覆盖，这些土地利用类型的地面覆盖起始早、覆盖度增长快，盖度大且持续时间长。

同为灌木、乔木林地，其地面覆盖度变化具有完全不同的特征。由于沙棘灌木林具有密集的阔叶林冠层，新叶展开后即形成良好的层次，同时，林下的草本植物密布地面，加上凋落叶及其累积分解物，形成具有空间层次的覆盖体系。油松乔木林为针叶常绿树种，林地冠层季节变化不明显，无林下植被层和稀薄的凋落物层，地面覆盖度小，季节变化小。

油松林分的凋落和沙棘具有完全不同周期性的变化规律，油松林凋落物主要组成成分针叶，油松林全年都有凋落发生，不过在生长季节内凋落量较少。

沙棘属落叶阔叶树种，树叶的凋落比较集中，一般在 9 月上中旬枯黄，9 月下旬至 10 月下旬为凋落期，尤其以 10 月下旬凋落最盛。

植被是影响水土流失的一个重要因子，同时也是水土流失控制、治理中最有实践意义的因子。植被对水土流失的影响具有其独特的外部宏观机理及内部微观机制，很有必要对各种植被指标进行系统的分析，以有助于增进对水土流失研究中的植被因子的理解。就土壤侵蚀与植被的关系而言，一般认为植被对土壤具有较好的保护作用。土壤在天然植被保护而无人为干扰的条件下，仅存在土壤侵蚀的潜在可能性，建造植被是治理土壤侵蚀和改善生态环境的根本措施。

（3）土地耕作措施

坡耕地和牧草地与非耕作土地利用类型（乔、灌林地和草地）不同，土壤翻耕、种植、松土、除草等农艺活动，地面覆盖度低和土壤经常扰动易导致径流和侵蚀的发生。对于该区多数是雨养农业，农作物种植多数是单作，农作物收获后，土地休闲，缺乏植被覆盖，因此，耕作土地利用类型具有明显的季节性土壤耕作影响。

土壤径流和侵蚀是土壤在如流水、风等外营力作用下发生的被剥蚀迁移的过程。土地表面覆盖状况是其发生的先决条件，降雨等外力通过地形及地面而起作用。坡耕地农作物收获后，在暴雨情况下，裸露的土壤表面直接遭受雨滴打击，致使土粒崩解，土壤结构遭到破坏，土壤入渗能力下降，地表径流增加。同时，由于表层土壤疏松，给径流提供可携带的土壤颗粒。坡耕地土壤有覆盖物保护时，就能大大减少径流，促使降雨入渗，从而阻止侵蚀的发生。显然，地面是否裸露和裸露程度是影响径流和侵蚀的关键问题。例如，农地留茬这种保护性耕作措施能有效地削弱降雨对侵蚀的作用，能更有效地阻止不利于防蚀的土壤结皮的发生和发展。

径流、侵蚀的季节分布及其减流、减沙效应是降水的季节分布和植被覆盖度的季节变化的共同反映。7 月、8 月，产流降水次数及降水量分别占总次数的 60% 和总降水量的 63%。对农耕地和牧草地，其水土保持效果取决于两个关键时期。首先，4 月中旬到 5 月中旬农作物出苗及苜蓿返青期，该期间由于降水量小且变率大，经常性的水分严重亏缺影响植被覆被及生物量；其次，7 月下旬至 9 月农作物收割和苜蓿刈割期，地面失去植被保护和表层土壤的扰动,该时段也是侵蚀性降水集中阶段。

4.1.3.4 径流量、侵蚀量的年际变化

(1) 径流量、侵蚀量的年度分布

不同的降水量分布及不同土地利用类型的土地变化,会引起径流响应的结果差异。不同年度降水的季节分布不同,将引起植被覆盖度的差异,进而影响径流和侵蚀的发生。各年度不同类型的年径流量和侵蚀量分布差异明显。各土地利用类型的年径流量和侵蚀量分布状况的统计描述结果见图 4-3 和图 4-4。

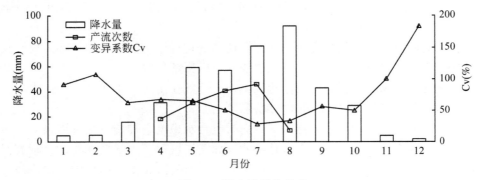

图 4-3　降水的月份分布

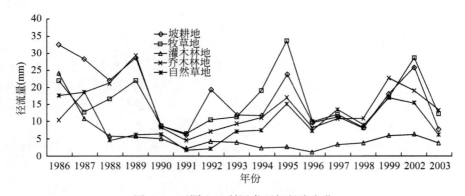

图 4-4　不同土地利用类型年径流变化

通过各类型年径流量和侵蚀量的标准差差异可以反映出不同土地利用类型的径流和侵蚀分布特征。坡耕地和牧草地的径流和侵蚀年度变异最大,乔木林地的年度径流和侵蚀量标准差居中,而灌木林地和自然草地的年度径流和侵蚀相当且最小。由变量的标准差大小可以反映不同植被类型对年度降水和植被覆盖变化的反应敏感程度,也即不同土地利用类型对径流和侵蚀的发生控制能力和程度有明显差异。坡耕地和牧草地易于受年度的耕作和作物覆盖以及受降水因素影响,形成年度间的径流和泥沙量的极大差异。

研究发现,通过年度产流降水量与径流量、侵蚀量之间没有明显的相关关系,径流量和侵蚀量的多少与年度产流降水量关联程度较小,这也说明半干旱黄土丘陵区的产流和侵蚀受年度内少数几次强度降水所控制,多数降水所产生的径流和侵蚀数量较小。例如,

1989 年和 2002 年，坡耕地和牧草地次侵蚀性降水所产生的土壤侵蚀强度达到 1500 g/m² 以上。

尽管土地利用类型与年度降水量的关系不明显，但坡耕地和其他各类型之间的相关程度较好，这是在相同的降水条件和土地利用下的共同结果（表4-7）。

由相关关系矩阵（表4-7）表明，坡耕地与其余土地利用类型之间的显著性相关表明各类型之间径流的产生和响应具有相对一致的特征。

表 4-7　不同土地利用类型之间的年径流相关矩阵

土地利用类型	坡耕地	牧草地	灌木林地	乔木林地	自然草地
坡耕地	1.00				
牧草地	0.68 **	1.00			
灌木林地	0.66 **	0.24	1.00		
乔木林地	0.63 **	0.57 *	0.10	1.00	
自然草地	0.55 *	0.52 *	0.53 *	0.34	1.00

对类型间年侵蚀量相关分析（表4-8）表明，坡耕地仅与牧草地和乔木林地有显著性相关特征，反映牧草地、乔木林地的侵蚀量变化与坡耕地的一致性。这由牧草地与坡耕地相似的土地覆盖变化和土壤耕作可以得到解释。但乔木林地侵蚀量的变化与坡耕地变化趋势相似则可能是由于前期，油松林覆盖度较小，土壤保持裸露状态，后期，尽管覆盖度提高，但地面保持裸露，土壤对降水的侵蚀响应与坡耕地相似。

表 4-8　不同土地利用类型之间的年侵蚀相关矩阵

土地利用类型	坡耕地	牧草地	灌木林地	乔木林地	自然草地
坡耕地	1.00				
牧草地	0.81 **	1.00			
灌木林地	0.19	− 0.10	1.00		
乔木林地	0.60 **	0.11	0.66 **	1.00	
自然草地	0.16	0.18	0.30	0.09	1.00

（2）年度径流、侵蚀分异

不同土地利用类型在不同的年度有不同的径流、侵蚀产生。前面讨论了类型之间的径流、侵蚀的整体差异，但由于较高的年度变化幅度，不同年度对各土地利用类型的年度径流、侵蚀量的差异需要进一步研究。

各年度土地利用类型之间的径流、侵蚀方差分析结果表明，不同年度类型间的径流、侵蚀差异显著性不同。例如，在 1996 年、1997 年，不同类型之间径流量无显著性差异。多数年份类型之间差异达到极显著水平（$\alpha = 0.001$），多重比较结果各年度类型间的显著性差异不同（表4-9、表4-10），最终结果表现极为复杂的差异程度。

表4-9　不同土地利用类型年度径流的方差分析和多重比较（LSD）

年份	坡耕地		牧草地		灌木林地		乔木林地		自然草地		显著性
1986	33a	(7)	22ac	(4)	24ab	(5)	11c	(1)	18bc	(2)	**
1987	28a	(1)	13b	(0)	11b	(0)	18c	(1)	19c	(0)	***
1988	22a	(1)	17b	(3)	6c	(0)	21a	(1)	5c	(0)	***
1989	29b	(1)	22b	(1)	6a	(1)	29b	(8)	6a	(0)	***
1990	9b	(0)	9b	(1)	5a	(0)	8bc	(1)	6ac	(0)	***
1991	6b	(0)	7b	(1)	2a	(1)	5c	(1)	2a	(0)	***
1992	20a	(5)	11b	(2)	4bc	(0)	7bc	(1)	2c	(0)	***
1993	12b	(1)	11b	(1)	4a	(0)	10bc	(1)	7ac	(1)	***
1994	12ab	(2)	19ac	(6)	2b	(0)	11ab	(2)	8bc	(1)	***
1995	24bc	(4)	34b	(6)	3a	(0)	17c	(3)	15c	(3)	**
1996	10bc	(2)	10b	(4)	1a	(0)	8bc	(1)	8bc	(1)	***
1997	12a	(3)	12ac	(2)	4b	(0)	11ab	(1)	13ac	(3)	无显著性差异
1998	8b	(0)	8bc	(0)	4a	(0)	11c	(1)	9bc	(1)	无显著性差异
1999	18bc	(5)	17b	(4)	6a	(1)	23bc	(1)	17bc	(1)	**
平均	17a	(2)	15a	(2)	6b	(2)	14ac	(2)	10bc	(2)	***

注：行内相同字母表示差异不具显著性 LSD 差异显著水平 α =0.05，括号内数字表示标准误差

表4-10　不同土地类型年度侵蚀的方差分析和多重比较（LSD）

年份	坡耕地		牧草地		灌木林地		乔木林地		自然草地		F 值
1986	150a	(14)	72b	(17)	76b	(9)	41c	(3)	34c	(4)	***
1987	681a	(100)	77b	(6)	134b	(6)	389ab	(30)	76b	(6)	**
1988	503a	(88)	101bc	(24)	30b	(3)	221c	(53)	15b	(2)	***
1989	1544a	(631)	624ab	(266)	34b	(28)	485c	(89)	9b	(2)	**
1990	164a	(58)	31b	(2)	6b	(1)	25c	(5)	19b	(8)	***
1991	23a	(5)	42b	(12)	1c	(0)	7ac	(1)	1c	(0)	***
1992	619a	(312)	86b	(19)	2b	(0)	11b	(3)	8b	(1)	**
1993	194a	(65)	148a	(50)	0b		12b	(4)	13b	(2)	
1994	357ab	(178)	388a	(184)	0b		18b	(7)	18b	(5)	
1995	417a	(212)	269ab	(48)	0b		17b	(8)	32b	(12)	**
1996	292a	(215)	64a	(38)	0		16b	(8)	36	(8)	
1997	386a	(147)	284ac	(44)	0b		21b	(6)	124bc	(4)	**
1998	57a	(24)	41ac	(15)	1b	(1)	6bc	(2)	10bc	(1)	**
1999	193a	(61)	122ac	(50)	1b	(1)	35bc	(8)	23bc	(1)	**
平均	150a	(14)	72b	(17)	76b	(9)	41c	(3)	34c	(4)	***

4.1.4　土地利用转换的径流与侵蚀效应

尽管对单一土地利用类型与水土流失的简单关系已经有较为深入的研究，但当综合考虑多种土地利用类型演变过程对水土流失的影响时，可以借鉴的研究成果十分少见。其中，一个突出的问题便是土地利用类型转换后，土壤结构、地面植被和枯落物等的变化形成对水土流失的综合影响和演变过程。然而，缺乏可信的长期观测的数据，选取多土地利用类型的、长期的观测植被及土地利用类型的水文环境效应，对退耕还林工程的实施有着实际的指导意义。

4.1.4.1　径流量、侵蚀累积变化趋势

研究期间各土地类型 1986～2003 年径流量、侵蚀量（图 4-4、图 4-5）及其 1～16 年连续累积曲线见图 4-6、图 4-7。根据年度径流量和侵蚀量的变化，随着时间的延长，不同土地利用类型的径流量和侵蚀量的相对分异逐渐显示出来。

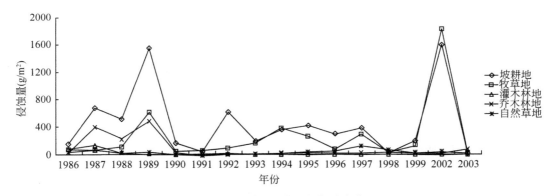

图 4-5　不同土地类型年侵蚀变化

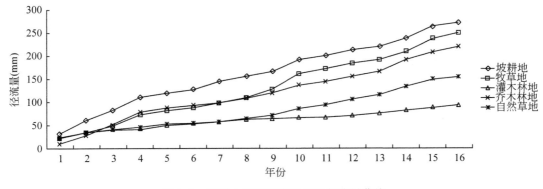

图 4-6　不同土地利用类型累积径流量曲线

不同土地利用类型的径流累积曲线显示，在较短的时间内，类型之间的径流总量差异很小。随着时间的延长，逐年累积的径流差异增加，在 16 年内，土地利用类型形成明显

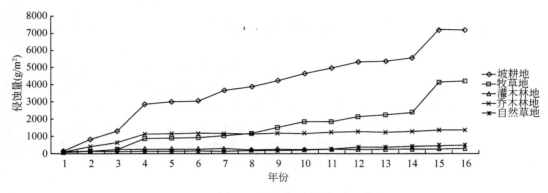

图 4-7　不同土地利用类型累积侵蚀量曲线

分异的径流量。但径流的年际变化相对很小，累积曲线较为平缓。灌木林地在前期以至整个观测期间，径流量较小，累积曲线平直。自然草地前期径流量与灌木林地相当，累积曲线重合，后期，由于植被的逐渐退化，覆盖度降低和土壤紧实，径流增加较快。乔木林地与坡耕地和牧草地类型，形成持续增长趋势，这与林地地面覆被差，土壤板结裸露有关。

不同土地利用类型的侵蚀累积曲线显示：不同类型间的累积曲线增长幅度差异明显。在较短的时间内，各类型侵蚀量形成差距较大格局。在某些年份，坡耕地和牧草地的土壤侵蚀量出现大幅度的上升，但灌木林地和自然草地的径流量极小，表现良好的土壤保持效应。乔木林地的侵蚀量累积曲线表明：前期油松林地的侵蚀量较快增长，可能与该期间林地覆盖度小，同时，没有灌草侵入，没有形成良好的地面覆被，土壤保持坡耕地状态，易导致侵蚀的产生和土壤被径流携带流失。

根据径流和侵蚀的年际变化可以分为三个时间段。1～3 年，地表径流及侵蚀不规则变动阶段。4～8 年，水土保持功能稳定发展阶段，年度径流、侵蚀累积曲线相对平缓。农耕地的累积地表径流量最高（74.1 mm），牧草地（59.2 mm）和自然草地（23.5 mm）的累积径流量分别与乔木林地（59.2 mm）和灌木林地（21.4 mm）近乎相同，与农耕坡地比较，该期间牧草地和乔木林地径流量减少了 15 mm，灌木林地和自然草地减少了 52 mm；农耕坡地的累积土壤侵蚀量最高（2544 g/m²），牧草地（932 g/m²）、乔木林地（540 g/m²）、自然草地（51 g/m²）和灌木林地（43 g/m²）依次递减。9～16 年，水保功能显著阶段和分化阶段。农耕地、牧草地、灌木林地、乔木林地和自然草地径流量分别为 104 mm、122 mm、27 mm、102 mm 和 83 mm，与农耕地比较，乔木林地产流量基本持平，灌木林地和自然草地径流量分别降低了 74% 和 20%，牧草地径流增加了 17%，表明牧草地产生比农耕地更多的径流，自然草地的减流效应有所下降。

在 9～16 年，是各类型土壤侵蚀差异极明显的时段。坡耕地和牧草地的侵蚀总量为 2968 g/m² 和 2633 g/m²，牧草地的平均减沙率为 11%，灌木林地、乔木林地和自然草地的侵蚀量分别为 11 g/m²、139 g/m² 和 278 g/m²，各自平均减沙率分别为 99%、95% 和 91%。

土地利用类型的径流和侵蚀的年度变化与地面覆被变化紧密相连（图 4-8）。牧草地的土壤侵蚀累积曲线与苜蓿草地的苜蓿生长状况和覆盖状况的年度变化密切相关。在试验后期，苜蓿草地由于连续的发生春季干旱，其出苗和返青阶段受到严重的春旱影响，生长状况差，依靠与农作物的混播促进苜蓿生长。因此，连续的对苜蓿草地的耕作，苜蓿＋作物的覆盖度较低，实际上，苜蓿地的表现接近坡耕地，后期其侵蚀量有较大的增长幅度。在 2002 年，对苜蓿地小区的重新播种，春季墒情较好，出苗整齐，但遭遇夏季的持续干旱，6 月、7 月降水量为 76 mm，远低于 2 月降水量 134 mm 的平均水平，苜蓿生长严重受阻，苜蓿的地面覆盖度急剧降低，苜蓿萎蔫死亡。尽管，2002 年降水量仅 337 mm，属于降水偏少的干旱年份，但出现了较大强度的次降水过程，导致坡耕地和苜蓿地大量的土壤侵蚀发生，年侵蚀量分别达到达到 1607 g/m² 和 1815 g/m²。与 2002 年形成鲜明对照，2003 年降水量 433 mm，相当于年降水的平均水平，但 6 月、7 月降水量为 168 mm，苜蓿残留继续生长和荒草大量侵入，形成良好的植被覆盖，其侵蚀量仅为 15.8 g/m² 和 37.1 g/m²。

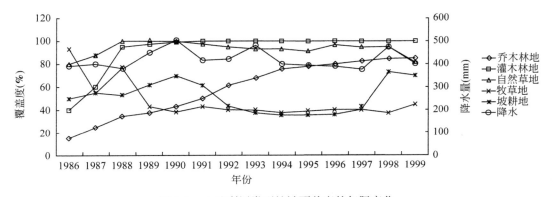

图 4-8　土地利用类型植被覆盖度的年际变化

通过不同土地利用类型之间及其与农耕地的径流量和侵蚀量的横向比较，表明类型间径流及侵蚀变化趋势差异明显。根据年际变化特征，将 5 种类型划为 3 类。

首先是农耕地类型。径流及侵蚀持续累积增加，所有时段的累积量都是最高的。

其次是牧草地和乔木林地类型。在 1～8 年的累积径流量、侵蚀量表现为持续增加但其幅度不同。二者径流量大致相当，但牧草地的侵蚀量一直小于乔木林地。9～14 年，二者径流、侵蚀效应分异，牧草地的径流量和侵蚀量明显大于乔木林地。

第三类型为灌木林地和自然草地，自然草地的径流、侵蚀除后期略微增加外，二者表现极其稳定和极低的径流、侵蚀增长量。

4.1.4.2　累积减流率和减沙率

上面讨论了各土地利用类型的累积径流、侵蚀量，反映了不同类型的径流、侵蚀增长的相对幅度。但相对于同一对照类型，各类型的水土保持效应，可以通过各类型的累积减流率和减沙率进行比较（图 4-9、图 4-10）。

为了比较和说明各类型在不同时段的减流、减沙效率随时间而呈现的动态变化，特别是短期或长期连续的过程比较，一个统一的参照体系（农耕坡地）是必要的。不同土地利用类型的累积径流量、侵蚀量变化与农耕地比较可以显示不同时段（1～14 年）的水土保持效应，不同土地利用类型的减流、减沙效应随时间变化（时间段、连续累积）表现为明显差异的趋势。

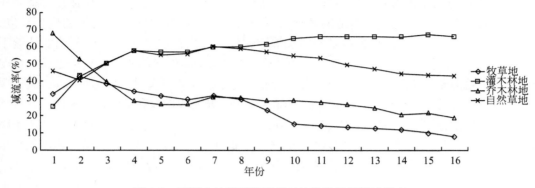

图 4-9　不同土地利用类型相对坡耕地的累积减流率

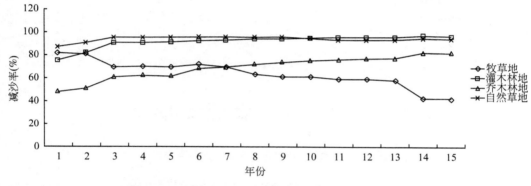

图 4-10　不同土地利用类型相对坡耕地的累积减沙率

明显地,根据累积减流率的变化趋势,牧草地和乔木林地随时间的延长,其累积减流率是逐步下降的。相反,灌木林地和自然草地的累积减流率随时间的延长而逐步提高,灌木林地稳定的保持在较高的减流率水平。而自然草地,由于自身退化过程的发展,其减流率在初始时段与灌木林地相同,保持较高的减流效率,随时间的延长,后期略微下降。

土地利用类型的减流效应差异很清楚地显示出各土地利用类型的减流率变化趋势和相对差异。在苜蓿地覆盖良好时期(1986～1988 年),其减流率较高,但呈逐步下降的趋势。在 1989 年以前,由于各类型的相对影响较小,各类型的减流率相对变化杂乱。1989～1993 年,各类型的减流率处于分化阶段,分化为减流水平和变化趋势不同的两组:灌木林和自然草地的较高减流率和上升趋势,乔木林和牧草地低减流率和下降趋势。随着时间的延长(8 年后),总平均减流率反映出不同土地利用类型的减流效应的相对水平,减流率从大到小次序:灌木林地、自然草地、乔木林地、牧草地。

土地利用类型的减沙效应不同于减流效应,表现为灌木林地、自然草地和乔木林地上升趋势,牧草地减沙率随时间延长则逐步下降,但各段不同类型的减沙效应不同。首先,在 1986～1995 年,自然草地在各时间段(1～10 年)的累积减沙率都高于灌木林地,这证明自然草地(覆盖良好)具有极高的减沙效应,良好的土壤保持能力。随后,随时间延长,减沙率稍有下降,但依然保持稳定的极高水平。

牧草地与乔木林地比较，在开始的 1~7 年，苜蓿草地各时间段的减沙率都高于乔木林地。随时间延长，林地减沙率逐步上升，形成了减沙率相对高低的次序：灌木林地、自然草地、乔木林地、牧草地。

4.1.4.3　减流、减沙效应的时间变化

将各土地利用类型小区建立后的试验观测时间划分为三个时间段，并对类型在各个时间段的减流、减沙效应进行比较（表 4-11），同时，可以更清楚地判别各土地利用类型减流、减沙能力的变化。牧草地的减流率和减沙率随时间先增加再逐步下降，特别是在 9~16 年，牧草地的径流量比农耕地增加了 17.0%。灌木林地其减流率、减沙率迅速提高并保持在较高水平，自然草地减流、减沙效应都经历先增加而后略有下降趋势。乔木林地的减流率迅速下降，而减沙率稳定提高。

表 4-11　土地利用类型的不同时间段的平均减流率及减沙率

土地利用类型	减流率（%）			减沙率（%）		
	1~3 年	4~8 年	9~16 年	1~3 年	4~8 年	9~16 年
牧草地	38.2	20.0	-17.0	81.2	66.1	11
灌木林地	51.2	71.1	74	82.0	97.6	99.9
乔木林地	39.6	20.0	2	51.2	75.0	95.4
自然草地	50.9	68.3	20.0	90.7	97.8	91.0

表 4-12 表明了不同土地利用类型在不同时间长度的累积减流率的变化。

各土地利用类型小区建立后的 1~2 年，灌木林地和自然草地减流率变动较大。整体上，灌木林地减流率随时间延长而渐次提高，在随后 2 年、8 年和 14 年，与坡耕地比较，其累积减流率逐步增加，自然草地则表现为先升高后下降的趋势（表 4-12）；相反，乔木林地和牧草地累积减流率随时间延长而呈下降趋势，2 年、8 年和 14 年，乔木林地累积减流率从 52.4%、30.3% 下降到 18.7%；相应地，牧草地累积减流率从 42.9%、29.6% 下降到 8%。长期地，灌木林地具有良好减流效应，乔木林地和牧草地减流效应则随逐步下降。灌木林地、自然草地的累积减流率始终高于乔木林地和牧草地。

表 4-12　土地利用类型的不同时间长度的累积减流率及减沙率

土地利用类型	减流率（%）			减沙率（%）		
	2 年	8 年	16 年	2 年	8 年	16 年
牧草地	42.9	29.6	8	81.2	62.9	41.7
灌木林地	43	60.5	66.4	82	93.3	95.9
乔木林地	52.4	30.3	18.7	51.2	71.5	81.3
自然草地	40.5	59.1	43.3	90.7	95.4	93.5

灌木林和乔木林减沙率随时间延长逐步提高，而自然草地则先增加而后略下降，牧草地减沙率随时间延长逐步下降（表 4-12）。灌木林地、自然草地累积减沙率迅速提高到 90.7% 和 95.4%，自然草地的累积减沙效应大于灌木林地。牧草地和乔木林地的累积减沙

率随时间表现出相反的变化过程。

如沙棘林和自然草地，减流率和减沙率的增加随着植被覆盖度的增加其变化十分显著。在植被盖度较高时，其拦水、拦沙的能力更为显著，同时反应的灵敏度也相应增大。而在植覆盖度达到一定值时，则变化不明显，大致趋向一个稳定的值，这表明此时坡面的水土流失基本得到控制。

油松的累积减沙率随时间经过不断的提高后，基本保持在稳定的水平。对油松林地树冠的覆盖率与减沙率随时间变化来看，二者在逻辑上是一致的。

4.1.4.4 水土保持效应与土地利用变化

减流、减沙效应变化与植被覆盖季节、年度变化相关并与土壤扰动有关。植被覆盖度及枯落物量（重量或厚度）作为重要的指标（韦红波等，2002）。不同土地利用类型的水土保持功能变化与其植被结构、地面覆被、凋落物和土壤质量变化有关。

植被影响降水过程主要体现在植被截留量的大小，受植被类型、组成、结构、林龄、郁闭度等特性的影响，乔木、灌木、草本和凋落物等具有不同的降水截流率。刘向东（1994）分析后认为森林各层次削弱降雨动能的大小依次为枯落物层、灌草层、林冠层。

枯落物层不仅对土壤发育和改良有重要意义，在降水过程中，与灌木林冠层与林下层（草本和地下根系）构成稳定的复合缓冲层和覆盖层随时间延长而快速增加，这些对雨水截留、径流吸持并减缓延长径流汇聚，增加渗透量减少侵蚀有决定作用。

牧草地受降水影响，覆被率偏低也会增加径流及侵蚀风险。苜蓿草地在起始的 4 年内形成良好的覆盖，随后，盖度迅速从 90% 下降到 10%，减流、减沙率逐步下降。1993 年苜蓿重新轮换种植后，苜蓿出苗、生长及返青等受春旱影响，密度及盖度很低而只得重新种植，土壤经常受到扰动，减沙率下降。

沙棘林下灌草植物多，已郁闭的 10 年生沙棘林小区（无干扰破坏）枯枝落叶层厚达 4.5 cm、干重达 7.6 kg/m²，枯枝落叶层厚，而且凋落物层的结构疏松，具有良好的透水性和持水性，试验后期，其年侵蚀量近乎为 0，枯枝落叶层在保持土壤方面具有极其重要的作用（吴钦孝和赵鸿雁，2001）。枯枝落叶层还能从根本上增加土壤抗冲和抗蚀能力。吴钦孝和杨文治（1998）发现在地形、土壤、植被相同的条件下，当雨季降水量为 479.6 mm 时，去掉枯枝落叶层的林分比原林分土壤侵蚀量增加了 8.15 倍。

沙棘灌木林地减流、减沙效应的时间变化结果与侯喜禄等（1996）在黄土丘陵区研究从幼林到郁闭成林的水土保持功能变化所得结果相同。

乔木林地的覆盖度逐年增加，但林地的径流与牧草地和农耕坡地大致相当，减流率随时间延长而逐步下降，而减沙效应有限的提高，这表明油松林地减流能力较弱。油松人工林缺乏良好的灌草层次，凋落物残留少及分解缓慢，林地表面紧密坚实及裸露，说明仅有乔木层而无枯落物和良好草被时，林地的径流量和土壤侵蚀量相对较高。

试验结果证明了在干旱区乔木林地（油松）减流、减沙效应低于灌木林地和自然草地。这在水土保持生物措施选择上，是需要注意的问题。试验结果与吴钦孝和赵鸿雁（2001）对半湿润区的油松人工林的研究结论不同，主要差异就是在半湿润区的油松林下灌草植被和枯落物存留分解等形成较好的地被物层。虽然都是黄土丘陵区，降水条件的差异，可能影响林地植被组成和群落结构。

自然草地以其较高的减流率和减沙率为以乔、灌为评判植被水土保持功能的优劣提出不同的结论。在长期的水土保持实践中，首选灌木和乔木，并期望以其良好的乔、灌、草结构发挥水土保持功能。但在半干旱黄土丘陵沟壑区，试验区的调查发现，乔木林难以形成所谓的乔、灌、草层次结构。同时，以乔木为建群种的高大植物群落，其林冠覆盖层的盖度对土壤侵蚀并不起决定作用。植被覆盖层高度在防止土壤侵蚀与溅蚀产沙方面有着重要的作用。当覆盖度不变时，覆盖层高度越大，溅蚀作用也越强。良好的矮层草本植物群落及灌木林，同样具有较好的水土保持功能。

草地对拦蓄径流和阻止土壤侵蚀的作用与林地基本类同。各地人工牧草地的减水减沙效益都表明其显著的防蚀作用。水土保持的目的不一定通过培育乔木林而达到，黄土高原更应重视灌草的水土保持作用。对于疏林，如果促进疏林中的灌木尤其草本植物得到了良好的发育，具有较好的水土保持功能。

综上所述，建设人工植被，要因地制宜，宜林则林，宜草则草；宜林地区，首先要保护好原有的天然灌草（最好是封育），实行"草灌先行，乔灌草相结合"，并切实保护好枯枝落叶层，这样既可以减少幼林阶段的水土流失，又能使人工林形成良好的群落结构，最大限度地发挥其水土保持功能。

4.1.4.5　小结

综合以上研究，现小结如下。

1）不同土地利用类型之间及其与农耕地的径流量和侵蚀量的横向比较，表明类型间径流及侵蚀变化趋势差异明显。农耕地类型，径流及侵蚀持续累积增加，所有时段的累积量都是最高的。牧草地和乔木林地类型，在 1~8 年的累积径流量、侵蚀量表现为持续增加但其幅度不同。径流量大致相当，牧草地的侵蚀量一直小于乔木林地，9~14 年，二者径流、侵蚀效应分异，牧草地的径流量和侵蚀量明显大于乔木林地。灌木林地和自然草地类型，自然草地的径流、侵蚀除后期略微增加外，二者表现极其稳定和极低的径流、侵蚀增长量。

2）总平均减流率反映出不同土地利用类型的减流效应的相对水平，减流率从大到小依次为灌木林地、自然草地、乔木林地、牧草地。土地利用类型的减沙效应不同于减流效应。灌木林地、自然草地和乔木林地为上升趋势，而牧草地减沙率随时间延长则逐步下降。

3）长期地，灌木林地具有良好减流效应，乔木林地和牧草地减流效应则随逐步下降，灌木林地、自然草地的累积减流率始终高于乔木林地和牧草地；灌木林和乔木林减沙率随时间延长逐步提高，而自然草地则先增加而后略下降，牧草地减沙率随时间延长逐步下降。

4）减流、减沙效应变化与植被覆盖季节、年度变化以及土壤扰动有关。

土地利用植被类型之间的地表径流、侵蚀存在着明显的差异。观测到的较高径流量、侵蚀量出现在农耕坡地、牧草地和乔木林地，这归咎于缺乏植被覆盖保护、土壤扰动和植被结构单一，灌木林地和自然草地相对很低的径流和侵蚀则归功于良好的垂直结构（冠层、草本层和凋落物层）、稠密的植被覆盖和良好的土壤渗透性。

土地利用植被类型之间的植被恢复效果存在明显的差异。发生在沙棘灌木林地和天然草地草本群落的自然恢复，证实灌木（沙棘）和草本群落（针茅）是有效的水土保持类型，草本植被因此在人工促进下得到保育及自然恢复。由于较高的径流和无任何灌草植被繁衍及更新，油松人工林相对低的水土保持效应，在生态退耕中应该被谨慎地推荐。

不同土地利用类型具有明显差异的减流时间尺度效应变化趋势。苜蓿草地和油松林地在短期具有一定的减流效应，但随着时间间隔延长，总体减流效应逐步下降；沙棘林及针茅草地具有明显的减流减沙效应，自然草坡和沙棘林的减流率在起始几年内迅速上升并维持在高水平，观测后期，自然草地减流、减沙效应下降，但仍远高于油松林和苜蓿草地。

在半干旱丘陵沟壑区，选择适当的植被类型和管理是预防水土流失风险的重要保证。灌木林和草地表现出稳定的、有效的水土保持功能，对于没有更好的植被恢复方案或技术，自然植被的维持与保育是一种有效的生态恢复方式和水土流失防治措施。在生态退耕工程中，大量牧草地、乔木林地的形成，可能加剧土壤水分的消耗和形成新的水土流失威胁，或增加牧草地和乔木林地反弹回农耕地的风险。因此，在规划、决策及实施过程中，要充分考虑土地利用类型的改变对生态环境的影响，通过明确的、适当的土地利用类型变化来防止地表径流和土地退化以减缓生态系统退化过程是十分重要的。

4.1.5 坡耕地撂荒的水土保持效应

大量坡耕地在退耕还林工程下被撂荒或栽植灌木或林木，由于林地、灌木林地发挥其生态防护功能需要较长的时间，坡耕地弃耕撂荒，导致大量的杂草丛生和地带性草本植物侵入，形成次生的灌草特别是草本植物群落，这种在自然条件下的植被恢复和演变，新形成的下垫面对水土流失产生较大影响。

由于退耕还林工程项目执行具有区域性、时间延续范围较广，在停止人为干扰或耕作情形下，自然植被的恢复所具有的水土保持功能是人们感兴趣的所在。本节主要讨论坡耕地弃耕撂荒后，依靠自然植被的恢复力，与多年生人工植被的水土保持功能进行比较，从而为在退耕还林（草）的选择方案提供水土保持基础。

4.1.5.1 不同土地利用类型的径流量

2002 年降水量为 334.6 mm，产流降水为 289.5 mm；2003 年截至 9 月上旬降水357.2 mm，产流降水量为 172.7 mm。

表 4-13 反映了不同年份降水量情况下，各土地利用方式的产流量差异。2002 年共有 6 次产流过程，2003 年有 8 次产流过程，各次不同土地利用产流量见表 4-14。

2002 年不同土地利用类型径流量差异显著（ANOVA，$\alpha = 0.05$）。明显地，新种植的苜蓿草地和柠条地径流量显著高于其余类型（LSD，$\alpha = 0.05$）。

坡耕地弃耕撂荒地及其新加柠条、沙棘条带地之间径流无显著差异。撂荒地及其幼龄灌木条带地的径流量显著低于油松乔木林地，但高于成年沙棘林的径流量。与自然针茅草地相比，其径流量小于自然草地。

2003 年不同土地利用类型径流量差异显著（ANOVA，$\alpha = 0.05$）。与 2002 年不同，新建柠条地和油松林地径流量显著高于其余类型。

坡耕地弃耕撂荒地及其新建灌木条带地的径流量与成年沙棘林无显著差异，并小于沙棘林地，显著低于油松林地和新建柠条带坡耕地，低于新建苜蓿草地。

表 4-13　2002~2003 年不同土地利用类型的径流量　　（单位：mm）

时间	降水量（mm）	持续时间（min）	I30	苜蓿（新）	柠条（新）	沙棘林	油松林	自然草地	草+柠条（新）	草+沙棘（新）	草坡
2002-5-23	26.5	28	15	1.5	1.5	0.9	1.0	1.1	0.5	0.5	0.5
2002-6-9	10.4	45	5	1.4	1.1	0.4	1.5	1.4	0.9	0.6	0.9
2002-6-21	8.6	50	5.5	0.6	0.6	0.3	0.6	0.3	0.2	0.2	0.2
2002-7-3	15	370	1.9	2.3	2.4	0.4	1.9	2.1	1.0	0.8	1.2
2002-8-4	24.2	122	7.2	13.8	14.5	2.9	9.0	6.3	5.8	5.6	7.0
2002-8-12	32.1	1600	0.9	6.2	8.5	1.2	5.2	4.2	2.8	2.7	3.4
总量	116.8	—	—	25.9	28.6	6.2	19.2	15.5	11.1	10.5	13.1
2003-5-23	11.9	330	0.07	0.4	0.3	0.2	0.4	0.2	0.1	0.1	0.1
2003-6-4	6.3	20	0.32	0.4	0.4	0.2	0.2	0.2	0.1	0.1	0.2
2003-6-27	6.2	20	0.31	0.2	0.3	0.1	0.2	0.1	0.0	0.0	0.0
2003-7-15	30.6	610	0.16	1.7	2.4	0.9	2.9	1.4	0.8	0.7	0.7
2003-7-16	5.9	40	0.18	0.1	0.9	0.2	0.4	0.2	0.1	0.1	0.3
2003-8-1	46.9	2040	0.12	1.5	1.8	0.8	2.1	1.2	0.7	0.5	0.5
2003-8-26	33.8	730	0.31	1.9	3.8	1.2	4.8	2.1	1.2	1.1	1.7
2003-8-29	31.1	1410	0.23	1.2	2.3	0.5	2.1	1.0	0.6	0.5	0.7
总量	172.7	—	—	7.5	12.3	3.9	13.0	6.3	3.6	3.1	4.2

表 4-14　不同土地利用地表径流量差异

土地利用类型	2002	2003
苜蓿（新）	25.9a	7.5a
柠条（新）	28.6a	12.3b
沙棘林	6.2b	3.9a
油松林	19.2a	13.0b
自然草地	15.5b	6.3a
草+柠条（新）	11.1b	3.6a
草+沙棘（新）	10.5b	3.1a
草坡	13.1b	4.2a
F 值	5.14**	8.05***

2002 年各类型径流量显著高于 2003 年径流量（图 4-11），其主要原因是 2002 年各次最大 30min 降水强度的差异。次短促强度降水所产生的径流量要远大于降水量大但持续时

间长的降水过程。2003年产流降水量较小,虽然持续时间很短,但其径流量有限。

坡耕地弃耕撂荒地及其新建灌木条带地径流量接近,可能的原因是撂荒形成的草本群落控制着坡面径流的产生,由于新建灌木条带(容器苗和移植幼苗)较小,对径流形成产生的影响微弱。

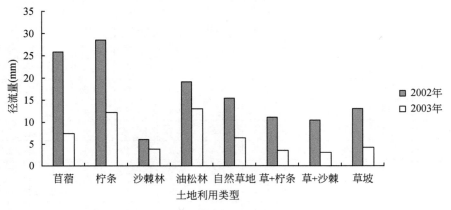

图4-11　不同土地利用的年径流量

4.1.5.2　不同土地利用类型的侵蚀量

表4-15　2002~2003年不同土地利用类型的侵蚀量　　　　(单位:g/m²)

时间	降水量(mm)	持续时间(min)	降雨强度(I₃₀)	苜蓿(新)	柠条(新)	沙棘林	油松林	自然草地	草+柠条(新)	草+沙棘(新)	草坡
2002-5-23	26.5	28	15	2.9	2.5	0.0	0.8	0.0	0.3	0.1	1.2
2002-6-9	10.4	45	5	138.7	96.8	1.4	3.3	7.7	12.2	7.4	14.2
2002-6-21	8.6	50	5.5	1.9	1.9	0.0	0.2	0.0	0.6	0.4	0.7
2002-7-3	15	370	1.9	112.4	138.2	0.8	1.6	5.7	8.8	8.1	10.2
2002-8-4	24.2	122	7.2	1170.7	1324.7	3.4	23.7	22.3	31.8	48.9	53.5
2002-8-12	32.1	1600	0.9	180.5	251.5	1.0	12.5	12.4	14.1	17.5	15.4
总量	116.8	—	—	1607.1	1815.5	6.6	42.1	48.1	67.7	82.4	95.1
2003-5-23	11.9	330	0.07	0.7	0.7	0.2	0.1	0.2	0.2	0.2	0.2
2003-6-4	6.3	20	0.32	5.2	9.3	0.2	0.4	1.5	1.6	0.9	1.7
2003-6-27	6.2	20	0.31	0.5	1.4	0.0	0.1	0.0	0.0	0.0	0.0
2003-7-15	30.6	610	0.16	2.0	5.1	0.6	1.2	0.6	0.7	0.6	0.5
2003-7-16	5.9	40	0.18	2.0	7.2	0.6	0.2	0.6	0.6	0.3	0.6
2003-8-1	46.9	2040	0.12	0.9	1.2	0.3	0.6	0.5	0.5	0.3	0.4
2003-8-26	33.8	730	0.31	2.9	3.9	0.8	0.1	1.1	2.7	1.7	1.6
2003-8-29	31.1	1410	0.23	1.6	8.3	0.3	0.1	0.5	0.9	0.5	0.8
总量	172.7	—	—	15.8	37.1	2.6	2.8	4.5	7.1	4.4	5.8

不同土地利用类型土壤侵蚀量差异极大（表4-15）。2002 年，新建苜蓿地、条带柠条地的年土壤侵蚀量是其余类型平均值的 30 倍，是弃耕撂荒地的 21 倍。与径流量不同，坡耕地弃耕撂荒地的侵蚀量平均年侵蚀量为 82 g/m²，近于油松林地的 2 倍，是自然草地的 1.7 倍。这可能是栽植灌木苗对坡面土壤的扰动结果，形成较为疏松的土壤，在强度降水过程中，容易被雨水所溅击而由径流携带。

由表4-16 可知，2003 年，除苜蓿（新）地和柠条地外，其余类型侵蚀量及其微弱。相对于柠条地，苜蓿（新）地较少的侵蚀量可能是由于 2003 年春季降水充足，使部分苜蓿返青和杂草侵入覆盖度增加的缘故。

由图 4-12、图 4-13 可知，年度侵蚀量差异悬殊，其主要原因是次强度降水形成极高的侵蚀量。2002 年 8 月 14 日次降水，苜蓿地和柠条地所产生土壤侵蚀量相当于全年的 73%。

表 4-16　2002 年、2003 年不同土地利用类型年侵蚀量 （单位：g/m²）

土地利用类型	2002	2003
苜蓿（新）	1607.1a	15.8a
柠条（新）	1815.5a	37.1a
沙棘林	6.6 b	2.6b
油松林	42.1b	2.8b
自然草地	48.1b	4.5b
草 + 柠条（新）	67.7b	7.1b
草 + 沙棘（新）	82.4b	4.4b
草坡	95.1b	5.8b
F 值	3.979 **	8.675 ***

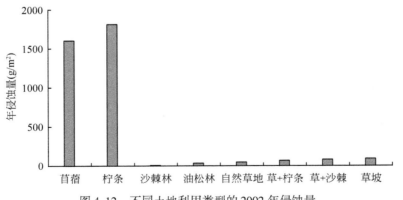

图 4-12　不同土地利用类型的 2002 年侵蚀量

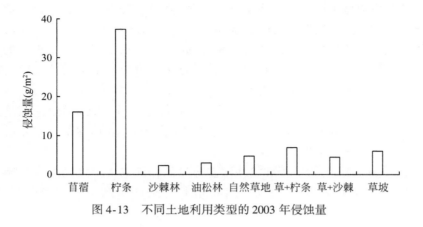

图 4-13 不同土地利用类型的 2003 年侵蚀量

4.1.5.3 径流和侵蚀影响因素

影响径流和侵蚀的主要因素为气象因素和土地利用方式的差异。

气象因素主要是降水量和降水强度的配合。2002 年与 2003 年降水特征形成较明显的差异。2002 年多数产流降水的主要降水特征是短时超强降水，短期较大降水量和高强度形成 2002 年的径流量和侵蚀量远大于 2003 年。另外，在黄土丘陵区，次降水所形成的径流量和侵蚀量对年总量影响很大。2002 年径流和侵蚀结果证实了该区年度径流和侵蚀量常常为少数的几次降水所控制，因此，降水的随机因素影响年度径流、侵蚀状况。

降水的年度分布也影响径流和土壤侵蚀。降水分布通过影响植被的生长和覆盖度而发生作用。2002 年早春降水较多，土壤墒情较好，苜蓿地出苗较为整齐，但随后的持续夏季干旱，导致苜蓿地和柠条地地面裸露，失去植被的保护。草地和弃耕撂荒地草本覆盖也受到干旱影响，覆盖度较低。

2002 年苜蓿地和条带柠条地是坡耕地，由于播种和栽植对地面土壤的较大扰动，加上失去植被保护，在强度降水下，径流和侵蚀量明显高于其余土地利用方式。弃耕撂荒地则由于草被密布于土壤表面，形成了有效的防护层次。

植被类型的差异也影响径流和侵蚀的产生。针叶林（油松）和阔叶灌木林（沙棘）的径流量和侵蚀量具有较大差异。

在较小强度降水条件下，不同土地利用类型之间的径流、侵蚀差异明显减小，说明其径流、侵蚀在容许范围内；在较大降水条件下，不同土地利用类型之间的差距增大，说明了土地利用或植被类型对径流、侵蚀产生的敏感性不同。沙棘林地和弃耕撂荒地产生相对低的径流量和侵蚀量说明减流、减蚀的潜在能力较大，而其余类型则超出其阈值有关。

4.2 土地利用/土地覆被对土壤质量的影响

土地利用/覆被变化是全球变化研究的热点问题（傅伯杰等，1999）。土地利用变化可引起许多自然现象和生态过程变化，如土壤养分、土壤水分、土壤侵蚀、土地生产力、生物多样性和生物地球化学循环等（Fu and Chen，2000；傅伯杰等，2002b）。而植被恢复和重建的结果是土地利用变化和土地覆被类型的转化。

黄土丘陵沟壑区，是我国乃至全球水土流失最严重的地区。水土流失、土地退化等成为困扰该区可持续发展和农民脱贫致富的主要问题（傅伯杰等，1999；黄明斌等，1999）。由于人类不合理的干扰活动，黄土丘陵沟壑区自然植被破坏严重，土壤侵蚀和退化剧烈（傅伯杰等，2002b）。因而，在黄土高原地区进行生态环境建设和水土流失治理就显得极为重要和紧迫。如何科学、有效地开展植被恢复和生态建设就成为目前人们亟须回答的科学问题。要从根本上解决黄土高原的植被恢复和重建问题，就要研究黄土高原的土壤特性，对植被与土壤养分、水分的关系进行探讨。在以往的研究中，有关植被恢复后的土壤水文效应、土壤养分和酶活性、土壤肥力等（王国梁等，2003a）都有报道，但对土壤养分层次变化特征的研究较少。

近年来，随着"西部大开发"和"退耕还林还草"工程及生态环境重建工作的实施，各地在黄土高原开展了大规模的退耕和植被恢复工作。为了提高退耕还林还草和生态恢复的生态、社会和经济效益，这就要求我们必须采用适宜的方式、选择适宜的树种类型来开展植被恢复和生态建设，故而进行不同土地利用和植被恢复类型的土壤环境效应研究就显得极为必要。本章就黄土丘陵沟壑区小流域不同植被覆盖下土壤性状变化进行研究，为黄土丘陵区"退耕还林还草"和生态环境重建提供理论依据，从而更好地促进区域生态重建工作的开展。

4.2.1　研究方法

4.2.1.1　样地布设与观测

本研究在甘肃省定西市水土保持科学研究所水土保持科学试验小区开展。土地利用和植被恢复类型的历史主要是通过收集试验站档案资料和对试验站工作人员和当地居民的问卷调查而获得。

研究选取安家坡小流域阴坡和阳坡中坡位坡面进行，试验小区海拔高度为 2030 m。坡面既有人类活动干扰的痕迹，也有自然植被类型。当地的植被恢复和建设历史资料表明，当地曾于 1978 年前后进行过大面积的人工植被建设，建植的主要植被种类有油松（*Pinus. tabulaeformis*）、山杏（*Armeniaca vulgaris* var. *ansu*）、沙棘（*Hippophae rhamnoides* subsp. *sinensis*）和柠条（*Caragana intermedia*）。为了研究不同类型植被恢复对土壤性状的影响，分别在阴坡和阳坡坡面中坡位选择地形因子相似、地理位置相邻的持续利用 25 年（1978～2003 年）的 6 种典型土地利用类型（除撂荒地，其撂荒时间为 8 年）来研究不同植被恢复类型下的土壤养分含量变化。

土壤采样时间为 2003 年 4 月下旬，分别在选定的样带和样地采取土壤样，以便进行实验室分析。取样层次为 0～20 cm 和 20～40 cm，每个样点设置 5 次重复，将 5 次重复的土样去除植物根系和石块，充分混匀并用四分法取大约 1 kg 的土样带回实验室进行分析。

阴坡样带典型植被类型主要为荒草地、山杏林地、马铃薯农地、油松林地、沙棘灌木地和弃耕地。各土地利用类型的采样点数分别为 7 个、8 个、8 个、7 个、6 个、6 个，采样点总数为 42 个。

阳坡样带典型植被类型主要为荒草地、马铃薯农地、弃耕地、人工牧草地（紫花苜蓿）、柠条灌木地和油松林地等。各土地利用类型的采样点数分别为 7 个、7 个、6 个、5 个、7 个、6 个，采样点总数为 38 个。

4.2.1.2 实验室分析

土壤养分分析在中国科学院西北水土保持研究所黄土高原土壤侵蚀与旱地农业国家重点实验室进行。将土样风干、过筛后进行土壤有机质（SOM）、全氮（TN）、全磷（TP）、速效磷（AP）、硝态氮（NON）、铵态氮（NHN）和速效钾（AK）分析，具体分析方法是：① 有机质，重铬酸钾滴定法；② 全氮，半微量凯氏法；③ 全磷，硫酸—高氯酸消煮—钼锑抗比色法；④ 速效磷，碳酸氢钠浸提—钼锑抗比色法；⑤ 硝态氮，氯化钾浸提紫外比色法；⑥ 铵态氮，氯化钾浸提流动注射仪法；⑦ 速效钾，乙酸铵浸提—原子吸收法。

4.2.1.3 数据统计与分析

应用 ANOVA 分析、多元统计和 LSD 分析土地利用对土壤性状的影响。用 F 值对 AVONA 中的分析进行显著性检验。数据分析统计和作图比较在 SPSS（2001）和 Microsoft Excel（2000）软件下进行。

4.2.2 不同植被恢复类型下土壤养分性状变化

本节主要研究阴坡不同植被恢复类型下土壤养分剖面分布及其在不同植被恢复类型下土壤养分的差异性，旨在探讨不同植被恢复类型的土壤养分效应。

4.2.2.1 阴坡不同植被恢复类型与土壤性状变化

经过 25 年多的人工植被恢复和封育措施，不同植被恢复类型对土壤养分含量有明显的影响（表 4-17），主要表现在不同土层土壤有机质（图 4-14）、全氮（图 4-15）、硝态氮（图 4-16）、速效磷（图 4-17）和速效钾（图 4-18）含量在不同植被类型间存在显著的差异性（$P < 0.01$），而土壤全磷和铵态氮则在不同植被类型下没有明显的差异（图 4-19、图 4-20）。

表 4-17 阴坡不同植被恢复类型下土壤养分变化

土壤养分	土层	荒草地	山杏林地	马铃薯	油松林	灌木地	弃耕地	ANOVA
有机质	0~20	2.071	2.160	1.094	2.231	2.863	2.151	**
（%）	20~40	1.651	1.642	0.851	1.658	1.958	1.758	**
全氮	0~20	0.162	0.205	0.105	0.168	0.178	0.172	**
（%）	20~40	0.132	0.164	0.092	0.137	0.130	0.128	**
全磷	0~20	0.074	0.071	0.069	0.071	0.078	0.068	ns
（%）	20~40	0.063	0.070	0.068	0.067	0.067	0.067	ns
速效磷	0~20	1.762	5.281	3.920	9.339	22.702	4.753	**
（mg/kg）	20~40	1.351	4.972	4.158	7.678	15.623	4.257	**
硝态氮	0~20	9.249	25.354	10.885	26.933	10.592	32.088	**
（mg/kg）	20~40	7.748	16.574	8.107	19.126	7.798	22.482	**

续表

土壤养分	土层	荒草地	山杏林地	马铃薯	油松林	灌木地	弃耕地	ANOVA
铵态氮	0~20	7.259	11.639	8.459	7.645	7.15	6.832	ns
（mg/kg）	20~40	5.282	7.844	7.207	6.156	6.158	5.917	ns
速效钾	0~20	218.37	344.45	219.38	308.30	275.47	334.23	**
（mg/kg）	20~40	151.89	225.50	154.58	216.56	216.82	229.71	*

* 表示在 0.05 水平显著；** 表示在 0.01 水平显著；ns 表示不显著；下同

　　不同植被恢复类型下土壤剖面养分含量均呈现明显的层次性，植被恢复导致土壤养分表层富集，主要表现为表土层（0~20 cm）土壤养分含量高于下层土壤（20~40 cm），这可能与上层不仅受植物根系的影响，而且受枯枝落叶及小气候环境影响较大有关。土壤养分含量表现为表土层（0~20 cm）大于下土层（20~40 cm），反映了植被对土壤养分的表聚效应（巩杰等，2005）。

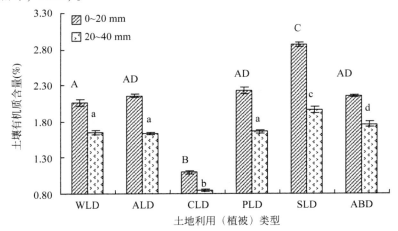

图 4-14　阴坡不同植被恢复类型下土壤有机质变化

WLD. 荒草地；ALD. 山杏林地；CLD. 马铃薯农地；PLD. 油松林地；SLD. 沙棘灌木地；ABD. 弃耕地

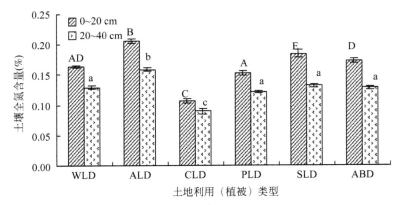

图 4-15　阴坡不同植被恢复类型下土壤全氮变化

WLD. 荒草地；ALD. 山杏林地；CLD. 马铃薯农地；PLD. 油松林地；SLD. 沙棘灌木地；ABD. 弃耕地

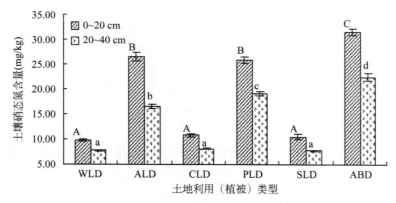

图 4-16　阴坡不同植被恢复类型下土壤硝态氮变化

WLD. 荒草地；ALD. 山杏林地；CLD. 马铃薯农地；PLD. 油松林地；SLD. 沙棘灌木地；ABD. 弃耕地

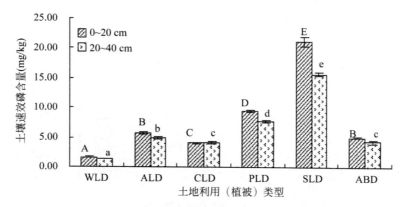

图 4-17　阴坡不同植被恢复类型下土壤速效磷变化

WLD. 荒草地；ALD. 山杏林地；CLD. 马铃薯农地；PLD. 油松林地；SLD. 沙棘灌木地；ABD. 弃耕地

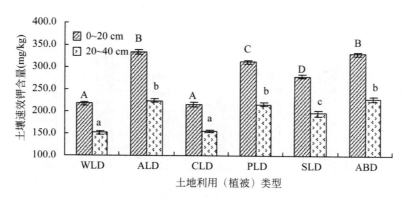

图 4-18　阴坡不同植被恢复类型下土壤速效钾变化

WLD. 荒草地；ALD. 山杏林地；CLD. 马铃薯农地；PLD. 油松林地；SLD. 沙棘灌木地；ABD. 弃耕地

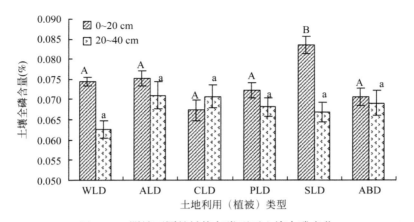

图 4-19　阴坡不同植被恢复类型下土壤全磷变化

WLD. 荒草地；ALD. 山杏林地；CLD. 马铃薯农地；PLD. 油松林地；SLD. 沙棘灌木地；ABD. 弃耕地

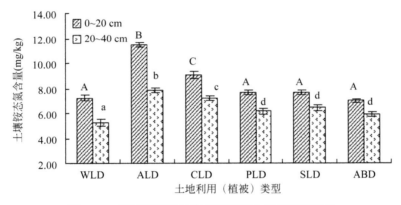

图 4-20　阴坡不同植被恢复类型下土壤铵态氮变化

WLD. 荒草地；ALD. 山杏林地；CLD. 马铃薯农地；PLD. 油松林地；SLD. 沙棘灌木地；ABD. 弃耕地

（1）有机质含量

土壤有机质是评价土壤质量的一个重要指标，它不仅能增强土壤的保肥和供肥能力，提高土壤养分的有效性，而且可促进团粒结构的形成，改善土壤的透水性、蓄水能力及通气性等。不同植被恢复类型土壤有机质含量变化如图 4-14 所示。

不同植被恢复下不同土层的土壤有机质差异显著（$P<0.01$）。植被恢复后土壤有机质含量大幅增加。如以农地为对照，0～20 cm 土层土壤有机质含量的增幅大小依次为：灌木地（162.3%）＞油松林地（104.8%）＞山杏林地（98.3%）＞弃耕地（97.1%）＞荒草地（89.2%）；而 20～40 cm 土层土壤有机质含量的增幅依次为：灌木地（130.7%）＞弃耕地（107.1%）＞油松林地（94.4%）＞荒草地（94.2%）＞山杏林地（92.3%）。总体来说，土壤有机质的增加幅度以灌木地（沙棘灌丛 146.5%）＞弃耕地（自然恢复植被 102.4%）＞乔木林地（油松、山杏林地 97.4%）＞荒草地（91.7%）。可见，人工灌木恢复对土壤的培肥作用高于乔木林地，农地弃耕进行自然恢复也有很好的土壤培肥作用，而自然荒草地由于植被稀疏，其年生物量较少，故枯落物较少且枯落物分解补充土壤

养分较少，土壤相对比较瘠薄。

（2）土壤全氮含量

黄土高原土壤生态系统的氮素主要取决于生物量的积累和土壤有机质分解的强度。植被类型、水热状况和土壤侵蚀的强度等都会影响土壤氮素含量。植被恢复可以增加土壤全氮含量。与农地相比，植被恢复后不同土层土壤全氮含量均呈现增加趋势（图4-15）。由于安家坡小流域土壤生态系统近似于一个封闭系统。因此，土壤氮素含量主要取决于生物量的积累和有机质的分解强度。对于 $0 \sim 20$ cm 土层土壤全氮在不同植被下表现出显著差异（$P = 0.01$），而对 $20 \sim 40$ cm 土层来说，土壤全氮含量差异不明显，主要是由于成土作用过程中养分表聚作用导致的。

（3）土壤硝态氮含量

土壤硝态氮和铵态氮含量反映了土壤的供氮水平，是表征土壤肥力质量的主要指标之一。从图4-17和图4-18可以看出，不同植被下土壤硝态氮和铵态氮含量均表现出 $0 \sim 20$ cm 土层的高于 $20 \sim 40$ cm 土层，不同植被下土壤有效氮呈现出一定的表聚效应，但不同植被的养分表聚作用不一样。总体而言，林地、弃耕地的硝态氮含量高于农地，而荒草地、灌木地却低于农地，这主要是荒草地植被稀疏，稀疏草本植被的养分富集作用较弱，且易发生水土流失而导致其含量较低。对于灌木地而言，由于灌木和草本混杂生长，且长势旺盛，对养分的消耗较大，因而土壤硝态氮含量较低。乔木具有较大的根系，因而对土壤养分的富集作用更为强烈，而弃耕地由于植被多是一年生草本，加之盖度较大，对土壤养分的吸收利用和回补较好，所以均表现出较好的土壤培肥作用。

（4）土壤铵态氮含量

不同植被下土壤铵态氮含量变化不大，这主要是由于半干旱和干旱地区土壤铵态氮含量相对较低（巩杰等，2005），植被类型对其含量的影响差异不大（图4-18）。其影响机理尚不清楚，有待于进一步深入研究。

（5）土壤全磷含量

不同植被类型对土壤全磷含量的影响不明显，除灌木地表层土壤磷素含量较高外，其他植被类型对土壤磷素含量的影响不大（图4-16）。土壤磷素在土壤层次上差异也不显著。这说明土壤磷素含量主要受黄土母质的影响，生物因素对其虽有作用，但影响不大。

土壤磷素含量的空间分布基本为上层 $0 \sim 20$ cm 大于 $20 \sim 40$ cm 土层，油松林地除外。这主要是植物根系对下层土壤中磷吸收后又以有机质的形式累积在土壤表面，同时由于土壤磷素的迁移率很小，而该区域降水较少，土壤磷素不易在土壤剖面向下淋溶迁移，从而使上层含量大于下层。而油松林地表现异常，可能是试验误差引起或者有别的原因，有待于进一步研究。

（6）土壤速效磷含量

不同植被恢复下土壤速效磷在空间上也表现一定的表聚现象，这与土壤的成土过程有关。从图4-19可以看出，不同土地利用/植被恢复类型下土壤速效磷含量变化规律并不明显。总体表现为，灌木地（沙棘林地）最高，其次是山杏林地和油松林地，农地和弃耕地大致相当，而荒草地含量最低，这是由于在阴坡，沙棘灌丛长势茂盛，下面有较厚的禾草群丛，对土壤养分的吸收和改良，但农地土壤速效磷含量土层间表现出异常，呈现下层高于上层，主要是由于施肥优于其他植被类型。

（7）　土壤速效钾含量

土壤速效钾含量也呈现出一定的表聚效应。这主要与成土过程有关，与植物、土壤生物的生长和残体分解也有一定的关系。钾元素的活动性较强，易于被生物体吸收和释放。在生长季节，植物大量吸收土壤中的钾素并参与生命过程，植物衰老死亡时，大量的活性钾离子脱离生物体又返回到土体中，所以表现为养分的表层聚集。与农地相比，山杏林地、油松林地、灌木地和弃耕地土壤速效钾含量均为增加，且以山杏林地和弃耕地增幅较大，但荒草地含量较低（图 4-20）。可能是由于荒草植被稀疏，其枯落物对土壤养分的回补较少，且易发生养分流失造成的，说明植被恢复可以培肥土壤，但不同基因型的植被对土壤养分含量的影响不同。

4.2.2.2　阳坡不同植被恢复类型对土壤性状的影响

不同植被恢复类型下土壤性状的变化见表 4-18。统计分析表明，在 0～20 cm 和 20～40 cm 土层，6 种土地利用/植被类型下土壤有机质、全氮和硝态氮差异显著（$P < 0.01$）（表 4-18）。对全磷和铵态氮来说，土层间和土地利用类型间无显著差异。但对速效磷和速效钾来说，在表土层（0～20 cm）表现出显著差异（$P < 0.01$）；就 20～40 cm 土层而言，速效磷含量在植被类型间有差异（$P < 0.05$），而速效钾则无显著差异。

表 4-18　阳坡不同植被恢复类型下土壤养分变化

土壤养分	土层（cm）	荒草	马铃薯	弃耕地	人工苜蓿草地	灌木地	油松林地	ANOVA
有机质	0～20	1.347	0.766	0.947	0.930	2.187	1.308	**
（%）	20～40	1.031	0.736	0.825	0.908	1.944	1.082	**
全氮	0～20	0.083	0.057	0.062	0.065	0.141	0.084	**
（%）	20～40	0.072	0.054	0.056	0.062	0.131	0.068	**
全磷	0～20	0.064	0.067	0.067	0.069	0.063	0.064	ns
（%）	20～40	0.062	0.064	0.068	0.067	0.062	0.062	ns
速效磷	0～20	7.614	12.374	7.743	6.096	3.734	2.605	**
（mg/kg）	20～40	4.331	6.658	4.908	7.528	2.423	1.740	*
硝态氮	0～20	12.768	9.589	5.765	7.394	21.656	9.125	**
（mg/kg）	20～40	7.848	10.214	5.007	6.616	17.986	7.932	**
铵态氮	0～20	9.38	9.099	8.568	8.932	9.516	9.200	ns
（mg/kg）	20～40	8.820	8.054	9.207	7.608	9.358	7.807	ns
速效钾	0～20	242.50	123.26	181.38	153.08	226.55	204.25	**
（mg/kg）	20～40	138.13	98.56	126.87	136.12	160.78	134.25	ns

（1）　土壤有机质含量

不同植被恢复类型对土壤有机质含量的影响不同（图 4-21）。随土层深度的加深，土壤有机质含量呈现下降的趋势。柠条灌木地的土壤有机质含量最高，荒草地和油松（杂有零星山杏）林地之间无显著差异，农地、弃耕地和人工牧草地（紫花苜蓿）等用地类型间无显著差异，但农地的土壤有机质含量最小。

植被恢复，如建植灌木、乔木、草本植物及农地弃耕，可以增加土壤有机质含量。不

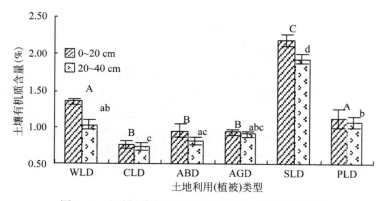

图 4-21　阳坡不同植被恢复类型下土壤有机质变化

WLD. 荒草地；AGD. 山杏林地；CLD. 马铃薯农地；PLD. 油松林地；SLD. 沙棘灌木地；ABD. 弃耕地

同植被恢复类型下土壤有机质的增长率不同（图 4-21）。与农地相比，就 0 ~ 20 cm 土层而言，荒草地、弃耕地、人工牧草地、柠条灌木地和油松（杂有零星山杏）林地的土壤有机质含量分别增加了 77.63%、25.00%、22.37%、188.16% 和 47.37%；而对 20 ~ 40 cm 土层来说，则分别增加了 41.10%、12.33%、24.66%、165.75% 和 47.95%。研究结果表明，农地转化为牧草地、林地和灌木地可以提高土壤肥力；而作物种植与收获会降低土壤有机质含量，但农地弃耕（植被自然恢复和演替）则可以培肥土壤。

（2）土壤全氮含量

不同植被类型下土壤全氮表现为层次性，但不同植被类型对土壤氮素含量的影响不同，随着土层的加深，土壤氮素含量呈下降趋势（图 4-22 至图 4-24）。对土壤全氮来说，在表土层（0 ~ 20 cm），柠条灌木地含量最高，达（0.141 ± 0.006）%，荒草地和油松林地之间无差异，农地的土壤全氮含量最低 [（0.057 ± 0.004）%]，但农地、弃耕地和人工牧草地之间无显著差异。就 20 ~ 40 cm 土层来说，柠条灌木地最高 [（0.131 ± 0.005）%]，农地最低 [（0.054 ± 0.004）%]，而荒草地、农地、弃耕地、人工牧草地和油松林地之间无差异。

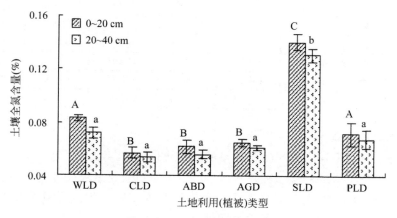

图 4-22　阳坡不同植被恢复类型下土壤全氮变化

WLD. 荒草地；AGD. 山杏林地；CLD. 马铃薯农地；PLD. 油松林地；SLD. 沙棘灌木地；ABD. 弃耕地

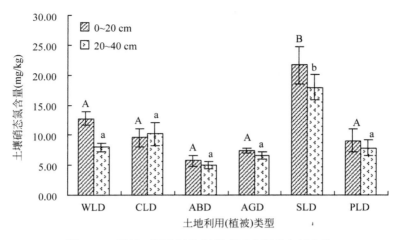

图 4-23　阳坡不同植被恢复类型下土壤硝态氮变化

WLD. 荒草地；AGD. 山杏林地；CLD. 马铃薯农地；PLD. 油松林地；SLD. 沙棘灌木地；ABD. 弃耕地

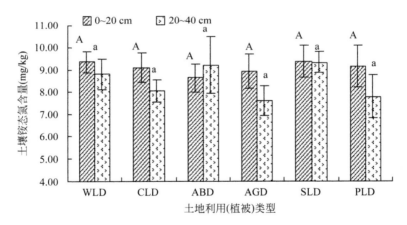

图 4-24　阳坡不同植被恢复类型下土壤铵态氮变化

WLD. 荒草地；AGD. 山杏林地；CLD. 马铃薯农地；PLD. 油松林地；SLD. 沙棘灌木地；ABD. 弃耕地

（3）土壤硝态氮含量

随着土层加深，不同植被恢复类型下土壤硝态氮含量呈现下降趋势（图 4-23）。柠条灌木地的硝态氮含量最高，相对柠条灌木地而言，荒草地、农地、弃耕地、人工牧草地和油松林地的土壤硝态氮含量较低且无显著差异（图 4-23）。

（4）土壤铵态氮含量

不同植被恢复类型对土壤铵态氮含量有影响，但各个用地类型间差异不显著（图 4-24）。土壤铵态氮含量在 0 ~ 20 cm 土层高于 20 ~ 40 cm 土层，这表明阳离子态的氮素易于被不同植被富集和转运。

（5）土壤全磷含量

不同植被恢复类型对土壤全磷的影响较小（图 4-25）。尽管不同植被恢复下土壤全磷含量随土层加深而减小，但土壤全磷含量在不同植被类型下并无显著差异。就表土层而言，柠条灌木地和油松林地的土壤全磷含量低于荒草地，但农地（或者数年前曾为农地的地类，如弃耕地和人工牧草地）的土壤全磷含量高于灌木地和乔木林地。

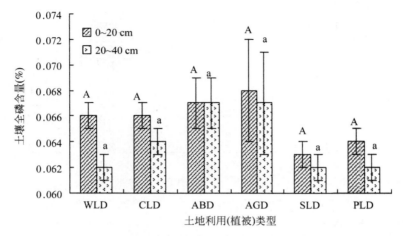

图 4-25　阳坡不同植被恢复类型下土壤全磷变化

WLD. 荒草地；CLD. 马铃薯农地；ABD. 弃耕地；AGD. 人工苜蓿草地；SLD. 沙棘灌木地；PLD. 油松林地

（6）土壤速效磷含量

不同植被恢复类型对土壤速效磷含量的影响不同（图 4-26）。就表土层而言（0 ~ 20 cm），农地速效磷含量最高，油松林地含量最低；在荒草地、弃耕地和人工牧草地之间无差异；且土壤速效磷在柠条灌木地和油松林地之间也无差异。农地土壤速效磷含量较高可能是由于作物种植过程中使用磷肥（主要是过磷酸钙和磷二铵等）而引起的。对于 20 ~ 40 cm 土层而言，土壤速效磷在荒草地、弃耕地、沙棘灌木地和油松林地之间无显著差异；而荒草地、农地、弃耕地和人工草地之间也无显著差异。

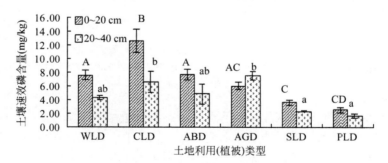

图 4-26　阳坡不同土地利用/植被恢复类型下土壤速效磷变化

WLD. 荒草地；AGD. 山杏林地；CLD. 马铃薯农地；PLD. 油松林地；SLD. 沙棘灌木地；ABD. 弃耕地

（7）土壤速效钾含量

不同植被恢复类型下土壤速效钾含量随土层的加深而减少，不同植被恢复类型对土壤速效钾含量的影响不同（图 4-27）。就表土层而言（0 ~ 20 cm），土壤速效钾在荒草地、灌木地和油松林地之间无显著差异；在弃耕地、灌木地和油松林地之间无显著差异；农地和人工牧草地之间也无显著差异。对于 20 ~ 40 cm 土层而言，灌木地的土壤速效钾含量最高，而土壤速效钾在荒草地、农地、弃耕地、人工牧草地和油松林地之间无显著差异。与农地相比，植被恢复可以提高土壤速效钾含量。农地的土壤速效钾含量较低是由于作物种植和收获会将大量钾元素带出土壤。而进行植被恢复后，钾元素被植物吸收并富集在生命体中，在植株枯死衰败时，植株中的钾元素又会大量向土体运移，因而在植被恢复土体中，钾元素含量较农地为高。

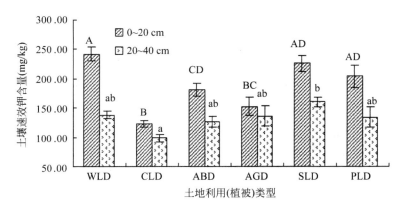

图 4-27　阳坡不同土地利用/植被恢复类型下土壤速效钾变化

WLD. 荒草地；AGD. 山杏林地；CLD. 马铃薯农地；PLD. 油松林地；SLD. 沙棘灌木地；ABD. 弃耕地

4.2.3　植被恢复的土壤养分效应

4.2.3.1　不同植被类型对土壤养分的影响

试验研究表明，不同植被恢复类型对土壤养分含量有显著影响。土地利用变化，如由自然植被转化为农业用地，或者由草地转化为耕地，会对土壤碳含量和养分积累产生重要影响。这是因为：① 人类活动，如耕作、作物收获和植被恢复，会对土壤养分的分解和流失产生影响；② 人类活动或干扰会改变局域小气候和植被格局，进而对土壤水热状态产生影响；③ 不同植物种类对不同的土壤养分的需求和利用效率不同，进而对养分的存储和转化效率就不相同。

土地利用变化影响着土壤—植物系统养分的输出和输入过程。植被恢复，如建植灌木、乔木、种草及自然恢复（农地弃耕）会增加土壤有机质含量，而农作物种植和收获会降低土壤有机质含量。这是因为地表植被覆盖会改变生态系统生物量和微环境条件，如光、热、水和土壤生物。例如，地表植被覆盖越大，土壤表层获取的光和热量会减少，进而增加土壤有机质的累积。但有研究指出（Chen and Li，2003），林木的生长会产生大量抑制有机质生成的物质，因而林木和灌木的生长会减少土壤有机质含量。以荒草地作为基准进行比较，种植马铃薯使 0 ~ 40 cm 土层的有机质降低 36.39%，而种植柠条灌木（*C. korshinskii*）使土壤有机质增加了 75.28%。这是因为柠条属于豆科植物，能够通过对大气中氮元素的吸收固定而不断地提高土壤肥力。而良好的土壤肥力有利于植物的生长和发育，植物的繁荣生长就意味着更多的枯枝落叶被腐解为有机质并返回土体，进而使得土壤肥力不断得以提高，在土壤—植物系统中形成良性循环。

不同植被恢复类型对土壤全氮含量有着显著的影响，但对硝态氮和铵态氮的影响不是很显著。油松林地的土壤氮素含量高于农地、弃耕地和人工牧草地。不同土地利用类型下土壤氮素含量呈现变异。研究结果表明，农地转化为灌木地、荒草地、油松林地、弃耕地和人工草地会增加土壤氮素的含量。这主要是由于不同植被对土壤氮素的吸收、积累和转化的效率不同而引起的（Chen and Li, 2003）。同时，土壤氮素的分布与植物根系的分布有着密切的关系。许多研究发现，固氮植物（如豆科植物）种类会显著增加土壤氮含量，但也有研究表明，固氮植物种类与地表土壤氮的积累并没有相关关系（Chen and Li, 2003）。

不同植被恢复类型下土壤磷存储和积累的差异主要是地球化学和生物循环过程的不同而引起的。从农地转化为其他非农用地类型（荒草地、灌木地、油松林地、弃耕地和人工牧草地），土壤全磷含量并无差异。然而统计结果显示，不同植被恢复类型对土壤速效磷含量有着显著影响。不同植被恢复类型下土壤速效磷含量变异很大。农地表土层（0 ~ 20 cm）的土壤速效磷含量高于其他用地类型，这主要是由于耕作过程中施用磷肥而造成的。

荒草地、弃耕地、人工牧草地、柠条灌木地和油松林地的土壤速效钾含量高于农地（马铃薯地），这说明植被恢复重建可以促进钾的富集并提高土壤中钾含量。这是因为富含钾素的植物枯枝落叶腐解后使得大量的钾返回土体。在枯枝落叶的最初分解时期最易引起其中的钾素的流失，枯枝落叶中大约60%的钾素在6个月内流失，而约有75%的钾素在一年内会从凋落物中流失。

4.2.3.2 植被恢复的土壤培肥效应

与农地相比，植被恢复和农地弃耕具有一定的土壤培肥作用。这是因为：① 建植的乔木、灌木和种草可以作为减弱土壤侵蚀（风蚀和水蚀）的自然屏障。② 乔木、灌木和草本的土壤养分富集作用主要是由于其根系对土壤中养分离子的吸收利用和乔灌草等的凋落物（枯枝落叶）分解返还土壤而造成的。③乔灌木植被具有"肥力岛屿效应"，这主要是由于乔木林地、灌木地和草地的土壤性状一般优于开阔的地块（如荒草地和裸露的土地等）。大量的森林凋落物、林木庞大的根系和依赖于森林生存的特有生物，使森林具有其他土壤所没有的成土条件，具有独特的自肥机制。长远来说，与农地相比，乔木林地/灌木地和草地更易形成良性生物地球化学循环。④ 与农地相比，灌木、乔木和草本可以改善地表或地下微气候环境，促进植物根系周围土壤微动物区系和微生物的活动。相应地，就可以改善土壤化学、生物和物理性状，进而提高土壤肥力。

农地经过植被恢复和撂荒，随着植被的生长发育和演替，同时会伴生大量的草本植物和土壤生物，这样就会形成新的生物群落，进而影响土壤质量的变化。土壤状况，尤其是肥力状况影响着植物群落的拓殖和更替，土壤肥力的提高有利于演替后续物种的生长和发展，促进群落演替（黄明斌等，2003），从而促进生态系统的良性循环，有助于生态系统服务功能的良好发挥，进而改善区域生态环境条件。研究表明，撂荒具有较早归还凋落物和增加土壤养分的能力，对维持土地持续生产力有着重要作用。农地弃耕后经过自然恢复，其植被一般为乡土草本或矮小灌木，能很好地适应区域环境，结合林草封育和禁牧，农地自然恢复具有较好生态环境效应。在"退耕还林还草"和"生态环境重建"中，农地弃耕（自然恢复）无疑是一种节省人力、物力而其生态环境效应又很好的双赢途径。

4.2.3.3 土地管理与植被恢复

研究结果表明，不同植被恢复类型下土壤有机质和全氮含量差异显著，植被恢复即建植灌木、乔木和种草，可以改善土壤性状，培肥土壤和增加土壤碳储存。而土壤状况，尤其是肥力状况影响着植物群落的拓殖和更替，土壤肥力的提高有利于后续演替物种的生长和发育，能促进群落演替进程。可见，植被恢复及群落演替和土壤肥力的提高有互促作用，是一种双赢行为。

对黄土丘陵区"退耕还林还草"和生态恢复工程来说，栽植灌木和自然恢复（农地弃耕）是改善土壤性状的首选（Wei et al.，2007）。尽管，栽植乔木（如油松）也可以在一定程度上提高土壤肥力，但也有研究指出，油松林地的土壤会发生退化，这是因为松柏类常绿乔木的枯落物较少，松柏类植物的地被物较少，不利于草本植物的演替和土壤生物的繁殖活动，长期会导致土壤表层硬壳化，不利于土壤—植物系统的演替。再者定西黄土丘陵区在植被区划上属于典型草原地带（吴钦孝和杨文治，1998），干旱少雨，其气候条件并不能完全满足乔木生长的需要。所以，大面积种植乔木并不是黄土丘陵区植被恢复的最佳选择。然而，可以在土壤水分条件较好的沟坡底部和下坡位栽植一些适应性较强的乔木，或者在灌木地和荒草地上零星点缀一些强适应性乔木，以增加生物多样性。因此在黄土丘陵区植被恢复中应注意以灌木为主，乔灌草结合，创造多元生物系统，以发挥区域植被恢复重建的生态、环境和经济效益，促进区域可持续发展。

4.3 土地利用/土地覆被对水资源平衡的影响

黄土丘陵半干旱区，通过增加地表植被覆盖抑制水土流失的发生和发展。植被恢复重建最大的限制因素是水资源短缺。黄土高原仅靠降水难以满足耗水量大的乔木林对水的需求（侯庆春等，1999）。在土壤水分利用上，李玉山、杨文治等提出"土壤水库"概念，后来提及土壤水分立体利用技术等。林草地过度耗水使得土壤下渗补偿恢复减弱。

半干旱环境下，植被的生长、演化过程必然引起土壤水分深刻的变化，土壤水平衡构成包括土壤水分输入量、储存量和输出量。以土壤水分为研究对象，其输入部分只能依靠降水，输出量则包括蒸发、蒸腾、径流和植被截留量。输入和输出量的相对变化引起土壤储存量的变化，即形成土壤水分的盈亏过程，土壤水分的盈亏对植被生长具有重要意义。

土壤水分循环水平是指一定时期内土壤水分波动变化的平均状态。它是判别土壤水分循环状况优劣的标志之一。土壤水分循环达到平衡状态，并不一定说明土壤水分循环处于最佳状态。只有同时对土壤水分平衡状况和水分循环水平进行分析才有可能做出可靠的判断。在一定程度上，生态系统的水分循环水平可以通过人为措施来调节。

土壤水分循环水平是土壤水分循环特征的一个重要方面。可以对土壤水分循环状况产生影响的因素很多，如土壤持水力、降水及入渗情形、土壤蒸发量、植物蒸腾量、径流等，都会对土壤水分循环水平具有一定影响。除此而外，土壤水分循环水平观测值还与取样的时间、频率、相测试深度等因素有关。因此，试验结果的可比性取决于试验条件的一致性。

土壤水分循环水平较低，显然是由于林草蒸腾耗水量较大所致。土壤水分循环水平的高低，实际上反映了土壤水分循环强度的大小。低的水分循环水平是其水分循环强度高的反映，荒草地较高的水分循环水平是其循环强度较小的表现。

与此同时，因为年际影响的存在，在一定年份内的土壤水分循环水平亦或多或少可以反映这一生态系统在较长时间内的土壤水分循环特点。低土壤水分循环水平，不仅说明土壤水分循环强度很大，同时也反映了其在较长时期以来的土壤水分循环强度的一般待点。

1）土壤水分循环水平是指一定生态系统在一定时期内土壤水分波动变化的平均状态，且以同期的土壤水分含量平均值来表示。土壤水分循环水平的高与低反映了水分循环强度的小与大。

2）土壤水分循环水平是评价生态系统水分循环状况优劣的标志之一。在对不同土地利用研究上，不仅要注意土壤水分平衡状况，同时有必要对土壤水分循环水平进行分析。否则，就难以得出正确的判断。

在对土壤水分循环研究的基础上，本节对植被生长期间土壤水分盈亏转换过程、盈亏量变化进行分析，根据土壤水分输入量，分析各土地利用方式和植被类型的土壤水分输出量，反映植被在不同年度以及年际土壤水分利用强度，土壤储水量的增减说明土壤水分补偿与消耗转换过程。

土壤储水量水平直接决定土壤水的有效性和供给能力。土壤储水量的季节和年度变化反映土壤水分可能的供水量和潜力。用土壤水平衡的输出与输入的相对比例和实际土壤有效储水量的季节和年度变化，能够清楚地比较不同土地利用对土壤水分影响的强度和亏缺程度。

本节以实际土壤储水量与萎蔫储水量、稳定储水量和田间持水量等进行比较，反映在不同季节、年度土壤水分有效供给量与植物正常生理需水的距离，这对于该区林草措施的选择具有十分重要的意义。

4.3.1 研究方法

4.3.1.1 土壤水平衡

土壤水平衡方程：

$$\Delta W = P - R - E \tag{4-5}$$

式中，ΔW 为测期始、末土壤储水量的增减；P 为降水量；R 为径流量；E 为蒸散量（蒸发、蒸腾和截流量）或总蒸发量。

土壤储水量：1986～2003 年对不同土地利用类型的土壤含水率计算（5～9 月）；

年径流量：数据来源于径流小区观测记录计算；

降水量：数据来源于气象观测站。

4.3.1.2　土壤供水量

按照土壤储水量与土壤水常数计算土壤的田间持水量、凋萎湿度下储水量和田间稳定湿度下稳定储水量。

1）储水量（mm）＝土壤含水率（%）×土壤容重（g/cm³）×土壤层次（cm）×10

2）田间持水量（mm）＝田间持水量（%）×土壤容重（g/cm³）×土壤层次（cm）×10

3）凋萎持水量（mm）＝凋萎湿度（%）×土壤容重（g/cm³）×土壤层次（cm）×10

4）稳定储水量（mm）＝田间稳定湿度（%）×土壤容重（g/cm³）×土壤层次（cm）×10

4.3.2　土壤水分的季节与年度变化

土地利用类型对土壤水分的收支状况有很大的影响。土地利用影响雨水资源进入土壤的数量，作用于土壤表面的水分蒸发，更为重要的是通过根系延伸对土壤水分的消耗利用，从而对土壤深层水环境产生显著的影响。

同时，植被有其自己的季节和年度生长周期，随着乔木、灌木和草本植被生物量的不断增加，以及覆盖度和植被层次的增加，对土壤水分的收支量控制和影响也逐渐加强，地面覆盖的季节变化和土壤结构的改变，影响土壤水分的输出。

人工植被从建立、演变到形成稳定结构是具有季节和年度规律的过程，对该过程的土壤水分循环结果的研究，能够说明不同类型土壤水平衡的演变趋势和结果。

4.3.2.1　土壤水分与降水量、蒸发量

图 4-28 描述了 1986～2003 年（不含 2000 年、2001 年）不同土地利用类型的土壤水分以及前期降水量的季节分布。土壤水分的变化受前期降水量和蒸发量影响。对于多年生牧草、乔木和灌木，植被根系活动的影响范围逐步超出所研究的土壤层次。

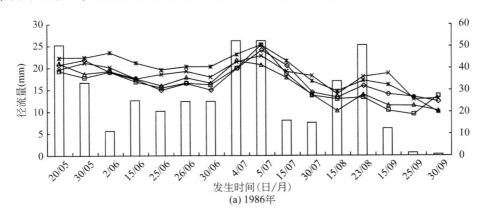

(a) 1986年

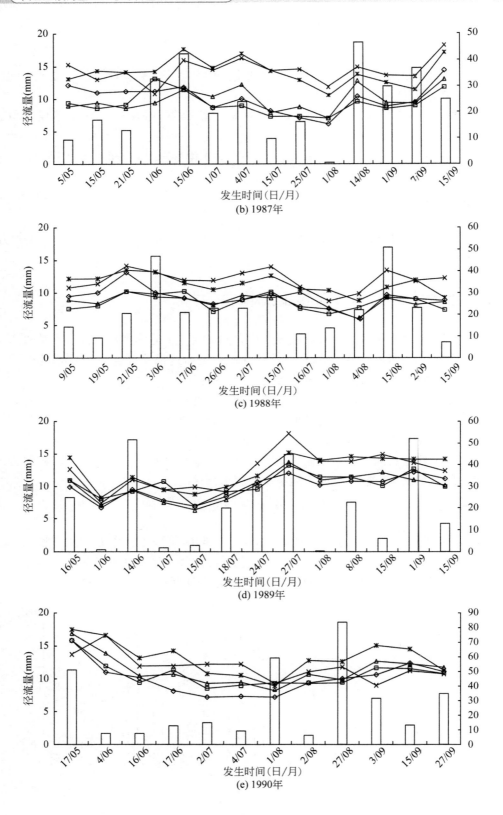

(b) 1987年

(c) 1988年

(d) 1989年

(e) 1990年

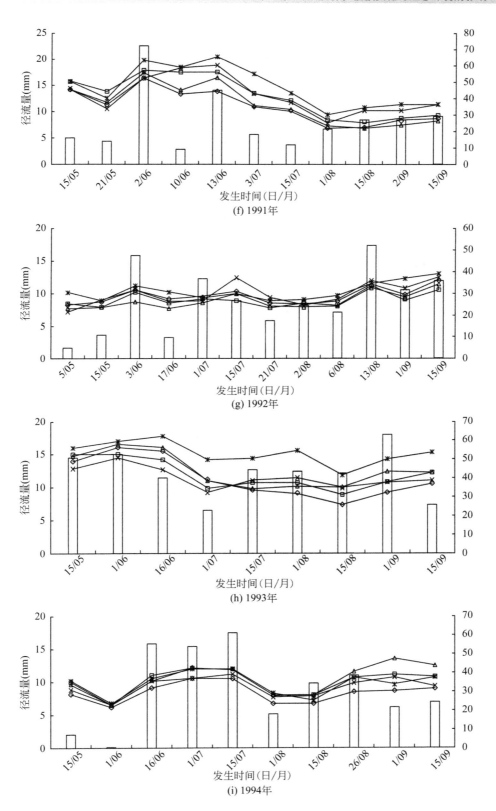

(f) 1991年

(g) 1992年

(h) 1993年

(i) 1994年

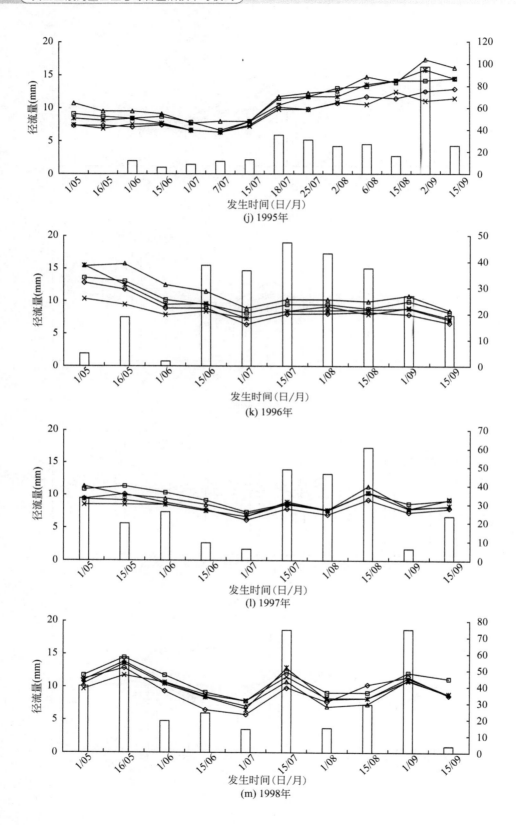

(j) 1995年

(k) 1996年

(l) 1997年

(m) 1998年

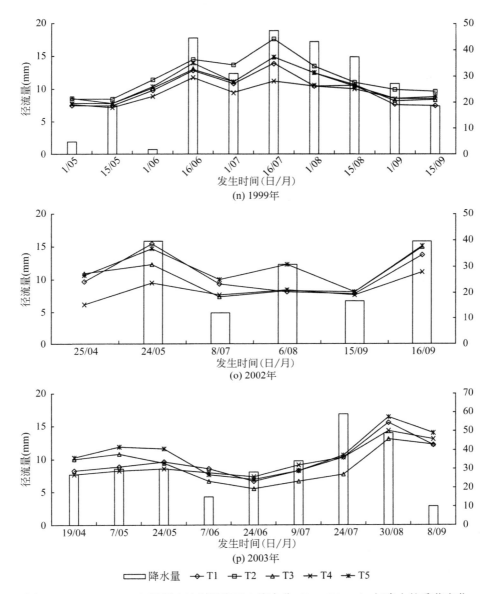

图 4-28　1986～2003 年不同土地利用类型土壤水分（0～100 cm）与降水的季节变化

以类型的次土壤水分平均值（0～100 cm）为依据，对其前期降水量和蒸发量数据进行偏相关分析。偏相关系数关系矩阵（表 4-19）表明，土壤水分含量与降水量成显著性正相关，而与蒸发量为显著负相关。

不同土地利用类型土壤水分与降水量的相关程度不同，反映了不同土地利用类型对降水、蒸发和土壤渗透性以及土壤结构影响的综合结果。降水量与乔木林地土壤水分变化相关系数最小，表明乔木林地土壤水分变化对降水量变化的响应不敏感。这可能与乔木林地表面和林地土壤结构有关。乔木林地表面无任何植被，落叶层稀薄，土壤紧实，降低了降水在坡面的存留时间、渗透率和渗透量，这与乔木林地径流量高是互相对应的。

同时，油松林地土壤水分变化与蒸发量的相关系数最大，一方面，其他类型植被冠层、灌草层或枯落物层距离地面很小或紧贴覆盖地表，地面蒸发量较小；另一方面，乔木林地地面缺乏地面植被或枯落物覆盖，土壤水分蒸发上行旺盛，蒸发量的大小直接影响土壤水分蒸发量和蒸发速度。

表4-19　不同土地利用类型土壤水分与降水量和蒸发量偏相关关系矩阵

土地利用类型	坡耕地	降水量	牧草地	灌木林地	乔木林地	自然草地	蒸发量
坡耕地	1						
降水量	0.298 **	1					
牧草地	0.891 **	0.335 **	1				
灌木林地	0.872 **	0.329 **	0.905 **	1			
乔木林地	0.796 **	0.182 **	0.674 **	0.700 **	1		
自然草地	0.886 **	0.260 **	0.810 **	0.838 **	0.889 **	1	
蒸发量	− 0.292 **	0.064	− 0.232 **	− 0.277 **	− 0.364 **	− 0.321 **	1

** 相关显著性水平为 0.01。

牧草地与降水量相关系数最大。这是因为苜蓿的根系发达，且土壤疏松，降雨入渗多，从而造成土壤水分在降雨后急剧回升。而且苜蓿地的近地层植物盖度较高，表层物理蒸发较弱。苜蓿根系非常发达，蒸腾耗水极端严重。显然，在浅土层（0～100 cm）范围，这种影响作用不甚明显，但随着土壤深度增加，主根系分布区蒸腾吸水增多，影响作用增强。

坡耕地土壤水分变化与降水量相关系数相对较高。农作物的盖度较低，土壤表层由于耕作措施影响，农地表层的土壤疏松，降水容易入渗。同时，由于农地土壤水分的蒸腾损耗较少，所以土壤水分能保持比较稳定且受降水量影响明显。坡耕地土壤水分与蒸发量的相关系数较高，是因为耕作使表层土壤孔隙度增大，土壤表层水分容易散失，形成湿度梯度，引起深层土壤水分持续上行蒸发的结果。

对以上研究结果进行深入分析，可以发现主要有以下基本结论。

1）土壤水分变化与降水量变化密切相关，土壤水分含量的增加或降低与前期降水量的大小变化趋势是一致的。

2）各土地利用类型的土壤水分变化具有大致一致的趋势，但类型之间的土壤含水率随不同年度或季节差异明显。在连续充足降水时段，类型之间土壤含水率差异幅度明显增加。在连续干旱时段，类型之间土壤含水率差异较小。

3）降水的季节分布决定了土壤水分的年度变化特征。土壤水分年度变化形式多样，出现峰值与谷值交替的类型，或出现单峰、多峰、或鞍形或土壤水分平缓变化（上升或下降）。

4）在年度土壤水分出现峰值时，类型之间土壤水分含量差异较大，但在谷值时，类型之间差异明显缩小。

5）土壤含水率变化与前期总降水量密切相关，其土壤水分增加（降低）的幅度差异明显，这与前期降水特征和时间分布有关；同时，受蒸发、植被蒸腾等因素的综合影响。

1994 年的 6 ~ 9 月，各测次前的降水量都较高，但所有类型土壤含水率在该期间一直保持在 10% 以下，甚至达到萎蔫湿度。

6) 降水的季节分布也影响土壤水分年际变化。由于秋季植被的蒸腾、蒸发和截留量下降，降水强度较小，入渗增加。入冬土壤冻结，水分损耗量较小。秋季降水量的多寡对次年春季土壤水分含量影响较大。

7) 各年度土壤水分的季节变化趋势不明显，土壤湿度峰或谷的分布没有比较明显的季节特征。这受蒸发量和降水量的消长和降水特征的影响。次降雨事件延续时间、强度和前期土壤水分含量以及植被因素的影响，土壤水分与降水量的相关关系不十分明显。尽管降水量相对很高，但有些年度土壤水分的谷值出现在夏秋季节，而春季土壤水分含量则较高。

4.3.2.2 土壤水分的年度变化

以各测次整个测层（0 ~ 100 cm）平均值作为测次土壤水分，年度总测定次数作为总体样本，通过方差分析和多重比较，分析年度不同类型之间土壤水分差异。

类型间均值方差分析结果（表 4-20）表明，在不同年份，类型间土壤水分含量具有明显的差异。整个试验观测期间，土地利用类型之间土壤水分的差异随时间而发生变化。除 1991 年外，在试验的前段（1986 ~ 1993 年），类型间土壤水分差异显著（α 水平分别为 0.1、0.05 和 0.001）；在试验的后段，1994 ~ 2003 年，除 1996 年类型间土壤水分具有显著性差异（$\alpha = 0.05$）外，其余各年度类型之间土壤水分差异不显著。

表 4-20 土地利用类型 0 ~ 100 cm 土壤水分的方差分析及多重比较（LSD 法）

年份	坡耕地	牧草地	灌木林地	乔木林地	自然草地	F 值
1986	16.9ab	16.1a	16.1a	18.3ab	19.1b	2.13 *
1987	10.1a	9.3a	9.9a	14.4b	14.2b	22.88 ***
1988	9.1a	8.6a	8.8a	12.0b	11.4b	18.10 ***
1989	9.7a	10.2a	9.8a	12.2b	12.2b	4.28 **
1990	10.0a	10.6a	11.3ab	11.8ab	13.2b	3.20 **
1991	10.9a	12.9ab	11.4a	13.0ab	14.6b	1.71
1992	9.6ab	9.0a	8.9a	9.9a	10.4b	2.40 *
1993	11.4a	11.9a	12.5a	11.5a	15.2b	3.96 **
1994	8.4a	10.0ab	10.4b	9.3ab	9.8ab	1.66
1995	9.2a	10.7a	11.5a	9.0a	10.4a	1.99
1996	8.8a	10.0ab	11.3b	8.5a	9.6ab	2.93 **
1997	8.2a	9.4b	9.1ab	8.4ab	8.5ab	1.67
1998	9.4a	10.8a	9.6a	9.6a	9.8a	0.79
1999	9.8ab	11.9a	10.6ab	9.4b	10.6ab	1.55
2002	10.1ab	N/A	9.4ab	7.8a	11.2b	1.8
2003	9.9a	N/A	9.2a	9.7a	10.9a	0.6

同列有相同字母表示土壤水分均值差异不显著（$\alpha = 0.05$）

年度土壤水分均值多重比较结果（表4-20）表明，不同时段类型间差异明显不同。

在1986～1993年，各年度5种土地利用类型的土壤水分可分为两组：① 油松林地与自然草坡；② 坡耕地、苜蓿草地和沙棘林地。①、②组内无显著差异，组间类型差异显著（图4-29），且油松林地和自然草坡地土壤水分高于坡耕地、苜蓿草地和沙棘林地。

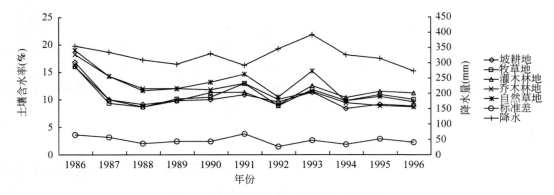

图4-29　各年度不同类型土壤含水率变化

在试验的前段（1986～1993年），由于土地利用和植被覆盖尽管产生很大的变化，但各土地利用类型试验小区都是坡耕地基础设立的，在较短时间内（数年），土体的物理性质和结构随时间演变微弱，各土地利用类型的土壤水分差异主要是植被覆盖度、植被根系活动范围的差异，导致0～100 cm层次的土壤水分消耗（地面蒸发、深层吸水蒸腾）的差异。

乔木、灌木、牧草、农作物和自然针茅草植被类型，各植被类型的根系活动范围、蒸腾作用强度和植被覆盖度之间具有明显的差别，乔木林（油松）栽植密度较小，为2 m × 3 m，林内无灌草植被，栽植苗木冠幅小，覆盖度低。自然针茅草地覆盖度大，减少了土壤表面蒸发。草本根系主要集中在表土层，植被蒸腾作用较弱。

农作物、苜蓿和沙棘林植被类型，植被根系活动强烈，特别是苜蓿和沙棘林主根系延伸速度和深度较大，植被蒸腾作用随植被根系延伸和生物量而增加。苜蓿低和沙棘林植被覆盖度增加速度快，其土壤表面物理蒸发作用减弱。

随着时间的推移，油松林冠层逐步扩大，油松林地覆盖度增加，形成林分环境，林地、自然草地的土壤水分与灌木林地、坡耕地和牧草地之间的差距逐步缩小，油松林地土壤水分条件逐渐下降，自1993年之后，油松林地土壤水分状况一直最差。

牧草地（苜蓿）的土壤水分状况与其生长状态相关。在初始的几年（1986～1992年），植被覆盖逐渐下降，其年最大覆盖度由100%下降到不足20%，其土壤水分状况则向相反趋势变动，随覆盖度的降低而增长。1993年，重新种植苜蓿，但由于干旱，几乎连年需要与农作物混播种植，其耕作强度和方式与坡耕地基本一致，但其植被覆盖度明显偏低，苜蓿蒸腾耗水量下降，土壤水分状况则较好。

土壤水分均值比较表明，1994～1996年，沙棘林地与坡耕地、油松林地之间具有显著性差异，其余类型之间没有显著性差异；1997～2003年，各类型之间几无显著性差异，仅坡耕地和苜蓿草地（1997年）、苜蓿草地与油松林地（1999年）、油松林地与自然草坡

（2002 年）之间具有显著性差异。

4.3.3　土壤储水量的季节及年度动态

　　该区由于降水稀少，地下水位较深，虽然深厚的黄土层对水分潜在具有很高的储存能力，但大气干旱和土壤干旱造成土壤水分储存量较小，土壤水分可能保持在土体内的时间短，降水有效增加土壤水分含量不足，土壤水分以较快的速度以蒸发和蒸腾的方式输出。

　　人工乔、灌、草、农作物和自然针茅草本等植被类型，具有不同的生物量和蒸腾作用，土壤水分具有不同的补偿或消耗量。生长期前后的土体内储存水量的变化，反映不同降水条件下，植被维持存活和生长状态下土壤储水量的动态变化。

　　土壤储水量的变化受到降水的年际分配、蒸发蒸腾过程以及其他水文条件的影响，表现为明显的季节性。土壤蓄水和失水过程交织，土壤湿度剖面的季节或年际动态与各年降水和蒸发过程密切相关。

　　各土地利用类型的土壤储水量（表 4-21）可以以年度变化为单位，描述土壤储水量的时间和土壤储水量的水平。通过年度内土壤水分的最小储水量和最大储水量的差值，可以了解年度土壤水分的补偿（或消耗）的土壤水。

表 4-21　不同土地利用类型的土壤储水量（mm）常数

土地利用类型	田间持水量	凋萎持水量	稳定储水量
坡耕地	254.0	77.8	164.6
牧草地	256.0	74.4	168.6
灌木林地	227.5	62.1	156.4
乔木林地	269.0	86.6	185.0
自然草地	244.6	73.8	159.1

4.3.1.1　土壤储水量常数

　　土壤水分的移动性、有效性与供水能力与土壤储水量水平联系在一起。供水能力取决于土壤有效水储量。土壤实际供水能力，是指在田间持水量条件下的供水能力。田间持水量是有效土壤水分的上限，而凋萎湿度下的土壤水则为有效水的下限，二者之间的差额为有效水的范围。

　　土壤储水量随着季节而不断地变化，一般情况下，在半干旱丘陵区土壤水分储水量难以达到田间持水量水平（表 4-21）。研究表明：土壤水分上行蒸发移动是有限的，田间条件下，土壤水分经物理蒸发在一定湿度范围内，水的液态运行就变得微弱（杨文治和邵明安，2000），土壤湿度接近于均衡状态，此湿度为稳定湿度。由于土壤处于这一湿度水平，液态运行能力下降，导致土壤水分有效性降低，谓之为临界有效供水能力。定西峁状丘陵中壤土的田间稳定湿度为 13.6%。

4.3.3.2　土壤储水量年度变化

　　年降水量及降水量的季节分布，是决定土壤储水量季节分布的重要因素，但由于植被的参与作用，影响土壤水循环的强度和深度，也改变了土壤储水量的季节变化及年度土壤水平衡状况。土壤储水量的年度变化是降水资源的补偿和消耗后土壤水资源的净收入或支出。各年度最大储水量、最小储水量与田间持水量的比率说明年度土壤水盈亏程度。生长期间，土壤水资源盈亏量占同期降水量的比率，也说明土壤水消耗或补偿强度。

（1）坡耕地

1）土壤水分储水量变化量年际差异很大。试验期间，年度最小土壤储水量为 69 ~ 147.6 mm，其平均值为 85.6 mm，略高于凋萎持水量；年度最大土壤储水量为 123.4 ~ 291.6 mm，其平均值为 169.9 mm，仅相当于稳定储水量。

2）根据坡耕地土壤水分随时间变化（表4-22），在生长期中最大储水量和最小储水量出现的时间差异和降水分布，判断各年度储水量变化是补偿还是消耗，试验期间，土壤水分平衡方向为收入和支出。土壤水分变化因消耗支出而减少的年份占10年，经过雨季后土壤水分逐步积累增加的年份占6年。

表 4-22　坡耕地土壤各年度土体内储水量变化（100 cm）

年份	降水量（mm）	最小含水率（%）	最大含水率（%）	最小储水量（mm）	最大储水量（mm）	储水量变化（mm）	田间水量（mm）	A（%）	B（%）	C（%）	土壤水分收支
1986	298.3	12.2	24.1	147.6	291.6	144.0	254.1	58.1	114.8	48.3	-
1987	316.3	6.2	14.5	75.0	175.5	100.4	254.1	29.5	69.1	31.7	+
1988	281	6.0	13.2	72.6	159.7	87.1	254.1	28.6	62.8	31.0	-
1989	245.1	6.6	12.2	79.9	147.6	67.8	254.1	31.4	58.1	27.7	+
1990	280	7.2	12.5	87.1	151.3	64.1	254.1	34.3	59.5	22.9	-
1991	273.8	6.6	16.3	79.9	197.2	117.4	254.1	31.4	77.6	42.9	-
1992	314.8	8.2	12.1	99.2	146.4	47.2	254.1	39.0	57.6	15.0	+
1993	342.5	7.3	16.1	88.3	194.8	106.5	254.1	34.8	76.7	31.1	-
1994	305.8	6.1	10.8	73.8	130.7	56.9	254.1	29.0	51.4	18.6	+
1995	309.3	6.4	12.9	77.4	156.1	78.7	254.1	30.5	61.4	25.4	+
1996	269.9	6.6	11.8	79.9	142.8	62.9	254.1	31.4	56.2	23.3	-
1997	245.9	6.1	10.2	73.8	123.4	49.6	254.1	29.0	48.6	20.2	-
1998	311.9	5.7	12.8	69.0	154.9	85.9	254.1	27.2	61.0	27.5	-
1999	274.5	7.3	13.8	88.3	167.0	78.7	254.1	34.8	65.7	28.7	-
2002	243.4	8.1	15.6	98.0	188.8	90.8	254.1	38.6	74.3	37.3	-
2003	318.2	6.6	15.7	79.9	190.0	110.1	254.1	31.4	74.8	34.6	+
平均	—	—	—	85.6	169.9	84.3	—	33.7	66.9	29.1	

注："＋"、"－"表示土壤水分的正负盈亏，下同

3）试验期间（表4-22），除1986年外，其余各年土壤储水量都在土壤有效水下限以上，但土壤有效供水能力较低，整体上，土壤储水量在临界有效供水水平之下。土壤储水量在临界有效水量以上，出现的时间多是春季或秋季，是土壤水分蒸发和蒸腾消耗较少的

季节。土壤储水量接近萎蔫储水量水平,多发生在 7 月、8 月,少数是在春夏连旱时。几乎每年至少出现一次萎蔫储水量,甚至有些年份出现 2~4 次。在 1995 年 5 月 1 日至 7 月 15 日,连续出现接近萎蔫储水量。

4) 土壤水分层次分布的特点是土壤上层土壤水分含量要明显高于下层。对于农作物来说,根系主要分布在土壤上层,土壤储水量基本在土壤水分的有效供应水平之上,基本能满足农作物生长对水分的需要。

(2) 苜蓿草地

1) 苜蓿草地年度最小储水量为 81.8~117.8 mm (表4-23),平均为 95.7 mm;最大储水量为 127.7~311.2 mm,平均为 177.7 mm。年平均最小储水量高于土壤萎蔫湿度下储水量,最大储水量相当于稳定湿度下临界有效储水量。

表4-23　牧草地土壤各年度土体内储水量变化 (100 cm)

年份	降水量(mm)	最小含水率(%)	最大含水率(%)	最小储水量(mm)	最大储水量(mm)	储水量变化(mm)	田间水量(mm)	A(%)	B(%)	C(%)	土壤水分收支
1986	298.3	9.5	25.1	117.8	311.2	193.4	256.7	45.9	121.2	64.8	−
1987	316.3	7	13.2	86.8	163.7	76.9	256.7	33.8	63.8	24.3	−
1988	281	6.8	10.3	84.3	127.7	43.4	256.7	32.8	49.7	15.4	+ −
1989	245.1	6.8	13.1	84.3	162.4	78.1	256.7	32.8	63.3	31.9	+
1990	280	8.5	11.9	105.4	147.6	42.2	256.7	41.1	57.5	15.1	−
1991	273.8	8	17.8	99.2	220.7	121.5	256.7	38.6	86.0	44.4	−
1992	314.8	7.8	11.1	96.7	137.6	40.9	256.7	37.7	53.6	13.0	+
1993	342.5	8.8	15	109.1	186.0	76.9	256.7	42.5	72.5	22.5	−
1994	305.8	6.6	12.1	81.8	150.0	68.2	256.7	31.9	58.4	22.3	+
1995	309.3	6.6	14.6	81.8	181.0	99.2	256.7	31.9	70.5	32.1	+
1996	269.9	8.2	13	101.7	161.2	59.5	256.7	39.6	62.8	22.0	−
1997	245.9	7.3	11.3	90.5	140.1	49.6	256.7	35.3	54.6	20.2	−
1998	311.9	7.7	14.4	95.5	178.6	83.1	256.7	37.2	69.6	26.6	−
1999	274.5	8.5	17.7	105.4	219.5	114.1	256.7	41.1	85.5	41.6	+
平均	—	—	—	95.7	177.7	81.9	—	37.3	69.2	28.3	

2) 土壤水分年度变化为消耗降低与累积增加的年数大致相等;年度土壤储水量变化为 42.2~193.4 mm,在 1986 年,土壤水分消耗量为 193.4 mm,占生长期降水量的 64.8%;1999 年,最大增湿量 114.1 mm,为生长期降水的 41.6%。

3) 试验期间,除 1986 年外,其余各年土壤储水量都在土壤有效水下限以上,土壤有效供水能力相对较高,接近临界有效水量。整体上,土壤储水量在临界有效供水水平之下。土壤储水量在临界有效水量以上,出现的时间多是春季或秋季,是土壤水分蒸发和蒸腾消耗较少的季节。但出现萎蔫储水量的年数和次数明显少于坡耕地。

4）苜蓿草地 0～100 cm 整体土壤储水量状况，由于苜蓿根系主要分布土壤深层，土壤上层土壤水分含量要明显高于下层。尽管如此，在苜蓿草地旺盛生长的初期，上层土壤储水量水平相对较低（1987～1992 年）。

（3）灌木林地

表 4-24　灌木林地土壤各年度土体内储水量变化（100 cm）

年份	降水量（mm）	最小含水率（%）	最大含水率（%）	最小土壤储水量（mm）	最大土壤储水量（mm）	土壤储水量变化（mm）	田间水量（mm）	A（%）	B（%）	C（%）	土壤水分收支
1986	298.3	10.3	21.8	118.5	250.7	132.3	227.7	52.0	110.1	44.4	－
1987	316.3	7	13.1	80.5	150.7	70.2	227.7	35.4	66.2	22.2	＋
1988	281	6.1	10.2	70.2	117.3	47.2	227.7	30.8	51.5	16.8	－
1989	245.1	6.2	13.5	71.3	155.3	84.0	227.7	31.3	63.2	34.3	＋
1990	280	8.2	13.8	94.3	158.7	64.4	227.7	41.4	69.7	23.0	－
1991	273.8	6.8	17.5	78.2	201.3	123.1	227.7	34.3	83.4	45.0	－
1992	314.8	7.7	11.6	88.6	133.4	44.9	227.7	38.9	53.6	14.3	＋
1993	342.5	9.7	16.6	111.6	190.9	79.4	227.7	49.0	83.8	23.2	－
1994	305.8	6.3	13.5	72.5	155.3	82.8	227.7	31.8	68.2	27.1	＋
1995	309.3	7.4	17.4	85.1	200.1	115.0	227.7	37.4	87.9	37.2	＋
1996	269.9	8.5	15.7	97.8	180.6	82.8	227.7	43.0	79.3	30.7	－
1997	245.9	7.2	11.3	82.8	130.0	47.2	227.7	36.4	57.1	19.2	－ ＋
1998	311.9	7	13.1	80.5	158.7	78.2	227.7	35.4	69.7	25.1	－
1999	274.5	7.9	15	90.9	172.5	81.7	227.7	39.9	75.8	29.8	＋ －
2002	243.4	7.4	12.3	85.1	141.5	56.4	227.7	37.4	62.1	23.2	－
2003	318.2	5.6	13.1	64.4	150.7	86.3	227.7	28.3	66.2	27.1	＋
平均	—	—	—	85.8	165.5	79.7		37.7	72.7	27.7	

据表 4-24 总结如下所述。

1）各年储水量差别很大，最小储水量为 64.4～118.5 mm，平均水平为 85.8 mm；年度最大储水量 117.3～250.7 mm，平均值为 165.5 mm；年度储水量变化为 44.9～132.3 mm，平均为 79.7 mm；沙棘灌木林地年平均最大储水量略高于稳定湿度下的土壤储水量，年最小储水量等于或大于萎蔫湿度下土壤储水量。

2）经过生长期，土壤水分盈亏年数是大致相等，1997 年、1999 年，土壤储水量出现双峰，表现在一个生长期内，出现相反的土壤水盈亏过程。1997 年，春季土壤储水量高，经过消耗到最低点，然后降水补充，土壤水储水量又恢复到最大储水量，1999 年土壤储水量的变化过程与此相反。

3）年度土壤储水量变化为 44.9 ~ 132.3 mm，平均值为 79.7 mm，占同期年平均降水量的 27.7%。

4）试验期间，各年度土壤储水量有效性不同。土壤储水量在稳定湿度以上，多出现在初春或秋末，极少出现在 7 月、8 月。

（4）乔木林地

由表 4-25 总结如下所述。

1）各年储水量差别很大，最小储水量为 84.3 ~ 176.8 mm，平均水平 110.6 mm；年度最大储水量为 129.2 ~ 308.7 mm，平均值为 192.6 mm；年度储水量变化为 29.9 ~ 149.6 mm，平均为 82.0 mm，占同期年平均降水量的 27.7%。油松乔木林地年平均最大储水量略高于稳定湿度下的土壤储水量，年最小储水量大于萎蔫湿度下土壤储水量。

2）试验期间，土壤储水量在稳定湿度以上次数很少。特别在 1993 年以后，各年都没有出现高于稳定储水量情况。

表 4-25　乔木林地土壤各年度土体内储水量变化（100 cm）

年份	降水量 （mm）	最小 含水率 （%）	最大 含水率 （%）	最小 储水量 （mm）	最大 储水量 （mm）	储水 量变化 （mm）	田间 水量 （mm）	A （%）	B （%）	C （%）	土壤 水分 收支
1986	298.3	13	22.7	176.8	308.7	131.9	269.3	65.7	114.6	44.2	-
1987	316.3	10.9	18.3	148.2	248.9	100.6	269.3	55.0	92.4	31.8	+
1988	281	8.8	14.1	119.7	191.8	72.1	269.3	44.4	71.2	25.7	+ -
1989	245.1	7.3	18.1	99.3	246.2	146.9	269.3	36.9	91.4	59.9	+
1990	280	9	16.7	122.4	227.1	104.7	269.3	45.5	84.3	37.4	-
1991	273.8	7.8	18.8	106.1	255.7	149.6	269.3	39.4	94.9	54.6	+
1992	314.8	8.2	12.5	111.5	170.0	58.5	269.3	41.4	63.1	18.6	+
1993	342.5	9.2	14.5	125.1	197.2	72.1	269.3	46.5	73.2	21.1	+
1994	305.8	6.8	11.2	92.5	152.3	59.8	269.3	34.3	56.6	19.6	+
1995	309.3	6.6	12.5	89.8	170.0	80.2	269.3	33.3	63.1	25.9	+
1996	269.9	7.3	9.5	99.3	129.2	29.9	269.3	36.9	48.0	11.1	+
1997	245.9	6.7	10.4	91.1	141.4	50.3	269.3	33.8	52.5	20.5	+
1998	311.9	7.8	11.7	106.1	159.1	53.0	269.3	39.4	59.1	17.0	+
1999	274.5	7.1	11.8	96.6	160.5	63.9	269.3	35.9	59.6	23.3	+
2002	243.4	6.2	9.5	84.3	129.2	44.9	269.3	31.3	48.0	18.4	+
2003	318.2	7.4	14.3	100.6	194.5	93.8	269.3	37.4	72.2	29.5	+
平均	—	—	—	110.6	192.6	82.0	—	41.1	71.5	28.7	

（5）自然草地

1）各年储水量差别很大，最小储水量为 72.5 ~ 139.2 mm，平均水平 96.5 mm；年度最大储水量为 122.9 ~ 294.8 mm，平均值为 182.8 mm；年度储水量变化为 46.8 ~ 179 mm，平均为 86.2 mm，占同期年平均降水量的 29.9%（表 4-26）。

表 4-26　自然草地土壤各年度土体内储水量变化（100 cm）

年份	降水量（mm）	最小含水率（%）	最大含水率（%）	最小土壤储水量（mm）	最大土壤储水量（mm）	土壤储水量变化（mm）	田间贮水量（mm）	A（%）	B（%）	C（%）	土壤水分收支
1986	298.3	9.9	25.2	115.8	294.8	179.0	244.5	47.4	120.6	60.0	-
1987	316.3	10.6	17.7	124.0	207.1	83.1	244.5	50.7	84.7	26.3	- +
1988	281	8.8	13.5	103.0	158.0	55.0	244.5	42.1	64.6	19.6	-
1989	245.1	8.2	15.2	95.9	177.8	81.9	244.5	39.2	72.7	33.4	- +
1990	280	8.9	16.6	104.1	194.2	90.1	244.5	42.6	79.4	32.2	-
1991	273.8	9.4	20.5	110.0	239.9	129.9	244.5	45.0	98.1	47.4	-
1992	314.8	8.9	13.1	104.1	153.3	49.1	244.5	42.6	62.7	15.6	+
1993	342.5	11.9	17.7	139.2	208.3	69.0	244.5	56.9	85.2	20.1	-
1994	305.8	6.6	12	77.2	140.4	63.2	244.5	31.6	57.4	20.7	+
1995	309.3	6.2	15.7	72.5	183.7	111.2	244.5	29.7	75.1	36.0	+
1996	269.9	7	12.5	81.9	146.3	64.4	244.5	33.5	59.9	23.9	-
1997	245.9	6.5	10.5	76.1	122.9	46.8	244.5	31.1	50.3	19.0	- +
1998	311.9	6.4	13.5	74.9	158.0	83.1	244.5	30.6	64.6	26.6	-
1999	274.5	7.7	14.9	90.1	174.5	84.2	244.5	36.9	71.3	30.7	+
2002	243.4	8.1	14.7	94.8	172.0	77.2	244.5	38.8	70.3	31.7	-
2003	318.2	6.9	16.5	80.7	193.1	112.3	244.5	33.0	79.0	35.3	+
平均	—	—	—	96.5	182.8	86.1	—	39.5	74.7	29.9	

自然草地年平均最大储水量高于稳定湿度下的土壤储水量，年最小储水量大于萎蔫湿度下土壤储水量。

2）试验期间，土壤储水量在稳定湿度以上前期出现次数很少。但在 1993 年以后，出现次数较多。

4.3.3.3　不同土地利用类型土壤储水量年际变化

0~100 cm 层次土壤储水量变化如下所述。

1）年度生长期初期，各类型土壤储水量没有显著性差异，各土地利用类型储水量近乎相同（表 4-27）。

表 4-27　不同土地利用类型生长初期（5 月）土壤储水量分布　　（单位：mm）

土地利用类型	年平均值	最小值	最大值	变动范围
坡耕地	135.2a	89.1	250.7	161.6
牧草地	146.8a	92.7	239.6	146.9
灌木林地	137.5a	88.8	243	154.2

续表

土地利用类型	年平均值	最小值	最大值	变动范围
乔木林地	147.2a	84	265.4	181.4
自然草地	148.9a	90	260	170.0
F 值	0.31			

2）年度生长期末期，各类型土壤储水量没有显著性差异，多重比较结果得出乔木林地土壤储水量显著大于坡耕地和灌木林地（表4-28）。

表4-28　不同土地利用类型生长末期（9月）土壤储水量分布　　（单位：mm）

土地利用类型	年平均值	最小值	最大值	变动范围
坡耕地	125.0a	79.6	190.3	110.7
牧草地	132.5ab	91.8	180.7	88.9
灌木林地	121.6a	92.1	184.8	92.7
乔木林地	151.3b	99.2	249.3	150.1
自然草地	134.5ab	82.4	201.3	118.9
F 值	2.00			

3）对各类型年度储水量初期、末期盈亏变化分析，类型间土壤储水量盈亏量没有显著性差异（表4-29）。

表4-29　不同土地利用类型土壤储水量年际变化　　（单位：mm）

年份	5～9月降水量	坡耕地		牧草地		灌木林地		乔木林地		自然草地	
		初期	终期	初期	终期	初期	终期	初期	终期	初期	终期
1986	298.3	250.7	147.5	239.6	172.0	243.0	121.1	265.4	176.2	260.0	115.4
1987	316.3	147.5	175.8	116.3	147.1	103.5	151.0	208.6	249.3	153.9	201.3
1988	281	115.2	108.2	92.7	91.8	103.8	99.7	146.1	167.7	142.6	108.2
1989	245.1	120.4	134.1	133.7	121.8	123.9	116.6	171.5	166.7	167.6	165.0
1990	280	192.6	135.8	195.5	134.3	194.5	134.6	188.0	146.0	205.3	130.7
1991	273.8	170.5	103.7	194.4	115.8	163.1	93.5	194.7	151.8	184.9	132.2
1992	314.8	98.8	146.1	104.7	131.5	88.8	128.7	99.6	169.7	118.9	153.7
1993	342.5	167.8	126.6	185.8	150.7	169.5	141.1	174.7	152.2	187.0	179.2
1994	305.8	98.8	109.2	123.9	133.9	110.1	143.9	120.3	129.7	118.1	124.9
1995	309.3	89.9	156.5	112.6	180.7	124.7	184.8	102.4	156.1	97.0	169.4
1996	269.9	156.3	79.6	168.8	101.2	177.4	97.9	142.1	99.2	179.2	82.4
1997	245.9	114.6	95.0	134.8	114.6	131.1	93.9	116.2	126.3	109.8	97.3
1998	311.9	134.3	104.8	145.3	139.1	126.9	98.4	131.5	117.7	122.4	99.8
1999	274.5	89.1	90.2	107.2	120.6	97.4	97.7	103.9	116.1	90.0	104.1
2002	243.4	116.3	96.3	—	—	125.9	92.1	84.0	102.6	125.9	94.3
2003	318.2	100.8	190.3	—	—	116.3	150.7	105.4	193.9	120.4	193.3
平均	—	135.2	125.0	146.8	132.5	137.5	121.6	147.2	151.3	148.9	134.5

注：0～100 cm 土壤层次储水量

151

4）整体上，多数年份初期土壤储水量大于末期土壤储水量，说明生长期降水对土壤水分的补偿量小于土壤蒸散量；同时，也说明秋季或初春降水对土壤水分具有较高的补偿效率；不同类型出现土壤储水量亏损的年份不同，坡耕地和牧草地出现了9年，灌木林地和自然草地出现了10年，而乔木林地有7年（表4-30）。

表4-30　不同类型年土壤储水量盈亏量　　　（单位：mm）

土地利用类型	年平均值	最小值	最大值
坡耕地	10.2a	−89.5	103.2
牧草地	14.3a	−68.1	78.6
灌木林地	15.9a	−60.1	121.9
乔木林地	−4.2a	−88.5	89.2
自然草地	14.5a	−72.9	144.6
F 值	0.42		

5）经过生长期后，土壤储水量盈余的年份较亏损年份多，说明经过雨季对土壤储水量的补偿，抵消土壤水消耗量后，使土壤储水量得到增加。出现盈余的年份降水量相对较高，或秋季降水略多（表4-30）。

6）各类型在年度生长初期土壤储水量的变动幅度明显地高于生长末期储水量（表4-27、表4-28）；除乔木林地平均盈余4.2 mm外，其余各类型平均年度储水量亏损量差额较为一致。

7）出现最大亏损量和盈余量的年份，各类型基本一致。最大亏损量出现在1986年，而最大盈余出现在2003年。亏损和盈余的主要原因是降水的季节分配和降水量的差异。1986年8月中旬至9月底，降水量仅为15 mm，而2003年8月和9月降水为107 mm（表4-31）。

表4-31　各年度土壤生长季节起始（5月）与结束（9月）土壤水储存量盈亏变化

年份	降水量	坡耕地	牧草地	灌木林地	乔木林地	自然草地
1986	298.3	103.2	67.6	121.9	89.2	144.6
1987	316.3	−28.3	−30.8	−47.5	−40.7	−47.4
1988	281	7	0.9	4.1	−21.6	34.4
1989	245.1	−13.7	11.9	7.3	4.8	2.6
1990	280	56.8	61.2	59.9	42	74.6
1991	273.8	66.8	78.6	69.6	42.9	52.7
1992	314.8	−47.3	−26.8	−39.9	−70.1	−34.8
1993	342.5	41.2	35.1	28.4	22.5	7.8
1994	305.8	−10.4	−10	−33.8	−9.4	−6.8
1995	309.4	−66.6	−68.1	−60.1	−53.7	−72.4
1996	269.9	76.30	67.6	79.5	42.9	96.8
1997	245.9	19.6	20.2	37.2	−10.1	12.5
1998	311.9	29.5	6.2	28.5	13.8	22.6
1999	274.5	−1.1	−13.4	−0.3	−12.2	−14.1
2002	243.4	20	—	33.8	−18.6	31.6
2003	318.2	−89.5	—	−34.4	−88.5	−72.9

8）16 年观测结果表明：各土地利用类型年度土壤水分盈余量不超过 90 mm，而最大土壤水分亏损量不超过 150 mm，这说明半干旱气候下，土壤水分的补偿能力及蒸发、蒸腾引起强烈土壤干旱的发生。

4.3.4　不同土地利用方式的水量平衡

半干旱黄土丘陵沟壑区，土壤水分输入主要是降水，输出为蒸发、蒸腾和径流量，土壤储水量则是作为输入和输出的载体，在短期或长期不同时间段，土壤储水量的变化反映了土壤水分输入和输出的结果。土壤储水量的盈亏变化，是降雨和蒸散发影响土壤水环境的重要表现，同时与农作物和林草植被生长关系密切。

土壤水分平衡和土壤水分循环水平在判别土壤水分循环状况优劣方面是不能互相替代的。不仅要考虑土壤水分平衡状况，同时有必要对土壤水分循环水平进行分析，否则，就难以得出可靠的判断（王孟本，1995）。

4.3.4.1　土地利用类型的土壤水平衡

（1）坡耕地水量平衡

多年观测中，以蒸散量/降水量的比率作为水平衡年度比较依据。在坡耕地农作物生长过程中，降水的消耗按照土壤水分平衡的组成分量看，主要的部分用于蒸发、蒸腾和冠层截留（表 4-32）。

表 4-32　不同年度农作物（坡耕地）生长期水量平衡

年份	土壤含水量（mm）		土壤耗水量（mm）	径流量（mm）	降水量（mm）	蒸散量（mm）	蒸散量/降水量
	初期	终期					
1986	250.7	147.5	103.2	32.6	298.3	368.9	1.24
1987	147.5	175.8	−28.3	28.2	316.3	259.8	0.82
1988	115.2	108.2	7	22	281	266	0.95
1989	120.4	134.1	−13.7	28.5	245.1	202.9	0.83
1990	192.6	135.8	56.8	8.5	280	328.3	1.17
1991	170.5	103.7	66.8	6	273.8	334.6	1.22
1992	98.8	146.1	−47.3	19.5	314.8	248	0.79
1993	167.8	126.6	41.2	11.8	342.5	371.9	1.09
1994	98.8	109.2	−10.4	11.6	305.8	283.8	0.93
1995	89.9	156.5	−66.6	23.8	309.3	218.9	0.71
1996	156.3	79.6	76.7	9.7	269.9	336.9	1.25
1997	114.6	95.0	19.6	11.4	245.9	254.1	1.03
1998	134.3	104.4	29.5	8	311.9	333.4	1.07
1999	89.1	90.2	−1.1	18.1	274.5	255.3	0.93
2002	116.3	96.3	20	27.3	243.4	236.1	0.97
2003	100.8	190.3	−89.5	9.9	318.2	218.8	0.69

注：蒸散量 = $(W_5 - W_9)$ + 降水量 − 径流量，初期为 5 月初，末期为 9 月下旬。下同

年平均地表径流量 17.3 mm，为年均降水量的 6%，年均总蒸发量为 282 mm，占降水量的 97.6%，土壤储水量盈亏部分仅为生长期降水量的 3.5%。年度总蒸发量变化很大，为同期降水量的 69%~125%。多年年平均总蒸发量为 282 mm，同期多年年均降水量为 289 mm，基本与降水量持平，说明在半干旱区，虽然年度土壤水平衡出现盈亏不匀，但长期来看，坡耕地基本能够保持土壤水平衡状态。但总蒸发量已经等于降水量，说明该区土地利用情形下，降水量全部用于蒸发、蒸腾消耗上。

（2）牧草地水量平衡

对牧草地的土壤水平衡组成进行分析：牧草地年均径流量为 15 mm，为年均降水量 290 mm 的 5.2%，即牧草地多年平均径流率为 5.2%。

由表 4-33 可知，总蒸发量年度变化明显，为 207.6~366.3 mm，年均总蒸发量达到 290 mm，与年均降水量相等，年度总蒸发量占降水量的比例为 0.67~1.26，说明不同年度的蒸发影响程度差异明显。

表 4-33 不同年度苜蓿（牧草地）生长期水量平衡

年份	土壤含水量（mm）		土壤耗水量（mm）	径流量（mm）	降水量（mm）	蒸发量（mm）	蒸发量/降水量
	初期	终期					
1986	239.6	172.0	67.5	22	343.8	343.8	1.15
1987	116.3	147.1	−30.8	12.7	272.8	272.8	0.86
1988	92.7	91.8	0.8	16.6	265.2	265.2	0.94
1989	133.7	121.8	11.9	21.9	235.1	235.1	0.96
1990	195.5	134.3	61.3	8.8	332.5	332.5	1.19
1991	194.4	115.8	78.6	6.6	345.8	345.8	1.26
1992	104.7	131.5	−26.9	10.5	277.4	277.4	0.88
1993	185.8	150.7	35.1	11.3	366.3	366.3	1.07
1994	123.9	133.9	−10.0	19	276.8	276.8	0.91
1995	112.6	180.7	−68.1	33.6	207.6	207.6	0.67
1996	168.8	101.2	67.6	9.9	327.6	327.6	1.21
1997	134.8	114.6	20.3	12	254.2	254.2	1.03
1998	145.3	139.1	6.2	8.1	310	310	0.99
1999	107.2	120.6	−13.4	17.1	244	244	0.89

人工牧草地土壤水分年度储水量变化幅度很小，蒸发等基本消耗全部降水量，尽管土壤水平衡能够实现，但土壤储水量变化幅度充分说明土壤水分严重亏缺。这与年度土壤水循环的低水平是一致的，并且从蒸发量所占降水的比例得到说明，低的水分循环水平是其水分循环强度高的反映。

（3）灌木林地水量平衡

对灌木林地水量平衡进行分析（表 4-34），相关结果如下所述。

表 4-34　不同年度沙棘（灌木林地）生长期水量平衡

年份	土壤含水量（mm）		土壤耗水量（mm）	径流量（mm）	降水量（mm）	蒸发量（mm）	蒸发量/降水量
	初期	终期					
1986	243.0	121.1	121.9	24.2	298.3	395.9	1.33
1987	103.5	151.0	−47.5	10.5	316.3	258.3	0.82
1988	103.8	99.7	4.1	5.9	281	279.2	0.99
1989	123.9	116.6	7.3	5.7	245.1	246.7	1.01
1990	194.5	134.6	59.9	5.1	280	334.8	1.20
1991	163.1	93.5	69.5	2.2	273.8	341.1	1.25
1992	88.8	128.7	−39.9	4.3	314.8	270.6	0.86
1993	169.5	141.1	28.4	4.1	342.5	366.8	1.07
1994	110.1	143.9	−33.8	2.4	305.8	269.6	0.88
1995	124.7	184.8	−60.0	2.7	309.3	246.6	0.80
1996	177.4	97.9	79.5	1.2	269.9	348.2	1.29
1997	131.1	93.9	37.2	3.6	245.9	279.5	1.14
1998	126.9	98.4	28.5	3.9	311.9	336.5	1.08
1999	97.4	97.7	−0.4	5.9	274.5	268.2	0.98
2002	125.9	92.1	33.8	6.2	243.4	271	1.11
2003	116.3	150.7	−34.4	3.9	318.2	279.9	0.88

　　1）年度总蒸发量平均值为 300 mm，年度变动幅度为 246.6~366.8 mm，超过多年生长期平均降水量 289 mm，年度蒸发量与降水量的比率为 0.8~1.33；土壤储水量将补偿降水不足，部分供给蒸发耗水，造成土壤进一步干旱。

　　2）年度径流值差异较小，年均径流值为 5.7 mm，远小于其余类型的径流量，占同期生长期降水量的 2%。

　　3）多年平均蒸发量大于降水量，说明沙棘灌木林的生长过程对土壤水分的过度消耗，对于土壤上层土壤水分的补偿是极为不利的，同时，也说明灌木林地下层土壤水分更是无法得到补偿。

（4）乔木林地水量平衡

对乔木林地水量平衡进行分析（表 4-35），相关结果如下所述。

　　1）年度总蒸发量平均值为 271.4 mm，年度变动幅度为 205.6~355.4 mm，低于多年生长期平均降水量 289 mm，年度蒸发量与降水量的比率范围在 0.68~1.26；土壤蒸发量占降水量的 93.8%，降水的大部分被蒸发所消耗，整体上，土壤进一步增湿困难。

　　2）年度径流值差异较小，年均径流值为 13.9 mm，接近坡耕地和牧草低类型的径流量，占同期生长期降水量的 4.8%。

　　3）多年平均蒸发量略小于降水量，说明油松乔木林生长过程对表层土壤水分的消耗要低于沙棘灌木林，这是由于对表层土壤储水量的消耗主要是灌木和草本，而油松林地无植被发生，因此其消耗量相对较小。

表 4-35 不同年度油松（乔木林地）生长期水量平衡

年份	土壤含水量（mm）		土壤耗水量（mm）	径流量（mm）	降水量（mm）	蒸散量（mm）	蒸散量/降水量
	初期	终期					
1986	265.4	176.2	89.2	10.5	298.3	377	1.26
1987	208.6	249.3	−40.7	18.4	316.3	257.2	0.81
1988	146.1	167.7	−21.7	21.2	281	238.1	0.85
1989	171.5	166.7	4.8	29.4	245.1	220.5	0.90
1990	188.0	146.0	42.0	8.2	280	313.8	1.12
1991	194.7	151.8	42.9	4.8	273.8	311.9	1.14
1992	99.6	169.7	−70.2	7.2	314.8	237.4	0.75
1993	174.7	152.2	22.5	9.6	342.5	355.4	1.04
1994	120.3	129.7	−9.4	11.1	305.8	285.3	0.93
1995	102.4	156.1	−53.8	17	309.3	238.5	0.77
1996	142.1	99.2	42.9	8.1	269.9	304.7	1.13
1997	116.2	126.3	−10.1	10.7	245.9	225.1	0.92
1998	131.5	117.7	13.8	10.7	311.9	315	1.01
1999	103.9	116.1	−12.1	22.7	274.5	239.7	0.87
2002	84.0	102.6	−18.6	19.2	243.4	205.6	0.84
2003	105.4	193.9	−88.5	13.0	318.2	216.7	0.68

（5）自然草地水量平衡

对自然草地水量平衡进行分析（表 4-36 至表 4-38），相关结果如下所述。

表 4-36 不同年度针茅（自然草地）生长期水量平衡

年份	土壤含水量（mm）		土壤耗水量（mm）	径流量（mm）	降水量（mm）	蒸散量（mm）	蒸散量/降水量
	初期	终期					
1986	260.0	115.4	144.5	17.6	298.3	425.2	1.43
1987	153.9	201.3	−47.4	18.5	316.3	250.4	0.79
1988	142.6	108.2	34.4	4.6	281	310.8	1.11
1989	167.6	165.0	2.7	6	245.1	241.8	0.99
1990	205.3	130.7	74.6	6.3	280	348.3	1.24
1991	184.9	132.2	52.7	1.9	273.8	324.6	1.19
1992	118.9	153.7	−34.8	2.2	314.8	277.8	0.88
1993	187.0	179.2	7.7	7.1	342.5	343.1	1.00
1994	118.1	124.9	−6.8	7.4	305.8	291.6	0.95
1995	97.0	169.4	−72.4	15	309.3	221.9	0.72
1996	179.2	82.4	96.9	7.3	269.9	359.5	1.33
1997	109.8	97.3	12.5	13.4	245.9	245	1.00

续表

年份	土壤含水量（mm）		土壤耗水量（mm）	径流量（mm）	降水量（mm）	蒸散量（mm）	蒸散量/降水量
	初期	终期					
1998	122.4	99.8	22.6	8.9	311.9	325.6	1.04
1999	90.0	104.1	−14.0	16.8	274.5	243.7	0.89
2002	125.9	94.3	31.6	15.5	243.4	259.5	1.07
2003	120.4	193.3	−72.9	6.3	318.2	239	0.75

表 4-37 不同类型生长期土壤蒸发量 （单位：mm）

土地利用类型	年平均值	最小值	最大值
坡耕地	282.4a	202.9	371.9
牧草地	289.9a	207.6	366.3
灌木林地	299.6a	246.6	395.9
乔木林地	271.4a	205.6	377
自然草地	294.2a	221.9	425.2
F 值	0.71		

注：同列有相同字母表示土壤蒸发均值差异不显著（$\alpha = 0.05$）

表 4-38 不同类型生长期土壤径流量 （单位：mm）

土地利用类型	年平均值	最小值	最大值
坡耕地	17.3a	6	32.6
牧草地	15.0a	6.6	33.6
灌木林地	5.7b	1.2	24.2
乔木林地	13.9ac	4.8	29.4
自然草地	9.7bc	1.9	18.5
F 值	7.15**		

1）年度总蒸发量平均值为 294.2 mm，年度变动幅度为 221.9~359.5 mm，低于多年生长期平均降水量 289 mm，年度蒸发量与降水量的比率为 0.72~1.43；土壤蒸发量占降水量的 101.7%，降水量不足以补偿因蒸发所消耗的土壤水，整体上，土壤在相对平衡下进一步干旱化；

2）年度径流值差异较小，年均径流值为 9.7 mm，占同期生长期降水量的 3.3%；

3）多年平均蒸发量略高于降水量，特别在 1986 年，土壤总蒸发量达到 425.2 mm，蒸发量与降水量比率达最大值 1.26，说明针茅草地在生长初期对表层土壤水分消耗严重；这是由于高密度自然针茅草地主要是对表层土壤储水量的消耗。

4.3.4.2 土壤储水量的有效性

土壤储水量的有效性对于植被来说十分重要。由于在萎蔫湿度下土壤储水量不能被植物利用，并且土壤储水量能够被植物吸收利用的数量由土壤水分常数和土壤储水量水平影响和决定。土壤有效储水量决定了土壤对植物生理需水的供给能力。

前面章节讨论了土壤储水量的季节及年度变化状况，那么对所研究的土壤层次究竟有多少土壤水能够被直接利用或具有潜在利用能力，也是作为研究植被与土壤水分之间相互作用的重要内容。土壤的供水能力按照土壤水对生物的可利用程度可分为：土壤潜在有效供水能力、土壤实际有效供水能力和土壤临界有效供水能力。

（1）土壤储水量与田间持水量差距

根据年度土壤储水量整体水平与土壤供水指标进行比较，可以了解不同年度土壤储水量水平的供水能力的差异。表4-39列出不同土地利用类型土壤储水量水平。

表4-39　不同类型土壤储水量与田间水量差额　　（单位：mm）

土地利用类型	年平均值	最小值	最大值
坡耕地	−132.0a	−154.9	−49.6
牧草地	−119.7ab	−150.1	−57.1
灌木林地	−105.6b	−126.5	−42.5
乔木林地	−120.7ab	−163.2	−20.4
自然草地	−104.8b	−145	−21
F 值	2.498*		

以0~100 cm土层年平均土壤含水率，计算土壤储水量、田间持水量和稳定储水量，表4-39和表4-40列出不同类型土壤储水量与田间持水量、稳定储水量和凋萎持水量差额。

表4-40　不同类型土壤储水量与稳定储水量差额　　（单位：mm）

土地利用类型	年平均值	最小值	最大值
坡耕地	−42.9a	−65.8	39.5
牧草地	−32.0ab	−62.4	30.6
灌木林地	−33.9ab	−54.8	29.2
乔木林地	−36.4ab	−78.9	63.9
自然草地	−19.3b	−59.5	64.5
F 值	1.431		

所有年度不同类型土壤储水量都远低于田间持水量。即使在1986年，各类型土壤储水量最为接近田间持水量，与田间持水量差距为20~57 mm；其余年度低于田间持水量达126.5~154.9 mm；16年土壤储水量平均值低于田间持水量水平达105~132 mm。坡耕地储水量显著小于灌木林地和自然草地（$\alpha=0.05$）。

（2）土壤储水量与稳定持水量差距

土壤年平均储水量大于稳定储水量的年度仅有少数的年份，但各类型出现的年份不同。多年平均储水量小于稳定储水量，各类型土壤储水量与稳定储水量的差距相对一致，为19.3~42.9 mm。各类型之间没有显著的差别。

（3） 土壤储水量与凋萎持水量差额

在所有年度、所有类型的年土壤储水量都高于凋萎湿度下的储水量，各类型可能的供水水平之间无显著性差异，储水量与凋萎持水量差值范围为 19.1～161.9 mm（表4-41）。

表 4-41　不同类型土壤储水量与凋萎水量差额　（单位：mm）

土地利用类型	年平均值	最小值	最大值
坡耕地	45.1a	22.2	127.5
牧草地	63.0ab	32.6	125.6
灌木林地	60.1ab	39.2	123.2
乔木林地	61.6ab	19.1	161.9
自然草地	66.7b	26.5	150.5
F 值	1.316		

从上述研究结果可以得出以下结论。

1）所有类型在 16 年试验期间，没有出现过接近土壤田间持水量水平，说明土壤储水量的实际供水能力非常低。

2）即使按照土壤水可能移动利用的储水量水平（稳定储水量），仅有 1～2 年高于此标准，其余年份都低于此储水量值，说明该区域各类型土壤水分可以移动被植被利用的土壤水分是有限的。

3）按照凋萎湿度下的土壤储水量标准，所有类型年度储水量都高于此无效土壤水分阈值，但差额相对很小，说明土壤储水量水平整体是在较低的水平循环，土壤水分循环强度很高，但实际土壤水分多居于难效水和无效水之间，很少年份出现易被植被利用的易效水状态。

4）与土壤水循环和水平衡结合起来看，土壤水是在基于年度降水条件下的水循环，生长期蒸发和蒸腾等需要消耗当年大部分的降水，即使如此，也难以满足其正常生长所需要的水资源要求，土壤水分只有在少数情况下得到有限的、短暂的补偿，随后又被蒸发或蒸腾所消耗掉，土壤储水量难以稳定维持在较高的水平；同时，降水对土壤水的补偿，无论在季节或年度都极为有限。

5）直接接受降水的表层土壤储水量季节、年度的有效性很差，其对下层土壤水的补偿能力和可能性较小，因此，下层土壤储水量在植被根系吸收蒸腾消耗后，土壤储水量不断被消耗降低，土壤水环境恶化已成为普遍的现象。

第 5 章　适生乔灌木筛选与评价

5.1　乡土树种的种类与生理特征

适地适树是植树造林的基本原则，它是决定造林成败的关键。所谓适地适树就是把造林树种栽在适合它生长的地方，使该树种的生态、生物学特性与造林地的立地条件相适应，达到在当前技术、经济条件下该立地可能达到的最高生产水平。随着林业生产和科学技术的发展，适地适树的含义也在不断更新。现代的造林工作不但要求造林地和造林树种相适应，而且要求造林地和一定的树种、类型（地理种源、生态类型）或品种相适应，即适地适种源、适地适类型、适地适品种。

从造林学的观点来看，适地适树有以下三种途径：一是选树适地，即所选择的造林树种的生态、生物学特性与环境条件相适应，达到稳定、速生、高产的目的，对于防护林来讲，就是充分发挥其生态防护的作用，发挥林木保水固土、防止水土流失的作用；二是改地适树，即通过整地、灌溉、施肥或其他措施，改善造林地的环境条件，使之适合和满足造林树种生长、发育的要求；三是改树适地，即通过引种驯化、选择育种、杂交育种及生物工程等措施和方法，利用或改变树种的某些特性，以适应造林地的环境条件，如速生、耐旱、耐寒、耐盐碱等品种的培育。

在当前技术、经济条件下，改地适树或改树适地的程度都还是很有限的，而且改地或改树措施也只有在地、树尽量相适应的基础上才能收到良好效果，特别在当前林业经营主要依靠自然力的情况下，根据造林地特点选择适宜的造林树种，依然是主要的和基本的途径（李嘉珏和于洪波，1990）。

5.1.1　适生树种选择的原则

5.1.1.1　树种生长稳定性

该类型区自然条件比较严酷，年降水量少、蒸发量大，地下水匮乏，土壤含水量低、持续干旱、低温与霜冻以及病虫害危害等，是影响林木生长的主要因素，因此所选树种的抗逆性如何就成为重要标准。树种的稳定性主要依据造林的成活率、保存率、在各种立地上的适应状况、抗自然灾害能力、生长状况等来进行评价。另外，造林后还要考虑林分的稳定性问题。例如，该类型区侧柏、山杏、柠条造林林分保存状况明显好于其他树种，在生产上应作为主要选择树种。

5.1.1.2　树种生长指标

不同树种在不同立地上生长存在明显差异，从生态和经济的角度均需要选择投入少、产出高的树种，也就是效益最大化原则。具体评价标准就是，在相同立地条件、造林方式、管理水平下，生长最快的树种，对经济林树种来说，其产品效益最好，对乔木树种其树高、胸径、材积最大，对灌木树种生物产量最高。

5.1.1.3　生态效益原则

不同树种所产生的生态效益是不同的，而且由于自身生物学、生态学特性所决定，是否能与其他树种共同生长，更好地发挥保护生态的效能，也是需要考虑的问题（邹年根和罗伟祥，1997）。例如，柠条抗旱性极强，但柠条顽强的生命力使得很难与其他树种一起生长，生产上一般只适宜营造纯林；沙棘具有根瘤，有肥田作用，与其他树种营造混交林，可以促进其他树种的生长，在两个树种生长基本一致的情况下，选择沙棘更好些。

5.1.1.4　自然更新繁殖能力

黄土高原森林相对匮乏，历年人工造林保存率相当低，造成投入成本的不断增大，很重要的原因是所选树种缺乏自我更新能力。因此在进行造林树种选择的时候应考虑自我更新繁殖问题。有些树种，如河北杨、臭椿、沙棘、文冠果、火炬树、珍珠梅、白刺等树种根蘖性极强，只要栽植成活，可以通过串根繁殖形成群落，在适宜的立地类型上应重点选择用于造林。另外，甘蒙怪柳、中国枸杞等在适宜条件下种子自然繁育能力极强，也是树种选择应该予以考虑的因素。

5.1.1.5　生物多样性原则

该类型区植物种类单纯，树种更为匮乏，造成生态系统的脆弱，加之自然条件的限制，在荒山荒坡营造用材林、经济林局限性很大，修复、重建良好的生态环境，应是本类型区林业建设的重点。建立稳定的生态系统，生物多样性问题就显得比较突出，因此，林业生产必须考虑多树种、多林种的造林问题，建立乔灌草一体的立体结构，尽量避免营造大面积的纯林，加大树种选择和引种的力度是林业生产不可忽视的工作。

根据上述原则，通过对该区长期以来进行的山地造林和引种栽培试验、分析和总结，通过对类型区内较好的造林林场、示范点的调查结果，并结合对主要造林树种抗旱水分生理指标测定等，筛选侧柏（*Platycladus orientalis*）、云杉（*Picea asperata*）、油松（*Pinus tabulaeformis*）、樟子松（*Pinus sylvestris* var. *mongolica*）、河北杨（*Populus hopeiensis*）、新疆杨（*P. alba* var. *nyramidalis*）、毛白杨（*P. tomentosa*）、青杨（*P. cathayana*）、山杏（*Armeniaca vulgaris* var. *ansu*）、刺槐（*Robinia pseudoacacia*）、旱柳（*Salix matsudana*）、臭椿（*Ailanthus altissinia*）、白榆（*Ulmus pumila*）、甘蒙怪柳（*Tamarix austrmongolica*）、柠条（*Caragana intermedia*）、毛条（*C. korshinskii*）、中国沙棘（*Hippophae rhamnoides* subsp. *sinensis*）、狼牙刺（*Sophora viciifolia*）、紫穗槐（*Amorpha fruticosa*）、文冠果（*Xanthoceras sorbifolia*）、山桃（*Amygdalus davidiana*）、白刺（*Nitraria sibirica*）、中国枸杞（*Lycium chinense*）等，为该地

主要造林推广应用树种，这些树种多为该类型区自然分布的乡土树种，少数树种虽为外来种，但均经过几十年长期造林实践证明是该地比较适应的树种，如刺槐、新疆杨、紫穗槐等。

5.1.2 适生优良草种的筛选

甘肃省种植牧草有着悠久的历史。20 世纪 40 年代，我国著名的植物学家叶培忠先生在甘肃天水曾建立过牧草原种园，先后从国内外引进 180 多个草种，进行环境适应性、栽培方法、耕作方式等的试验，取得显著成效。新中国成立以来，牧草种植进入了新的时期，有关科研单位进行了系统的良种选育、引进的工作，先后选育出了许多优良的栽培品种，种植面积不断扩大，有力地推动了甘肃畜牧业的发展。近几年来，随着我国西部生态环境建设的发展，农业种植结构的调整，草产业已逐渐发展成为当地的重要支柱产业，草田轮作、休闲种草、四边种草、果园种草、水土保持种草等蓬勃发展，成为生态环境建设、调整农业结构和搞好农牧结合的重要手段，成为发挥资源优势，保护和优化环境的重要途径。根据该类型区的自然特点，结合牧草种植结果调查，筛选紫花苜蓿（*Medicago satlva*）、红豆草（*Onobrychis vciiaefolia*）、沙打旺（*Astragalus adsurgens*）、白花草木樨（*Melilotus albus*）等为重点发展的草种。

5.2 引种的基本原则和程序

5.2.1 乔灌木优良品种的引进与筛选

为了弥补该地区造林树种匮乏的缺陷，丰富当地栽培植物的种类和品种，增加生物多样性。在充分利用和挖掘本地树种资源的基础上，本课题根据该类型区的气候、土壤、植被等现状，以地域相似性、气候相似性原则，初步确定引种的基本思路是：引种地以周边年降水量较低的旱区、沙区为主，引进植物以乔灌木结合，草本为辅，注意对耐旱、耐寒性较好的乔灌木的选择。重点考虑树种引进后潜在的生态效益，其次考虑树种的经济价值。

根据上述原则，课题实施以来先后引进斑克松（*Pinus banksiana*）、杜松（*Juniperus rigida*）、刺槐无性系、沙枣（*Elaeagnus angustifolia*）、栾树（*Koelreuteria paniculata*）、火炬树（*Rhus typhina*）、花叶丁香（*Syringa persica*）、狭叶锦鸡儿（*Caragana stenophylla*）、大果沙棘、多枝柽柳（*Tamarix ramosissima*）、四翅滨藜（*Atriplex canescens*）、树苜蓿（*Chamaecytisus palmensis*）、沙木蓼（*Atraphaxis bracteata*）、沙冬青（*Ammopiptanthus mongolicus*）、四倍体刺槐等，以及红豆草、紫花苜蓿（品种）、百喜草（*Paspalum natatu*）等草种。部分树种适应、生长情况初步调查结果见表 5-1。

根据几年来的引种栽培试验观测，初步筛选认为沙冬青、四翅滨藜、沙木蓼、沙枣、火炬树、羽叶丁香等 6 个树种，为该地有推广前途的树种，但还有待于更进一步的试验观测分析，以便取得可靠的试验数据和科学的结论。

表 5-1 引种造林试验各树种生长情况调查

| 树种名称 | 立地条件 | | | | | 树龄（年） | 树高（m） | 胸径（cm） | 适应性评价 | 备注 |
	部位	海拔(m)	坡向	坡度(°)	土壤					
斑克松	梁坡中台地	1960	S20°W	<5	黄绵土	5	0.23	0.88	一般	野兔危害
杜松	梁坡中台地	1930	N20°E	<5	黄绵土	3	0.5	0.76	一般	野兔危害严重
无性系刺槐	梁坡中台地	1940	N20°E	<5	黄绵土	2	1.72	1.73	一般	品系号 13
沙枣	梁坡中台地	1930	N40°E	<5	黄绵土	4	0.85	1.32	良好	
花叶丁香	梁坡中台地	1930	N20°E	<5	黄绵土	4	0.79	1.09	良好	
栾树	梁坡中宽台地	1930	N40°E	<5	黄绵土	4	0.46	0.65	一般	
四翅滨藜	梁坡下坡地	1920	N20°E	20	灰钙土	2	0.55	0.66	良好	
沙冬青	梁坡中水平台	1960	N20°W	26	灰钙土	2	0.33	0.22	良好	
大果沙棘	梁坡中地埂	1950	S50°W	<5	黄绵土	6	1.5	3.04	良好	
狼牙刺	侵蚀沟坡下	1920	S45°W	30	灰钙土	2	0.21	0.28	中等	
沙木蓼	梁坡上水平台	1980	S75°E	17	灰钙土	4	1.12	0.88	良好	
火炬树	梁坡中台地	1930	N20°E	<5	黄绵土	3	1.18	2.02	良好	野兔危害后年生长量
多枝怪柳	梁坡中地埂	1960	N20°E	<5	黄绵土	3	1.26	0.32	良好	
紫穗槐	梁坡中地埂	1960	N20°E	<5	黄绵土	3	0.63	0.84	良好	
白刺	侵蚀沟坡下	1920	S45°W	30	灰钙土	3	0.14	0.2	中等	
狭叶锦鸡儿	梁坡上水平台	1980	S75°E	17	灰钙土	4	0.2	0.33	中等	

5.2.2 不同立地类型适生乔灌草一览表的编制

根据对该地分布树种、栽培树种的综合评价，以及对引进优良乔灌草品种的试验与初步筛选结果，结合立地类型划分，我们编制了该类型区各立地类型适生乔灌草一览表（表 5-2），供造林生产实践中参考应用。

表 5-2 本类型区各立地类型适生乔灌草种

类型编号	立地类型名称	适生树种、草种	建议试验树种	林种
1	沟坝地、川水地型	河北杨、新疆杨、毛白杨、青杨、刺槐、旱柳、白榆、山杏（仁用杏）、国槐、早酥梨、苹果	J172 柳、J194 柳、青刚柳、四倍体刺槐	用材林、经济林、农田防护林、"四旁"植树
2	河滩地石砾土型	新疆杨、毛白杨、旱柳、青杨、杞柳、沙打旺	J172 柳、J194 柳	护岸林、用材林
3	残塬、台阶地黄土型	河北杨、新疆杨、青杨、旱柳、刺槐、白榆、臭椿、文冠果、沙棘、毛条、紫花苜蓿、沙打旺	J172 柳、J194 柳、花椒、仁用杏（白玉扁、一窝蜂、龙王帽、优1）	农田防护林、薪炭林
4	梁（峁）间低地黄土型			

类型编号	立地类型名称	适生树种、草种	建议试验树种	林种
5	梁（峁）阴坡黄土型	侧柏、油松、樟子松、河北杨、山杏（仁用杏）、山桃、文冠果、甘蒙柽柳、毛条、柠条、紫花苜蓿、红豆草	云杉（海拔2200 m以上）、四翅滨藜、沙木蓼、沙冬青、四倍体刺槐、珍珠梅	水土保持林、薪炭林
6	沟阴坡黄土型	油松、河北杨、山杏、沙棘、甘蒙柽柳、毛条、柠条、紫花苜蓿	四翅滨藜、葛藤、大果沙棘（齐棘1号、阿列伊、太阳）	水土保持林、薪炭林
7	梁（峁）阳坡黄土型	油松、侧柏（背风面）、臭椿、柠条（迎风面）、紫花苜蓿、红豆草	杜梨、沙冬青、川青锦鸡儿	水土保持林、薪炭林
8	沟阳坡黄土型	毛条、柠条、狼牙刺、甘蒙柽柳、沙棘、野枸杞、白花草木樨	川青锦鸡儿、狭叶锦鸡儿	水土保持林、薪炭林
9	梁（峁）顶黄土型	柠条、毛条、甘蒙柽柳、白花草木樨、红豆草	沙冬青、川青锦鸡儿、扁穗冰草	水土保持林、薪炭林
10	河滩地轻盐碱地型	沙枣、甘蒙柽柳、多枝柽柳、紫穗槐、白刺	多花柽柳、箭胡毛杨	护岸林

5.3 抗旱生理特征评价

干旱是该类型区制约造林成效的重要问题，除采取有效的抗旱造林技术措施，以提高土壤的含水量，减少无效蒸发和蒸腾外，还有一个途径就是选择耐旱性较强的树种，真正解决适地适树的问题。为深入探讨树种的抗旱机理，我们对该类型区主要造林树种，进行了树木抗旱水分生理的测定，力求通过此项探索，对树木的抗逆性有更科学的认识，为适生造林树种的筛选提供更可靠的依据。

5.3.1 水分生理指标测定方法

5.3.1.1 植物组织含水量、相对含水量及水分饱和亏的测定

植物组织含水量、相对含水量、水分饱和亏是反映植物体水分状况的生理指标，也是反映植物抗旱能力的重要指标（Chapman et al.，1980）。

测定方法与步骤如下所述。

含水量的鲜重测定：剪取树木正常生长枝条、叶片，迅速放入铝盒，称取重量。

含水量的干重测定：将叶片放入烘箱，于105℃下烘30 min，然后80℃下烘至恒重，称取干重。

饱和含水量测定：叶片称鲜重后，将样品浸入水中数小时，取出用吸水纸擦干表面水分，称重；再将样品浸入水中1 h，取出擦干，称重，直至样品饱和重量近似。

$$相对含水量 = \frac{鲜重 - 干重}{饱和重 - 干重} \times 100$$

$$水分亏缺 = \frac{饱和鲜重 - 鲜重}{饱和鲜重 - 干重} \times 100$$

此项试验主要在树木生长季进行，每 10 d 测定 1 次，每次测定需 3 个重复。

5.3.1.2　叶片、枝条水势测定

由于蒸腾作用，植物木质部水分系统的水分常处于一定的张力之下，如果遮住叶片，阻止蒸腾，短时间水分将接近平衡状态，意味着木质部中水势接近或等于叶片细胞水势。当切下叶片，使叶片木质部张力解除，导管中汁液流回木质部（水势越低，缩回越多）。将切下的叶片放入压力室中，加压，使木质部汁液正好回到切口处，此时的加压值等于切取叶片之前木质部张力的数值，也可以说，加压值大致等于叶片水势值。

测定方法与步骤：

1）从植株上切取叶片或枝条，用湿纱布包裹，迅速插入橡皮塞孔隙中，使切口略露出密封垫圈以便观察，然后放入钢筒中旋紧螺旋环套。

2）打开压力控制阀，以 0.5 Pa/s 速度加压，当切口出现水膜，马上关闭主控阀，此加压值即为叶水势值。

3）将压力室控制阀倒旋，放气，压力表指针回零，取出样品。重复第二个样品测定。此测定在生长季节进行，每次测定每树种样品需三个重复。

5.3.1.3　植物枝条、叶片渗透势测定（压力—容积曲线测定法）

植物叶片水势等于渗透势与压力势之和，叶片在充分吸水饱和之后，随着水分丧失，逐渐下降。用压力室测定叶片在不同相对含水量下的水势，绘制相对含水量与水势倒数之间的关系曲线，即可由此曲线估算各种组织相对含水量或水势。

测定方法与步骤：

1）剪取功能叶片，将叶柄插入盛有自来水的烧杯中，用剪刀在水中剪断叶柄两次，然后用玻璃罩将烧杯罩住，放置 3 h 以上，使叶片充分饱和。

2）取出饱和后的叶片保留 3 cm 叶柄，擦干叶片表面水分，迅速称重，然后将叶片装入压力室钢筒，缓慢加压，直至切口出现水膜，读取压力值。直至两次压力值接近时作为平衡压。用内装吸水纸的塑料管吸取切口压出的水分，迅速将叶片取出称重。然后将叶片再次装入钢筒，重复上述步骤，测定下一个平衡压。

3）当叶片相对含水量低于 50% 时，将叶片与叶柄分别称重，放入烘箱 105℃ 杀死细胞，80℃ 下烘至恒重。计算每个平衡压相对应的叶片相对含水量。

4）以相对含水量为横坐标，水势的倒数为纵坐标，作图求出膨压消失后叶片相对含水量与水势倒数的回归方程。

根据叶片饱和、离体相对含水量，在曲线上查得相对含水量对应的渗透压。

此项试验需要在树木生长季节，与植物水势测定同时进行。

5.3.1.4　植物蒸腾强度测定

植物蒸腾失水，重量减轻。取一定叶面积的叶片，称出在一定间隔时间内的失水量，

可计算出树木的蒸腾强度。

测定方法与步骤：

1）剪取重约 20 g 叶片，置于防风箱电子天平快速称重，再迅速放回原处，用夹子夹在原植株上，以便在原环境条件下蒸腾。

2）5 min 后（准确记录时间）称量第二次。

3）用叶面积仪（或称重法）测定叶面积。

按下式计算蒸腾强度：

$$蒸腾强度 \ [g/(m^2 \cdot h)] = \frac{蒸腾失水量（g）\times 6\,000\,000}{叶面积（cm^2）\times 测定时间（min）}$$

在树木生长季节野外现场测定，每 10 d 测定一次，每次测定每个树种设三个重复。

5.3.1.5　植物组织自由水、束缚水的测定

植物组织中的束缚水被细胞胶体颗粒和渗透物质所吸附，故不易移动、蒸发和结冰，不能作为溶剂。该方法系采用比较完整的植物组织，浸入较浓的蔗糖溶液中脱水，在一定时间后仍未被夺取的水分作为束缚水，而进入蔗糖溶液中的水分则作为自由水。自由水量可根据定量蔗糖溶液的浓度变化而测定。由植物组织的总含水量减去自由水量，即可求出束缚水量。

测定方法与步骤：

1）取称量瓶 6 个，分别称重。选取树木生长一致的叶片数片，用 0.5 cm 左右的打孔器在叶子的半边打下小圆片 150 片，分别放入三个称量瓶中，盖紧。从另半片叶子上同样打取 150 片，立即放入另三个称量瓶中，盖紧，以免水分损失。

2）把 6 瓶样品准确称重，将其中三瓶于 105℃下杀死细胞，80℃下烘至恒重，求出组织含水百分率。另三瓶中各加入 60%~65% 的蔗糖溶液 3~5 ml，再准确称重，计算蔗糖溶液重量，把样瓶置于暗处 4~6 h，期间不时轻加摇动。

3）到预定时间，用阿贝折射仪测定蔗糖溶液浓度，同时测定原来蔗糖溶液浓度，然后根据下式求组织中自由水和束缚水：

$$自由水（\%）= \frac{糖液重（g）\times \dfrac{糖液原浓度（\%）-浸叶后糖液浓度（\%）}{浸叶后糖液浓度（\%）}}{植物组织鲜重（g）} \times 100$$

$$束缚水（\%）= 总含水量（\%）- 自由水（\%）$$

此项测定在树木生长季节进行，需在野外采取标本后迅速到实验室进行操作测试。

5.3.2　测定结果及分析

依照以上方法，我们对该类型区范围的主要造林树种进行了测定，具体测定结果列于表 5-3。

在干旱地区，一年内大部分时间雨水稀少，潜在蒸发量为降水量的几倍到十几倍。在大气干旱和土壤干旱环境下，植物生长长期处于水分胁迫中。水分不足对植物存活、生长分布的限制性作用很大，影响着植物的形态建成和生理生化过程，在干旱生态生理研究领

域，植物的水分关系与抗旱性研究占有重要地位。

表 5-3 主要树种水分生理指标测定结果

编号	树种名称	总含水量（%）	自由水（%）	束缚水（%）	束缚水/自由水	蒸腾速率[mg/(g·h)]	相对含水量（%）	水分亏缺（%）	水势（MPa）	恒重时间（h）	遗留水（%）
1	云杉	65.82	21.86	33.96	1.75	182	83.13	16.87	1.1205	193	11.47
2	侧柏	53.33	20.41	32.92	1.61	293	67.43	32.57	2.9870	404	10.29
3	油松	57.22	25.06	32.16	1.34	293	78.31	21.69	1.9466	55	10.11
4	樟子松	63.19	38.10	25.09	0.66	258	82.89	17.11	1.0930	403	18.97
5	祁连圆柏	54.93	16.90	38.03	2.25	96	70.38	29.62	1.7500	290	6.48
6	杜松	55.99	17.34	38.65	2.26	144	70.44	29.56	1.9770	291	9.40
7	河北杨	55.38	34.44	29.94	0.77	260	81.58	18.12	1.7652	27	3.11
8	毛白杨	56.01	30.07	25.94	0.86	268	78.63	21.27	2.8992	45	7.91
9	新疆杨	58.30	34.42	23.88	0.69	702	78.11	21.89	1.9908	39	7.96
10	青杨	63.77	46.30	25.92	0.56	428	82.77	17.23	1.9123	20	8.44
11	刺槐	61.90	39.03	22.87	0.61	954	78.65	21.35	2.2300	33	7.81
12	旱柳	59.60	52.93	16.67	0.32	532	93.27	6.73	1.5329	19	8.47
13	白榆	61.31	38.17	23.14	0.61	308	74.41	25.59	2.5987	37	9.82
14	臭椿	66.94	40.11	26.40	0.57	499	68.98	31.02	1.8796	47	8.44
15	蒙古扁桃	59.12	33.14	25.98	0.79	648	71.16	28.84	3.3646	59	5.82
16	山杏	61.46	36.61	24.85	0.70	275	70.27	29.73	3.9044	72	7.89
17	甘蒙柽柳	66.03	26.28	40.03	1.94	650	89.47	10.53	3.9860	55	10.11
18	中国柽柳	65.00	27.23	37.73	1.38	670	89.19	10.81	2.5130	67	7.32
19	多枝柽柳	60.59	23.01	37.58	1.63	482	91.17	8.83	1.9480	91	8.02
20	山桃	58.05	29.40	28.65	1.00	402	70.00	30.00	4.2738	58	8.73
21	狼牙刺	59.31	13.08	46.23	3.53	528	66.52	33.48	1.5380	91	6.72
22	柠条	63.67	25.26	38.41	1.75	711	80.22	19.78	2.8109	64	9.93
23	毛条	64.90	16.30	40.60	3.15	750	77.60	22.40	2.3623	93	9.85
24	沙木蓼	63.65	24.36	44.29	1.85	620	75.07	24.93	1.9122	103	10.91
25	文冠果	60.98	33.49	27.49	0.82	674	65.38	24.62	3.1178	30	7.85
26	紫穗槐	60.50	13.38	43.12	2.48	147	86.16	13.84	0.4430	67	6.86
27	沙冬青	60.46	11.46	49.00	4.28	567	90.13	9.87	1.4930	284	12.34
28	花棒	70.46	20.16	50.30	2.91	830	81.02	18.98	1.9203	136	11.69
29	白刺	81.09	11.09	70.00	6.31	859	74.56	25.47	2.4780	163	6.96
30	梭梭	77.27	15.15	62.12	4.75	343	84.89	15.11	3.4988	146	30.53
31	火炬树	61.92	46.54	45.38	0.33	466	88.53	11.47	0.9150	45	7.45
32	枣树	61.91	37.56	24.35	0.65	225	81.57	18.43	1.1630	124	7.04
33	沙枣	57.79	32.34	25.45	0.79	393	49.28	50.73	2.4565	90	8.33
34	中国沙棘	62.49	27.70	34.79	1.40	303	61.62	38.38	2.1738	51	10.20
35	中国枸杞	78.51	31.72	46.79	1.49	856	71.62	28.38	3.1229	62	11.72

据相关研究，束缚水与自由水之间的比率反映着植物的生理状况，当自由水的比率增高，代谢活动就加强，抗逆性减弱，反之，当自由水的比率降低时，则代谢活动减弱而抗逆性增强。旱生植物一般具有束缚水比率明显高于一般植物的特点，其对水分的束缚作用，被看做一种延迟脱水的手段，是一个御旱的重要机制。植物组织内水势的高低随种类

而有差异，也随外界条件及内部生理的变化而变化。但一般来说，耐旱植物的水势通常低于中生植物，耐旱植物的低水势有助于根系加速吸收干燥土壤里残存的低化学能水分，这对于干旱时期维持植物体内水分平衡非常重要。水分亏缺是指植物实际含水量与完全湿润条件的含水量之差，也就是缺水的程度，作为评价自然条件下植物体内水分平衡的间接方法。生长在自然条件下，旱生植物在晴天它们的吸水速度远远低于失水速度，因此在植物体内经常出现水分亏缺，而中生植物的水分亏缺始终大得多。因此，将植物水分亏缺也作为耐旱评价的一个指标。

植物的蒸腾作用是植物以气态形式从植物体内散失水分的过程，蒸腾作用具有重要的生理意义，它对水分和矿质营养的吸收和运输、液流上升和降低叶温的作用都是必不可少的，但蒸腾失水又常常导致植物体内的水分亏缺，重则导致细胞脱水死亡。植物蒸腾速率的高低，常常反映出其耐旱的能力，通常旱生植物的蒸腾速率低于中生植物，使耗水减少到最低限度，来维持体内相对的水分平衡。降低蒸腾主要是通过关闭气孔来实现，关闭气孔也会影响 CO_2 进入植物体内，从而降低光合速率。因此旱生植物通常生长速度也比较缓慢，这也是很正常的现象。

根据上述分析，结合我们所做的主要树种水分生理指标的测定，将结果进行极差标准化转换和权重处理，计算各树种的评审系数，系数越大，表示树种抗旱性越强，据此建立不同树种的抗旱性评价序列，详见表5-4。

表5-4　不同树种的抗旱性评价

评审系数	1.0~1.5	1.5~2.0	2.0~2.5	2.5~3.0	3.0~3.5	3.5~4.0	>4.0
树种名称	旱柳、刺槐、火炬树	新疆杨、河北杨、毛白杨、青杨	蒙古扁桃、白榆、文冠果、臭椿、沙枣、枣树、紫穗槐	柠条、云杉、油松、樟子松、沙棘、祁连圆柏、中国柽柳	山杏、狼牙刺、山桃、甘蒙柽柳、多枝柽柳、毛条、花棒、沙木蓼、枸杞、沙冬青、白刺	杜松、侧柏	梭梭
抗旱性	一般	一般	较强	较强	强	强	极强

通过以上分析结果，结合我们多年的造林实践总结，可以在进行造林树种筛选和配置时做必要的参考。

5.4　主要适生物种选择与评价

5.4.1　适生树种选择与评价

5.4.1.1　侧柏

(1) 自然地理分布

侧柏（*Platycladus orientalis*）原产中国，是我国分布最广的针叶树种。自然分布区有辽宁的奴鲁尔山，向西与燕山相接，经内蒙古的准格尔旗、包头、乌拉特前旗、五原，沿贺兰山向南延伸，南至云南德钦澜沧江河谷，西藏察隅也有分布。其集中分布区是淮河以北、黄河流域，以河北南部、河南、山西、山东、陕西和甘肃东部分布最多。侧柏栽培范围几乎遍及全国。侧柏在该地区造林中应用普遍且历史悠久，定西巉口林场 20 世纪 50 年代即开始应用侧柏进行山地造林，现保存有较大面积的人工纯林和混交林，在经历了多次罕见干旱气候条件的考验下，仍长势良好。

（2）形态特征

侧柏为常绿乔木，树高可达 20 m，胸径可达 4 m，有时亦为灌木状。树皮薄，浅灰褐色，纵裂条片。枝条向上伸展或斜展，排成一个平面，扁平，两面同型。叶鳞形，交互对生，紧贴于小枝上，基部下延生长，先端分离，背面有腺点。花单性，雌雄同株，交互对生的雄蕊 3～6 对，雌球花球形，单生于小枝顶端。球果当年成熟，近卵形，长 1.5～2.0 cm，成熟前近肉质，蓝绿色，被白粉，成熟后木质，开裂，红褐色。种鳞 4 对，鳞被顶端下方有一向外弯曲的沟状尖头；中部的两对种鳞发育，具有 1 粒或 2 粒种子。种子卵圆形近椭圆形，栗褐色，长 6～8 mm，无翅或有极窄的翅。

（3）生物学、生态学特性

1）侧柏为温带旱中生树种，能适应年平均温度 5～17℃ 的干冷及暖湿气候条件，年平均气温 8～16℃ 的气候条件下正常生长，但在年平均气温 10℃ 以上生长稳定。抗逆性强，能耐极端高温 45℃ 和极端低温 −35℃ 的气温。极喜光，是强阳性树种，但幼苗耐庇荫，在郁闭度 0.8 以上的林分内天然下种更新良好。

2）侧柏适应生态幅度大，在年降水量 300～1600 mm 地区均可生长，但在年降水量 600 mm 以上的地区生长比较稳定。在年降水量 400 mm 左右的黄土丘陵山地可用于阳坡造林，在持续干旱、阳坡 1 m 深土层土壤含水量降至 3.91% 时，侧柏仍能正常生长发育。

3）耐干旱瘠薄，对土壤要求不严，能适应碱性、微碱性、微酸性、酸性土壤，在向阳干旱瘠薄的山梁、沟坡均能较好生长，甚至在岩石缝隙处亦能生存，常以矮小灌木状适应其极端严酷的生境，对成土母质（母岩）的适应性强，所以能在各种基岩和成土母质上造林，抗盐碱能力较强，在含盐 0.2% 的土壤上也能良好生长。

4）侧柏为长寿树种，树龄可达 4000 年（陕西黄帝陵）。在立地条件较好的地方，表现出一定的速生性，在半干旱地区，生长缓慢，如定西巉口林场保存有 40 多年的侧柏人工林，长势良好。

5）根据我们对侧柏水分生理指标测定，其总含水量 53.33%、自由水量 20.41%、束缚水 32.92%、蒸腾速率 293 mg/（g·h）、相对含水量 67.43%、水分亏缺 32.57%、水势 −2.987 MPa、恒重时间 404 h、遗留水 10.29%。其抗旱性综合评价仅次于梭梭、霸王，而优于花棒、毛条、甘蒙柽柳等。

（4）造林适应与生长情况

侧柏为甘肃各地广泛分布和栽培树种，可以在年降水量 300 mm 以上地区用于荒山造林，在年降水量 400 m 以上无灌溉条件下造林生长稳定，但阴坡生长量大于阳坡。侧柏为该类型区荒山造林绿化的重要树种，20 世纪 50～60 年代在定西巉口林场开始用于大面积荒山造林，至今生长状况良好，是生长比较稳定的针叶树种，也是少数能用于山地阳坡造林的树种之一。近20年来，在甘肃省兰州、天水、白银及定西等城市的周边山地绿化中，侧柏均占有较大比例。

2002～2003年春季，本课题在试验区进行了大面积的侧柏荒山造林，主要采取水平台和反坡梯田整地，容器苗（苗龄3年生）和大苗定植（苗龄6～8年生），定植后进行树穴灌水，目前成活率在85%以上，造林当年平均新梢生长20.87 cm，生长良好。该类型区及该试验区侧柏生长状况调查结果详见表5-5。

表5-5　侧柏人工造林生长、适应情况调查

调查地点	立地条件						树高（m）	胸径（cm）	冠幅（m）
	部位	海拔（m）	坡向	坡度（°）	土壤	整地方式			
定西安家坡试验点	梁坡中	1860	S30°E	25	灰钙土	反坡梯田	7.73	25.55	5.35
	梁坡中	1850	N45°W	35	黄绵土	反坡梯田	7.60	14.2	4.24
	梁坡上	1890	N80°W	24	灰钙土	水平台	1.85	2.50	0.56
定西巉口林场	梁坡下	1870	N75°E	5	黄绵土	反坡梯田	5.81	9.98	2.32
	梁坡中	1950	S	50	灰钙土	水平阶	2.74	6.42	1.40
	梁坡顶	2000	—	<5	灰钙土	水平台	4.35	7.69	2.86
	梁坡中	1940	S25°W	40	灰钙土	水平台	3.67	10.51	2.19
定西车道岭林场	梁坡中	2100	20°W	21	灰钙土	反坡梯田	3.93	6.21	1.77
陇西火焰山水保站	梁坡顶	2020	—	10	灰钙土	水平台	4.60	6.23	2.49
会宁东山林场	梁坡下	1810	S	10	黄绵土	水平台	4.95	5.77	2.89
榆中贡井林场	梁坡中	2160	S	5	灰钙土	反坡梯田	4.33	7.20	3.09
榆中车道岭林带	梁坡中	2180	W	5	灰钙土	反坡梯田	3.82	6.83	2.15

注："—"表法无坡向

（5）生产中应注意的问题

1）在该类型区侧柏可用于多种立地类型造林，用于荒山造林应选择梁峁坡、沟坡部位的半阴坡、半阳坡为宜，阳坡虽能生长，但长势缓慢。侧柏抗风能力弱，在迎风坡面生长不良，风口、迎风峁顶不宜栽植。整地方式可采用反坡梯田整地或水平台整地，株行距以2 m×4 m或2.5 m×4 m为宜。

2）侧柏大苗（6～8年生）造林应注意保持根系完好，栽植后要进行灌溉保持树穴湿润，越冬前最好进行一次冬灌，并对树干基部因风摇动造成的缝隙培土踏实，以防冬季根部受冻害。为避免和防止野兔啃食树皮危害苗木，可在树干涂抹防啃剂预防。

3）应积极推广侧柏容器育苗造林，容器可采用6 cm（径）×10 cm（高）或8 cm×12 cm规格的塑料容器袋。培育容器苗苗龄不宜过大，以3～4年生为宜，只要措施得当，一次造林成活率可达85%以上，明显尤于大龄苗造林。造林可在春季进行，也可在雨季进行，雨季造林效果一般尤于春季，应予以重视。

4）侧柏为强阳性树种，不宜与柠条、毛条、甘蒙柽柳等混交，与沙棘、紫穗槐等混交是较好的混交模式，可以根据沙棘、紫穗槐的特性在相应造林立地类型上推广。

5）侧柏对氯化氢、二氧化硫、乙烯、臭氧等大气污染物均有较强抗性，可在城市绿

化中推广使用，如厂院、居民小区、行道树、绿篱等。

5.4.1.2 云杉

（1）自然地理分布

云杉（*Picea asperata*）产甘肃东部两当、南部白龙江流域及黄河支流的洮河流域、陕西西南的凤县、四川岷江流域纹川以北及大小金川流域海拔 2400 ~ 3600 m 的山地，常与紫果云杉、岷江冷杉、紫果冷杉混生成林，也有纯林。

（2）形态特征

云杉为常绿大乔木，高可达 50 m，胸径可达 2 m；树干挺直，枝条平展；树皮灰褐色，常有薄片剥落；冬芽卵形或圆锥形，黄褐色；小枝黄色，有钉状叶枕，并生短柔毛。叶长 1 ~ 2 cm，先端尖，稍弯曲，横断面圆棱形，各边有白色气孔线；球果圆柱状长椭圆形，长 6 ~ 10 cm，初为黄褐色，后为栗褐色，成熟后约半年开始脱离；种鳞倒卵形，先端圆而全缘。

（3）生物学、生态学特性

1）云杉是温带冷凉湿润气候条件下生长的树种，对气候条件要求不严，在年降水量 500 mm 以上的地区即能成林，但喜生于年平均温度 6 ~ 9℃、降水量 600 mm 以上、相对湿度 70% 以上的高寒、阴湿地区。

2）云杉幼年耐庇荫，在全光条件下难以天然更新，但它是云杉属中较为喜光的树种，在树冠下幼树往往生长纤弱，远不如林缘更新幼树健壮。

3）云杉是浅根性树种，主根不明显，侧根发达，约有 1/3 以上的根系集中分布于地表土层中。

4）云杉幼年生长缓慢，人工林在 15 年后开始进入高生长的速生期，年高生长可达 60 cm。云杉寿命较长，树龄可达 400 年以上。

5）根据我们所作云杉水分生理指标的测定，其总含水量 65.82%，自由水含量 21.86%，束缚水量 33.96%，束自比 1.75，蒸腾速率 182 mg/（g·h），相对含水量 83.13%，水分亏缺 16.87%，水势 1.1205 MPa，恒重时间 193 h，遗留水 11.47%。抗旱性综合评价次于梭梭、侧柏、山毛桃、沙枣等，优于文冠果、白榆、刺槐、河北杨等。

（4）造林适应与生长情况

云杉在甘肃主要分布在湿润和半湿润地区，该类型区内无天然林分布，个别地方有零星栽植，生长较好，如临洮县塔儿湾乡零星栽植云杉，树龄 140 年左右，树高 13.00 m，胸径 43.40 cm，长势良好。20 世纪 70 年代以后，在华家岭林带、定（定西）临（临洮）公路林带等开始应用云杉进行杨树林带的改造，收到良好的效果，并在周边高海拔地带用于荒山造林，目前生长比较稳定。本项目试验区内无云杉成片造林，只是在梁峁阴坡中部的台地有少量引种栽培，从生长调查情况看，适应和生长基本正常，只是个体之间存在一定差异。2003 年课题组引进 8 年生云杉，在阴坡台地定植，目前调查造林成活率达 98%，平均树高为 1.47 m，平均地径 3.74 cm，树高当年平均生长量 10.2 cm，最大为 13.0 cm，生长比较健壮。不同立地类型生长状况调查结果列于表 5-6。

表 5-6　云杉人工造林生长、适应情况调查

调查地点	立地条件						树龄（年）	树高（m）	胸径（cm）	冠幅（m）
	部位	海拔（m）	坡向	坡度（°）	土壤	整地方式				
定西安家坡试验点	梁坡中	2000	N30°E	5	灰钙土	反坡梯田	32	7.20	15.80	3.22
	梁坡台地	2000	N	5	灰钙土	反坡梯田	10	1.47	3.74	1.00
定西巉口林场	川滩	1860	—	5	淀积土	坑穴	40	10.35	20.20	5.12
	梁坡中	1900	N5°E	5	灰钙土	水平台	18	2.60	1.52	1.34
定西华家岭林业站	梁坡上	2360	E	24	黄绵土	水平阶	28	5.30	9.31	3.01
定西华家岭大牛站	梁坡上	2200	S	<5	黑麻土	水平台	24	6.35	11.45	3.67
	梁峁顶	2260	—	5	黑麻土	台地	19	4.08	5.48	2.43
定西华家岭林带	梁坡中	2300	N35°W	14	黄绵土	水平阶	20	7.50	9.72	3.20
通渭华家岭林带	梁坡上	2300	N21°E	5	黑垆土	水平台	14	1.65	1.50	0.90
临洮莲儿湾乡林带	梁坡上	2360	S45°W	10	黄绵土	水平台	16	2.98	3.09	1.76
临洮塔儿湾乡	梁坡中	2300	N	5	黑麻土	水平台	140	13.00	43.40	7.10

（5）生产中应注意的问题

1）云杉为高寒阴湿地区森林环境中生长的树种，有一定的耐旱能力，在该类型区年降水量 400 mm 以上的地区，可用于 2000 m 以上的高海拔地带造林。适宜于梁峁阴坡和半阴坡的中下部、背风的梁峁坡上部、无盐碱的沟道等立地类型栽植或造林。造林株行距以 3 m×3 m 或 3 m×4 m 为宜。在无灌溉的梁峁阳坡、半阳坡的荒山、荒坡上及盐碱地不提倡用云杉造林。

2）云杉可用于营造用材林或风景林，利用云杉幼苗期耐庇荫的习性，应用云杉对本类型区以小青杨、青杨为主的高海拔地区林带进行改造，有良好的前景。

3）应用云杉营造水土保持林最好与沙棘、珍珠梅等混交，利用云杉树冠截流和灌木防止地表径流，可收到良好地防止水土流失效果。

4）云杉造林苗龄不宜过大，林区一般为 3～5 年生苗，干旱地区以 5～8 年生苗为宜，苗龄过大，则影响造林成活率，并增加造林成本。

5）云杉为常绿树种，抗污染能力较强，可以在市区园林、街道绿化中应用，栽植时应注意加强水肥管理。

5.4.1.3　油松

（1）自然地理分布

油松（*Pinus tabulaeformis*）主要分布在辽宁、内蒙古、河北、北京、天津、山西、陕西、宁夏、甘肃、青海、四川、湖北、河南、山东等省（自治区、直辖市），以陕西、山西为其分布中心，其分布的地理范围为东经 101°30′～124°25′，北纬 31°00′～44°00′，在黄土高原分布的北界为贺兰山、乌拉山、大青山，东部为太行山，西部为祁连山、湟水、大通河，南界为秦岭、巴山。在东北分布最高海拔 500 m 左右，西部分布的海拔可达 2000～2700 m（青海）。油松在甘肃省白龙江、洮河、关山、子午岭、兴隆山、哈思山等

林区有天然分布。为甘肃省天然林区及陇东、陇中南部和陇南地区人工林的主要造林树种。

（2）形态特征

油松为常绿乔木，高可达 30 m，胸径 1.8 m，树冠塔形或圆锥形。树皮暗灰色，龟裂不脱落，唯在上部者红色，偶成薄片状剥落。大枝平展，小枝无毛，1 年生枝淡灰色或淡红褐色。叶 2 针 1 束，长 6.5 ~ 15 cm，粗硬，径约 1.5 mm，边缘有细齿，针叶横切面为半圆形，中央有 2 个微管束，树脂道 5 ~ 10 个边生，间或个别中生。雌雄同株，花单性，雄球花无梗，聚生于嫩枝条基部，多数相集而成黄色穗状；雌球花生于新枝条之基部或前端，心皮肾形，有 2 颗倒生胚球。球果卵形，长 4 ~ 9 cm，有时歪斜，熟时暗褐色，常宿存树上长达 6 ~ 7 年之久，鳞盾肥厚，横脊显著，种脐有刺。种子卵形，长 6 ~ 7 mm，翅长约 1 cm，黄白色，有褐色条纹。子叶 8 ~ 12。花期 4 ~ 5 月，翌年 9 ~ 10 月种子成熟。

（3）生物学、生态学特性

1）油松为喜光树种，1 ~ 2 年生幼苗稍耐庇荫，在郁闭度 0.3 ~ 0.4 的树冠下，天然更新良好，但随树龄的增长，对光照的要求也越强烈，2 ~ 3 年生以后，如过度庇荫则生长不良，甚至枯死。油松为温带树种，但其抗寒能力较强，能耐 -28℃ 左右的极端低温，既耐大气干旱，也较耐土壤干旱。

2）油松对土壤要求不苛刻，能在各种土壤条件下生长，但喜微酸性及中性土壤，可在 pH 为 8 ~ 8.5 的土壤上正常生长，超过 8.5 时则生长受影响。要求土壤通气良好，在地下水位过高，通气、排水不良及黏重土壤上生长缓慢，枝叶稀疏，早期干梢。油松对土壤养分条件要求不高，但在过于瘠薄的土壤中易早衰。

3）油松为深根性树种，主根明显，根系发达，侧根分布较广，毛根数量多、更新快，根毛有 "根套"，有助于加强吸水功能而提高抗旱能力。根系的形态随土壤种类而不同，在深厚土层及裂隙基岩中形成主根极发达的典型垂直根形，主根可达 3 m 以上；在薄土层和多石坡地常形成水平根，为侧根形。油松吸收根上有菌根菌共生，有助于对养分的吸收。

4）油松发育有较大的可塑性，人工林高生长一般 10 年进入速生期，6 ~ 7 年生时即可开花结实，但种子发芽率低，30 年后进入结实盛期。

5）根据我们所作油松水分生理指标的测定，其总含水量 57.22%、自由水含量 25.06%、束缚水量 32.16%、束自比 1.34、蒸腾速率 293 mg/(g·h)、相对含水量 78.31%、水分亏缺 21.69%、水势 1.946 6 MPa、恒重时间 55 h、遗留水 10.11%。抗旱性综合评价次于梭梭、侧柏等，优于沙棘、山毛桃、沙木蓼、山杏。

（4）造林适应与生长情况

油松适宜的造林地区基本以 400 mm 等雨线为界，年降水量低于 400 mm 的地方已不适宜山地造林。油松在该类型区内造林应用较早，20 世纪 60 ~ 70 年代定西巏口林场曾多次引种造林，主要在梁峁阴坡、半阴坡、半阳坡栽植，目前保存良好的人工林林分，生长基本正常。本试验区于 70 年代在梁峁阴坡、半阴坡台地、阳坡宽台地等成片造林，虽然个体生长存在差异，干形多弯曲，但适应性和抗逆性基本正常。根据调查分析，油松在该试验区内造林，阴坡生长优于阳坡，阳坡栽植油松存在针叶发黄的问题，可能与土壤水分不足有关。营造油松纯林郁闭后，林内由于光线不足，其他植物难以生长，对防止地表径流不利，生产中应注意营造混交林。油松抗污染能力较弱，城镇绿化时常出现针叶发黄、枯枝、新梢生长缓慢等问题，呈现衰败景象。不同立地类型生长状况调查结果见表5-7。

表5-7 油松山地造林生长、适应情况调查

调查地点	立地条件						树龄（年）	树高（m）	胸径（cm）	冠幅（m）
	部位	海拔(m)	坡向	坡度(°)	土壤	整地方式				
定西安家坡试验点	梁坡中	1990	N30°E	20	灰钙土	宽台地	28	6.57	13.94	4.40
	梁坡下	1960	S70°W	5	黄绵土	宽台地	28	6.13	12.80	4.35
	梁坡中	2010	S18°W	5	灰钙土	宽水平台	28	5.05	9.24	3.65
定西巉口林场	梁坡中	1990	N	35	灰钙土	反坡梯田	29	9.70	15.10	4.85
	梁坡上	2020	N30°E	33	灰钙土	反坡梯田	29	6.10	10.86	3.75
	梁坡上	2010	N80°W	24	灰钙土	水平台	25	6.47	12.13	3.97
定西华家岭大牛	梁峁顶	2200	—	5	黑垆土	水平台	22	5.40	15.30	4.40
定西华家岭林带	梁坡中	2250	N35°W	14	黑垆土	水平台	16	3.67	4.58	2.61
临洮高泉乡	梁坡中	2240	N	35	黄绵土	水平台	17	4.53	11.83	3.47
陇西福星乡	梁坡中	2270	N45°W	16	黄绵土	水平台	13	4.64	7.26	3.10
榆中贡井林场	梁坡中	2120	N75°E	5	灰钙土	反坡梯田	16	4.80	7.80	3.38

（5）生产中注意的问题

1）油松在该类型区适宜于阴坡、半阴坡和缓沟坡栽植，在阳坡、盐碱地造林生长不良。造林株行距以3 m×3 m或3 m×4 m为宜。

2）在该类型区提倡油松容器苗造林。塑料棚培育油松容器苗要注意防止立枯病，培育时间以3~4年生为佳，培育时间过长，苗木生长量过大，营养杯内土壤养分难以满足苗木生长需要，将影响苗木生长。

3）该类型区油松造林防止野兔危害是提高造林成效的重要环节，应在晚秋在树干涂抹防啃剂进行预防。另外，油松成林后易受落针病危害，应加强抚育管理，及早开展病虫害的防治。

4）油松耐旱、耐寒，但抗污染能力较差，城市化学物质、粉尘污染等均会影响油松生长，因此不适于选做城市绿化树种。

5.4.1.4 樟子松

（1）自然地理分布

樟子松（*Pinus sylvestris* var. *mongolica*）天然分布主要在大兴安岭（北纬50°00′以北），向南到内蒙古呼伦贝尔市的嵯岗，经海拉尔西山、红花尔基、罕达盖至中蒙边境的哈拉哈河，南缘为伊尔施。陕西、甘肃、新疆等地有引种栽培。在定西巉口林场梁阴坡黄土地、河西高台沙地引种栽培，目前观测效果较好，长期稳定性还应继续观察。

（2）形态特征

樟子松为常绿乔木；树干下部的树皮灰褐色或黑褐色，鳞状深裂，上部树皮和枝条黄

褐色，裂成薄片脱落；一年生枝淡黄褐色，无毛；冬芽淡黄褐色，有树脂。针叶 2 针一束，硬直，稍扁，微弯曲，长 4~9 cm，宽 1.5~2 mm，树脂管较大，6~17 个，边生；叶鞘宿存，黑褐色。幼果下垂，球果圆锥状卵形，熟时黄褐色；鳞盾长菱形，常肥厚隆起，向后反曲，纵横脊均明显，鳞脐凸起有短刺；种子黑褐色，长约 5 mm，种翅长 7~10 mm。

（3）生物学、生态学特性

1）樟子松为喜光树种，树冠稀疏，针叶稀少。耐寒性强，能耐 −40℃以下的低温。抗旱性强，据有关研究测定，2 年生全根苗耐旱临界水分为 2.0%。

2）樟子松对土壤适应性强，在风积沙土、砾质粗沙土、砂壤、黑钙土、栗钙土等都能生长，在排水良好的酸性和中性土壤上生长较好。有弱度耐盐力，在 pH 为 7.6~7.8、总盐量 0.08% 的碳酸盐草甸黑钙土上生长发育良好，如 pH 超过 8、碳酸氢钠盐量超过 0.1%，或有积水的地方生长不良。

3）樟子松生长较快，人工林在 6~7 年生时即可进入高生长旺盛时期，在较好的立地条件下，10 年后平均年高生长可达 50~70 cm，20 年生树高达 8.5 m，胸径 12.7 cm，一般在 15 年生时开始结果，25 年生普遍结实。

4）根据我们所作樟子松水分生理指标的测定，其总含水量 63.19%，自由水含量 38.10%，束缚水量 25.09%，束自比 0.66，蒸腾速率 258 mg/（g·h），相对含水量 82.89%，水分亏缺 17.11%，水势 1.0930 MPa，恒重时间 403 h，遗留水 10.97%。抗旱性综合评价次于梭梭、杜松、侧柏、毛条等，优于臭椿、白榆、沙枣、河北杨、刺槐等。

（4）造林适应与生长情况

樟子松为该类型区引进树种，成片造林应用不多，定西巉口林场于 20 世纪 70 年代引种樟子松，在梁峁半阴坡定植，其适应和生长状况优于相同立地条件下的油松，省林业科学研究所于 1997 年在年降水量 300 mm 的兰州徐家山后山干旱造林试验基地引种樟子松，与同期栽植的青杆、云杉相比，保存率、生长量和抗逆性优于青杆、云杉和油松。根据以上分析认为，在该类型区可以在较好立地类型应用樟子松进行造林。不同立地类型生长状况调查结果见表 5-8。

表 5-8 樟子松人工造林生长、适应情况调查

调查地点	立地条件					树龄（年）	树高（m）	胸径（cm）	冠幅（m）
	部位	海拔（m）	坡向	坡度（°）	土壤	整地方式			
定西巉口林场	梁坡中	1920	N55°E	45	灰钙土	水平台	23	7.24	10.04	2.44
兰州东岗省水保站	梁坡	1980	E	5	淡灰钙土	水平台	10	2.64	3.73	1.92
兰州徐家山后山基地	梁峁顶	1900	—	5	淡灰钙土	台地	13	1.74	4.31	0.99

（5）生产中应注意的问题

1）在该类型区樟子松适宜于梁峁半阴坡、半阳坡栽植，要求土质疏松、透气性好的土壤，应通过整地或改善树穴土壤条件以保证其正常生长。造林株行距以 3 m×3 m 或 3 m×4 m 为宜。

2）樟子松造林一般以春季为好，在头一年夏秋雨水较好的情况下，早春 4 月底前完成造林。在春旱较重的年份，也可以采取秋季造林，树木停止生长以后抢墒栽植，效果也比较好。

3）积极推广樟子松容器苗造林，苗龄以 2 ~ 3 年生为好，不宜过大，造林在春季、雨季或秋季均可以进行，而且雨季时选择较大降雨之后及时栽植，成活率较高。

5.4.1.5 河北杨

(1) 自然地理分布

河北杨（*Populus hopeiensis*）主要分布在北纬 34° ~ 43°、东经 101° ~ 118°，南自甘肃天水、陕西渭北一带，北至内蒙古大青山，东起河北承德，西到青海民和。以陕北、宁南、陇东、陇中为主要分布区，陕北黄土高原、甘肃陇东为集中分布区。

(2) 形态特征

河北杨为落叶乔木，树高达 20 m、胸径 20 cm 以上；树皮绿色或黄绿色，光滑，被蜡质白粉；树冠广圆形，枝条开展。小枝灰绿色；冬芽卵形，先端尖，幼时微有毛，不被树脂；叶卵圆形或三角状圆形，长 3 ~ 10 cm，先端钝尖，基部圆形至近心形，叶缘具不规则缺刻或微内弯的粗锯齿，幼叶背面密被白色绒毛，后渐脱落；叶面暗绿色，叶柄长 2 ~ 5 cm，扁平。河北杨雌雄异株，甘肃主要为雌株，尚未发现雄株。

河北杨天然分布有绿皮、黄皮、灰皮等类型，形态、生长特性上有一定差异。

(3) 生物学、生态学特性

1）河北杨为偏旱中生树种，是杨属中较耐旱、耐瘠薄的树种之一。在极端高温 38.9℃、极端低温 −27.6℃ 下可正常生长。分布区一般年降水量在 400 mm 以上，但在 350 mm 左右的地方，立地条件较好时也能长成大树，在年降水量不足 330 mm 的永登县咸水沟，有片林分布。

2）喜水湿，但不耐水淹，要求土壤通气性良好，容重不宜过大，在土壤 pH 为 7.5 ~ 8.5、含盐量为 0.023% ~ 0.238% 时生长良好。

3）河北杨具有庞大的水平根系，其侧根水平伸展可达 20 m 以上，因此抗土壤干旱能力极强。根萌蘖力强，常串根自繁成片林，大树伐倒后，萌生苗当年高生长可达 3 m 以上。

4）甘肃天然分布河北杨多为雌株，很少有雄株，其繁殖主要靠插条，但成活率低，限制了河北杨的发展（刘榕和史元增，1995）。

5）根据我们所作河北杨水分生理指标测定，其总含水量 55.38%，自由水含量 35.44%，束缚水量 29.94%，束自比 0.77，蒸腾速率 260 mg/(g·h)，相对含水量 81.58%，水分亏缺 18.12%，水势 1.7652 MPa，恒重时间 27 h，遗留水 3.11%。抗旱性综合评价次于侧柏、油松、臭椿、白榆、毛白杨等，优于刺槐、旱柳等。

(4) 造林适应和生长情况

河北杨在甘肃黄土高原广泛分布，也是该类型区内优良的乡土树种，栽培比较普遍，以川滩、宽沟道、山坡下部、村庄"四旁"栽植较多，是该区分布和栽培的所有杨树种中生长最稳定的树种。在相同立地条件下，河北杨较青杨、小叶杨、旱柳等树种耐旱，如在定西巉口林场相同的梁峁阴坡上，19 年生河北杨树高 8.10 m、胸径 9.31 cm，而青杨树高 5.98 m、胸径 6.64 cm。梁峁半阳坡 18 年生河北杨树高 5.86 m、胸径 6.48 cm，而小叶杨树高 3.98 m、胸径 4.18 cm。在川道应用河北杨作行道树，生长状况可与新疆杨媲美，不同立地条件下河北杨生长情况见表 5-9。

表 5-9 河北杨人工造林生长、适应情况调查

调查地点	立地条件						树龄（年）	树高（m）	胸径（cm）	冠幅（m）
	部位	海拔（m）	坡向	坡度（°）	土壤	整地方式				
定西安家坡试验点	梁坡下	1950	N45°W	45	灰钙土	水平台	21	8.15	9.29	2.74
	梁坡下	1940	N30°W	45	灰钙土	水平台	21	9.90	12.10	3.60
	沟道	1920	N30°W	45	灰钙土	台地	14	8.20	12.90	4.50
定西巉口林场	梁坡上	1950	N35°W	20	灰钙土	水平台	22	8.40	9.87	3.65
	川道	1860	—	5	淀积土	坑穴	18	14.08	28.62	7.61
	沟坡上	1970	W	24	灰钙土	水平台	22	8.35	9.87	3.73
定西华家岭大牛	梁峁上	2200	S15°W	15	黑麻土	水平台	23	7.30	10.23	3.24
定西华家岭林带	梁坡上	2500	N48°W	26	黑麻土	水平台	22	7.35	9.35	3.55
通渭义岗乡	梁坡上	1880	N55°W	12	灰钙土	水平台	19	12.97	15.30	4.40
通渭常河乡	川台地	1560	—	5	黑麻土	坑穴	18	14.67	21.37	4.20
会宁东山林场	梁坡上	1920	S40°W	11	灰钙土	水平台	12	7.05	7.92	3.65
会宁太平乡	梁坡上	1890	S	16	灰钙土	水平台	20	9.80	13.50	3.95
静宁城川乡	川台地	1600	—	5	黑麻土	台地	25	13.00	29.30	8.05
静宁高界乡林场	梁坡中	1700	W	5	黑垆土	水平台	17	12.47	17.42	4.42
榆中贡井林场	梁坡下	2100	E	27	灰钙土	水平台	22	18.70	31.10	6.50

该试验区内河北杨无成片造林，在梁峁阴坡的台地、村庄的院落和"四旁"有零星栽植，生长表现良好。在区域内青杨普遍遭受黄斑星天牛危害，树干上部干枯或整株死亡的情况下，河北杨很少受天牛危害。

（5）生产中应注意的问题

1）该类型区内河北杨适宜在川滩、沟道、台阶地及"四旁"栽植，梁峁阳坡造林生长不良。造林株行距以 3 m×3 m 或 3 m×4 m 为宜。

2）河北杨有许多类型，如青皮、黄皮、灰皮等，一般灰皮干形、生长优于其他类型，生产上应注意进行选择应用。

3）河北杨扦插成活率低，一直是生产上的"老大难"问题。白银市林木种苗站完成和鉴定的《难生根杨树休眠期带木质芽接育苗技术研究》成果，选用二白杨、大关杨等易扦插杨树品种为砧木，在冬季选择生长健壮、腋芽饱满、无病虫害的一年生（粗 1.0～2.0 cm）河北杨枝条作接穗，剪取后层积沙藏，沙子湿度 65% 为宜。在翌年 1 月~3 月冬闲季节，在室内进行芽接，接好的插条继续进行沙藏，或直接进行扦插育苗，育苗成活率 90% 以上，比较好地解决了河北杨插条繁殖的难题，可以进行技术引进、应用和推广，以扩大种苗生产。

5.4.1.6 新疆杨

(1) 自然地理分布

新疆杨（*Populus bolleana*）在我国主要分布于新疆，尤以南疆喀什、和田一带最为普遍。20 世纪 50 年代末，新疆杨引种至甘肃河西走廊，60 年代末至 70 年代初在黄土高原各省（自治区）普遍引种栽培，在宁南、陕北、关中、晋中及甘肃陇中、陇东各地，大多生长良好。在沙漠边缘湿润沙丘丘间低地，各地河谷平川均作为主要造林树种之一。垂直分布一般在海拔 2000 m 以下。

(2) 形态特征

新疆杨为落叶乔木，高 25 ~ 30 m，树冠圆柱形或尖塔形，侧枝角度小，斜上近贴树干。树干通直，树皮灰绿、蓝绿、褐绿或灰白色，光滑；老树灰色，树干基部带有纵裂，小枝灰绿或近灰褐色，初时被绒毛，后变光滑；腋芽圆锥形，常微弯，淡紫色，几与枝条平行，基部鳞片被疏绒毛，上部鳞片光滑，具缘毛。萌条和长枝叶掌状 5 ~ 7 深裂，边缘有不规则粗齿，先端尖，基部平截，表面光滑，有时脉腋被绒毛，背面被白色绒毛；叶柄扁，具腺体 2 或无；短枝叶近圆形，有粗缺齿，基部平截，被面绿色，几无毛。均为雄株，雄花序长 5 ~ 15 cm，雄蕊 6 ~ 8，花盘绿色，花药红色，边缘具毛。花期 4 月。

新疆杨在原产地有青皮类型、白皮类型、弯曲型、疙瘩型等多种天然类型，生长差异明显。

(3) 生物学、生态学特性

1）新疆杨极喜光，且对侧光亦要求较高。若侧方或上方遮阴，生长就要受到抑制。

2）新疆杨喜干燥温凉气候，抗大气干旱能力很强。其原产地为具有暖温带大陆性气候特点的绿洲地带，年平均气温 11.3 ~ 11.7℃，极端最高气温 39.5 ~ 42.7℃，极端最低气温 -24 ~ -22℃，≥10℃活动积温 3964.9 ~ 4298.0℃，年降水量 36 ~ 62 mm（但有灌溉条件），蒸发量 2167 ~ 2695 mm，相对湿度 49% ~ 57%，新疆杨生长良好。仅在极端最低气温 -22.6℃的阿克苏出现冻裂现象。在黄土高原各地，能正常露地越冬。在温暖湿热地区生长不良，在关中平原其长势不如以北地区。在高寒阴湿地区生长不良，适应性不如北京杨。

3）新疆杨在黄土高原各主要土壤种类上均能生长，但对土壤水分状况十分敏感，要求土壤湿润疏松，通气良好。其根系有很高呼吸率，因而地下水位不宜过高。新疆杨较耐盐碱，当土壤含盐量小于 0.37% 时生长正常，大于 0.6% 时产生盐害。过于黏重的土壤新疆杨生长不良。

4）新疆杨树冠窄，但根系发达，根幅常为冠幅的 2 ~ 3 倍，抗风能力较强。

5）新疆杨苗期生长较快，在水肥条件较好的苗圃，当年生苗高平均 3.00 m 以上，地径平均 2.5 cm 以上。造林后，一般树高生长以 1 ~ 8 年生较快，连年生长量 1.5 ~ 2.8 m；胸径生长以 2 ~ 12 年生较快，连年生长量 1.0 ~ 1.6 cm；材积生长以 8 ~ 16 年较快，连年生长量 0.0225 ~ 0.0327 m³。一般 25 ~ 30 年时采伐利用。新疆杨寿命可长达 70 ~ 80 年。

6）根据我们所作新疆杨水分生理指标测定，总含水量 58.30%，自由水含量 34.42%，束缚水量 23.38%，束自比 0.69，蒸腾速率 702 mg/(g·h)，相对含水量

78.11%，水分亏缺21.89%，水势1.9908 MPa，恒重时间39 h，遗留水7.96%。抗旱性综合评价次于侧柏、油松、臭椿、白榆、毛白杨等，优于刺槐、旱柳等。

（4）造林适应与生长情况

新疆杨在该类型区主要作为农田防护林和行道树栽植，在城镇厂矿周围、院落、农村"四旁"等栽培普遍，以川道地区的水渠旁、公路两侧生长最好，并表现出较好的速生性。例如，定西巉口林场用新疆杨、河北杨、白榆作行道树，相同条件下新疆杨生长最快、最稳定。该试验区内新疆杨在县乡公路两侧、村庄院落等"四旁"散植，生长表现较好。新疆杨成林性较差，山地成片造林往往生长缓慢，因此不适宜营造纯林。新疆杨虽有一定的耐旱性，但在土壤水分条件不足的梁峁坡地栽植，生长缓慢，表现尚不如青杨，因此不提倡用于荒山荒坡造林。不同立地条件下生长情况见表5-10。

表 5-10　新疆杨人工造林生长、适应情况调查

调查地点	立地条件					树龄（年）	树高（m）	胸径（cm）	冠幅（m）
	部位	海拔（m）	坡向	坡度（°）	土壤	整地方式			
定西安家坡试验点	梁坡中	1930	S46°W	5	灰钙土	水平台	13	12.19	13.60	2.70
	梁坡下	1950	N6°W	8	灰钙土	水平台	8	5.32	4.78	1.46
定西巉口乡	川道	1860	—	<5	淀积土	坑穴	15	14.77	17.63	2.35
定西巉口林场	川道	1860	—	<5	淀积土	坑穴	15	12.25	14.56	2.24
定西内官乡	川道	1960	—	<5	淀积土	坑穴	18	18.63	24.37	3.62
陇西火焰山	梁坡下	1790	W	8	黄绵土	台地	22	12.14	15.79	2.05
临洮塔儿湾乡	梁坡中	2450	S28°E	20	黄绵土	水平台	18	8.40	9.72	1.70
会宁东山林场	梁坡下	1740	S	15	灰钙土	台地	17	14.30	14.25	2.06
会宁郭城乡	川滩	1550	—	<5	灌淤土	坑穴	20	26.03	25.87	3.88
静宁司桥林场	梁坡下	1770	S40°W	14	黄绵土	水平台	17	12.17	11.83	2.8
静宁城川乡	川道	1660	—	<5	黑垆土	坑穴	11	14.00	14.90	2.65

（5）生产中应注意的问题

1）新疆杨是目前甘肃黄土高原地区用于行道树的主要树种，具有生长稳定、速生、较抗黄斑星天牛等优点，但在山地造林生长缓慢，常形成"小老树"。在该类型区新疆杨适宜在川滩、川道、渠旁、路旁、院落等有良好水源条件的地方栽植，在荒山、荒坡等立地类型应限制用新疆杨造林。作为行道树栽植株距以2~2.5 m为宜。

2）新疆杨多为雌株，主要采用扦插繁育。扦插用种条一般选用1~2年生幼龄的健壮枝条，或1~2年生壮苗苗干，在入冬季节采集后采取湿沙冬藏，在良好的通气和低温条件下，有利于皮层的软化和内含抑制物质的转化，提高扦插成活率。也可以用小叶杨等留床苗（1~2年生）为砧木，用劈接法嫁接新疆杨育苗，效果也很好。

3）新疆杨有青皮、白皮等类型，一般白皮类型在土壤水分较好的立地条件下栽植，生长更为迅速。

4）新疆杨虽有一定的抗黄斑星天牛危害能力，但抗性不如毛白杨，在无其他黑杨派、青杨派杨树品种栽培的情况下，天牛也会为害新疆杨，生产上应予以引起注意。

5.4.1.7　青杨

（1）　自然地理分布

青杨（*Populus cathayana*）为我国特有种，分布于华北、西北及辽宁、四川、西藏等省（自治区），甘肃其主要分布于兰州、榆中、永登、天祝、渭源、夏河、舟曲、迭部及陇南、天水、平凉等地区，临夏州南部有集中天然分布。青杨是甘肃中部地区的主要人工造林树种，有悠久的栽培历史。

（2）　形态特征

青杨为落叶乔木，高约30 m。树皮初期光滑，灰绿色，有菱形皮孔，老时暗灰色，纵裂；树冠阔卵形。枝条圆柱形，有时具棱脊，幼时橄榄绿，后变成橙黄色至灰黄色，无毛。短枝叶卵形至狭卵形，长5～10 cm，先端渐尖或短渐尖，基部圆，稀近心形或宽楔形，缘具钝圆锯齿，下面绿白色，无毛；叶柄圆柱形，无毛；萌枝叶卵状长圆形，长10～20 cm，基部微心形。雄花序长4～5 cm，苞片条裂，雌花序长4～5 cm，柱头2～4裂；果序长10～15 cm；蒴果卵圆形，长6～9 mm，3裂，稀成2裂或4裂。

（3）　生物学、生态学特性

1）青杨喜温凉、湿润气候，为微偏湿生型树种；多生于海拔2000～2500 m的山谷、水边；较耐寒，在极端低温 –30℃的地方能正常生长，在气温较高的地方生长不良。

2）对土壤要求不严，喜土层深厚、湿润、肥沃土壤，在透气性良好的沙壤土、河滩冲积淤积土上生长迅速，在土层浅薄的山地生长不良，易形成"小老树"；不耐水湿，在盐碱地上不能生长。

3）具有强大的根系结构，一般垂直分布在地表70 cm处，水平分布的范围一般为3～4 m；具有一定的抗旱能力，但在干旱黄土山地，常因土壤湿度不足，生长不良，且心腐严重。

4）青杨发芽早，封顶晚，生长周期较长，因此生长速度较快，一般树高生长在5年前最快，胸径生长在5～10年最快，材积生长在15～20年为速生期，采伐利用年龄在20年为宜。

5）根据我们所作青杨水分生理指标测定，总含水量63.77%，自由水含量46.30%，束缚水量26.94%，束自比0.66，蒸腾速率428 mg/（g·h），相对含水量82.77%，水分亏缺17.23%，水势1.9123 MPa，恒重时间20 h，遗留水3.44%。抗旱性综合评价次于侧柏、油松、臭椿、白榆、新疆杨等，优于刺槐、旱柳等树种。

（4）　造林适应与生长情况

青杨在该类型区广泛分布，是优良的乡土树种，以川滩、宽沟道、山坡下部、村庄"四旁"栽植比较普遍，20世纪70年代营造的著名"华家岭林带"，青杨为主要组成树种。青杨在年降水量450 mm的以上川滩等立地生长较好，在阴坡集水线、沟道稀植可成材。在年降水量400 mm以下地区需有灌溉或径流集水条件，否则生长不良。如定西巉口林场梁坡上部，海拔2070 m，半阴坡，灰钙土，20年生青杨林分，平均树高8.06 m，平均胸径9.78 cm，单株材积0.0324 m³，心腐病比较严重，不宜发展。不同立地条件下青杨生长情况见表5-11。

表 5-11　青杨人工造林生长、适应情况调查

调查地点	立地条件						树龄（年）	树高（m）	胸径（cm）	冠幅（m）
	部位	海拔（m）	坡向	坡度（°）	土壤	整地方式				
定西安家坡试验点	梁坡中	1970	N	27	灰钙土	水平台	30	12.08	28.03	4.16
定西巉口林场	梁坡上	1950	N	15	灰钙土	水平台	15	5.94	6.90	2.40
		270	N20°E	23	灰钙土	水平台	20	8.06	9.78	3.85
定西华家岭大牛	梁坡上	2290	S12°W	25	黑麻土	水平台	18	6.56	8.29	3.52
定西华家岭林带	梁坡上	2150	S45°E	23	灰钙土	水平地	8.70	9.78	3.08	
	梁坡中	2100	N43°E	16	黄绵土	宽台地	19	12.00	14.11	4.08
定西内官乡	川滩	1950	—	5	淀积土	坑穴	19	21.32	31.13	7.58
定西车道岭林场	梁坡中	2220	N20°E	12	灰钙土	水平台	21	12.47	16.20	4.24
通渭义岗乡	沟道	1880	N75°E	17	黑垆土	水平台	17	11.34	15.75	3.71
静宁高界林场	梁坡中	1900	N65°E	18	黑麻土	水平台	17	13.52	20.04	6.23
榆中贡井林场	梁峁顶	2460	—	5	灰钙土	宽台地	18	9.79	17.74	4.68

在该试验区内，青杨为20世纪60～70年代的主要造林树种，在梁峁坡、沟坡、公路两侧及村庄院落等广泛栽植，初期生长较好，后因土壤比较干旱生长不良，加之黄斑星天牛的危害，现已毁灭殆尽，残留在沟坡、"四旁"的零星树木，多数树梢上部干枯，树皮脱落，树干虫孔密布。

（5）生产中应注意的问题

1）该类型区青杨主要用于营造用材林、河岸防护林和沟道防冲林。营造用材林时应选择立地条件较好的川道、川滩、沟道等，在公路两侧栽植青杨行道树，可利用路面径流集水进行灌溉，但造林密度不宜过大，以单行、株距3.5～4 m为宜。

2）以往甘肃省青杨造林多采用插干造林的形式，由于不注意插条的选择，常造成林分内树木参差不齐、干形弯曲、病害严重。生产上应注意优良无性系的选择和苗木的培育，禁止采用插干方式进行造林。

3）当前，影响青杨林生长的重要因素是黄斑星天牛的危害。20世纪50年代以来，黄斑星天牛从天水开始危害，肆虐成灾，已给甘肃省东部的杨树造林成果造成毁灭性的危害，青杨是危害最严重的树种，因此在青杨造林中，一定要做好天牛的防治工作。

5.4.1.8　毛白杨

（1）自然地理分布

毛白杨（*Populus tomentosa*）分布于北纬30°～40°、东经105°～125°。北起辽宁南部，南至浙江杭州，西到甘肃天水、陇南。其集中分布区在河北南部、山东西部、安徽北部、河南中部和北部、陕西中部，以北纬35°左右的黄河中下游为其适生区，其原产地在陕西关中地区和河南中部。毛白杨向北引种至陕西延安，向西到甘肃兰州、武威，青海西宁，以至新疆石河子，均生长良好。在山西南部、陕西关中平原及渭北黄土高原、甘肃天水渭河两岸、沟道两旁均适于毛白杨生长。

（2）形态特征

毛白杨为落叶大乔木，高可达 40 m、胸径 1.5 m，树干通直，树冠圆锥形、卵圆形或圆形。树皮灰绿色至灰白色，上具菱形皮孔，并随年龄增大而变大，一般可达 2.5 cm。枝条有长枝及短枝，小枝及萌蘖新枝密被灰色绒毛；长枝先端叶短渐尖，基部心形或截形，表面光滑，背面密被绒毛，叶柄基部有毛，近圆形，通常有 2~4 个腺体。短枝叶三角状卵形、卵圆形或近圆形，先端渐尖，表面暗绿色，幼时背面密被绒毛，后脱落。雄花芽圆形，大而紧，雌花芽卵圆形，小而疏。休眠芽着生于枝条近基部，体小，圆锥形。柔荑花序。花期 3 月，蒴果成熟期 4 月上中旬至 5 月上中旬。种子较小，椭圆形，黄白色或微带绿色。

毛白杨有许多变异类型及优良无性系，如心楔叶毛白杨、三角叶毛白杨、光皮毛白杨、长柄毛白杨、箭杆毛白杨、河南毛白杨、河北毛白杨、小叶毛白杨、截叶毛白杨等，在形态特征、生长特性上有很大差异。

（3）生物学、生态学特性

1）毛白杨为温带树种，喜温暖湿润气候，在年平均气温 7~16℃，年降水量 300~1300 mm 均可生长，但以年平均气温 11.0~15.5℃，年降水量 500~800 mm 的地区生长最好。集中分布区年平均气温 14℃，年温差较大。毛白杨能适应的极端最低温度为 -32.8℃，极端最高温度为 43℃，年温差在 28~30℃，昼夜温差 14℃。在早春温度变化过于悬殊，或高温多雨条件下生长不良，易受病虫危害。

从毛白杨栽培分布及各地引种栽培情况看，它具有一定的生态适应幅度，除适应温暖干燥气候（如新疆石河子）外，在温凉半湿润气候条件下也生长正常。如在甘肃的临夏、康乐一带，海拔 1900 m 以上，年平均气温 7℃，15 年生高 14.25 m，胸径 24.75 cm，单株材积 0.3130 m³。

2）毛白杨对水肥条件甚为敏感，在生长期内，平均气温 24~26℃，水分是决定速生的主导因子。在深厚肥沃湿润的壤土或沙壤土上，生长良好。由于毛白杨具有强大根系，有较强的抗风力和对干旱的抗逆性，但在过于干旱瘠薄、或低洼积水的盐碱地上生长不良。

3）毛白杨为喜光树种，要求长日照并有一定光照强度的天气。短日照或多云雾天气生长不良。过于密植的行道树，容易形成偏干和偏冠，影响生长，降低材质。

4）毛白杨稍耐盐碱，在土壤 pH 为 8.0~8.5 时能够生长，但 pH 为 8.5 以上时，生长不良。

5）毛白杨造林初期生长缓慢，4~5 年后生长逐渐加快，树高年生长量可达 1.0~1.5 m，胸径年生长量达 1.5~3.0 cm。4~16 年树高生长量最大，连年生长量 0.9~2.0 m，20 年前后达最高峰，以后趋缓。胸径生长量最大时期是 4~20 年，连年生长量为 2.0~2.8 cm，30 年生以后显著下降。材积生长在 30~35 年以后开始下降。

6）根据我们所作毛白杨水分生理指标测定，其总含水量 56.01%，自由水含量 30.07%，束缚水量 25.94%，束自比 0.88，蒸腾速率 268 mg/(g·h)，相对含水量 78.63%，水分亏缺 21.37%，水势 2.8992 MPa，恒重时间 45 h，遗留水 7.91%。抗旱性综合评价次于侧柏、油松、臭椿、白榆、河北杨等，优于刺槐、旱柳等。

（4）造林适应与生长情况

毛白杨为我国特有的著名速生用材树种之一，栽培范围比较广泛。在该类型区内毛白杨栽植数量并不多，多在城镇用于厂、院绿化和行道树，生长较好，表现出良好的速生性。尤其在黄斑星天牛危害严重的地区，毛白杨是少数抗天牛能力较强的杨树种之一。在该试验区内，有少量的毛白杨引种栽培试验，栽培立地为梁阴坡台地院落周围，生长正常，只是由于缺乏抚育管理，近年来生长量开始下降。毛白杨在杨属树种中虽有较好的抗旱能力，但总的来说仍属喜水肥的树种，在年降水量 400 mm 左右的半干旱地区，用于山地造林成活、生长表现不如河北杨、青杨、小叶杨。因此，在该类型区的荒山、荒坡造林上应限制使用毛白杨。

近年来，毛白杨育种工作取得较大进展。例如，北京林业大学采用回交部分染色体替换和染色体加倍技术，将一般二倍体毛白杨品种培育为三倍体毛白杨新品种，具有生长快、纤维长、无病虫害等特点，在各地广为推广。根据该类型区少量三倍体毛白杨引种栽培观察，其仍属喜水、喜肥的树种，在土壤瘠薄、水分不足的地方造林，表现不出速生性，抗干旱能力明显不足。不同立地条件下毛白杨生长情况见表 5-12。

表 5-12　毛白杨人工造林生长、适应情况调查

调查地点	立地条件						树龄（年）	树高（m）	胸径（cm）	冠幅（m）
	部位	海拔（m）	坡向	坡度（°）	土壤	整地方式				
定西安家坡试验点	梁坡中	1980	N30°E	5	灰钙土	水平台	14	7.17	8.22	2.78
定西巉口林场	川滩	1860	—	<5	淤积土	坑穴	22	18.45	28.54	7.63
会宁桃花山林场	梁坡上	1740	S40°W	14	灰钙土	水平台	11	7.41	6.40	2.24
会宁郭城乡	川台地	1540	—	<5	淀积土	坑穴	17	20.02	25.35	4.68
通渭城关乡	梁坡下	1840	S	8	黑垆土	水平台	18	15.23	18.44	3.91
陇西县苗圃	川道	1770	—	<5	淀积土	坑穴	18	21.07	30.37	6.43
陇西西北铝厂	川台地	1880	—	<5	淀积土	坑穴	22	19.53	25.83	6.23
榆中连塔乡	川道	2000	—	<5	淀积土	坑穴	15	13.11	22.46	6.25

（5）生产中应注意的问题

1）毛白杨为喜水肥、喜光树种，虽有一定抗旱能力，但在该类型区内，只能在河川滩、宽沟道、台阶地等立地类型上栽植或用于"四旁"绿化，严禁在无灌溉条件的荒山、荒坡用于造林，即使在有一定补灌条件的山坡，如果灌溉条件无保障（如季节性供水），也应禁止上山造林。作为行道树栽植株距以 3 ~ 4 m 为宜。

2）毛白杨稍耐盐碱，在用于公路行道树栽植时，应对土壤进行改良或客土栽植。严禁在低洼盐碱地造林。

3）毛白杨扦插繁殖成活率较低，可采用带木质芽接技术进行繁殖。

4）在该类型区三倍体毛白杨其抗旱性、抗寒性均不如河北杨、青杨、小叶杨等，不提倡用于荒山、荒坡造林。

5.4.1.9 刺槐

(1) 自然地理分布

刺槐（*Robinia pseudoacacia*）原产地为美国东部的阿拍拉契亚山脉和奥萨克山脉。20世纪初从欧洲引入我国青岛，新中国成立后，栽培面积迅速扩大。在东经 86°~124°、北纬 23°~46° 的广大区域都有栽培。在黄河中下游、淮河流域的黄土高原塬面、沟坡、土石山坡中下部、沟坡、黄泛区细沙地、河漫滩地等多集中成片栽植。刺槐在 20 世纪 30 年代引种至甘肃天水，50 年代后随陇海铁路西延，逐步向西扩展，并已成为甘肃黄土高原沟壑区水土保持林不可替代的造林树种。

(2) 形态特征

刺槐为落叶乔木，高 25 m、胸径 60 cm，树皮深纵裂至浅裂，有的比较光滑。颜色多为灰褐色至黑褐色，也有灰白色。小枝无毛，有托叶刺；奇数羽状复叶，互生，小叶 7~19 枚，窄椭圆形或卵形，长 1.5~4.5 cm，先端钝圆，微有凹缺，有小尖头；总状花序，白色，有香气；荚果扁平，沿腹线有窄翅，种子黑色、黄色具有褐色花纹或褐色。

栽培上有两个变型：无刺槐，树冠帚状，枝条生长均匀，无刺；球冠无刺槐，树冠能自成卵圆形，无刺，或刺很小很软，不开花或开花很少，几无果实。

(3) 生物学、生态学特性

1）刺槐是温带树种，在年平均气温 5℃ 能正常生长。喜温暖，不耐寒冷，更忌烈风干旱，但对不同气候条件仍有较强的适应性。刺槐为强阳性树种，喜光，不耐庇荫；年降水量 500~900 mm、年平均气温 14℃ 的条件下，表现出速生性。

2）刺槐耐干旱、耐瘠薄能力较强，在石质山地抗旱能力超过臭椿。适生于多种土壤，但喜土质肥沃疏松，有一定的耐盐碱能力，但土壤含盐量超过 0.3% 时生长受到抑制。

3）刺槐为浅根性树种，主根不明显，侧、须根发达，呈网状分布，多分布于地表 10~40 cm 土层内，具有良好的保水固土能力。须根生有大量根瘤，能固氮培肥地力，改良土壤。

4）刺槐萌芽力和萌蘖力极强，能萌蘖成林。

5）根据我们所作刺槐水分生理指标的测定，其总含水量 61.90%，自由水含量 39.03%，束缚水量 22.87%，束自比 0.61，蒸腾速率 954 mg/(g·h)，相对含水量 78.65%，水分亏缺 21.35%，水势 2.2300 MPa，恒重时间 33 h，遗留水 7.81%。抗旱性综合评价次于侧柏、油松、臭椿、白榆、河北杨等，略优于旱柳。

(4) 造林适应与生长情况

刺槐在甘肃栽培比较广泛，是陇东及陇中南部黄土地区荒山营造水土保持林的主要树种，并占有重要位置。由于该类型区海拔较高，刺槐主要在川道、宽沟道、"四旁"栽植，作为行道树栽植较多。如陇海铁路两侧、城区道路和院落等均有 20 世纪 50 年代栽植的大树，生长良好。在项目试验区内刺槐为零星栽植，主要为沟坡散植和行道树。刺槐在有适当灌溉和汇集雨水径流的条件下，生长迅速，是其他树种难以替代的，可认为是一个优良的造林绿化树种。2002 年、2003 年课题组从河南分别引进 17 个刺槐无性系进行栽培对比试验，力求通过试验筛选适宜本地区生长的刺槐优良无性系，在生产中推广应用，由于试验时间较短，试验结果还有待于进一步观察。不同立地条件下刺槐生长情况见表 5-13。

表 5-13　刺槐人工造林生长、适应情况调查

调查地点	立地条件					树龄（年）	树高（m）	胸径（cm）	冠幅（m）
	部位	海拔（m）	坡向	坡度（°）	土壤	整地方式			
定西安家坡试验点	沟坡中	1920	S32°E	5	灰钙土	水平台	17	9.33	8.05	3.13
	沟坡下	1920	N32°E	5	灰钙土	宽台地	20	7.45	13.18	4.62
定西巉口林场	川道	1850			灰钙土	坑穴	30	12.23	27.76	5.60
		1850		5	灰钙土	坑穴	34	11.48	29.58	7.00
定西景家店乡	川道	1940			灰钙土	坑穴	24	18.58	33.02	7.20
会宁东山林场	沟道	1740	S40°W	11	淀积土	坑穴	12	6.05	8.90	3.15
通渭碧玉乡	梁坡中	1890	S45°W	12	黑麻土	水平台	16	9.84	14.67	5.21
陇西水保站	梁坡上	1980	S50°W	14	黄绵土	水平台	22	10.27	13.78	4.17
静宁司桥林场	沟坡下	1780	N63°E	36	黄绵土	水平台	17	12.09	16.47	5.48
静宁高界乡林场	梁坡下	1730	S35°W	8	黄绵土	宽水平台	15	11.30	19.16	6.08
榆中接驾嘴	川道	1780		<5	淀积土	坑穴	38	12.74	37.77	7.45

（5）生产中应注意的问题

1）影响刺槐在干旱荒山造林成效的主要因子是土壤水分，根据我们的实践，该类型区刺槐适宜在川道、沟坡下部、台阶地等立地类型栽植，可作为行道树和"四旁"绿化树种，不提倡刺槐用于干旱荒山阳坡造林。

2）根据刺槐萌蘖力强的特点，可进行灌木经营，而且尽可能采用优良品种四倍体刺槐营造饲料林，提高造林经营水平，为开展多种经营、以副促林奠定基础。

3）目前各地栽植的刺槐，个体差异很大，除经营上的问题外，很大原因是遗传因素造成的，生产上要把好采种关，非优良母树的种子、不合格的苗木严格禁止应用于苗木繁育和造林生产。

5.4.1.10　旱柳

（1）自然地理分布

旱柳（*Salix matsudana*）为我国北方广布树种，以黄河流域为中心，遍布华北、东北、西北、华东。最北可达北纬45°左右，南至淮河流域及江苏、浙江。旱柳在甘肃省各地广为分布。

（2）形态特征

旱柳为落叶乔木，高20 m，胸径80 cm；树冠广圆形，树皮深灰色，浅裂到深裂；幼枝有毛，小枝黄绿色或绿色，无毛；叶披针形，或线状披针形，长4～10 cm、宽1～1.5 cm，有细锯齿，下面被白粉，叶柄长2～4 mm；花枝上叶较小，全缘；幼叶被丝状毛，后脱落；雌雄异株，雄花序长1.5～2.5 cm，序轴被毛，雄蕊2，花丝分离，其被腹面各具1腺体；雌花序具短梗及3～5小叶，序轴被长毛，具腹，被腺，背腹很小，果序长约2 cm，子房近无柄。花期4月，果期4～5月。

（3）生物学、生态学特性

1）旱柳是对生态环境适应性很强的树种。极喜光，不耐庇荫。耐寒，可在年平均气

温 1 ~ 2℃、极端低温 – 42℃ 的条件下生长无冻害。在黄土高原其栽培海拔高度可达 2300 m。

2）旱柳耐大气干旱，也耐土壤干旱，耐水湿，在河滩、渠旁、沟谷、低洼湿地表现速生，喜湿润肥沃土壤，在土壤黏重、中度盐碱地上生长不良，在含盐量 0.3% 的轻盐碱土上可以生长，是缺铁性土壤的指示植物。

3）旱柳根系发达，主根明显，侧根庞大，有良好的固土能力。旱柳具有很强的萌生能力，嫩枝、老枝和树干都有很强的萌芽与生根能力，极易繁殖。

4）旱柳寿命一般 50 ~ 70 年，各地均有 200 年树龄的老树。早期速生，立地条件优越时 4 ~ 5 年可长成椽材，10 年左右长成檩材。

5）根据我们所作旱柳水分生理指标的测定，其总含水量 69.60%，自由水含量 52.93%，束缚水量 16.67%，束自比 0.32，蒸腾速率 532 mg/（g·h），相对含水量 93.27%，水分亏缺 6.73%，水势 1.5329 MPa，恒重时间 19 h，遗留水 8.47%。抗旱性综合评价来看比较差，因此不提倡旱柳用于无灌溉条件的荒山造林。

（4）造林适应与生长情况

旱柳在该类型区广泛分布，以川滩、沟道，"四旁"造林栽植最多，是仅次于杨树而居于第二位的造林树种。在公路旁、水渠旁、河滩地、沟道栽植，表现出良好的速生性。定西巉口乡祖历河河堤上，21 年生旱柳，树高 15.1 m，胸径 42.7 cm，单株材积 0.919 0 m³，生长状况优于青杨。项目试验区内旱柳主要在院落、路旁、坡坎、沟道、缓沟坡零散栽植，生长良好，梁峁山坡无大面积成片造林。旱柳耐水淹、土埋，是水土保持工程中沟道谷坊的首选树种，柳谷坊可以很好地起到拦蓄洪水、防止冲刷的作用，在宽沟道还可以营造旱柳人工用材林。不同立地条件下旱柳生长情况见表 5-14。

表 5-14　旱柳人工造林生长、适应情况调查

调查地点	立地条件						树龄（年）	树高（m）	胸径（cm）	冠幅（m）
	部位	海拔（m）	坡向	坡度（°）	土壤	整地方式				
定西安家坡试验点	梁坡中	1980	S30°E	45	灰钙土	反坡梯田	25	13.20	29.93	6.40
	侵蚀沟坡上	1960	N25°W	45	灰钙土	水平台	34	12.17	21.90	6.64
定西巉口林场	梁坡中	1860	N	<5	灰钙土	水平台	20	10.34	21.03	4.09
定西巉口乡	河滩地河堤	1860	—	5	冲积淀积土	坑穴	21	15.10	42.7	6.45
定西内官乡	川道	2000		5	淀积土	坑穴	19	19.00	31.81	6.87
通渭第三铺乡	梁坡上	2160	N65°W	15	黑麻土	水平台	19	8.11	16.75	4.33
通渭吉川乡	梁坡上	1680	N20°E	<5	黑麻土	水平台	26	13.78	30.62	8.46
陇西福星乡	梁坡上	2250	S50°W	14	黄绵土	水平台	26	7.20	16.04	4.58
临洮塔儿湾乡	梁坡中	2440	N70°E	8	淀积土	水平台	20	10.34	21.03	4.03
静宁司桥林场	宽沟道	1690	—	<5	冲积土	坑穴	22	12.49	23.34	5.24
榆中连塔乡	川台地	1850	—	<5	灰钙土	坑穴	23	14.14	25.47	5.75

（5）生产中应注意的问题

1）旱柳在甘肃为广布树种，在该类型区旱柳适宜在多种立地类型上栽植，但以川滩、沟道和"四旁"等立地类型生长良好。适宜营造固岸护滩林、固沟护坝林和公路行道树、厂矿绿化等。

2）旱柳具有一定的抗旱能力，对干旱的适应能力强于杨树，但总体评价为喜水喜湿的树种，在土壤比较干旱的梁峁造林虽可成林，但生长不如刺槐、山杏，在该类型区不提倡在干旱、坡陡的山地应用旱柳造林。

3）目前生产中所用旱柳个体差异较大，大多干形弯曲、生长缓慢，应尽早开展优良无性系的选育工作，以提高旱柳的经济价值。

4）临夏州林科所引进杂交柳树品种，如 J172 柳、J194 柳、青刚柳等，经多年试验、推广，具有良好的速生、抗虫及干形优良等特性，可以引进和推广，以替代现有旱柳作为行道树栽植。

5）在该试验区内，旱柳也存在黄斑星天牛危害的现象，造成树冠上部树梢干枯，呈现衰败情形，除注意进行害虫防治外，应加强对树木的抚育管理，增强树势以降低病虫危害。

5.4.1.11　臭椿

（1）自然地理分布

臭椿（*Ailanthus altissinia*）原产我国北部、中部，现分布广泛，水平分布北纬 22°～43°，北至辽宁、河北，南到江西、福建，东起海滨，西至甘肃。其中以西北、华北分布最多。垂直分布西北到海拔 1800 m，山西西部海拔 1500 m，河北西南部海拔 1200 m。在此范围内的平原、黄土高原丘陵、石质山地均有广泛分布。

（2）形态特征

臭椿为落叶乔木；树高 30 m，胸径可达 1 m 以上；树皮灰白色、淡灰色至黑灰色，稍平滑或有浅裂纹；树冠阔卵形，老树树冠平顶；小枝粗壮，新枝黄色或赤褐色，有细毛密生。奇数羽状复叶，复叶可达 40 cm 以上，小叶互生，13～25 个，卵状披针形，先端渐尖，全缘，基部略为心形或楔形，近叶基处有 1～3 对粗锯齿，其上具腺点，有臭味。雌雄同株，花杂性或雌雄异株；圆锥花序顶生；翅果，扁平，纺锤状，长 3～5 cm；花期 5～7 月，种子 9～10 月成熟，10～12 月为采收期。翅果熟时呈黄色或红褐色，经冬不落。

（3）生物学、生态学特性

1）臭椿为强阳性树种，喜光、喜散生，成林性差，对气候条件要求不严，有一定耐寒性，在分布区域内，一般年平均气温 7～18℃，对温度有一定适应性，能耐 47.8℃ 的极端高温和 -35℃ 的极端低温。

2）臭椿在年平均降水量 400～1400 mm 的条件下能生长。但极耐干旱瘠薄，在沟壑崖畔及岩石裸露的陡坡常见生长，当土壤水分不足时常以落叶相适应。不耐水湿，林地较长时间积水叶变黄甚至烂根死亡。

3）对土壤要求不严，但以土层深厚的沙壤土及中壤土上生长最好。抗盐碱能力较强，可在含盐量 0.2%～0.3% 的土壤上生长。

4）臭椿为深根性树种，根系庞大，主根明显，侧根少而粗，多分布在 15~60 cm 的土层内。根蘖力强，大树伐倒后周围常萌生多株幼树。

5）根据我们所作臭椿水分生理指标的测定，其总含水量 66.94%，自由水含量 40.11%，束缚水量 26.40%，束自比 0.57，蒸腾速率 499 mg/(g·h)，相对含水量 68.98%，水分亏缺 31.02%，水势 1.8796 MPa，恒重时间 47 h，遗留水 8.44%。抗旱性综合评价次于侧柏、油松、山杏、柠条等，优于文冠果、白榆、旱柳、河北杨、刺槐等。

（4）造林适应与生长情况

臭椿在该类型区有广泛分布，是传统的造林树种，主要在川滩、沟道、路旁、坡坎等零星栽植，也是本地"四旁"植树的优良的乡土树种之一，散生数量较大。该试验区内臭椿主要在梁峁坡下部、沟坡、坡坎及"四旁"栽植，基本无成片造林。臭椿一般生长比较缓慢，但在水渠旁、汇集径流的低洼地上可表现出良好的速生性。本课题于 2002 年春季在梁峁阴坡台地上应用臭椿容器苗造林，成活、生长表现均较好。该类型区内不同立地类型臭椿生长情况调查见表 5-15。

表 5-15　臭椿人工造林生长、适应情况调查

调查地点	立地条件						树龄（年）	树高（m）	胸径（cm）	冠幅（m）
	部位	海拔（m）	坡向	坡度（°）	土壤	整地方式				
定西安家坡试验点	梁坡中	1950	S15°E	15	灰钙土	水平台	20	8.15	18.50	5.18
		1960	N15°E	5	灰钙土	水平台	24	7.98	21.17	5.74
定西巉口林场	梁坡中	2100	S40°W	26	灰钙土	水平台	15	4.15	6.13	2.50
	梁峁顶	2120	—	5	灰钙土	宽台地	32	3.79	9.63	2.50
通渭襄南乡	梁坡下	1740	S30°W	10	淀积土	坑穴	17	10.00	24.50	5.40
会宁东山林场	沟道	1920	—	<5	淀积土	坑穴	12	5.02	8.69	2.62
会宁太平乡	梁坡下	2000	N	10	淀积土	水平台	20	11.25	21.00	6.80
陇西福星乡	梁坡中	1700	N35°W	14	黄绵土	水平台	30	16.00	21.70	4.25
静宁司桥林场	沟坡中	1700	W	15	黑垆土	水平台	16	8.35	20.15	6.65
静宁高界林场	梁坡中	1730	S35°E	10	黄绵土	水平台	19	9.25	15.97	4.06
榆中贡井林场	沟道	1700	N20°E	15	灰钙土	坑穴	16	9.05	11.03	4.73

（5）生产中应注意的问题

1）臭椿在该类型区适宜在水分条件相对较好的"四旁"栽植，其虽有较强的抗旱能力，但在荒山或立地质量较差的地方生长不良，有时呈灌木状生长，不提倡用于荒山、荒坡造林。

2）臭椿生长缓慢，且成林性较差，即使在集中分布区条件较好的立地，也多以散生状态生长，可以用于村庄"四旁"或公路两侧作为行道树栽植。

3）受长期自然选择的影响，臭椿产生许多类型，如白皮、黑皮、红花等，生长、抗性均有差异，应注意进行选择。另外习见臭椿雌雄异株，一般雄株生长优于雌株，可通过无性繁殖进行定向培育，生产优质苗木。也可利用臭椿串根性强的特点，选择优良单株进

行根蘖繁殖，扩大良种生产应用率。

4）近年来臭椿蛀干害虫危害有蔓延趋势，应加强防治工作。

5.4.1.12　白榆

(1)　自然地理分布

白榆（*Ulmus pumila*）主要分布我国东北、华北、华东、西北等地区。东北、华北和淮北平原栽培最为普遍。常见于河堤两岸、村旁、道旁和宅旁，山麓和沙地亦有生长。垂直分布海拔一般为 1000 m 以下，在新疆天山、甘肃中部地区海拔可达 1500 m，陕西秦岭可达海拔 2400 m。

(2)　形态特征

白榆为落叶乔木，高达 15 m，胸径 40 cm，在干旱瘠薄地方长成灌木状；枝条开展，树冠近圆形或卵圆形；树皮黄褐色，具不规则裂痕或略龟裂，有明显的绣色小皮孔。小枝灰色，光滑无毛；小叶 5~9，对生，长 3~10 cm，宽 1~5 cm，叶椭圆状卵形或椭圆状披针形，先端渐尖，叶缘具不规则复锯齿或单锯齿，无毛或叶下面脉腋微有簇生毛；雌雄异株，侧生或顶生圆锥花序，长 8~15 cm；萼钟形，深裂或不整齐分裂；花药卵球形至圆状卵球形，长与花丝略等。3~4 月先叶开花；4~6 月果熟，翅果近圆形或倒卵状圆形，长 1~2 cm，熟时黄白色，无毛，果熟期 9~10 月。

白榆有几种栽培类型，干形、树冠、树皮等形态特征有一定差异。

(3)　生物学、生态学特性

1）白榆为阳性树种，抗逆性强，适应性广，喜光，不耐庇荫。分布在寒冷地区的白榆可耐 -50℃ 的极端低温，在最热月平均气温达 33℃ 的地区也能正常生长，可耐 47.6℃ 的极端高温。

2）白榆抗旱性强，在年降水量不足 200 mm，空气湿度 50% 以下的荒漠地带能正常生长，但喜土壤湿润、深厚、肥沃，在过于干旱、瘠薄的荒山荒坡常长成"小老树"。较耐盐碱，可在多种轻、中度盐碱地上生长。

3）白榆属深根性，根系发达，具有强大的主根和侧根，伐根具有萌蘖力。

4）根据我们所作白榆水分生理指标的测定，其总含水量 61.31%，自由水含量 38.17%，束缚水量 23.14%，束自比 0.52，蒸腾速率 308 mg/(g·h)，相对含水量 74.41%，水分亏缺 25.59%，水势 2.598 7 MPa，恒重时间 37 h，遗留水 9.82%。抗旱性综合评价次于侧柏、文冠果、毛白杨、旱柳等，优于河北杨、新疆杨、刺槐、火炬树等。

(4)　造林适应与生长情况

白榆在甘肃各地有广泛的分布与栽培，也是该类型区主要造林树种，在荒山绿化造林的历史上曾占有重要地位，20 世纪 50 年代，白榆在黄土高原造林中曾得到广泛应用，如定西巉口林场、陇西二十里铺、静宁高界乡等均开展过大面积造林，目前在各地尚保存有大树，生长、发育良好。该试验区内白榆在沟坡上部、公路两侧、坡坎地埂和村庄院落等有广泛栽植，是该地比较适生的少数树种之一。白榆在年降水量 400 mm 以下的地区，山地造林成效较差。例如，兰州地区 20 世纪 50 年代曾在南北两山造林中大量栽植白榆，是当时主要造林树种，由于土壤干旱问题影响，生长普遍不良，后遭受病虫危害，在 20 世纪 80 年代便损失殆尽。定西巉口林场 50 年代也曾有过大面积白榆荒山造林，也由于干旱及病虫害危害，目前保存下来的树木已不多，其教训应引起我们的重视。不同立地条件下生长情况见表 5-16。

表 5-16 白榆人工造林生长、适应情况

调查地点	立地条件						树龄（年）	树高（m）	胸径（cm）	冠幅（m）
	部位	海拔（m）	坡向	坡度（°）	土壤	整地方式				
定西安家坡试验点	梁坡中	1960	N20°E	45	灰钙土	水平台	10	5.99	8.94	3.61
	侵蚀沟上	1960	N10°W	40	灰钙土	水平台	25	7.02	21.3	6.55
定西巉口林场	梁坡顶	2040	—	<5	灰钙土	宽台	15	3.41	3.70	1.50
	梁峁上	1980	N	13	灰钙土	水平台	18	8.10	9.31	4.85
	梁坡下	1860	E	5	灰钙土	水平台	27	9.50	29.05	6.38
定西景家店乡	川道台阶地	1930	—	<5	淀积土	坑穴	29	10.73	27.64	7.61
定西车道岭林场	梁坡中	2100	S30°E	24	灰钙土	水平台	17	6.63	13.37	5.06
通渭义岗乡	川滩	1860	—	<5	淀积土	坑穴	22	12.30	23.29	6.23
会宁东山林场	梁坡下	1780	S	5	淀积土	坑穴	24	9.43	19.74	4.60
会宁老君山乡	梁坡中	2060	N20°W	26	灰钙土	水平台	18	7.20	16.92	5.22
陇西水保站	梁坡上	2000	N17°W	12	黑垆土	水平台	23	9.59	17.43	5.24
静宁司桥林场	宽沟道	1690	—	<5	冲积淀积土	坑穴	22	10.90	17.46	5.25
榆中贡井林场	梁坡上	2400	S75°E	17	灰钙土	水平台	19	6.33	19.25	6.26

（5）生产中应注意的问题

1）白榆在该类型区适宜在土壤水分状况较好的立地造林和栽植，如梁峁阴坡下部、台阶地、缓沟坡、沟道、川滩等。白榆虽有一定的抗旱性，但抗旱能力比较有限，在干旱阳坡造林成效较低，不提倡在荒山、荒坡大面积造林。

2）白榆在荒山造林中可以考虑以灌木方式经营，能较好地覆被地面，起到绿化和保持水土的作用。

3）白榆为广布树种，根据甘肃省林业科学研究所完成的《白榆地理变异和种源选择研究》成果，不同种源之间，生长、抗性差异十分明显，在生产上应大力推广适宜本地的优良种源的种苗用于造林。

4）近年来，该试验区内的白榆由于受榆树卷叶蛾、榆树绿天蛾等食叶害虫的严重为害，在生长季节出现大面积整树叶片枯黄的现象，给白榆的生长发育带来严重危害，应尽早采取防治措施。

5.4.1.13　山杏

（1）自然地理分布

山杏（*Armeniaca vulgaris var. ansu*）分布于我国东北、华北、西北，在黄土高原主要分布于内蒙古、甘肃、陕西、山西、河南等省（自治区），在甘肃主要分布于陇东、陇中中部和南部地区，多有天然生长。20 世纪 50 ～ 60 年代在甘肃曾广泛用于半干旱、半湿润地区干旱阳坡、半阳坡造林，现各地仍保存有较多的人工林。

（2）形态特征

山杏为小乔木或灌木树种，高 2 ～ 5 m。叶卵圆形或圆形，长 4 ～ 7 cm，宽 2 ～ 5 cm，先端渐尖，基部圆形或近圆形，边缘有细锯齿，两面无毛，或在下面沿叶脉有短柔毛；叶柄长 2 ～ 3 cm，近顶端有两腺点或无。花单生，近无梗，直径 1.5 ～ 2 cm；萼筒圆筒状，裂片矩圆状椭圆形，微生短柔毛或无毛，花后反折；花瓣白色或粉红色，近心形或倒卵形；雄蕊多数，离生；心皮 1，有短柔毛。核果有沟，近球形，两侧平，直径约 2 cm，黄色带红晕，微有短柔毛；果肉薄水少，成熟时开裂；核平滑，腹棱明显且尖锐，背棱喙状突出；种子味苦。

（3）生物学、生态学特性

1）山杏为适应性很强的阳性树种，具有喜光、耐旱、耐寒、耐瘠薄等特性，能生长在荒山丘陵、草原等干旱地区，不耐庇荫，在光照充足的阳坡生长发育良好，栽植过密及光照不足时，长势衰弱，枝条细弱弯曲，年生长量和结果量低。在土壤含水量仅为 3% ～ 5%，而持续较长时间的干旱季节，仍能正常生长。山杏耐寒力很强，在 − 40 ～ − 30℃极端低温下可不受冻害，同时也耐高温，在 43.9℃ 的高温条件下能正常结果。

2）山杏耐瘠薄，在土层薄，甚至岩石裸露的陡坡地也能生长，不耐水涝和盐碱，在积水和盐渍化土壤上生长不良，花的抗冻性差，花期遇晚霜或 − 2℃ 以下的低温、寒流，即受冻害，影响结果。

3）山杏根系发达，萌生力强，一年生实生苗主根可达 1 m 以上，生于黄土崖畔的 25 年生山杏树高 6.0 m，主根长达 11.0 m。山杏萌芽力强，在砍伐或创伤后，隐芽可萌发大量枝条。实生山杏 3 ～ 4 年开始结果，嫁接苗 2 年后即可结果，10 年左右进入盛果期，20 年左右产量最高，经济寿命一般 30 ～ 40 年。

4）山杏常生于干燥向阳山坡、丘陵草地，其生境条件往往很差，常与落叶灌木混生，为建群种或伴生种。

5）根据我们所作山杏水分生理指标的测定，其总含水量 61.46%，自由水含量 36.61%，束缚水量 24.85%，束自比 0.70，蒸腾速率 275 mg/（g·h），相对含水量 70.27%，水分亏缺 29.73%，水势 3.9044 MPa，恒重时间 72 h，遗留水 7.89%。抗旱性综合评价次于梭梭、侧柏、毛条、山毛桃、沙木蓼等，优于沙枣、油松、云杉、文冠果等。

（4）造林适应与生长情况

山杏在该类型区广泛分布，属生长稳定、抗逆性强的优良乡土树种。适应梁峁坡、沟坡、川滩、沟道等各种立地类型栽植。20 世纪 50 年代以来，该类型区各地曾广泛开展荒山造林活动，树种以山杏、白榆、青杨等为主，山杏占有较大的比例，目前各地保存下来的较完整大树龄林分，基本上以山杏为主。例如，定西巉口林场、会宁东山林场、陇西福星乡等山杏林，生长稳定、健壮。在立地条件较好的地方，每年可生产一定量的杏核与杏仁，有较好的经济效益。该试验区内山杏林是主要人工造林林分类型之一，保存较好，在流域内的梁峁阴坡、半阴坡、阳坡等生长均较好，在"四旁"、坡坎地埂散生的山杏表现优于青杨、刺槐、白榆、臭椿等树种。山杏具有较好的抗旱性，但成林性基本以年降水量400 mm 等雨线为界，在年降水量400 mm 以下地区造林生长表现出不良，在年降水量300 mm左右的兰州，已不适应山地造林。生长状况调查见表5-17。

表5-17　山杏人工造林生长、适应情况

调查地点	立地条件						树龄（年）	树高（m）	胸径（cm）	冠幅（m）
	部位	海拔（m）	坡向	坡度(°)	土壤	整地方式				
定西安家坡试验点	梁坡中	1960	N45°E	5	灰钙土	水平台	35	7.62	24.26	6.89
	梁坡下	1940	S50°W	35	灰钙土	水平台	34	6.31	17.06	5.02
定西巉口林场	梁坡顶	1980	—	11	灰钙土	坑穴	32	3.79	9.63	2.50
	梁峁上	1960	N10°W	30	灰钙土	水平台	33	3.99	10.14	4.24
	梁坡上	1960	S30°W	18	灰钙土	水平台	32	4.34	8.71	3.49
定西华家岭林带	梁坡中	2230	S30°W	21	黑麻土	水平台	31	4.86	11.04	4.97
定西车道岭林场	梁坡中	2240	S30°WE	38	灰钙土	水平台	26	4.21	7.67	2.98
通渭温泉乡	川台地	1840	—	5	黄绵土	坑穴	20	6.57	14.02	4.31
陇西福星乡	梁坡中	1790	N45°W	16	黄绵土	水平台	25	5.10	9.47	3.68
会宁东山林场	梁坡上	1920	S30°E	13	灰钙土	水平台	22	3.29	8.76	2.64
会宁新添乡	梁坡下	1920	N42°W	10	黄绵土	水平台	25	6.98	18.08	5.69
静宁红司乡	梁坡上	2000	S70°W	24	黄绵土	水平台	21	3.78	8.15	2.96
静宁高界乡	梁坡中	1950	S30°W	17	黄绵土	水平台	36	5.97	14.39	5.55

（5）生产中应注意的问题

1）山杏在该类型区适宜在各种立地类型上生长，但以川滩、宽沟道、沟坡下部、梁峁阴坡下部生长较好，在梁峁阳坡、梁峁顶虽能生长，易形成"小老树"，经济效益低。山地造林株行距以3 m×3 m或3 m×4 m为宜。

2）山杏主要以种子繁殖，由于种子来源和质量的差异，常造成个体之间生长差异较大，尤其用于生产鲜食杏为目的的树木，容易带来不良后果。育苗时应选择优良单株采种，避免使用商业种子。

3）目前，该类型区各地发展仁用杏的势头很强，退耕还林、荒山造林工程不管立地条件一哄而上，难免出现造林地与树种不适的问题，在立地质量较差的类型上栽植仁用杏成品苗或在山杏造林林分嫁接仁用杏，难以产生良好的经济效益，应引起注意。另外，目前仁用杏品种较多，生产上应用前应进行对比试验，选择适宜品种进行推广，避免盲目扩大栽培面积，造成不良后果。

4）在高海拔山地栽培山杏（或仁用杏），花期易受晚霜为害，是影响果实产量的重要因素，在建园时应注意进行立地类型选择，经营时加强花期防冻措施。

5.4.1.14　甘蒙柽柳

（1）自然地理分布

甘蒙柽柳（*Tamarix austrmongolica*）为我国的特有种，分布范围约在东经 100°～112°，北纬 33°～42°，为青海（东部）、甘肃（秦岭以北、乌鞘岭以东）、宁夏、内蒙古（中南部和东部）、陕西（黄河两岸）、山西（河流两岸）、河北（北部）、河南、山东（至黄河出海口）等省（自治区）。主要生于盐渍化河漫滩及冲积平原，盐碱沙漠地及灌溉盐碱地区（刘铭庭，1995）。也可天然生长于盐渍化沟滩地，在甘肃省黄土高原丘陵沟壑区，海拔 1500～2470 m 地带营造的甘蒙柽柳片林生长良好。随着柽柳属植物的引种驯化，甘蒙柽柳栽培已扩大到甘肃河西走廊、新疆吐鲁番和塔里木盆地。

（2）形态特征

落叶灌木或小乔木，高 2～5 m，亦有超过 8 m 者，老枝栗红色，枝直立，幼枝及嫩枝质硬直伸而不下垂，叶灰蓝绿色，木质化生长枝基部的叶卵圆形，急尖，上部的叶卵状披针形，急尖，长约 2～3 mm，先端均呈尖刺状，基部向外鼓胀；绿色嫩枝上的叶长圆形或圆状披针形，渐尖，基部亦向外鼓胀。春和夏均开花；春季开花，总状花序自去年生枝上发出，侧生，花序轴质硬而直伸，长 3～4 cm，宽 0.5 cm，着花较密，有短总状花梗；有苞片或无，苞片蓝绿色，宽卵形，突渐尖，基部渐狭，苞片线状披针形，浅白或紫蓝绿色，花梗极短，夏秋季开花，总状花序较春季的狭细，组成顶生型圆锥花序，生当年生幼枝上，多挺直向上；花 5 数，萼片 5，卵形，急尖，绿色，边缘膜质透明，花瓣 5，倒卵状长圆形，淡紫红色；顶端向外反折，花后宿存。花盘 5 裂，顶端微缺，紫红色；雄蕊 5，伸出花瓣之外，花丝丝状，着于花盘裂片间，花药红色；子房三棱状卵圆形，红色，花柱与柱头等长，柱头 3，下弯。蒴果长锥形，长约 5 mm，内含种子 10 余粒。花期 5～9 月，种子顶端具芒柱，上有冠毛。种子长 0.6 mm 左右，直径 0.2 mm。

（3）生物学、生态学特性

1）甘蒙柽柳为阳性树种，喜光、稍耐阴，苗期即对光照特别敏感，有遮阴死亡现象，幼树在遮阴条件下黄叶。对温度适应幅度较广，在甘肃黄土高原海拔 2470 m、年平均温度 3℃的地方可正常生长。在年平均气温 <3℃、≥10℃活动积温 929℃、极端低温 -24℃气候条件下能安全越冬。

2）甘蒙柽柳耐水湿，一年生枝水培 60 d 出现新根。极耐干旱，在兰州北山连续 3 年降水量低于 225 mm，冬、春季节无降水天数长达 121 d，阳坡土壤含水量不足 2.0%，2 m 深土层含水量 6% 左右，仍能正常生长。耐瘠薄，在荒坡土壤有机质 0.25%～0.75%，全氮含量 0.021%～0.048%，其地上部分生物量（干重）仍可达 1230～3705 kg/hm^2。甘蒙柽柳为泌盐植物，对盐碱有一定的忍耐能力，在氯化物—硅酸盐土含盐量 0.649% 时可以生长。

3）甘蒙柽柳耐平茬，据测定，在半阳坡梯田地埂种植的甘蒙柽柳，历经 6 年连续平茬，萌条仍可达 211 cm 的高生长和 1.95 cm 的地径生长，单株丛最多可萌生 127 个枝条。

4）甘蒙柽柳在黄土丘陵沟壑区的阴坡、阳坡及沟滩地均能生长，沟道有水流动的地方生长旺盛，在定西试验区内的沟道立地类型上，甘蒙柽柳为主要造林树种。甘蒙柽柳在地下水位低的沟台地、梁峁坡面上栽植，表现出很好的耐旱性状。

5）甘蒙柽柳适生于土质疏松、中性偏碱的土壤，据测定其适生的 pH 为 6.0 ~ 8.5，对酸性土壤亦有一定的适应性，在山地坡面生长优于台地。

6）根据我们对甘蒙柽柳水分生理指标的测定，其总含水量 66.03%，自由水含量26.28%，束缚水量 40.03%，束自比 1.94，蒸腾速率 650 mg/（g·h），相对含水量 89.47%，水分亏缺 10.53%，水势 3.9861 MPa，恒重时间 55 h，遗留水 10.11%。抗旱性综合评价次于梭梭、霸王、侧柏等，优于沙棘、山毛桃、沙木蓼、山杏等。

（4）造林适应与生长情况

甘蒙柽柳是甘肃干旱、半干旱地区主要造林树种，包括年降水量不足 300 mm 的兰州市北山地区也可用于山地造林中，是生长比较稳定的少数树种之一。甘蒙柽柳在该类型区海拔 1600 ~ 2400 m 内多有栽植，主要用于沟底、沟坡及地埂、蓄水坝坡面营造水土保持林，尤其在沟坡泻溜面上造林生长旺盛。该试验区在侵蚀沟治理上主要采用甘蒙柽柳，造林面积较大。2001 年 4 月 8 日定西地区遭遇 -10℃ 低温，甘蒙柽柳虽萌动芽受冻后普遍萎蔫，但 6 月下旬新芽又重新发出，树体生长迅速恢复正常。甘蒙柽柳在阳坡、半阳坡 0 ~ 40 mm 土层土壤含水量普遍低于 6%，严重时只有 1.96%，台地土壤含水量不足 3% 时，仍能正常生长。据盆栽试验测定，甘蒙柽柳在土壤含水量 5% 左右时，持续 7d 后出现枝叶枯黄现象，经浇水后仍能萌生新枝。

甘肃省水土保持试验站于 20 世纪 80 年代曾开展过"甘蒙柽柳在甘肃中部干旱地区的适生特性及其造林技术"项目研究，总结出了极具价值的研究成果，对在该类型区造林绿化和水土保持造林中推广应用甘蒙柽柳具有指导意义。2003 年 4 月课题在试验区梯田地埂栽植甘蒙柽柳 3 万余株，近期调查成活率 85%，生长旺盛。该类型区甘蒙柽柳在不同立地类型生长情况调查见表 5-18。

表 5-18　甘蒙柽柳造林生长、适应情况

调查地点	立地条件						树龄（年）	树高（m）	地径（cm）	冠幅（m）	地上鲜重（kg/丛）
	部位	海拔（m）	坡向	坡度（°）	土壤	整地方式					
定西安家沟试验点	侵蚀沟道	1900		<5	冲积淀积土	淤地坝	30	4.14	7.08	11	
	梁坡中	1950	N45°W	27	灰钙土	水平台	25	2.28	7.37	2	
	梁坡中	1970	S35°W	37	灰钙土	水平台	3	1.70	1.40	3	1.50
定西巉口林场	梁坡中	1970	S	25	灰钙土	水平台	33	3.80	10.2	7	1.26
	梁坡上	1970	W	7	灰钙土	反坡梯田	22	3.70	9.69	10	
定西华家岭林带	梁坡中	2140	N	32	黄绵土	宽台地	10	4.20	6.90	7	
静宁威戎乡	梁坡中	1750	S40°W	28	黄绵土	水平台	16	6.10	12.2	1	
静宁司桥林场	梁坡下	1690	S	15	冲积淀积土	宽台地	22	12.0	20.2	7	3.25
榆中贡井林场	梁坡中	2140	N45°W	25	灰钙土	宽台地	8	5.70	8.20	22	
兰州忠和乡大沙沟	梁坡上	1800	S70°W	5	淡灰钙土	水平台	8	1.50	1.06	2	0.26
兰州东岗省水保站	梁坡下	1720	S30°W	15	淡灰钙土	水平台	15	2.95	5.43	10	2.31

（5）造林生产中应注意的问题

1）在该类型区甘蒙柽柳可适用于各种立地类型造林，可用于坡面水土保持林、护岸固沟林、沟底防冲林等，但以沟道、沟坡、地埂等生长最好，不同坡向造林，以半阴坡生物量最高，阳坡生物量较低。在沟道和淤积滩地可用于柳谷坊，在梯田地埂和公路两侧栽植可起到良好的防护作用。

2）甘蒙柽柳用于荒坡营造水土保持林或薪炭林时，可采用 1.5 m×1.5 m 或 1 m×2 m 的株行距。甘蒙柽柳为直根性树种，苗期须根较少，裸根苗造林成活率不如容器苗，应大力推广容器苗造林。培育容器苗时 30 d 后主根常长出容器外，起苗时易伤根，影响造林成活率。因此，育苗时要及时断根，以增加侧根量，提高造林成活率。

3）甘蒙柽柳扦插繁殖容易，尤其在工程施工（如修路、建房、平整土地等）有填方的虚土上，扦插成活率较其他地方高。有灌溉条件的山地，扦插造林仍需做好整地松土工作，插条采用 1~2 年生壮枝，扦插前应浸水一周，使插条吸足水分，在无灌溉条件的荒山可利用鱼鳞坑整地、覆地膜集水措施，可提高扦插造林成活率。

4）甘蒙柽柳有较强的耐盐碱性，为盐碱滩地的首选造林树种，在水土保持工程的淤地坝内栽植，可较好地发挥其根蘖繁殖和种子落水繁殖的特性，能较快地郁闭成林，发挥固土保水的作用，应积极推广。

5.4.1.15　柠条（*Caragana intermedia*）

（1）自然地理分布

柠条天然分布西起宁夏贺兰山、盐池、同心，经内蒙古鄂尔多斯市，甘肃环县到陕西定边、靖边、横山、神木、府谷、米脂、绥德，山西北部到内蒙古乌兰察布盟和锡林郭勒盟西部（赵金荣等，1994）。甘肃中部、河西地区栽培、造林应用广泛。

（2）形态特征

柠条为落叶灌木，高 1~2 m。老枝黄灰色或灰绿色，幼枝被绢状柔毛。长枝上的托叶硬化成针刺，长 4~7 mm；叶轴长 1~5 cm，密被绢状柔毛，脱落；小叶 3~8 对，椭圆形或倒卵状椭圆形，长 3~8 mm，宽 2~3 mm，先端圆而钝，很少截形，有短尖刺，基部宽楔形，两面密被绢状柔毛。花单生，花梗长 8~16 mm，密被绢状柔毛，常在中部以上具关节，很少在中部或中部以下，萼筒管钟形，长 7~12 mm，宽 5~6 mm，密被短柔毛，齿三角形，长约 2 mm；花冠黄色，长 20~25 mm，旗瓣宽卵形或近菱形，基部具短爪，翼瓣矩圆形，爪长为瓣片的 2/5，耳齿状，龙骨瓣矩圆形，先端稍尖，爪与瓣片近等长；子房无毛。荚果条状披针形或矩圆状披针形，先端矩渐尖，无毛，长 25~35 mm，宽 5~6 mm。种子肾形绿黄色，有花纹，千粒重 35~37 g。

（3）生物学、生态学特性

1）柠条幼苗期地上部分生长缓慢，第二年生长速度加快，第三年开始分枝，3~4 年生可开花结实。由于各地自然条件不同，生长差异较大，如水分条件好的半固定沙地上，20 年生地径可达 12 cm。

2）喜光，不耐蔽荫，在上方庇荫下生长不良，结实少，甚至不结实。因此，不适宜与上方遮阴的乔木混交。抗严寒、耐高温，柠条在 -35℃，冻土层深达 1.28 m 的条件下，不发生冻害。夏季沙面温度高达 60℃，不见日灼。

3）根系发达，直播出土半个月的幼苗，根长可为苗高的 7～10 倍，当年生幼苗根深可达 70 cm。据调查，3～4 年生幼苗主根长达 4 m，根幅直径 3 m 以上。

4）柠条耐干旱，为典型旱生灌木，能在年降水量 250 mm 的干旱地区生长，因其茎具刺、叶细小，叶面积与体积比值减少，使其缩减本身蒸腾和同化面积，而更适应干旱的环境。

5）柠条耐瘠薄，无论在黄土丘陵的梁峁顶、梁峁坡、沟岔或在沙盖黄土地上，或者在石质山区的砾岩、花岗岩、石灰岩山地的阳坡和山顶，以及河谷阶地、松沙质地、硬土质地、砾石质滩地上，或在沙区的丘间低地和固定、半固定的沙地上，都能生长。

6）根据我们对柠条水分生理指标的测定，其总含水量 63.67%，自由水含量 25.26%，束缚水量 38.41%，束自比 1.75，蒸腾速率 711 mg/(g·h)，相对含水量 80.22%，水分亏缺 19.78%，水势 2.8109 MPa，恒重时间 64 h，遗留水 9.93%。抗旱性综合评价次于梭梭、侧柏、甘蒙柽柳、毛条等，优于山毛桃、文冠果、白榆等。

（4）造林适应与生长情况

柠条是甘肃黄土高原干旱、半干旱地区山地造林应用最普遍的灌木树种，在年降水量 350 mm 地区可正常生长，在年降水量 400 mm 以上地区可用于各种立地条件造林。在该类型区内柠条是荒山造林面积最大、数量最多的树种，在各种立地均有造林，尤以山地阴坡下部、沟坡生长最好。定西巉口林场海拔 1900 m 梁坡下 9 年生柠条林分，地上部分生物量鲜重为 22 823.85 kg/hm²，梁峁阴坡地上部分生物量鲜重为 5323.50 kg/hm²，海拔 2000 m 的梁峁顶地上部分生物量鲜重仅为 2310.50 kg/hm²。柠条耐干旱瘠薄，在陡坡地带也能正常生长，且可以靠自然落种繁殖幼苗。

柠条嫩枝叶含粗蛋白含量 21.25%、粗脂肪含量 3.54%、粗纤维含量 28.60%，是优良的饲料，因柠条耐羊只啃食，可在秋季柠条尚未落叶时，适当进行柠条林地放牧羊只，翌年春天可促进枝条萌发量和生长量。柠条耐火烧，林地遭遇山火时，其他树木多被焚后死亡，而柠条在过火后的雨季，部分植株即能够萌发新枝叶，即使不发新枝，第二年春季被烧植株均可从根部萌发新枝，而且生长旺盛，生长状况调查见表 5-19。

表 5-19　柠条造林生长、适应情况

调查地点	立地条件						树龄（年）	树高（m）	地径（cm）	冠幅（m）	地上鲜重（kg/丛）
	部位	海拔（m）	坡向	坡度（°）	土壤	整地方式					
定西安家沟试验点	梁坡中	1950	W	35	灰钙土	水平台	10	1.76	1.93	62	10.20
		1960	S	45	灰钙土	水平台	14	1.70	1.65	17	
		1960	S15°E	45	灰钙土	水平台	8	2.40	2.20	17	5.50
定西巉口林场	梁峁顶	2100	S	18	灰钙土	水平台	20	1.05	1.80	47	3.27
	沟坡中	1860	N	34	灰钙土	水平台	20	1.45	0.97	39	4.30
会宁东山林场	梁坡中	1930	N5°E	43	灰钙土	水平台	13	1.90	2.02	38	3.28

续表

调查地点	立地条件						树龄（年）	树高（m）	地径（cm）	冠幅（m）	地上鲜重（kg/丛）
	部位	海拔（m）	坡向	坡度（°）	土壤	整地方式					
会宁桃花山	梁坡下	1780	N55°W	38	灰钙土	水平台	12	1.87	1.89	31	2.24
榆中清水乡	梁坡中	1990	N40°W	28	灰钙土	宽台地	8	1.90	1.78	27	2.58
静宁七里乡	梁坡上	1940	N15°W	22	黄绵土	水平台	12	2.10	2.03	26	2.25
兰州东岗省水保站	梁坡中	1750	E	25	淡灰钙土	水平台	12	1.74	1.49	19	2.33
兰州军区绿化基地	梁坡中	1700	S	38	淡灰钙土	鱼鳞坑	4	1.58	1.39	44	3.30

（5）生产中应注意的问题

1）柠条可用于营造水土保持林、薪炭林和饲料林。在该类型区适宜在多种立地类型上造林，以阴坡、半阴坡生长较好，在阳坡可以正常生长，但生长量较低，山地坡面坡度对柠条生长的影响不十分显著。造林株行距以 1.5 m×2 m 或 2 m×2 m 为宜。

2）目前生产上柠条主要进行直播造林，但成活率往往受降水的影响较大，可采取覆膜直播造林，即采取鱼鳞坑整地，然后上用 0.8 ~ 1 m² 地膜覆盖，在春季或雨季抢墒播种，利用汇集的天然降水，促进种子发芽、生长。兰州南北两山采取柠条覆膜大面积直播造林获得成功，技术成果值得推广。柠条直播造林前应对种子进行筛选和发芽率测定，以确定合理的播种量，直播时对种子进行药剂处理，可防止鼠害。

3）柠条为直根性树种，主根发达，须根较稀少。因此，裸根苗造林成活率低，露地培育裸根苗应在秋季进行断根处理，以培养侧根，翌年春季或雨季造林，可有效提高造林成活率。

4）柠条也提倡采用容器苗造林，在早春利用较好的圃地和耕地，或塑料大棚培育容器苗，待苗木生长到 10 ~ 15 cm 高的时候，雨季到来，及时进行造林。也可以进行秋季造林，效果也比较好。

5）营造柠条水土保持林应适时平茬，平茬可在 4 ~ 5 年进行一次，时间选在立冬前后或翌年春季土壤解冻前进行，可促进柠条生长。

5.4.1.16　毛条

（1）自然地理分布

毛条（*Caragana korshinskii*）是我国荒漠、半荒漠、干旱草原、沙荒地以及黄土丘陵地区的优良灌木。在内蒙古、甘肃、宁夏、陕西以及青海等省（自治区）的沙区均有分布，以内蒙古鄂尔多斯市的库布齐沙漠，甘肃、宁夏的腾格里沙漠和巴丹吉林沙漠东南部，以及陕西榆林地区的毛乌素沙漠分布最多。生长在沙丘、沙地和覆沙黄土梁上，常成不连续的块状、片状分布，是固定、半固定沙地的优势植物种，多与沙蒿、猫头刺、沙米等混生。在流动、半流动沙丘及丘间低地上，多成零星散生分布。蒙古人民共和国也有分布。

（2）形态特征

毛条为落叶灌木，高 3 ~ 4 m，分枝少而稀疏，枝条较端直；树皮黄绿色，有光泽，外被光亮腊质薄膜；小枝灰黄色，有棱角，密被白色柔毛，长枝上的托叶硬化成针刺，长 3～7 mm，宿存，被毛；叶轴长 3～5 mm，被白柔毛，脱落；偶数羽状复叶；小叶 5～10 对，长椭圆形或短状倒披针形，长 7～13 mm，宽 3～6 mm，先端有刺尖，两面密被绢毛。蝶形花，花梗长 6～16 mm，密被柔毛；萼筒状钟形，长 8～9 mm，宽 4～6 mm 密被伏贴短柔毛；花冠长 20～25 mm，旗瓣宽卵型或近圆形，翼瓣爪细窄，稍短于瓣片；花黄色，单生，荚果革质，略扁，披针形，长 3～4 cm，宽 0.8～1.0 cm，深红褐色。种子扁长圆形，排列紧密挤压，常有被压的平滑斜面，种皮黄棕至栗褐色。花期 5～6 月，果期 6～7 月。

（3）生物学、生态学特性

1）毛条枝干被覆蜡质层，叶两面密生绒毛，既耐寒又抗高温，能耐 -39℃ 的低温无冻害，能耐夏季高达 75℃ 沙面温度。耐干旱，是典型的旱生植物。在沙地上生长，3m 深根系层内，沙地含水率极值为 0.3% 的情况下，仍能生长。耐风蚀，当沙地遭受风蚀根系裸露出地面 1 m 时，仍可正常生长。

2）毛条耐瘠薄土壤，对土壤条件有一定要求，喜生于具有石灰质反应、pH 为 7.5～8.0 的灰栗钙土上。石质山区可成片分布。在贫瘠干旱沙地、黄土丘陵区、荒漠和半荒漠地区均能生长。毛条具有根瘤菌，有固氮性能。

3）毛条根系发达，幼苗时其主根生长迅速，播种出苗后的一个月，植株高 5～8 cm，主根长可达 40～50 cm，根深为苗高的 7～8 倍。2～3 年时，侧根加速生长，在 25～80 cm 土层中根幅可达 4～6 m。15 年生的水平根可伸展 20 m，垂直根深达 4 m 左右。

4）毛条发芽早、落叶迟，一般于 4 月上旬萌发，4 月下旬展叶，5 月上中旬开花，6 月上旬幼果形成，7 月上旬荚果成熟，11 月上旬开始落叶，生长期可达 200 d。

5）生长发育随年龄而变化，播种当年生长较慢，第二年高生长加快，第三年开始分枝形成灌丛，株高和地径生长的速度以 5 年生时最快，而主干和树冠的生长则以 10 年生时为最大。天然毛条灌丛林 3 年开始结实，在水分条件较好的丘间低地，人工播种的毛条林 3 年可开花结实，7～8 年进入盛果期，30 年后开始衰老，在立地条件较好的情况下，寿命也可达 70 年。

6）根据我们对毛条水分生理指标的测定，其总含水量 64.90%，自由水含量 16.30%，束缚水量 40.60%，束自比 3.15，蒸腾速率 750 mg/(g·h)，相对含水量 77.60%，水分亏缺 22.40%，水势 2.3623 MPa，恒重时间 93 h，遗留水 9.85%。抗旱性综合评价次于梭梭、霸王、侧柏、花棒等，优于甘蒙柽柳、沙棘、山毛桃、沙木蓼、山杏等。

（4）造林适应与生长情况

毛条在该类型区山地造林应用较柠条少，定西巉口林场 20 世纪 60 年代初期，从河西民勤引种毛条，在不同立地条件下进行造林试验，虽然其生物量不如原产地，但生长、适应性良好，在海拔 1960 m 的梁峁阴坡，4 年生株丛平均高 2.03 m、平均地径 1.88 cm，平茬生物量鲜重达 4980.6 kg/hm²，平茬后第二年高生长与前一年高度相近，认为是该地区荒山造林有发展潜力的先锋树种。毛条在试验区内有栽植，在沟谷、阴坡水平台、公路旁等立地造林生长良好，生长量和生物量优于相同立地条件下栽植的柠条。但在阳坡、半阳坡、梁峁顶等立地造林，其耐旱性和生长表现不如柠条，在遭遇连年持续干旱时，株丛中较大的枝条常出现死亡现象，可能与其生物量大，干旱季节土壤水分供应不足所致，而相同立地条件下的柠条无此现象，生长发育基本正常。生长状况调查见表5-20。

表5-20　毛条造林生长、适应情况

调查地点	立地条件					树龄（年）	树高（m）	地径（cm）	丛枝数（枝）	地上鲜重（kg/丛）
	部位	海拔（m）	坡向	坡度（°）	土壤	整地方式				
定西安家沟试验点	沟坡中	1920	N15°W	55	灰钙土	水平台	17	2.45	2.13	17	9.20
		1920	S60°W	35	灰钙土	水平台	8	2.20	2.20		7.50
定西巉口林场	梁坡下	1890	S	50	灰钙土	水平台	20	2.70	3.60	10	
会宁东山林场	梁坡下	1930	N30°E	13	灰钙土	水平台	15	2.80	2.98	48	3.16
兰州东岗省水保站	梁坡中	1900	N	18	灰钙土	水平台	12	2.32	2.13	15	
兰州东岗省水保站	梁坡中	1860	E	34	灰钙土	宽台地	14	1.92	2.06	23	
兰州徐家山后山基地	梁峁顶	1930	—	<5	淡灰钙土	宽台地	16	2.99	3.12	15	
	梁坡路边	1900	W	<5	淡灰钙土	台地	16	2.96	2.21	16	

（5）生产中应注意的问题

1）毛条可用于营造水土保持林、薪炭林。在该类型区毛条可在各种立地类型下生长，但其生长状况与各立地类型的水分条件密切相关，提倡在梁峁坡下部、缓沟坡、沟道、路旁及地埂栽植。毛条作为薪炭林经营时，可在4~5年平茬一次，平茬后第一年高生长仍与前一年高度相近，但分枝数明显增多。

2）目前生产上毛条主要进行直播方式造林，为保证直播造林的成效，可以采取鱼鳞坑整地、覆地膜措施然后进行直播造林，其具体造林方法与柠条直播造林相同，造林成效可明显提高。

3）毛条有与柠条相似的特性，属直根性树种，主根发达，须根较少，因此裸根苗造林一般成活率较低，培育裸根苗应在秋季进行断根处理，培育和促进须根发育，有利于提高造林成活率。另外，应积极推广毛条容器苗造林，保证造林成效。

4）毛条在土壤水分较好的立地条件下生长优于柠条，但在梁峁坡粗放整地或直播造林时，其生长状况一般不如柠条，因此在荒山造林时应选择柠条为好。

5）毛条枝叶稠密、柔软，耐踏、耐啃，富含各种营养成分，牲畜喜食，是优良的饲料树种。因此，在较好的立地类型条件下可作为饲料林营造和经营。

5.4.1.17　中国沙棘

（1）自然地理分布

中国沙棘（*Hippophae rhamnoides* subsp. *sinensis*）分布很广，欧洲、亚洲的温带地区都有分布。我国主要分布于内蒙古、河北、山西、陕西、甘肃、宁夏、青海、新疆、四川、云南、贵州、西藏等省（自治区）。垂直分布海拔1000~4000 m，多野生于河漫滩、河谷阶地、洪积扇地、丘陵河谷以及森林草原边缘和丘间低地等（廉永善，2000）。在针、阔叶林内成为下木。

（2）形态特征

沙棘为落叶灌木或小乔木，高 1~10 m。多为宝塔形、伞形、丛生形，嫩枝锈绿色至银白色，小枝棕褐色、黑褐色、红褐色或灰白色，芽大而密，节间短。平均芽距 0.8 cm左右，锈色或金黄色，单叶对生、近对生、轮生、近轮生、互生，条形至披针形或椭圆形，长 2~9 cm，宽 0.3~1.5 cm，叶表面绿色，叶背面银白色至锈白色，具稀疏星状毛。雌雄异株，单性花，总状花序，每序由 4~10 朵小花组成，花淡黄色，雌花柱头二裂，下部由两片肉质花被包围，花期 4 月下旬，雄花先于雌花开花。果近球形或椭圆形，浆果状假果，黄色、橘黄色或红色，鲜果长 0.3~0.8 cm，宽 0.3~1.2 cm，千粒重 21~384 g，种子 1 或 2 粒，淡褐色或黑褐色，有光泽，长 2~4.5 mm，果熟期 9 月下旬。

（3）生物学、生态学特性

1）中国沙棘为强阳性树种，不耐庇荫，仅能在疏林下生长，在乔木郁闭度大于 0.5以上时生长不良，常自然稀疏或枯死；耐寒力强，能耐 −50℃ 的极端低温；耐大气干旱，但要求土壤有一定湿度，在干旱阳坡生长不良；耐水湿，可在地表含水率达 42% 的山地生长。

2）对土壤要求不严，在 pH 为 9.5 的碱性土、含盐量达 1.1% 的盐渍土上能够生长。但喜肥沃、疏松土壤。

3）中国沙棘根系发达，主根较浅，侧根生长迅速，在一个生长季节内可多次分枝，形成复杂根系网络，根系生长量年均可达 24 975 kg/hm²。具有独特的酸性物质，能中和土壤中的碱性物质，改变土壤理化性质。萌蘖性极强，3~4 年生苗可串生根蘖苗，平茬后可使根蘖苗增多。

4）沙棘是豆科植物以外少数具有根瘤的树种，根瘤是由放线菌与沙棘共生而成，有固氮作用，可提高土壤有机质含量。沙棘与其他树种混交，对混交树种的生长有明显的促进作用。

5）根据我们所作沙棘水分生理指标的测定，其总含水量 62.49%，自由水含量 27.70%，束缚水量 34.79%，束自比 1.40，蒸腾速率 303 mg/(g·h)，相对含水量 61.62%，水分亏缺 38.38%，水势 2.1738 MPa，恒重时间 51 h，遗留水 10.20%。抗旱性综合评价次于梭梭、侧柏、毛条、甘蒙柽柳等，优于山毛桃、沙木蓼、山杏、沙枣、云杉等。

（4）造林适应与生长情况

沙棘在该类型区的 2200 m 以上的高海拔山地有天然分布，如华家岭大牛、通渭马营、临洮花麻沟等，常成为建群种，群落生长比较稳定。20 世纪 70 年代以来，沙棘果实的保健作用得到重视，沙棘造林在各地发展较快，在阴湿的梁峁坡地、沟谷坡、梯田地埂等广泛栽植。在华家岭林带，沙棘常与青杨、云杉混交，由于沙棘根部具根瘤，有增加土壤肥力的作用，对青杨、云杉等混交树种的生长有良好的促进作用，林分生长明显优于纯林。该试验区的梁峁阴坡与台地、沟坡中上部，有小面积沙棘造林试验，生长健壮，林地已完全郁闭，形成良好被覆，其防止水土流失效果优于相同立地条件下栽植的柠条。近年来，在该类型区实施退耕还林工程中，沙棘多用于梯田地埂栽植，并逐渐用大果沙棘替代普通中国沙棘，在平缓的台地，宽水平台内营造大果沙棘经济林，值得重视与总结推广。生长状况调查见表 5-21。

表 5-21　中国沙棘造林生长、适应情况

调查地点	立地条件						树龄（年）	树高（m）	地径（cm）	地上鲜重（kg/丛）
	部位	海拔（m）	坡向	坡度（°）	土壤	整地方式				
定西安家沟试验点	梁坡上	1960	N	45	灰钙土	水平台	20	4.00	11.0	—
	梁坡上	1980	N32°E	26	灰钙土	水平台	26	3.97	5.66	—
	沟坡下	1920	N20°W	40	灰钙土	宽台地	10	1.80	7.30	6.50
定西华家岭林带	梁坡中	2040	N45°W	20	黄绵土	水平台	13	3.40	4.86	3.50
定西华家岭大牛站	梁坡上	2140	S15°W	22	黑麻土	宽水平台	14	2.40	7.20	—
通渭第三铺乡	梁坡上	2130	S10°W	7	黄麻土	水平台	5	0.90	1.45	1.84
通渭襄南乡	梁坡上	1900	W	16	黑麻土	水平台	6	2.12	4.18	3.20
静宁七里乡	梁峁顶	1940	W	5	黄绵土	水平台	6	1.90	3.56	2.22
静宁灵芝乡	梁坡上	2000	S65°E	5	黄绵土	台地	13	2.20	7.35	5.98
秦安王铺乡	梁坡上	1980	N10°W	12	黑麻土	水平台	6	1.70	2.50	1.02
临洮塔儿湾乡	梁坡中	2410	N	10	灰钙土	水平台	25	5.2	11.1	—
兰州忠和乡大沙沟	梁峁顶	1800	W	5	淡灰钙土	台地	11	1.94	3.25	1.68

（5）生产中应注意的问题

1）中国沙棘属中生树种，有一定的耐旱性但并不强，在该类型区内适宜在高海拔阴湿坡地、台阶地、沟坡下部、沟道及梯田地埂等立地类型下栽植，不适宜在干旱的梁峁阳坡、半阳坡造林。

2）中国沙棘根系发达，只要苗木质量保证，造林成活率一般较高。根部具有根瘤，混交可促进其他树种的生长，而且适宜与之混交的树种较多，应大力提倡和推广沙棘与其他乔木混交造林模式。

3）近年来，该类型区引种、栽培大果沙棘积极性很高，由于大果沙棘品种较多，其生态学特性不尽相同，应注意开展不同品种的栽培对比试验，选择最适应本地条件，生长、结果良好的品种进行推广，减少盲目性。营造大果沙棘果园，最好有灌溉条件，如无灌溉条件，应采取集水节水灌溉措施，保证树木干旱季节的补水灌溉。另外，建园时，注意雌雄株的合理配置。

4）近年来，由于林分管理问题与沙棘根部病虫的危害，我国北方各地不同程度地出现沙棘林分大面积死亡的现象，以山西、内蒙古、陕西北部、甘肃中部地区较为严重，多数死亡林分树龄 15~20 年，给多年造林成果造成极大损失，应引起重视。

5.4.1.18　狼牙刺

（1）自然地理分布

狼牙刺（*Sophora viciifolia* Hance）主要分布于华北、华东、西北和西南地区，在陕西渭河、汉水流域、延安市各县广泛分布，甘肃主要分布在黄土高原的泾河、渭河流域，在

定西、兰州也有分布和人工栽植（赵金荣等，1994）。自然分布的狼牙刺主要生长于干旱阳坡及半阳坡，村旁、路旁也有零星生长，一般垂直分布海拔 300～1500 m。

（2）形态特征

狼牙刺为落叶灌木，高 1～2.5 m。常丛生，冠幅 2～3 m，枝条棕色，小枝绿色，生有短柔毛，枝顶端一般常有针状刺。羽状复叶，交错互生，长 4～6 cm，小叶 11～13 个，椭圆形或长卵形，长 5～8 mm，宽 4～6 mm，先端圆，微凹而具小尖，上面深绿色无毛，下面灰绿色生疏毛。托叶细小，呈针刺状。总状花序，生于小枝顶端，有 6～12 朵花；萼钟状，长约 3～4 mm，紫蓝色，密生短柔毛；花冠白色或蓝白色，长约 15 mm，旗瓣匙形，反曲，雄蕊 10 余个，雌蕊 1 个；荚果黑色，串珠状，长 5～8 cm，尖顶有长嘴，内有种子 1～5 粒，长圆形。

（3）生物学、生态学特性

1）狼牙刺为强阳性树种，很喜光，极耐干旱、耐寒、耐瘠薄，适应性强，天然分布多在山地阳坡和半阳坡。在大旱的情况下，能自落一部分叶子，以减少水分蒸腾，维持生长。萌发力强，狼牙刺越冬后，萌动发芽一般比其他树木早。

2）狼牙刺属深根性树种，根系发达，在苗高 40 cm 时，主根可深入地下 1 m 以上，侧根多密集在 30 cm 土层内。据有关调查，在坡度 35°的山地半阳坡中部，10 年生狼牙刺根系总长度可达 608 m，根系总重量达 1200 g，根径 <1 mm 的根系长度占总根长度的 88.6%，是保持水土的优良树种。

3）狼牙刺根具根瘤，可改良土壤，在瘠薄的山地栽植狼牙刺，林分的枯枝落叶和根系的活动，可对林地土壤的物理性状和养分条件有明显的改善作用。

4）狼牙刺主要靠种子繁殖，造林后 5～7 年可进行第 1 次平茬复壮，平茬后当年萌生枝条一般在 20 条以上，枝长可达 1 m，枝径 0.7 cm，冠幅平均 1.0 m。

5）狼牙刺嫩枝和叶含有较高的养分，是良好的饲料和绿肥原料。狼牙刺的种子含有很高的粗蛋白和粗脂肪，也是很好的饲料资源。

6）根据我们所作狼牙刺水分生理指标的测定，其总含水量 59.31%，自由水含量 13.08%，束缚水量 46.23%，束自比 3.53，蒸腾速率 508 mg/(g·h)，相对含水量 66.52%，水分亏缺 33.48%，水势 1.5380 MPa，恒重时间 91 h，遗留水 6.72%。抗旱性综合评价次于梭梭、甘蒙柽柳、白刺、毛条等，优于沙棘、文冠果、紫穗槐、沙枣等。

（4）造林适应与生长情况

狼牙刺在甘肃陇东、陇中南部有分布和造林，但大面积成片造林应用不多，主要是与其他树种营造混交林。据对兰州徐家山后山干旱造林试验基地 1988 年引种狼牙刺栽培情况调查，在年降水量 300 mm 左右的无灌溉荒山用于造林可以正常生长，在相同立地条件下，其生长状况明显优于花棒、沙棘。在该试验区内的沟坡有狼牙刺造林，生长良好，并可正常结实，完全可以用于荒山造林。目前影响狼牙刺造林其成活、生长的主要因素是，野兔的危害比较严重，每到冬季当年萌发的树干和嫩枝大多被野兔啃光树皮或咬断枝杆，尤其在干旱年份，危害甚重，虽然翌年春季从根部有新枝条萌发，但严重影响植株的生长、发育，应予以重视。不同立地类型狼牙刺生长情况见表5-22。

表 5-22　狼牙刺造林生长、适应情况

调查地点	立地条件						树龄（年）	树高（m）	地径（cm）	丛枝数（枝）	地上鲜重（kg/丛）
	部位	海拔（m）	坡向	坡度（°）	土壤	整地方式					
定西安家沟试验点	沟坡中	1930	S15°W	55	红土	鱼鳞坑	15	2.02	5.18	8.0	—
	侵蚀沟底	1920	S	10	淤积淀积土	台地	15	1.87	4.30	9.4	—
	侵蚀沟坡中	—	S5°E	45	灰钙土	水平台	3	0.66	0.54	1.0	—
会宁东山林场	沟坡上	1800	S20°E	42	灰钙土	水平台	13	2.30	4.10	9.0	—
通渭十八里林场	梁坡上	1700	S	38	黄绵土	水平台	6	1.25	2.20	7.0	1.80
庄浪兰坪乡	梁坡下	1680	S15°E	8	黄绵土	水平台	21	3.05	3.60	3.0	3.06
兰州徐家山后山	梁峁	1900	—	<5	淡灰钙土	台地	16	1.87	4.11	4.7	—

（5）生产中应注意的问题

1）该类型区狼牙刺适宜梁坡、沟坡、沟道等立地类型造林，尤以沟坡生长良好。造林株行距以 1.5 m×2 m 或 2 m×2 m 为宜。

2）狼牙刺可采用直播造林或植苗造林。其用种子育苗比较容易，容器苗造林成活率比较高，但目前生产上应用不多。该试验区于 2002 年春季采用狼牙刺容器苗造林，当年造林成活率达 83.91%，平均新梢生长量 6.0 cm，从其生长状况来看，在该类型区造林中可以大力推广。

3）狼牙刺发芽较早，春季造林应适当提前，可在其他树种之前进行造林。狼牙刺成林后，多年生枝干易老化，影响树木生长，可在 6~8 年时进行平茬复壮，以促进树体的生长发育。

4）在该试验区内野兔的危害是影响狼牙刺造林成效的一个主要问题，尤其降水较少的干旱年份危害严重，应在越冬前在苗干涂抹防啃剂加以保护。

5.4.1.19　紫穗槐

（1）自然地理分布

紫穗槐（*Amorpha fruticosa*）原产于北美洲。我国东北、华北、西北以及长江、淮河流域的广大平原和四川盆地，在海拔 1000 m 以下的丘陵山地均有栽培。尤以在黄河、淮河、辽河、汾河、渭河等流域的平原地区栽培生长最好。广西及云贵高原已有引种试种。

（2）形态特征

紫穗槐为落叶灌木，高达 2~4 m。树皮光滑，暗灰色，枝条直立，较细匀，褐色，初疏生短毛，后光滑；冬芽 2 或 3 个叠生；奇数羽状复叶，小叶对生或近对生，11~25 个叶片，长卵形或长椭圆形，长 1.5~4 cm，宽 0.6~1.5 cm，先端钝圆、微凹或有短尖，基部圆钝，叶具疏生透明的油腺点，两面被白色短柔毛；穗形总状花序集生于枝条上部，直立，长 7~15 cm，花冠蓝紫色或紫色，翼瓣、龙骨瓣均退化，花药黄色，伸出花冠之外，花期 5~6 月；果实为小荚果，短镰形，长 7~9 mm，棕褐色，每个果穗着生小荚果 1000~2000 个。萼宿存，有疏生毛，有瘤状腺点，果皮后硬，每荚含种子 1 粒，种子与荚不易分离；种子黄褐色，具有蜡质光泽和特殊气味，千粒重约 11.1 g，果熟期 8~9 月。

（3）生物学、生态学特性

1）紫穗槐为喜光树种，在光照充足的条件下生长旺盛，反之生长会受到不同程度的影响。据测定，在透光度10%的条件下，虽能生长，但萌条数量少、质量差；在透光度30%左右时，生长尚可；在透光度50%以上时生长旺盛，成林快，并能开花结果。

2）紫穗槐耐湿、耐干旱，具有耐湿的特性，它能在流水中浸泡1个月，只要不淹没顶梢，就不会淹死，当水被排除后，很快萌发新枝继续生长，而且第二年生长仍旺盛。耐干旱，在干旱荒漠地区年降水量200 mm左右的条件下，仍能生长。

3）紫穗槐耐盐碱，不仅能在含盐量较高的土壤条件下生长，有很强的抗盐碱能力，而且具有降低土壤盐分、改良土壤的效能。

4）在一般土壤条件下，2~3年即能成林，1年生实生苗苗高可达1.5 m以上，一般春季生长较快，以后高生长缓慢，木质化程度增高，8月以后弱条生长停止，部分旺盛枝条在梢部分叉，进入第二次生长，9月停止生长，10月中旬开始落叶，逐渐进入休眠期。

5）病虫害少，并具有较强的抗烟和抗污染能力，据测定对氟化物抗性最强，对二氧化硫和氯气较强，是工厂和城市绿化的良好树种。

6）根据我们所作的紫穗槐水分生理指标的测定，其总含水量60.50%，自由水含量13.38%，束缚水量43.12%，束自比2.48，蒸腾速率247 mg/(g·h)，相对含水量86.16%，水分亏缺13.84%，水势0.4430 MPa，恒重时间67 h，遗留水6.86%。抗旱性综合评价次于毛条、甘蒙柽柳、白刺、柠条，优于文冠果、枣树、刺槐、旱柳等。

（4）造林适应与生长情况

在该类型区紫穗槐为引进树种，栽培历史相对较短。目前多用于铁路、公路边坡，水库大坝坡面和田边地埂栽植，山地成片造林应用不多，但近年来在兰州南北两山绿化中有一定栽植，表现出良好的适应性并逐步引起重视并大力推广。该试验区近两年开始在梯田地埂栽植紫穗槐，认为在该类型区造林应属适生树种。

紫穗槐在水分条件较好的立地类型，其造林成活率高、生长迅速的优越性比较突出，可在短期内郁闭并发挥保持水土的作用，但在土壤水分条件较差的梁峁坡地，其生长稳定性和生长量不如柠条、毛条、沙棘和甘蒙柽柳等。在秋雨较少、冬春干旱比较严重的年份，紫穗槐在越冬时植株地上部分会干枯，但春季可以从根部萌发新枝条，生长仍比较旺盛。紫穗槐耐平茬，从平茬试验来看，平茬后第二年生长量明显增大，是半干旱地区荒山造林的良好树种。生长状况调查见表5-23。

表5-23　紫穗槐造林生长、适应情况

调查地点	立地条件						树龄（年）	树高（m）	地径（cm）	丛枝数（枝）	地上鲜重（kg/丛）
	部位	海拔（m）	坡向	坡度（°）	土壤	整地方式					
定西安家沟试验点	梁坡中	1960	S40°E	34	灰钙土	鱼鳞坑	3	0.30	0.53	—	—
定西峡口乡	路基坡面	1900	N	35	灰钙土	鱼鳞坑	3	0.65	0.84	3	0.25
兰州东岗省水保站	梁峁顶	1900	—	<5	淡灰钙土	坑穴	14	0.53	0.35	12	—
兰州远达绿化基地	梁坡下	1780	N40°W	<5	淡灰钙土	水平台	7	1.57	3.42	3	1.60
兰州徐家山后山基地	梁峁顶	1850	—	<5	淡灰钙土	台地	4	0.64	1.11	6	—

（5）生产中应注意的问题

1）在该类型区紫穗槐主要适宜于梁峁坡下部、缓沟坡、沟道、梯田地埂栽植。造林株行距以 1.5 m×2 m 为宜。因其抗旱性不如柠条等，在梁峁坡上部、梁峁顶不适宜栽植。紫穗槐可广泛用于铁路、公路路基边坡造林，并提倡营造乔木树种与紫穗槐的乔灌混交林，能起到良好的保护路基的作用。

2）紫穗槐根系发达，须根较密集，可以进行裸根苗造林，造林成活率明显高于柠条、毛条、甘蒙柽柳等，但在无灌溉条件的地方仍需推广容器苗造林，可以更好地保证造林成活率。

3）紫穗槐也可以用于直播造林，可采取鱼鳞坑整地，然后覆盖地膜，在春季或雨季进行种子直播，依靠地膜汇集雨水促进种子发芽、生长，提高造林成效。

4）在该试验区造林中，影响紫穗槐造林成活率、保存率的主要因素，是野兔的危害，造林后野兔啃食嫩枝叶的现象比较严重，应引起注意并积极进行防治。

5）紫穗槐其茎叶含氮 3.02%、磷 0.68%、钾 1.81%，有"铁杆绿肥"之称，可作为绿肥种植，无论直接压条或做堆肥，其肥效都很高，在盐碱地上作为绿肥种植，可有效降低土壤含盐量，对改良土壤有显著作用。与云杉、油松、侧柏、杨树、白榆等树种营造针阔混交林，对混交树种生长有促进作用，是少数适宜与其他树种混交的灌木树种之一。

5.4.1.20　山桃

（1）自然地理分布

山桃（*Prunus davidiana*）产于黄河流域各地，以陕西、甘肃、宁夏、山西分布居多，东北、河北、四川也有分布。甘肃主要分布于平凉地区的静宁、庄浪等县，定西、陇西、会宁等地也有栽培。

（2）形态特征

山桃为多年生落叶小乔木或灌木。枝条红褐色或灰褐色，无毛，多直立。芽 2 个或 3 个并列，中间为叶芽，两侧为花芽，叶为卵状披针形，长 6~10 cm，宽 2~4 cm，叶缘有细锯齿，先端长渐尖，茎部楔形。叶柄长 1~2 cm，无毛，有或无腺点，羽状脉，叶面深绿色有光泽，叶背面草绿色。托叶早落。花单生，先叶开放。萼筒钟状，无毛，裂片卵形。花瓣 5，淡粉红色或白色，宽倒卵形或卵形。雄蕊多数，离生，约与花瓣等长。心皮 1，稀 2，有短柔毛。核果球形，黄绿色，表面具黄褐色柔毛，有沟。果肉干燥，离核，核小，表面具凹纹。内有种子 1 枚。

（3）生物学、生态学特性

1）山桃天然分布在阳坡和梁峁顶成纯林，有的与少量沙棘、狼牙刺、菊科和禾本科植物伴生，在阴坡及沟谷常与榛子、枸子、黄刺玫等混交，形成稠密的丛状群落；人工林多为纯林。

2）山桃喜光，耐旱、耐寒、耐盐碱、耐瘠薄，适应性强。抗病虫害能力强，忌涝，在西北干旱、半干旱山区、塬区、丘陵沟壑区，黄土、石灰岩和沙页岩母质发育的多类土壤上均能正常生长。

3）山桃耐平茬，萌蘗力强，1~3 年生的幼树平茬后，能萌发 3~5 条新枝。一般山桃生长峰值出现在6龄期，6龄以后生长缓慢，因此平茬周期应为5~7年，6龄期平茬后，新萌枝条可达20~30条，高者达60条。平茬后生长速度加快，生长量提高，一般当年高生长达1~1.5 m，地径生长量0.5~0.8 cm。

4）山桃生物产量较高，3年生生物量11.04 t/hm²，其中地上部分占55.5%，地下部分占44.5%，10年生生物量35.57 t/hm²，地上部分占71%，地下部分占29%。6年生山桃垂直根系可达3~6 m，主根明显，侧根发达，在黄绵土中，根系密集于0~60 cm土层，其根量占总根量的87.3%，平均根量4.9 t/hm²。

5）根据我们所作山毛桃水分生理指标的测定，其总含水量58.05%，自由水含量29.40%，束缚水量28.65%，束自比1.00，蒸腾速率402 mg/(g·h)，相对含水量70.00%，水分亏缺30.00%，水势4.2738 MPa，恒重时间58 h，遗留水8.73%。抗旱性综合评价次于梭梭、侧柏、花棒、甘蒙柽柳、沙棘等，优于山毛桃、沙木蓼、山杏、沙枣等。

（4）适应与生长情况

山桃在该类型区的东部静宁、通渭等地有天然分布，也是当地重要的野生药用经济林树种。山桃在定西华家岭林带有成片造林，在定西巉口林场、榆中县北山以及兰州市南北两山绿化中有引种造林，生长稳定，正常年份可开花、结果。该试验区内以往有少量山桃引种和造林，生长良好。近年来在退耕还林工程中，大量应用山桃造林，生长良好并开始开花结果，产生一定的经济效益。根据该类型区山桃生长状况调查、分析，认为可以在生产中推广应用。具体生长状况调查结果见表5-24。

表5-24　山桃造林生长、适应情况

调查地点	立地条件						树龄（年）	树高（m）	地径（cm）	冠幅（m）	丛枝数（枝）
	部位	海拔（m）	坡向	坡度（°）	土壤	整地方式					
定西安家沟试验点	沟坡中	1930	S15°W	55	红土	水平沟	6	2.08	3.48	1.98	—
静宁灵芝乡郭石	梁坡上	2020	S5°E	31	黄绵土	水平台	17	2.50	3.90	3.85	13.0
静宁高界乡朱家山	梁坡上	2000	S65°W	35	黄绵土	水平台	17	3.50	5.74	4.65	6.0
通渭华家岭邢家岔	梁坡上	2090	S75°W	24	黄绵土	水平台	18	2.70	3.46	2.30	8.0
陇西水保站火焰山	沟坡上	1940	S60°W	5	灰钙土	水平台	8	3.19	2.45	2.37	4.5
兰州徐家山后山基地	梁峁顶	1900	—	≤5	淡灰钙土	台地	16	1.65	3.25	1.61	3.0

（5）生产中应注意的问题

1）山桃具有一定的抗旱能力，但在持续干旱、土壤含水量较低的情况下，出现开花稀少、叶片萎蔫的现象，应进行适当的补灌方可保证植株正常生长。

2）山桃苗期生长比较迅速，容器育苗应注意及时断根处理，以防止根系生长过快，长出容器外，影响容器苗的质量，断根可促进苗木须根的生长。山桃容器苗造林应以一年生苗为佳，苗龄过大，会降低造林成活率。

3）山桃种仁为中药材"桃仁"，有良好的经济价值，可在该类型区立地条件质量较好的地方，培育药用林经济林，既生态效益，又有经济效益。需要注意的是，需加强林分的抚育管理措施，如施肥、除草、修剪等，以提高产量。

4）在优越的条件下，山桃花繁叶茂，可在城市园林、公路绿化中应用，美化环境。

5.4.1.21 文冠果

（1）自然地理分布

文冠果（*Xanthoceras sorbifolia*）在我国东北、华北以及甘肃、河南均有分布，甘肃省子午岭、关山为野生文冠果的集中分布区，主要分布在海拔 1300～1600 m 的阳坡、半阳坡，临夏县西部海拔 1880～2300 m 的山地也有零星分布。甘肃中部、河西地区有引种栽培。内蒙古赤峰有大面积人工造林。

（2）形态特征

文冠果为落叶灌木或小乔木，树皮灰褐色，呈扭曲状纵裂，小枝绿色或紫红色，表皮光滑或具绒毛。奇数羽状复叶，长 15～30 cm，小叶 9～19 枚，无柄，长椭圆形或披针形，边缘锯齿状，长 2～6 cm，宽 1～2 cm，下面疏生星状柔毛。总状花序，呈圆锥形顶生，花辐射对称，花杂性，花梗纤细，长 12～20 mm；萼片 5，长椭圆形；花瓣 5，白色，基部红色或黄色，长 1.7 cm；花盘 5 裂，裂片背面有一角状橙色的附属体；雄蕊 8，子房 3 室，每室有胚珠 7 或 8 枚；蒴果长 3.5～6 cm，果室裂为 3，黄绿色，厚木栓质。共有种子 5～7 粒，种子近球形，直径 1 cm，黑褐色。

（3）生物学、生态学特性

1）文冠果为强阳性喜光树种，对严寒有较强的适应性，在最低气温 -41℃ 的哈尔滨可以安全越冬，正常年份可以开花、结实。耐旱，在年降水量 148.2 mm 的河西走廊亦能正常生长。

2）文冠果对土壤要求不严，耐瘠薄，在撂荒地、沙荒地、岩石裸露地都能正常生长，在黄土高原多生长于川滩、山脚、坡坎、沟坡和沟缘。喜土层深厚、透气性良好、pH 为 7.5～8.0 的微碱性土壤。不耐水湿，低洼地上生长不良。

3）文冠果为深根性树种，主根发达，根系遇损伤愈合较差，易造成烂根。花繁茂，但不孕花多，且落果严重，结实量低。根有很强的萌生能力。

4）文冠果寿命长，可达 300 年，一般栽植 3～5 年开始结实，15～20 年进入盛果期。

5）根据我们所作文冠果水分生理指标的测定，其总含水量 60.98%，自由水含量 33.49%，束缚水量 27.49%，束自比 0.45，蒸腾速率 674 mg/(g·h)，相对含水量 65.38%，水分亏缺 24.62%，水势 3.1178 MPa，恒重时间 30 h，遗留水 7.85%。抗旱性综合评价次于侧柏、云杉、柠条、臭椿等，优于白榆、刺槐、旱柳等。

（4）造林适应与生长情况

文冠果在甘肃天然分布主要在陇东子午岭林区、关山林区、陇中南部的清水等地。该试验区范围无天然分布。但在该类型区有 30 多年的引种栽培历史，定西巉口林场、陇西水土保持试验站、兰州东岗甘肃省水土保持试验站等在 20 世纪 60 年代即有引种栽培，在水分条件较好的地方栽植，生长正常，在雨水充沛年份可正常结果（贾增波和于洪波，1981）。该试验区引种栽培文冠果也始于 60 年代末，主要栽植在梁峁阴坡的台地、地埂边坡，生长良好，2003 年花繁叶茂，结果量明显多于往年。由于文冠果有良好的根蘖繁殖的特性，在地埂边坡栽植的文冠果树周边，常出现较多的根蘖苗，形成良好的群落，有效地保护了边坡和梯田。在该试验区的梁峁阳坡水平台也有少量文冠果栽植，生长势较弱，适应性远不如相同立地条件下的柠条，基本不适宜阳坡造林。生长状况调查见表 5-25。

表 5-25 文冠果栽植生长、适应情况

调查地点	立地条件						树龄（年）	树高（m）	地径（cm）	冠幅（m）	丛枝数（枝）
	部位	海拔（m）	坡向	坡度（°）	土壤	整地方式					
定西安家沟试验点	梁坡中	1930	N15°E	<5	灰钙土	水平台	35	4.97	20.30	4.86	1
	地埂坡	1930	N15°E	50	灰钙土	坑穴	23	3.00	8.53	4.10	1
定西巉口林场	川道苗圃地	1880	—	5	淀积土	农耕地	16	4.50	17.0	5.10	1
通渭华家岭林业站	梁坡上院落	2400	—	31	黄绵土	坑穴	19	1.90	2.10	1.80	1
兰州徐家山后山基地	梁峁	1900	—	<5	淡灰钙土	台地	16	1.33	3.99	1.28	2.5
	梁坡路旁	1850	E	<5	淡灰钙土	坑穴	16	1.56	4.41	1.45	1.6

（5）生产中应注意的问题

1）文冠果在该类型区的梁峁坡下部、缓沟坡、台地等立地质量较好的地方可以用于造林，在梁峁阳坡地不宜提倡。造林株行距以 2 m×3 m 为宜。文冠果有较强的耐旱性，省林业科学林科所、省水土保持试验站等早期在兰州引种栽培，基本是在小地形下栽植，山地成片造林较少。因此，文冠果还是以栽培为主。

2）文冠果可以进行容器育苗，然后用于造林，效果较好，苗龄以 2 年生为宜。

3）多年栽植的文冠果林地，在抚育、灌溉情况下可根蘖萌生小苗，对此可采取移栽的方法进行造林，扩大树木资源。

4）在较好的条件下，文冠果生长旺盛，春季枝繁叶茂，花也繁多，可作为城市园林花卉发展。

文冠果属于我国北方重要的能源树种，在黄土高原丘陵沟壑区有广阔的应用前景。

5.4.1.22 白刺（*Nitraria sibirica*）

（1）自然地理分布

白刺原产于地中海及中亚荒漠地带，我国西北各省（自治区）均有分布，主要为宁夏、陕西、甘肃、内蒙古（巴彦淖尔盟、阿拉善盟）、青海（柴达木盆地）和新疆等。白刺在甘肃省主要分布在河西走廊、兰州、白银、定西等地区，多生于荒丘、田边地埂，以及山前洪积平原、沙砾石质戈壁滩地，在海拔 1640~1900 m 地带生长良好。白刺在沙区积沙后能生不定根，积沙成包，群众称"白刺包"，有时可高达 20 m。白刺是干旱地区及半流动沙丘地带尿碱性土壤的指示植物。

（2）形态特征

白刺为落叶灌木，高 1 m 左右，多分枝，弯曲或直立，有时横卧，树皮灰白色，小枝具贴生丝状毛，先端针刺状。叶无柄，通常 5 片或 6 片簇生，肉质，倒卵状匙形，长 1～2 cm，宽 0.3～0.6 cm，顶端钝圆小突尖，全缘，有丝状毛，托叶早落。花小，直径约 0.8 cm，花瓣白色或略带黄绿色，顶生聚伞花序，生于嫩枝顶部，长 1～3 cm，具疏柔毛；萼片 5，绿色，三角形；花瓣 5，长圆形，长 2～3 cm，白色，雄蕊 10～15，子房 3。核果近圆形，两端钝圆，先端尖，直径 0.8～1 cm，成熟时紫红色；花期 5～6 月，果期 7～8 月。

（3）生物学、生态学特性

1）白刺耐旱、耐高温，在地表最低温度 –35.9℃，最高温度 68.0℃ 的沙区，白刺可正常生长。白刺耐盐碱，在含盐量 0.3% 的土壤中，白刺与甘蒙柽柳组成群落，生长正常。

2）白刺具有明显的旱生结构特征，属超旱生植物，是黄土高原西部干旱区和戈壁边缘旱生灌木群落植物之一。在黄土高原半荒漠草原过渡地带白刺常与红砂伴生，在山坡下部、沟道成片白刺生长，并形成单优群落。

3）白刺根系发达，3 年生的白刺株高 30 cm，根系可深达 150 cm，多年生长的白刺根深可达 4～5 m，单株白刺的根系总长度可达株高的 30 倍。白刺平卧枝上的不定根非常发达，耐沙埋，在沙区生长的白刺，当枝条被流沙压埋后，生出的不定根继续向四面延伸，固定流沙形成白刺包，有效的固定流沙。

4）在黄土区沟道、坡坎栽植白刺，可以起到良好的保持水土的作用，在陡峭的梁峁阳坡、半阳坡白刺生长较差，不宜用于造林。

5）白刺耐平茬，平茬后可以达到复壮的作用，能促进白刺生长。

6）根据我们所作白刺水分生理指标的测定，其总含水量 81.09%，自由水含量 11.09%，束缚水量 70.00%，束自比 6.31，蒸腾速率 859 mg/(g·h)，相对含水量 74.53%，水分亏缺 25.47%，水势 2.4780 MPa，恒重时间 163 h，遗留水 6.96%。抗旱性综合评价次于梭梭、杜松、毛条、甘蒙柽柳等，优于柠条、中国枸杞、沙棘、山毛桃、山杏等。

（4）造林适应与生长情况

白刺在甘肃造林应用较少，主要因其树形矮小、状多匍匐，未引起人们的重视。白刺在该类型区的沟坡、坡坎、沟道、水沟旁等有天然野生分布，沟坡下部、水平台外坡坎、道路旁生长旺盛，可起到了良好的保持水土的作用。近几年来，在兰州南北两山造林绿化中白刺得到广泛应用，效果良好。在堆积土的坡面上用一年生白刺造林，其成活率达 90% 以上，当年平均高生长 0.65 m、平均地径生长 0.86 cm，长势良好。

课题于 2002 年在该试验区内进行白刺容器苗造林，当年成活率 88.15%，当年高生长 10.9 cm，生长健壮。根据调查白刺在坡积黄土上栽植，生长迅速，可较快覆盖地表，起到防止水土流失的作用。根据各地应用白刺造林试验结果初步认为，白刺可在该类型区内无灌溉条件的荒山造林中推广应用，但应注意选择果实性状优良的单株进行采种、繁育，力求在营造水土保持林的同时，取得良好的经济效益。生长状况调查见表 5-26。

（5）生产中应注意的问题

1）白刺在该类型区适宜在梁峁坡下部、沟坡中下部及沟道栽植，株行距可采用 1.5 m×2 m 或 2 m×2 m。

表 5-26　白刺生长、适应情况

调查地点	立地条件						树龄（年）	树高（m）	地径（cm）	丛枝数（枝）	地上鲜重（kg/丛）
	部位	海拔（m）	坡向	坡度	土壤	整地方式					
定西安家沟试验点	沟坡下	1930	S60°W	55°	红土	鱼鳞坑	5	0.89	0.62	—	0.30
	侵蚀沟底	1920	S	10°	淤积淀积土	坝地	8	0.78	1.20	5.0	0.50
兰州徐家山后山基地	梁峁顶	1900	—	≤5°	淡灰钙土	台地	15	0.76	1.13	4.4	
	梁峁顶	1860	W	≤5°	淡灰钙土	穴状	14	0.58	0.68	3.0	—

2）白刺结果性能强，果实在 8 月初成熟，应及时采种，以免种子脱落散失。由于白刺株丛之间种子质量差异较大，采种时应尽量选择果实较大的种子进行繁育。种子采收后及时冲洗晾晒，在通风干燥的地方贮藏。白刺种皮比较坚硬，播种造林或育苗前应进行催芽处理，采用沙藏、温汤浸种处理均可，可确保播种出苗率。

3）在有灌溉条件的山地，白刺可采用直播方式造林。在无灌溉条件的地方也可进行鱼鳞坑整地、树穴覆地膜汇集雨水，进行直播造林，效果也比较好。

4）白刺可用一年生容器苗造林，其成活率比较高，造林可在春季、雨季进行，雨季造林效果优于春季。造林整地以鱼鳞坑整地即可，以减少整地对原有地面植被的破坏。白刺也可采用分根造林，即利用天然白刺的根蘖苗造林，也可取得良好的成效。

5）白刺喜疏松、透气性好的土壤，可用于山坡堆积土坡面、公路填方可汇集雨水的地方造林，能较快地形成被覆保持水土。

6）白刺浆果有"沙樱桃"的美誉，富含 19 种氨基酸、21 种微量元素及蛋白质、维生素 C、维生素 E 等营养成分，有很高的经济价值和药用价值，选择优良品种营造具有经济价值的水土保持林开发潜力较大。

5.4.1.23　中国枸杞

（1）自然地理分布

中国枸杞（*Lycium chinenses*）产于亚洲、欧洲的北温带及亚热带。我国主要分布在甘肃、宁夏、陕西、山西、河北等省（自治区），东北、西南、华北也有分布。常生长于海拔 250～2200 m 的荒山、荒坡、盐碱地及林缘地带。

（2）形态特征

中国枸杞为落叶灌木，高 1 m，个别株高 3 m。枝细弱常弯曲下垂，有刺，小枝淡灰黄色。叶互生或簇生于短枝上，卵形、卵状菱形或卵状披针形，长 1.5～5 cm，全缘；叶柄长 0.3～10 cm。花常 1～4 朵簇生于叶腋，花梗细，长 5～16 mm；花萼钟状，长 3～4 mm，3～5 裂；花冠漏斗状，筒部稍宽但短于檐部裂片，长 9～12 mm，淡紫色，裂片有缘毛；雄蕊 5，花丝基部密生绒毛，浆果卵状或长椭圆形卵形，长 5～15 mm，朱红色或红色；种子肾形，黄色。

（3）生物学、生态学特性

1）中国枸杞属阳性树种，喜光、耐寒、极耐旱，也耐盐碱。在兰州年降水量300 mm

左右的浅山地区，不论黄土、砾质土、岩隙、阳坡、阴坡，中国枸杞均可生长。年降水量250 mm 以下的地区，中国枸杞阳坡分布极少，阴坡则较为常见。从垂直分布上看，在海拔 1800 m 的地区，中国枸杞大部分分布于陡坡和悬崖边沿，在阴坡很少见到，在海拔 2000 m 左右的地区，中国枸杞多集中分布于悬崖边沿，荒山上极少。

2）中国枸杞耐旱性很强，随着树龄增加而增强，小于 5 龄的中国枸杞在遇到干旱时能以早期落叶，进入生理休眠，遇雨又恢复生长；5 龄以上的中国枸杞对季节性干旱反应不敏感。在土壤含水量仅为 3.38% 时仍能维持生命。中国枸杞耐盐碱，能生长于含盐量 0.2%、pH 为 8.5 的土壤环境。

3）中国枸杞属深根性树种，在黄土地上主根深达 10 m 以上，其根系繁殖力很强。封育 4 年的枸杞，可萌发 30 多条新枝。中国枸杞高生长以前 3 年最快，年平均增长 20 ~ 50 cm，3 ~ 5 年时年平均增长 10 ~ 30 cm，5 年后生长速度锐减，年平均增长 10 cm 左右，以后灌丛内部叶子逐渐稀疏，自上而下小枝渐次干枯。

4）中国枸杞物候期，通常 3 月上旬叶芽萌动，下旬发芽，4 月上旬至下旬展叶，5 月上旬现蕾，中旬开花，花期可至 10 月，5 月下旬结果，果期可至 10 月，6 月下旬至 10 月下旬为果实成熟期，10 月下旬至 11 月上旬落叶。

5）根据我们所作中国枸杞水分生理指标的测定，其总含水量 78.51%，自由水含量 31.72%，束缚水量 46.79%，束自比 1.49，蒸腾速率 856 mg/(g·h)，相对含水量 71.62%，水分亏缺 28.38%，水势 3.1229 MPa，恒重时间 62 h，遗留水 11.72%。抗旱性综合评价次于梭梭、杜松、沙木蓼、甘蒙柽柳等，优于柠条、沙棘、紫穗槐、文冠果等。

（4）造林适应与生长情况

中国枸杞在甘肃分布广泛，在黄土高原年降水量 300 mm 左右的地方，是少数野生天然分布和能良好更新繁殖的树种之一，多分布于陡坡坡面、坡坎下部、路旁等，在沟坡常形成小片分布的群落，在坡坎有汇集雨水的地方可长成较大的植株，枝叶垂直覆盖坡面，防止坡面坍塌的效果非常好。该试验区内中国枸杞分布广泛，在地边、落土坡坎生长旺盛，每年均可见开花、结果。中国枸杞在造林中应用不多，主要是对该树种了解不够，尤其对其良好的保持水土的作用认识不足，限制了中国枸杞的应用，今后应予以重视。不同立地条件下生长情况见表 5-27。

表 5-27　中国枸杞生长、适应情况

调查地点	立地条件						树龄（年）	树高（m）	地径（cm）	地上鲜重（kg/丛）
	部位	海拔（m）	坡向	坡度（°）	土壤	整地方式				
定西安家沟试验点	梁坡上	1960	N	45	灰钙土	水平台	5	0.61	1.00	0.15
定西巉口乡	公路边坡	1850	W	40	灰钙土	—	5	0.79	1.40	0.11
兰州东岗省水保站	梁坡坡坎	1880	E	36	淡灰钙土	水平台	10	1.68	1.86	—
兰州大沙沟	梁坡上	2040	S15°W	40	黑麻土	—	6	1.05	2.74	1.02
兰州皋兰忠和乡	梁坡坡坎	1920	E	40	淡灰钙土	—	4	0.97	0.85	0.85
徐家山后山试验区	梁坡公路坡下	1920	W	20	淡灰钙土	—	3	0.19	0.34	—

（5） 生产中应注意的问题

1） 中国枸杞适宜在沟坡下部、坡坎、地埂栽植，尤其适宜在滑塌坡地栽植，生长迅速。其造林株行距以 1.5 m×2 m 适宜。

2） 中国枸杞可以采取种子育苗方式进行繁殖，每年 9 月前后采摘果实，清洗去除果肉，将种子晾干，置阴凉处保存，翌年春季在塑料容器袋中播种育苗，播种量每袋 5～8 粒，覆土以森林土、蛭石或锯末加土为宜，覆土不宜过厚，浇水宜用细眼水壶，防止过分冲刷营养土。

3） 一年生中国枸杞苗一般比较细弱，可进行平茬再培育一年，然后用于造林。造林时以表土回填树穴栽植为好，生土坑内栽植影响苗木生长。

4） 对该类型区内的中国枸杞资源应积极进行保护，并适当进行抚育，扩大天然更新的速度，扩大其覆被率。

5.4.2 适生优良草种的筛选

甘肃省种植牧草有着悠久的历史。20 世纪 40 年代，我国著名的植物学家叶培忠先生在甘肃天水曾建立过牧草原种园，先后从国内外引种 180 多个草种，进行环境适应性、栽培方法、耕作方式等的试验，取得显著成效。新中国成立以来，牧草种植进入了新的时期，有关科研单位进行了系统的良种选育、引进等工作，先后选育出了许多优良的栽培品种，种植面积不断扩大，有力地推动了甘肃畜牧业的发展。近几年来，随着我国西部生态环境建设的发展，农业种植结构的调整，草产业已逐渐发展成为地方的重要支柱产业，草田轮作、休闲种草、四旁种草、果园种草、水土保持种草等蓬勃发展，成为生态环境建设和调整农业结构，搞好农牧结合的重要手段，成为发挥资源优势，保护和优化环境的重要途径。根据该类型区的自然特点，筛选以下草种为重点发展的草种。

5.4.2.1 紫花苜蓿

（1） 来源与现状

紫花苜蓿（*Medicago satlva*）是豆科苜蓿属多年生草本植物，原产伊朗，是当今世界分布最广的栽培牧草，在我国已有两千多年的栽培历史，现已遍及各个省区。甘肃省种植苜蓿的历史悠久且分布广，并在长期栽培过程中形成各具特色的地方品种，如陇东苜蓿、陇中苜蓿和天水苜蓿等。20 世纪 40 年代以来，甘肃省有关单位先后从国内外引进了数以百计的苜蓿新品种，进行栽培和育种试验，选出了不少有推广前途的苜蓿品种。目前全省紫花苜蓿留床面积保持在 550 万亩左右。

（2） 形态特征

紫花苜蓿根系发达，主根入土深达数米至数十米；根茎密生许多茎芽，显露于地面或埋入表土中，茎蘖枝条多达十余条至上百条。茎秆斜上或直立，光滑，略呈方形，高约 100～150 cm，分枝很多。叶为羽状三出复叶，小叶长圆形或卵圆形，先端有锯齿，中叶略大。总状花序簇生，每簇有小花 20～30 朵，蝶形花有短柄，雄蕊 10 枚，1 离 9 合，组成联合雄蕊管，有弹性；雌蕊 1 个。荚果螺旋形，2～4 回，表面光滑，有不甚明显的脉纹，幼嫩时淡绿色，成熟后呈黑褐色，不开裂，每荚含种子 2~9 粒。种子肾形，黄色或淡黄褐色，表面有光泽，陈旧种子色暗；千粒重 1.5~2.3 g。

（3）生物学特性

紫花苜蓿抗逆性强，适应范围广，能生长在多种类型的气候、土壤条件下。性喜干燥、温暖、多晴天、少雨天的气候，最适气温 25~30℃；在年降水量 400~800 mm 的地方生长良好，超过 1000 mm 则生长不良。年降水量 400 mm 以下，需有灌溉条件才能旺盛生长。夏季多雨湿热天气不利于生长。紫花苜蓿蒸腾系数高，生长需水量多。每构成 1 g 干物质约需水 800 g，但又最忌积水，若连续淹水 1~2 d 即大量死亡。紫花苜蓿喜高燥、疏松、排水良好、富含钙质的土壤，适应在中性至微碱性土壤上种植，不适应强酸、强碱性土壤，最适土壤 pH 为 7~8，土壤含可溶性盐在 0.3% 以下就能生长。

在甘肃省海拔 2700 m 以下，年平均气温 4℃ 以上、≥10℃ 积温 1700℃ 以上、无霜期 100 d 以上的地区适宜种植紫花苜蓿。陇中地区收割一茬草的 ≥10℃ 积温为 1457℃，刈割两茬草为 3000~3200℃，种子成熟所需的积温为 2200~2300℃。

紫花苜蓿属于强光合作用植物，刚展开的叶片同化二氧化碳的最大量为 70 mg/(m²·h)；叶片的淀粉含量昼夜变幅大，干重从上午的 8% 增加至日落时的 20%，其后含量急剧下降，叶片是进行光合作用的场所，一个发育良好的苜蓿群体叶面积指数通常为 5，每平方米有中等大小的叶片 5000~15 000 个。

该类型区紫花苜蓿一般于 4 月初播种，10 d 左右出苗，当苗高 5 cm 左右时，根长可达 15~20 cm，幼苗期根生长发育快，而茎生长较慢。春季播种当年一般于 7 月中旬开花，于 10 月底枯黄时，大部分种子成熟，但不能全部成熟，株高 70~90 cm。第二年 3 月底返青，6 月上旬开花，7 月下旬种子成熟，株高 90~120 cm，从返青至成熟生育期约 120 d。

（4）利用价值

紫花苜蓿有"牧草之王"的称号。紫花苜蓿的产草量因生长年限和自然条件不同而变化范围很大，播后 2~5 年的鲜草产量一般为 2000~4000 kg/亩，干草产量 500~800 kg。该类型区一般紫花苜蓿干草产量 400~730 kg/亩。紫花苜蓿寿命可达 30 年之久，田间栽培利用年限多达 7~10 年。但其产量在进入高产期后，随年龄的增加而下降。高产利用年限一般为 4~7 年。紫花苜蓿再生性很强，刈割后能很快恢复生机，一般一年可刈割 2~4 次，多者可刈割 5 次或 6 次。

紫花苜蓿茎叶柔嫩鲜美，不论青饲、青贮、调制青干草、加工草粉、用于配合饲料或混合饲料，各类畜禽都最喜食，也是养猪及养禽业首选青饲料。

紫花苜蓿茎叶中含有丰富的蛋白质、矿物质、多种维生素及胡萝卜素，特别是叶片中含量更高。紫花苜蓿鲜嫩状态时，叶片重量占全株的 50% 左右，叶片中粗蛋白质含量比茎秆高 1~1.5 倍，粗纤维含量比茎秆少一半以上。在同等面积的土地上，紫花苜蓿的可消化总养料是禾本科牧草的 2 倍，可消化蛋白质是 2.5 倍，矿物质是 6 倍。

紫花苜蓿发达的根系能为土壤提供大量的有机物质，并能从土壤深层吸取钙素，分解磷酸盐，遗留在耕作层中，经腐解形成有机胶体，可使土壤形成稳定的团粒，改善土壤理化性质；根瘤能固定大气中的氮素，提高土壤肥力。2~4 龄的苜蓿草地，每亩根量鲜重可达 1335~2670 kg，每亩根茬中约含氮 15 kg，全磷 2.3 kg，全钾 6 kg。每亩每年可从空气中固定氮素 18 kg，相当于 55 kg 硝酸铵。苜蓿茬地可使后作三年不施肥而稳产高产，增产幅度通常为 30% ~ 50%，高者可达 1 倍以上。

紫花苜蓿枝叶繁茂，对地面覆盖度大，二龄苜蓿返青后生长 40 d，覆盖度可达 95%。又是多年生深根型，在改良土壤理化性质，增加透水性，拦阻径流，防止冲刷，保持坡面减少水土流失的作用十分显著。据有关单位测定，在坡地上，种植紫花苜蓿与普通农作物相比，每年每亩流失水量减少 16 倍，土量流失小 9 倍。

(5) 栽培利用技术

a. 土壤耕作与施肥

紫花苜蓿种子细小，幼芽细弱，顶土力差，整地必须精细，要求地面平整，土块细碎，无杂草，墒情好。紫花苜蓿根系发达，入土深，对播种地要深翻，才能使根部充分发育。紫花苜蓿生长年限长，年刈割利用次数多，从土壤中吸收的养分亦多。据报道，紫花苜蓿每亩每年吸收的养分，氮为 13.3 kg、磷 4.3 kg、钾 16.7 kg。

用作播种紫花苜蓿的土地，要于上年前作收获后，即进行浅耕灭茬，再深翻，冬春季节作好耙耱、镇压蓄水保墒工作。水浇地要灌足冬水，播种前，再行浅耕或耙耱整地，结合深翻或播种前浅耕，每亩施有机肥 1500 ~ 2500 kg、过磷酸钙 20 ~ 30 kg 为基肥。对土壤肥力低下的，播种时再施入硝酸铵等速效氮肥，促进幼苗生长。每次刈割后要进行追肥，每亩需过磷酸钙 10 ~ 20 kg 或磷二铵 4 ~ 6 kg。

b. 播种

1）种子。播种前要晒种 2 ~ 3 d，以打破休眠、提高发芽率和幼苗整齐度。种子田要播种国家或省级牧草种子标准规定的 1 级种子；用草地播种 Ⅰ、Ⅱ 级种子均可。

2）接种。在从未种过苜蓿的土地播种时，要接种苜蓿根瘤菌，每公斤种子用 5 g 菌剂，制成菌液洒在种子上，充分搅拌，随拌随播。无菌剂时，用老苜蓿地土壤与种子混合，比例最少为 1:1。

3）播种量。种子田每亩 0.25 ~ 0.5 kg，用草地每亩 0.75 ~ l.0 kg，干旱地、山坡地或高寒地区，播种量提高 20% ~ 50%。

4）播种期。可分为三种情况。

①春播：春季土地解冻后，与春播作物同时播种，春播苜蓿，当年发育好，产量高，种子田宜春播。

②夏播：干旱地区春季干旱，土壤墒情差时，可在夏季雨后抢墒播种。

③秋播：在甘肃省冬小麦种植区，多在秋季播种，但秋播不能迟于 8 月中旬，否则会降低幼苗越冬率。

该类型区以夏播和夏初抢墒播种为宜。

5）播种深度。视土壤墒情和质地而定，土干宜深，土湿则浅，轻壤土宜深，重黏土则浅，一般为 1 ~ 2.5 cm。

6）播种方法。紫花苜蓿常用播种方法有条播、撒播和穴播三种；播种方式有单播、混播和保护播种（覆盖播种）三种。可根据具体情况选用。

种子田要单播、穴播或宽行条播，行距 50 cm，穴距 50 cm × 70 cm 或 50 cm × 50 cm 或 50 cm × 60 cm，每穴留苗 1 ~ 2 株。

收草地可条播也可撒播，可单播也可混播或保护播种。条播行距30cm。撒播时要先浅耕后撒种，再耙糖。混播的可撒播也可条播，可同行条播，也可隔行条播，保护播种的，要先条播或撒播保护作物，后撒播苜蓿种子再耙糖。

在干旱地区进行保护播种时，不仅当年苜蓿产量不高，甚至影响到第二年的收获量，最好实行春季单播。

混播，紫花苜蓿生长快，分蘖多，枝叶盛，产量高，再生性强，刈割次数多，混播中其他牧草难于相配合，故以单播为宜。但若要提高牧草营养价值、适口性和越冬率，也可采用混播。适宜混播的牧草有：黑麦草、鹅冠草、无芒雀麦等。混播比例，苜蓿占40% ~ 50%为宜。

c. 田间管理

1）撒种后，出苗前，如遇雨土壤板结，要及时除板结层，以利出苗。

2）苗期生长十分缓慢，易受杂草危害，要中耕除草1或2次。

3）播种当年，在生长季结束前，刈割利用一次，植株高度达不到利用程度时，要留苗过冬，冬季严禁放牧。

4）二龄以上的苜蓿地，每年春季萌生前，清理田间留茬，并进行耙地保墒。秋季最后一次刈割或收种后，要松土追肥，每次刈割后也要耙地追肥。

5）紫花苜蓿刈割留茬高度3 ~ 5 cm，但干旱和寒冷地区秋季最后一次刈割留茬高度应为7 ~ 8 cm，以保持根部养分和利于冬季积雪，对越冬和春季萌生有良好的作用。

6）秋季最后一次刈割应在生长季结束前20 ~ 30 d结束，过近不利于植株根部和根颈部营养物质积累。

7）种子田在开花期要借助人工辅助授粉或利用蜜蜂授粉，以提高结籽率。

8）紫花苜蓿病虫害较多，常见病害有霜霉病、锈病、褐斑病等，可用波尔多液、石硫合剂、托布津等防治。虫害有蚜虫、浮尘子、盲椿象、金龟子等，可用乐果、敌百虫等药防治。但一经发现病虫害露头，即行刈割喂畜为宜。

d. 利用技术

1）青刈利用以在株高30 ~ 40 cm时开始为宜，早春掐芽和幼嫩期刈割减产明显。调制干草的适宜刈割期，是初花期左右，二者利用期均不得延至盛花期后。

2）收种适宜期是植株上1/2 ~ 2/3的荚果由绿色变成黄褐色时进行。收草田不能连续收取种子。种子田也应每隔1 ~ 2年收草一次。

3）紫花苜蓿在利用中应根据需要和播种面积，有计划的生产种子和草产品，提供商品经营。

4）牧草和收种的利用年限，应视种子和产草量最高年限而定，甘肃省一般为4 ~ 7年。

5）紫花苜蓿用于放牧利用时，以猪、鸡、马等家畜最适宜。放牧反刍畜易得膨胀病，结荚以后就较少发生。用于放牧的草地要划区轮牧，以保持苜蓿的旺盛生机，一般放牧利用4 ~ 5 d，间隔35 ~ 40 d的恢复生长时间。如放牧反刍畜时，混播草地禾本科牧草要占50%以上的比例；应避免家畜在饥饿状态时采食苜蓿，放牧前要先喂以燕麦、苏丹草等禾本科干草，还能防止家畜腹泻。为了防止膨胀，可在放牧前口服普鲁卡因青霉素钾盐，成畜每次量50 ~ 75 mg。

6）紫花苜蓿用于调制青干草时，要选择晴朗天气一次割晒，防止雨淋，以免丢失养分降低质量，平晒结合扎捆散立风干再堆垛存放。有条件的待晒至半干时移至避光通风处阴干。干草必须保持绿色状态，存放过程中应勤检查，以防霉变造成损失。

5.4.2.2 红豆草（*Onobrychis vciaefolia*）

（1）来源与现状

红豆草是豆科红豆草属多年生草本植物，花色粉红艳丽，饲用价值可以与紫花苜蓿媲美，故有"牧草皇后"之称。我国新疆天山和阿尔泰山北麓都有野生种分布。目前国内栽培的全是引进种，主要是普通红豆草和高加索红豆草。前者原产法国，后者原产苏联。现在欧洲、非洲和亚洲都有大面积的栽培。国内种植较多的有内蒙古、新疆、陕西、宁夏、青海。甘肃省（自治区）20 世纪 40 年代从国外引进，已有 50 多年的栽培历史，经长期栽培选育出有较强适应性的甘肃红豆草，由全国牧草品种审定委员会审定通过，经过多年的试验示范推广工作，在该类型区的通渭、定西大面积种植获得成功（容维中，2005）。目前全省留床面积为 30 多万亩，每年可生产种子近 500 万千克。

（2）形态特征

红豆草为深根型牧草，根系强大，主根粗壮，直径 2 cm 以上，入土深 1~3 m 或更深，侧根随土壤加厚而增多，着生大量根瘤。茎直立，中空，绿色或紫红色，高 50~90 cm，分枝 5~15 个。第一片真叶单生，其余为奇数羽状复叶，小叶 6~14 对或更多、卵圆形、长圆形或椭圆形，叶背边缘有短茸毛，托叶三角形。总状花序，长 15~30 cm，有小花 40~75 朵，蝶形，粉红色、红色或深红色。荚果扁平，黄褐色，果皮粗糙，有凸形网状脉纹，边缘有锯齿，成熟后不易开裂，内含肾形绿褐色种子 1 粒。种皮光滑，长 2.5~4.5 mm，宽 2.0~3.5 mm，种子千粒重 13~16 g，硬实率不超过 20%。

（3）生物学特性

红豆草性喜温凉干燥气候，适应环境的可塑性大，耐干旱、寒冷、早霜、深秋降水、缺肥贫瘠土壤等不利因素。与苜蓿比，抗旱性强，抗寒性稍弱。适应栽培在年均气温 3~8℃，年降水量 400 mm 左右、无霜期 140 d 左右的地区。刈割头茬草需 ≥10℃ 的积温为 1171℃，刈割两茬需 1620℃，种子成熟需 1545℃。能在年降水量 200 mm 的半荒漠地区生长，只需在种子发芽，植株孕蕾至初花期，土壤上层有较足水分就能正常生长，对温度的要求近似苜蓿，种子在 1~2℃ 的温度条件下即开始发芽，生活两年以上。春季气温回升 3~4℃ 时，即开始返青再生。一般春播的豆红草，播后 7 d 左右出苗，出土后 10 d 左右出现第一片真叶，以后大约每隔 5 d 长出一片真叶。一般 4 月上旬播种，6 月中下旬开花、8 月中旬种子成熟。二龄以上的在 3 月上旬返青，返青期比苜蓿早一周，6 月初开花，7 月中旬种子成熟。水肥条件适宜，一年可成熟种子两次。

红豆草属严格的异花授粉植物，其雌蕊较长，柱头超过花药，雌雄蕊成熟时间不一致，雄性先熟，因而自花不育，即使人为控制自花授粉结实后，其后代的生活力也会显著减退。在自然状态下，结实率较低，一般只有 50% 左右。

红豆草对土壤要求不严格，可在干燥瘠薄，土粒粗大的砂砾、沙壤土上栽培生长。有发达的根系，主根粗壮，侧根很多，播种当年主根生长很快，两年生植株根深在 50~

70 cm 土层以内，侧根重量占总根量的 80% 以上，在富含石灰质的土壤、疏松的碳酸盐土壤和肥沃的田间生长极好。在酸性土、沼泽地和地下水位高的地方均不适宜栽培。甘肃黄土高原是红豆草的宜植区，且以该类型区高海拔地方最为适宜。

（4）利用价值

a. 饲用

红豆草作饲用，可青饲、青贮、放牧、晒制青干草、加工草粉、配合饵料和多种草产品。青草和干草的适口性均好，各类畜禽都喜食，尤为兔所贪食。与其他豆科饲草不同的是，它在各个生育阶段均含很高的浓缩单宁，可沉淀在牛胃中形成大量持久性泡沫状可溶性蛋白质。使反刍家畜在青饲、放牧利用时不发生膨胀病。

红豆草的产草量因地区和生长年限不同而有差异。在水肥条件差的干旱地区，2~3龄平均亩产干草 250~500 kg；在水热条件较好的陇东塬面，每亩产鲜草 1400 kg，在沟坡地每亩产鲜草 950 kg；从 1~4 龄产草量构成看，播种当年占 9.2%、第二年占 16%，第三年占 32.2%、第 4 年占 42.6%，逐年递增，以第 3 年增幅最大。红豆草的一般利用年限为 5~7 年，从第 5 年开始，产量逐年下降、渐趋衰退，在条件较好时，可利用 8~10 年，生活 15~20 年。种子产量一般为 40~100 kg/亩。

红豆草与紫花苜蓿相比，春季萌生早，秋季再生草枯黄晚，青草利用时期长。用途广泛，营养丰富全面，蛋白质、矿物质、维生素含量高，收籽后的秸秆，鲜绿柔软，仍是家畜良好的饲草。调制青干草时，容易晒干，叶片不易脱落。1 kg 草粉，含饲料单位 0.75 个，含可消化蛋白质 160~180 g，胡萝卜素 180 mg。

b. 肥用

红豆草作肥用，可直接压青作绿肥和堆积沤制堆肥。一般亩产鲜草 1500~3000 kg，每亩可提供氮素 7.5~15 kg，折合硝酸铵 22~43 kg。茎叶柔嫩，含纤维素低，木质化程度轻，压青和堆肥易腐烂，是优良的绿肥作物。根茬地能给土壤遗留大量有机质和氮素，改善土壤理化性质，肥田增产效果显著。2~4 龄每亩鲜根量一般为 1400~2300 kg，相当于 9.8~16.1 kg 氮素，加上根系和根瘤的不断更新，以及枯枝落叶，增加的氮素就更多。根系分泌的有机酸，能把土壤深层难于溶解吸收的钙、磷溶提出来，变为速效性养分并富集到表层，增加土壤耕作层的营养成分，是中长期草田轮作的优良作物。

c. 保土、蜜源与观赏

红豆草根系强大，侧根多，枝繁叶茂盖度大，护坡保土作用好，是很好的水土保持植物。红豆草一年可开两次花，总花期长达 3 个月，含蜜量多，花期一箱蜂每天可采蜜 4~5 kg，每亩产蜜量达 6.7~13 kg，在红豆草种子田放养蜜蜂还可提高种子产量，是很好的蜜源植物。红豆草花序长，小花数多、花期长，花色粉红、紫红各色兼具，开放时香气四溢，引人入胜，道旁庭院种植，是理想的绿化、美化和观赏植物。

（5）栽培利用技术

a. 土壤与耕作

红豆草对土壤要求不严，在该类型区大多数土壤上生长发育良好，比紫花苜蓿的适应范围广。如在部分紫花苜蓿生长不好的地区，红豆草则能繁茂生长。在旱作地区，通常在前茬作物收获后，即进行伏耕灭茬灭草熟化土壤，秋季深翻耙糖蓄水保墒，翌年种植红豆草。在水热条件较好的地区复种时，麦收后浅耕灭茬，施肥整地后即行种植。

b. 施肥

结合秋耕深翻每亩施有机肥料 2500~3500 kg，过磷酸钙 20~30 kg 作底肥，土壤瘠薄的土地，播种时要加施速效氮肥、硝酸铵每亩 10~15 kg。

c. 播种

红豆草种子是带荚播种。种子田要播种国家或省级牧草种子规定标准的 I 级种子，播种量 1.5~2.0 kg/亩。收草地播种 II 级以上的种子即可，播种量 2.5~3.0 kg/亩。该草种虽然籽粒大，但它是子叶出土植物，播种时覆土要浅，适宜播种深度为 2~4 cm。该类型区适宜播期为，春季土壤解冻后及时抢墒播种，如土壤墒情过差时，也可在初夏雨后播种，播种后一定要镇压接墒，以利出苗。在水热条件好的湿润、半湿润地区，春、夏、秋三季都可播种，秋播的时间不应迟于 8 月中旬，否则幼苗越冬不好。播种方法可用单播、条播，播种行距，种子田 30 cm，收草地 20 cm。

d. 田间管理

出苗前要防止土壤板结，苗期要及时锄草、中耕、松土。播种当年的草地要严加管护、防止人畜进入，损害幼苗。干旱多风地区，冬季要镇压，防止土壤水分蒸发，预防根茎受旱、受冻，提高越冬率。冬季严禁放牧，防止牲畜刨食根茎，造成越冬死亡。越冬后的草地，要在早春萌生前进行耙地保墒。生长期间，草层达不到利用高度时，严禁提前刈割或放牧，以免损伤生机，影响以后产量。每次刈割或放牧后，要结合行间松土进行追肥，每亩施磷二铵 7.5~10 kg，增产效果显著。

种子田在开花初期，应将蜂箱运往田间四周，增进蜜蜂传粉，提高种子产量。春季萌生前，要耙集残茬焚烧，消灭病虫害，是提高产量的重要农业技术措施。种子田可在开花期，用 1:20 的过磷酸钙溶液喷洒植株进行根外追肥 2 次或 3 次，对提高种子产量，加速成熟，都有重要作用。

e. 收获利用

牧草地不论青饲或调制青干草，均应在开花期进行。需要指出的是，红豆草的耐刈割性较紫花苜蓿为弱，播种当年只能利用一次，若第二年刈割 4 次以上或每隔一月利用一次时，虽然当年可收获较高产量，对越冬也无明显影响，但到翌年生长季，植株大为稀疏；若将第一次刈割期推迟到盛花期，以后每隔 30~40 d 刈割一次，一般一年刈割 2 次或 3 次，则对寿命和越冬均无影响；开花前刈割和秋季重牧对越冬有不良影响。秋季最后一茬再生草于土地封冻后放牧利用，刈割或放牧利用的留茬高度为 5~6 cm。生长季结束前 30 d 停止刈割或放牧利用，播种当年不宜放牧。

红豆草不宜连作。如果连作，则易发生病虫害，生长不良，产量不高；更新时，需隔 5~6 年后方能再种。茬地肥效高，增产效果明显，在草田轮作中有重要作用，是燕麦、大麦、玉米、高粱、小麦等禾谷类饲料及农作物良好的前作。红豆草不论作牧草还是收种，利用 4~5 年后即可翻耕，茬地翻耕比紫花苜蓿容易，土壤较疏松，根腐烂快。翻耕宜在夏季高温季节进行，秋季翻耕，根不易腐烂，影响翌年播种。旱作地区在头茬收籽后即可进行，及时伏耕，秋耕，蓄水保墒，提高后作产量。翻耕深度以 18~22 cm 为宜，过浅容易再生。

用作绿肥的，可移地切碎压青，每亩 1000~1500 kg，深度 20 cm，才能保证埋严。用于堆肥时，要选择有水源的地边切碎堆沤，并要与 1∶4 的马粪、牛粪或厩肥或土拌和均匀，边拌边浇水，堆作高 1～2 m 的圆锥或方形堆，表面用泥抹光覆盖，保水保温，沤制15～20 d，方可施用。

红豆草花期长，种子成熟很不一致，成熟荚果落粒性强，小面积可分期采收，大面积在 50%～60% 的荚果变为黄褐色时，于早晨露水时收割，要在短期内一次完成。

5.4.2.3　沙打旺

（1）来源与现状

沙打旺（*Astragalus adsurgens*）是豆科黄芪属多年生草本植物，是我国特有的草种，在华北、华东和西北都有野生种分布；人工栽培已有近百年的历史。甘肃于 20 世纪 70 年代开始引种，目前全省种植面积已达 165 万亩，该类型区种植面积约 33 万亩。

（2）形态特征

沙打旺主根粗长弯曲，侧根发达，细根较少。入土深度 1～2 m，深者达 6 m，根幅1.5 m 左右。根瘤呈椭圆形或圆柱形，个体较小，集合成珊瑚状或鸡冠状着生于二级侧根上。茎圆形中空，直立或侧斜向上，丛生，主茎不明显；分枝多，株高 1.5～1.7 m，高者达 2.3 m，全株被丁字形白茸毛。第 1、2 片真叶为单片，第 3、4 片或单或复，第 5 片以后为奇数羽状复叶，长 5～17 cm，小叶椭圆或卵状椭圆，全缘，互生，具短柄或无柄。总状花序长 2～15 cm，小花密集排列成长圆柱形或穗形，多数腋生，少数生于顶端；花蓝色、紫色或蓝紫色，蝶形，具短梗。雄蕊 9 + 1。荚果矩形二室，长 7～18 mm，末端具下弯的短喙，内含种子 10 数粒，种子千粒重 1.4～1.8 g。

（3）生物学特性

沙打旺为灰钙土指示植物。适应性很强，具有抗寒、抗旱、抗风沙、耐瘠薄、耐盐碱，而忌湿嫌涝等特点。幼苗 4 叶龄时，即能经受 -30℃ 短期低温，半成熟荚果在 -6℃条件下，可继续发育至成熟。沙打旺根深，叶小，全株被毛，有明显的旱生结构，在年降水量 350 mm 以上的地方均能正常生长。已萌发的幼苗，被风沙埋没 3～5 cm，仍能正常生长。在土层很薄的山地粗骨土上，肥力较低的砂丘、滩地上，干硬贫瘠的退耕地上，其他牧草不能生长，而沙打旺可以正常生长。在土壤 pH 为 9.5～10.0、含盐量为 0.3%～0.4% 的盐碱地上，沙打旺生长正常，但在低洼易涝地上容易烂根死亡。

根据甘肃各地种植情况看，沙打旺适宜种植在年平均气温 8～15℃ 的地区，刈割一茬需 ≥10℃ 积温 1800～1900℃，刈割两茬的需 3200～3400℃，种子成熟需无霜期 170 d 以上，需 ≥10℃ 积温 3500℃ 以上。陇东、陇中黄土高原区、河西灌区均为宜植区。

（4）利用价值

沙打旺可用于饲料，其茎叶中富含各种营养成分，可青饲、青贮、调制干草、加工草粉和配合饲料等，但因其植株含少量有机硝基化合物，有微毒，带苦味，适口性差，可与其他牧草适量配合利用，能消除苦味，提高适口性。

沙打旺能在一般杂草不能生长的瘠薄沙地生长，种子发芽出苗快，根系发育早而发达，播种当年虽生长缓慢，一旦保苗，第二年则存活率高，生长快，可形成单一郁闭群落，是植株高大、枝叶繁茂、地面覆盖度大的防风固沙、蓄水保墒、增进肥力、保持水土、促进林木生长的优良先锋牧草。

在该类型区沙打旺每亩可产干草 400～530 kg。在定西北部干旱山区播种沙打旺，使植被覆盖度由原来的 10%～25%，提高到 40%～65%，水土侵蚀面由 75%～100%，减少到 10%～30%，减少径流量 55%，减少冲刷量 96%，每亩产鲜草 1900～2800 kg。

沙打旺在花期前植株柔嫩，木质化程度低，质脆易腐烂，每亩茎叶含氮素 38～42 kg，肥效高，茬地能给土壤遗留大量有机质和氮素，提高地力。人工播种生长第二年亩产鲜草 2000～2500 kg 的情况下，生长第一年每亩可固氮 8.5 kg、第二年 15.0 kg，4 龄沙打旺可使 0～20 cm 土层有机质提高 20%、氮素增加 10%、磷（P_2O_5）增加 40%。因此，是优良的绿肥和草田轮作牧草。还可刈割沤制堆肥，收种后的秸秆可做堆肥，也是上好的燃料，据试验，用 5.5 kg 秸秆，38 min 可烧开 22.5 kg 水。作为沼气发酵的原料，沙打旺氮素含量高，木质素含量低，含磷、钾丰富，对调整沼气原料的碳氮比，促进沼气微生物的繁殖，提高沼气产气率和提高沼肥肥效都十分有利。

沙打旺为无限花序，花数多，花期长达 45～60 d，是很好的蜜源植物。茎秆外皮柔软耐拉，可剥皮拧绳、织袋。种子能榨油，也可饲用。

（5）栽培利用技术

a. 土壤耕作与施肥

沙打旺对土壤要求不严，适应性广。在耕地、弃耕地和退化、沙化、盐碱化草地的各类土壤均能种植。大面积播种，要因地制宜地采用多种方式的耕作措施和地面处理。对坡度在 25°以下梁峁坡地、弃耕地，可按耕地要求，进行翻耕整地；对坡度在 25°以上的大面积、长坡面的草山草坡，可沿等高线进行水平沟整地，沟距 40～100 cm，沟宽 10～20 cm，或平整成 1～2 m 宽度的反坡梯田；对地形破碎的地方，可挖一定间距 15～20 cm 深的小穴整地，每平方米 10～20 穴，或进行鱼鳞坑整地。沙打旺耐瘠薄，一般播种不进行施肥，有条件的，对种子田可适当施用有机肥和磷肥后播种。

b. 播种

播种前要晒种 1～2 d，清除菟丝子。种子田要播种国家或省级牧草种子标准规定的 1 级种子，收草的用 I、II 级种子即可。

播种量视其利用目的而定，种子田、缓坡、弃耕地或耕地播种量 0.1～0.2 kg/亩；收草的播种量 0.2～0.3 kg/亩，陡坡地、地面不处理，播量加大 20%。播种深度宜浅不宜深，一般 0.5～1 cm，在有连阴雨天气时，还可进行地面播种。播种期以春、夏两季为宜，也可在土壤开始封冻时，进行寄子播种；种子田宜春播，春旱严重但土壤保墒好的地方，应在早春顶凌播种。

播种方法有单播、混播、间作和套种，在改良天然草地，建立人工草地，用作绿肥的，一般都采用单播。方法上，有条播、撒播和穴播，种子田要条播或穴播，条播行距 50～80 cm，穴距 30～40 cm，每穴投种 10 粒左右；收草的可条播或撒播，条播行距 30～40 cm；撒播后要采用耙耱、拉划或放牧羊群踩踏镇压覆土；破碎，间隙小块地采用穴播。

c. 田间管理

沙打旺幼苗生长缓慢，易受杂草危害，在 2 或 3 片真叶时就应进行中耕除草；播种当年要严加管理，严禁放牧牲畜，损伤幼苗。对出苗不齐或漏播地段要于当年或第二年及时补播，当年补播不能过晚，以免影响越冬。刈割留茬不宜过高，一般 5～6 cm。

沙打旺常见虫害有蚜虫、象甲、金龟子等，要及时进行药物防治；常见病害有白粉病、茎腐病、根腐病等，对白粉病可用多菌灵或退菌特防治。菟丝子是危害沙打旺最严重的寄生植物，除认真做好种子除杂工作外，生育期一旦发现，要连同被害植株全部拔除销毁或深埋，也可用鲁保一号菌剂喷施防治。长时间积水或土壤水分过多时，易发生茎腐病和根腐病，应及时做好排水、防涝工作。

d. 收获利用

沙打旺饲用的适宜刈割时期为营养生长后期，或株高达 80～100 cm 时进行，其后植株粗老，适口性变差。再生能力较弱，一年内不适宜多次刈割，播种当年留苗过冬，生活 2 年以上，可刈割 1 次或 2 次，第一次刈割也不能太早，以利生长。沙打旺因其粗蛋白质含量高，不宜单独青贮，要与其他禾本科饲草混合青贮，混合比例沙打旺占25%～35%。青绿沙打旺喂猪，可打浆饲喂或打浆发酵饲喂，还可以打浆后窖贮，以扩大冬春季节青绿饲料来源，实行旺季贮存，淡季饲喂。采收种子后的茎秆是上好的燃料和肥料，如果将秸秆切碎或粉碎后，用 2%～3% 的食盐水经 3～5 d 自然发酵，能显著提高适口性。单独饲喂沙打旺过量，易造成鸡、兔中毒，饲喂牛、羊，要与适口性较好的牧草适量配合利用。

采种，沙打旺花期长，种子成熟很不一致，且成熟时荚果自然开裂，使种子脱落散失，在原种和良种繁育圃，要分期分批采摘，减少损失；大面积种子田，可在 2/3 荚果变成黄褐色时，一次全面收割，束小捆，集中摆放田间，晾晒至干脱粒。

用于绿肥时，可进行异地翻压，在高温高湿条件下效果最好，低温干燥不易腐熟，如进行堆肥则可在短期内达到腐熟的目的。方法是：在有水源的田间地头，将铡碎的沙打旺茎叶或收种后的秸秆，按沙打旺、泥土、牛马粪 1∶4∶0.5 的比例，边加水边拌匀。堆 1.5～2.5 m 高的方形或圆形堆肥，表面用泥糊严，保温、保湿，防止氮素损失，经 20 d 左右高温发酵，即可腐熟，每亩增施 50～100 kg，就能获得显著的增产效果。

5.4.2.4 白花草木樨

(1) 来源与现状

一般认为草木樨属植物起源于小亚细亚，后来传播到整个欧洲温带各国。又据记载，白花草木樨（*Melilotus albus*）起源于亚洲西部，黄花草木樨（*Melilotus officinalis*）起源于欧洲，香甜草木樨（*Melilotus suaveolens*）起源于我国四川等省。在地中海地区 2000 年前已用作绿肥及蜜源植物。现在，白花、黄花和印度草木樨（*Melilotus indcus*）已遍及各大洲。我国北方栽培的主要是两年生白花草木樨和黄花草木樨，二者的不同是：前者花冠白色，株体较高大，后者花冠黄色，株体较低，前者比后者晚熟约两周，其他性状基本一致。

甘肃于 20 世纪 40 年代，由叶培忠教授开始引种试验，随即繁殖推广，主要为两年生白花和黄花草木樨两种，并纳入草田轮作。50 年代初期，甘肃省把白花草木樨作为重点推广项目，逐渐推广到各地，并很快推广到西北、华北、东北及南方一些省区。目前甘肃种植总面积为 183 万亩以上。

（2）形态特征

白花草木樨是豆科草木樨属两年生草本植物。主根粗壮发达，属主根系，入土深 60 ~ 200 cm，根瘤众多；主根上部发育成肉质根，是越冬的重要器官，也是组成绿肥的重要部分。茎圆中空、直立高大，光滑或稍有毛。叶为三出羽状复叶，小叶三片，椭圆形或倒卵状长圆形，边缘有锯齿，长 3 cm 左右，宽 1.0 ~ 1.5 cm；托叶披针形，长 7 ~ 8 mm，先端尖。长总状花序细直，有小花 40 ~ 80 个，有短柄，总花梗长 10 ~ 30 cm；花白色，旗瓣长 3 ~ 4 mm，翼瓣和龙骨瓣稍短，花冠易脱落，与雄蕊筒分离；旗瓣圆形，翼瓣狭细，龙骨瓣直而钝，雄蕊二位，花丝宿存不扩张；花柱线形，无毛，向内弯曲，柱头顶生，子房无柄或有短柄，含胚珠少数。荚倒卵形或长圆形，突出于外，下垂不开裂，长 4 ~ 5 mm，光滑无毛，有网状皱纹，内含种子 1 粒或 2 粒。种子长圆形，略扁平，长约 2 mm，棕黄色，千粒重 1.9 ~ 25 g。

（3）生物学特性

白花草木樨抗旱、耐寒、耐盐碱、耐瘠薄，对环境的适应能力极强，在苜蓿难以生存的地方，仍能良好生长。适宜温润气候，在年平均气温 6 ~ 8℃、年降水量 400 ~ 500 mm 地区生长最好。对土壤要求不严，从重黏土到瘠薄土及砂砾土都能适应，而以富含钙质的土壤最为适应，但不能适应酸性土壤。在排水不良时，比苜蓿和红三叶生长良好，但在长期积水的地方易于死亡；在土壤含盐量 0.2% ~ 0.3%，甚至 0.59% 时都能生长，因此，草木樨能改良盐碱地。适应土壤 pH 为 7.0 ~ 9.0。草木樨繁殖能力很强，种子发芽最低温度 3 ~ 6℃，最适温度 15 ~ 20℃，从出苗到成熟，生育期需 10 ~ 15 个月，在海拔 2600 m 的山地，第一年株高 50 ~ 100 cm，第二年株高 170 ~ 260 cm，亩产种子 20 ~ 60 kg。成熟的荚果容易脱落，有自落自生的习性；硬实率一般占 30% ~ 60%；种子在干土中保存 2 ~ 3 个月后，遇适宜条件仍能发芽出苗，经过反复 4 次浸泡晾干的种子，发芽率在 70% 以上，硬籽在土壤中保存 3 ~ 5 年还有发芽能力，种子在室温中保存 20 年，发芽率从 95% 降低到 50%。种子产量为 20 ~ 200 kg/亩，多数为 40 ~ 60 kg/亩。草木樨固氮肥田效果显著，但固氮不均衡，经有关单位定点观测分析，第一年每亩固氮量为 7 ~ 8.5 kg，第二年为 10 ~ 15.5 kg，固氮高峰期出现在开花期，且有两次固氮高峰期。

（4）利用价值

草木樨蛋白质含量高，含有较多胡萝卜素，是家畜的优质饲料。从总能量比较，3 kg 草木樨等于 0.5 kg 玉米籽粒的能量。秸秆中赖氨酸的含量相当于小麦的含量，比玉米多 1.5 倍，比高粱高 2 倍，所以鲜草打浆，干草粉碎糖化后是猪的好饲料，但由于草木樨含有香豆素（$C_6H_6O_2$）带苦味，适口性较差，同时单一饲喂过多或霉变后产生双香豆素饲用，易引起家畜患出血性败血症，因此，同其他草类混合饲喂最好。草木樨种子的营养价值也很高，据分析，种子内含粗蛋白高达 23.35%，粗脂肪 4.47%，粗纤维 11.23%，无氮浸出物 21.85%，粗灰分 10.35%。0.5 kg 种子相当于 0.35 kg 黑豆或 1.5 kg 玉米的蛋白质含量；种子在饲喂前，应先浸泡一昼夜，或蒸煮、炒熟、磨碎，可减少苦味，提高适口性，效果很好。

白花草木樨单位产量较高，在条件适宜时，播种当年亩产鲜草可达 2000 ~ 2500 kg，麦收后复种每亩产鲜草 1000 kg；次年生长迅速，初花期收割，亩产鲜草 3000 kg，高者可达 4000 kg。成熟期，50 cm 土层内，每亩根系干重量 150~200 kg。草木樨可用来饲喂各种家畜，尤其适于饲养猪、牛，可以青饲、青贮和调制者干草饲喂，用于放牧比用作干草或青贮为好。放牧时，春播后当草丛高 25 cm 时开始，每隔 20~30 d 放牧一次，直至秋霜时都可利用，第二年春季草丛高 20 cm 时开始放牧，且可较重牧，以免生长过旺，草质粗老。

（5）栽培利用技术

a. 播种

草木樨种子硬实率高，尤其是新鲜种子，可高达 40%~60%（一般在 10%~40%），因此播种前必须进行种子处理。硬实处理的方法有：

1）擦种法：先把种子晒过，再放在碾子上，碾至种皮发毛为止。

2）硫酸处理法：用 10% 的稀硫酸溶液浸泡种子 0.5~1.0 h。

3）变温处理法：先用温水浸泡种子，然后捞出，白天暴晒，夜间放在凉处，经常浇水以保持湿润，经过 2~3 d 后即可播种。

播种期虽然一年四季均可，但以春播为最好。秋播不能太迟，否则幼苗不易越冬。也可冬播，即在土壤结冻之前播种，寄子过冬，翌年春出苗。水浇地草木樨常与麦类、糜谷类作物进行套种，一般是在浇头水时将种子撒进。播种时间，应根据当地气候及轮作程度而定。

草木樨播种量，一般为 1~1.5 kg/亩，在一些干旱或寒冷地区，由于保苗较困难，播量可加大到 2.0~2.5 kg/亩。播种方法，种子田用条播；一般饲草生产田用条播或撒播，条播行距，收种地 30~60 cm，收草地 15~30 cm。覆土深 2~3 cm，湿润地区可 1~2 cm，干旱地区 3 cm，播后应及时镇压以免跑墒，草木樨还可用大麦、小麦、燕麦、苏丹草等进行保护播种，以抑制杂草，增加当年的经济效益，在播种方法上宜先播种保护作物，当它们出现 2~4 片叶子时再播种草木樨，效果较好。

b. 田间管理

草木樨春季返青后，要禁止人畜践踏、割草放牧，春季地老虎、黏虫为害，开花季节蚜虫为害，生长后期易染白粉病，春秋季地下鼠害较多，应注意防治。草木樨生长期的田间管理较粗放，在旱薄地上对草木樨进行中耕除草保墒也是必要的，有条件时施肥、灌水促进生长，可增加鲜草和种子产量。

c. 利用技术

1）饲用草木樨应在花前利用。另外，香豆素含量高低决定适口性好坏，在一天内香豆素的含量变化是：中午前后光强温高时含量最高，早晨和傍晚光弱低温时含量较低，因此，要选择香豆素含量低的时候刈割利用。经秋霜杀后的草木樨，可减轻苦味提高适口性。适宜与其他饲草混合饲喂，尤忌饲喂霉变草木樨。草木樨种子用作精饲料时，也要炒熟、粉碎或浸泡，以提高适口性。

2）压青。压青要求有一定的产草量（500~1000 kg/亩），植株较矮，茎叶柔嫩，土壤水分充足，温度在 15~20℃时，20~30 d 绿色体可基本腐烂分解，时间一般在夏秋。由于草木樨第一年的越冬芽再生能力很强，翻压时必须从根颈部切断越冬芽，将其芽晒干后埋压入土，耕翻质量上要做到"耕得深，犁断根，耕得细，不透气"，否则，草木樨根系不腐烂，开春越冬芽生长，会影响小麦生长发育而导致减产。翻压可用拖拉机或畜力牵引犁进行。如无机耕条件，可先用人工割下茎叶铡短，均匀撒在地上再犁翻，效果很好。甘肃省有些地区不翻压，到第二年越冬芽返青出土，苗高 10～20 cm 时，先用锄切断越冬芽，然后再翻压，效果也很好。

3）采种。草木樨是无限花序，种子成熟先后不一，必须适时采收。一般在有 1/3 种子成熟即收。如收种时逢雨季，应抢晴天早收，及时脱粒，以免造成落荚或在植株上发芽或在场上霉烂等损失。收籽后的茎秆是上好的燃料。根茬地要等 1 或 2 次降雨，或进行灌水、根茬腐烂时进行耕翻为好。

4）其他利用。草木樨有保持水土，防止土壤冲刷的作用。在干旱地区造林时，与树苗混种，可遮挡日光，供给必要养料利于树苗成活生长，草木樨是造林最好的先锋植物。秸秆是很好的燃料，是廉价的农村能源。草木樨花期长达 1.5～2 个月，是很好的蜜源植物，平均每亩产蜜量 10 kg，高者可达 13 kg 以上，为该类型区当家草种。

5.4.3　乔灌木优良品种的引进与筛选

为了弥补该地区造林树种匮乏的缺陷，丰富当地栽培植物的种类和品种，增加生物多样性，在充分利用和挖掘本地树种资源的基础上，本课题根据该类型区的气候、土壤、植被等现状，以地域相似性、气候相似性原则，初步确定引种的基本思路是，引种地以周边年降水量较低的旱区、沙区为主，引进植物以乔灌木结合，草本为辅，注意对耐旱、耐寒性较好的乔灌木的选择；重点考虑树种引进后潜在的生态效益，其次考虑树种的经济价值。

根据上述原则，课题实施以来先后引进了乔木 8 种、灌木 9 种。根据引种栽培试验观测，初步筛选认为沙冬青、四翅滨藜、沙木蓼、沙枣、火炬树、羽叶丁香 6 个树种，为本地有推广前途的树种，但还有待于更进一步的试验观测分析，以便得出可靠的试验数据和科学的结论。

各树种的自然地理分布、形态特征、生物学生态学特性及生长状况和生产中应注意的问题简述如下。

5.4.3.1　沙冬青

（1）自然地理分布

沙冬青（*Ammopiptanthus mongolicus*）主要分布在内蒙古阿拉善左旗、阿拉善荒漠的东部、南部、鄂尔多斯西部，宁夏孟家湾、沙坡头、茶房庙、甘塘及甘肃景泰、民勤、兰州中条山以及新疆等，兰州黄河北的白塔山、徐家山后山沙冬青已有多年人工造林的历史。

（2）形态特征

沙冬青是常绿灌木，多分枝，枝条粗壮；高达 2 m，冠幅约 3 m；树皮黄色，老枝黄绿色，幼枝灰白色，密被白色绢毛。掌状 3 小叶，稀单叶，叶柄长 0.5～1.2 cm；小叶菱状椭圆形、宽披针形或窄倒卵形，长 2～3.8 cm，宽 0.6～2 cm，先端急尖、圆钝或微凹，基部楔形，中脉明显或具不明显 3 主脉，密被白色绢毛。总状花序，顶生，有花 8～10；

苞片 2，卵形，长 5 ~ 6 mm，被白色柔毛；萼长约 7 mm；旗瓣长约 2 cm，翼瓣长圆形，龙骨瓣较翼瓣稍长，具子房柄，无毛。荚果扁平大型，长圆形，长 5 ~ 8 cm，宽 1.6 ~ 2 cm，无毛。含种子 2 ~ 5，圆肾形，直径 5 ~ 7 mm。花期 4 月；果期 5 月，果实 7 月成熟。

（3）生物学、生态学特性

1）沙冬青耐高温，在地面温度高达60℃的条件下仍可正常开花、结实和生长。耐土壤瘠薄，在黄土区挖方后黄土母质地上能正常生长。

2）沙冬青比较耐旱，在年降水量300 mm的荒山无灌溉条件下可以正常生长。但立地条件要相对好些，如路旁、缓坡、台地等，在荒山坡地生长不良，生长状况不如柠条、毛条、甘蒙柽柳。

3）沙冬青属植物主要分布在草原化荒漠地带，天然分布的沙冬青多生长在石质、砂砾质、砂质荒漠土壤的残丘、干谷、盆地，在低山带或山间谷地成带状、团块状群落。在沙漠边缘的半固定沙地和沙丘间的残丘上，也常形成带块状沙冬青群落，在典型荒漠带深处分布较少。

4）沙冬青萌动较早，在兰州地区 4 月中旬即进入花期，花量大、美丽，5 月上旬终花，7 月果实成熟，结实量较高，偶见少花不结实现象。

5）沙冬青为兰州地区适宜荒山生长的唯一常绿阔叶树种，冬季叶灰绿色，用于荒山造林可美化环境。

6）根据我们所作沙冬青水分生理指标的测定，其总含水量60.46%，自由水含量11.46%，束缚水量49.00%，束自比4.28，蒸腾速率567 mg/（g·h），相对含水量70.13%，水分亏缺9.87%，水势1.4930 MPa，恒重时间284 h，遗留水12.34%。抗旱性综合评价次于梭梭、杜松、白刺、毛条等，优于甘蒙柽柳、沙棘、山桃、文冠果、山杏等。

（4）适应与生长情况

沙冬青属我国Ⅲ级重点保护的珍稀、濒危植物，在陇中北部的皋兰、景泰及兰州北山有天然分布。在年降水量仅300 mm的兰州北山，于1988年前后从内蒙古引种沙冬青在山顶平台、山阴坡、公路两侧进行直播造林，历经十多年观察，保存、生长良好，每年可正常开花、结实，是少数可以在无灌溉条件下进行荒山造林的树种之一。近几年来，兰州除加强对好沙冬青的保护外，积极进行采种、育苗和造林，在沙冬青资源保护和繁育方面取得良好成效。

本课题于2002年春季在项目试验区内开展了沙冬青两年生容器苗造林和直播造林试验，根据两年试验观测，初步认为该树种可以在黄土高原年降水量400 mm左右地区造林绿化中推广应用。

（5）生产中应注意的问题

1）沙冬青适宜在稍平缓的梁峁坡、沟坡和台地、路旁等立地类型上栽植，在低洼盐碱地栽植虽可以生长，但长势较弱。造林株行距以 1.5 m×2 m 或 2 m×2 m 为宜。

2）沙冬青属直根性树种，主根粗而壮，但须根较少，幼苗、大苗用裸根苗移栽，造林成活率都较低，因此，生产中尽可能不用裸根苗造林，提倡用播种或容器苗造林。

3）沙冬青直播造林时，为保证造林成效，可采用水平台或鱼鳞坑整地，进行树穴覆盖地膜，在春季或雨季降水后抢墒播种，可有效提高树穴内土壤水分含量，为种子发芽生长创造良好的水分条件，否则效果不良。另外，播种前种子应进行药剂处理，以防止老鼠对种子的危害。

4）沙冬青育苗忌水湿，塑料棚内育苗土壤湿度过大时，常造成幼苗生长过快，苗纤细，木质化程度差，易引起幼苗烂根。在有灌溉条件的地方可进行露地容器育苗，只要搞好遮阴设施，育苗成苗率也很高。

5.4.3.2 沙枣

（1）自然地理分布

沙枣（*Elaeagnus angustifolia*）在我国大致分布在北纬34°以北的西北各省（自治区）、内蒙古及华北西北部，以西北地区的荒漠、半荒漠地带为中心。天然林仅在河西走廊的弱水下游、新疆塔里木盆地和准噶尔盆地边缘有分布。甘肃、新疆、宁夏、内蒙古等省（自治区）将其广泛用于干旱荒漠绿洲和沙区边缘造林。

（2）形态特征

沙枣为落叶乔木，高达15 m，胸径1 m；树干弯曲，分枝多，枝叶稠密；幼枝银白色，常具枝刺；小枝、花萼、花柄、果实、叶背及叶柄均被银白色盾状鳞；2年生枝红褐色；单叶互生，椭圆状披针形，长4~8 cm，宽1~3 cm，基部楔形，全缘；花两性，具短花梗，1~3朵生于小枝下部的叶腋，黄色，芳香味强；5月开花，10月果熟；核果，果实形状、颜色、大小、品味因品种而异，果肉白色粉质，可食。

（3）生物学、生态学特性

1）沙枣为喜光树种，耐寒亦耐高温，喜干燥温暖的大陆性气候，在空气湿度较大、降水较多的地方，只开花不结实，甚至不开花。

2）耐大气干旱，也耐一定的土壤干旱，在旱季土壤含水量仅3%~4%时仍能维持生长。适应盐渍化土壤，在硫酸盐土全盐量1.5%以下时，尚能生长，在氯化物硫酸盐土全盐量0.6%以下时才适于生长。

3）沙枣为浅根性树种，主根不明显，侧根发达，呈水平分布，末端有较多须根，在近地下水的土层中形成须根层以利吸收水分。黄土区沙枣根系可深入土层4 m以上。

4）沙枣根系有根瘤，一般沙枣林中0~20 cm土层含氮量比林外高30%左右，而且可使土壤含盐量降低。

5）沙枣树龄可达百年，从第4年开始结实，10~30年为盛果期，50~60年衰老。

6）根据我们所作沙枣水分生理指标的测定，其总含水量57.79%，自由水含量32.34%，束缚水量25.45%，束自比0.79，蒸腾速率393 mg/(g·h)，相对含水量49.28%，水分亏缺50.727%，水势2.4565 MPa，恒重时间90 h，遗留水8.33%。抗旱性综合评价次于毛条、甘蒙柽柳、白刺、山毛桃、沙木蓼等，优于油松、柠条、文冠果、白榆、刺槐等。

（4）山地造林适应与生长情况

沙枣在甘肃主要分布在河西走廊地区，是干旱荒漠绿洲及沙漠边缘的主要造林树种，在甘肃黄土高原的西北部有分布和造林应用。例如，兰州的白塔山、五泉山、徐家山等公园及周边山地栽植广泛，近几年来，在兰州南北两山工程造林中应用较普遍，多用于与刺槐、甘蒙柽柳等营造混交林，生长比较稳定。该类型区内沙枣山地造林不多，在"四旁"

绿化中有零星栽植，但长势较好。定西巉口林场有引种栽培，生长稳定、良好，认为可以在该类型区造林中应用。沙枣在有灌溉条件的地方长势旺盛，春季花香宜人，秋季果实繁多，适宜在城镇绿化中栽植。

（5）生产中应注意的问题

1）沙枣耐旱性较强，但在年降水量 300 mm 以下山地无灌溉条件下造林，生长不良，难以长成大树，在年降水量 400 mm 左右地带可用于造林，并可根据其萌生能力强的特点，考虑进行灌木经营，效果会更好。

2）沙枣可以种子繁殖，也可以扦插育苗，目前生产用沙枣苗多为种子繁育，造成苗木良莠不齐，有的植株长大以后干形极差，与种子不优有关，可选择优良单株，进行无性繁殖，保持其优良品质，提高沙枣繁育的质量。

3）沙枣春季开花后，香味四溢，采摘后放入室内，经久不衰。因此造成人们大肆采折花枝，尤以每年端午节前后加剧，对沙枣资源破坏及造林成果难以保存，应采取有效措施严加制止。

5.4.3.3　沙木蓼

（1）自然地理分布

沙木蓼（*Atraphaxis bracteata*）从我国东北大兴安岭到新疆的额尔齐斯河流域均有生长，水平分布大致在东经 80°～125°，北纬 35°～47°，主要分布在甘肃、宁夏、新疆、内蒙古、辽宁等省（自治区）的荒漠、半荒漠地带。

（2）形态特征

沙木蓼高 1～3 m，为多分枝灌木，树皮灰褐色，呈长片状裂；枝条圆柱状，幼时具纵条纹，节处有薄膜质白色透明鞘，老时则深灰色纵裂，有数层纤维质皮；叶片互生，近于无柄，披针状长圆形至倒披针形，全缘，两面均带绿色，且表面光滑，网状脉，主脉显著。总状花序顶生，小花梗甚短，几近于无；花萼红色或红褐色，全缘，椭圆形或椭圆状卵形，上具脉纹 5 条，花丝白色，花药球形。果实瘦果，深褐色，三角状，先端急尖，基部楔形，包被于扩大之萼片中；内萼片长而直立，外萼片短而下弯。

（3）生物学、生态学特性

1）沙木蓼耐旱，在极端干旱的条件下，可以耐较大的水分亏缺。也耐水湿，在短期积水情况下，通过较强的蒸腾作用缓解体内积水。

2）沙木蓼为典型的沙生植物，喜疏松透气性好的偏碱性沙土或沙壤土，在土壤黏重、板结的条件下生长不良，能耐一定的土壤瘠薄。

3）沙木蓼有一定的耐盐碱性，在土壤含盐量 0.03%～0.07% 的条件下，可以正常生长，主要通过根系吸收盐分，由输导组织输送到叶片，再随落叶排出体外。但过高的土壤含盐量会抑制生长。

4）根据我们所作沙木蓼水分生理指标的测定，其总含水量 63.65%，自由水含量 24.36%，束缚水量 44.29%，束自比 1.85，蒸腾速率 620 mg/（g·h），相对含水量 75.07%，水分亏缺 24.93%，水势 1.9122 MPa，恒重时间 103 h，遗留水 10.91%。抗旱性综合评价次于梭梭、花棒、毛条、山毛桃等，而高于山杏、沙枣、油松、柠条、文冠果等。

（4）适应与生长状况

沙木蓼在黄土高原范围内造林应用不多。甘肃省林业科学研究所于 20 世纪 80 年代从民勤沙生植物园引种沙木蓼，分别在兰州东岗大青山和徐家山后山干旱造林试验基地栽植，虽属黄土地区且无灌溉条件，但长势良好，生长量高于其他灌木同期引种的紫穗槐、花棒、沙拐枣等。近年来兰州地区出现连年持续干旱，但其生长依然正常，抗逆性明显优于花棒等灌木树种，总结后给予很好的评价，认为可以在黄土地区引种栽培，并进行了一定的推广。

本课题于 2002 年在试验区引进沙木蓼 2 年生容器苗，在梁峁坡水平台上定植，目前适应生长状况良好，初步筛选认为可以在该类型区内造林生产上推广应用。树种长期适应生长情况尚有待于继续观察。

（5）生产中应注意的问题

1）沙木蓼在黄土区属引种栽培树种，目前已经历了 20 多年的时间，基本属于可以在干旱荒山造林中应用的树种，应积极进行推广。但在育苗、栽植、造林和管护方面，尚缺乏足够的经验，有关科研单位应加强技术上的示范、指导。

2）沙木蓼根系发达，可以进行裸根苗造林，但在无灌溉条件下造林，应大力推广应用容器苗，可有效保证造林成活率和苗木生长。

3）与沙木蓼生物学特性相似的东北木蓼，在兰州干旱造林试验基地表现也很好，今后应在该类型区开展引种栽培试验。

5.4.3.4 多枝柽柳

（1）自然地理分布

多枝柽柳（*Tamarix ramosissima*）主要分布于西藏西部、新疆（南北疆）、青海（柴达木）、甘肃（河西）、内蒙古（西部至临河）、宁夏（北部）等省（自治区）。东欧、原苏联（欧洲东南部到中亚、小亚）、伊朗、阿富汗和蒙古也有分布。定西的皋兰、永登北部有天然分布，主要集中在河滩、沙荒地等。

（2）形态特征

多枝柽柳为灌木或小乔木状，高 3~4 m（~7 m），老树和老枝的树皮呈暗灰色，当年生木质化的生长枝枣红色，长而直伸，有分枝。木质化生长枝上的叶披针形，基部短，半抱茎，微下延；绿色营养枝上的叶卵圆形或三角状心形，长 2~5 mm，急尖，略向外倾，几抱茎，下延。总状花序春季组成复总状，生于去年生枝上，花序长 3~4（~5）cm，于夏秋生当年生枝顶端，组成顶生圆锥花序，花序长 2~3（~5）cm；总花梗长 0.2~1 cm；苞叶披针形、卵状披针形或条状钻形，渐尖，长 1.5~2（~2.8）mm，与萼等长或超过花萼（包括花梗）；花梗长 0.5~0.7 mm，短于或等于花萼；花 5 数；花萼长 0.5~1 mm，萼片广椭圆状卵形或卵形，渐尖或钝，内面三片比外面二片宽，长 0.5~0.7 mm，宽 0.3~0.5 mm，边缘窄，膜质，有不规则的齿牙，无龙骨；花瓣粉红色或紫色，倒卵形至阔椭圆状倒卵形，顶端微缺（弯），长 1.0~1.7 mm，宽 0.7~1 mm，比花萼长 1/3，直伸，靠合，形成闭合的酒杯状花冠，果实宿存；花盘 5 裂，裂片顶端有或大或小的凹缺；雄蕊 5，与花冠等长，或超出花冠 1.5 倍，花丝基部不变宽，着生在花盘裂片间边缘略下方，花药钝或在顶端具钝突起；

直方锥形瓶状具三棱，花柱 3，棍棒状，为子房长的 1/4 ~ 1/3。蒴果三裂，三棱圆锥形瓶状，长 3 ~ 5 mm，比花萼长 3 ~ 4 倍。花期 5 ~ 9 月（刘铭庭，1995）。

（3）生物学、生态学特性

1）多枝柽柳是极喜光树种，不耐庇荫，在其他树种林冠下生长不良，开花结实很少。耐高温，在最高气温 47.6℃ 的吐鲁番盆地，仍能正常生长。抗寒性也很强，能忍耐 –40℃ 的严寒。

2）对土壤要求不严，但喜疏松、透气性好的砂质壤土，能耐中度盐碱，但在土壤表层 0 ~ 40 cm 的含盐量超过 2% 时，生长不良。

3）生于河漫滩、河谷阶地上、沙质和黏土质盐碱化平原上、沙丘上，抗沙埋、风蚀，当枝条被流沙埋没后，能产生不定根，枝条迅速向上生长，集沙成为风积"红柳包"。

4）多枝柽柳生长较快，寿命较长，树龄可达百年以上。在较好的生长条件下，幼龄期年平均高生长量 50 ~ 80 cm，10 年生植株可高达 4 ~ 5 m，地径 7 ~ 8 cm。该树种是沙漠地区盐化、沙土化土地，河湖滩地上和沙丘上固沙造林和盐碱地上绿化造林的优良树种。

5）根据我们所作多枝柽柳水分生理指标的测定，其总含水量 60.59%，自由水含量 23.01%，束缚水量 37.58%，束自比 1.63，蒸腾速率 482 mg/(g·h)，相对含水量 91.17%，水分亏缺 8.83%，水势 1.9480 MPa，恒重时间 91 h，遗留水 8.02%。抗旱性综合评价次于梭梭、杜松、侧柏、甘蒙柽柳、花棒等，优于中国柽柳、沙棘、山毛桃、山杏等。

（4）适应与生长情况

多枝柽柳在甘肃主要分布于河西走廊的沙漠边缘，并广泛用于治沙造林，在黄土地区应用不多。在年降水量只有 281.2 mm 的永靖县，多枝柽柳在荒山造林和库区周围山地绿化中广泛应用，成效显著。甘肃省林业科学研究所、甘肃省水土保持试验站于 20 世纪 80 年代，在兰州东部、北部均进行过柽柳属植物的系统引种栽培试验，其中包括多枝柽柳，从两地试验观察看，生长表现良好，是引进的柽柳属各种中生长比较稳定的树种，生长仅次于甘蒙柽柳、中国柽柳，为试验基地内引种表现比较好的灌木树种之一。在兰州市至中川机场的公路两侧轻盐碱滩地，有多枝柽柳成片造林，生长状况良好，18 年生平均树高 2.84 m，平均地径 4.56 cm，是同期栽植各树种中表现最好的树种。经多年的试验、观测和调查分析认为，多枝柽柳可以在黄土高原造林绿化生产上推广应用。

（5）生产中应注意的问题

1）多枝柽柳为直根性树种，主根发达，须根较少，裸根苗造林成活率低，应注意在苗期断根，培育侧根。另外在造林中推广应用容器苗，以保证造林成活率。

2）多枝柽柳可进行扦插造林，在秋季树木停止生长后，采条分段，进行沙藏处理，翌年春季土壤解冻后，及时进行扦插，适当补水灌溉、树穴覆盖保墒，成活率比较高。

3）多枝柽柳耐盐碱性强，可用于盐碱地造林，在低洼地上可大力推广应用。

5.4.3.5　四翅滨藜（*Atriplex canescens*）

（1）自然地理分布

四翅滨藜原产美国西部荒漠、半荒漠地带。经美国科罗拉多州大学农业试验站等单位多年的努力，选育出了一些优良品种，目前在印度、澳大利亚、南非、北非、以色列和北美等地广泛栽培。我国青海省率先引种栽培并取得成功，主要在青海东部黄土区用于营造水土保持林。

（2）形态特征

四翅滨藜为灌木，为常绿或准常绿灌木，株高 90～180 cm，无明显主干，分枝繁多；树冠团状，两年生时灌幅可达 130 cm×110 cm，叶量大，单株生物量达 6.8 kg；叶互生，条形或披针形，长 1～10 cm，宽 0.3～2.2 cm，叶基部楔形或渐狭，全缘叶，叶正面绿色或砖红色，稍有白色粉粒，准常绿或冬季暗绿色；春季 4 月中旬返青，9 月中下旬中下部部分落叶，无明显主径，分枝较多，当年生嫩枝半木质化，绿色或红绿色，老枝白色或灰白色，木质化。花单性，雌雄同株或异株，雄花数个成簇，在枝端成稳定花序。雄花数个着生叶腋。5 月下旬两年生植株开始现蕾，6 月中下旬盛花期。7 月中旬开始结果，9 月下旬种子成熟，胞果椭圆形或倒卵形，四翅，种子卵圆形，胚马蹄形，冬季不脱落，宿存。

（3）生物学、生态学特性

1）四翅滨藜在原产地分布于年降水量 350 mm、年平均温度 5℃左右地区，自然分布海拔 2300 m 左右，人工栽培区海拔已达 3150 m，在极端低温 –40℃条件下生长良好。

2）四翅滨藜为旱生或中生植物，喜光，不耐庇荫，不耐潮湿。具有耐干旱、耐寒冷等多种优良特性。极耐盐碱，被称为"生物脱盐器"，据有关国家报道，种植 1 英亩（合 6.07 亩）四翅滨藜一年可从土壤中吸收 1t 以上的盐分。同时有积累硒的能力。

3）四翅滨藜根系发达，在良好条件下，根深为植株高度的 4～5 倍。一年生实生苗根深达 3 m 左右，两年生根深可达 4 m 左右，是良好的保持水土用灌木树种。

4）属于自由授粉植物，其子代分化十分明显，可形成多种不同的形态类型，干形有直立形、匍匐形；叶常绿、准常绿等，不同类型的抗逆性尚有待于分析研究。

5）枝叶含 12% 以上的粗蛋白，是极具价值的饲料灌木树种，在良好条件下，年生物量可达 15 t/hm²，在半干旱地区具有较大的开发前景。

（4）适应与生长情况

四翅滨藜是荒漠、半荒漠及干旱地区极具价值的优良水土保持和饲料灌木。在美国被广泛用于路坡固定和水土保持，20 世纪 70 年代曾在锴庭退化牧场进行过种源选择、造林适应性试验，对恢复牧场和提高草场质量起到了重要作用。印度从美国等地引进 12 个滨藜品种，在巴夫纳加尔盐碱地种植，几次收获后即可种植谷物，有效改良土地质量；突尼斯、北非在盐碱地种植滨藜 2 万多公顷。在澳大利亚、以色列、南非等国，滨藜已成为干旱、半干旱地区重要饲料灌木之一，并广泛用于水土保持和绿化。四翅滨藜已被世界各地广泛重视，有"奇迹树"的美称。

青海省林业科学研究所于 1994 年开始四翅滨藜的引种研究，在西宁市及湟水流域等进行造林，获得成功并取得良好的经济效益。近年来，北京绿卡经济林开发有限公司、内蒙古亿利资源集团公司正式引入四翅滨藜，栽培也获得成功。甘肃省的地理纬度和自然环境条件与美国西部尤其科罗拉多纬度、年均温、年降水量有着较大的相似性，具有引种四翅滨藜的良好条件。2000 年以来，甘肃省林业科学研究所、甘肃省林业科学技术推广总站、甘肃省三北防护林建设局等单位，先后开展了四翅滨藜的引种、繁育、造林等试验，目前观察，生长良好（史志嚣，2004）。

（5）生产中应注意的问题

1）由于四翅滨藜在甘肃省的引进、栽培和推广尚属起步阶段，虽然种子育苗、扦插育苗等方面获得了一些成功，但对其造林适应程度、适生立地类型等研究尚缺乏，应尽早在全省开展区域试验，在试验分析的基础上，开展大规模的推广应用。

2）在青海、甘肃河西走廊，四翅滨藜虽能开花、结实，但种子的发芽率普遍较低，是由于授粉原因造成，还是种子的成熟度不高造成，尚有待于研究。

3）四翅滨藜栽培后出现不同类型，其各类型的适应性分析有待于研究，生产上应选择优良类型建立采种园，推广良种，或建立优良无性系采穗圃，进行无性繁殖，为生产上提供优良的造林苗木。

4）本项目四翅滨藜引种造林试验时间较短，目前的观察尚属初步结论，有待于进一步观测，并开展不同立地类型的造林试验。

第6章　黄土丘陵沟壑区坡面乔灌草空间配置技术与模式

6.1　现有坡面乔灌草空间配置模式评价

在植被恢复重建过程中，既要考虑植被的生态适应性，又要坚持植被分布的地域性原则。如何正确选择植被恢复重建的主体，是以造林为主还是种草为主，是半干旱黄土丘陵沟壑区植被恢复与重建过程中必须回答的问题（朱金兆等，2003；焦菊英等，2008）。在植被恢复时，必须综合考虑气候、植被、水分之间的相互作用，同时兼顾地形、土壤等因子的差异，研究植被的水平与垂直配置的格局及其水土流失效应。

对甘肃定西地区野外调查、植物样地观测和流域内现有的治理模式进行分析后发现，在甘肃黄土丘陵沟壑区，天然植被主要有大针茅、本氏针茅、矮花针茅、冰草、百里香、达乌里胡枝子、狼牙刺、山桃、柠条、沙棘等。由于该区地形变化较大，地表支离破碎、沟壑纵横，土壤侵蚀模数为 3000 ~ 8000 t/（km² · a），局部地区高达 10 000 t/（km² · a）以上。该区气候干旱、水土流失严重、自然灾害频繁、生态平衡严重失调，加上"三料"奇缺，给当地群众生产、生活带来许多困难。因此在造林上以营造水土保持林为主，兼顾生态经济林和薪炭林，主要林草种类有山杏、仁用杏、梨、花椒、沙棘、柠条、毛条、杞柳、山桃、河北杨、刺槐、紫花苜蓿、红豆草和沙打旺等。根据研究地区植被恢复模式的特点，可以概括为以下几个方面。

人工植被建造是在整地的基础上，进行合理的乔灌草空间配置。通过试验及流域植被建设模式，一般认为，山坡下部应以基本农田为主，山坡中上部应该以恢复天然植被（灌草）为主。基本配置模式如下所述。

1）坡度为 10° ~ 15° 的宜林宜草荒坡地区：在该类型地区，工程措施主要为修筑水平台（阶），田面宽 1.5 ~ 2.0 m，反坡 3° ~ 5° 进行乔灌草立体配置，在海拔 1600 ~ 2300 m 的阴坡，以云杉、华北落叶松 + 沙棘或柠条 + 豆科牧草或禾本科牧草（以当地乡土品种）为主进行空间配置。目前，在黄土高原地区已稳定形成了云杉 + 沙棘 + 薹草群落、油松 + 沙棘 + 蒿类群落、华北落叶松 + 沙棘 + 本氏针茅群落和油松 + 柠条 + 本氏针茅群落。阳坡应为油松 + 沙棘、油松 + 柠条群落配置模式。

2）坡度为 15° ~ 25° 的坡面：工程措施多为修筑水平沟，沟面宽 0.5 ~ 1.0 m，反坡 3° 以上。适宜的配置模式有：柠条 + 垂穗披碱草、柠条 + 白花草木樨、沙棘 + 白花草木樨、山桃 + 红豆草、山桃 + 草木樨群落。

3）坡度在 25° 以上坡面：工程措施多为修筑鱼鳞坑，坑长 1.5 m，宽 1.0 m，坑高 0.5 m，最佳配置模式为柠条 + 草木樨、柠条 + 本氏针茅、山毛桃 + 红豆草群落。

在水热条件好的低山丘陵区（1500～2200 m）地段，可以人工建造以油松、刺槐、青杨、河北杨、旱柳为主的乔木人工林群落。在水热条件较差地段，可以营造白榆、臭椿、刺槐、旱柳为主的稀疏群落类型。

目前，在黄土丘陵区比较常见的荒坡植被恢复模式包括以下几种。

6.1.1.1　隔坡宽带柠条＋针茅/早熟禾模式

甘肃中部干旱、半旱区黄土丘陵沟壑区，黄土层深厚，坡面易于形成径流、土壤侵蚀，采用水平台、条田等工程措施具有两方面的功能。首先，通过工程措施可以中断坡面径流、侵蚀的通道，避免过长坡面径流汇集及土壤侵蚀的产生。其次，坡面改为水平台或反坡梯田，有利于雨水及径流汇集于柠条根部，从而改善局部土壤水分状况，促进植被的生长和恢复。

柠条于 20 世纪 50 年代被引入甘肃，在其他黄土丘陵沟壑区分布较多。柠条作为特殊的灌木品种，喜光喜温，在避荫处生长不良，结果甚少或不结实，耐高温、耐旱、耐寒及在冬季冻土层达 1.28 m 的环境，在年降水量 350 mm 以下的黄土丘陵山地，在土壤含水量 6% 左右的荒坡上都能正常生长。但不耐水湿，积水处容易死亡。柠条属豆科，根部具根瘤，耐瘠薄，适生于黄土丘陵、石质山地和河谷阶地等地区生长。

柠条属于深根落叶灌木。多年生柠条的根地下部分远远大于地上部分，根的深度与茎高比一般为 6～8。柠条不仅寿命长、萌芽力强，而且耐平茬，平茬后生长加快，发枝增多。据试验表明：16 年生柠条，平茬后年均生长达到 50 cm，发枝数目为 10 根。同时，柠条通过加工，可以成为牲畜的粗饲料。因此，可以利用柠条平茬后迅速生长的特点，加快柠条的恢复和生长，发展规模化养殖。柠条大部分为人工造林，一般为纯林。造林后，林地下可以生长冰草、本氏针茅等。

整地方式：整地一般以水平条田、水平沟和水平台为主，宽度一般为 1.0～2.0 m，条、台及沟间以宽的隔坡为主，以减少对坡面的扰动，并增加植物侵入和衍生的机会。

栽植方式：多以单条、复条带，柠条带的位置可置于台面、台沿和隔坡。也可采用种子点播、穴播等方式进行播种。

管理措施：柠条生长 10～20 年后，可采取平茬，能够促进新梢、新枝及草本植物的繁衍。

适用范围：黄土丘陵沟壑区的阳坡、半阳坡、峁顶及阴坡坡顶处。适于半干旱区荒山、荒坡及破碎地形的植被重建。

6.1.1.2　沙棘＋针茅/冰草恢复模式

沙棘属胡颓子科沙棘属，又名"醋柳、酸刺、黑刺"，是一种小浆果植物，落叶灌木或小乔木，常见者 2 m 左右。我国是世界上沙棘资源最丰富的国家，沙棘根系发达，具有固氮根瘤，抗逆性强（阮成江和李代琼，1999）。据测定，有沙棘覆盖的地方，地表径流可以减少 85% 左右，表土水蚀减少 75%，风蚀减少 85%。沙棘是优良保水固土、固堤护坡、防风固沙、改良土壤的优良树种。

沙棘为阳性喜光树种，喜光，不耐遮阴，仅能在疏林下生长，在郁闭度大于 0.5 的乔木林下生长不良,有自然稀疏或枯死现象。耐干旱,能耐大气干旱,但要求土壤有一定湿度。沙棘在黄土高原的生态适应幅度、环境效益和经济价值具有重要地位。其耐旱、耐寒、耐瘠薄、耐风沙,对气候的适应性很强,能在极端最低气温 –48 ～ –35℃、极端最高气温 35～45℃ 的条件下生长。沙棘在海拔 1000～2500 m 的沟壑、陡坡、梁峁、地埂和滩地均有分布。在我国,沙棘在各种土壤条件下均可正常生长,尤以砂质土壤为宜。

沙棘是黄土丘陵区造林常见树种,其纯林及各混交形式在不同土壤类型上表现为不同的结果。

以该地区分布的红土为例,该类型土质通透性差、土层较薄、肥力低,但其持水力强,且多位于沟谷两岸,是浅根性植物生长发育的良好土壤类型之一。左阳坡,刺槐生长优于其他植物类型,在阴坡,沙棘生长表现最好。深根性树种特别是树根穿透力极强的树种,如侧柏、柠条亦可正常生长。沙棘与侧柏混交、沙棘与杨树混交和刺槐与柠条混交配置的效益表现较好。红土地区的最佳树种为沙棘、刺槐纯林及沙棘与杨树混交(阴坡)、沙棘与侧柏混交、刺槐与柠条混交。

整地方式:建议进行鱼鳞坑整地直播造林,减少红土层表面扰动。在缓坡或坡顶,可以进行局部穴状整地。

黄绵土是黄土高原地区的主要土壤类型,相对水分含量低,在人工造林过程中应注意配置像柠条、刺槐、侧柏等阳性耐旱树种,在栽植时应适当加大行距,减少密度,特别是柠条与刺槐混交、沙棘与侧柏混交配置中,应适度减小乔木比例,形成带状分布配置模式。刺槐、柠条纯林和沙棘与杨树混交、沙棘与侧柏混交、刺槐与柠条混交适合于黄绵土土壤。在沟谷场地上也分布一定厚度的黄绵土,水肥条件好,可营造各种类型的速生林种,如河北杨、沙棘、侧柏、刺槐、柠条等。

整地方式:在块状坡面,可以进行穴状整地或水平台整地。水平台整地能够减少水蚀,增加沙棘土壤水分条件。整地密度应较稀疏,避免沙棘因密度过大、生长过快造成沙棘林的衰败。减少对天然植被的破坏,增加植被侵入的数量以形成结构良好的群落。

混交配置的优越性已被广泛认可,并被大面积推广,浅根性与深根性、阳性乔木与阴性灌木之间的混合配置能充分利用各自生态优势,从而达到良好效果。从研究结果来看,在红土和黄绵土地带,阴坡沙棘与小青杨、沙棘与侧柏混交效果较好,阳坡沙棘与侧柏、柠条与刺槐混交配置效果显著,在梁峁黄绵土地带,柠条与刺槐混交表现最好。由于随土壤地类海拔升高,土壤水分和肥力呈下降趋势,因此在植被配置中,从沟底到山顶应逐渐减少乔木比例,增加灌木比例,形成沟道以乔木为主、山坡以灌木为主的立体混合配置模式,形成多树种带状镶嵌式立体混交配置模式。

6.1.1.3 刺槐混交模式

刺槐适应性强、生长快、郁闭早,具有根瘤菌,能改良土壤,14 年生刺槐林可增加氮素 759.75～1149 kg/hm^2,如与其他树种混交,不仅可以促进其他树种的生长,而且可以增强防护功能,改善生态环境。

1) 混交树种选择:与刺槐混交造林成功的树种主要有侧柏、白榆、青杨、紫穗槐等。

2) 整地方式:整地方式随地形而异,一般采用反坡梯田整地、水平台整地、穴状整地等。

3）整地季节：一般比造林提前一两个季节，最多不超过一年，使整地和造林之间有一个降水累积的过程。如准备在秋季造林，则在雨季前整地；如果计划春季造林，则应在头年雨季前、雨季或至少在头年秋季整地。在土壤深厚肥沃、杂草不多的熟耕地上或来不及提前整地的造林地可采用随整随造的方法，但必须在造林的同时浇足底水。

4）栽植要点：选好植苗部位，在反坡梯田和鱼鳞坑上造林，通常选择靠外沿部位植苗。这是因为靠外沿部位的表土处，腐殖质含量高，渗水性、持水性好，水分和养分都比较充足，同时靠外沿部位通风透光好，由内侧壁阳光反射增加的蒸腾量相对较低，有利于苗木的成活和生长。注意要适当深栽，植苗深度随树种、苗龄和造林季节而不同，一般栽植深度应为 $40 \sim 60$ cm。刺槐还可截干造林。截干在栽植后进行，留干高度 $5 \sim 10$ cm，以利萌发新条。

5）混交造林方式：刺槐与上述树种混交，一般均以植苗造林为主，春季栽植为宜。刺槐、侧柏、白榆造林密度为 2 m×2 m 或 1.5 m×2.0 m，$2400 \sim 3000$ 株/hm^2；青杨为 2 m×4 m，1200 株/hm^2；紫穗槐为 1 m×2 m，4500 株/hm^2；沙棘密度为 2 m×3 m，1650 株/hm^2。混交方式以带状、块状混交为好。混交比例按 5∶5 配置。苗龄：侧柏 3 年生，其他树种 1 年生苗。

6）抚育管理：造林后 $2 \sim 3$ 年内，应进行松土、除草、培土等工作。紫穗槐第二年起开始平茬利用。

7）适宜推广区域：适宜在定西、兰州、会宁及环县等地推广应用。

6.1.1.4　侧柏＋柠条/山毛条/甘蒙柽柳＋自然草地空间配置模式

甘肃中部半旱区黄土丘陵沟壑区，黄土层深厚，坡面易于形成径流、土壤侵蚀。同时，由于春旱持续时间长，旱情严重，夏季干热，适宜的造林树种相对较少。因此，为了在该区域选择多物种搭配、开展有效植被恢复，科学筛选并搭配物种，成为成功恢复植被的前提和关键。

（1）物种选择

侧柏是常绿针叶树种，既耐干旱，又耐瘠薄，具广泛的适应能力。该树种适宜在低山或中山 2000 m 以下的阳坡、半阳坡梁峁坡干燥、瘠薄的立地生长，可以成为半干旱、石质山地造林的先锋树种。

柠条喜光、耐高温、耐干旱、耐寒、耐土壤瘠薄，在冬季冻土层达 1.28 m 的环境，年降水量 350 mm 以上的黄土丘陵山地，土壤含水量 6% 的荒坡能够正常生长。柠条属豆科，根部具根瘤、耐平茬、萌芽力强，适生于黄土丘陵地、石质山地、河谷阶地等。柠条属深根落叶灌木，多年生柠条的根地下部分远大于地上。

（2）造林技术

侧柏可实行一年两季造林。通常采用植苗造林，选择种实饱满的种子，采取常规育苗的方式，培育成 $2 \sim 3$ 年生苗木。苗木培育的第二年，春末夏初断根一次，以利侧根发育。荒山荒坡造林株行距一般以 1.5 m×2 m 或 1 m×3 m 为宜。春季造林宜早，可随起随栽，适当深栽，栽后根部堆土可以抗旱。秋季造林宜迟不宜早，选择在封冻前栽植效果最佳，栽后用土埋苗，第二年开春后放开。采用此方法栽植侧柏，成活率一般可达90%以上。

柠条造林一般多采用播种造林或容器育苗造林。柠条造林种子一般不作处理，春季、雨季均可播种造林，但以雨季播种最好。在雨水和墒情较好时，可作催芽处理，浸种 12 ~ 24 h 后直接播种。播种方法一般为穴播法，每穴 15 ~ 20 粒种子，覆土 3 cm，播后踏实。其次是条状密播法，在残塬或丘陵陡坡播种柠条，要沿等高线开沟或进行造林预整地，开沟撒播，作为沟头沟坡防护林和地埂生物篱，可适当密播。一般两年后可形成生物保护带，起到防止水土流失、沟坡滑塌的作用。

（3）整地方式

整地以水平条田、水平沟和水平台为主，宽度一般为 1.0 ~ 2.0 m，水平台及沟间布设宽隔坡，以减少对坡面的扰动并增加植物侵入和衍生。栽植方式多以单行、多行带状，柠条带的位置可置于台面、台沿和隔坡，也可采用种子点播、穴播等。柠条生长 10 ~ 20 年后，可采取平茬，能够促进新梢、新枝及草本植物的繁衍。

（4）模式特点

侧柏育苗容易，造林费用低，技术容易掌握，在退耕还林中可广泛应用。柠条可以作为牲畜的饲料来源，具有较高的经济价值。侧柏 + 柠条混交的空间配置，可以充分利用不同土壤层次的土壤水分，加强根系对地表土壤的固定作用，同时可以促进土壤质量的提高。

（5）适宜推广区域

侧柏是耐旱、耐高温、耐瘠薄的常绿针叶树种，特别适宜土地裸露、植被稀少、海拔在 2000 m 以下的黄土丘陵区阳坡、半阳坡推广造林。

6.1.1.5 *柠条 + 沙棘 + 甘蒙柽柳 + 自然草沟道治理模式*

流域内沟坡是重力侵蚀的主要发生区域，成为水土流失治理的关键地区。沟道底部多为盐渍化严重的地区。沟道治理的基本原则是以工程措施（柳谷坊、石谷坊和淤地坝）为主，加上生物措施（沟坡）开展综合治理。

（1）物种选择

柠条喜光、耐高温、耐干旱、耐寒，在冬季冻土层达 1.28 m 的环境，年降水量 350 mm 以上的黄土丘陵山地，土壤含水量 6% 的荒坡能够正常生长。柠条属豆科，根部具根瘤，耐瘠薄、耐平茬，萌芽力强，适生于黄土丘陵坡地、石质山地、河谷阶地等。

沙棘是落叶灌木，耐旱、耐践踏，适应能力强。沙棘根系富含根瘤菌，固氮能力强，根系萌生力强，是很好的水源涵养林和水土保持林树种。

（2）造林技术

柠条造林方法与侧柏 + 柠条/山毛条/甘蒙柽柳 + 自然草地空间配置模式同。

沙棘造林主要采取植苗造林，一般在春、秋两季均可。秋季造林适当深栽，春季造林适当浅栽。在墒情不好时，亦可截干造林，以提高成活率。沙棘造林苗木苗龄不宜过大，以 1 ~ 2 年生苗木为宜。根系尽可能完整，整地要精细，适当深栽。栽后 5 ~ 6 年要进行平茬，以后每 5 年左右平茬一次，平茬的沙棘林长势旺盛，不平茬会导致生长停滞，甚至衰亡。

（3）整地方式

整地方式：推荐为不整地，直播直栽，减少对沟道坡地表面扰动。在较缓坡地区，可以局部进行穴状整地或鱼鳞坑整地。

（4）模式特点

在阳坡，柠条生长优于其他土壤地类，在阴坡，沙棘生长表现最好。甘蒙柽柳更适宜在盐碱地比较严重的地区发展，从沟道的阴、阳坡和沟道进行立体综合配置，形成综合治理的目的。

（5）适宜推广范围

适宜在黄土丘陵沟壑区沟道荒坡。阳坡以发展柠条为主，阴坡以发展沙棘为主，在盐碱地严重的地区可以发展甘蒙柽柳。

6.1.1.6　云杉＋华北落叶松＋油松＋沙棘＋自然草地空间配置模式

在半干旱黄土丘陵沟壑区海拔相对较高的地区（如通渭华家岭），气温相对较低，空气比较湿润。荒山荒坡多为黄绵土、黑垆土类，土壤质地较好。年降水量达到 450 mm 以上时，可以发展云杉/华北落叶松/油松＋沙棘＋自然草地空间配置模式。

（1）物种选择

云杉喜冷凉湿润气候，在山地多生于阴坡，属浅根性树种。华北落叶松喜光性强，消耗水量稍大，喜凉爽、耐低温。在年平均气温 $-4 \sim -2℃$，1 月平均气温在 $-20℃$ 左右仍可生长，夏季可耐 $35℃$ 的高温。

沙棘是落叶灌木，耐旱、耐践踏，适应能力强。沙棘根系富含根瘤菌，固氮能力强，根系萌蘖力强，是很好的水源涵养林和水土保持林树种。

除针茅和蒿类作为自然草的优势种，云杉、华北落叶松和沙棘作为主要栽培物种外，可选择的其他乔灌木物种包括山桃、紫花苜蓿、红豆草等。

（2）造林方式

云杉一般选用 3 ~ 4 年生苗，春秋两季造林均可，以秋季栽植为佳。按海拔分布，2200 m 以上为云杉、2000 m 左右是华北落叶松、2000 m 以下是油松。株行距为 3 m × 5 m，行间按 1 m 的株距栽植沙棘一行。经济林可以在 1800 ~ 2000 m 坡耕地发展，或沟壑边缘陡坡耕地，株行距为 4 m × 5 m，在行间以 1 m 的株距点栽植 1 行沙棘，形成乔灌混交林。薪炭林：树种为沙棘，立地条件是海拔 2000 m 以上的陡坡耕地，阳坡和阴坡都能生长。农林复合可以在 2000 m 以下的稍缓的坡耕地上，人工播种紫花苜蓿和红豆草。

落叶松造林一般选用 2 ~ 3 年生苗，春、秋两季均可，以秋季造林为佳。秋、冬雨水充沛时，要注意防冻害。秋季造林一般少用或不用整地，采取以穴栽植，造林后要及时封山，防止人畜破坏。

（3）整地方式

整地应在造林的前一个季节进行，可采用水平阶、反坡梯田、鱼鳞坑、穴状整地，深度必须在 40 cm 以上。栽植 2 ~ 3 年生健壮苗木，起苗后打泥浆或湿草帘包装，采用直壁靠边栽植法，不可窝根，密度以 1.5 m × 2 m 或 1 m × 2 m 为宜。

坡耕地坡度大于 25°，整地方式为水平阶或水平沟，坡耕地 16° ~ 25°，采用反坡梯田整地，一般田面宽 1.5 ~ 2.5 m，在坡耕地块外沿，采用竹节槽方式，槽长度随树种及密度定，槽间有横土档。

(4) 模式特点

云杉属浅根性植物，根系不发达，前期生长缓慢，后期生长迅速。沙棘属深根性植物，根系萌生力强，富含根瘤菌，固氮能力强。沙棘全身是宝，综合开发利用价值高、潜力大，在退耕还林区，大力发展沙棘，对于改善生态环境，发展地方经济具有重要意义。两者混交在水分利用、培肥地力方面可以起到互补作用。

(5) 适用范围

该种模式比较适宜于在海拔 2000 m 以上，降水量 450 mm 以上阴凉黄土梁峁地带。

6.2 坡面乔灌草空间配置技术体系

6.2.1 人工植被构建体系

坡面乔灌草配置设计实际是对坡面植被防护体系的构建。黄土丘陵沟壑区自然环境条件较差，恶劣的气候条件导致植被不断衰败，土壤侵蚀加剧，致使该区域生态环境十分脆弱，植被恢复困难。能否快速、持久地控制黄土丘陵沟壑区水土流失，对防护植被体系的建设具有重要的实践意义。

植被防护体系是依据自然环境条件（土壤水分分异）、水土流失、植物生理生态要求和地形地貌（中地貌、局部地形、微地形）特点，在坡面上因害设防，选择适宜植被类型，利用适宜的树（品）、草种，合理混交和配置，构建多层次结构、彼此连接、相互作用、生物学稳定、生态经济持续高效的带、片、网、线、团、簇不同配置类型的生态系统整合体。

6.2.2 人工植被体系配置

坡面防护植被体系的水平和立体配置，要求植被类型、个体物种具有生物学稳定性与整体目标的一致性，强调生态经济效应。

植被体系的"水平配置"，是指在植被配置的形式上，各植被类型在坡面上、中、下相对坡位合理分布，同时应考虑主体植被类型、坡面分布、植被覆盖率（30% ~ 50%）、坡位相互影响和植被配置的整体目标。

植被体系的"立体配置"，是指组成某一植被类型的树种或植物种的选择、植被类型立体结构的配置与混交搭配。立体结构为含单一的乔木、灌木、草类、药用植物、其他经济植物，也可安排其中两种或多物种的混交。其中，要注意当地适生的植物种的生物多样性及其经济开发的价值。通过林种的水平和立体配置，使林农、林牧、林草、林药合理结合，并与梁峁沟坡、河川等相联系，形成多功能、多效益的农林复合生态系统，充分发挥其改善生态环境和水土保持的功能，达到最大限度地提高土地利用率和土地生产力。

自然地理单元或坡面范围内，结合植被、地形条件和土地利用情况，根据水土流失分异特征，在防护植被体系中，各个植被类型在水平或垂直配置上错落有序，在防护功能与效应方面各显其能，以达到生态、经济相协调发展的目标。

防护林植被体系配置，首先考虑主体植被类型的设计：防护林、经济林、用材林、薪炭林等。其次是以防护地形部位划分：梁峁顶、坡面、沟坡及沟道。再次为防护的微地形及具体配置模式。

6.2.3　不同植被类型坡面配置的适宜性

1）在小气候诸因子中，风速因梁峁、坡面等地貌类型不同，差异非常显著，选择植物措施时，应充分注意抗风性强的植物种。

2）在生长季节中前期，植被类型对 0～100 cm 平均土壤水分及剖面变异都有显著的影响，而在生长季节中期，其影响并不显著。对同一种植被类型来说，地形形态指数如剖面曲率、坡度、坡形、坡位对 0～100 cm 土壤水分及层次土壤水分变异都没有显著的影响。坡向在生长季节中前期和后期对林地、灌木林地、荒草地的土壤水分变化有显著影响。

3）通过水分平衡分析，我们认为，安家沟流域现有植被类型在坡面上的适宜性为：草地 > 山杏 + 柠条 > 沙棘 > 柠条 > 油松。

4）在梁峁坡顶、阳坡及阴坡上部不宜营造阔叶乔木林，相对较适宜发展抗风耐旱的灌木林，但其密度不宜超过 200 株/亩。

5）随着坡位的上升，农作物的产量呈现下降的趋势，坡面中、下部较适宜种植农作物，更以下部为优。修成水平梯田后，产量随着坡位递减梯度小于坡耕地的递减梯度。

6）坡向、坡位对牧草产量影响不显著，适宜在各地形部位种植。

7）沟坡水分基本可以满足各种林草植被生长耗水的需要。沟坡植被可以先恢复成与水热条件相符的灌木林地为主较好。而对于沟道可以采用"上坝下塘"的方法对流域洪水资源进行积蓄和利用。

6.2.4　坡面植被配置

水资源是该地植被恢复的主要限制性因子，而地形小气候也在一定程度上影响着生态恢复的程度与效率，因此在进行流域植被配置时两者均需进行考虑。

（1）阴坡上部

阴坡上部应以自然草地为主。根据水分平衡和地形小气候的影响，在坡上部不宜种植乔木林，以灌木林和草地为主，但由于自然草地的水分平衡能力最强，可以优先考虑自然草地，在条件许可时可配置部分沙棘 + 草地、柠条 + 草地。通过调查，这个配置模式在定西安家沟流域及定西的其他流域均有广泛的分布，目前生长良好，也有较好的水保效果。

（2）阴坡中部

阴坡中部以山杏 + 柠条的水分平衡能力较好，优于油松。山杏的蒸散量较小，且主要水分消耗层次在 0～300 cm，而柠条耗水层次可达 500 cm 以上，这两种植被混交可以较好地利用土壤水分，加强水分的利用效率和局地的水分循环，改善局地小环境。但其种植密度不宜过大，山杏、柠条和草的比例5∶2∶3较好。在条件许可的条件下，在阴坡中部也可以种植牧草，牧草可以紫花苜蓿为主。

（3）阴坡下部

阴坡下部主要发展农业种植业。将现有缓坡耕地全部修成水平梯田，并配置地埂防护林。地埂防护林以低矮的灌木植物为主。

（4）阳坡上部

阳坡上部以自然草地和柠条为主。在坡度较大时宜恢复成自然草地，主要原因在于风速、坡度等因子对草地的生长影响较小，草地的耗水量也较小。坡度在10°～20°的坡地可以种植柠条，为了达到较好的水保效果，柠条林间的隔坡不宜大于3m，以2～2.5m较好，但由于柠条耗水量较大，其隔坡也不宜过小，种植密度也不宜过大。

（5）阳坡中部

阳坡中部以山杏＋柠条＋草、柠条或牧草为主。由于阳坡光照强烈，土壤蒸发强度较大，有效可利用水量较阴坡小。在坡度较缓时可以采用山杏＋柠条＋草结构；在坡度较大时以柠条为主；坡度较小时可以种植牧草，牧草以紫花苜蓿或红豆草为主。

（6）阳坡下部

阳坡下部主要发展种植业。将现有坡耕地全部修成梯田，并配置地埂林。

（7）沟坡阳坡

沟坡阳坡主要配置模式有甘蒙柽柳、甘蒙柽柳＋白刺。由于沟坡水分条件较好，基本可以满足各种林草植被生长耗水的需要，其风速也较小，适宜植物的生长。而以上两种植被配置均适宜在本地应用。以上二种模式在定西等均有广泛的分布，且生长良好。

（8）沟坡阴坡

沟坡阴坡主要配置的植被物种类型及组合模式有青杨、青杨＋沙棘、甘蒙柽柳、沙棘。由于沟坡水分条件较好，主要根据树木的生物学特征进行配置。以上几种模式在定西、渭源等均有广泛的分布，且生长良好。

（9）沟道

为了遏制沟蚀和泥沙搬运堆积过程，在沟道和沟坡部位采用的主要植被类型及配置模式有青杨、旱柳或甘蒙柽柳。其主要作用在于减轻沟坡和沟道的侵蚀，减轻洪水流速，增加洪水资源的下渗量，提高洪水资源的利用效率。

6.2.5 配置类型

黄土丘陵沟壑区地貌类型复杂，气候差异悬殊，不仅适宜植被种类不同，而且在植被体系的主体目标配置方面也各有特点。

6.2.5.1 梁顶植被类型

梁顶植被类型可分为宽梁和窄梁两种类型。

1）宽梁梁边林带：宽梁的顶部地势相对而言较为平坦，种植结构多为耕地，用于防护边坡、遏制土壤流失的植被主要配置在梁的两侧边缘部位。

2）窄梁全面防护林：适宜的主要树种为柠条、沙棘、山桃，生长相对较好，能发挥良好的生态恢复功效。

6.2.5.2 峁顶植被类型

从峁顶向下，环状分布 10 ～ 30 m 或更长，营建峁顶防护林植被，主要树种可选择耐旱的灌木或乔木物种如侧柏、山桃、沙棘、山杏、柠条等。

6.2.5.3 坡面植被类型

坡面指的是梁坡、峁坡，由于坡度及土地利用复杂，坡面防护林配置的类型也多种多样。

（1）全坡面防护植被体系

坡度陡峭（>45°的坡面）面积较小的坡面应全面造林（或种草），此种坡面要与梁峁顶部防护植被连成一片，或自梁峁顶边线以下全面进行植被重建，全面造林的坡面不仅对斜坡坡面本身起到固定作用，而且对梁峁顶部及斜坡以下的沟坡侵蚀也起到缓冲作用。阴坡可选择刺槐、白榆、油松、沙棘、河北杨、旱柳等。阳坡为侧柏、柠条、甘蒙柽柳、山杏、山桃等。

（2）镶嵌式植被

坡面坡度较缓或坡面较完整的地方，已进行坡改梯用作基本农田。而其间地形破碎或坡度较陡处为荒坡，应在破碎地段或荒坡处植树造林或种草，形成林地、草地与农田的镶嵌结构。树种为侧柏、油松、刺槐、河北杨、白榆、臭椿、柠条、甘蒙柽柳、沙棘、紫穗槐、火炬树等。

（3）梯田地坎间作经济林

很多地方的坡面已梯田化，沿梯田、地坎栽植经济价值较高的经济林木，既可起到固埂作用，又可起到增加群众收益的作用。

（4）坡耕地等高灌木林

在缓坡坡耕地上可每隔一定距离，沿等高线设置一条灌木林带，以截短坡长，并逐步减缓坡面坡度。坡长很短的坡耕地可在耕地下缘设置一条灌木林。一般配置在小于25°坡耕地上，与牧草或多年生经济作物结合，逐步形成间作式农林复合生态系统。以峁边线、沟沿线两个部位为主，如坡面较长，可增加 1 个或 2 个灌木带，其宽度为 2 ～ 2.5 m。树种为杞柳、柠条、甘蒙柽柳、紫穗槐，2 行或 3 行，株行距 1.0 m×1.0 m，也可采取宽行距密植办法，株行距为 1.5 m×0.5 m。每穴栽 1 ～ 3 株的配置形式，防护性能较好。整地方法与规格，以反坡梯田效果好，田面宽 1.5 ～ 2.5 m，地埂高度 0.5 ～ 1.0 m 为宜，侧坡 80 cm 即可，在等高带内，每隔 20 m 左右，加一横土档。

（5）坡面梯田经济林

阳坡、半阳坡梯田经济林是当地群众重要经济来源，主要树种有梨、杏、仁用杏、山桃和花椒等。

6.2.5.4 侵蚀沟防护林

侵蚀沟防护林由沟头、沟边（沿）、沟坡、沟底防护林组成。

（1）沟头防护林

在距沟头 2～3 m 处修建一排或数排防护沟埂，以拦泥蓄水。埂高 0.5～1.0 m。在埂的内侧挖坑植树。树种为沙棘、柠条、刺槐、旱柳。

（2）沟边（沿）防护林

在距沟边（沿）1～2 m 处设置，埂高 0.4～0.6 m，从外侧挖沟取土，形成沟壕，在壕沟植树。树种为沙棘、柠条、侧柏。

（3）沟坡防护林、薪炭林

沟坡主要指现代侵蚀沟谷侧坡，由于坡度陡峻，可达 60°～90°，是侵蚀最为活跃的地段。在坡度较缓的部位可栽植抗旱性较强的乔灌木树种柠条、沙棘、侧柏、刺槐、臭椿、狼牙刺。在下部崩塌坡积土上栽植小青杨、河北杨、旱柳、沙棘、甘蒙柽柳等。而在本地区可以采用的植被恢复模式主要有：甘蒙柽柳或甘蒙柽柳＋白刺（定西县安家沟流域）、小青杨、河北杨或小青杨＋沙棘（安定区高泉流域）。

（4）沟底防冲林

在下切活跃的切沟底部设置谷坊群、柳谷坊、土谷坊；沟底防冲落淤林树种为旱柳、杞柳、刺槐、甘蒙柽柳等；坝坡防冲林以灌木紫穗槐、柠条、甘蒙柽柳为主。株行距：乔木株距 1.0～1.5 m、行距 2.0～3.0 m；灌木株距 0.5～1.0 m、行距 1.0～2.0 m。如分段设置，每隔 30～50 m 设置一段，每段 20～30 行，树行与水流方向垂直可起到遏制沟底下切、减缓洪水冲刷的作用。

6.3 乔灌草空间配置模式生态经济效益分析

6.3.1 经济效益评价方法

不同空间配置模式中，各乔灌草植被物种的经济效益评价方法目前正由静态单一的评价方法向动态综合的评价方法过渡。静态的评价方法就是考虑投入和最终产出的绝对值，而不考虑资金占用和资金的时间价值。评价结果，效益总是可观的，而林业再生产却缺乏投资，难以维持。动态评价方法是在考虑资金的时间价值及资金占用额的基础上，对整个项目生产过程的投入产出进行动态分析。动态分析包括财务评价、国民经济评价、社会评价等。

定西地区虽然在流域治理、植被恢复方面已经做过大量的工作，但由于实施退耕还林的年限较少，目前很多植被还处于幼龄期，其生态服务功能和环境效益的改善能力还有待进一步发展。本研究只是利用该区常年种树种草的经验数据以及整个黄土高原地区的补充数据，对其直接经济效益进行了简单评价。

直接经济效益评价，实际上相当于财务评价。评价指标采用净现值和投资净增值率，为了计算净现值，需要以植被类型为单元，编制现金流量表（图6-1）。现金流量表分为营林费用和直接经济收益两大部分。营林费用包括林地清理、整地、造林、补种、幼林抚育、森林病虫害防治，防火线和人行便道的新建、维修，护林防火等作业过程中的物质投

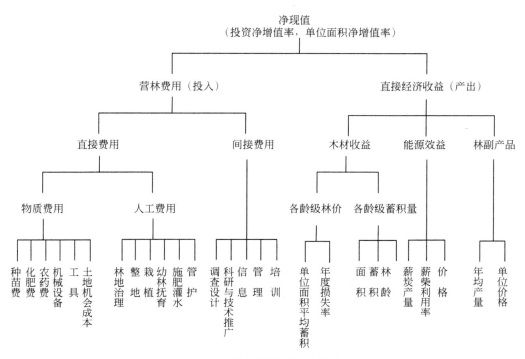

图 6-1　现金流量框架示意图

入和人工费用等。直接经济收益包括木材收益、能源收益和林副产品收益。

本研究对乔灌树种及其配置模式经济效益的计算，为了比较方便，均以 1 hm² 为标准地面积，以 30 年为效益计算期进行计算。例如，木材收益的计算，根据拟研究的典型乔灌树种的不同，收集主要植被类型的平均生长量和年木材蓄积量、30 年总蓄积量，按下面公式计算：

$$V_i = S_i \times T_i \times P_i - C_i$$

式中，V_i 为植被类型 i 年生产木材的净效益值（元）；S_i 为植被类型 i 年的面积，为 1 hm²；T_i 为植被类型 i 的 30 年木材蓄积量；P_i 为植被类型 i 年的木材平均销售价；C_i 为植被类型 i 年平均生产成本。

6.3.2　生态效益评价方法

目前，生态效益评价已成为当前生态学和生态经济学研究的一个热点，许多学者对其进行了探索性研究，并尝试提出了一些评价指标和方法。但是，由于其本身的复杂性，生态效益价值的计量至今仍是一件十分困难的事情。概括起来，生态效益的评价方法主要有市场价值法、机会成本法、影子价格法、影子工程法、费用分析法、人力资本法、资产价值法、旅行费用法和条件价值法等。本研究只简单对机会成本法、影子价格法、影子工程法作一介绍。

6.3.2.1 机会成本法

机会成本法常用来衡量决策的后果。所谓机会成本，就是做出某一决策而不作出另一种决策时所放弃的利益（李晓光等，2009）。任何一种自然资源的使用，都存在许多相互排斥的备选方案，为了作出最有效的选择，必须找出社会经济效益最大的方案。资源是有限的，且具有多种用途，选择了一种方案就意味着放弃了使用其他方案的机会，也就失去了获得相应效益的机会，把其他方案中最大经济效益，称为该资源选择方案的机会成本（秦艳红和康慕谊，2007）。例如，政府想将一个湿地生态系统开发为农田，那么开发成农田的机会成本就是该湿地处于原有状态时所具有的全部效益之和。机会成本法的数学表达为

$$C_k = \max \{ E_1, E_2, E_3, \cdots, E_i \}$$

式中，C_k 为 k 方案的机会成本；E_1，E_2，E_3，$\cdots$，E_i 为 k 方案以外的其他方案的效益。

机会成本法是费用—效益分析法的重要组成部分。它常被用于某些资源应用的社会净效益不能直接估算的场合，是一种非常实用的技术（Daily et al.，1997；陈宁等，2006）。已有学者用机会成本法定量评价生态系统给人类提供的服务。薛达元等（1999）使用机会成本法估算出长白山森林生态系统保持表土的价值为 235.73 万元/a，森林生态系统对有机质循环的贡献达 5351.77 万元/a。欧阳志云等（1999）利用此法估算出中国森林、草地生态系统每年减少表土损失的经济价值为 38.20 亿元。

机会成本法简单易懂，能为决策者和公众提供宝贵的有价值的信息。生态效益的部分价值难于直接评估，因此，可利用机会成本法通过计算生态系统用于消费时的机会成本，来评估生态效益的价值，以便为决策者提供科学依据，更加合理地使用生态资源。

6.3.2.2 影子价格法

人们常用市场价格来表达商品的经济价值，但生态系统给人类提供的产品或服务属于"公共商品"，没有市场交换和市场价格。经济学家利用替代市场技术，先寻找"公共商品"的替代市场，再以市场上与其相同的产品价格来估算该"公共商品"的价值，这种相同产品的价格被称为"公共商品"的"影子价格"（欧阳志云等，1999）。影子价格法的数学表达为

$$V = Q \cdot P$$

式中，V 为生态效益价值；Q 为生态系统产品或服务的量；P 为生态系统产品或服务的影子价格。

影子价格已广泛应用于生态效益的定量评价。例如，用于评价生态系统固碳价值的碳税法就属于影子价格法，它是将生态系统每年固定 CO_2 的量乘以碳税的影子价格而得出生态系统固定 CO_2 价值的一种方法。用此方法，国内外有不少学者对不同地区的木材固碳价值、植物固碳价值以及陆地生态系统的固碳能力及其经济价值进行了估算和评估（欧阳志云等，1999；Backéus et al.，2005；Köthke and Dieter，2010）。

用于评价生态系统释放 O_2 价值的工业制氧法亦属于影子价格法，它是将生态系统每年释放 O_2 的量乘以工业制氧成本，即 O_2 的影子价格，从而估算出生态系统释放 O_2 价值

的一种方法。欧阳志云等（1999）运用此法估算出中国陆地生态系统每年释放 O_2 的经济价值为 3.40 万亿元。

评价生态系统营养物质循环的经济价值时，先估算生态系统持留营养物质的量，再以各营养元素的市场价值作为"影子价格"，计算出生态系统营养物质循环的价值。薛达元等（1999）应用此方法对长白山自然保护区森林生态系统维持营养物质循环功能进行了评价，得出其价值为 0.43 亿元/a。欧阳志云等（1999）利用影子价格法估算出中国森林、草地生态系统每年因保持土壤而减少土壤氮、磷、钾损失的经济价值为 5.28 万亿元。吉林省环境保护研究所《长白山地区资源开发与生态环境保护》课题组采用此法算出长白山森林生态系统保持土壤的价值为 4.90 亿元/a。

6.3.2.3 影子工程法

影子工程法，又称替代工程法，是恢复费用法的一种特殊形式。影子工程法是在生态系统遭受破坏后人工建造一个工程来代替原来的生态效益，用建造新工程的费用来估计生态系统破坏所造成的经济损失的一种方法（李金昌，1999）。影子工程法的数学表达为

$$V = G = \sum X_i (i = 1, 2, \cdots, n)$$

式中，V 为生态效益价值；G 为替代工程的造价；X_i 为替代工程中 i 项目的建设费用。

当生态效益的价值难以直接估算时，可借助于能够提供类似功能的替代工程或影子工程的费用，来替代该生态效益的价值。如森林具有涵养水源的功能，这种生态效益很难直接进行价值量化。于是，可以寻找一个影子工程，如修建一座能贮存与森林涵养水源量同样水量的水库，则修建此水库的费用就是该森林涵养水源生态服务功能的价值。再如，当计算森林生态系统因保持土壤而防止泥沙淤积的价值时，先算出该地区森林生态系统的总土壤保持量，而后用能拦蓄同等数量泥沙的工程费用来表示该森林生态系统土壤保持功能在防止泥沙淤积方面的价值。吉林省环境保护研究所《长白山地区资源开发与生态环境保护》课题组采用此法算出长白山森林生态系统土壤保持价值为 11.80 亿元/a。欧阳志云等（1996）利用此法估算出我国森林、草地生态系统每年减少泥沙淤积损失的经济价值为 154.21 亿元。

用于评价生态系统固碳价值的造林成本法也属于影子工程法，它是将生态系统固定 CO_2 的量乘以单位森林蓄积的平均造林成本，而估算出生态系统固定 CO_2 价值的一种方法。联合国粮农组织（FAO）的研究表明，利用热带森林固碳的年费用为 130～170 亿美元，约相当于成本 24～31 美元/t C（1989 年）。美国国家环境局研究了北寒带、温带和热带各类森林固定 CO_2 的成本，得出结论是造林对固碳的一般成本小于 30 美元/t C。目前我国杉木、马尾松、泡桐三种树的平均造林成本为 260.90 元/t C（中国林业统计年鉴，1990）。有些学者认为森林生态系统杀灭病菌的价值为造林成本的 20%，森林生态系统降低噪声的价值为造林成本的 15%（李金昌，1999）。

影子工程法的优点是：通过这种技术将本身难以用货币表示的生态效益价值用其"影子工程"来计量，将不可知转化为可知，将难转化为易。但此种方法也有其局限性：

1）替代工程的非唯一性。例如，要想蓄存与生态系统涵养的水分量相同的水量，可能存在多种替代工程，修建水库只是其中的一种，还可以修建多级拦水堤坝，也可以在平原上修挖池塘来蓄存同样的水。由于替代工程措施的非唯一性，所得工程造价就有很大差

异，因此必须选择适宜且便于计价的影子工程。

2）两种功能效用的异质性。例如，替代工程的功能效用与生态系统涵养水分的功能效用是不一样的。主要差别在于生态系统涵养水源的量与生态系统土壤的结构、性质、植被和凋落物层等有直接关系。而水利工程蓄水的功能则与此有很大的差异，特别是在生态效益上有很大的差异。因此，运用影子工程法不能完全替代生态系统给人类提供的服务。

6.3.3 单物种生态经济效益评价

6.3.3.1 柠条灌木林

柠条是锦鸡儿属栽培种，是豆科锦鸡儿属一种带刺灌木。通常包括小叶锦鸡儿、中间锦鸡儿、树锦鸡儿和柠条锦鸡儿等，主要特点是根系发达、耐寒耐旱、萌发力强、枝叶茂盛，在陕西、甘肃、内蒙古等省（自治区）都有栽培。

（1）经济效益

经济效益计算采用产出与投入差来确定。投入考虑相应的种苗、劳动与材料投入，产出用相应物质量与价值量的成绩求得。评价的基准年为 2000 年，效益计算期为 30 年。

科技工作者在定西地区对柠条造林已进行了大量的试验研究，对柠条林适宜的造林密度、整地方式、整地深度都有明确的结论（表6-1 至表6-3）。

表 6-1　柠条造林密度试验结果

造林密度（穴/亩）	1983 年 12 月 树高（cm）	1985 年 9 月			
		树高（cm）	林龄（年）	地上生物量（kg/hm²）	比值（%）
160	68.7	131.0	5	2400.0	100.0
220	65.9	132.5	5	2600.0	154.7
260	65.0	126.5	5	3072.5	182.8
290	54.0	124.8	5	1902.5	113.3
340	51.0	124.8	5	2232.5	132.8
440	54.0	112.5	5	2022.5	120.3
530	34.4	90.0	5	1740.0	103.5
660	24.4	87.5	5	1732.5	103.1

表 6-2　不同整地方法柠条生长情况

整地方法	高生长（cm）			径生长（cm）		
	平均	最高	一般	平均	最高	一般
水平沟	31.2	64	25 ~ 42	0.41	0.70	0.3 ~ 0.45
水平阶	14.8	26	15 ~ 20	0.27	0.42	0.2 ~ 0.3
鱼鳞坑	12.83	21	8.5 ~ 14	0.21	0.30	0.14 ~ 0.2

表 6-3　整地深度与柠条生长量关系观测结果

整地深度 (cm)	1982 年 8 月	1985 年 9 月			
	树高 (cm)	树高 (cm)	林龄 (年)	地上生物量 (kg/hm²)	比值 (%)
5	28.8	107.0	5	1995.0	100.0
10	29.0	138.8	5	1895.0	95.0
20	35.0	121.5	5	3492.5	175.0
30	36.0	142.3	5	3740.0	187.5
40	38.8	130.5	5	3990.0	200.0
50	39.3	148.8	5	3990.0	200.0
60	49.3	135.5	5	4987.5	250.0
70	50.5	141.3	5	4987.5	250.0

资料来源: 定西地区水土保持试验站. 水土保持试验研究成果资料选编. 319~321

从表 6-1 中可以看出，260 穴/亩（3900 穴/hm²）的密度最有利于柠条生长，其次是 220 穴、290 穴、340 穴等。但据多年观测和大田试验，柠条造林密度以每亩 260 穴为宜。从表 6-2 可以看出，在水平沟中生长的柠条最好，水平阶次之，而鱼鳞坑最差。显然水平沟整地具有土壤疏松和水分充足的良好条件，直接促进柠条的发芽和生长。从表 6-3 可以看出，60~70 cm 的整地深度对柠条的生长最好，虽然深挖要增加 20% 的用工量，但经济效益提高了 20%~150%。

在评价中，由于资料限制我们采用上述试验结果，只对最优造林密度、整地方式、整地深度条件下（即 3900 穴/hm²，水平沟种植，整地深度 60~70 cm）不同立地条件柠条造林的生态经济效益进行评价。

a. 造林成本费及抚育管理费用计算

柠条造林一般在当年春季，密度采用 3900 丛/hm²（表 6-4），每公顷柠条按穴状方式整地需要 127.5 个工日，采用水平沟造林后整地用工量提高 20%，即每公顷柠条栽植需 153 个工日。栽植后，每年还需维护用工 7 个工日。柠条种植后 1~3 年生长迅速，5 年后基本达到最大生物量，可以进行平茬收割，获取灌木薪柴，按当地统计收获年需投入 100 工日/hm²。因此每公顷柠条林的总造林成本，按 2000 年标准价计算为 6721 元，其中第一年只计算种苗及整地费用；收获 5 年一次，按 6 年计算；其余 23 年每年计算维护用工。

表 6-4　柠条造林成本及抚育管理费用

支出项目		单位	单价 (元)	数量	费用 [元/(hm²·a)]
投资	种苗	株	0.2	3900	780.0
投劳	整地	个	6.5	153	994.5
	维护	个	6.5	161	1046.5
	收获	个	6.5	600	3900.0
合计		—	—	—	6721.0

b. 柠条林的经济价值

柠条林的主要产品就是灌木薪柴，也即其地上部分茎秆的产量。在不同立地条件下，柠条生长情况见表6-5。灌木茎秆产量是一个积累值，柠条生长5年后生物量最大，适宜平茬收集薪柴，因此我们以5年为一个收获期，根据表6-2推算，不同立地条件下每公顷柠条30年累计收获生物量分别为：北坡中部 17 865 kg，下部 31 275 kg；东坡中部 16 560 kg，下部 19 125 kg；西坡中部 14 040 kg，下部 15 300 kg；南坡 15 300 kg；梁峁 9540 kg。

表6-5　不同立地条件下柠条地上部分生物量比较　　　（单位：kg 鲜重/hm²）

树龄	立地						南坡	梁峁
	北坡		东坡		西坡			
	中部	下部	中部	下部	中部	下部		
1 年生	1477.5	3187.5	1275.0	1275.0	1072.5	1432.5	1432.5	832.5
3 年生	2017.5	4252.5	1912.5	2122.5	2017.5	2340.0	2340.0	1275.0
5 年生	2977.5	5212.5	2760.0	3187.5	2340.0	2550.0	2550.0	1590.0

资料来源：李嘉珏和于洪波，1990

据当地2000年市场调查，灌木薪柴单价为0.24元/kg，因此不同立地条件下30年每公顷柠条林收入分别为：北坡中部 4287.6 元，下部 7506 元；东坡中部 3974.4 元，下部 4590 元；西坡中部 3369.6 元，下部 3672 元；南坡 3672 元；梁峁 2289.6 元（图6-2）。

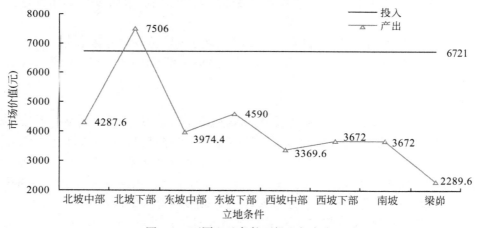

图6-2　不同立地条件下投入与产出

投入与产出相比，只有北坡下部（阴坡下部）净收入为正值，产投比达到111.68%。其他各立地条件下均为负值，具体见表6-6。总体来看，阴坡、半阴坡收入较高，阳坡、梁峁顶收入较低。

表6-6　不同立地条件下柠条投入、产出计算

立地条件	投入（元）	产出（元）	差值	产投比（%）
北坡中部	6721	4287.6	−2433.4	63.79
北坡下部	6721	7506.0	785.0	111.68

立地条件	投入（元）	产出（元）	差值	产投比（%）
东坡中部	6721	3974.4	-2746.6	59.13
东坡下部	6721	4590.0	-2131.0	68.29
西坡中部	6721	3369.6	-3351.4	50.14
西坡下部	6721	3672.0	-3049.0	54.63
南坡	6721	3672.0	-3049.0	54.63
梁峁	6721	2289.6	-4431.4	34.07

（2）生态效益

黄土丘陵地区大部分为荒坡梁峁地形，是泥沙的主要来源之一。据统计，黄土丘陵沟壑区每年流失土壤约 6 亿 t，占黄河年输沙总量的 60.38%，这是该区社会经济发展落后，农民生活贫困的症结所在。因此本研究以保水和保土两项指标来评价各种乔灌植被的生态效益。

据在陕西安塞县的试验资料显示（蒋定生，1997），人工种植柠条林地的年侵蚀模数为 1499 t/（km² · a），是裸露地 ［4013.5 t/（km² · a）］ 的 37.4%，即可减少径流泥沙 75%。柠条林的年平均径流量为 11.4 mm，是裸露地（25.6 mm）的 44.61%，即减少了 50% 以上。据此计算，与裸露地相比每公顷柠条林每年可以增加保持土壤 25.15 t；30 年可累计多保持土壤 754.35 t。

采用替代工程法计算柠条林保蓄水分价值。若要以工程措施取得同样效果，需要修筑各种保水工程，据定西县石家岔流域试验数据显示：按 1980 年不变价格，涝池蓄水 2.5 元/m³，水窖蓄水 5 元/m³。按采用工程蓄水的最低工程造价计算，即每蓄 1 m³ 水需投入 2.5 元。据此计算每公顷柠条林蓄水总价值为 10 650 元。

以土壤表土平均厚度 0.5 m 作为土层厚度、土壤平均容重 1.28 t/m³（李金昌，1999）来估算折合的土地面积，柠条林保持土壤折合土地面积为 0.12 hm²。再用机会成本法计算求得其土壤保持的经济价值为 439.5 元 ［定西地区农业平均收入为 3662.8 元/hm²，据中国甘肃发展项目（农业部分）关川河流域土地开发项目实施报告基础数据资料（1996 ~ 1998 年）］。

综上所述，柠条林生态效益总价值 11 089.5 元，其中蓄水效益占 96%。根据前面对其经济效益分析，取不同立地类型柠条林经济效益平均值为 3883.95 元，则柠条林的生态效益是经济效益的 2.9 倍。

6.3.3.2 沙棘灌木林

沙棘又叫醋柳、酸刺、黑刺，是胡颓子科沙棘属的一种落叶灌木或小乔木。高 1.5 ~ 8 m，雌雄异株，叶互生或近对生，披针形，呈灰绿色，背面密被淡白色鳞片；茎具棘刺，幼枝密被淡白色鳞片；花先于叶前开放，短总状花序，腋生于 2 年生枝上，通常 4 ~ 5 月开花，花淡黄色；浆果橙黄或橘红色核果状，果实近球形，集生在小枝上，经久不落，晶莹美丽，酸甜可口，具有很高的营养价值。沙棘的适应性很强，对土壤要求不严，耐干早、耐瘠薄、耐盐碱、耐严寒，在石质山地、丘陵区、平原的阳坡、阴坡、阶地、沙地、河岸、河谷、低温地、河漫滩及低盐渍土地均能生长；根系发达，萌芽力极强。正是由于沙棘的以上特点，决定了它的分布范围很广，且常成为区域性的优势资源植物。我国的华北、西北、东北和西南的部分地区均有沙棘的分布。沙棘多生长在沟谷两侧的坡地或水分条件较好的阴坡、半阴坡上，多为单优势群落，也有的与其他灌木或草本植物混生。纯沙棘灌丛高 1.5~2 m，其植被覆盖度通常在 80% 以上，是营造水土保持林、防风固沙林和薪炭林的优良树种。

（1）经济效益

沙棘林经济效益的计算采用同样的方法，但其评价应分水保林和经济林两种林分来进行。水保林种植常见普通沙棘品种，经济林种植为大果沙棘。据资料（岷县东沟），辽阜1号无刺大果沙棘单果是普通沙棘的 3~5 倍，单株产量是普通沙棘的 4 倍多。而且其根系在 50 cm 土层内纵横交错，对固土护坡作用大，其落叶含有丰富营养物质，能显著改善土壤质量。因此，大果沙棘是生态效益和经济效益完美结合的优良树种。

a. 造林成本费及抚育管理费用计算

普通沙棘造林多采用穴状整地，株行距 1 m × 1 m，每公顷苗木用量 9990 株，按 2000 年市场价每株 0.5 元，计 4995 元；整地用工 112 个，栽植用工 40 个，抚育用工 161 个，沙棘在栽植 6 年后是最佳首次平茬时间，以后每 5 年平茬一次，平茬期每年用工 150 个，计 900 个，总用工量为 1213 个工日，按 6.5 元/工日计算，用工费为 7884.5 元。

大果沙棘品种采用水平阶整地，株行距 1.5 m × 1.5 m，每公顷苗木用量 4440 株，按 2000 年市场价每株 1 元，计 4440 元；整地用工 500 个，栽植用工 40 个，抚育用工 63 个，大果沙棘在栽植后两三年即可结实，5 年后进入盛果期，可每年采摘。但由于大果沙棘寿命较短，10 年左右应进行一次大的更新。因此可按 10 年为一个生产周期进行经济价值核算。年采摘果实用工按 100 个工日/hm² 计算，10 年中共需 500 个工日。总用工量为 1103 个工日，按 6.5 元/工日计算，用工费为 7169.5 元。所以在一个生产周期内大果沙棘需投入苗木资金 4440 元，劳力折合资金 7169.5 元，合计 11 609.5 元。若仍按 30 年计算，可认为是生产周期的三个重复，总投入为 34 828.5 元。最后投入情况详见表6-7。另外，大果沙棘属于经济林的范畴，计算投入时必须考虑化肥、农药等材料的投资，根据定西地区经济林投入产出调查分析结果显示：每公顷经济林平均材料投入第二年为 35 元，3~5 年为 45 元/a，进入盛果期即第 6 年之后每年投入材料费用为 420 元。因此合计在一个生产周期需投入材料费用共计 2270 元，30 年总计 6810 元。

表 6-7 沙棘林造林成本及抚育管理费用

树种	整地类型	株行距（m）	苗木用量（株）	材料投入（元）	整地用工（工日）	栽植用工（工日）	抚育用工（工日）	收获用工（工日）	费用合计（元）
普通沙棘	穴状	1×1	9990	—	112	40	161	900	12 879.5
大果沙棘	水平阶	1.5×1.5	4440×3	6810	500×3	40×3	63×3	500×3	41 092.5

b. 经济价值计算

沙棘林的经济价值除了提供灌木薪柴外，还可以利用根瘤固氮，增加土壤养分，大果沙棘还可以提供沙棘果等产品。

灌木薪柴：普通沙棘的主要经济价值就是提供灌木薪柴，6 年生沙棘林产柴量一般为 1200~3000 kg/亩（18 000~45 000 kg/hm²）。在计算中我们采取下限值，30 年沙棘林按 6 年平茬一次计算，共可收获灌木薪柴 90 000 kg。大果沙棘不以收获薪柴为主，研究采用普通沙棘品种产柴量的 30% 计算，每公顷薪柴收获量为 27 000 kg。据当地 2000 年市场调查，灌木薪柴单价为 0.24 元/kg，普通沙棘与大果沙棘收获薪柴经济价值分别为 21 600 元和 6480 元。

果品：沙棘果的营养价值很高，含有丰富的脂肪、蛋白质、糖类、无机盐和维生素，并富含苹果酸、酒石酸、柠檬酸和琥珀酸。尤其是维生素 C 的含量居果蔬之首，约为枣的 2~2.5 倍、猕猴桃的 3~7 倍、山核桃的 10~17 倍、番茄的 20~80 倍、葡萄的 200 倍，可与刺梨相媲美。沙棘的果皮、果肉、种子、茎皮都含有油。沙棘油的用途很多，可制作宇航员食品和高级保健饮料，每千克沙棘油在国际市场上售价可达 50~60 美元，被称为"油料黄金"。沙棘的果实还能入药，具祛痰止咳、活血散淤、消食化滞之功效。据有关资料分析，辽阜 1 号大果沙棘 4 年以上植株亩产鲜果 700~1000 kg，取其下限每公顷产量可达 10 500 kg/a。在大果沙棘一个生产周期中有 5 年盛果期，30 年盛果年份可按 15 年计算，总鲜果产量为 157 500 kg/hm²。按 2000 年大果沙棘市场价为 1 元/kg，即沙棘果品收益为 157 500 元。

产投比：由表 6-8 可知，单从薪柴价值来看，普通沙棘产出投入差值为 8720.5 元，产投比达到了 167.7%；大果沙棘薪柴产出较少，只有 6480 元，尚不到投入金额的 1/5。但大果沙棘以产出果品为主，综合效益较高，产投比达到 399.1%。

表 6-8 沙棘投入产出计算

沙棘品种	投入（元）	产出（元）		差值	产投比（%）
		薪柴	果品		
普通沙棘	12 879.5	21 600	—	+8 720.5	167.7
大果沙棘	41 092.5	6 480	157 500	+122 887.5	399.1

（2）生态效益

固氮：沙棘是豆科植物以外少数具有根瘤的树种之一，有固氮作用，还可使土壤中有机物矿化，把难溶的无机物质和有机物转化为植物可吸收状态（赵志强等，2010）。据在秦安、甘谷等地测定，0~50 cm 土层内 3 龄沙棘林，每亩结瘤量达 49.2 kg。另据有关资料，每亩沙棘林每年可固氮 12 kg，相当于 25 kg 尿素的含量。据此计算，每公顷沙棘林每年可固氮 180 kg，30 年共计 5400 kg，折合尿素 11 250 kg。按 2000 年尿素市场价为 1.5 元/kg，即沙棘固氮经济效益为 16 875 元。

保土：沙棘林防止地表径流，减少土壤养分流失。根据林地可减少土壤侵蚀系数计算，每公顷沙棘林可保持土壤 37.94 t（侵蚀系数 66.2%），用有林地与无林地的养分含量之差测算，5 龄级沙棘林，每年每公顷保持土壤养分，氮素 18.36 kg，磷素 12.4 kg，速效钾 44.22 kg，速效磷 6.9 kg（田新会，2001）。我们还采用保持土壤量折合土地面积利用机会成本法计算沙棘保土生态效益。由表 6-9 可知，沙棘 30 年累计可以保持土壤总量高达 1138.2 t, 相当于耕地面积 0.18 hm²。

表 6-9　沙棘生态效益

项目	物质量（t）	价值量（元）
固氮	5.4	16 875
保土	1138.2	659.3
总量	1143.6	17 534.3

6.3.3.3　甘蒙柽柳

甘蒙柽柳喜光、耐寒、耐干旱、耐水湿、耐盐碱, 生长迅速、萌生力强、抗风蚀沙埋, 是半干旱黄土丘陵沟壑区优良的固沙和盐碱地造林树种。

（1）经济效益

甘蒙柽柳的经济效益计算也采用产出与投入差来确定。投入考虑相应的种苗、劳力与材料投入, 产出用相应物质量与价值量的乘积求得。评价的基准年为 2000 年, 效益计算期为 30 年。

根据定西地区植树造林的试验实践, 甘蒙柽柳可在梁峁荒坡、沟坡、沟谷三种立地条件下种植, 不同条件下造林密度及材积量、枝叶产量如表 6-10 所示。

表 6-10　不同立地条件甘蒙柽柳生长量

立地类型	坡向	密度（株/亩）	林龄	材积量（m³）		枝叶产量（kg）	
				单株材积	每亩材积	亩产	年均亩产
梁峁	N20E	200	22	0.0064	1.28	1687.5	76.7
沟坡	N20E	200	22	0.0064	1.28	1751.0	79.6
沟谷	—	40 275	3	—	—	854.9	285.0

a. 造林成本费及抚育管理费用计算

甘蒙柽柳造林可采用扦插造林、植苗造林、播种造林等方法, 本研究按照梁峁和沟坡用 1 年生容器苗植苗造林、沟谷扦插造林进行评价。根据市场调查, 甘蒙柽柳容器苗为 0.5 元/株, 扦插枝条为 0.05 元/枝。不同立地条件甘蒙柽柳造林成本详见表 6-11。

甘蒙柽柳扦插或种植后 3 年左右可收获枝叶, 梁峁和沟坡甘蒙柽柳可以生长成材, 每年还可有一定的枝叶产量。但在沟谷扦插栽植的甘蒙柽柳, 往往因其密度太大, 难以成材, 只可作为薪柴来源, 其生长 10 年左右需全面更新, 同大果沙棘一样, 可以用 10 年作为一个生产周期进行经济价值计算。甘蒙柽柳造林用工标准同其他灌木大体一致, 细微有些调整, 因甘蒙柽柳可每年收获枝叶, 抚育用工按 27 年计, 梁峁和沟坡收获最后一年用工 150 个工日, 其他年份为 10 个工日/a; 沟谷甘蒙柽柳密度大年收获用工按梁坡的 3 倍计算, 具体见表 6-11。

表 6-11　甘蒙柽柳林造林成本及抚育管理费用

立地类型	苗木用量 （株/hm²）	整地用工 （工日）	栽植用工 （工日）	抚育用工 （工日）	收获用工 （工日）	费用合计 （元）
梁峁	3000	153	40	189	410	6648.0
沟坡	3000	153	40	189	410	6648.0
沟谷	604 125	500	100	189	810	40 599.8

b. 经济价值计算

根据表 6-11 数据，可算得甘蒙柽柳经济价值见表 6-12。其中枝叶按 0.24 元/kg，甘蒙柽柳木材不能作为像乔木之类的木材使用，只能用作椽材等用途，其价值按 100 元/m³ 计算。梁峁、沟坡、沟谷每公顷经济收入分别为 3156.12 元、3427.56 元、− 12 897.8 元。

表 6-12　甘蒙柽柳经济价值计算

立地类型	投入（元）	枝叶		材积		产出（元）
		物质量（kg）	价值量（元）	物质量（m³）	价值量（元）	
梁峁	6648.0	29 913	7 179.12	26.25	2625	9 804.12
沟坡	6648.0	31 044	7 450.56	26.25	2625	10 075.56
沟谷	40 599.8	115 425	27 702.00	—	—	27 702.00

（2）生态效益

甘蒙柽柳是定西地区典型的耐盐碱或抗盐碱造林树种，对其生态效益的研究，主要从改良盐碱、保水、保土三个方面考虑。

改良盐碱效益：盐碱化在定西地区各小流域的沟谷土地是最普遍的现象。改良盐碱的方法有很多，如增施有机肥，施用石膏、黑矾等化学改良，灌溉洗盐，堆沙压盐以及植树种草等生物措施。本研究利用替代工程法研究甘蒙柽柳种植的改良盐碱效益。如果不靠种植甘蒙柽柳来改良盐碱，而是采用增施有机肥，需要连续 3 ~ 4 年平均年施有机肥 2500 kg/亩才能取得改良盐碱的效果，本研究按 3 年计算。据资料，有机肥的单价为 0.09 元/kg，以此计算种植甘蒙柽柳的改良土壤盐碱的总效益为 $2500 \times 15 \times 0.09 \times 3 = 10\ 125$ 元/hm²。

甘蒙柽柳林的保水、保土效益，由于缺乏必要的数据不能进行计算，如采用其他灌木的平均值估计，则甘蒙柽柳林的保水、保土价值大约为 3700 元和 550 元。

因此，甘蒙柽柳生态效益估计值为 14 375 元/hm²。

6.3.3.4　紫穗槐灌木林

紫穗槐是耐寒、耐旱、耐湿、耐盐碱、抗风沙、抗逆性极强的灌木，广布于我国东北、华北、河南、华东、湖北、四川等省（自治区），在荒山坡、道路旁、河岸、盐碱地均可生长，是黄河和长江流域很好的水土保持植物（崔大练等，2010）。紫穗槐萌芽性强，根系发达，可用种子繁殖及进行根萌芽无性繁殖，每丛可达 20 ~ 50 根萌条，平茬后 1 年生萌条高达 1 ~ 2 m，2 年开花结果，发芽率为 70% ~ 80%。

（1）经济效益

a. 造林成本费及抚育管理费用计算

紫穗槐一般作为护埂林建设，但在有条件的地区也可营造纯林。根据标准地调查，4～5年生紫穗槐丛幅1.5 m，如按1 m×1.5 m栽植一丛，每丛2株或3株，就可以完全覆盖地面，有效防止雨滴对土壤的侵蚀。据此计算紫穗槐栽植密度为6666丛/hm²，每公顷苗木用量13 333～20 000株。据当地市场价格，紫穗槐苗木0.2元/株。

紫穗槐造林其他用工费用同沟坡甘蒙柽柳造林，计算得造林成本及管理费合计为10 586.68～11 920元/hm²。

b. 经济价值计算

据文献，2年生的紫穗槐林，平均株高0.91 m，年均高生长0.46 m；直径平均生长0.84 cm，年直径均生长0.42 cm；枝叶年产量363.3 kg/亩，年均亩产181.63 kg。另据调查资料，一般1 hm²紫穗槐纯林，第2年就能割条2250 kg、第3年4500 kg、第4年6000 kg。条件较好的地方，一丛多年生紫穗槐可产条子3～5 kg（刘金根和薛建辉，2009）。按年平均产量4500 kg/hm²计算，可采割条年限按27年计算，紫穗槐枝条比一般灌木枝条具备更多的功能，除了作薪柴，它还是优良的编织材料，因此其单位价格应该比柽条等灌木枝条高，但由于缺乏相关资料，本研究仍取0.24元/kg。紫穗槐不能成材，没有材积产量。因此可得紫穗槐的经济效益为29 160元/hm²（表6-13）。经济投入产出比为1:2.45。

表6-13 紫穗槐经济效益计算

树种	投入（元）	枝叶		材积		产出（元）
		物质量（kg）	价值量（元）	物质量（m³）	价值量（元）	
紫穗槐	11 920	121 500	29 160	—	—	29 160

（2）生态效益

紫穗槐的生态效益可以从固定养分、保水、保土三方面来衡量。

固定养分：紫穗槐是豆科绿肥，肥效高、鲜茎叶含氮素1.33%、磷素0.35%、钾素0.80%，500 kg鲜茎叶中的氮素肥效等于30 kg硫酸铵或200 kg人粪。根据经济效益计算结果，在评价年限内，每公顷紫穗槐累计产枝条121 500 kg，折合7290 kg硫酸铵。硫酸铵市场价为550～580元/t，取平均值565元/t，则紫穗槐固定养分效益为4118.85元。

保水、保土：根据径流小区试验，在100 m²的对比径流小区中观测，荒坡的径流量是12 124.2 L，泥沙量是35.576 kg；紫穗槐林的径流量是2957.5 L，泥沙量是3.492 kg。每100 m²紫穗槐可比荒坡减少径流9166.7 L，减少泥沙32.084 kg。因此，每公顷紫穗槐林的保水、保土量分别为916.67 m³和3.2 t。也采用替代工程法计算保水保土的生态效益，具体标准同前柽条生态效益计算。可得紫穗槐保水效益为2291.7元，保土效益为54.9元。

综上所述，紫穗槐生态效益总价值为6465.45元。

4种灌木树种总投入与生态经济效益比较分析表明（表6-14），总投入柽条为6721元，沙棘为26 986元，甘蒙柽柳为17 965.27元，紫穗槐为11 920元；经济效益分别为4170.15元，92 790元，15 860.56元，29 160元；生态效益分别为11 089.5元，20 479.3

元，14 375 元，6465.45 元；总净收益分别为 8538.65 元，86 383.3 元，12 270.29 元，23 705.45元。

表6-14　各种灌木的生态经济效益比较　　　　　　（单位：元）

灌木与立地类型		总投入	经济效益	生态效益	总净收益
柠条	北坡中部	6 721	4 287.6	11 089.5	8 656.1
	北坡下部	6 721	7 506.0	11 089.5	11 874.5
	东坡中部	6 721	3 974.4	11 089.5	8 342.9
	东坡下部	6 721	4 590.0	11 089.5	8 958.5
	西坡中部	6 721	3 369.6	11 089.5	7 738.1
	西坡下部	6 721	3 672.0	11 089.5	8 040.5
	南坡	6 721	3 672.0	11 089.5	8 040.5
	梁峁	6 721	2 289.6	11 089.5	6 658.1
	平均	6 721	4 170.15	11 089.5	8 538.65
普通沙棘		12 879.5	21 600.0	20 479.3	29 199.8
大果沙棘		41 092.5	163 980.0	20 479.3	143 366.8
平均		26 986.0	92 790.0	20479.3	86 283.3
甘蒙柽柳	梁峁	6 648.0	9 804.12	14 375.0	17 531.12
	沟坡	6 648.0	10 075.56	14 375	17 802.56
	沟谷	40 599.8	27 702.0	14 375	1 477.2
	平均	17 965.27	15 860.56	14 375	12 270.29
紫穗槐		11 920.0	29 160.0	6 465.45	23 705.45

从以上分析可知，沙棘无论是生态效益、经济效益还是总净收益明显较其他灌木树种高。

6.3.3.5　侧柏林

侧柏为针叶树种，为黄土高原乡土树种，在甘肃各地有广泛栽培。侧柏为旱中生树种，其抗逆性强，适应生态幅度较广。在甘肃黄土高原人工林分布垂直可达海拔 2100 m，喜光，但幼苗、幼树耐阴，在油松、刺槐林冠下生长良好，20 年后需光量增大。其蒸腾强度低，极耐土壤干旱，在年降水量 400 mm 左右的黄土丘陵山地可用于阳坡造林，且在连续多年干旱的情况下仍能稳定生长。

（1）经济效益

a. 造林成本费及抚育管理费用计算

据资料，侧柏初植密度一般为 3333 株/hm² （赵忠等，1994），初植成活率以90%计算，侧柏苗木树种按市场价 0.2 元/株计算，苗木费用为 733.3 元。乔木林造林成本、抚育费的计算采用和灌木不同的标准，参照定西地区用材林投入产出调查资料，确定侧柏造林成本见表6-15。侧柏林每年投入肥料、农药、防护费用等价值为 34.7 元，劳动力价格以 6.5 元/工日算，则侧柏林总投入为 5983.05 元/hm²。

表6-15 梁坡侧柏造林成本分析

立地	苗木投入（元）	材料投入（元）	栽植用工	抚育用工	收获用工	费用合计（元）
梁坡	733.3	34.7×30	127.5	15×28	100	5983.05

b. 经济价值计算

侧柏生长过程，树高在 20 年前生长比较缓慢，20~40 年生长最快，30 年时达到高峰，50 年后生长量下降。生长在黄土高原落叶阔叶区的 30 龄侧柏，平均胸径为 12.32 cm，平均树高为 7.65 m，单株材积为 0.053 m³。生长在森林草原区的同龄林，平均胸径为 10.73 cm，平均树高为 4.43 m，单株材积量 0.025 m³。

定西巉口林场，阴向梁坡 23 年生侧柏树高 3.3 m，胸径 4.25 cm，材积 0.0026 m³。阳向梁坡 19 年生侧柏树高 2.52 m，胸径 3.64 cm，材积 0.0016 m³；阴坡 30 年生侧柏树高 4.7 m，胸径 5.3 cm，材积 0.0044 m³；阳坡树高 4.5 m，胸径 5.07 cm，材积 0.0041 m³。

侧柏在该区生长不是十分旺盛，因此其经济价值计算不考虑枝叶薪柴产量及价值。根据上述数据可计算得到侧柏木材产量的经济价值，其中每公顷侧柏留存量按 90% 计算，侧柏木材单价为 400 元/m³，具体结果见表 6-16。

表6-16 侧柏经济效益分析

立地	投入合计（元）	木材产量（m³）	产出价值（元）	产投比（%）
梁阴坡	5983.05	13.2	5280	0.88
梁阳坡	5983.05	12.3	4920	0.82

（2）生态效益

侧柏叶表面积和胸径的关系一元回归模型 $S = 4.098 \times (-5.71 + 1.98D)$ [S 为叶表面积（m²），D 为胸径（cm）]（逄丽艳等，2001）。"北京城市园林绿化生态效益研究"表明，常绿树种叶面积年吸收 CO_2 1.482 kg/m²、年释放 O_2 1.078 kg/m²、年蒸腾水量 310.64 kg/m²、年吸收二氧化硫 1.39 g/m²。

6.3.3.6 油松林

油松是黄土高原地区分布最广的一个常绿针叶树种，多集中分布在海拔 1100~1300 m 的山地。油松喜光耐酸性土壤，在排水良好的土壤上生长最佳，但也能在干旱瘠薄的丘陵山地上生长。在陕西的黄龙山、陕西和甘肃交界的子午岭，油松多分布在海拔 800~1800 m 的阴坡和半阴坡，少量分布在半阳坡，多以纯林为主。在中龄林中，平均树高 8~10 m，胸径 12~18 cm，最大可达 30 cm。

（1）造林成本费及抚育管理费用计算

油松初植密度一般为梁顶 300 株/亩（即 4500 株/hm²），梁阴波为 675 株/亩（10 125 株/hm²），乔木林造林成本、抚育费的计算采用和灌木不同的标准，参照定西地区用材林投入产出调查资料，确定油松林造林成本如表 6-17 所示。初植成活率以 90% 计算，油松苗木按市场价0.5元/株计算，每年投入肥料、农药、防护费用等材料价值为34.7元，劳动力价格以6.5元/工日算，则油松林总投入为梁顶7724.75元/hm²、梁阴坡9806元/hm²。

表6-17　油松造林成本分析

立地	苗木投入（元）	材料投入（元）	栽植用工	抚育用工	收获用工	费用合计（元）
梁顶褐土	2475.00	34.7×30	127.5	15×28	100	7724.75
梁坡阴向	4556.25	34.7×30	127.5	15×28	100	9806.00

（2）经济价值计算

据调查油松生长状况如表6-18所示，30年单株材积为0.015 m³，假定油松留存量为90%，根据造林密度，可确定油松林木材蓄积量为67.5 m³/hm²。油松木材单价按400元/m³计算，则油松林的经济价值为27000元。

表6-18　油松生长状况统计

树种	调查地点	密度（株/亩）	树龄	树高（m）		胸径（cm）		材积（m³）		蓄积量（m³/亩）
				总高	年均	总生长	年均	总生长	年均	
油松	梁顶	300	16	4	0.25	6.9	0.43	0.0085	0.0005	2.56

6.3.3.7　山杏林

山杏属蔷薇科李属植物，耐寒、耐旱、耐瘠薄，适应性强，在我国分布广泛。在黄土丘陵沟壑区的梁峁顶、梁坡、沟坡、崖壁上均能良好生长。其材质优良，是建筑、家具及雕刻的上等材料，果肉可生食，果仁既可入药又可榨油。近年来，杏制品问津市场后畅销不衰，其功能独特，药用价值较高，具有调节生理功能、延缓衰老和抗癌等作用。杏仁是工业滑润油、化妆品的上等原料，又可出口创汇。山杏林既是经济林，又是效益很好的水土保持林种。

实生山杏树3~4年开始结果，10年左右进入盛果期，20年左右产量最高（表6-19）。

表6-19　梁峁荒坡山杏

树种	混交方式	坡向	密度（株/亩）	林龄	材积量（m³）		枝叶产量（kg）	
					单株材积	每亩材积	亩产	年均亩产
山杏	纯林	S55W	116	20	0.0009	0.10	142.3	7.1
山杏+柠条	行间混交	S35W	杏105	杏15 柠条9	0.0035	0.57	1347.5	115.0
山杏+青杨	行间混交	S15E	162	杏20 青杨7	0.0036	0.58	792.3	39.6

在甘肃西峰阴向塬坡中部，26年生山杏林树高7.3 m、胸径8.6 cm、材积0.0234 m³，而阳向塬坡则分别为3.73 m、5.18 cm、0.0055 m³。

陇东镇原县有杏树819万株，1986年产量达1400万kg，产杏仁26万kg。平均每株产量1.7 kg，杏仁产量0.03 kg。

在宁夏南部山区利用红梅杏、宁县大接杏等鲜食、仁用、加工等良种，在春季花前采取封蜡技术栽植改良山杏（实生杏）5100 株，成活率在 90% 以上。嫁接后第二年结果，3 年、5 年平均单株产量分别在 5.6 kg 和 10.2 kg，单位产量 4710 kg/hm²，较当地山杏 2685 kg/hm² 增产 1.8 倍。每公顷平均收入 11 310 元，较山杏 1605 元提高 7 倍。嫁接杏果大、色艳、质优、销路好，深受当地群众喜爱（施立民，1997）。

山杏营造水土保持林造林密度以每亩 222 株左右较好。以收获杏仁为目的的山杏林，应选择较好的立地条件，每亩以 84 株（2 m×4 m 株行距）为宜。

6.3.3.8 杨树林

在典型研究区甘肃定西，农林业生产和生态恢复中应用最多的杨树品种主要包括河北杨、新疆杨、北京杨、青杨、小叶杨、大官杨、箭杆杨、毛白杨、二白杨等，本研究以最为常见的河北杨和新疆杨作为评价目标进行分析。表 6-20 和表 6-21 分别是该区域河北杨与其他杨树品种的生长情况对比以及不同立地条件下河北杨的生长状况分析。

表 6-20　定西巉口相同立地类型河北杨与其他杨树生长比较

树种	立地类型	树龄（年）	树高（m）	胸径（cm）	材积（m³）	年均生长量		
						树高（m）	胸径（cm）	材积（m³）
河北杨	梁阴坡	18	8.10	9.31	0.024	0.45	0.52	0.0013
青杨	黄土类型	19	5.98	6.64	0.009	0.32	0.35	0.0005
河北杨	梁半阳坡	18	5.86	6.48	0.0084	0.32	0.36	0.0004
小叶杨	黄土类型	19	3.98	4.18	0.0024	0.21	0.22	0.0001

表 6-21　半干旱地区不同立地类型河北杨生长情况比较

地点	立地类型	树龄（年）	树高（m）	胸径（cm）	材积（m³）	年均生长量		
						树高（m）	胸径（cm）	材积（m³）
环县	梁阳坡黄土台地	19	6.37	7.02	0.0107	0.34	0.37	0.0006
	梁阴坡下部	18	9.77	18.63	0.1159	0.54	1.04	0.0061
	梁阴坡黄土台地	19	7.74	7.15	0.0135	0.41	0.38	0.0007
定西	川地庭园	20	13.60	30.5	0.4322	0.68	1.53	0.0216
	旱川地	20	7.76	11.96	0.0379	0.39	0.59	0.0019
	梁阴地	15	7.80	8.73	0.0203	0.52	0.58	0.0014

资料来源：李嘉珏和于洪波，1990

河北杨为偏旱中生树种，是杨属中较耐旱、耐瘠薄的树种之一，尤其比较抗蛀干害虫黄斑星天牛的危害。河北杨在甘肃黄土高原垂直分布可达海拔 2400 m 左右，集中分布区一般年降水量在 400 mm 以上，极端高温为 38.9℃，极端低温为 -27.6℃，土壤 pH 为 7.5 ~ 8.5，含盐量 0.023% ~ 0.238%。但在年降水量 350 mm 左右的地方，立地条件较好时也能长成大树。例如，定西葛家岔鸭儿湾河北杨片林，47 年生最大植株树高 15 m，胸径 43.3 cm，材积 1.0867 m³。在黄土山地相同立地类型上，河北杨较青杨、小叶杨等树种耐旱且生长稳定。

第7章　黄土丘陵沟壑区农林复合经营技术与模式

7.1　农林复合经营的现状和特点

农林复合生态系统经营是运用时空排列法，有目的地把多年生木本植物与多年生或一年生草本或牧草等组合在同一土地经营单位上，构成一个生产多样产品（农、林、牧、药材等），充分发挥土地潜力（土壤、空间、光、热、水、气等），保持生物与环境之间、生物与生物之间平衡的高效复合生态系统。农林复合生态系统经营不同于传统的现代农业高投入、高产出的掠夺式农业，它体现的是一种人对自然索取与归还的和谐关系，是将生态学理论、生态经济学理论与现代农业、林业技术相结合的一种土地利用方式。开展农林复合生态系统的建设与经营，对于改善当地的生态环境、防止水土流失和农民脱贫致富，将发挥重要的作用。对于促进农村可持续发展，不断克服环境瓶颈效应，提高环境容量，最终实现人类生活水平的不断提高和自然资源的永续利用，有着重要意义。这种传统的土地经营方式随着土地资源的紧张，越来越受到人们的青睐，特别是广大发展中国家。我国具有悠久的农林复合经营的历史，不仅形式多样，而且具有典型的地域特色。但传统的方式主要是以经济效益为目的，很少考虑其他效益。随着人们环境意识的增强，现代意义的农林复合经营已经同生态、社会、经济、景观等综合效益联系在一起。

从农林复合生态系统的提出到现在，其研究已经走过了将近两个世纪的里程。到目前，农林复合生态系统这门学科已不断走向成熟，它的含义和类型已更加趋于科学化、合理化，特别是最近20年来，农林复合生态系统这门学科发展特别快，世界各国都从农林复合生态系统的结构和功能方面进行了定性、定量的研究，其主要包括生物生产力、养分循环、能量流动、气候效应、增产效应、经济效益等方面研究，已逐步提高和日臻完善了农林复合生态系统的理论基础和学科框架。

7.1.1　国外农林复合生态系统研究进展

国外在农林复合生态系统方面的研究，早在19世纪初期就已开始，如在缅甸伊洛瓦底区开展的关于柚林的研究。进入20世纪60年代已初步进入成熟阶段，并已提出了用混农林业（agri-silviculture）术语来对农林复合土地利用形式加以概括。80年代，国外将农林复合系统用"Agroforestry"这一新学科所代替，并对其有了新的解释和定义，从此农林复合生态系统被真正确定为一个特殊的分支学科领域。非洲在Agroforestry Ecosystems研究方面有着较好的基础，其主要在改进移耕轮作系统、庭院式农林复合生态系统、塔翁雅系统、条带式混合系统、田间零星植树、农田防护林系统和林牧系统学等方面进行了研究。美洲（美国、加拿大、巴西、哥斯达黎加、墨西哥、智利）在乔木与经济作物（灌木混种）、林牧系统和农田防护林系统等方面进行了深入研究。欧洲农林复合生态系统虽然有较长的历史，但系统深入的研究也只是近几年才刚刚兴起，所以它们的农林复合生态系统的类型也较为简单，其主要分布于地中海附近地区，像巴西的农牧混合系统，英国的防护林和林粮间作、林牧复合系统等，但这些都并没有形成大的规模。澳大利亚的农林复合系统主要是防护林和林牧结合类型，在 20 世纪 80 年代主要在树木对土壤的盐渍化、林木产品多样化、农林复合生态系统生产力和防护林及牧草经营等方面进行了深入研究。新西兰则从 60 年代开始就对该国比较典型的林牧复合系统进行了观测与研究。亚洲地区在此方面的研究却有着悠久的历史，近年来，农林复合生态系统在该地区的发展十分迅速，其主要类型除了传统的林粮间作和以农户为单位的庭院式外，还有近年创造的较新模式，如马来西亚的胶园畜牧复合系统，泰国的森林村庄的建设，越南和斯里兰卡的林、牧、渔、蜂复合系统，它们都是根据当地的自然—社会—经济条件而发展起来的行之有效的农林复合生态系统（吴刚等，1993）。

7.1.2　国内农林复合生态系统研究进展

中国的农林复合经营早在原始农业时期已在探索和实践，根据考古学和民族学资料推断，大约在 1 万年至 2300 年前为原始农业时期，原始农业时期的刀耕火种是一种朴素的农林复合经营（郭文韬，1991）。我国自原始社会过渡到奴隶社会以来，约 4000 多年前的夏朝出现了以家庭为单元的私有制农业，即奴隶主用奴隶的血汗筑起自己的庭院，经营蚕桑、林果和畜牧业，为农林复合经营的生产和发展准备了社会经济条件。晋朝，我国南方庭院经营相当盛行，庭院中种养兼营、布置有序，十分讲究。春秋战国时期，间作套种和混作已经萌芽（郭文韬，1988）。东汉以后我国北方人口南迁和南方开发人口激增，促进了江南水网农业的发展。南北朝，林粮混种间作的树种除桑外还有槐、榆等多种。并对许多树种和作物的生物学特性已有了初步认识。元朝对树木和作物的生物学特性有了进一步的了解，《农桑辑要》（1286 年）中提出"桑田可种田禾，与桑有宜与不宜"，说明农林复合经营的物种并非任意搭配的。明朝已有了果园防护林。故《农政全书》（1639 年）记载，"凡作园，与南北两边种竹，以御风果则大，畏寒者不至冻损"。到了清朝，农林复合经营更为普遍，不但注意物种组合，经营上也更加精细。而且，农林牧渔复合经营的立体结构也出现新格局。我国在民国时期农林复合经营发展缓慢，新中国成立后农林复合经营有了迅速的发展，华北人民政府冀西沙荒造林局于 1949 年组织当地农民营造防护林带和林网，从此拉开了在宏观范围内开展农林复合经营的序幕。1952 年东北人民政府作出《关于营造东北区西部防护林带》的决定，规划造林 300 万 hm²。1971 年全国林业工作会议和 1973 年全国造林工作会议研究了平原绿化问题，掀起了造林绿化高潮。有的县把平原绿化纳入农田基本建设，统筹兼顾，全面规划，实行山、水、田、林、路综合治理，开始了农田防护林体系建设。与此同时，在 20 世纪 50 年代末 60 年代初，中国科学院云南植物研究所由热带森林生态系统定位研究转入人工群落研究，为我国热带地区的农林复合经营系统开始了在理论和实践上有益的探索。林胶茶人工群落是多层次、多物种人工群落结构中最成功最有代表性的一种。70 年代，华南热带作物科学院等单位在胶农间作研究的基础上，致力于林胶茶人工群落的研究。此时广东、广西和云南等胶区结合生产实践，开始了多种胶茶结构模式试验，种植规模不断扩大。1981 年林胶茶人工群落研究项目正式列为我国参加联合国教科文组织人与生物圈研究计划，促进了这一模式向广度和深度发展，成为世人瞩目的农林复合系统的成功模式之一。同时，林粮间作的应用范围和研究取得了更大的进步，其林粮间作中的树种已有 150 种以上，尤以泡桐、枣树、杉木、杨树为突出的代表，特别是泡桐与农作物的间作，不仅种植规模空前扩大，从华北平原向黄土丘陵区、从北方向南方发展，而且对此农林复合经营系统进行了大量的实践和科学研究工作，并出版了《泡桐研究》（竺肇华，1987）及《泡桐栽培学》（蒋建平，1990）等专著，对桐粮间作进行了系统的报道，使其模式成为国际农林复合经营系统中具有广泛影响的成功范例。1976 年国际农林复合经营系统研究委员会组建后，对农林复合经营开展了世界范围的调查、宣传和推广工作，我国也引入了农林复合经营（agroforestry）这一术语，并推动了国内农林复合经营系统研究向更深层次的发展。20 世纪 80 ~ 90 年代是我国农林复合经营蓬勃发展的时期。沟养鱼、垛造林的农林牧渔复合经营的沟垛生态系统成为国际上农林复合经营的成功范例。广东省珠江三角洲的"桑基鱼塘"、"蔗基鱼塘"等基塘生态系统是湿地利用的又一成功典型。此外，具有悠久历史的庭院经营进入 80 年代后期又得到迅速发展，1982 年中国科学院率先开设研究课题"庭院生态系统与利用模式研究"，继而进行了"农村庭院生态系统研究"，使庭院经营研究推向了新的高度并在广大农村迅速推广。目前，我国的农林复合经营从定性研究向定量化研究，从单一模式的定量研究向系统的定量化研究深入发展。除了对农林复合经营的结构、功能、土地利用形式、立地划分等做了大量研究外，开始对农林复合经营的物质、能量循环以及价值循环、基于 GIS 的农林复合经营模拟分析研究。在今后的农林复合经营系统研究中，宏观上将朝着更大范围的农用林业的生态、经济和社会效益及其对全球环境变化影响的方向发展；微观上将朝着向农用林业系统的物种多样性、结构多样性、功能多样性和产品多样性的方向发展；研究深度上将从传统的定性调查描述向定位、定量的实验生态学研究发展（刘金勋等，1997）。

7.1.3　农林复合生态系统的特征

农林复合生态系统是利用系统组成间存在的生态学、经济学方面的相互作用，以获取更大经济效益的土地利用技术（初期）和在科学技术支持下发展农林多元经济（或特色经济）的综合技术（后期）。这一体系不仅是通过种植（作物、林果）与环境因素相互作用的物质再生产过程，同时在技术指导下，与社会经济条件相互作用的经济再生产过程，也是人与环境因素相互作用，不断提高环境质量和深化研究的过程。农林复合生态经济系统在人为活动及科学技术的调节、控制下，能够实现多物质多产出，满足人类对农产品的需求，同时又实现低投入高产出的经济增长，发挥系统的潜在力量，以及生态环境的保护与改善，达到资源永续利用、经济持续发展的目的。其特点如下所述。

（1）多层次的复合结构

农林复合生态系统改变了常规农业经营对象单一的特点，它至少包括两个以上的成分。其中的"农"，不仅包括第一性生物产品如粮食、经济作物、蔬菜、药用植物、栽培食用菌等，也包括第二性产品如饲养家畜、家禽、水生生物和其他养殖业。所谓"林"，包括各种乔木、灌大和竹类组成的用材林、薪炭林、防护林、经济林等。农林复合生态系统把这些成分从空间和时间上组合起来，使系统的结构向多组分、多层次、多次序发展。农林复合的第一层为"整体农业"，它包括农、林、牧各业初级产品的生产和加工，以及在进入流通领域中的初期环节，如果产品包装、贮藏等。第二层次是"大农业"中种植业与林果在空间上的同步结合，形成片、块镶嵌。例如，塬面及缓坡以种植业为主，沟谷以林草为主；农地以种植业为主，果园以林果业为主等。第三层是人们有意识地将不同生产对象林木与作物配置于同一土地单元，有序地利用相同空间，这是时空上的同域结合。第四层次为不同的作物或林木品种搭配与数量组合，如作物套种和林木混交，形成多种群。农林复合系统利用不同生物间共生互补和相辅相成的作用，提高系统的稳定性和持续性，并取得较高的生物产量和转化效率。特别是这种多生物种类的人工生态系统能够从有限的土地上取得多种产品，满足农村经济发展的多方面的需求。

（2）多样化的经营方式

鉴于资源的地域分布与配置，出现了资源的多样性和复杂性。即使同一资源，也可有不同的用途，因而又具有多样性。这样，人们从技术水平、经济社会条件的差异出发，可以组织不同性质和经营目的不同的生产规模及生产领域，以至开发新产品、新产业。

（3）多渠道的物流、能流与信息流

农林复合除了种植业和林果业系统内部及其之间的物质、能量、信息流动与反馈之外，尚需在每一层次强化物质、能量和信息的输入，以取得丰富、优质的物质产出，这样组成既有封闭的内循环，又有开放的外循环。在系统各层次输入的渠道中，有产前，有产中，也有产后，输入的形式有物质、能量的直接投入（如施肥、机械、动力等），成为新的生产要素，也有无形的科技信息投入（如新品种、新工艺、新管理技术等）和人工调控，构成生产要素的科学配置。人们总是力图强化系统内循环，以发挥自然调控的最优效应和外部的输入与利用转化，发挥"科技是第一生产力"，减少过程的消耗，达到系统的高效运行，以实现"两高一优"农业的持续发展。

（4）多部门、多学科的有机结合与配套

农林复合的目的是解决黄土高原的生态环境与经济发展两大问题，又要在基本满足粮食生产的同时发展社会主义新农村，建立农村市场经济，它不可能是随意的无序"拼凑"，而是依据环境特点、资源优势，扬长避短，有计划、有目的、有内在联系的综合与配置。包括农、林（果）、牧、副、加的组合经营，也包括各业内部的经营组织，这种组合需要在多学科先进技术的支持下来实现，并不断开发新技术，推动各产业的规范化、集约化的生产，向新的综合和配套发展。因而，农林复合初级阶段表现为以土地利用调整为中心的形成阶段和以产业结构调整为中心的高级发展阶段。

7.1.4 半干旱黄土丘陵沟壑区农林复合经营建设的意义

农林复合系统是半干旱黄土丘陵沟壑区防护林体系的重要组成部分，具有改善生态环境、发展农村经济、实现可持续发展的重要功能。但是，农林复合系统属人工生态经济系统，半干旱黄土丘陵沟壑区的干旱及水土流失是影响和制约农林复合系统可持续经营的主要因素，只有结构配置合理，并进行有效调控，才能实现高效发展农村经济和改善生态环境两大目标。

农林复合系统建设已成为半干旱黄土丘陵沟壑区生态环境治理与资源合理开发利用的主要途径，但其配置技术不完备，调控技术落后，许多地方仍处于群众盲目栽培经营与发展、经验积累与技术探讨阶段，现有农林复合系统中尚存在低效经营现象，农林复合系统结构配置缺乏理论科学依据，经营模式筛选具有盲目性。

由于自然条件的脆弱性和人类长期活动的影响，人类生存的环境正在逐渐退化。为了防止自然环境退化，减少自然灾害，充分发挥森林在调节气候、保持水土、涵养水源、净化空气，防风固沙等多种功能，从我国半干旱黄土丘陵沟壑区的实际出发，发展农林复合经营是群众脱贫致富，调节农村产业结构，繁荣农村经济的重要途径；对于高效利用土地资源，充分利用剩余劳动力，解决农业用工季节性分布不均以及吸引农村劳动力就业问题有着积极的社会效益；随着生活水平的不断提高，人们对环境和景观的美化作用有着愈来愈高的要求，农林复合系统由于其成分的多样性及其在时间和空间结构上的复杂性，较之单一农作物在景观美化上有突出的优势。

发展农林复合经营是我国农村可持续发展的一个重要途径。近年来生态学、生态经济学、人类生态学的理论与方法的研究正在逐渐加深，特别是对多种自然—社会—经济因素构成的复合生态系统的研究开始给予较多的注意。

7.2　现有农林复合经营模式分类

科学的分类是生产和科研发展到一定阶段的必然产物。反过来，科学的分类又会促进生产和科研的发展与进步。农林复合经营系统是一个多组分、多功能、多生物种群、多目标的综合性开放式巨型人工生态经济系统。在我国黄土丘陵沟壑区多样的自然、社会、经济、文化的背景下，形成了不同的类型模式。我国学者为其已作过调查研究，特别是近年来随着科学技术的发展和生产力水平的不断提高，人们对生态环境建设及土地资源可持续利用的日益重视，农林复合系统经营技术得到更加广泛的应用和推广，新的类型和模式不断涌现，层出不穷。在这种情况下，生产上需要各个部门相互配合，研究上需要多学科互相交叉渗透。建立一个统一的、科学的、系统的、有序的分类体系，将有助于对如此纷繁的类型及模式进行分析研究、比较、借鉴推广和效益评价（朱清科等，1999）。

7.2.1　国内外农林复合系统分类研究现状

农林复合生态系统作为一门新兴学科，缺少像林学和农学这些传统学科所具有的理论基础和技术方法。因此，国际农林业研究委员会（ICRAF）早期的工作主要集中在探索那些指导农林复合生态系统研究所必需的概念、方法和技术方面；尤其重视农林复合生态系统的清查、分类和调查设计工作。随着1977年国际农林业研究委员会（ICRAF）的创立及

1978 年第 8 届世界林业大会的召开，世界各地农林复合系统经营理论研究和实践方面的蓬勃发展的同时，其系统的分类引起国内外专家的广泛关注。Vergara（1985）根据系统组分的配置方式、时空排列和系统组分所占比例进行分类，把农林复合生态系统分为轮作系统（crop rotation system）和间作系统（intercropping system/integral system/simultaneous cropping system）；Torres（1983）根据系统中各生物种群的混种方式、树木的作用、系统各组分间的关系及其配置结构进行分类，国际农林业研究委员会（ICRAF）著名的农林复合生态系统专家Nair 在全球农林复合生态系统类型调查的基础上，系统地将农林复合生态系统划分为 4 类：农林系统（agrisilvicultural system）、林牧系统（silvopastoral system）、农林牧系统（agrisilvo-pastoral system）和其他系统（other system）。每个系统可进一步划分出相应的亚系统（Nair，1985）。Nair（1989）提出农林复合生态系统的分类基础：即结构基础、功能基础、社会经济基础和生态基础。这些分类基础都是相互联系的，在任何一个生态环境条件和社会经济条件下农林复合生态系统都有其特定的结构和功能。早在我国古代，先民就进行着农林复合经营的探索与实践，创造了丰富多彩的农林复合经营模式典范。例如，林粮间作、林木结合、桑基鱼塘、庭院经济和农林牧复合经营等类型。20 世纪 70 年代，随着世界农林复合系统经营理论研究和实践的发展，极大地推动了我国农林复合生态系统经营研究和实践向更深层次的发展，同时，农林复合生态系统分类研究在国内开始起步，并得到迅速发展。根据系统组分将中国农林复合生态系统大体上分为 7 个系统类型（system type）和 26 个系统单元（system unit）。王效科等依据农林复合生态系统的层次结构分为双层结构、多层结构两个一级单元，然后按农林系统的目的和木本植物与农作物的搭配方式再划分为二级单元（王效科等，1992）。刘金勋等（1997）提出我国农林复合经营系统分类体系按照系统、类型组、类型和结构型 4 个等级，把我国农林复合经营系统划分为庭院经营系统、田间生态系统和区域景观系统，其中田间生态系统又划分为 16 个类型组。

自 20 世纪 80 年代开始，王晗生等对黄土区农林复合系统分类就进行过探讨（王晗生等，1994），随着"九五"国家科技攻关专题"西北黄土丘陵区和贺兰山麓防护林体系综合配套技术研究与示范"的开展，北京林业大学朱清科、沈应柏、朱金兆等在综合国内外农林复合生态系统分类研究成果，总结国内农林复合生态系统分类实践的基础上，从系统生境、系统组分的空间配置、种群结构及经营目的、一年生作物种类 4 个层次提出了黄土区农林复合生态系统分类方法（朱清科等，1999）。

7.2.2　甘肃中部黄土丘陵沟壑区农林复合系统分类研究

对甘肃中部黄土丘陵沟壑区农林复合系统的分类是在总结国内外农林复合经营系统分类研究成果，参阅国内一些专家对黄土高原区农林复合生态系统系统分类研究的基础上，结合甘肃中部黄土梁状丘陵沟壑区自然环境、社会经济条件和生态环境建设及区域经济发展的需要，以及对现有农林复合生态系统经营模式类型调查研究的基础上，建立了该区域农林复合系统分类原则和分类体系框架。经过 2001～2005 年对农林复合生态系统经营示范和研究，综合国内外农林复合生态系统分类研究成果，总结国内农林复合生态系统分类实践，提出黄土丘陵沟壑区农林复合系统系统分类原则和体系。

7.2.3　甘肃中部黄土丘陵沟壑区农林复合经营模式的类型特征

黄土丘陵沟壑区是我国乃至全球水土流失最严重的地区之一，生态环境脆弱，干旱少雨且分布不均，境内沟壑纵横，梁峁起伏，植被稀少，土地贫瘠，再加上人口剧增、植被破坏、土地利用方式不合理，诸多因素造成了水土流失加剧的现状。因而，甘肃中部黄土丘陵沟壑区林业、农业、牧业科技工作者及广大人民群众在长期的生产实践中，逐渐形成了以保持水土，恢复生态植被，提高农民收入为基础的具有黄土丘陵沟壑区特色的农林复合经营类型，其特征主要表现在功能和结构方面。

（1）功能特征

一般来说，系统功能是农林复合生态系统设计和经营的目的，依据对当地农林复合模式的调查及研究分析，农林复合系统可分为保护型、生产型、复合型三类。保护型主要是指在梁峁、陡坡、侵蚀沟等生态脆弱和水土流失严重区域建设的以发挥生态保护为主的复合型生态系统；生产型主要是指在高效利用当地土、热、水、光、肥等资源的基础上，利用现代农业、林业、牧业新技术进行集约经营，以追求最大的经济效益为主的农林牧复合型生态系统；复合型是介于二者之间的农林复合经营生态系统。实际上，任何一种复合系统，一经建立，则同时具有保护和生产功能，只是在不同的生态环境条件下有所侧重而已。

（2）结构特征

黄土丘陵沟壑区独特的气候类型、地形地貌、生态环境条件以及农林复合经营的目的是决定该区域农林复合系统各组分时空配置的主要因素。根据对现有的农林复合经营系统结构进行调查分析，可划分为以下三种类型：空间立体混交型、镶嵌类型、时空立体复合类型。空间立体混交型即为垂直结构，是指乔灌草立体混交生态防护经营结构；镶嵌型可分为带状间作、块状镶嵌间作、埂坎防护、道路防护、块状混交、均匀散生等；时空立体复合型主要包括作物轮作、林农复合种植与牧业复合经营的双层结构和多层结构类型。

7.2.4　农林复合系统经营分类的原则

农林复合分类体系的目的是为了便于对农林复合系统进行更加深入的试验研究、分析总结及借鉴推广应用。一个好的分类体系，首先反应系统本身的结构和功能特征。农林复合系统经营是一个在不同生境的基础上的多组分、多层次、多目标，具有一定的时空配置及结构的综合性技术集成系统，对于任何一个科学研究领域，其分类的方法都是从分散性到系统性，从不科学到科学不断的向前发展。对甘肃中部黄土丘陵沟壑区农林复合系统分类遵循如下原则。

1）遵循国内外现行的基本分类方法和原则，反映黄土丘陵沟壑区农林复合系统经营现状，有利于该区域农林复合生态系统经营的研究、推广、借鉴、发展及效益评价。

2）坚持有序性和系统性，在农林复合经营实践中便于理解和应用。

3）以一定的景观格局为基础，尽可能保持系统的相对完整性和独立性。

4）能够反应系统中各组分生物的、社会的和经济的关系。

5）生态系统是农林复合经营的基础和核心，因此，在分类时要尽可能反映生态系统在组成、结构和功能方面的基本特征。

7.2.5 分类指标及体系框架

由于农林复合生态系统是一个人工生态系统，并不是自然界固有，而是根据生物学、生态学理论模仿自然生态系统模式，利用系统理论，控制理论的指导，人为组建创造的。因此，研究农林复合系统的目的不在于如何分析区分其结构、功能特征，而是怎样去构建一个具有完整结构的系统，完成必要的功能，故在分类研究上应遵循功能—结构—组分的顺序分类。甘肃中部黄土丘陵沟壑区农林复合经营系统分类指标可划分为系统类型、系统、复合结构模式类型组，和作物栽培、动物养殖方式及种类4个分类等级单元（表7-1）。

表7-1 甘肃中部黄土丘陵沟壑区农林复合系统分类体系

一级分类单元	二级分类单元	三级分类单元	四级分类单元
农田生态系统类型	梯田农（药）林复合系统	杏+农（药）田坎防护复合模式类型	
		柠条+农田田坎防护复合模式类型	
		紫穗槐+农（药）田田坎防护复合模式类型	
		甘蒙柽柳+农田田坎防护复合模式类型	
	坡面农（药）林复合系统	杨树+农（药）块状镶嵌复合模式类型	
		果+农块状镶嵌复合模式类型	
生态防护经营系统类型	坡面林草复合系统	杏+沙棘+牧草隔坡水平沟-生物埂复合模式类型	按照农作物种类及其耕作制度和养殖畜种来划分
		云杉+沙棘+牧草隔坡水平梯田复合模式类型	
		侧柏+牧草带状镶嵌复合模式类型	
	侵蚀沟林草复合系统	臭椿+紫穗槐+牧草复合模式类型	
		油松+沙棘块状镶嵌复合模式类型	
		甘蒙柽柳+牧草沟道带状镶嵌复合模式类型	
		柠条水土保持林模式类型	
	梁峁防护林系统	云杉+沙棘护路复合模式类型	
		杨树+草护路复合模式类型	
生态养殖经营系统类型	家庭养殖系统	农（作物秸秆、饲料作物）+家禽养殖模式类型	
		林草+牧（羊、奶牛、特种动物）圈养复合模式类型	
	生态放牧系统	林草+牧（禽、兔等）栅栏放牧复合模式类型	
庭院经营系统类型	庭院果园生态系统	梨树+牧草复合模式类型	
		花椒+牧草复合模式类型	
		林果+瓜蔬复合模式类型	
		林果+药材复合模式类型	
	庭院立体栽培生态系统	林果+食用菌复合模式类型	

系统类型：系统类型是分类的第一级单元，也是最高单元，根据农林复合经营生产功能和保护功能进行划分。对于任何一个人工生态系统的建立及形成，系统生境和系统外部的社会、经济环境起决定性作用。农林复合系统分类体系（表 7-1）。

系统：系统是分类第二级单元，主要是在系统所处的生境、系统组分、经营方式不同来划分的。例如，甘肃中部黄土梁状丘陵沟壑区地貌类型主要有梯田、梁峁坡、沟谷、沟道、掌地、沟滩等部分，由于该区主要限制性因子，即水、热、光、土、肥等自然资源在不同地貌类型存在的差异，决定了农林复合生态系统的组分。这里的组分是指构成系统的产业，主要包括梯田农（药）林复合系统、坡面农（药）林复合系统、坡面林草复合系统、侵蚀沟林草复合系统、梁峁防护林系统。

复合结构模式类型组：复合结构模式类型组是分类第三级单元，主要是以农林复合生态系统组分中多年生物种及空间结构和功能来划分的。类型命名主要是依据多年生林木种类进行分类命名的。养殖复合系统主要以组分结构和养殖方式来划分类型的。

作物栽培、动物养殖方式及种类：作物栽培、动物养殖方式及种类是分类的最低级，主要是根据一年生农作物种类、耕作制度和养殖方式、动物畜种来划分。

上述分类是在对甘肃中部黄土丘陵沟壑区自然、社会、经济、历史条件及农、林、牧复合经营调查研究的基础上，综合国内外农林复合经营系统分类体系研究成果，根据区域性差异对甘肃中部黄土梁状丘陵沟壑区农林复合生态系统进行划分的。对于广泛适应我国黄土丘陵沟壑区的农林复合生态系统分类的体系框架，还需进一步系统调查研究和完善。

7.3　农林复合经营模式优化设计

7.3.1　农林复合经营模式优化设计原则

农林复合系统是一种人工生态系统，为了建成高效、稳定和多样的农林复合经营系统，发挥其最大的经济、生态和社会效益，必须进行科学的规划设计。其优化设计要遵循以下原则。

生态位原则：自然生态系统中一个种群在时间、空间上的位置及其与相关种群之间的功能间存在一定的关系。经过生物与环境的长期协同进化，生物对生态环境产生了生态上的依赖，生物产生了对光、热、温、水、土等的依赖性，其生长发育对环境产生了要求。如果生态环境发生变化，生物的生长就会受到一定的影响，这就是生态适宜性原理。植物中有些是喜光植物，有些是喜阴植物。同样，一些植物只能在酸性土壤中生长，而有些植物则不能在酸性土壤中生长。因此，要进行科学合理的植物空间配置，首先要调查该地区的自然生态条件，如土壤性状、光照特性、温度等，根据生态环境因子来选择适当的生物种类，使得生物种类与环境生态条件相适宜。要考虑各物种在时间、空间（包括水平空间和垂直空间）和地下根系的生态位分化，尽量使引用的不同物种在生态位上错开，以利于生物群落的发展及生态系统的稳定。在构建人工群落时，可根据各物种生态位的差异，将深根系植物与浅根系植物，阔叶植物与针叶植物，耐阴植物与喜阳植物，常绿植物与落叶植物，乔木、灌木和草本植物等进行合理的搭配，以便充分利用系统内光、热、水、气、肥等资源，促进生物与环境的协调，提高群落生产力。

适宜性原则：不同区域在气候、土壤等方面存在很大差异，就同一地区来说，不同地形条件的光、热、水、土、肥等也存在显著差异，经过生物与环境的长期协同进化，生物对生态环境产生了生态上的依赖，生物产生了对光、热、温、水、土等的依赖性，其生长发育对环境产生了要求。如果生态环境发生变化，生物的生长就会受到一定的影响，这就是生态适宜性原理。因此，在进行农林复合组分配置时一定要坚持适宜性原则，对于不同的立地型采用不同的复合经营模式。

多种效益兼顾及当前与长远利益结合原则：农林复合经营的目的归根结底是为了满足人们生存和持久发展的需要，根据该系统的组成，是由木本植物和草本农作物组成，木本植物包括用材、经济、薪炭等树种，而农作物除一年生的还有二年生的，一些经济作物或牧草也有多年生的，因此系统本身就意味着在时序上是短、中、长的结合，只有经济、生态和社会效益兼顾，达到和谐统一也才能达到长短结合及农林复合的目标。为此，在规划设计时必须考虑两个方面：一是在复合系统的组分上尽可能做到短、中、长的结合；二是在复合系统中配置能长期发挥良好生态效能的组分，这些组分既有一定的经济价值，又能使经营系统具有良好的生长发育条件，局部气候得到改善，地力长久不衰，以及有害生物能得到较好的控制。

7.3.2　黄土丘陵沟壑区农林复合经营模式设计

在对甘肃中部黄土丘陵沟壑区现有农林复合模式调查及分析的基础上，按该区的自然条件（年降水量、年均气温、有效积温、海拔高度、年蒸发量、无霜期等）和地形地貌进行分类，并进行优化组合，其比较典型的农林复合模式如下所述。

（1）陡坡地水土保持林模式

该模式主要位于上坡位、坡度较大（≥25°）无法耕种的地段，其主要目的是防止上坡位的水土流失，以防中、下坡位的农田受到破坏。其主要模式有以下几种：①柠条纯林（阳坡位）：以水平台宽为 1.5 m，台与台间隔 2.0 m 进行整地，按带状方式穴播柠条，密度不易过大，一般以 1.5 m×2.0 m 的株行距进行，保持 3330 株/hm² 的密度即可。②紫穗槐—侧柏水土保持林（阳坡位）：按水平台宽为 1.5 m，台与台间隔 2.0 m 进行整地，按带状方式进行混交，紫穗槐密度为 2500 株/hm²，侧柏密度为 2500 株/hm²，隔 4 行进行混交。在栽植时，行与行之间应按"品"字形方式进行，并且每树穴应挖集水坑，这样才能有效蓄集天然降水，提高水土保持的能力。

（2）缓坡地退耕还林（草）模式

缓坡地退耕还林（草）模式主要位于中上坡位、坡度为 15°～25°退耕还林地，主要有以下几种配置：①沙棘+山杏+紫花苜蓿配置：在坡度较小、光照条件较好的退耕地上实行此种模式。坡度≥25°以上的，则以 6～8 m 宽为一带，而坡度较小的，则以 10～12 m 宽为一带，在带的下坡位沿等高线修宽 1.5 m、长 6.0 m、深 0.2 m 的集水坑。在坑内单行栽植 2 年生的山杏苗，株距为 3.0 m。在地埂上单行栽植 2 年生的普通沙棘，株距为

2.0 m,使山杏和沙棘形成"品"字形结构,在退耕地的上坡位播种紫花苜蓿。②云杉 + 沙棘 + 紫花苜蓿配置:在坡度较小、海拔较高的阴湿区的退耕地实行此种模式。在地埂上单行栽植 2 年生的普通沙棘,株距为 2.0 m,使云杉和沙棘形成"品"字形结构,在退耕地的上坡位播种紫花苜蓿,来发展家庭养殖业。③侧柏 + 甘蒙柽柳 + 紫花苜蓿配置:在坡度较小的退耕地实行此种模式。坡度 ≥25° 以上的,则以 6~8 m 宽为一带,而坡度较小的,则以 10~12 m 宽为一带,在带的下坡位沿等高线修宽 1.5 m、长 6.0 m、深 0.2 m 的集水坑。在坑内单行栽植 5 年生的侧柏苗,株距为 3.0 m。在地埂上单行栽植 2 年生的甘蒙柽柳,株距为 1.0 m,在退耕地的上坡位播种紫花苜蓿来发展家庭养殖业。

(3) 梯田地农林复合模式

梯田地农林复合模式主要位于中下坡位的农田地区,为了增加农民的经济收入而进行设计的农林复合模式,其主要有以下几种配置:①地埂紫穗槐 + 农作物配置:在阳坡梯田的坎坡面的上部,沿等高线修水平沟,在水平沟内栽植 1~2 年的紫穗槐,其株距为 1.0 m,形成生物固埂林。在梯田中种植小麦、土豆、胡麻等农作物,从而形成农林间作的复合经营模式。②地埂红柳 + 农作物配置:在阴坡梯田的坎坡面的上部,沿等高线修水平沟,在水平沟内以单行的形式扦插红柳,其株距为 2.0 m。在梯田中种植胡麻、蚕豆、小麦、马铃薯等农作物,使其形成农林复合的经营模式。③地埂花椒 + 药材复合配置:在光照比较充足、降水量较多、地埂坡度较小且宽的地埂上以株距为 3.0 m 单行栽植花椒,在农田内种植黄芪、红芪、柴胡、党参等药用作物,使其形成农林复合的经营模式。

(4) 房前屋后雨水集流庭院经济模式

在农民的村庄附近修集流场、建集水窖,收集天然降水,利用过剩的集流水发展庭院经济和家庭养殖业,增加农民收入。其模式有以下两种:①果园 + 紫花苜蓿 + 家庭养殖业模式:在院内及村庄四周种植梨树(茄梨、巴梨、朝鲜洋梨)、花椒等,在果园内套种紫花苜蓿,来发展家庭养殖业(牛、羊、猪、鸡),使其形成半干旱黄土丘陵沟壑区比较典型的庭院经济模式。一般一个农户可建 800 m² 的集流场,建集水窖 6 眼,利用所收集的天然降水,用节水灌溉措施经营果园 2 亩,其中 1.5 亩梨树,每个品种按 2 m×5 m 的株行距隔 2 行混交,0.5 亩花椒,按 2 m×5 m 的株行距定植,饲养 2 头耕牛、10 只羊、4 头猪和 10 只鸡,发展农村经济,加速山区群众建设小康社会的步伐。②节能日光温室模式:在地势平坦、背风向阳的地方建节能日光温室,利用所收集的天然降水在其内种植价格高、经济效益好的优质蔬菜,发展农村经济。

(5) 侵蚀沟水土保持林模式

在侵蚀沟道,水土流失发生都很活跃,土地生产利用率低,为了确保沟道的持续生产,可结合侵蚀沟水土流失综合治理,进行林草开发,充分发挥土地的潜力(土壤、空间、水、热、光等)。其模式有以下三种:①林草结合模式:在侵蚀沟的上部,实行此模式。林以柠条为主,草为天然更新的草为主,有效地防止水土流失。②臭椿 + 紫穗槐模式(在侵蚀沟下部的阳坡面)和沙棘 + 云杉 + 杨树模式(在侵蚀沟下部的阴坡面)。③在侵蚀沟道可营造耐碱性强、萌生力强的甘蒙柽柳水土保持林。

7.4 农林复合经营模式的经济效益分析

7.4.1 黄土丘陵沟壑区农林复合生态系统经营评价内容及方法

为了更好地比较分析各种农林复合模式在不同地区和不同自然条件下的效益，需要对其进行各种效益的评价。一般需要对农林复合生态系统的综合效益从经济、生态和社会效益以及可持续性等指标等进行综合评价。通常采取层次分析法进行评价。层次分析法（AHP）是一种将定量和半定量指标有效结合起来分析的多目标评判方法。它通过确定研究问题的目标，选择并建立指标体系，计算各指标的值，最后在与各指标权重的比较分析中得到综合效益值。

7.4.1.1 评价内容

（1）生态评价

农林复合生态系统经营中生态评价是评价复合系统结构在当前或较长时期内对土地的基本属性和生态过程的影响。农林复合生态系统通过多层次、多组分的空间立体结构和时序结构的合理配置，有效提高土地资源的利用率和水资源、太阳光能的利用率，防止水土流失，改善农作物生长的环境条件，增加动植物数量，从而提高土地利用的可持续性，达到经济产量的稳定增长。一般认为农林复合生态系统可持续性与系统结构、人类干预及系统环境中的物质和能量循环相关。通常我们对特定结构和管理制度的复合生态系统是从研究水分循环、养分循环、能量流动和生物多样性这四种生态过程开始，强调过程，而不是现状。正因为如此，使得对生态因子边界的确定更加困难。相对来说，分析一种典型的农林复合生态系统结构是产生了正的经济效益还是负的经济效益比较简单，然而研究它对水分和养分循环、能量的有效转化率、生物多样性方面产生的影响则相当复杂。生态评价在土壤可持续利用中起重要作用，只有土地利用在生态上是可持续的，才能保证农林复合生态系统经营在经济和社会方面的续性，因而，生态评价是农林复合生态系统经营评价的基础。

（2）经济评价

经济评价是评价一种农林复合生态系统经营所产生的经济效益的大小，通常认为定量指标（利润、成本、产量）和商品率是农林复合生态系统经营经济评价的指标，而对各种评价指标的重视程度，取决于具体决策者的认识程度。而定性指标（可行性和可接受性），强调了农林复合生态系统经营的另一侧面。在实际决策中，并非所有决策制定均符合于经济规律。例如，一种新的农林复合生态系统经营模式类型，在生态上和社会上被认为是不可接受的，即便是满足了所有的经济指标，但依旧需要调整，否则将被放弃。目前，在黄土丘陵沟壑区水土流失和自然环境退化是影响当地农村经济可持续发展的主要因子之一，水土流失造成土壤瘠薄和水资源的利用率过低，最终导致生态环境的退化的现状表明，单纯地追求经济效益而忽略了其生态特征则无法保证土地的可持续利用，其原因主要在于急功近利的短期行为，对农林复合生态系统复杂性认识不够。当一个地区居民收入的增加长期低于其对生产投入的增加时，土地利用始终受到较大压力，希望在有限的投入条件下，从土地上获取更多的产品，此时往往会对土地进行过度开发，导致土地退化过程的加速发展。

（3）社会评价

社会评价是评价一种农林复合生态系统经营模式是否符合社会的文化观、价值观和能否满足社会发展的需求。农林复合生态系统不仅是一个开放的人工生态系统，而且是一种自然—经济—社会复合生态系统。社会对某一特定的农林复合生态系统结构模式进行评价时，其结构的优化依据不应仅仅由经济效益来决定，因为它是社会、经济、生态以及美学的综合体现。虽然农林复合生态系统经营被人们普遍认为是一种能够有效保护土地资源，防止土地退化的土地利用方式，但在市场经济条件下，社会对土地经济产量无限制的期望，导致在人类利用土地资源的同时，往往忽略了土地属性变化和对人类社会的反馈作用。

农林复合生态系统评价通常表现为社会对这种土地经营方式的保护政策与技术服务水平。农林复合生态系统经营的目的在于保护生态环境和持续稳定的生产力，社会必须在土地征税或税率上给予减免以及与土地生产无直接关系的水土保持林、生态防护林建设等其他生态保护措施给予资金补偿。社会对于农林复合生态系统经营管理的理论研究水平，以及社会对当地农林复合经营的直接管理者和经营者的技术培训和技术指导的社会服务制度体系的完善程度，都成为社会评价的主要内容。

7.4.1.2　综合评价指标体系

（1）指标建立原则

对于农林复合生态系统这样复杂的生态系统，无论从其结构还是从其功能来看，能够反映该系统功能性质的指标非常多，但是，任何一个单项指标都无法反映农林复合生态系统的综合特征。为此，我们根据以下原则选择一些有关系统经济效益、社会效益和生态效益方面的一系列指标。

1）指标应该反映农林复合生态系统、农田生态系统、林业生态系统、养殖业生态系统的整体功能，包括反映系统的稳定性、复杂性、物质流、能量和价值流投入输出状况。

2）指标应该能反映生态系统的长期行为和短期行为，对于一种有利于可持续发展的农林复合生态系统生产方式，就应该把短期利益和长期利益结合起来考虑。

3）指标应该能够尽量用定量表示，如无法定量表示，也应可以确定农林复合生态系统、农田生态系统或林地生态系统和果园生态系统之间的相对重要程度，用其重要程度序数表示。

4）尽量采用综合指标，指标之间应该尽量保持相对独立，或直接作用关系。

5）指标应该相互补充，形成的指标体系应全面（至少较全面）反映系统的各种功能特征。

（2）指标体系框架

对于农林复合生态系统这一复杂的人工生态系统的综合评价，必须依赖一套系统性、规范化的指标体系，借助一系列的数学方法，得到系统状况的最终结果，依此判别系统的优劣。

a. 生态评价指标

生态持续性是土地利用的基础，在农林复合生态系统经营时，不仅要求系统配置结构的现状是适宜的，而且要求未来也是适宜的。

表 7-2 给出了农林复合生态系统经营生态评价的指标。农林复合经营评价时，应强调系统对光、热、水、肥、土等自然资源的利用程度，系统的养分平衡及系统对社会的服务功能，并考虑随时间的变化对系统生态过程的影响，即各生态要素的变化影响农林复合生态系统经营持续性和稳定性的特征性指标。

表 7-2　农林复合生态系统经营评价的生态指标指标

分类	指标含义
光能利用率（C1）	系统内植物光合作用积累的有机物质所含能量占照射在系统内光合有效辐射百分率
养分归还率（C2）	反映系统养分平衡的一个指标，数值上等于年输出 N、P、K 与输入 N、P、K 量比
系统生物量（C3）	系统内各种植物生物总量之和
净生物量（C4）	系统内各种植物年净生物产量之和
涵养水源（C5）	反映土壤结构对水分的蓄贮调节量
保持土壤（C6）	以流失土壤中养分（N、P、K）含量的价值来表示
植被覆盖度（C7）	所有物种地上部分各器官的投影面积占总面积的百分数，反映生态环境状况
固定 CO_2（C8）	系统内植物通过光合作用年从大气中吸收的 CO_2 总量
提供 O_2（C9）	系统内植物通过光合作用年释放的 O_2 总量
生物多样性（C10）	系统内物种的数量总合

b. 经济评价指标

农林复合生态系统经营经济指标评价主要有总收入、纯收入、经济产投比和劳动生产力四项指标，各指标含义见表 7-3。

表 7-3　农林复合生态系统经营评价的经济指标

指标	指标含义
总产值（C11）	系统内各种作物和畜禽产值之和
纯收入（C12）	系统总输出的价值减去输入的价值
经济产投比（C13）	衡量系统资金利用效率的一个指标，在数值上等于系统内年净产值于系统之比
劳动生产力（C14）	反映劳动效率的一个指标，在数值上等于系统的产出量（减生产资料）与投入的劳动之比

经济评价的指标通过统计资料的分析、计算，常常可以给出定量的预测结果，评价一

种农林复合生态系统经营模式在近期和未来所产生的经济效益。但往往因为人类活动所产生的生态影响和社会影响是隐性的和潜在的，随着时间的推移，会对经济发展过程产生显著的影响。因而，进行农林复合生态系统经营评价时在满足了经济评价指标的同时，还必须进行生态和社会评价，评价一种农林复合生态系统经营类型在生态和社会上的可行性和可接受性。

c. 社会评价指标

影响农林复合生态系统经营的社会指标主要包括就业水平、粮食自给程度、薪材自给程度、输出产品的商品率 4 项指标（表 7-4）。

表 7-4　农林复合生态系统经营评价的社会指标

指标分类	指标含义
就业水平（C15）	用系统单位面积投入的劳动来表示
粮食自给程度（C16）	系统提供给粮食与系统内人们对粮食的需求量
薪材自给程度（C17）	以系统对薪材年生产总量来表示
输出产品的商品率（C18）	系统输出产品的商品量与总量之比

社会影响评价因子是难以定量的指标，在评价中通常运用专业判断法和调查评价法，比较分析核定、量化评价农林复合生态系统经营对社会环境的影响以及社会因素对农林复合生态系统经营的影响。

d. 综合效益评价方法

层次分析法（AHP）是近 30 年来才提出的一种将定量和半定量指标有效结合起来分析多目标的评判方法，在多目标决策中应用非常广泛。它通过确定研究问题的目标，选择并建立指标体系，计算各指标的值，然后获取综合效益的效益值。

7.4.2　农林复合生态系统的经济效益评价

在半干旱黄土丘陵沟壑区，经过 5 年试验示范，根据不同立地条件筛选出了有代表性的三种农林复合经营模式：林—粮复合经营模式、林—草—畜复合经营模式和庭院经济复合经营模式。筛选的这三种模式能够比较容易产生经济效益，是经过实践证明比较成熟的农林复合模式。林—粮复合经营模式主要配置在农田地埂，经过多年的基本农田建设，农田已基本梯田化；林—草—畜复合经营模式主要配置在退耕还林地上，由于工程和生物措施，该模式能够充分拦蓄天然降水；庭院经济复合经营模式主要配置在居民庭院周围，各种集流及蓄积雨水的措施可以充分拦蓄和利用降水。这几种模式分布的地方水土流失基本得到控制，在流域系统内主要发挥着经济效益。因此，在农林复合生态系统效益评价中重点评价与分析农林复合各种经营模式的经济效益。

对各模式评价时统一以 1 hm^2 为约束规模，各模式指标的实测值均为 1 hm^2 的数量，在林—草—畜复合经营模式中，林—草配置按 1 hm^2 计，养殖规模按每公顷 3 头牛或 15 只羊单位计。由于所要评价的三种农林复合经营模式是在不同立地条件下的典型农林复合生态系统模式类型，其相互结构和功能差异性比较大，所以我们以坡耕地农田生态系统各项指标的数值作为基准值，用层次分析法对各类型农林复合生态系统经济效益分别进行评价和对比分析。

7.4.2.1 应用层次分析法评价不同模式效益

(1) 建立层次模型

为分析方便，分别用是 T1、T2 和 T3 代表林—草—畜复合模式、林—粮复合模式和庭院经济复合模式。用 T4 代表坡耕地农田模式作为对照模式，建立的层次模型见表7-5。

表7-5　农林复合经营模式效益评价指标体系

模式	目标层（A）	指标层（B）
林—草—畜复合模式（T1）		模式总产值（B1）
林—粮复合模式（T2）		投入产出比（B2）
庭院经济复合模式（T3）	经济效益（A）	劳动生产率（B3）
		土地生产率（B4）
坡地农作物经营模式（T4）		农产品商品率（B5）

(2) 计算指标权重

在确定指标权重时，根据各项指标对于评价总目标不同贡献率，对各指标赋予一定的相对重要性权值。本项目采用专家打分法，结合研究的实际情况，按照有关层次分析法构造判断矩阵的原理和方法，建立了各评价指标对于总目标的判断矩阵。采用和积法确定出各评价指标相应的权重见表7-6。

表7-6　农林复合经营模式经济效益评价判断矩阵及对应的权重

经济效益（A）	B1	B2	B3	B4	B5	权重	标准化权重
模式总产值（B1）	1	2	3	4	4	2.491	0.413
投入产出比（B2）	1/2	1	2	2	3	1.431	0.237
劳动生产率（B3）	1/3	1/2	1	2	3	0.998	0.116
土地生产率（B4）	1/4	1/2	1/2	1	3	0.715	0.119
农产品商品率（B5）	1/4	1/3	1/3	1/3	1	0.390	0.065

(3) 判断矩阵的一致性检验

判断矩阵的一致性检验是一种统一检验方法。它可于计算判断矩阵的排序向量之前就对判断矩阵是否具有满意的一致性作出判断，从而减少一些不必要的计算。

1）在层次分析法中根据各判断矩阵的特征向量，求出其最大特征根 λ_{max}，计算判断矩阵偏离一致性的指标 CI 值，用来检查决策者判断思维的一致性。

$$\lambda_{max} = \sum \frac{(AW)_i}{nW_i}$$

2）层次分析法中应用随机一致性比率 CR 来检验是否具有满意的一致性，其公式为

$$CR = \frac{CI}{RI}$$

其中

$$CI = \frac{\lambda_{max} - n}{n - 1}$$

公式计算的结果为 CR = 0.063。

从一致性检验结果看，CR≤0.1，因此可以认为所构造的判断矩阵具有完全满意的一致性。

根据表 7-6 的计算结果，农林复合经营模式效益评价指标体系中，各指标的权重排序为 B1 > B2 > B3 > B4 > B5。

（4）指标无量纲化处理

以农林复合经营中在目前条件下经济效益所能达到的最佳水平值作为标准值，用实测值与标准值进行对比获得各指标的无量纲化值。指标实测值及无量纲化值分别见表 7-7、表 7-8。

表 7-7　各类型指实测值

模式	指标				
	B1 [元/(hm²·a)]	B2 （%）	B3 [元/(人·a)]	B4 （元/亩）	B5 （%）
林—草—畜复合模式（T1）	4 912.85	0.47	13 583.46	314.72	0.525
林—粮复合模式（T2）	4 718.34	0.563	15 251.21	314.56	0.401
庭院经济复合模式（T3）	24 935.0	0.488	14 961.00	1 662.33	0.667
坡地农作物经营模式（T4）	2 768.3	0.903	7 909.4	184.6	0.4

表 7-8　各类型指标无量纲化值

指标 模式		B1	B2	B3	B4	B5
标准值		5 000	0.400	10 000	500	0.700
林—草—畜复合模式（T1）	无量纲值	0.983	5.319	1.079	0.497	0.569
林—粮复合模式（T2）		0.840	3.272	0.681	0.560	0.573
庭院经济复合模式（T3）		4.855	6.702	1.273	3.237	0.476
坡地农田经营模式（T4）		0.824	0.741	1.051	0.549	0.573

7.4.2.2　农林复合经营不同模式经济效益值计算

各指标经无量纲化处理后的数值为 X_{ij}，所对应的标准化权重为 $W_i \times W_{ij}$。某一模式的最终效益指标值的计算公式为

$$Ai = \sum_{j=1}^{5} X_{ij} \times (W_i \times W_{ij})$$

式中，A_i 为第 i 模式总效益；i 为模式个数；j 为指标数；W_i 为各指标的权重值；W_{ij} 为各指标所对应的标准化权重值。

利用表 7-8 中各指标的无量纲化值及所求出的对应标准化权重，计算出各模式经济效益值，见表 7-9。

表 7-9　农林复合经营模式经济效益值

模式	林—草—畜复合模式（T1）	林—粮复合模式（T2）	庭院经济复合模式（T3）	坡地农田经营（T4）
效益值	1.94	1.34	4.22	0.79

7.4.2.3　农林复合经营模式效益分析

农林复合生态系统打破了单一的种植结构，形成了农、林、牧紧密结合的新格局。多层次利用物质和能量，是自然生态系统的基本功能之一，农林复合生态系统比单一的农作物经营能更有效地进行物质、能量的多层次多途径利用，减少营养物质外流，不仅能提高资源的利用率，改善环境质量，而且能获得良好的经济效益。

本项目根据水土资源高效利用的原则，按照不同的立地条件筛选出了 3 种具有代表性的农林复合经营模式，经过 5 年的试验示范，收集了大量的监测数据。从表 7-6 的权重计算结果看，在分析的 5 项指标中，各指标对经济效益的影响强弱依次顺序为：模式总产值 B1 > 投入产出比 B2 > 劳动生产率 B3 > 土地生产率 B4 > 农产品商品率 B5。由此可以看出经济效益中模式总产值所占权重值最大，农产品商品率所占权重值最小。从表 7-9 的各模式经济效益计算值可以看出，与坡地农田系统相比，3 种典型模式均具有较高的经济效益。4 种模式效益值排序为 T3 > T1 > T2 > T4。下面对各典型模式的经济效益分别进行评价和分析。

（1）林—草—畜复合经营模式（T1）

在农林复合生态系统的动态经营过程中，整个系统在不停地将太阳能转化为生物能，并通过牲畜的进一步转化，更充分地利用自然资源，更合理的物质循环。实践证明，这种由彼此关联、相互制约的要素组成的能执行特定功能、达到预期目标而组合起来的特定生产体系，对于提高土地利用率和提高经济效益及环境效益都有着重要的作用。

从表 7-9 的计算结果看，林—草—畜复合经营模式（T1）的效益值为 1.94，坡地农田经营模式（T4）的效益值为 0.79，由此可以看出，T1 模式的效益值比 T4 模式提高了 145.6%，说明 T1 与 T4 模式相比，T1 模式具有显著的经济效益。从单项指标实测值对比分析，T1 模式 5 项指标均高于 T4 模式，其中模式总产值提高了 77.5%，投入产出比降低了 0.4%，劳动生产率增加了 71.7%，土地生产率提高了 70.5%，农产品商品率提高了 30.9%。在 T1 模式中，将原来坡耕农地退耕种植紫花苜蓿，再通过养畜，将土地的初级生物产量转化为经济价值较高的畜产品，增加了土地生产率，从而提高了系统内物质的经济价值，模式产品商品率也因此提高了。相对而言，T4 模式仅生产低产的粮食作物，不能变为商品，对经济效益的贡献率远远低于 T1 模式。从农户调查统计结果看，安家沟流域养殖业收入占农业总收入的 60.8%，从事养殖业的农户人均收入可增长 30% ~ 60%，是种植业的 4 倍左右，而且，家庭养殖的牲畜每年可提供的畜力折合价值约为 1125 元。养殖业本身商品属性高、投资少、见效快，具有周期短、灵活多变等特点。另外，T1 模式除输出畜产品外，将产生的有机肥还田，以牧促农，保持土地养分平衡，实现土地资源的可持续利用。在 4 种模式中，T1 模式的效益值排序位据每二，仅次于 T3（庭院经济复合模式）的效益值，因此可以说，T1 模式具有明显的经济效益优势。

（2）林—粮复合经营模式（T2）

该模式主要位于梁峁坡中下坡位的农田地区，主要是为了固持农田地埂的土壤，减少耕地土壤侵蚀，增加农民的经济收入而设计的一种模式。该模式的主要配置形式为地埂灌木—农作物模式，灌木有紫穗槐、甘蒙柽柳、柠条、花椒等，这些灌木具有较强的根蘖能力，有较强的固土保水作用和一定的经济价值。例如，紫穗槐适应性强，生长快，生物产量高，耐平茬，萌蘖力强。在安家沟流域梯田埂坎定植的 2 年生紫穗槐株高可达到 1.0～1.5 m。紫穗槐对于土壤改良、保持水土有很好的作用，其幼嫩枝叶营养十分丰富，是优良的饲料树种。据测定紫穗槐叶中含蛋白质比紫花苜蓿高 37.2%，含粗脂肪比紫花苜蓿高 73.9%；另外紫穗槐种子含有大量的维生素 E，其含量比小麦高 9 倍，比玉米高 14 倍。农作物主要为小麦、玉米、豆类、胡麻、马铃薯、莜麦等。其中马铃薯是甘肃中部半干旱黄土丘陵沟壑区的传统粮食作物，也是该区重要的经济作物，现已发展成为该区的一项支柱产业，甘肃省定西市也成为全国三大马铃薯种薯及商品薯生产基地之一。

林—粮复合经营模式使灌木与农作物有机地结合起来，充分利用闲散的地埂营造灌木，既降低了土壤侵蚀，又提高了土地生产力，是一种较为普遍的农林复合模式。从表 7-9 的计算结果显示，林—粮复合经营模式（T2）的效益值为 1.34，比 T4 模式的效益值 0.79 提高了 69.6%。从模式的各项指标来看，T2 模式每公顷总产值为 4718 元，比 T4 模式的总产值 2768 元提高了 70.4%，这主要是在林—粮复合经营模式中，农作物种植地均为水平梯田，作物产量大大高于坡耕地产量，同时水平梯田配以地埂灌木护埂，有效保护了耕地，减少了土壤侵蚀，为作物创造了良好的生长环境，且地埂灌木本身又可产生一定的经济效益，提高了单位土地的生产力，从而增加了模式的总产值。从单位面积的投入产出比来看，T2 模式比 T4 模式降低了 43%，说明在相同的投入水平下，林—粮复合经营模式比坡耕地农田模式的产值明显增加。在 T2 模式中，土壤肥力、水分状况均优于 T4 模式，作物产量相对较高，且地埂栽植的花椒、紫穗槐、柠条、甘蒙柽柳等灌木充分利用了土壤深层的水分和养分，使土地的生产潜力得以发挥，总体经济效益高于单一种植的坡地农田系统。

在 T2 模式中，虽然灌木的介入加剧了埂坎边附近土壤水分相对亏缺程度，但是，据实际测定，作物与林坎界面附近土壤水分并未连续下降，相反由于灌木介入后形成了新的水分平衡系统，灌木利用原来侧面蒸发面的部分土壤无效耗水及深层土壤水分，提高了系统的土壤水分利用率和水分生产率。在光热资源的分配上，因为灌木生长在梯田坎面上，对梯田农作物的遮阴是很微弱的。据测定，林—粮复合模式中农作物的产量与单一种植的梯田农作物产量基本相等，如在柠条—小麦经营模式中，小麦平均亩产为 200 kg，单一梯田小麦种植模式中小麦平均亩产为 202 kg。

（3）庭院经济复合经营模式（T3）

农村庭院经济是农业生态系统中的一个重要组成部分，它与其他农林复合生态系统相互补充。农村庭院实行集约化综合经营，对于满足群众的基本生活需要、提高劳动生产率、改善生活环境，为市场提供花样繁多的农副产品有着重要的地位。充分利用路面、荒坡、屋顶、庭院集蓄天然降水，在房前屋后的土地，发展集流灌溉，进行种植业和养殖业立体经营，对于农民居住分散的黄土丘陵区，发展庭院经济复合经营有充分的发展空间和广阔的前景。

安家坡小流域庭院经济复合经营模式（T3）的主要形式为果园—牧草/蔬菜。从调查分析及评价结果看，T3 模式的效益值为 4.22，位居四个模式之首，比对照模式 T4 的效益值 0.79 提高了 434.0%，比 T1、T2 模式的效益值分别提高了 117.5% 和 203.6%。这充分说明 T3 模式具有显著的经济效益。从单项指标值来看，T3 模式每公顷产值为 24 935 元，比 T4 模式每公顷产值增加了 22 167 元，其投入产出比为 0.5，与 T2 模式相当，但比 T4 模式降低了 41.5%，比 T1 模式降低了 34%。另外，从土地生产率指标来看，T3 模式可达到每亩 1662 元，分别比 T1、T2、T4 模式高出 1348 元、1348 元、1478 元，说明 T3 模式相对于其他几个模式发挥出了更大的土地生产潜力。由于果园生产的果品具有很高的商品属性，它的产品商品率也是最高的，达到了 0.7，也就是说在 T3 模式中生产的产品有 70% 可转化为商品，直接为农民带来经济收益。从以上这些指标的对比分析来看，庭院经济复合经营模式具有很高的经济收益。农户杨世林一家栽植了 3 亩果园，主要品种为早酥梨、茄梨、锦丰梨、苹果等，一年全园投入劳力、畜力、肥料等 1288 元，卖果品收入约为 4000 元，果园空地种植的紫花苜蓿产值达 612 元，蔬菜、薪柴等收入 100 元，果园一年总产值达到 4712 元，远远高出其他农作物的经营收入。同时在果园种植紫花苜蓿，不但提高了土壤肥力，改善土壤理化性能，以种养地，也促进了家庭养殖业的发展，产生了可观的间接效益。

T3 模式的这种高效益与它的高投入有直接关系。T3 模式需要特定的生产环境，它的经营场所地势比较平坦，背风向阳，有一定的集流面积，以便为果树生长需水期及时补充水分。同时对肥料的要求也比 T1、T2、T4 模式高，是一种集约程度较高的经营模式。安家沟流域是一个典型的丘陵地区，土地多为阶地、梁峁坡地，农业生产的发展受到限制。庭院与人类生活环境最近，庭院经济是以家庭院落和庄前屋后的空隙地等多维空间为场所，利用闲散和剩余劳力、空闲时间，充分发挥土地资源和人力资源优势，栽植特色果树，种植蔬菜和优质牧草，它具有经营范围小、管理方便、劳动效率高、经营灵活等特点，既增加了农民的经济收入，改善了居住环境，也促进了农村劳动力转移和产业结构调整，在流域经济结构中占有重要地位。

应该指出的是，T3 模式虽然在 4 个模式中具有最高的综合经济效益，但是它的发展规模受地类限制，在半干旱黄土丘陵区严重缺水的山地，只能在家庭院落和庄前屋后的空隙地开展这种模式的经营，要想扩大到阶地、梁峁坡地等场所，因水肥条件跟不上经营要求反而会影响其效益的发挥，经营效益可能要比相同条件下 T1、T2 甚至 T4 模式还低。因此，要发展庭院经济模式，必须因地制宜地利用土地资源，在有条件的地方开展经营活动，以取得最优效益。

通过以上对几种农林复合模式的评价分析可以看出，所筛选的三种模式各有优势，适合流域内不同的立地类型。在土地利用优化设计时应根据具体情况，以充分利用当地的自然资源和劳动力为原则，在保持生态效益稳定的前提下，因地制宜，在不同立地类型配置适宜的农林复合经营模式，以期获得最佳经济收益。

7.5 农林复合生态系统的物质和能量流分析

7.5.1 农林复合生态系统的生物量与生产力

农林复合生态系统由于其在结构上的特点，决定了其在功能上有不同于农业系统和林业系统的特征。作为一种生态系统，反映其功能的指标很多，生物量、生产力、物质循环、能量流动和价值流动等，都从不同的侧面反映农林复合系统的功能特点。其中，生物量和生产力是最基本的功能指标。在本项研究中，生产力是指净生产力，是指系统在单位时间内单位面积上的植物（对农林复合系统来说，包括林木成分和农作物成分）通过光合作用固定太阳能，所产生的生物物质的数量，它反映了农林复合系统利用自然界所提供的光热水土资源的能力，也反映了农林复合生态系统一年内能够为人类提供的有用物质的多少。生物量是指生态系统内现存的生物物质的数量，它是一定时间范围内，生物所产生的生物物质的积累量，它反映了生态系统的一种积累效应，又对生态系统的发展有一定的调节作用。

在本项研究中，主要是对半干旱黄土丘陵沟壑区比较典型的、已经过优化组合并进行试验示范的农林复合模式中的林木和农作物的生物量和生产力以及家庭养殖业中家畜的生物量和生长量进行了调查与测定。本项目在该地区进行示范研究的、比较典型的生态系统类型有林—草复合经营生态系统（用 T1 表示）、林—粮复合经营生态系统（用 T2 表示）和庭院经济复合经营生态系统（用 T3 表示），为了分析方便，我们在三种模式中分别选择了一种配置进行分析。需分析的模式和配置如表 7-10 所示。

表 7-10　用于物质循环生物量和生产力分析的模式及配置

系统模式类型	主要配置	物种名称	组成结构
林—草复合经营模式（T1）	沙棘＋山杏＋紫花苜蓿复合配置	山杏（6 年生）	8 m 为一带，在每带的下坡位沿等高线修长宽深为 6.0 m×1.5 m×0.2 m 的集水坑，以 3 m 株距在坑内定植山杏，在地埂上以 2.0 m 株距栽植沙棘。这样每公顷紫花苜蓿为 9.0 亩；山杏为 450 株，沙棘为 600 株
		沙棘（7 年生）	
		紫花苜蓿（3 年生）	
林—粮复合经营模式（T2）	甘蒙柽柳＋农作物（胡麻＋豌豆＋小麦＋胡麻轮作）复合配置	甘蒙柽柳（3 年生）	在梯田的地埂上以 1 m 的株距单行栽植甘蒙柽柳，在农田内按胡麻＋豌豆＋小麦＋胡麻的轮作方式进行种植胡麻、豌豆和小麦。梯田的宽一般为 15 m，则每亩梯田的地埂上栽植 40 株甘蒙柽柳，每公顷为 600 株
		小麦	
		豌豆	
		胡麻	
庭院经济复合经营模式（T3）	果树＋牧草复合配置	梨树（8 年生）	一户 2 亩果园，其中 1.5 亩梨树，每个品种按 2 m×5 m 的株行距混交 2 行，0.5 亩花椒，按 2 m×5 m 的株行距定植，即 1 hm² 有 750 株梨树，250 株花椒。在果园内种植紫花苜蓿（约占果园面积的 1/3）
		花椒（9 年生）	
		紫花苜蓿（3 年生）	

7.5.1.1 农林复合生态系统林木的生物量与生产力

（1）调查计算方法

林木生物量是农林复合生态系统生物量的主要组成部分，其生物量及生产力的调查主要采用野外实际收获法而进行，分别测定沙棘、山杏、甘蒙柽柳、梨树和花椒的根、干、枝、叶和果的生物量。对于生产力的测定，特别是根、干、枝等，不易测定，所以在本研究中用它的年平均生产力来代替。经测定，农林复合生态系统中林木的生物量和生产力如表 7-11 所示。

表 7-11　农林复合生态系统中林木的生物量和生产力调查表　（单位：g/株）

模式名称	物种名称	取样数	各器官	生物量	生产力
林—草复合经营模式（T1）	山杏（6年生）	10	根	704	117
			叶	480	480
			枝、干	1521	254
	沙棘（7年生）	10	根	804	115
			枝、干	2021	289
			叶	309	309
林—粮复合经营模式（T2）	甘蒙柽柳（3年生）	10	根	241	80.1
			枝、干	199	66
			叶	63	63
雨水集流庭院经济复合经营模式（T3）	梨树（8年生）	10	根	4920	615
			叶	805	805
			枝、干	5190	649
			果	2500	2500
	花椒（9年生）	10	根	1626	181
			叶	516	516
			枝、干	2851	317
			果实	800	800

（2）不同生态系统林木各器官的生物量比较

由表 7-11 所知，沙棘中根、枝和干、叶的生物量分别为 804 g/株、2021 g/株、309 g/株，其中根、枝和干、叶在生物量中所占的比例分别为 25.7%、64.5%、9.8%；甘蒙柽柳中根、枝和干、叶的生物量分别为 241 g/株、199 g/株、63 g/株，其中根、枝和干、叶在生物量中所占的比例分别为 47.9%、39.6%、12.5%；山杏中根、枝和干、叶的生物量分别为 704 g/株、1521 g/株、480 g/株，其中根、枝和干、叶在生物量中所占的比例分别为 26.0%、56.2%、17.8%；梨树中根、枝和干、叶、果的生物量分别为 4920 g/株、5190 g/株、805 g/株、2500 g/株，其中根、枝和干、叶、果在生物量中所占的比例分别为 36.7%、38.7%、6.0%、18.6%；花椒中根、枝和干、叶、果实的生物量分别为 1626 g/株、

2851 g/株、516 g/株、800 g/株，其中根、枝和干、叶、果实在生物量中所占的比例分别为 28.1%、49.2%、8.9%、13.8%，如图 7-1、图 7-2 所示。

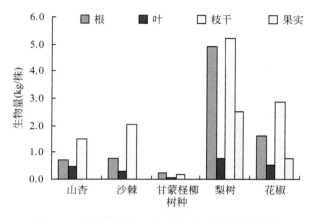

图 7-1　几种灌木根、叶、枝干、果实的生物量

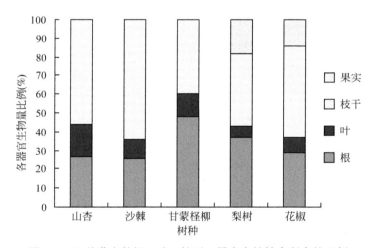

图 7-2　几种灌木的根、叶、枝干、果实在植株中所占的比例

（3）不同生态系统中林木的生物量和生产力比较

由表 7-11 所知，沙棘（7 年生）、山杏（6 年生）、甘蒙柽柳（3 年生）、梨树（8 年生）和花椒（9 年生）的生物量分别为 3134 g/株、2705 g/株、502 g/株、13 415 g/株、5793 g/株，从中可得到梨树的生物量最大，而甘蒙柽柳的生物量最小，且仅仅为 502 g/株。这一数据说明，各树种的生物量与各林木的生长年龄有着直接的关系，对于同一树种来说，其生物量与生长年限是成线性相关的。沙棘、山杏、甘蒙柽柳、梨树和花椒各树种的年平均生产力为 713 g/株、851 g/株、209 g/株、4569 g/株、1814 g/株，如图 7-3 所示。从该数据可知，梨树的生产力最大，其次是花椒，而生产力最小的是甘蒙柽柳。生产力这一数据说明，各林木生产力的大小与对林木的经营管理及是否生产果实有着直接的关系，经营措施的好坏是决定林木年生产力高低的主要因子。梨树和花椒是按集约经营的方式进行，每年要进行施肥、浇水等措施，所以年生产力高，而其他树种经营比较粗放，在栽植

后并未进行抚育管理，并且也未进入产果期，所以年生产力较低。

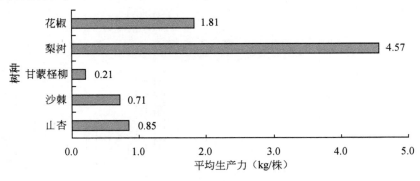

图7-3　几种灌木平均生产力比较

7.5.1.2　农林复合生态系统农作物的生物量与生产力

（1）调查计算方法

在我们所选的比较典型的农林复合模式中，对小麦、胡麻、豌豆和紫花苜蓿采用 $1\ m\times 1\ m$ 的样方，在农田子系统内不同部位采用收割法进行取样，并将其带回室内烘干后称重，然后计算各种农作物不同器官的生物量。需要说明的是农作物都是一年生植物，所以它的生物量也就是当年的生产力，而对于紫花苜蓿来说，地上部分为当年的生产力，地下部分的可取其年平均生产力。各种农作物的生物量及生产力如表7-12所示。

表7-12　农林复合生态系统中农作物生物量与生产力　　（单位：g/m^2）

模式名称	农作物名称	取样数	各器官	生物量	生产力
林—草复合经营模式（T1） 雨水集流庭院经济复合经营模式（T3）	紫花苜蓿 （3年生）	10	根	989	330
			茎、叶	950	950
林—粮复合经营模式（T2）	小麦	10	根	62	62
			茎、叶	581	581
			果实	315	315
	胡麻	10	根	37	37
			茎、叶	156	156
			果实	107	107
	豌豆	10	根	30	30
			茎、叶	146	146
			果实	170	170

（2）不同生态系统农作物各器官生物量比较

由表7-12所知，紫花苜蓿中根、茎叶的生物量分别为989 g/m^2、950 g/m^2，其中根、茎叶在生物量中所占的比例分别为51.0%和49.0%；小麦中根、茎叶、果实的生物量分别为62 g/m^2、581 g/m^2、315 g/m^2，其中根、茎叶、果实在生物量中所占的比例分别为6.5%、60.6%和32.9%；胡麻中根、茎叶、果实的生物量分别为37 g/m^2、157 g/m^2、

107 g/m²，其中根、茎叶、果实在生物量中所占的比例分别为 12.2%、52.1% 和 35.7%；豌豆中根、茎叶、果实的生物量分别为 30 g/m²、146 g/m²、170 g/m²，其中根、茎叶、果实在生物量中所占的比例分别为 8.6%、42.2% 和 49.2%（图 7-4、图 7-5）。就一年生农作物小麦、胡麻和豌豆相比，生物量的主要部分在茎和叶中，果实居中，而根中所含的生物量最小；就不同作物而言，根所占生物量的比重是胡麻 > 豌豆 > 小麦，茎叶所占生物量的比重是小麦 > 胡麻 > 豌豆，果实所占生物量的比重是豌豆 > 小麦 > 胡麻。

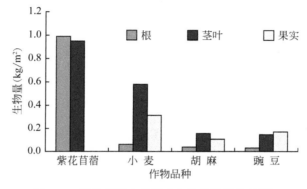

图 7-4　紫花苜蓿与几种农作物生物量比较图

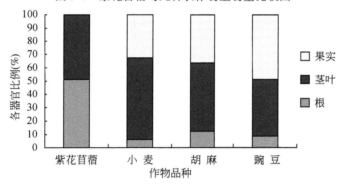

图 7-5　紫花苜蓿与几种农作物根、茎叶及果实所占比例图

（3）不同生态系统各农作物生物量和生产力比较

由表 7-12 所知，紫花苜蓿（3 年生）、小麦、胡麻、豌豆作物的生物量分别是 1939 g/m²、957 g/m²、300 g/m²、346 g/m²，年生产力为 1280 g/m²、958 g/m²、300 g/m²、346 g/m²，如图 7-6 所示。在所取样的农作物中，紫花苜蓿的生物量最大，小麦次之，胡麻最小；年生产力最大也是紫花苜蓿，小麦次之，胡麻最小。这一数据说明农作物生物量及生产力的高低与土壤的肥力有着直接的关系。对于紫花苜蓿，因属豆科植物，具有固氮作用，土壤中的养分含量较高，因此紫花苜蓿的生物量及生产力较高；对于小麦，则由于该地前一年所种的是豌豆，前茬作物同样是豆科，具有固氮作用，因而土壤的养分含量较高，所以在下一年所种小麦的生物量及生产力较高；对于胡麻，该地前一年所种的是小麦，且当年小麦的产量是很高的，因而消耗了土壤中大量的养分，所以下年所种胡麻的生物量及生产力是很低的；对于豌豆，该地前一年种的是胡麻，因而土壤的养分含量是很低的，经过所种豌豆的固氮作用，使土壤的养分含量有所提高，所以当年豌豆的生物量及生产力都比胡麻的高，这恰

好与事实相吻合。

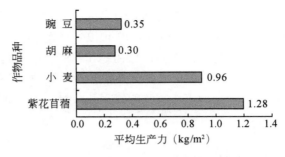

图 7-6　紫花苜蓿与几种农作物平均生产力比较

7.5.1.3　农林复合生态系统生物量与生产力

（1）调查计算方法

前面分析了不同农林复合生态系统中林木和农作物的生物量和生产力，利用上述数据并按在各生态系统中各物种所占的比例，可以计算出各农林复合生态系统的生物量和生产力，如表 7-13 所示。

表 7-13　农林复合生态系统生物量和生产力调查表　（单位：kg/hm²）

模式名称	物种名称	各器官	生物量	总生物量	生产力	总生产力
林—草复合经营模式（T1）	山杏（6 年生）	根	316.8	14 730.5	52.8	8 488.1
		叶	216.0		216.0	
		枝、干	684.5		114.1	
	沙棘（7 年生）	根	482.4		68.9	
		枝、干	1 212.6		173.2	
		叶	185.4		185.4	
	紫花苜蓿（3 年生）	根	5 932.8		1 977.6	
		茎、叶	5 700.0		5 700.0	
林—粮复合经营模式（T2）	甘蒙柽柳（3 年生）	根	144.3	5 655.4	48.1	5 479.7
		枝、干	119.3		39.8	
		叶	37.6		37.6	
	小麦	根	207.3		207.3	
		茎、叶	1 935.3		1 935.3	
		果实	1 048.7		1 048.7	
	豌豆	根	98.3		98.3	
		茎、叶	487.3		487.3	
		果实	576.8		576.8	
	胡麻	根	122.5		122.5	
		茎、叶	521.3		521.3	
		果实	356.7		356.7	

续表

模式名称	物种名称	各器官	生物量	总生物量	生产力	总生产力
庭院经济复合经营模式（T3）	梨树（8 年生）	根	3 690.0	17 972.2	461.3	8 145.3
		叶	603.8		603.8	
		枝、干	3 892.5		486.6	
		果	1 875.0		1 875.0	
	花椒（9 年生）	根	406.5		45.2	
		叶	129.0		129.0	
		枝、干	712.8		79.2	
		果实	200.0		200.0	
	紫花苜蓿（3 年生）	根	3 296.0		1 098.7	
		茎、叶	3 166.7		3 166.7	

注：甘蒙柽柳+农作物（胡麻+豌豆+小麦+胡麻轮作）复合经营模式中，农作物轮作周期为 3 年，在计算每年的生物量和生产力时，胡麻、豌豆和小麦各占1/3

（2）不同农林复合生态系统生物量和生产力比较

由表 7-13 所知，林—草复合经营模式（T1）、林—粮复合经营模式（T2）和庭院经济复合经营模式（T3）中每公顷的生物量分别为 14 730.5 kg、5655.4 kg、17 972.2 kg，生物量的大小顺序依次为 T3 > T1 > T2，此数据说明生态系统生物量的大小与各生态系统所处的立地条件、经营管理措施和生态系统的结构有关，在三个因子中，立地条件、经营管理是影响生物量高低的主要因子，立地条件好的、进行集约经营（如施肥、浇水等措施）的，则系统的生物量就大，像雨水集流庭院经济模式最为显著，而经营比较粗放的，生态系统的生物量就小；各生态系统的生产力分别为 8488.1 kg、5479.7 kg、8145.3 kg，生产力的大小顺序依次为 T1 > T3 > T2，此数据说明了年生产力同样与立地条件、经营管理措施和生态系统的组成结构有关，立地条件好的、进行集约经营（如施肥、除草、浇水等措施）的，生态系统的生产力就大，经营比较粗放的、立地条件差的，生态系统的生产力就小。

7.5.1.4　农林复合生态系统归还状况

在农林复合生态系统中，由于林木的落叶和农作物的残茬，每年都要向土壤归还一定数量的生物质，其对增加土壤肥力，改良土壤结构等都具有一定的好处。生物质的归还是农林复合系统中内部过程的一个重要方面，它反映了系统内部的自我更新和自我调节能力，因此研究物质归还状况对揭示半干旱黄土丘陵沟壑区农林复合系统内部的生物和土壤相互作用以及在利用自然界物质和能量的效率都非常重要。

（1）计算分析方法

在农林复合系统中，归还物的研究一般采用凋落物收集的办法，对于林木，归还物主要是树木的枯枝落叶，如落叶树种沙棘、甘蒙柽柳、梨树、花椒和山杏，归还物为当年生的树叶；如常绿树种侧柏，归还物主要是枯枝落叶，但枯枝落叶不好测定和计算，所以每年的枯枝落叶的归还物可估计为约占当年生枝、叶的1/20。对于农作物来说，归还物主要是作物的残茬、叶和根系。小麦的归还物主要为根系、叶和残茬，叶和残茬约占茎叶总量的 1/7 左右；胡麻的归还物主要为叶（因根系在收割时被拔出），约占茎叶总量的 1/12；豌豆的归还物主要为叶和根，叶约占茎叶总量 1/8 左右；紫花苜蓿一年可收割二次，它的叶和茎几乎全部被收获，因而归还物的量为 0。其各模式的年物质归还量如表 7-14 所示：

表 7-14 农林复合生态系统年物质归还量表 （单位：kg/hm^2）

模式名称	林木归还量	夏作物归还量	秋作物归还量	总归还量
林—草复合经营模式（T1）	沙棘叶：185.4 山杏叶：216.0			401.4
林—粮复合经营模式（T2）	甘蒙柽柳叶：37.6	小麦根：207.3 小麦叶和残茬：276.5 豌豆根：98.3 豌豆叶：60.9	胡麻叶：43.4	724.1
庭院经济复合经营模式（T3）	梨树叶：603.8 花椒叶：129.1			732.8

（2）不同生态系统归还状况的比较

由表 7-14 可知，各生态系统的归还状况分别如下所示：林—草复合经营模式（T1），年归还物总量为 401.4 kg/hm^2，其中沙棘的归还物为 185.4 kg/hm^2，占总归还量的 64.2%，山杏的归还物为 216.0 kg/hm^2，占总归还物总量的 35.8%；甘蒙柽柳 +（胡麻 + 豌豆 + 小麦 + 胡麻轮作）复合经营模式（T2），年归还物总量为 724.1 kg/hm^2，其中甘蒙柽柳的归还物为 37.6 kg/hm^2，占总归还物量的 5.2%，农作物中小麦的归还物为 483.8 kg/hm^2，占总归还物量的 66.8%，胡麻的归还物为 43.4 kg/hm^2，占总归还物量的 6.0%，豌豆的归还物为 159.3 kg/hm^2，占总归还物量的 22.0%；庭院经济复合经营模式（T3），年归还物总量为 732.8 kg/hm^2，其中梨树的归还物为 603.8 kg/hm^2，占总归还物量的 82.4%，花椒的归还物为 129.0 kg/hm^2，占总归还物量的 17.6%。从总的归还物来看，每公顷的年归还物次序是：庭院经济复合经营模式（T3）>林—粮复合经营模式（T2）>林—草复合经营模式（T1），这说明树龄较大的、年叶生产力较高的树种的归还物量大于树龄较小的、年叶生产力较低的树种。

7.5.1.5 农林复合生态系统的输出状况

农林复合生态系统作为一个开放的生态系统，每年都有一定的物质、能量的投入和输出，而农林复合系统的输出是指每年输出到系统外的生物量，通常是经过人工收割而实现的，它反映了农林复合系统每年向人类提供有用物质的能力。

（1）计算分析方法

农林复合生态系统是一种人为管理的生态系统，其输出的物质就是收获量，而实际的收获量与农林复合系统的生物量和生产力有着密切关系。为此，我们直接根据农林业的生物量和生产力来计算其物质的输出量。对于林木，如山杏和沙棘，由于未进入产果期，所以果实的输出量为 0；对于花椒和梨树，输出量主要是果实；对于甘蒙柽柳由于未进入薪柴成熟期，所以薪柴的输出量为 0；对于紫花苜蓿，输出项以地上部分所收获的茎叶（饲料）为主；对于农作物，输出项以秸秆和籽实为主。其物质输出状况如表 7-15 所示。

表 7-15　农林复合生态系统输出项的干重　　（单位：kg/hm²）

输出项	T1	T2	T3
薪柴	0	0	
经济林果实	0		梨树果：1875.0 花椒果实：200.0
苜蓿饲料	5700.0		3166.7
农作物籽实		小麦籽实：1048.7 胡麻籽实：356.7 豌豆籽实：576.8	
农作物秸秆		小麦秸秆：1935.3 胡麻秸秆：521.3 豌豆秸秆：487.3	
林木果实	0		
林木材积			
总输出量	5700.0	4926.1	5241.7

（2）各生态系统物质输出状况比较

由表 7-15 可知，各模式年物质的输出状况为：对于林—草复合经营模式（T1），年物质的输出量为 5700.0 kg/hm²，全部来自于紫花苜蓿地上部分的茎叶；对于林—粮复合经营模式（T2），年物质的输出量为 4926.1 kg/hm²，全部来自于农作物，其中小麦的输出量为 2984.0 kg/hm²、占总输出量的 60.6%，胡麻的输出量为 878.0 kg/hm²、占总输出量的 17.8%，豌豆的输出量为 1064.1 kg/hm²、占总输出量的 21.6%；对于庭院经济复合经营模式（T3），年输出量为 5241.7 kg/hm²，其中梨树的输出量为 1875.0 kg/hm²、占总输出量的 35.8%，花椒的输出量为 200.0 kg/hm²、占总输出量的 3.8%，紫花苜蓿的输出量为 3166.7 kg/hm²、占总输出量的 60.4%。从总的年物质输出量来看，每公顷的年物质输出量大小的次序是：林—草复合经营模式（T1）＞庭院经济复合经营模式（T3）＞林—粮复合经营模式（T2）。这一数据说明：对于已进入产果期的、进行集约经营的树种来说，该物种的年输出量就大；对于紫花苜蓿和农作物来说，紫花苜蓿年输出量大于农作物（小麦、胡麻和豌豆）的输出量，这与紫花苜蓿根系深、抗旱性强和它本身的固氮作用有着直接的关系。

7.5.2 农林复合生态系统的能量流动

能量流动和物质循环是生态系统中的两个主要过程，是维持生态系统结构、功能以及结构和功能关系的纽带。人类的生产活动，就是通过改变生态系统中物质循环、能量流动的速率和途径来实现生态系统的调控—生态工程。不同生态系统的能量流动和物质循环的数量和机制是很不相同的，即使是同一个生态系统，在不同的演替发展阶段其特征也不尽相同。因此，研究生态系统中的物质循环和能量对揭示生态系统的基本特征和实现人为调控有着重要意义。

能量是一切生态系统的动力基础，它为生态系统中生命的维持及生态过程提供了能源。生态系统的能量输出，反映了生态系统能够为人类提供的可利用物质的热量值。能量转化的过程反映了生态系统的效率。因此，研究农林复合生态系统的能量流动不仅可以帮助我们认识农林复合系统的功能特征，而且能够为我们进行农林复合生态系统的设计提供理论依据。

7.5.2.1 农林复合生态系统的分室模型

农林复合生态系统的基本组分和各组分间的关系是研究农林复合生态系统内物质循环和能量流动的基础，结合对农林复合生态系统的调查分析结果，勾画出农林复合生态系统的结构图（图7-7）。将其作为本文研究农林复合生态系统物质循环和能量流动的框架。

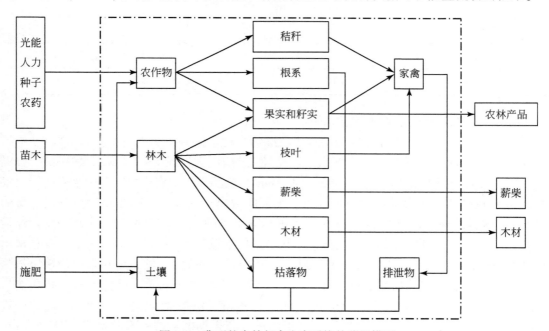

图 7-7　典型的农林复合生态系统的分室模型

以下在分析物质循环和能量流动时，将农林复合生态系统分为投入部分、储存部分、转换部分、归还部分和输出部分，对每一部分按其能量、物质投入输出、储存转换状况进行研究。

7.5.2.2　能量的计算分析方法

研究农林复合生态系统中的能量流动，首先要计算能量的各投入项、储存项、转化项、归还项、输出项的热量值，在此基础上计算能量的投入输出效率。农林复合生态系统中能量的输入部分是指每年自然进入和人为投入农林复合生态系统的能量，主要包括两部分：一部分是太阳能，其单位面积的总量是一定的，在经营农林复合生态系统时，只考虑如何提高对太阳能的利用率；另一部分是人工辅助能，包括人工能、畜力能、柴油能、有机肥料能、无机肥料能、种子能和农药能等。人工辅助能的输入大大地提高了人类对太阳能的利用率。能量储存和利用部分主要包括农作物与林木各器官的储存能，当年利用的能量等。能量的归还部分是指以林木凋落物或农作物残荐的形式进入土壤的物质所含的能量。输出部分包括林木的果、树木和农作物的籽实、薪柴、秸秆等所含的能量。

（1）太阳辐射能的计算

太阳能是生态系统的能量源泉，地球上的任一生态系统都是以太阳辐射为动力的。在农林复合生态系统中，人类采用一定的管理措施和技术手段，通过对不同的生物种进行时间和空间的合理配置，达到有效的尽可能多的利用太阳能，并将太阳能以有机物的形式储存起来，供人类生产生活所需要。定西县安家坡的太阳辐射能是由以前的资料所得到的，其为 $5686.04\ MJ/m^2$（余优森等，1990）。

（2）投入项的热值

农林复合生态系统投入项的热值计算方法比较复杂，对于大多数投入项的热值，国内外学者都采用不同的计算方法对其进行了估算。因此，本文所用的投入项的热值是通过这些资料而得到的，如表 7-16 所示。同时对各模式中能量的投入进行了调查，如表 7-17 所示。

表 7-16　各种能量投入项的热值　　　　　　　（单位：万 kJ）

项目	热值	单位	项目	热值	单位	项目	热值	单位
人工	0.58	个	氮肥	8.86	kg	胡麻种子	1.68	kg
畜力	0.11	h	磷肥	4.95	kg	豌豆种子	1.81	kg
有机肥	0.07	t	农药	36.39	kg	小麦种子	1.79	kg

表 7-17　农林复合生态系统各模式能量投入项调查表

项目	单位	T1	T2	T3	T4
人工	个/hm²	81.0	81.0	180.0	840.0
畜力	h/hm²	—	—	122.8	—
有机肥	5.4	5.4	28.8	30.0	
氮肥（尿素）		—	—	62.4	250.0
磷肥（过磷酸钙）		—	—	249.8	600.0
农药	t/hm²	—	—	15.0	30.0
小麦种子		—	—	79.0	—
胡麻种子		—	—	19.2	—
胡麻种子		—	—	78.1	—

（3） 植物器官的热值

植物的热值是含能产品的植物干物质在完全燃烧后所释放出来的热量值。热值的测定可以通过两种方法：一种是根据植物体内所含的脂肪、蛋白质和糖类的含量来计算；另一种是用氧氮热量计来测定。本研究中热值的测定是通过后一种方法计算的，其物种各器官的热值如表 7-18 所示。

表 7-18　物种各器官的热值 （单位：万 kJ/kg）

物种	植物器官	热值	物种	植物器官	热值	物种	植物器官	热值
山杏 （6 年生）	根	1.8	甘蒙柽柳 （3 年生）	根	1.7	豌豆	根	1.6
	叶	1.9		枝、干	1.8		茎、叶	1.7
	枝、干	1.9		叶	1.7		果	1.8
沙棘 （7 年生）	根	1.7	小麦	根	1.6	胡麻	根	1.8
	枝、干	1.8		茎、叶	1.8		茎、叶	1.7
	叶	2.0		果	1.8		果	1.7
紫花苜蓿 （3 年生）	根	1.7	梨树 （8 年生）	根	1.8	花椒 （9 年生）	根	1.8
	茎、叶	1.7		叶	1.7		叶	1.8
				枝、干	1.8		枝、干	1.9
				果	1.9		果	2.0

注：样品由北京林业大学生物中心分析

（4） 能量值的计算

农村复合生态系统的能量流动主要包括输入、储存、转化、归还、输出等几部分，各部分能量的计算方法如下。

1） 投入项热量。除太阳能利用上述方法直接计算外，其他各投入项热量的计算均是采用投入的数量与其热值相乘而得（具体的计算可由表 7-16 和表 7-17 中相应的数据相乘所得）。农村复合生态系统的投入项包括太阳能和辅助能两部分，在研究投入能时，本文将除太阳能以外的其他形式的投入能称为辅助能，该部分能量真正反映了人为管理措施对不同类型农林复合生态系统能量流动过程的影响程度。研究中将化肥、农药和柴油等来自工业部门的投入能称为工业能，它反映了农林复合生态系统生产与工业生产部门的联系程度。

2） 植物各器官储存和利用的能量。由树木和农作物各器官的热值与各器官的储存和转化数量相乘而得，各器官的热值见表 7-18，贮存数量用各器官的生物量（表 7-13）所示，各器官的转化数量由生物生产力（表 7-13）所示。

3） 归还能量。归还能量主要是指树木凋落和作物残茬以有机物的形式归还土壤的能量，它是由植物器官的热值与归还量相乘而得。具体的计算是由表 7-14 和表 7-18 中的相应的数据相乘所得。

4） 输出能量。类似于储存能和转化能的计算方法，它主要取决于产品的输出数量。具体的计算是由表 7-15 和表 7-18 中的相应的数据相乘所得。

7.5.2.3　农林复合生态系统能量流动分析

（1） 农林复合生态系统能量投入状况分析

a. 林—草复合经营模式（T1）

从图 7-8 中可以看出，T1 模式中能量的投入总量为 568.6 亿 kJ/（hm² · a），总投入能中，辅助能总量为 47.1 万 kJ/(hm² · a)，占总投入能的 0.008‰；辅助能投入中，以人工能形式、肥料形式投入的能量分别占 99.2% 和 0.8%。

b. 林—粮复合经营模式（T2）

从图 7-9 中可以看出，T2 模式中能量的投入总量为 568.8 亿 kJ/(hm² · a)，总投入能中，辅助能总量为 0.2 亿 kJ/(hm² · a)，占总投入能的 0.5‰；辅助能投入中，以人工能形式、畜力形式、种子形式、肥料形式、农药形式投入的能量分别占 4.8%、6.2%、14.2%、55.1% 和 25.3%。

c. 庭院经济复合经营模式（T3）

从图 7-10 中可以看出，T3 模式中能量的投入总量为 569.3 亿 kJ/(hm² · a)，总投入能中，辅助能总量为 0.7 亿 kJ/(hm² · a)，占总投入能的 0.1%；辅助能投入中，以人工能形式、肥料形式、农药形式投入的能量分别占 7.2%、76.7% 和 16.2%。

d. 三种农林复合生态系统能量投入状况比较

由以上分析可知，三种农林复合生态系统能量的投入量，人为投入的辅助能很少，特别是 T1 系统，仅仅占总投入能的 0.008‰，而 T2、T3 模式所投入的辅助能也不多，仅占总投入能的 0.5‰、0.1%，由此可以看出该地的农林复合经营是比较粗放的，这将决定了该地农林复合生态系统的能量产出较低。在投入的辅助能中，对 T1 模式来说，人工能形式是占主要的，已达到 99% 以上；对于 T2、T3 模式来说，肥料形式能是占主要的，已达到 60% 以上，从所投入的辅助能中可以看出，肥料的投入是该模式人为投入的主要形式，它也是该模式能量产出的主要因素。因此，为了提高该地农林复合生态系统能量产出，在当地太阳能投入一定的条件下应加大人为辅助能的投入。

（2）农林复合生态系统能量利用状况分析

太阳能进入农林复合生态系统后，一部分以热的形式为植物生长发育提供了一个适宜的环境条件，另一部分通过植物的光合作用，将太阳能以生物能的形式储存在植物体内，这部分能量一些用来维持植物体内的新陈代谢，被呼吸作用消耗，还有一些永久的储存在植物体内，本文所研究的农林复合生态系统利用的能量就是指这部分能够最终被人类利用的、以生物质形式储存在植物体内的能量。

1）林—草复合经营模式（T1）。从图 7-8 中可以看出，T1 模式植物组分年吸收利用的能量为 1.5 亿 kJ/(hm² · a)，山杏子系统占 4.8%、紫花苜蓿子系统占 89.8%、沙棘子系统占 5.4%。山杏一年吸收利用的能量在植物体内的分配状况为树根 13.1%、树枝和干 56.7%、树叶 30.2%。沙棘一年吸收利用的能量在植物体内的分配状况为树根 14.7%、树枝和干 38.3%、树叶 46.1%。紫花苜蓿一年吸收利用的能量在植物体内的分配状况为根 26.0%、茎和叶 74.0%。

2）林—粮复合经营模式（T2）。从图 7-9 中可以看出，T2 模式植物组分年吸收利用的能量为 1.0 亿 kJ/(hm² · a)，甘蒙柽柳子系统占 2.3%，小麦子系统占 59.1%，胡麻子系统占 17.4%，豌豆子系统占 21.2%。甘蒙柽柳一年吸收利用的能量在植物体内的分配状况为树根 37.4%、树枝和干 33.0%、树叶 29.6%。小麦一年吸收利用的能量在植物体内的分配状况为根 5.8%、茎和叶 61.4%、果 32.8%。豌豆一年吸收利用的能量在植物体内的分配状况为根 7.7%、茎和叶 41.5%、果 50.7%。胡麻一年吸收利用的能量在植物体内的分配状况为根 13. 3% 、茎和叶 51. 1% 、果 35. 6% 。

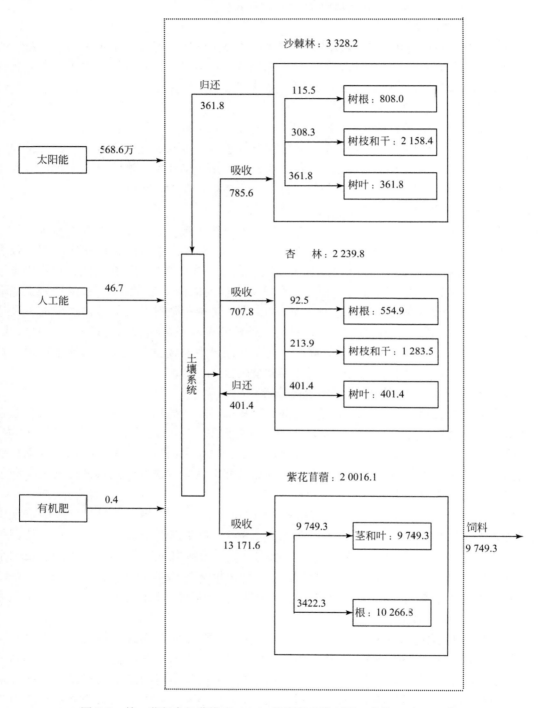

图 7-8   林—草复合经营模式（T1）能量流动模型图（单位：万 kJ/hm²）

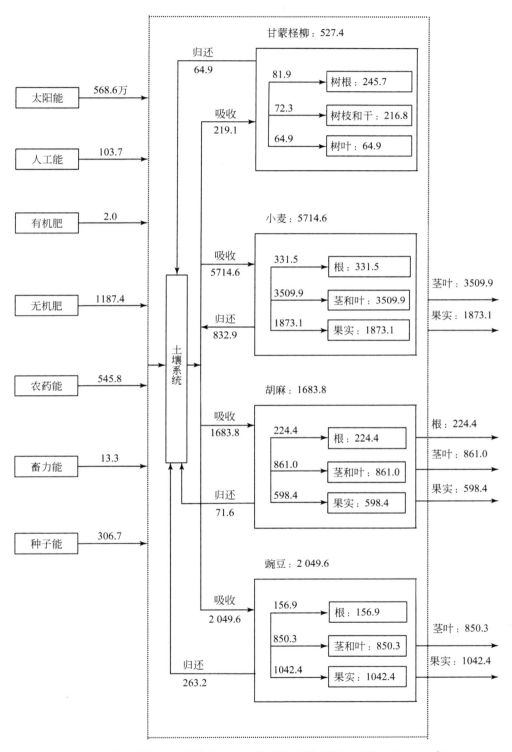

图 7-9 林—粮复合经营模式（T2）能量流动模型图（单位：万 kJ/hm²）

3）庭院经济复合经营模式（T3）。从图 7-10 中可以看出，T3 模式植物组分年吸收利用的能量为 1.4 亿 kJ/（hm^2·a），梨树子系统占 43.2%、花椒子系统占 6.0%、紫花苜蓿子系统占 50.8%。梨树一年吸收利用的能量在植物体内的分配状况为树根 13.5%、树枝和干 14.1%、树叶 16.6%、果 55.8%。花椒一年吸收利用的能量在植物体内的分配状况为树根 9.7%、树枝和干 17.2%、树叶 26.9%、果 46.6%。紫花苜蓿一年吸收利用的能量

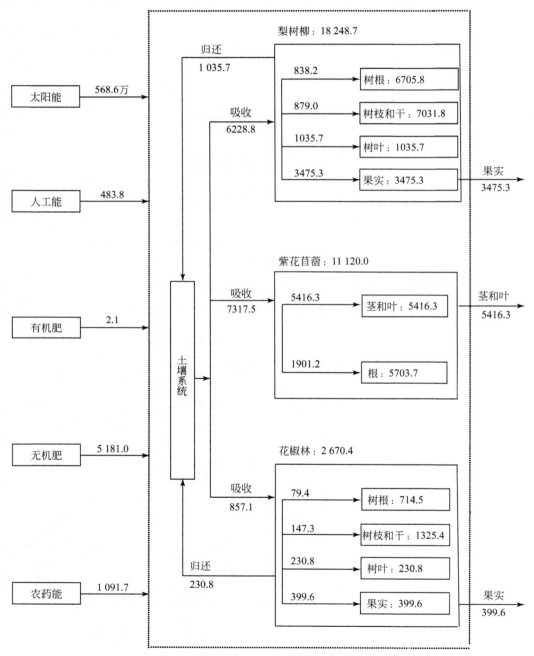

图 7-10　庭院经济复合经营模式（T3）能量流动模型图（单位：万 kJ/hm^2）

在植物体内的分配状况为根 26.0%、茎和叶 74.0%。

4）三种农林复合生态系统能量利用状况比较。由以上分析可知，对于不同模式，由于其植物组分不同，所以各模式年吸收利用的能量也不同。对于 T1 模式，年吸收利用的能量主要集中在紫花苜蓿中，林木是次要的；对于 T2 模式，年吸收利用的能量主在农作物中，约为 97.7%，林木中所占比例很小；对于 T3 模式，所吸收利用的能量主要在紫花苜蓿和梨树中，花椒中所占比重很小，仅为 6.0%。这主要是由于农林复合生态系统的结构、人为经营方式不同而造成的。但总的来看，三种农林复合生态系统年所吸收利用能量为 T1 > T3 > T2。

（3）农林复合生态系统能量储存状况分析

在农林复合生态系统中，由于林木不是每年都能被收获，因而有一部分能量储存在树木中被长期保存下来，它和农作物当年利用的太阳能一起构成了农林复合生态系统的储存能，这部分能量对生态系统的稳定性有着很大的影响。

1）林—草复合经营模式（T1）。从图 7-8 中可以看出，T1 模式植物组分所储存的能量为 2.6 亿 kJ/(hm²·a)，山杏子系统占 8.8%、紫花苜蓿子系统占 78.2%、沙棘子系统占 13.0%。山杏所储存利用的能量在植物体内的分配状况为树根 24.8%、树枝和干 57.3%、树叶 17.9%。沙棘所储存的能量在植物体内的分配状况为树根 24.3%、树枝和干 64.8%、树叶 10.9%。紫花苜蓿所储存利用的能量在植物体内的分配状况为根 51.3%、茎和叶 48.7%。

2）林—粮复合经营模式（T2）。从图 7-9 中可以看出，T2 模式植物组分所贮存的能量为 1.0 亿 kJ/(hm²·a)，甘蒙柽柳子系统占 5.3%、小麦子系统占 57.3%、胡麻子系统占 16.9%、豌豆子系统占 20.5%。甘蒙柽柳所储存的能量在植物体内的分配状况为树根 46.6%、树枝和干 41.1%、树叶 12.3%。小麦所储存的能量在植物体内的分配状况为根 5.8%、茎和叶 61.4%、果 32.8%。豌豆一年吸收利用的能量在植物体内的分配状况为根 7.6%、茎和叶 41.5%、果 50.9%。胡麻一年吸收利用的能量在植物体内的分配状况为根 13.3%、茎和叶 51.1%、果 35.6%。

3）庭院经济复合经营模式（T3）。从图 7-10 中可以看出，T3 模式植物组分所储存的能量为 3.2 亿 kJ/(hm²·a)，梨树子系统占 57.0%、花椒子系统占 8.3%、紫花苜蓿子系统占 34.7%。梨树所储存的能量在植物体内的分配状况为树根 36.8%、树枝和干 38.5%、树叶 5.7%、果 19.0%。花椒所储存的能量在植物体内的分配状况为树根 26.8%、树枝和干 49.6%、树叶 8.6%、果 15.0%。紫花苜蓿一年吸收利用的能量在植物体内的分配状况为根 51.3%、茎和叶 48.7%。

4）三种农林复合生态系统能量储存状况比较。由以上分析可知，对于不同模式，由于其植物组分、植物生长的年龄不同，所以各模式所储存的能量及能量在植物体内所占的比例也不相同。对于 T1 模式，所储存的能量主要集中在紫花苜蓿中，林木是次要的，这主要是林木树龄小，未进入速生期和产果期，所以林木中储存的能量较少；对于 T2 模式，所储存的能量主要在农作物中，约为 94.7%，林木中所占比例很小，因未进入速生期；对于 T3 模式，所储存的能量主要在梨树中，紫花苜蓿次之，花椒中所占比重很小，仅为 8.3%。这种结果主要是由于农林复合生态系统结构、各物种生长年龄、人为经营方式不同而造成的。但总的来看，三种农林复合生态系统所储存能量为 T3 > T1 > T2。

（4）农林复合生态系统能量归还状况分析

农林复合生态系统中有一部分能量随植物的归还物进入土壤，为土壤中的微生物的活动和土壤中其他生物（主要是指土壤动物）的生命过程提供了能源，它同样是农林复合生态系统内能量流动的重要一环，由于它的存在，加强了土壤内生物、土壤酶等的活性或生活力，改变了土壤的物理化学性质，补充了土壤有机物质和营养元素，加速了土壤无机物与有机物的转化速度。在植物—土壤生态系统中，常常将凋落物称为枯枝落叶库，它是连接植物和土壤的重要环节。

1）林—草复合经营模式（T1）。从图 7-8 中可以看出，T1 模式一年向土壤归还的能量为 763.2 万 kJ/（hm² · a）。其中山杏归还的能量为 401.4 万 kJ/（hm² · a），占总归还能量的 52.6%；沙棘归还的能量为 361.8 万 kJ/（hm² · a），占总归还能量的 47.4%。

2）林—粮复合经营模式（T2）。从图 7-9 中可以看出，T2 模式一年向土壤归还的能量为 1 232.6 万 kJ/（hm² · a）。其中甘蒙柽柳归还的能量为 64.9 万 kJ/（hm² · a），占总归还能量的 5.3%；小麦归还的能量为 8.3 万 kJ/（hm² · a），占总归还能量的 67.8%；胡麻归还的能量为 71.6 万 kJ/（hm² · a），占总归还能量的 5.8%；豌豆归还的能量为 263.2 万 kJ/（hm² · a），占总归还能量的 21.4%。

3）庭院经济复合经营模式（T3）。从图 7-10 中可以看出，T3 模式一年向土壤归还的能量为 1266.5 万 kJ/（hm² · a）。其中梨树归还的能量为 1035.7 万 kJ/（hm² · a），占总归还能量的 81.8%；花椒归还的能量为 230.8 万 kJ/（hm² · a），占总归还能量的 18.2%。

4）农林复合生态系统能量的归还状况比较。由以上分析可知，农林复合生态系统所归还的总能量为 T3 > T2 > T1。对于林木来说，归还的能量主要来自于树木的叶；对于农作物来说，归还的能量主要来自于农作物的根、叶和残茬。

（5）农林复合生态系统能量输出状况分析

农林复合生态系统输出的能量就是农林复合生态系统一年可以向社会所提供的能量，农林复合生态系统所经营的目的就是为了追求最大限度的能量输出。

1）林—草复合经营模式（T1）。从图 7-8 中可以看出，T1 模式通过人为收获以所含能量的生物质的形式每年输出的能量为 9749.3 万 kJ/（hm² · a）。在该模式中，只有紫花苜蓿向外输出能量，而山杏和沙棘由于未进入产果期和产薪柴期，所以没有能量的输出。

2）林—粮复合经营模式（T2）。从图 7-9 中可以看出，T2 模式通过人为收获以所含能量的生物质的形式每年输出的能量为 8959.5 万 kJ/（hm² · a）。其中小麦输出的能量为 5383.0 万 kJ/（hm² · a），占总输出能量的 60.1%；胡麻输出的能量为 1683.8 万 kJ/（hm² · a），占总输出能量的 18.8%；豌豆输出的能量为 1892.7 万 kJ/（hm² · a），占总输出能量的 21.1%；甘蒙柽柳由于未进入薪柴成熟期，因而没有能量的输出。

3）庭院经济复合经营模式（T3）。从图 7-10 中可以看出，T3 模式通过人为收获以所含能量的生物质的形式每年输出的能量为 9291.2 万 kJ/（hm² · a）。其中梨树输出的能量为 3475.3 万 kJ/（hm² · a），占总输出能量的 37.4%；花椒输出的能量为 399.6 万 kJ/（hm² · a），占总输出能量的 4.3%；紫花苜蓿输出的能量为 5416.3 万 kJ/（hm² · a），占总输出能量的 58.3%。

4）农林复合生态系统能量输出状况比较。由以上分析可知，农林复合生态系统每年向外输出的能量，总的来看，T1 > T3 > T2。从结构上来看，T1 模式主要以紫花苜蓿的茎叶（作为饲料）的形式输出，而林木由于未进入产果期和产薪柴期，所以没有输出；T2 模式主要以农作物的果实和秸秆形式输出为主；T3 模式，对于林木来说，主要是以林木果实的形式输出，对于紫花苜蓿，是以紫花苜蓿的茎叶（作为饲料）的形式输出。对于农作物来说，主要是以夏作物（小麦和豌豆）输出为主，秋作物（胡麻）输出所占比重很小。

（6）农林复合生态系统能量流动模型图

生态系统能量流动是描述生态系统功能的主要特征，是衡量生态系统能量效率和产出效率的基础。本部分分析自然能和人工能在农林复合生态系统中的流动状况，分析农林复合生态系统内各种能量的储存、转换、输入、输出、归还状况，同时对比分析各种不同农林复合模式的能量流动和能量利用情况。其能量流动的具体模型（王效科等，1992）见图 7-8 至图 7-10。根据农林复合生态系统能量流动模型图，可计算出能量投入输出数量的功能特征表如表 7-19 所示。

表 7-19　农林复合生态系统能量投入和输出量　（单位：万 kJ/hm²）

农林复合模式	T1	T2	T3
太阳能	5 686 000	5 686 000	5 686 000
辅助能	47.0	2 158.9	6 758.6
植物组分吸收能	14 664.9	9 667.0	14 402.8
植物组分储存能	25 584.1	9 975.4	32 039.1
输出能	9 749.3	8 959.5	9 291.2
植物子系统归还土壤系统能	763.2	1 232.6	1 266.5
经济输出能	9 749.3	3 513.9	9 291.2

（7）农林复合生态系统能量利用效率研究

能量的土壤输出效率、利用效率可以衡量自然或人工生态系统在利用太阳能方面的能力和效率的大小，其表示方法很多，其中，输出能/辅助能、输出能/太阳能、植物组分吸收能/辅助能、植物组分储存能/太阳能、经济输出能（以果实形式和饲料形式输出的能量）/辅助能、光能利用率（经济输出能/太阳能）是衡量农林复合生态系统能力利用效率的最为重要的指标（表 7-20），它们从不同侧面反映了农林复合生态系统的能力和输出效率。

表7-20 不同农林复合生态系统模式能量投入、产出效率

农林复合模式	T1	T2	T3
输出能/辅助能	207.43	3.25	19.12
输出能/太阳能（%）	0.17	0.16	0.16
植物组分吸收能/辅助能	312.02	3.50	29.64
植物组分吸收能/太阳能（%）	0.26	0.17	0.25
植物组分储存能/辅助能	544.34	3.62	65.94
植物组分储存能/太阳能（%）	0.45	0.18	0.56
经济输出能/辅助能	207.43	1.27	19.12
光能利用率（%）	0.17	0.06	0.16

对表7-20进行分析可知，从太阳能的利用效率、辅助能的利用效率、能量的经济输出效率等方面来看，T1模式大于T2、T3两模式。从植物组分吸收能效率来看，T1 > T3 > T2，从植物组分贮存能效率来看，T1 > T3 > T2。

从光能利用效率分析可知，当地的光能利用效率很低，仅仅为0.17%，这主要是由于当地植物的生产力较低所致，而影响该地植物生产力的主要因子是水分因子，即年降水量很低所致。就所示范研究的三种模式来看，林草复合经营生态系统的光能利用效率较高，它们的顺序为T1 > T3 > T2。由此可以看出，经过优化组合的、物种配制比较科学合理的农林复合经营生态系统，能更加有效地利用太阳能资源和辅助能资源，能提高经济能的输出，能为人类提高种类更多，产量更高的输出能。因此，在当地水资源少且有限的条件下，进行科学合理的配置农林复合生态系统，通过人为调控农林复合生态系统的结构，多层次、长时间的利用光、热、水、土资源，对提高单位面积的生产力、持续稳定的输出高质量、多种类的能量产品具有十分重要的意义。特别是对于半干旱黄土丘陵沟壑山地，年降水量少、土地资源多、人民生活极端贫困的地区，在无法提高降水量的前提下，实施和建立科学合理的农林复合模式，充分利用丰富的土地资源，对于加快当地经济的发展具有更加重要的意义。

在今后的经营中，建议对T1应加大辅助能的投入，并应采取集约经营的方式，应把山杏嫁接成经济效益较高的仁用杏，这样才能大大提高该模式的经济效益。对于T2模式，也应加大辅助能的投入，并对其结构进一步优化，引进一些产量高、经济效益好的作物（如马铃薯、耐旱性较强的中药材等）；按集约经营的方式对其经营，并加大病害的防治，特别是豌豆和小麦，这样才能提高农作物的产量。对于T3模式，应扩大经营的规模（如增加每户的经营面积），扩大经营范畴（如在地势开阔、背风向阳的地方建日光温室，用收集的天然降水发展蔬菜产业），这样才能大大增加当地百姓的经济收入，才能加速当地群众建设小康社会的步伐。

7.5.3 农林复合生态系统的物质循环

物质流和能量流是生态系统功能的具体体现，也是生态系统的基本特征，二者紧密结合，不可分割，构成了生态系统的核心。关于农林复合生态系统中物质循环的研究，近20

年有过报道，如冯宗炜（冯宗炜和陈楚莹，1983；冯宗炜，1999）关于平原农区农林复合生态系统的养分循环研究，Om Parkash Toky（1989）关于平原农田防护林系统的物质循环，吴钢等（1992，1993）关于黄淮海平原各种农林复合生态系统（果粮间作、桐粮间作、农田防护林系统）的养分循环研究，杨修等（1993）关于桐粮间作养分循环的研究，孟庆岩等（2000）关于我国热带地区胶—茶—鸡农林复合系统氮循环研究等。这些研究多偏重在平原农区，其物质循环研究多为营养物质的生物循环。甘肃中部黄土梁状丘陵沟壑区黄土丘陵沟壑区，地形地貌与平原农区差异较大，其物质循环的特征也有别于平原农区。在我国，类似于定西这样的黄土丘陵沟壑区较多，农林复合生态系统的类型也多种多样，系统分析和研究丘陵山区农林复合生态系统的物质循环对深入研究农林复合生态系统的功能特征，对促进山区农村的经济发展、消除贫困将更加有科学的意义。

农林复合生态系统中的物质循环反映了系统中物质吸收、转化和在不同层次不同组分及不同器官的分配状况，农林复合生态系统中的物质投入部分主要包括施肥、种子、苗木、降雨、灌溉、气体交换和吸收等；物质贮存和转换部分主要包括林木和农作物各器官及土壤中的元素储存，气体、水体、土壤及植物体间及其内部的交换，植物体物质的归还（枯枝落叶、根系、作物残茬等形式），系统输出部分主要有果实、作物籽实、作物秸秆、树木木材、树木薪柴、果树剪枝、地表径流、地下径流等。地表径流和地下径流大都是丘陵山地农林复合生态系统的主要物质输出部分。

7.5.3.1 物质循环计算分析方法

物质循环的计算分析，首先要计算农林复合生态系统物质的各投入项、贮存项、转化流动量、归还项、输出项，在此基础上计算投入产出效率。每一项为该项的生物量或生物生产力于物质元素含量的乘积。本论文以沙棘—山杏—紫花苜蓿复合经营模式（T1）、林—粮复合经营模式（T2）、雨水集流庭院经济复合经营模式（T3）三种模式进行分析。

植物器官元素的 N、P、K 含量是由北京林业大学生物中心测定的。所用的测定方法，N 用凯氏定氮、P 用比色法、K 用火焰分光光度计。植物各器官的 N、P、K 三种元素的含量见表 7-21 所示。

表 7-21 农林复合生态系统植物各器官 N、P、K 的含量

物种	器官	N 含量（%）	P 含量（%）	K 含量（%）
山杏	根	0.6503	0.0663	0.4536
	叶	0.5830	0.1209	1.7480
	枝、干	1.1798	0.0856	0.6340
沙棘	根	1.4962	0.0225	0.8328
	枝、干	2.5282	0.1084	0.9708
	叶	4.4967	0.1764	0.9708
紫花苜蓿	根	0.5397	0.0534	0.5095
	茎、叶	1.0138	0.0532	0.3659

续表

物种	器官	N 含量（%）	P 含量（%）	K 含量（%）
甘蒙柽柳	根	0.6219	0.0612	0.3969
	枝、干	0.5380	0.0298	0.1748
	叶	1.3759	0.0612	0.5571
紫花苜蓿	根	0.5397	0.0534	0.5095
	茎、叶	1.0138	0.0532	0.3659
甘蒙柽柳	根	0.6219	0.0612	0.3969
	枝、干	0.5380	0.0298	0.1748
	叶	1.3759	0.0612	0.5571
小麦	根	0.9542	0.0420	0.5113
	茎、叶	1.3354	0.0649	1.1533
	果	0.7243	0.1317	0.3307
豌豆	根	0.6277	0.0795	0.8388
	茎、叶	0.9753	0.0414	0.8666
	果	5.7409	0.2002	0.6464
胡麻	根	0.5864	0.4551	0.4467
	茎、叶	0.5189	0.0359	1.0457
	果	0.8201	0.4551	0.4467
梨树	根	0.5368	0.0873	0.2633
	叶	1.2136	0.1369	0.7721
	枝、干	0.3026	0.0613	0.3744
	果	0.1498	0.0428	0.4986
花椒	根	0.7157	0.0304	0.2897
	叶	0.3064	0.1356	0.7550
	枝、干	0.2458	0.0736	0.3234
	果	0.4490	0.1936	0.7264
紫花苜蓿	根	0.5397	0.0534	0.5095
	茎、叶	1.0138	0.0532	0.3659
玉米	果	1.6109	0.3743	0.3234

注：样品由北京林业大学生物中心分析

（1）物质投入项计算方法

农林复合生态系统中的物质投入项包括施肥和种子及其苗木携带的物质量、降雨输入量、灌溉输入量等。施肥包括有机肥（以猪粪为例，如按 1∶1 的的比例进行拌土，其 N、P、K 含量分别是 0.22%、0.13%、0.35%）和化肥（尿素的含 N 量为 43.5%、过磷酸钙的含 P 量为 17.0%）等。农作物种子（包括小麦、胡麻和豌豆）所投入的 N、P、K 的量由所投入的数量与所含 N、P、K 的量相乘而得。农药由于施入的量很小，所以投入的 N、

P、K 的量可忽略不计。由此可得到输入各模式中的 N、P、K 的量。各模式的投入由表7-22 所示（表7-22 是我们在从事"半干旱黄土丘陵沟壑区高效农林复合生态系统建设技术与示范研究"时调查所得）。

表7-22　各种农林复合生态系统人工投入的物质量 （单位：kg/hm²）

项目	T1	T2	T3
有机肥	5400. 0	28 800. 0	30 000. 0
氮肥（尿素）		62. 4	250. 0
磷肥（过磷酸钙）		249. 6	600. 0
农药		15. 0	30. 0
小麦种子		79. 0	
胡麻种子		19. 2	
豌豆种子		78. 1	
浇水			750 000. 0

（2）物质储存和转换量计算方法

植物各器官物质储存量和输入输出量由各器官的 N、P、K 含量和相应的生物量、生产力相乘而得。土壤中的物质储存量对于 T3（农田生态系统）是由土壤 N、P、K 含量（表7-23）及耕作层厚度（一般取40 cm）决定，对于 T1、T2 来说，养分供应层厚度取1m。通过测定，各模式中各子系统的土壤养分含量和土壤容重以及各子系统每公顷的 N、P、K 含量分别见表7-23 ~ 表7-25。

表7-23　农林复合生态系统不同子系统土壤养分状况

类型	土层深度（cm）	杏林	小麦	胡麻	豌豆	紫花苜蓿	果园
全 N（%）	0 ~ 10	0. 106	0. 075	0. 048	0. 083	0. 089	0. 080
	10 ~ 20	0. 093	0. 074	0. 047	0. 080	0. 080	0. 077
	20 ~ 40	0. 098	0. 072	0. 041	0. 077	0. 075	0. 071
	平均	0. 099	0. 074	0. 045	0. 081	0. 081	0. 076
全 P（%）	0 ~ 10	0. 060	0. 070	0. 064	0. 067	0. 068	0. 062
	10 ~ 20	0. 059	0. 068	0. 063	0. 064	0. 064	0. 060
	20 ~ 40	0. 061	0. 066	0. 060	0. 058	0. 062	0. 056
	平均	0. 060	0. 068	0. 062	0. 063	0. 065	0. 059
全 K（%）	0 ~ 10	1. 001	0. 500	0. 522	0. 560	0. 515	0. 522
	10 ~ 20	0. 495	0. 542	0. 421	0. 530	0. 477	0. 465
	20 ~ 40	0. 380	0. 462	0. 303	0. 510	0. 454	0. 447
	平均	0. 626	0. 501	0. 415	0. 530	0. 482	0. 478

表 7-24　农林复合生态系统不同子系统土壤容重状况

类型	杏林		小麦		豌豆		胡麻		紫花苜蓿		果园	
土壤深度（cm）	0~20	20~40	0~20	20~40	0~20	20~40	0~20	20~40	0~20	20~40	0~20	20~40
容重（g/cm³）	1.136	1.183	1.167	1.278	1.210	1.231	1.157	1.214	1.310	1.238	1.241	1.312
平均	1.160		1.223		1.221		1.199		1.274		1.263	

表 7-25　农林复合生态系统各子系统土壤 N、P、K 含量　（单位：kg/hm²）

类型	杏林	小麦	胡麻	豌豆	紫花苜蓿	果园
N	11 484.0	3 620.1	2 158.2	3 956.0	10 319.4	9 598.8
P	6 960.0	3 326.6	2 973.5	3 076.9	8 281.0	7 451.7
K	72 616.0	24 508.9	19 903.4	25 885.2	61 406.8	60 371.4

3）物质归还量计算方法

以有机物形式进入土壤的物质。农林复合生态系统各模式植物的归还量由表 7-14 的物质归还量和相应植物器官的元素含量（表 7-21）相乘而得。

4）物质输出项计算方法

农林复合生态系统中各模式植物的输出量由各输出项的数量表 7-15 和相应植物器官 N、P、K 元素的含量（表 7-21）相乘而得。

5）降雨年投入和径流年输出的物质量

降雨是定西半干旱丘陵沟壑区农林复合生态系统水分和养分的主要自然输入方式之一，该区年降雨量较小，一般没有灌溉。由于该区多为丘陵山区，因此，径流量较大，因径流对农林复合生态系统输出的水分和养分是不能忽略的，这是区别于平原农区农林复合生态系统的主要内容之一。按该地区多年降雨量的平均值计，降雨中年输入的 N、P、K 含量（雨水 N、P、K 含量为 0.42 mg/kg、0.03 mg/kg、0.10 mg/kg）分别 10.25 kg/hm²、0.73 kg/hm²、2.44 kg/hm²。对于 T1 模式，由于在紫花苜蓿下坡位修了集流坑，所以对外一般不产生径流，但在该系统内，由于紫花苜蓿地坡度大，所以产生径流，并流入集流坑中。对于模式 T2、T3，由于是水平梯田，所产生的径流量很小可忽略不计。就农林复合各子系统所产生的径流系数、土壤流失量及各自所流失的 N、P、K 含量见表 7-26。

表 7-26　农林复合各子系统水土流失（包括 N、P、K 的流失）调查表

子系统类型	降雨量（万 kg/hm²）	径流系数（%）	实际径流量（万 kg/hm²）	泥沙量（kg/hm²）	水样 N、P、K 量 (mg/kg)			水土流失 N、P、K 量 (kg/hm²)		
					全 N	全 P	水解 K	N	P	K
紫花苜蓿	2440	0.83	20.3	1456	1.43	0.26	3.45	1.6	1.0	8.2
天然草地	2440	0.38	9.3	1342	1.16	0.14	4.72	1.3	0.7	15.2

农林复合生态系统的物质循环模型图如图 7-11、图 7-12 和图 7-13 所示。

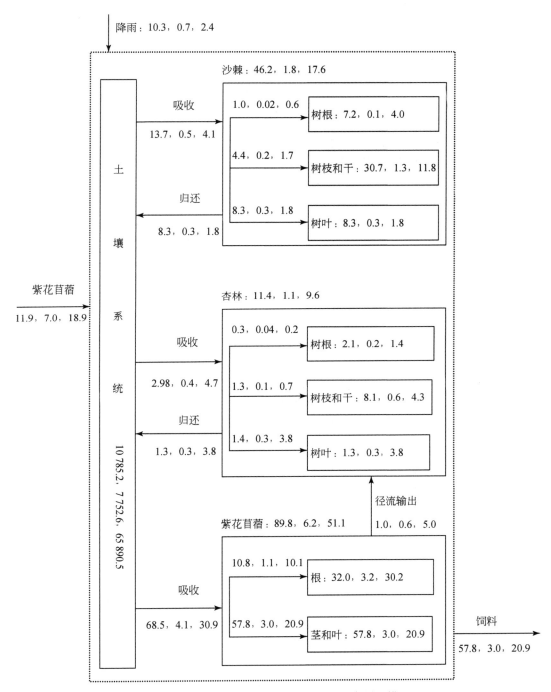

图 7-11　林草复合经营生态系统营养元素循环模型

（N、P、K 含量单位：kg/hm^2）

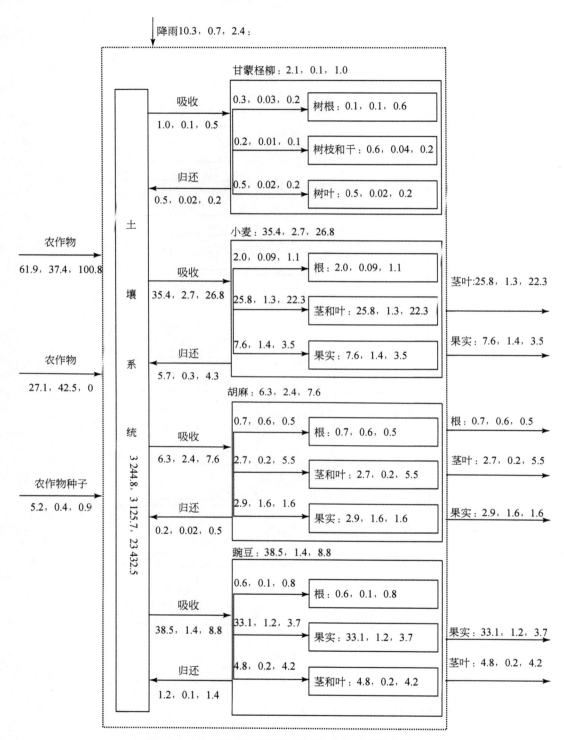

图7-12　林—粮复合经营生态系统营养元素循环模型

（N、P、K含量单位：kg/hm²）

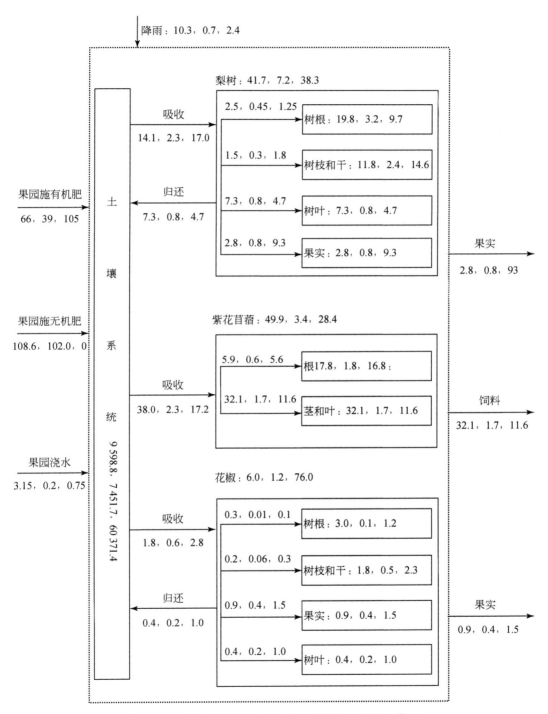

图 7-13　庭院经济复合经营生态系统营养元素循环模型

（N、P、K 含量单位：kg/hm^2）

7.5.3.2 农林复合生态系统的物质循环分析

（1）农林复合生态系统物质投入状况分析

通过人为措施可向农林复合生态系统投入一定数量的物质（N、P、K），一方面可以弥补由于每年系统的输出而被携带出的养分；另一方面也大大促进了林木和农作物或牧草的生长和发育，提高了农林复合生态系统对太阳能的利用率。

1）林—草复合经营模式（T1）。从图 7-11 中可以看出，T1 模式中投入的物质总量为 N 22.1 kg/hm²、P 7.8 kg/hm²、K 21.3 kg/hm²。这些投入物中，有机肥的 N、P、K 物质量分别为 11.9 kg/hm²、7.0 kg/hm²、18.9 kg/hm²，分别占总投入 N、P、K 的比例为 53.7%、90.6%、88.7%；降雨所投入的 N、P、K 物质量分别为 10.3 kg/hm²、0.7 kg/hm²、2.4 kg/hm²，分别占总投入 N、P、K 的比例 46.3%、9.4%、11.3%。

2）林—粮复合经营模式（T2）。从图 7-12 中可以看出，T2 模式中投入的物质总量为 N 104.5 kg/hm²、P 81.0 kg/hm²、K 104.1 kg/hm²。这些投入物中，有机肥的 N、P、K 物质量分别为 61.9 kg/hm²、37.4 kg/hm²、100.8 kg/hm²，分别占总投入 N、P、K 的比例为 59.3%、46.2%、96.8%；无机肥的 N、P、K 物质量分别为 27.1 kg/hm²、42.5 kg/hm²、0 kg/hm²，分别占总投入 N、P、K 的比例为 26.0%、52.4%、0.0%；农作物种子的 N、P、K 物质量分别为 5.2 kg/hm²、0.4 kg/hm²、0.9 kg/hm²，分别占总投入 N、P、K 的比例为 4.9%、0.3%、0.8%；降雨所投入的 N、P、K 物质量分别为 10.3 kg/hm²、0.7 kg/hm²、2.4 kg/hm²，分别占总投入 N、P、K 的比例 9.8%、1.1%、2.4%。

3）庭院经济复合经营模式（T3）。从图 7-13 中可以看出，T3 模式中投入的物质总量为 N 188.2 kg/hm²、P 141.9 kg/hm²、K 108.2 kg/hm²。这些投入物中，有机肥的 N、P、K 物质量分别为 66.0 kg/hm²、39.0 kg/hm²、105.0 kg/hm²，分别占总投入 N、P、K 的比例为 35.1%、27.5%、97.1%；无机肥的 N、P、K 物质量分别为 108.6 kg/hm²、102.0 kg/hm²、0 kg/hm²，分别占总投入 N、P、K 的比例为 57.8%、71.9%、0%；浇水所投入的 N、P、K 物质量分别为 3.2 kg/hm²、0.2 kg/hm²、0.8 kg/hm²，分别占总投入 N、P、K 的比例为 1.7%、0.1%、0.8%；降雨所投入的 N、P、K 物质量分别为 10.3 kg/hm²、0.7 kg/hm²、2.4 kg/hm²，分别占总投入 N、P、K 的比例为 5.4%、10.5%、2.2%。

4）三种农林复合生态系统物质的投入状况比较。三种农林复合生态系统物质投入量，对于 N 来说，T3 > T2 > T1；对于 P 来说，T3 > T2 > T1；对于 K 来说，T3 > T2 > T1。就 N、P 来，主要是有机肥和无机肥的投入，其他投入（如降雨、种子等）是次要的；对于 K 元素来说，主要是由施有机肥而投入的，次之为降雨的投入。

（2）农林复合生态系统物质吸收状况分析

a. 林—草复合经营模式（T1）

从图 7-11 中可以看出，T1 模式中一年所吸收的物质总量为 N 85.2 kg/hm²、P 5.0 kg/hm²、K 39.7 kg/hm²。在一年所吸收的总物质中，山杏所吸收的 N、P、K 物质量分别为 2.9 kg/hm²、0.4 kg/hm²、4.7 kg/hm²，分别占总吸收 N、P、K 的比例为 3.5%、8.9%、11.9%；沙棘所吸收的 N、P、K 物质量分别为 13.7 kg/hm²、0.5 kg/hm²、4.1 kg/hm²，分别占总吸收 N、P、K 的比例为 16.1%、10.6%、10.2%；紫花苜蓿所吸收的 N、P、K 物质量分别为 68.5 kg/hm²、

4.1 kg/hm^2、30.9 kg/hm^2，分别占总吸收 N、P、K 的比例为 80.4%、81.6%、77.9%。就整个系统而言，N 主要集中在紫花苜蓿中、P 主要集中在紫花苜蓿中、K 也主要集中在紫花苜蓿中，山杏和沙棘子系统中 N、P、K 的含量很小。对于山杏子系统，一年所吸收的物质在植物体内各器官的分配为树根 N 11.6%、P 8.9%、K 5.1%，树叶 N 42.7%、P 66.3%、K 79.7%，树枝和干 N 45.7%、P 24.8%、K 15.3%。就山杏，一年所吸收的 N 主要集中在叶和枝干中，根中较少，顺序依次为枝和干 > 叶 > 根；P 主要集中在叶中，而根中的含量较小，它的顺序为叶 > 枝和干 > 根；K 主要集中在叶中，而根中的含量很小，它的顺序为叶 > 枝和干 > 根。对于沙棘子系统，一年所吸收的物质在植物体内各器官的分配为树根 N 7.5%、P 2.9%、K 14.2%，树叶 N 31.9%、P 35.4%、K 41.5%，树枝和干 N 60.6%、P 61.7%、K 44.4%。就沙棘而言，一年所吸收的 N 主要集中在叶，枝和干中次之，根中很小；P 主要集中在叶中，它的顺序为叶 > 枝和干 > 根；K 主要集中在叶、枝和干中，而根中很小，它的顺序为叶 > 枝和干 > 根。对于紫花苜蓿子系统，一年所吸收的物质在植物体内各器官的分配为根 N 15.6%、P 25.8%、K 32.6%，茎和叶 N 84.4%、P 74.2%、K 67.4%。就紫花苜蓿，一年所吸收的 N 主要集中在叶，约为根的 5.4 倍；P 主要集中在茎和叶中，约为根的 2.9 倍；K 主要集中在茎和叶，是根中的 2 倍。

b. 林—粮复合经营模式（T2）

从图 7-12 中可以看出，T2 模式中一年所吸收的物质总量为 N 81.3 kg/hm^2、P 6.6 kg/hm^2、K 43.7 kg/hm^2。在一年所吸收的总物质中，甘蒙柽柳所吸收的 N、P、K 物质量分别为 1.0 kg/hm^2、0.06 kg/hm^2、0.5 kg/hm^2，占总吸收 N、P、K 的比例分别为 1.3%、1.0%、1.1%；小麦所吸收的 N、P、K 物质量分别为 35.4 kg/hm^2、2.7 kg/hm^2、26.9 kg/hm^2，占总吸收 N、P、K 的比例分别为 43.6%、41.3%、61.5%；豌豆所吸收的 N、P、K 物质量分别为 38.5 kg/hm^2、1.4 kg/hm^2、8.8 kg/hm^2，占总吸收 N、P、K 的比例分别为 47.3%、21.8%、20.1%；胡麻所吸收的 N、P、K 物质量分别为 38.5 kg/hm^2、1.5 kg/hm^2、8.8 kg/hm^2，占总吸收 N、P、K 的比例分别为 7.8%、35.9%、17.4%。就整个系统而言，N 主要集中在小麦和豌豆中，胡麻和甘蒙柽柳中的量很小；P 主要集中在小麦和胡麻中，豌豆中含量较少，甘蒙柽柳中的量很小；K 主要集中在小麦中，胡麻和豌豆中含量较少，甘蒙柽柳中的量很小，可以忽略不计。对于甘蒙柽柳子系统，一年所吸收的物质在植物体内各器官的分配为树根 N 29.0%、P 45.8%、K 40.6%，树枝和干 N 20.8%、P 18.4%、K 14.8%，树叶 N 50.2%、P 35.7%、K 44.6%。就甘蒙柽柳，一年所吸收的 N 主要集中在叶，它的顺序为叶 > 根 > 枝和干；P 主要集中在叶中，它的顺序为根 > 叶 > 枝和干；K 主要集中在根和叶中，它的顺序为叶 > 根 > 枝和干。对于小麦子系统，一年所吸收的物质在植物体内各器官的分配为根 N 5.6%、P 3.2%、K 3.9%，茎和叶 N 73.0%、P 46.1%、K 83.1%，果实 N 21.4%、P 50.7%、K 12.9%。对于小麦，一年所吸收的 N 主要集中在茎和叶，它的顺序为茎和叶 > 果实 > 根；P 主要集中在果实、茎和叶中，它的顺序为果实 > 茎和叶 > 根；K 主要集中在茎和叶中，它的顺序为茎和叶 > 果实 > 根。对于豌豆子系统，一年所吸收的物质在植物体内各器官的分配为根 N 1.6%、P 5.4%、K 9.4%，茎和叶 N 12.4%、P 114.1%、K 48.1%，果实 N 86.0%、P 80.5%、K 42.5%。就豌豆而言，一年所吸收的 N 主要集中在果实中，它的顺序为果实 > 茎和叶 > 根；P 主要集中在果实中，它的顺序为果实＞茎和叶＞根；K 主要集中在果实、茎和叶中，它的顺序为茎和叶＞果实＞根。对于胡麻子系统，一年所吸收的物质在植物体内各器官的分配为根 N 11.3%、P 23.5%、K 47.2%，茎和叶 N 42.6%、P 7.9%、K 71.8%，果实 N 46.1%、P 68.6%、K 21.0%。就胡麻，一年所吸收的 N 主要集中在果实、茎和叶中，它的顺序为果实＞茎和叶＞根；P 主要集中在果实中，根较少，它的顺序为果实＞根＞茎和叶；K 主要集中在茎和叶中，果实中较少，它的顺序为茎和叶＞果实＞根。

c. 庭院经济复合经营模式（T3）

从图 7-13 中可以看出，T3 模式中一年所吸收的物质总量为 N 54.0 kg/hm²、P 5.2 kg/hm²、K 37.0 kg/hm²。在一年所吸收的总物质中，梨树所吸收的 N、P、K 物质量分别为 14.1 kg/hm²、2.3 kg/hm²、17.0 kg/hm²，分别占总吸收 N、P、K 的比例为 26.1%、44.5%、46.0%；花椒所吸收的 N、P、K 物质量分别为 1.8 kg/hm²、0.6 kg/hm²、2.8 kg/hm²，分别占总吸收 N、P、K 的比例为 3.4%、12.1%、7.6%；紫花苜蓿所吸收的 N、P、K 物质量分别为 38.0 kg/hm²、2.3 kg/hm²、17.2 kg/hm²，分别占总吸收 N、P、K 的比例为 70.5%、43.4%、46.4%。就整个系统而言，N 主要集中在紫花苜蓿中，梨树中较少，花椒中的量很小；P 主要集中在紫花苜蓿和梨树，花椒中含量较少；K 也主要集中在紫花苜蓿和梨树中，而花椒中含量很小。对于梨树子系统，一年所吸收的物质在植物体内各器官的分配为树根 N 17.6%、P 17.3%、K 17.1%，树叶 N 52.0%、P 35.5%、K 27.3%，树枝和干 N 10.5%、P 12.8%、K 10.7%，果实 N 19.9%、P 34.4%、K 54.8%。就梨树，一年所吸收的 N 主要集中在叶中，根、果实、枝和干次之，但相差不大，它的顺序为叶＞果实＞根＞枝和干；P 主要集中在叶和果实中，根、枝和干相差不大，它的顺序为叶＞果实＞根＞枝和干；K 主要集中在果实中，叶次之，根、枝和干相差不大，它的顺序为果实＞叶＞枝和干＞根。对于花椒子系统，一年所吸收的物质在植物体内各器官的分配为树根 N 17.8%、P 2.2%、K 4.7%，树叶 N 21.8%、P 27.6%、K 34.6%，树枝和干 N 10.7%、P 9.2%、K 9.1%，果实 N 49.6%、P 61.1%、K 51.6%。就花椒而言，一年所吸收的 N 主要集中在果实中，根和叶较少但相差不大，树和干中最小，它的顺序为果实＞叶＞根＞枝和干；P 主要集中在果实中，叶中较多，它的顺序为果实＞叶＞枝和干＞根；K 主要集中在果实和叶中，其他器官较少，它的顺序为果实＞叶＞枝和干＞根。对于紫花苜蓿子系统，一年所吸收的物质在植物体内各器官的分配为根 N 15.6%、P 25.8%、K 32.6%，茎和叶 N 84.4%、P 74.2%、K 67.4%。就紫花苜蓿，一年所吸收的 N 主要集中在叶，约占根的 5.4 倍；P 主要集中在叶中，约中根的 2.9 倍；K 主要集中在叶，是根中的 2 倍。

d. 三种农林复合生态系统物质的吸收状况比较

三种农林复合生态系统每年所吸收的物质量，对于 N 来说，T1＞T2＞T3；对于 P 来说，T2＞T3＞T1；对于 K 来说，T2＞T1＞T3。

（3）农林复合生态系统物质贮存状况分析

a. 林—草复合经营模式（T1）

从图 7-11 中可以看出，T1 模式中储存的物质总量为 N 147.4 kg/hm²、P 9.0 kg/hm²、K 78.2 kg/hm²。在储存的总物质中，山杏所储存的 N、P、K 物质量分别为 11.4 kg/hm²、1.1 kg/hm²、9.6 kg/hm²，分别占总储存 N、P、K 的比例为 7.7%、11.7%、12.2%；沙棘所储

存的 N、P、K 物质量分别为 46.2 kg/hm²、1.8 kg/hm²、17.6 kg/hm²，分别占总储存 N、P、K 的比例为 31.3%、19.4%、22.5%；紫花苜蓿所储存的 N、P、K 物质量分别为 89.8 kg/hm²、6.2 kg/hm²、51.1 kg/hm²，分别占总储存 N、P、K 的比例为 60.9%、68.8%、65.3%。就整个系统而言，N 主要集中在紫花苜蓿中，沙棘次之，山杏最少；P 主要集中在紫花苜蓿中，沙棘次之，山杏最小；K 主要集中在紫花苜蓿中，沙棘次之，山杏最小。对于山杏子系统，所储存的物质在植物体内各器官的分配为树根 N 18.1%、P 19.9%、K 15.0%，树叶 N 11.1%、P 24.7%、K 39.5%，树枝和干 70.9%、P 55.4%、K 45.4%。就山杏，所储存的 N 主要集中在枝和干中，根和叶中较少，顺序为枝和干 > 根 > 叶；P 主要集中在枝和干中，而根和叶中较少，顺序为枝和干 > 叶 > 根；K 主要集中在叶树和干中，而根中的含量很小，顺序为枝和干 > 叶 > 根。对于沙棘子系统，所储存的物质在植物体内各器官的分配为树根 N 15.6%、P 75.1%、K 22.8%，树叶 N 66.3%、P 18.7%、K 66.9%，树枝和干 N 18.0%、P 51.1%、K 10.2%。就沙棘而言，所储存的 N 主要集中在枝和干，叶和根中较少但相差不大，顺序为枝和干 > 叶 > 根；P 主要集中在枝和干中，顺序为枝和干 > 根 > 叶；K 主要集中在枝和干中，顺序为枝和干 > 根 > 叶。对于紫花苜蓿子系统，所储存的物质在植物体内各器官的分配为根 N 35.7%、P 51.1%、K 59.2%，茎和叶 N 64.3%、P 48.9%、K 40.8%。就紫花苜蓿，所储存的 N 主要集中在茎和叶中，约是根的 1.8 倍；P 集中在根、茎和叶中，且相差不大；K 主要在集中在根、茎和叶中，且根中较多。

b. 林—粮复合经营模式（T2）

从图 7-12 中可以看出，T2 模式中储存的物质总量为 N 82.3 kg/hm²、P 6.7 kg/hm²、K 44.2 kg/hm²。在储存的总物质中，甘蒙柽柳所储存的 N、P、K 物质量分别为 2.1 kg/hm²、0.1 kg/hm²、1.0 kg/hm²，分别占总贮存 N、P、K 的比例为 2.5%、2.2%、2.24%；小麦所储存的 N、P、K 物质量分别为 35.418 kg/hm²、2.7 kg/hm²、26.8 kg/hm²，占总储存 N、P、K 的比例分别为 40.3%、40.8%、60.73%；豌豆所储存的 N、P、K 物质量分别为 38.5 kg/hm²、1.4 kg/hm²、8.8 kg/hm²，占总储存 N、P、K 的比例分别为 46.8%、21.5%、19.85%；胡麻所储存的 N、P、K 物质量分别为 38.5 kg/hm²、1.4 kg/hm²、8.8 kg/hm²，占总储存 N、P、K 的比例分别为 7.7%、35.5%、17.17%。就整个系统而言，N 主要集中在小麦和豌豆中，胡麻和甘蒙柽柳中的量很小；P 主要集中在小麦和胡麻中，豌豆中含量较少，甘蒙柽柳中的量很小；K 主要集中在胡麻和小麦中，豌豆中含量较少，甘蒙柽柳中的量很小，可以忽略不计。对于甘蒙柽柳子系统，所储存的物质在植物体内各器官的分配为树根 N 43.7%、P 60.1%、K 57.8%，树枝和干 N 31.2%、P 24.2%、K 21.0%，树叶 N 25.1%、P 15.7%、K 21.1%。就甘蒙柽柳，所储存的 N 主要集中在根中，顺序为根 > 枝和干 > 叶；P 主要集中在根中，顺序为根 > 枝和干 > 叶；K 主要集中在根中，顺序为根 > 叶 = 枝和干。对于小麦子系统，所储存的物质在植物体内各器官的分配为根 N 5.6%、P 3.2%、K 3.9%，茎和叶 N 73.0%、P 46.1%、K 83.1%，果实 N 21.4%、P 50.7%、K 12.9%。对于小麦，所储存的 N 主要集中在茎和叶，顺序为茎和叶 > 果实 > 根；P 主要集中在果实、茎和叶中，顺序为果实 > 茎和叶 > 根；K 主要集中在茎和叶中，顺序为茎和叶 > 果实 > 根。对于豌豆子系统，所储存的物质在植物体内各器官的分配为根 N 1.6%、P 5.4%、K 9.4%，茎和叶 N 12.4%、P 114.1%、K 48.1%，果实 N 86.0%、P 80.5%、K

42.5%。就豌豆而言，所储存的 N 主要集中在果实中，顺序为果实＞茎和叶＞根；P 主要集中在果实中，顺序为果实＞茎和叶＞根；K 主要集中在果实、茎和叶中，它的顺序为茎和叶＞果实＞根。对于胡麻子系统，所储存的物质在植物体内各器官的分配为根 N 11.3%、P 23.5%、K 47.2%，茎和叶 N 42.6%、P 7.9%、K 71.8%，果实 N 46.1%、P 68.6%、K 21.0%。就胡麻而言，所储存的 N 主要集中在果实、茎和叶中，它的顺序为果实＞茎和叶＞根；P 主要集中在果实中，根较少，顺序为果实＞根＞茎和叶；K 主要集中在茎和叶中，果实中较少，顺序为茎和叶＞果实＞根。

c. 庭院经济复合经营模式（T3）

从图 7-13 中可以看出，T3 模式中储存的物质总量为 N 97.6 kg/hm²、P 11.9 kg/hm²、K 72.6 kg/hm²。在所储存的总物质中，梨树所储存的 N、P、K 物质量分别为 41.7 kg/hm²、7.2 kg/hm²、38.3 kg/hm²，分别占总储存 N、P、K 的比例为 42.8%、60.9%、52.8%；花椒所储存的 N、P、K 物质量分别为 6.0 kg/hm²、1.2 kg/hm²、5.9 kg/hm²，分别占总储存 N、P、K 的比例为 6.1%、10.2%、8.14%；紫花苜蓿所储存的 N、P、K 物质量分别为 49.9 kg/hm²、3.4 kg/hm²、28.4 kg/hm²，分别占总储存 N、P、K 的比例为 51.1%、29.0%、39.1%。就整个系统而言，N 主要集中在紫花苜蓿中和梨树中，花椒中的量很小；P 主要集中在梨树中，紫花苜蓿较少，花椒最少；K 主要集中在紫花苜蓿和梨树中，花椒中含量很小。对于梨树子系统，所贮存的物质在植物体内各器官的分配为树根 N 47.5%、P 44.5%、K 25.4%，树叶 N 17.6%、P 11.4%、K 12.2%，树枝和干 N 28.2%、P 33.0%、K 38.1%，果实 N 6.7%、P 11.1%、K 24.4%。就梨树而言，所储存的 N 主要集中在根中，顺序为根＞枝和干＞叶＞果实；P 主要集中在根、枝和干中，叶和果实相差不大，顺序为叶＞果实＞根＞枝和干；K 主要集中在果实中，叶次之，根、枝和干相差不大，顺序为根＞枝和干＞果实＝叶。对于花椒子系统，所储存的物质在植物体内各器官的分配为树根 N 48.9%、P 10.2%、K 19.9%，树叶 N 6.6%、P 14.5%、K 16.5%，树枝和干 N 29.4%、P 43.3%、K 39.0%，果实 N 15.1%、P 32.0%、K 24.6%。就花椒而言，所储存的 N 主要集中在根、树和干中，顺序为果实＞叶＞根＞枝和干；P 主要集中在果实、枝和干中，其顺序为枝和干＞果实＞叶＞根；K 主要集中在果实、枝和干中，其顺序为枝和干＞果实＞根＞叶。对于紫花苜蓿子系统，所储存的物质在植物体内各器官的分配为根 N 35.7%、P 51.1%、K 59.2%，茎和叶 N 64.3%、P 48.9%、K 40.8%。就紫花苜蓿，所储存的 N 主要集中在茎和叶，是根的 1.8 倍；P 茎、叶和根相差不大；K 主要集中在根中，茎和叶是根 1.45 倍。

d. 三种农林复合生态系统物质贮存状况比较

三种农林复合生态系统每年所储存的物质量，对 N 来说，T1＞T3＞T2；对于 P 来说，T3＞T1＞T2；对 K 来说，T1＞T3＞T2。

（4）农林复合生态系统物质归还状况分析

由于林木的落叶和作物的残茬，农林复合生态系统中的生物每年都有一部分养分要返回到土壤中去，这部分物质是构成土壤肥料的一部分，它对于整个系统的养分稳定具有十分重要的意义。

a. 林—草复合经营模式（T1）

从图 7-11 中可以看出，T1 模式一年向土壤归还的物质量为 N 9.6 kg/hm²、P

0.6 kg/hm^2、K 5.6 kg/hm^2。其中山杏的贡献率为 N 13.1%、P 44.4%、K 67.7%；其中沙棘的贡献率为 N 86.9%、P 55.6%、K 32.3%。该模式的归还物来自于山杏和沙棘的树叶中，但主要是来自于山杏的树叶。

b. 林—粮复合经营模式（T2）

从图 7-12 中可以看出，T2 模式一年向土壤归还的物质量为 N 7.6 kg/hm^2、P 0.4 kg/hm^2、K 6.3 kg/hm^2。其中甘蒙柽柳的贡献率为 N 6.8%、P 5.4%、K 3.3%；小麦的贡献率为 N 10.7%、P 9.0%、K 9.7%；胡麻的贡献率为 N 3.1%、P 4.9%、K 7.2%；豌豆的贡献率为 N 15.5%、P 26.5%、K 21.6%。该模式的归还物来自于农作物的根、茎叶、秸秆的残茬和甘蒙柽柳的树叶，但农作物是占主要的。

c. 庭院经济复合经营模式（T3）

从图 7-13 中可以看出，T3 模式一年向土壤归还的物质量为 N 7.7 kg/hm^2、P 1.0 kg/hm^2、K 5.6 kg/hm^2。其中梨树的贡献率为 N 94.8%、P 82.7%、K 82.8%；花椒的贡献率为 N 5.2%、P 17.3%、K 17.2%。该模式的归还物来自于梨树和花椒的树叶，但梨树是占主要的。

d. 三种农林复合生态系统物质归还状况比较

从三种农林复合生态系统每年所归还的物质量来看，对 N 来说，T1 > T3 > T2；对 P 来说，T3 > T1 > T2；对 K 来说，T1 > T3 > T2。

（5）农林复合生态系统物质输出状况分析

a. 林—草复合经营模式（T1）

从图 7-11 中可以看出，T1 模式一年向系统外输出的物质量为 N 57.8 kg/hm^2、P 3.0 kg/hm^2、K 20.9 kg/hm^2。在该模式中，只有紫花苜蓿有物质的输出，由于山杏和沙棘未进入产果期及产薪柴期，所以还没有物质的输出。

b. 林—粮复合经营模式（T2）

从图 7-12 中可以看出，T2 模式一年向系统外输出的物质量为 N 77.7 kg/hm^2、P 10.2 kg/hm^2、K 41.3 kg/hm^2。其中小麦的贡献率为 N 43.1%、P 25.9%、K 62.4%；胡麻的贡献率为 N 8.2%、P 60.8%、K 18.4%；豌豆的贡献率为 N 48.8%、P 13.3%、K 19.2%。在该模式中，只有农作物有物质的输出，由于甘蒙柽柳未进入薪柴成熟期，所以还没有物质的输出。

c. 庭院经济复合经营模式（T3）

从图 7-13 中可以看出，T3 模式一年向系统外输出的物质量为 N 35.8 kg/hm^2、P 2.9 kg/hm^2、K 22.4 kg/hm^2。其中梨树的贡献率为 N 7.8%、P 27.9%、K 41.8%；花椒的贡献率为 N 2.5%、P 13.5%、K 6.5%；紫花苜蓿的贡献率为 N 89.7%、P 58.6%、K 51.8%。在该模式中，梨树、花椒和紫花苜蓿都有物质的输出，在所输出的物质中紫花苜蓿是主要的，而梨树和花椒是次要的。

d. 三种农林复合生态系统物质输出状况比较

从三种农林复合生态系统每年向系统外输出的物质量来看，对 N 来说，T2 > T1 > T3；对 P 来说，T2 > T1 > T3；对 K 来说，T2 > T3 > T1。

（6）农林复合生态系统物质投入、输出效率

为了反映农林复合生态系统的物质投入、输出的特征，我们便对有关的系统投入、输出的指标进行了计算，一个是输出、投入之差，它反映农林复合生态系统中物质的净变化；一个是吸收量与总储存量之比，它反映农林复合生态系统中物质积累的速率；还有一个指标是归还率（归还量/吸收量），它反映农林复合生态系统每年所吸收的物质归还到土壤中去的比例的大小，这三个指标的计算结果如表7-27所示。

表7-27 三种农林复合生态系统的物质投入、输出效率

模式	元素	投入（kg/hm²）	吸收（kg/hm²）	贮存（kg/hm²）	归还（kg/hm²）	输出（kg/hm²）	输出—投入	吸收/贮存量	归还率（归还量/吸收量）
T1	N	22.1	85.2	147.4	9.6	57.8	35.7	0.58	0.11
	P	7.8	5.0	9.0	0.6	3.0	-4.7	0.56	0.12
	K	21.3	39.7	78.2	5.6	20.9	-0.5	0.51	0.14
T2	N	104.5	81.3	82.3	7.6	77.7	-26.8	0.99	0.09
	P	81.0	6.6	6.7	0.4	10.2	-70.8	0.99	0.07
	K	104.1	43.7	44.4	6.3	41.3	-62.8	0.99	0.14
T3	N	188.2	53.9	97.6	7.7	35.8	-152.3	0.55	0.14
	P	141.9	5.2	11.9	1.0	2.9	-139.1	0.44	0.19
	K	108.2	37.0	72.6	5.6	22.4	-85.8	0.51	0.15

从输出与投入之差看，N在T1模式中输出大于投入，对整个系统来说，土壤中N的含量是处于减少的状态，但由于紫花苜蓿是豆科植物，具有固氮作用，所以土壤库中的N的含量基本保持平衡，并且要比其土壤库中的还要多；对于P、K两元素来说，投入大于输出，对整个系统来说，两元素处于累积状态。对于T2、T3模式中的N、P、K三元素来说，投入大于输出，对整个系统来说，三元素物质的量处于累积状态，这主要是投入大量的有机肥和无机肥的原因。从吸收物质量与储存物质量之比看，T2模式中N、P、K均大于0.9，这是由于一年生农作物在物质储存量和净吸收量中所占的比例较大，说明了物质积累的速率是很快的。从归还率来看，T1、T2、T3的归还率相差不大。

7.5.4 养殖业生态系统类型能量和物质流动研究

养殖业是农林复合生态系统中物质循环和能量流动的一个重要途径。在本研究中，养殖业的饲草饲料来源于农林复合生态系统的三个模式即T1、T2和T3，所以养殖业没有作为一个专门的模式进行研究，而是作为几种模式物质循环和能量流动的途径进行研究。其生长量、生物量、物质（能量）的投入、物质（能量）的储存、物质（能量）的转化和物质（能量）的输出有别于农林复合生态系统中各植物的计算及分析方法。

7.5.4.1 家庭养殖业

随着西部大开发生态环境建设及退耕还林（草）政策的实施，为了改善当地的生态环境和从根本上治理水土流失这一问题，国家要求当地的坡耕地进行退农还林（草），这样使大面积的耕地用来种草种树，而用于可耕种的面积还占不到原来的一半。面对怎样才能

保障当地百姓有粮吃，怎样才能提高当地百姓的经济收入，怎样才能解决百姓的后顾之忧（退耕还林8年后到底怎么办）等一系列的问题，我们认为利用退耕还林所种的优质牧草（紫花苜蓿），发展家庭养殖业是一种很好的解决办法，它既可以保障退耕还林（草）工程的顺利进行，又可增加群众的经济收入，并把群众的目前利益和长远利益相结合，从根本上解决后顾之忧。以上便是该模式提出的时代背景及目的所在。

在该地区群众养殖的主要畜禽种有牛、羊、猪、鸡等，其物质循环和能量流动分析如下所述。

1）牛：经调查，该地区所养殖的大牲畜主要有牛、驴、骡子等，但其中牛的比重最大，因此在家庭养殖业中以牛为代表进行研究。在当地养牛主要是为了提供畜力，其次是为农田生产出大量的有机肥和每年为农民生产牛犊，增加农民的经济收入。一般牛的生活期为10年，5年以后体重约为380.0 kg，则平均年体重增加量为38.0 kg，即为生长量。一头耕牛每年所吸收的能量除了用于自身保持体温和正常活动所消耗能量外，还可用来提供畜力、增加体重和粪便的排泄三部分。在当地，一头牛每年的工作约为200 d，一天的工作量按4 h计，则每年所提供的畜力能为1728.0 MJ/a；每年增加的体重所储存的能量为441.6 MJ/a；每年排出的粪便（干物质）按1084.1 kg计，则每年随粪便输出的能量为12 778.9 MJ/a。为了满足牛一年所需要的能量，则一头牛一年所供给的饲草为2190.0 kg（一半是紫花苜蓿，一半是麦草），精料（以豌豆为主）为125.0 kg。一头牛一年所排泄的新鲜粪尿约为8213.0 kg，其中有机质为889.7 kg、N为43.5 kg、P为6.3 kg、K为29.9 kg。如按70%进行收集，则每头牛每年归还于农田的干物质为758.9 kg，其中有机质、N、P、K分别为622.8 kg、30.5 kg、4.4 kg、20.9 kg。

2）羊：经调查，该地区主要以饲舍圈养方式进行养羊，养羊的主要目的是为了增加当地群众的经济收入，此外还为了生产出高效的有机肥。羊的养育期一般为1年，出栏时体重一般为40 kg（毛重），即生长量为40.0 kg/a。羊一年所吸收的能量除了用于自身保持体温和正常活动所消耗能量外，一部分用于体重的增加，一部分用于粪便的排泄。羊一年体内所储存的能量为635.2 MJ/a；一只羊在一年中所排泄的粪便（干物质）约为225.5 kg，则随粪便所输出的能量为2658.6 MJ/a。为了满足羊一年所需要的能量，则一只羊一年所供给的饲草为547.5 kg（以紫花苜蓿为主），精料（以豌豆为主）为15.0 kg。在一年内所排泄的新鲜粪尿大约为816.5 kg，其中有机质为193.1 kg，所含N、P、K分别为8.1 kg、1.2 kg、5.9 kg。如按70%的系数进行收集，则每只羊每年归还于农田的干物质为157.9 kg，其中有机质135.2 kg、N 5.7 kg、P 0.8 kg、K 4.1 kg。

3）猪：经调查，该地区养猪的主要是为自家提供肉类食品，其次是利用多余的肉类品增加经济收入和为农田提供高效、大量的有机肥。一般猪的养育期为1年，每头猪出栏时按125 kg（毛重）计，即生长量为125 kg，则一头猪体内所储存的能量为3135.0 MJ/a。猪一年所吸收的能量除了用于自身保持体温和正常活动所消耗能量外，一部分用于体重的增加，一部分用于粪便的排泄。一头猪一年所排泄的粪便（干物质）约为129.6 kg，因而随粪便所输出的能量为1912.3 MJ/a。为了满足猪一年所需要的能量，则一头猪一年所供给的饲草为547.5 kg（以豌豆秸秆为主），精料（小麦和玉米按1∶1进行配制）为180.0 kg。在一年内所排泄的新鲜粪尿约为1350 kg，其中有机质为103.68 kg，所含N、P、K分别为 5.7 kg、1.3 kg、8.9 kg。如按 70% 的系数进行收集，则每头猪归还于农田的干物质为 90.7 kg，其中有机质 72.6 kg、N 4.0 kg、P 0.9 kg、K 6.2 kg。

4）鸡：经调查，该地区主要以圈养的方式进行养鸡，养鸡的主要目的是为自家提供蛋类食品，用于提高当地群众的生活水平。该地区鸡的养育期一般为 2 年，鸡的体重按 2.5 kg（毛重）计，即生长量为 1.25 kg/a，则鸡体内所储存的能量为 5.6 MJ/a。鸡一年所吸收的能量除了用于自身保持体温和正常活动所消耗能量外，一部分用于体重的增加，一部分用于粪便的排泄，另一部分用于鸡蛋的输出。每只母鸡一年的产蛋量约为 200 枚，即为 12.5 kg，则输出的能量为 99.8 MJ/a；每只鸡一年中所排泄的粪便（干物质）约为 27.5 kg，则随粪便所输出的能量为 344.9 MJ。为了满足鸡一年所需要的能量，则一只鸡一年所供给的饲草为 18.0 kg（以紫花苜蓿为主），精料（小麦和玉米按 1∶1 进行配制）为 29.2 kg。在一年内所排泄的新鲜粪约为 55.0 kg，其中有机质 14.0 kg，所含 N、P、K 分别为 0.9 kg、0.4 kg、0.4 kg。如按 70% 的系数进行收集，则每只鸡归还于农田的干物质为 19.3 kg，其中有机质 9.8 kg、N 0.6 kg、P 0.3 kg、K 0.3 kg。

7.5.4.2 养殖业生态系统类型生物量和生长量

对于家庭养殖业中的羊来说，如一户按 10 只（其中 5 只母羊）计，一年最多可以卖 5 只，如一年产 5 只羊羔，这样才能使每户的羊数量保持为 10 只，从而达到持续经营的目的。经上述调查所知，该生态系统的生物量和生长量状况如表 7-28 所见，该生态系统物质的投入与输出由表 7-29 所见。

表 7-28　养殖业生态系统生物量和生长量调查表

模式名称	调查样数	养殖结构	物种	生物量（kg/户）	生长量（kg/户）
家庭养殖业模式	10	平均每户农民养牛 2 头、羊 10 只、猪 3 头、鸡 15 只，利用退耕还林（草）所种的紫花苜蓿和农田所生产的农产品发展家庭养殖业，增加农民收入	牛（5 龄）	760.0	76.0
			羊（1 龄）	400.0	400.0
			猪（1 龄）	375.0	375.0
			鸡（1 龄）	37.5	18.8

表 7-29　家庭养殖业生态系统各模式投入和输出调查表

模式名称	物种	投入		输出
		人工（个）	饲料（kg）	
家庭养殖业	牛（5 龄）	146	饲草 4380.0 kg（其中一半是紫花苜蓿，一半是麦草）；精料为 250.0 kg（以豌为主）	牛犊：1 头 有机质、N、P、K：1245.6 kg/户、60.9 kg/户、8.8 kg/户、41.8 kg/户 提供畜力：1600 h/户
	羊（1 龄）	150	饲草 5475.0 kg（以紫花苜蓿为主）；精料为 150.0 kg（以豌豆为主）紫花苜蓿 1731.8 kg	羊肉：90.0 kg/户 有机质、N、P、K：1351.6 kg/户、56.9 kg/户、8.2 kg/户、41.4 kg/户
	育肥猪（1 龄）	72	饲草 1642.5 kg（以豌豆秸秆为主）；精料为 250.0 kg（小麦和玉米按 1∶1 进行混合）	猪肉：300.0 kg/户 有机质、N、P、K：217.7 kg/户、11.9 kg/户、2.8 kg/户、18.7 kg/户

模式名称	物种	投入		输出
		人工（个）	饲料（kg）	
家庭养殖业	鸡 （2龄）	54	饲草 270.0 kg（以紫花苜蓿为主）；精料为 438.0 kg（小麦和玉米按1:1进行配制）	鸡蛋：125.0 kg/户 有机质、N、P、K：147.3 kg/户、9.5 kg/户、3.9 kg/户、4.2 kg/户
	总计	481	紫花苜蓿 7935.0 kg；麦草 2190.0 kg；豌豆秸秆 1642.0 kg；豌豆 400.0 kg；精料（小麦和玉米按1:1进行配制）978.0 kg	牛犊 1 头；提供畜力 1600.0 h；羊肉 90.0 kg；猪肉 300.0 kg；鸡肉 7.5 kg；鸡蛋 125.0 kg；有机质、N、P、K 分别为 2962.2 kg、139.2 kg、23.7 kg、106.1 kg

7.5.4.3 养殖业生态系统类型能量流动研究

在养殖业生态系统类型中所用到的热值见表 7-30 所示。由表 7-28 至表 7-30 可知，养殖业的能量投入、能量吸收利用、能量储存和能量输出见表 7-31 所示。

表 7-30 各种能量的热值 （热值单位：万 kJ）

项目	热值	单位	项目	热值	单位	项目	热值	单位
人工	0.58	个	小麦秸秆	1.81	kg	鸡蛋	0.80	kg
畜力	0.11	h	豌豆秸秆	1.74	kg	牛粪	1.18	kg
豌豆	1.81	kg	牛肉	1.16	kg	羊粪	1.18	kg
小麦	1.79	kg	羊肉	1.59	kg	猪粪	1.48	kg
玉米	1.89	kg	鸡肉	0.45	kg	鸡粪	1.25	kg
紫花苜蓿茎叶	1.71	kg	猪肉	2.51	kg			

表 7-31 家庭养殖业类型能量转化情况

（单位：亿 kJ/户或亿 kJ/hm²）

模式名称	能量投入	能量吸收利用	能量储存	能量输出
养殖业（户）	1.33	0.25	0.25	0.77（以牛犊形式输出能 0.02，提供畜力能 0.02，以肉类形式输出能 0.09，以鸡蛋形式输出能 0.01，以粪便形式输出能 0.63）

由表 7-31 可以看出，养殖业的能量投入与能量输出效率是很高的，可以达到 57.8%，只有 42.2% 的能量用于各物种自身保持体温和正常活动所消耗。在所输出的能量中，以牛犊形式输出能占总输出能的 2.3%；以提供畜力形式输出能占总输出能的 2.3%；以肉类形式输出能占总输出能的 11.7%；以鸡蛋形式输出能占总输出能的 1.3%；以粪便形式输出能占总输出能的 82.5%。

7.5.4.4　养殖业生态系统类型物质循环研究

由表7-20可得到，向养殖业中所投入物质为：以紫花苜蓿茎叶形式所投入物质为7935.0 kg；以麦草秸秆形式所投入的物质为2190.0 kg；以豌豆秸秆形式所投入的物质为1642.0 kg；以豌豆果实形式所投入的物质为400.0 kg；以配制饲料（小麦和玉米按1∶1进行配制）形式所投入的物质为978.0 kg。所投入的物质一部分用于各物种体重的增加及生产鸡蛋外，另一部分可随粪便的排除，一年所排泄的有机质约为2962.2 kg。

7.6　农林复合系统经营技术

通过水土流失防治技术的综合研究与示范，总结并提炼出了半干旱黄土丘陵沟壑区生产型农林复合系统的三种复合模式，即林—草—牧复合经营模式、林—农—牧复合经营模式和庭院经济复合经营模式。每个模式分别由若干个不同的组分构成，具有不同的组成、结构和功能。要科学、高效地经营各种模式，则必须要总结和集成相应的栽培、经营、管理及利用技术。以每个模式为单位，从模式的设计、配置、经营、管理等过程，将各项技术进行组装集成，达到模式效益的最大化及系统的可持续发展。课题组依据系统经营的思想，以农户为基本生产单元，以市场经济规律为依据，以生产经营多元化和经济效益最大化为原则，调整粮食作物、林草、饲料作物的种植比例，确定适宜的养殖规模。通过改良农畜品种，优化生产环节，应用农林牧各项生产技术，集成农林复合模式经营技术，整合农产品资源，达到了经济效益最大化。

农林复合生态系统的经营，要求以农户为单位，按照三种农林复合模式，农户根据自己的实际情况，选择以粮食作物和经济作物复合经营、小规模养殖集约经营、雨水集流节灌复合经营和以农、林、牧均衡发展复合经营等几种经营类型。按照物质循环和能量流动的规律，实现农林牧产业结构的合理配置和种养加产业链的循环。

为了使许多需要集成的技术条理清晰，内容简捷，特梳理成框图7-14。下文仅介绍有关主要的技术。

7.6.1　林—草复合经营模式林草栽培技术

林—草复合经营模式主要配置在坡度较大的退耕还林地中。是一种最主要的退耕还林还草模式，林木主要选择抗逆性强的乔木或灌木，如侧柏、山杏、云杉、柠条、沙棘等。草主要选择紫花苜蓿和红豆草。

（1）侧柏栽植技术

侧柏为强阳性树种，在半阴坡、半阳坡比较适宜，阳坡虽能生长，但长势缓慢；侧柏抗风能力弱，在迎风坡面生长不良。采用4~5年生实生苗，带土球栽植。侧柏大苗造林应注意保持根系完好，栽植后要进行灌溉保持树穴湿润，越冬前最好进行一次冬灌，并对树干基部因风摇动造成的缝隙培土踏实，以防冬季根部受冻害。为避免和防治野兔啃食树皮危害苗木，可在树干涂抹防啃剂预防。

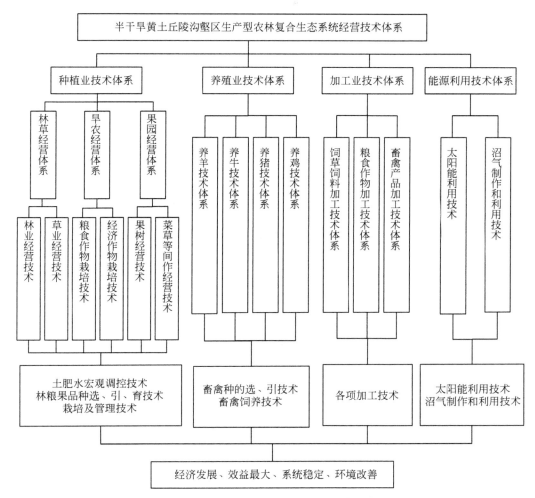

图 7-14　农林复合生态系统经营技术体系框图

（2）云杉栽植技术

云杉为高寒阴湿地区森林环境中生长的树种，在本类型区年降水量 400 mm 以上的地区，可用于 2000 m 以上的高海拔地带造林。适宜于梁峁阴坡和半阴坡中下部、背风梁峁坡上部、无盐碱沟道等立地类型栽植或造林。采用 4～5 年生实生苗，带土球栽植。株行距以 3 m 为宜，用云杉营造水土保持林最好与沙棘混交，利用云杉树冠截流和沙棘防止地表径流，可收到良好地防止水土流失的效果。

（3）山杏栽植技术

山杏在本类型区适宜在各种立地类型上生长，但以川滩、宽沟道、沟坡下部、梁峁阴坡下部生长较好，在梁峁阳坡、梁峁顶虽能生长，但易形成"小老树"，经济效益低。采用 1～2 年生实生苗，在农林复合配置中采用 3 m 的株距为宜。在高海拔山地栽培山杏，花期易受晚霜为害，是影响果实产量的重要因素，在栽植时注意进行立地类型选择，经营时加强花期防冻措施。

（4）甘蒙柽柳栽植技术

在本类型区甘蒙柽柳可适用于各种立地类型造林，可用于坡面水土保持林、护岸固沟林、沟底防冲林等，但以沟道、沟坡、地埂等生长最好。在沟道和淤积滩地可用于柳谷坊，在梯田地埂和公路两侧栽植可起到良好的防护作用。甘蒙柽柳为直根性树种，苗期须根较少，裸根苗造林成活率不如容器苗，应大力推广容器苗造林。育苗时要及时断根，以增加侧根量，提高造林成活率。甘蒙柽柳用于荒坡营造水土保持林或薪炭林时，可采用1.5 m×1.5 m或1 m×2 m的株行距。甘蒙柽柳扦插繁殖容易，尤其在工程施工（如修路、建房、平整土地等）有填方的虚土上，扦插成活率较其他地方高。插条采用1~2年生壮枝，扦插前应浸水一周，使插条吸足水分，在无灌溉条件的荒山可利用鱼鳞坑整地、覆地膜集水措施，可提高扦插造林成活率。

（5）柠条栽植技术

采用1~2年生实生苗。柠条可用于营造水土保持林、薪炭林和饲料林。以阴坡、半阴坡生长较好，在阳坡可以正常生长，但生长量较低，株距以2 m为宜。柠条为直根性树种，主根发达，须根较稀少。裸根苗造林成活率低，提倡采用容器苗造林，在早春利用较好的圃地和耕地，或塑料大棚培育容器苗，待苗木生长到10 ~15 cm高的时候，雨季到来，及时进行造林。也可以进行秋季造林，效果也比较好。容器苗断根处理培育侧根后，造林成活率更高。营造柠条水土保持林应适时平茬，平茬可在4~5年进行一次，时间选在立冬前后或翌年春季土壤解冻前进行，可促进柠条生长。

（6）沙棘栽植技术

采用1~2年生实生苗或根蘖苗。适宜在高海拔阴湿坡地、台阶地、沟坡下部、沟道及梯田地埂等立地类型下栽植，不适宜在干旱的梁峁阳坡、半阳坡造林。沙棘根系发达，只要苗木质量保证，造林成活率一般较高。根部具有根瘤，混交可促进其他树种的生长，而且适宜与之混交的树种较多，应大力提倡和推广沙棘与其他乔木混交造林方式。

（7）紫花苜蓿种植技术

紫花苜蓿的耕作技术包括深耕、浅耕、灭茬、耙糖镇压和中耕等，目的在于疏松土壤，改善其通气性、透水性能、消灭杂草和病虫害。紫花苜蓿适应性广，对土壤要求不严，最适宜的土壤pH为7 ~9。就半干旱黄土丘陵沟壑区而言，紫花苜蓿最适宜在地势高、平坦、排水良好、土层深厚、中性或微碱性的沙壤土中生长。播前耕翻整地，使土壤平整、紧密，达到上虚下实，无大土块。新开垦的荒地要先秋翻、深耙、根除杂草，春季再耙压，使耕地平整、无坷垃。整地时间最好在夏季，便于蓄水保墒、消灭杂草。春播时，需在上一年作物成熟收获后浅耕灭茬、除草、保墒，然后深翻以消灭发芽的杂草，春季来临时再耙地后早播；秋播时，应在作物收获后，深耕、耙平、糖碎，用条播单种。

播种分为春播、夏播和秋播3个时期。可采用条播、混播、撒播等几种方式，一般以条播为好。以行距25 ~30 cm为宜，用种量约1 ~1.5 kg/亩，播种深度一般为2 ~3 cm，播前施入有机肥可以促进幼苗生长发育。磷肥可在播前或播种时施入。紫花苜蓿在苗期生长缓慢，杂草生长迅速，应加强中耕除草，以利于幼苗快速生长。早春土壤开始解冻后，紫花苜蓿未返青前，需及时耙地。这样不仅使土壤疏松保墒，也可消灭地面害虫。每次收割后，仍需中耕除草，以利保墒和铲除杂草。

在始花期到盛花期收割，年收割 2 次或 3 次，最后一次在立冬前一个月收割。本区以齐地面收割为主，不留残茬，下次收割容易，病虫害也少，但越冬前的一次收割应留茬较高。

（8）红豆草种植技术

红豆草对前作没有特殊的要求，因此土壤无需做大的处理。在秋季翻耕深度 20 ～ 25 cm，清除大块板结根丛。翌春用圆盘耙整平，做好播前整地准备工作。春季 4 月中、下旬表层 10 cm 土壤解冻后或顶凌播种。采用播种机条播，播深 4 ～ 5 cm，播种量 5 ～ 8 kg/亩，一般为 6 kg/亩。苗期管理：视气候及天气状况，选择适宜的播种时间，以保证苗期不受或少受干旱的威胁，从而保证红豆草高产。

红豆草施肥：最佳施肥量为每亩施氮（尿素）7.3 kg 与磷（P_2O_5）8.5 kg 混施，可获最佳产量。刈割，盛花期刈割可获得高额产草量与营养物质，也是最佳刈割时间。刈割高度对红豆草的产量影响很大，产草量随留茬高度的增加而递减，在生产上大面积收割时，应尽量放低留茬高度，以增加牧草总产。年收割 2 次或 3 次，最后一次在立冬前一个月收割。

7.6.2　农林复合生态系统土、肥、水宏观调控技术

土、肥、水是大农业生产的重要物质基础。作为一个优良的农林复合生态系统，其物质循环和能量流动始终保持着相对的平衡，物质和能量以土、肥、水、种子等形式输入系统内，遵循能量守恒定律，按照一定形式的运转和循环，以人类所需的产品的形式输出系统以外，此时系统出现物质和能量的亏损状态，为了继续保持系统的相对平衡，人类必须通过必要的手段向系统内继续注入物质和能量，其中土、肥、水的宏观调控技术是一个重要的组成部分。

（1）蓄住天上水，保住地下墒，充分利用自然降水，提高水分利用率

半干旱黄土丘陵沟壑区实行的是旱作农业或称为雨养农业，无灌溉条件，农林业生产基本上依靠天然降水。为了提高自然降水利用率，必须实行抗旱保墒，把雨季的降水充分蓄积起来，为雨水少的春季利用。具体措施如下：在坡耕地大搞水土保持工程，农耕地要大力开展农田基本建设，通过修建梯田，蓄水聚肥，有效保墒，做到有雨不出地，变"三跑田"为"三保田"；对坡度较大的耕地，必须实行退耕还林还草，做好工程措施，防止水土流失；对各种类型的林地，必须实行相应的水土保持工程，以最有效地防止水土流失。黄土高原地区由于多属雨养式旱地农业区，农田生态环境一直受水土流失和干旱的困扰。据有关研究报道，坡耕地 1 mm 降水生产粮食的效率长期为 0.05 ～ 0.1 kg 的低水平徘徊。在坡耕地上修建水平梯田，不仅可以强化降水就地入渗，防止水土流失和干旱，为作物稳产高产创造条件，而且也是大面积退耕建设植被的保证。试验表明，在一次降雨 100 mm 左右的情况下，水平梯田可以全部拦蓄入渗，做到水不出田，泥不下坡，作物产量可达到 1500 ～ 5250 kg/hm^2。

（2）合理施肥，培肥地力，以肥调水

本区域存在的主要问题有二：一是天气干旱，降水利用率低；二是土壤瘠薄，肥力不

足。往往二者交叉在一起，影响作物产量的提高。多年的生产实践表明，年度之间的产量差距决定于降水量的多少，但同一年度不同农田之间的产量差距则主要取决于土壤肥力的高低，所以在该区培肥地力，提高土壤肥力水平，走以肥调水的道路，是目前提高该区旱作农业生产的一条重要途径。具体办法有广辟肥源，尽量增施有机肥，增大化肥用量，调整作物施肥比例。

（3）选用和推广适合试区的抗旱作物和品种

建设生态农业是指农业生产科学技术现代化，即用综合的科学技术发展优质、高产、高效、无污的农产品。研究与生产实践证明，生态农业是运用生态系统中生物共生和物质循环再生原理，采用系统工程方法，因地制宜，合理组织农、林、牧、副、渔的比例，以实现生态效益、经济效益和社会效益三者统一的生态农业生产体系。生态农业的内涵包括土壤、肥料、水分、良种、耕作、培育、环保等综合的农业生态环境，其中优良的农作物品种是适应生态的主体，也是决定农作物产品质量的核心。

建设生态农业是我国农业现代科学技术革命的方向，它与农业可持续发展战略，综合开发利用自然资源，利用保护和创造最佳的生态环境，更好地发挥良种优良的数量性状和质量性状，都是分不开的。农业产业化，是指发展农业产业化经营，形成生产、加工、销售有机结合和相互促进的机制，推进农业向商品化、专业化、现代化转变，其目的是人尽其才，地尽其力，物尽其用，货畅其流，从而减少生产、营销的中间环节，有效地降低成本，更好地促进产品进入市场，使生产者、经营者和消费者都能得到应有的好处。社会主义市场经济证明，农产品质量和数量的形成过程，会导致经济、生态、社会三大效益的实现，固然与生态农业息息相关，然而与农作物良种更新优化利用也是十分密切的。同样，农业产业化构成顺畅与否，产品质量的优次，更起着关键性的作用，因为优质化的产品，特别是名、特、优产品，一旦进入市场，就容易为消费者所青睐，在竞争过程中往往能以质取胜，甚至还占有绝对优势，这在生产、经营过程中已得到广泛的证实。其实，这种具有竞争优势的产品，特别是具有综合品质指标优势的产品，在很大程度上又决定于农作物品种优化的程度。

（4）积极推广现代耕作与栽培技术

改过去肥料和种子一次性撒播的传统耕作方法，采取沟播沟施，提高肥料的利用率，提高作物的抗旱能力；地膜覆盖栽培技术具有显著的增温、保墒和促进作物生长发育，促进作物根系生长和早熟，提高作物产量的作用，是一项见效快、产量高，适合旱作农业区，值得大力推广的先进栽培技术。

7.6.3 农林复合生态系统旱农轮作倒茬技术

轮作倒茬是在同一块土地上，利用作物自身的特点及其对土、肥、水的调配功能，在不同年份通过种植不同的作物达到土壤养分和水分年度间的相对平衡和永续利用。在农作物轮作中种植豆科植物能增加系统中的氮素，解决非豆科栽培作物一部分氮素营养的问题。通过轮作换茬，可以使根系深浅不同、吸收养分种类不同的作物互相搭配，达到全面利用土壤养分，提高作物产量，实现用地与养地相结合的目的。

7.6.3.1　轮作应该遵从的原则

（1）肥茬与瘦茬轮作

麦类、谷类、玉米等粮食作物以及棉、麻、烟等经济作物吸收的养分较多，地力消耗大，种植这些作物的地块叫瘦茬或白茬；各种豆类和绿肥作物，既能固定空气中的氮素，又能吸收利用土壤中的难溶性磷素和钾素，种植这类作物的地块叫做肥茬或油茬。肥茬与瘦茬轮作，可以实现用地与养地相结合。

（2）冷茬与热茬轮作

种植红薯、甜菜、水稻和瓜类作物的地块，由于植物荫蔽，土壤冷凉，叫做冷茬；种植麦类、谷类、土豆、烟草、大麻等作物的地块，土壤温度发暄，叫热茬。冷茬与热茬轮作，有利于提高作物产量。

（3）硬茬与软茬轮作

种植高粱、谷子、向日葵等作物的地块，土口紧，板结，耕种时起硬垡块，叫做硬茬；种植豆类、麦类、土豆等作物的地块，土口松，易耕作，叫做软茬。硬茬与软茬轮作，可以改善土壤结构，活化土壤，防止土壤板结。

该地区传统的农业轮作制度是以马铃薯、春小麦、胡麻以及倒茬作物豌豆、扁豆生产为主，其轮作制度以春小麦、马铃薯为主茬作物，胡麻、油菜子等为副茬作物，最后通过豌豆或扁豆倒茬养地完成轮作。这种轮作制度主要依靠轮作豆科作物、施有机肥、夏秋作物收割后深耕蓄水熟化土壤来培肥地力，来稳定小麦和马铃薯的产量。其缺点在于单纯地追求了农田的直接经济产量，而且胡麻、油菜子、豌豆、扁豆产量低而不稳，水、热、光、土、肥等资源利用率低，最终导致多年的农田经济收入保持在一个较低的水平上。尤其近些年来，过于追求经济产量而导致重化肥轻有机肥，再加上主产作物的连作，从而使土壤微生物活性降低，肥力下降，土壤出现老化现象。主产作物的连作导致病害、虫害、草害加重，影响主产作物的产量。

7.6.3.2　半干旱黄土丘陵沟壑区合理的轮作制度

在通过 2001～2003 年对安定区黄土丘陵沟壑区农作物栽培和家庭养殖业的全方位的调查，结合当地已成功的经验，初步探索总结出了适合该地区农田耕作制度、农村经济可持续发展的农田耕作制度。

（1）粮牧结合型

主要适合在地多人少，经营比较粗放，坡度大于5°的坡耕地，进行大面积栽培。农牧结合，以牧促农。在发展养殖业增加经济效益的同时，以紫花苜蓿养地和禽畜粪便还田相结合，以保持土地养分平衡，实现土地资源的可持续利用，把粮食生产搞上去，从而实现提高投资效益，增加农民收入，该耕作措施主要在于第一年农作物与紫花苜蓿套种，即缩短了紫花苜蓿的种植年限，又保持了土地利用过程中的养分平衡。主要优化制度为小麦或莜麦或胡麻＋紫花苜蓿→紫花苜蓿（4～6年）→小麦。

（2）农药结合型

主要适合人多地少，精耕细作，水平梯田或斜坡梯田，富有药材种植习惯，依据市场扩大药材种植面积，提高土地利用率，增加农民收入，以经促粮，增产增值。该类型主要依靠投入有机肥来保持土壤养分平衡，利用麻黄和农作物套种，缩短麻黄种植年限，通过精耕细作，提高药材生产品质、粮食生产和农民经济收入。主要优化制度为小麦或莜麦或荞麦＋麻黄→麻黄（1年）→小麦。

（3）农牧结合型

农田种植饲料作物为主，以家庭养殖业为中心，以提高单位面积农作物生物产量为基础，发展家庭畜禽养殖，保证种养平衡，实现养分与输出和输入平衡，增加农民经济收入。主要优化制度为莜麦或荞麦→玉米→谷→小麦。

（4）果农间作型

在保证果树良好生育的条件下，在光、热条件比较好，最好有灌溉条件的地方，通过经济林树种与农作物合理间作，提高土地资源利用率。根据当地的自然气候条件和农民的生产实践，一是要重视规格合理的间作技术，所谓规格，是选择低杆、对水肥需量较少、浅根系、耐阴或兼顾养地的豆类、薯类、绿肥、药材等作物为主；二是间套距离，一般保证有1～1.5 m的休闲带（果树行宽）；三是投入和收入并重土地用养结合，增施有机无机肥料，培肥地力；四是要求合理掌握建园特点，掌握果树和农作物的种类、特点和果树生长年代，重视生长空间、发育时期、水肥措施等协调问题。

7.6.4 农林复合生态系统旱农耕作及栽培技术

影响课题研究区农业生产增收的主要限制因子是水，因此只要做好水的工作，农业生产就能够稳产、高产。

主要旱作节水农业技术：实施农田工程建设，提高土壤拦水能力；采用旱作农业耕作措施，提高土壤蓄水能力；推广覆盖栽培技术，提高土壤保水能力；应用集雨节灌技术，提高节水能力；改善农业生态环境，实施人工增雨；应用现代农业科技，推广抗旱保水化学制剂。

目前可应用推广的旱作农业节水主要技术如下所述：

1）旱地农田基本建设技术。农林牧业统一规划，山、水、田、林、路合理布局；平整土地，修水平梯田，把跑水、跑肥、跑土的"三跑田"变成"三保日"，新修梯田时做到死土还原，活土搬家，增施有机肥料。

2）旱地农田土壤耕作技术。季节适时耕作，坡耕地集水耕作技术，少耕免耕法等。

3）水土保持技术。工程措施：打坝、筑农田地埂、建软埝、挖水簸箕、卧牛坑、鱼鳞坑、山地水平沟等；生物措施：退耕还林还草，扩大地表植被。

4）旱地草田轮作与休闲作物种植技术。调整作物结构，采用抗旱性强的作物，避免重茬与合理轮作，草田轮作与休闲轮作等。

5）改进施肥方法与培肥地力技术。熟施农家肥、增施绿肥与无机肥相结合，种植绿肥作物，科学配方施肥。

6）选育耐旱作物良种。如小麦良种、玉米良种、谷子良种、马铃薯良种等。

7）抗旱播种法。旱籽播种、抢墒播种、提墒播种、找墒播种（深播就墒）、就墒播种（分深播、分土、借墒等方法）、丰产坑和丰产播种等。

8）地面覆盖栽培技术。砂砾覆盖、秸秆覆盖、残茬覆盖、绿色覆盖（绿肥覆盖）、化学覆盖（用地面增湿剂、保墒增湿剂等）。

9）化学保水剂与抗旱剂、除草剂技术。施用抑制水分蒸发剂、保水剂（吸水剂）、土壤增温保温剂、抑制植物蒸腾剂、"旱地抗旱剂"、除草剂等。

在我国有一定天然降水条件的旱作农业地区，应尽可能创造水源条件，使非灌溉旱作农业生产尽可能应用节水灌溉技术，使非灌溉旱作农业生产更具有稳产高产增收的条件。坐水法：在春播或夏播等季节发生干旱土壤墒情不够时，可采用坐水种方法点水播种；喷灌造墒抗旱播种：即在播种前发生干旱土壤墒情不足时，可采用移动式喷灌机喷洒农田，进行播前造墒，适时播种；地膜＋滴灌：即膜下滴灌；微型蓄水工程设施＋微灌：微型蓄水工程设计主要包括蓄水量较少的水窖、蓄水池等，微灌包括滴灌、地下滴灌、微喷灌、小管细流灌等；灌溉救命水、关键水：在作物生长的关键时期，如禾本科作物灌浆期、豆科作物开花期、果树等开花坐果期及果实膨大高峰期，如遇严重干旱，可采用移动式滴灌（或小管细流灌）或移动管及时灌溉救命水，可以用极少的水量即可取得农产品保产与提高品质及经济效益的大效果。

7.6.5　农林复合生态系统果园建植及经营技术

庭院经济复合经营指利用果树与其他植物互生互利的关系，在果树的行间适当的间作，以达到土地最大利用率，获得最大效益的一种农林复合经营方式。也就是在有限的土地面积内增加了复种指数，提高了空间资源的利用率，是对传统的果园生产和土壤管理制度的根本性变革。由于幼龄果园和盛果期果园在树体结构、所占用空间发生了明显的变化，因此果园复合经营的技术也就不同。幼龄期果树的树冠较小，果园覆盖面积不大，土地利用率不高。对于一个果园来说，如果单纯地栽植果树，在结果前只有投入而没有产出。如果利用行间空地适当地进行间作，可以取得早期的经济效益，增加果农收入，可以更快地使果农脱贫致富；同时，选择适当的间作物，可以利用果树和间作物的互生互利关系减少施肥量和用药量，因而减少果园的早期投入。庭院经济复合经营模式的配置主要有：果树—蔬菜复合配置，果树—牧草复合配置和节能日光温室配置。

（1）果—菜（药）复合配置经营技术

果树的生长特点是以占据空间为主，其技术效果体现在单位体积内的结果量和果实品质上，而药材（指耐阴和草本药材）的生长特点是以占据地表面为主，其技术效果是单位面积产量。果树和药材复合经营具有明显的降温、增湿、提高土壤水分、减少地表径流等生态效应，而且可以增加综合经济效益，是成龄果园复合经营的较好模式。课题实施区适宜种植的果树树种为梨树、杏树等。间作的中药材如柴胡、党参等。另外，据报道，多数中药材在生长发育过程中，会释放出各自不同的"气味"，这些气味对果树害虫的发育繁殖可起到不同程度的抑制、驱散（或杀死）作用。因此果—药复合经营模式比其他的复合经营模式具有更广阔的前景，为生物防治病虫害提供了一条新途径。

（2）果树—牧草复合配置

果园生草栽培就是在果树行间或全园种植一年生或多年生草本植物作为果园复合经营

模式。果园生草有助于水土保持，提高土壤肥力，并能保护果园害虫天敌，还可以为畜禽提供饲料。

（3）果园复合经营技术

选择适宜的果树品种，半干旱黄土丘陵沟壑区适宜栽植和发展的主要果树品种有梨、花椒、杏等。果园复合经营的主体是果树，因此在管理中要注意果树和间作物的主次关系，特别是对于幼龄果园而言，间作物和果树的距离一定要恰当，不能只考虑到初期的经济效益，而忽视了果树的生长发育所需的环境肥水条件，果树的周围要留足树盘，给果树生长发育以足够的营养面积。一般树盘与树冠大小大致相等即可。树盘面积随树冠和根系的扩展而增加，1~3 年生果树树盘直径为 1.5~2 m，3~5 年生果树树盘直径为 2.5~3 m。以免间作物和果树争水争肥及播种时伤及果树根系；要进行合理的整形修剪。果园复合经营时，因为植物种类较多，容易引起园内郁闭，通风透光不良。因此，果园复合经营技术除了合理配置树种、栽植密度外，还必须对果树进行合理的整形修剪。复合经营果园果树整形时要适当地抬高树冠，如果树主干可由 40 cm 提高到 60~80 cm；选留骨干枝宜少，以 3 或 4 个主枝为好；少留侧枝和大型枝组；加强夏季修剪，及时疏除徒长枝和过密枝。这样，可以使果树覆盖率降低，透光性好，达到适度遮阴；要开展科学的防病治虫工作，复合经营果园间作物和果树除考虑不能有共同的病虫害外，在植物种类已选定的情况下还要注意科学防病治虫，一般以防为主，果树每年都要喷施几次石硫合剂或波尔多液，但复合经营果园不像纯作果园只考虑果树的病虫防治即可，还要考虑到农药是否对间作物有害。特别是对于直接食用的间作物，要使用一些高效低毒甚至无毒的农药，严禁剧毒长效农药的施用，避免间作物被食用后造成对人畜的伤害。

7.6.6　农林复合生态系统地埂灌木林营建、经营及利用技术

梯田埂坎是梯田的重要组成部分，并具有拦蓄水土，保持耕地水分和养分，提高土地生产力的功效，而且还有界定田面，稳定田面，提高梯田使用寿命的作用。在梯田埂坎上种植灌木，因其枝叶的拦蓄作用，可使田埂免遭雨滴的直接溅蚀，而且因植物根系的固土作用，可以稳定地埂，保护田面，有利于改善生态环境，防风固土。已经开发利用的梯田埂坎上，紫穗槐、柠条、甘蒙柽柳生长繁茂，产生了较好的效益。梯田埂坎造林种草，增加了植被覆盖度，改善区域生态环境。据对 10 年生紫穗槐根系在梯田田面分布状况调查，埂坎紫穗槐根系主要分布于距地埂内边 0.05~0.36 m，垂直深 0.36~0.83 m，田面一侧由于农业耕作，伸向田面中央的根系被切断，故梯田耕作不受紫穗槐根系的影响。

梯田地埂灌木配置：每条地埂栽植灌木 1 或 2 行，一般定植高度为 1/2 或 1/3 处（距梯田田面高度大约 50 cm 处），行距为 1.5 m，株距为 1 m，株与株之间成"品"字形定植。在灌丛形成以后，一般地上部分高度 1.5 m 左右，灌木丛和梯田田间尚有 50~100 cm 的距离。虽然林木的介入加剧了埂坎边附近土壤水分相对亏缺程度，但是，作物与林坎界面附近土壤水分并未连续下降而是林木介入后形成了新的水分平衡系统，林木利用原来侧面蒸发面的部分土壤无效耗水，提高了系统的土壤水分的利用率和水分生产率。因为灌木生长在梯田坎面上，对梯田农作物的遮阴是很微弱的。

灌木树种的选择一般为杞柳、紫穗槐、甘蒙柽柳、胡枝子、柠条、毛条等树种，造林时间一般为春季或秋季雨后进行，采用扦插或 1~2 年生的小苗定植。灌丛应 2~3 年平茬一次，平茬宜在晚秋进行，以获得优质枝条，且不影响灌丛发育。据课题组测定，在梯田地坎上栽植杞柳，在造林后 3~4 年可采收柳条 2 100 kg/hm²，在降雨强度为 23.1 mm/h（历时 4.5 h）的特大暴雨中，杞柳造林的梯田地坎，没有冲毁破坏现象的发生。据在安家沟流域阴坡梯田坎面 3 年生甘蒙柽柳调查测定，地上部分干重生物量 261.38 g/株；地下部分干重生物量 240.5 g/株，热值为 17 119.8~20 213.8 kJ/kg。100 kg 干柴相当于 64~75 kg 原煤。甘蒙柽柳深根性树种，根系发达，有明显的主根系，经测定林地在土层 20 cm 处，拉力为 5294 N/m²，有着良好的固土作用。柠条是一种优良的灌木品种，耐干旱瘠薄、耐盐碱、耐平茬，受外部环境影响小；喜光，生长量大，郁闭度高；对土壤要求不高。柠条热值为 19 000~21 000 kJ/kg，是很好的薪材；叶子的粗脂肪含量为 3.8%~7.4%，粗蛋白含量 8%~17%，是牲畜的优质饲料；嫩枝和叶片含 N、P、K 较高，是优良的绿肥。另外，紫穗槐、柠条枝条柔韧，是用来编织的好原料。

7.6.7　农林复合生态系统畜禽养殖技术

畜牧业是贫困地区稳定解决温饱的主导产业。课题实施区所在的我省中部干旱半干旱地区，粮食生产低而不稳，群众生活容易返贫；发展乡镇企业，受资源、资金、人才、技术、管理、市场、信息、交通等因素的制约，不易起步，难以覆盖和带动千家万户增收，若项目选不准，则往往造成资金浪费。而家庭畜禽养殖业，由于投资少，风险小，见效快，生产比较稳定，既能脱贫又能富民，一旦有了规模，就等于家家户户办企业，覆盖面广，带动作用强；畜牧业是农牧民加快致富奔小康步伐的优势产业。发展畜牧业能使粮食及其副产品等资源就地转化，提高附加值，从而增加农业综合效益。若推广良种、良料、良医、良舍、良法"五良"配套技术，可提高附加值 1 倍以上；畜牧业是全面振兴农村经济的前导产业。各地的实践证明，畜牧业不仅是提供肉蛋奶、皮毛绒的唯一来源，而且已成为农村经济中带动第一产业，推动第二产业，促进第三产业发展的前导产业，是种植业、养殖业、乡镇工业连环发展的关键环节。发达国家农业现代化的一个重要特征是畜牧业在农业中占居首位，种植业为畜牧业服务。

养殖业在农牧业生产中占有很大比重，但由于长期的传统的养畜方式，造成了部分地区土地荒漠、山体裸露、植被退化、水土流失严重，出现了"地多产量低，山多草木稀，雨少田干旱，风大沙盖地"的恶性循环现象，超载过牧更加剧了这一过程的发展。因此，近年来国家在西部地区实行了许多生态保护政策，如天然林保护政策和退耕还林还草政策。根据国家的大政方针，很多地区制定出各种保护森林草原及封山禁牧的措施，以便让树木得以恢复，让草场得以生息，让水土流失得以治理。要引导农牧民更新观念，提倡舍饲圈养的现代畜牧业，建起了许多小尾寒羊和绒山羊舍饲圈养的示范基地，起到了示范和辐射作用。同时利用封山育草、种草和秸秆转化养牛养羊，以实际效益来引导说服群众，促进了舍饲圈养这种现代畜牧业经营方式规模的不断扩大，切实解决了林牧矛盾，从根本上遏住了生态环境恶化的趋势。实践证明，封山禁牧、舍饲圈养是既能实现恢复生态、实现林茂粮丰，又能使养殖业稳定发展、农民经济收入稳定增长的必由之路。

舍饲圈养过程中必须解决的问题：

1）实行舍饲圈养首先要搞好基础设施如圈舍及青贮窖、氨化池等建设工作。棚圈必须达到防水、防寒、防暑的要求，牲畜排粪排尿与饲喂场地分开，舍内设有饲草、饲料槽，饲喂场地要清洁、干燥。青贮池、窖要坚固耐用，操作、饲喂方便。

2）加强体系建设，搞好综合服务，充分发挥基层畜牧兽医站、家畜繁育站、专业户、养殖场和科技示范户的作用，解决饲草、饲料的加工和青贮氨化饲料的制作问题，按季节解决驱虫、药浴、疫病防治、品种改良、信息咨询等技术方面的全程服务。

3）实行产业化生产，走种、养、加、销一体化的路子，解决种畜的引进、繁育、肥育、销售等问题，按照课题的运行机制和技术推广体系，加强技术服务为养畜户排忧解难，充分利用国家制定的有关优惠政策，充分调动养畜户舍饲圈养的积极性。

4）舍饲养畜能否顺利实施，人工种植足够的牧草是关键，没有足够的饲草，舍饲就没有足够的物质保证，圈养无法去养，所以应树立种草等于种粮意识，大力推行退耕还林种草，深入挖掘秸秆转化的潜力，为舍饲圈养提供充足的饲草饲料来源。春耕时要以畜定草，安排好退耕种草，秋后要以草定畜，出栏过量牲畜，保证牲畜有足够的饲草饲料。

5）搞好短期肥育，提高出栏率。采用快速肥育的科学方法，缩短家畜的饲养周期，降低饲养成本，加快畜群周转，走低投入、高产出、小群体、大规模的舍饲效益牧业之路。

6）搞好品种改良，提高畜群质量，增加市场竞争力。例如，羊群质量的提高等于相应地提高了商品率，如在相同母羊维持饲料消耗水平下，产一只特级或一级羔羊则相当于产 1.5 只三级羔羊，其生长速度增加 10% 左右，出栏提前一个月左右，那么在同样的饲养条件下，在同期内就可以收到更多的牧业产值。因此，舍饲圈养必须转变过去多养、粗养为少养、精养，提高畜种个体效益。

7）养畜户在舍饲圈养过程中，要努力学科学、懂科学、用科学，做科学养畜的明白人。不断总结经验，通过舍饲圈养获得更好的经济效益、社会效益、生态效益。封山禁牧、舍饲圈养是解决林、牧矛盾，发展农村经济恢复生态的一种选择。没有好的生态环境，则养殖业很难发展。封山禁牧，舍饲圈养为生态环境的恢复创造了得以实施的机会，当生态环境恢复，畜、林、草、粮形成良性循环后，牲畜的饲养方式可由完全舍饲与半舍饲（放牧）相结合，适当地、有节制地放牧，不失为一种合理利用自然资源，发展当地经济，提供社会需要的一种方式，达到建设生态，利用生态，提高生态效益的目的。

7.6.8　农林复合生态系统能源利用模式与技术

境内能源资源主要有薪材、秸秆、沼气、太阳能等。搞好农村用能结构调整，发展以沼气为纽带的生态农业是工作重点。通过几年的努力，配合地方政府的有关政策及扶持措施，对农村用能结构进行了调整，使农业生态环境发生了深刻变化，荒山变绿了，农家庭院干净了，农民增收了，农业生态环境变好了。禁止燃用农作物秸秆和牲畜粪便；鼓励使用太阳灶，有效利用太阳能；大力推广节能灶，大力发展沼气。

实践证明，农村发展以沼气为纽带的生态农业建设，改善农村用能结构，能有效改善农业生态环境，增加农民收入，改善农民生活生产环境，是把农村建设成为家居温暖化、室内室外清洁化、庭院经济高效化、农业生产无害化的现代文明农村新面貌的有效途径。沼气，这种可再生、清洁的生物能源，不仅节省燃料，还可以用来照明，为居民家庭生活提供了方便。

沼肥含有农作物所必需的大量元素，施用沼肥，有效改善了土壤理化性状，提高了土壤肥力，农田生态环境得到了改善，农产品质量有了明显提高；治理了面源污染，人畜禽粪便得到了治理和资源化再生利用。有效杀灭了蚊蝇卵，减少了疾病传播，提高了农民生活质量和健康水平，形成了农业生产和生态环境的良性循环。

沼气的使用使农民生活燃料优质化，解决了农民全年一日三餐的生活燃料问题。搞好农村用能结构调整必须坚持以保护和改善生态环境、改善人民生活为根本出发点，把农村能源建设同开发资源综合利用，提高农业资源利用率，降低农业生产成本，增加农村收入紧密结合，减少农民对生物质燃料的依赖性，切实保护林木植被，改善生态环境。

7.6.8.1　北方农村能源生态模式

依据生态学原理，以沼气为纽带与种植业、养殖业相结合，在农户庭院土地上，将沼气池、畜舍、厕所和蔬菜大棚连在一起，组成"四位一体"的庭院能源生态综合利用体系。它可以解决北方寒冷地区沼气池安全越冬问题，使之常年产气利用；又能促进牲畜的生长发育，提高养殖效益；还能为农作物提供充足的肥源，提高作物的产量，充分显示出生产发展、环境改善、能源再生、效益提高的综合效果。

7.6.8.2　沼气生产及使用技术

沼气的生成是一个复杂的微生物发酵过程，沼气池的修建、发酵、管理和利用要求一定的知识和技术。

（1）配套构筑物建设要求

一般来说厕所、猪栏必须与沼气池联通配套三位一体，以便有机污物及时入池，为此特提出猪栏、厕所的建设要求。

建筑规模：三位一体户用沼气池需占地 30~40 m^2，一栏一厕需约 30 m^2，两栏一厕需 42 m^2。其原则是结构布局合理；与主体构筑物（如住房）协调大方；建筑地平标高应低于主房 10 cm 以上；通行作业方便；各部尺寸协调。

厕所建筑：厕所总高度应达 2.3~2.4 m，内部空间净高度应达 2.2 m 以上，以便兼作浴室；内部面积 2~3 m^2 为宜；厕所门高度应达 1.85 m，宽 0.8 m；厕所应设通气窗；厕所地平可比猪栏地平高 10 cm 以上；厕所内外应粉饰平整光滑、线条横平竖直。

猪栏、猪舍建筑：猪舍高度与跨度应与厕所一致；地平应比猪栏高出 5~8 cm，以利干燥；猪舍内外墙应粉刷平整光滑，线条横平竖直；猪栏、栏圈高度为 80 cm 左右，面积视养猪规模及场地面积而定。

厕所与猪舍顶浇筑：平顶既预制板，也可支横板现浇。若为现浇应适当加铁丝、钢筋、竹条等作筋，平顶上下均应粉饰光滑平整，并作防渗处理。

（2）沼气生产的基本条件

严格的厌氧环境。修一个不漏水、不漏气、并能承受一定压力的密闭性容器即沼气池。

要有足够的沼气发酵原料。沼气发酵的原料丰富多样，如作物秸秆、杂草、树叶、人畜粪便、生活污水等，原料要合理搭配，以获得较高的产气量。

水分。水分是微生物细胞的重要组成成分，沼气池中需要保持一定的水分。

适宜的温度。沼气发酵温度范围比较大，一般在 9~60℃ 均可产生沼气。

沼气发酵的酸碱度（即 pH），沼气发酵最适宜的 pH 为 6.5~7.5。

优良的接种物，初次投料时，接种物最好是总发酵料液的 10%~30%。一般地说，接种物的投量越大，沼气发酵启动越快。

重金属盐类、农药、有毒植物等，在沼气使用管理过程中，应加以注意。

（3）沼气生产过程中的日常管理

加强沼气池的平时养护。使用不正常的沼气池，主要有两种情况：一种是由于漏水漏气产生的，另一种是原料发酵不正常产生的。

对于漏水漏气造成用气不正常的，应对症加以处理。沼气池投料后，一直不产气或产气不正常、压力标识上始终未超过某一数值、两池内水位无变化，这种情况多属漏气池。平时产气、用气正常，突然气压降为零，以后不再回升，此种情况多属池体破裂，既漏水又漏气。压力表液面上下微小波动，说明有小漏气现象。为确定漏气部位，可采取以下方法：将导气管处输气管卡死，观察压力表变化，若压力下降，说明输气管道或附件接头处漏气；卡死后压力表液面不下降，也不波动的，为导气管接头处或池盖上漏气；挖出导气管部位，灌上水，水中有气泡的为导气管漏气，否则为盖处漏气。当开关一打开，压力表液面下降很多，同时烧火时，火忽大忽小，输气管有响声，表明输气管内有积水，应尽快排除。由于发酵原料导致产气不正常的应采取：对菌种不足的，要增加污泥菌种，促进池内发酵过程平衡；调整发酵原料配比，使富碳原料和富氮原料搭配比例趋于合理，尤其不要一次性进池过多；调节池内原料 pH，使其稳定在中性偏酸（pH6.8~7.0）状态。

当每年沼气池大换料时，将沼气池的池盖和池内表面清洗干净，满刷 1 或 2 遍水泥净浆，以提高气密性。

无论是新建沼气池，还是使用多年旧池，大换料时都要及时进料，不能空池久置，以免损坏池体。

沼气池活动盖的蓄水池，要经常保持有一定量的水，防止因干裂造成的漏气。要经常对池内发酵原料进行搅拌，促进分解消化，加快产气速度和产气量。

管道的日常维护和修理，每年应对庭院管、室内管进行一次密封性试验。硬塑料管如在运行中发生断裂或接口漏气，可用胶带粘或胶布包扎以临时应急，待备齐材料后进行更换。软塑料管接头如有松弛，应剪去重新接好，老化不合格的管道应该更新。一般旋塞使用一个时期后因有杂物阻塞造成开闭失灵，每年应拆卸清洗 1 次。如塞芯磨损使不能密合或损坏时，则应更换。管道中的冷凝水应该定期排除，其周期长短可根据实际使用情况确定。

加强沼气池的冬季管理，适时做好入冬前沼气池大换料。换料时间应在秋分前后进行。适当提高发酵原料的干物质浓度。春季一般为 7% ~ 8%，越冬期的发酵浓度应达到 10% 以上为好。

加强日常管理，一方面要坚持经常性料液的小进小出；另一方面要注意勤搅动，促进微生物的活力；此外要做好沼气池的保温工作，如搭塑料棚，在池口覆盖薄膜等。

（4）注意事项

沼气池在启动过程中，试火应在灯或炉具上进行，禁止在导气管口试火，以防回火发生爆炸。

沼气池在出料后维修时，要把所有盖口打开，使空气流通。在未通过动物实验证明池内确系安全时，不允许工作人员下池操作。池内操作人员不得使用明火照明，不准在池内吸烟。下池出料及维修沼气池时，不准单人操作。下池人员要系安全绳，池上有人监护，监护人员不得擅自离开，以防万一。

沼气池在启动及运转过程中，进出料口要加盖，防止人畜掉入池中。

输气管道、开关、接头等处要经常检修，防止漏气和堵塞。水压表要定期进行检查，确保水压表准确反映池内压力变化。要经常排放冷凝水收集器中的积水，以防管道发生水堵。

在沼气池活动盖密封的情况下，进出料的速度不宜过快，保证池内缓慢升压或降压。任何情况下不得使沼气池出现负压。在沼气池日常进出料时，不得使用沼气燃烧器，也不准有明火接近沼气池。

第8章 水土流失治理模式空间适宜性分析

8.1 影响水土流失综合治理的自然因素

水土流失是一个非常复杂的动态过程,受到许多因素的影响和制约,各种因素之间还存在交互作用,彼此消减或促进(Fu, 1989;Chen et al., 2007;Wei et al., 2007, 2009, 2010)。众多的影响因素中,有自然因素的作用,也有社会经济人文方面的影响。从自然角度讲,降雨特性(降雨量、历时、雨强、雨滴动能、降雨侵蚀力、时空分布和格局等)、土壤特性(土壤结皮、土壤前期含水量、土壤覆盖)、植被状况(植被覆盖、类型、组合模式、结构与格局)、地形因子(宏观结构及微地形特征)等都会直接或者间接影响水土流失的动态及演变特征(卫伟等,2004,2006)。因此,在实际操作中,水土流失综合治理是一项复杂的系统工程,它汇集了自然生态、社会经济等多方面的内容。如何科学有效地防治水土流失、进而合理利用土地资源、充分发挥区域的经济效益、社会效益和生态效益,其成败的关键在于辨识水土流失的各种影响因素,明晰各种因子的贡献率和驱动机制,并针对具体区域开展社会—经济—自然复合生态系统的有效整合和综合治理。本节针对影响水土流失综合治理成效的自然因素展开论述和分析,主要包括以下几个方面。

8.1.1 气象要素

气象是指自然界的冷、热、干、湿、风、云、雨、雪、霜、雾、雷电等各种物理状态和物理现象的总和。对于不同气象要素所造成的水土流失,学术界已有许多的探讨和研究。这里主要从降雨、风、冻融等因素对水土流失的贡献来论述。第一个显著的气象要素即是降雨。降雨是地表径流和水力侵蚀发生的主要动力因素(章文波和付金生,2003)。因此,在研究水力侵蚀发生机理时,降雨因素是最大的外在驱动力。暴雨由于其侵蚀性很强,往往成为导致严重水土流失和滑坡、泥石流事件发生的主要驱动因子。目前关于这方面的研究报道已经很多。很多学者不仅探讨了降雨侵蚀力对土壤侵蚀的影响,并针对降雨侵蚀力难以测定的难题提出了不少的界定方法。一般认为降雨侵蚀力取决于降雨量和降雨强度两个方面(王万忠等,1995)。除了降雨侵蚀力之外,很多学者分析了降雨量和土壤侵蚀的定量关系。如吴发启等(2003)对黄土高原南部缓坡耕地降雨量和土壤侵蚀量进行了回归分析,发现次降雨量和土壤侵蚀量呈幂函数关系。而孙立达等(1988)对黄土丘陵沟壑区第五副区的研究,认为降雨量和土壤侵蚀量关系为线性。更多的学者研究了土壤侵蚀和降雨强度的关系,认为降雨强度是影响土壤侵蚀更为显著的因素(Jackson, 1975;de

Lima et al.，2002）。除了这些特征指标外，降雨的时空分布对径流和土壤侵蚀的研究也受到了不少学者的关注。例如，有人根据降雨量和降雨强度的空间变化研究了中国降雨侵蚀力的分布规律（王万忠等，1995；章文波和付金生，2003）。还有学者利用遥感和地理信息系统技术研究了国内不同降雨带上的水土流失差异性，认为降雨量小于 200 mm 的干旱地带上，风蚀、冻融和水蚀的最高值均出现在这里；而降雨量大于 1600 mm 地方没有冻融侵蚀。Morin 等（2006）研究后认为暴雨事件的空间格局对于流域的水文格局响应起着关键作用。

第二个和第三个因素是风及冻融的影响。由于本节旨在探讨地表径流和水力侵蚀的规律、影响因素和作用机理，因而不再对这两种气象因素（大风、低温）所导致的风蚀和冻融侵蚀做深入探讨。需要指出的是，大风不仅仅会形成风蚀，对于水蚀也有较大的影响。最直接的就是风对大气环流、空气动力学（aerodynamics）过程和降水的影响。如有研究表明，大风往往容易带来强降水天气，进而导致山洪暴发、滑坡和泥石流等严重的水土流失灾害；另外，还有研究发现，风速和风向会对近地面降雨雨滴动能及其移动规律产生重大的影响，进而会干预和影响降雨降落到地面时的速度、方向及角度，从而产生截然不同的水土流失效应，尤其对坡面雨滴的溅蚀效果影响很大。

以上这些因素对于水土流失综合治理的成效具有较大影响。

8.1.2　气候变化

气候一般是指某一地区长期天气状况的综合表现，它既反映了平均情况，也包含着极端情况，其含义不仅仅是几个气象要素的简单统计，更是大气综合状态的总体特征（乔云亭等，2002）。气候变化也是诱使土壤侵蚀不断发生变化的一个重要原因。有研究显示，长时期的气候变化会对地形（topography）、地貌（geomorphology）、土壤和植被状况（soil and vegetation condition）、泥沙沉积（sediment deposition）及流域坡面过程（hillslope process）等特征产生重要影响，进而影响土壤侵蚀率、土壤侵蚀过程以及土壤侵蚀发生的频率和程度（Hunt and Wu，2004）。气候变化还会改变降雨的时空分布格局，以及降雨的平均水平及其极端状态，从而对土壤侵蚀的发生和动态格局产生极为显著的影响（National Climate Center，2002）。例如，Michael 等（2005）等利用一个名叫 ENKE 的模型预测到 2050 年时德国东南地区的降雨系统将会发生重大变化，这主要是气候变化导致的，同时降雨系统将会影响到水土流失的变化。该项研究结果认为：伴随着气候不同程度的变化，降雨的频率和强度也不断发生变化，明显影响了土壤侵蚀过程。

持续干旱也是气候变化的一个重要反映。长时期连续的干旱最大的危害并不是直接贡献于土壤侵蚀和地表径流的发生率，而是造成土壤水分的严重亏缺、恶化土体理化性质及结构、进而造成植被大面积枯萎、凋零、生长不良甚至死亡。土壤性状的恶化加之植被功能退化则会严重削弱下垫面对水土流失的抵御能力。在这种前提下，大风以及暴雨等极端事件来临之际，极易造成严重的风蚀和水力侵蚀事件，后果往往也十分严重。如有学者研究了气候变化的一个典型——CO_2 的增加，发现 CO_2 的增加对洪水干旱等极端水文事件影响很大，并进一步影响水土流失规律（徐立荣等，2002）。再有如极端寒害事件。极端寒害会对植被资源造成毁灭性的打击，同时对土壤结构和质地造成不同程度的损伤，促进或者加速冻融侵蚀的发生。而损害植被资源之后，又会给其他极端事件所诱发的山体滑坡、泥沙流、崩塌等造成机会。

气候变化还会导致土地利用及其结构、种植制度和耕作方式、土壤结构（soil structure）、土壤水分（soil moisture）、地表覆盖（surface cover）、粗糙度（roughness）、孔隙度（porosity）、有机碳含量状况（organic carbon content）以及社会系统（如立法的基础，legal base）、经济状况各个方面发生变化，而这些变化对土壤侵蚀造成的可能影响甚至更大于单纯的降雨强度等指标对水土流失的影响（Michael et al.，2005）。事实上，气候变化所导致的各个气象指标的变化对水土流失起着极为重要的作用。如风速风向、降水特征及其分布、气温、寒流、蒸腾蒸发等各项指标的变化，都可能直接或者间接地对土壤侵蚀和地表径流产生作用力。同时，这些指标的变化对上面提到的土地利用、种植结构及制度等都会产生深远而巨大的影响，从而又会进一步反作用于水土流失。

8.1.3 地形因子

在黄土高原，土壤侵蚀的地面过程，实际上是地表侵蚀沟的发育、沟间地的缩小与地表物质移动的过程，也是黄土高原地区现代侵蚀地貌发展与演化的过程，侵蚀产沙也是黄土高原在一定的气候条件下的地貌演化的必然产物。土壤侵蚀所留下的侵蚀形态即为侵蚀地貌。因此，黄土高原土壤侵蚀的进行与黄土侵蚀地貌的发展，是息息相关的一个过程的两个方面，没有过去的土壤侵蚀，就没有现在的侵蚀地貌。地貌条件的具体内容是比较复杂的，地貌的形态特征可以视为各种形状和坡度斜面在空间的组合，也可以将它解析为各种长度、坡度、坡向几何形状的不同组合（傅伯杰等，1999）。

坡度是影响坡地上土壤侵蚀的重要因素之一，是决定地表物质与能量再分配的关键地貌因子，它一方面影响着水流速度，另一方面影响着渗透量与径流量的大小，即影响地表侵蚀的方式、强度和过程；而坡长是决定坡面能量沿程变化、影响坡面径流和水流侵蚀产沙过程的重要因素之一。

坡向是影响水土流失和流域发育的重要因素。坡向对侵蚀的影响首先是和阳坡、阴坡的水分及热量条件不同有关，同时也和降雨时的风向有关，也就是对局地小气候的影响显著。干旱和低温是黄土丘陵区植物生长的两大限制因素，坡向、小气候特征对植被的类型、分布及土地利用方式具有重要影响，而植被和土地利用方式是黄土丘陵沟壑区土壤侵蚀的重要因素，它不仅决定着土壤侵蚀的方式和强度，对侵蚀引起的地貌形态和土地生产力的变化也有深刻影响。

坡形是坡度与坡长的组合形态，它影响到降水的再分配和土壤水分。一般说来凸形坡比凹形坡的水土流失更为严重。也会较大程度上影响到水土流失综合治理的成效。因此，在治理过程中，应该重视这些微地形的客观影响。

8.1.4　土壤特性

黄土是一种质地均匀，结构疏松，钙质含量丰富，具有大孔隙的第四纪风成堆积物。其粒度组成以粉砂为主，多属粉砂壤土至粉砂黏壤土，具有棉线的水平分带特征，具有很强的湿陷性和可蚀性。因此，对于黄土丘陵沟壑区水土流失综合治理而言，是一个较大的考验。总体而言，黄土质地呈现着由北而南、由西而东逐渐变细的规律。刘东生院士根据黄土颗粒组成中细砂与黏粒的含量，将新黄土划分为沙黄土、黄土与黏黄土三个带，其颗粒组成自鄂尔多斯高原南沿开始，自西北向东南由粗逐渐变细（张汉雄和邵明安，2001）。中值粒径从西北部的大于 0.45 mm 逐渐减小到东南部的 0.015 mm。在黄土颗粒组成中，0.05~0.25 mm 的颗粒含量从西北沙黄土带的 57.85% 减小到南部黏黄土带的 4.5% 左右。

8.2　影响水土流失综合治理的社会经济因素

除了受到气候、地形等自然因素影响之外，水土流失过程还受到各种人类活动和区域经济发展格局等社会经济因素的影响（任勇等，1998）。在特定的区域背景条件下，社会经济因素对水土流失综合治理的影响可能比自然因素的影响还要大（Chen et al.，2007）。特别是随着国民经济发展水平的不断提高，人为因素在水土流失及其综合治理方面发挥的作用和贡献率越来越大（徐进，2004）。总体而言，水土流失动态及其治理成效和社会经济因素之间存在着显著的互动关系，这种影响可能是正面的、也可能是负面的。概括起来，主要有以下几个方面。

8.2.1　土地利用方式

区域特有的土地利用方式在很大程度上影响着水土流失动态及其综合治理的成效（Fu，1989；Chen et al.，2007；Wei et al.，2007，2009）。在黄土高原地区，历史上长时期存在的超载放牧、陡坡开荒、广种薄收、毁林造田、破坏植被、陡坡采石、滥砍滥伐等不良的土地利用行为（Wang et al.，2006），在很大程度上改变了原有的下垫面属性，扰动和破坏土壤理化属性、降低植被有效覆盖度，增加地表裸露程度，从而增加水土流失风险，危害区域生态系统安全（蒋定生，1997）。而目前大规模开展的退耕还林还草、天然林保护和基本农田保护等工程，其实是在扭转和改善不合理的土地利用方式，为构建和谐稳定的人地关系、遏制西部生态退化的趋势发挥积极作用。

8.2.2　区域经济发展水平

一个区域的经济发展水平对于环境保护、水土流失综合防治至关重要。大量研究表明，区域经济发展水平在很大程度上影响着人类活动的基本行为方式（卫伟等，2004）。

历史上，贫穷落后的黄土高原地区，为了解决基本的饮食、炊饮、取暖、薪柴、住房等问题，广种薄收、砍伐树林的现象极为普遍，恶化了区域生态环境、诱发了严重的土壤侵蚀（朱显谟，1991；Shi and Shao，2000）。相反，高速发展的区域经济并没有从根本上扭转土地退化和水土流失严峻的局面。快速发展的区域往往会带来大规模的、类型多样、强度不一的开发建设项目，这些项目的实施一方面在很大程度上导致了地表扰动、毁林开荒、破坏植被等一系列行为方式，致使区域景观格局和土地利用/覆被发生巨大变化（周金星等，2006）；另一方面开发建设过程中导致的弃土、弃石、弃渣及当地居民生活和建筑垃圾的乱堆乱放，而不采取任何拦挡和处理措施，这种行为方式在相当程度上增加了水土流失的现实和潜在风险（沈国舫，2000）。

8.2.3　科学技术水平

科技水平的高低对于水土流失治理来讲是一把双刃剑。一方面，伴随着科技力量的提升、人类干预自然、改造生态环境的能力大大提高；另一方面，高科技催生下的不合理的人类活动却能大大破坏生态环境，造成植被退化、气候变异增加，从而诱发水土流失，增加其复杂性和综合治理的难度。但倘若能够正确发挥科学技术的贡献力，则能在很大程度上促进水土保持科研事业的发展，遏制水土流失进一步蔓延的态势。例如，随着科技的发展，用于跟踪监测水土流失动态的研究设备、试验方法、测试手段都能得到有效提升，为获取实时动态的科学数据提供保障。例如，航空遥感、实时定位技术的介入，能为大尺度土壤侵蚀评价提供参考（卫三平，2000）。实践中，淤地坝、梯田等的安全设计、稳定性和新材料的使用以及高效乔灌草筛选与修复技术，则能大大提高水土资源的利用率、促进植被修复，改善区域生态环境，促进水土流失综合治理。

8.2.4　人口膨胀及其组成特征

资料显示，黄土高原地区的人口在秦朝以前的 2000 年大约为 850 万，最多时不超过 900 万；秦以后至明代的 600 余年中，大致保持在 1000~1500 万；明代中期至清代中期，人口迅速达到 3823 万；在解放初期为 3639 万；新中国成立后由于社会安定、生产力提高、粮食产量增加，人口增加很快，1990 年达到 9031 万，比新中国成立初期增加 1.5 倍（蒋定生，1997；张汉雄和邵明安，2001）。因此，当今人类面临的人口、资源、环境三大问题中，人口膨胀是第一位的。不断增加的人口压力进一步增加了土地开垦面积，增加了水土流失治理的难度。

8.2.5　水土保持政策及其实施

综合国内学者公开发表的文献资料，自新中国成立以来，黄土高原地区的水土流失治理政策大致分为 5 个主要阶段：第一阶段为探索治理时期（1950~1966 年），第二阶段为停滞破坏时期（1966~1969 年），第三阶段为全民治理时期（1970~1980 年），第四阶段为小流域综合治理时期（1980～1998 年），第五阶段为预防为主、综合防治、依法防治、蓬勃发展时期（1999 年至今）（王飞等，2009）。不同的时期的政策对水土流失综合防治进展发挥了决定性的作用（刘克亚和黄明健，2004）。从单一强调粮食安全、以粮为纲前提下的土地利用模式、到定位到全面发展各行业和流域综合治理协调发展时期，水土流失及其治理成效发生了根本上的变革（李香云，2006）。特别是 20 世纪末实施的退耕还林（草）工程、天然林保护工程，使得大面积的陡坡耕地转化为水土保持效益相对较好的乔灌草植被，遏制了乱砍滥伐、破坏植被的势头，产生了巨大社会和环境效益。

8.2.6　居民参与的积极性和方式

大量研究和实践表明，一个区域的水土保持和流域综合治理若想取得较好的成效并具有可持续性，必须充分发挥当地群众的积极性，以各种有效的方式参与到流域综合整治和水土保持中来。特别是在黄土高原脆弱生态区，由于恶劣的气候条件和破碎复杂的地形，植被恢复和土壤侵蚀防控难度很大，更需要群策群力、充分发挥当地居民的积极性和创造力。可以通过建立政府—专家—公司—农户四位一体的模式，开展资金投入—技术咨询—专题实施—积极参与的方式开展水土流失综合治理（刘孝盈等，2003）。这种方式可以在实践中，极大地调动农民的积极性和主人翁责任感，有效地将科技人员的技术知识和农民的实践经验、乡土技术有机结合起来，达到事半功倍的治理效果。

8.3　定西地区生态适宜性评价

8.3.1　生态适宜性评价的方法

8.3.1.1　适宜性评价原则

（1）限制性原则

不同植被类型在某一区域内对于各种环境因子的适宜程度不同，实际上就是植被类型分布的限制性，这种限制性包括极端限制性和适宜限制性。极端限制性是指当环境因子的数量值高于或低于某一临界值，某些植物物种则无法生存，致使不适宜特定植被类型的分布；适宜限制性是指只有当环境因子的数量值在某一适宜范围内，某些种类的植物物种才能生存，才适宜某些植被类型分布。例如，水稻种子发芽的最低温度是 8℃，温度到达 45℃则中止活动，其发芽的最适温度为 25～35℃。

（2）区域性原则

不同地区的自然环境因子存在着较大的差异，所以进行生态适宜性评价研究时，评价因子的种类、评价单元的大小以及最终确立的适宜性模式也不同。根据黄土高原典型地区的特点，应选取其独特的生态适宜性评价体系。

（3）综合性原则

影响生态适宜性的自然环境因子有多种，如气候、土壤、地形、地貌等，而这些不同因子也是由许多因素构成的，如气候因子包括温度、降雨、光照等，地形因子又包括坡度、坡向、高程等。因此，在建立生态适宜性模式时，必须全面考虑各自然环境因子以及它们之间的联系。

8.3.1.2 适宜性评价单元

根据黄土高原特殊的地貌类型以及评价区内流域的特点，采用模型定量法，即在 ARC/INRO 系统支持下，以 100 m×100 m 栅格单元作为生态适宜性评价的基本单元。

（1）适宜性评价因子

根据定西地区 1951～2004 年的气象数据得知，该区 7 个县的多年平均温度均为 5.3～9.7℃，极端最高温度和极端最低温度分别在 27.9～31.5℃ 和 −21.5～−14.5℃，区域变化较小；气候湿润指数为 0.2～0.48，均处于半干旱气候区内；此外，定西地区为典型黄土高原区，其土层深厚，主要土壤类型单一。因此，建立适宜性评价模式时，剔除了温度（包括年平均温度、极端最高温度、极端最低温度）、气候湿润指数和土壤三个常规评价因子，选择了区域内变化较大的 4 主要控制因子，分别为高程、坡度、坡向和降水量。

根据植物对评价因子高程、坡度、坡向和降水量的生态适宜性，可将评价因子进行分类，具体的分类见表 8-1。

表 8-1 生态适宜性评价因子的划分

评价因子	评价因子类型	生态适宜性
高程	E1：0～2200 m	喜温植物
	E2：2200～3000 m	喜凉植物
	E3：>3000 m	耐寒植物
坡度	S1：0°～15°	梯田
	S2：15°～25°	梯田/隔坡梯田
	S3：25°～35°	水保措施鱼鳞坑/水平台
	S4：>35°	封育
坡向	A1：平地（−1）	耐阴植物
	A2：阴坡	阴生植物
	A3：半阴/半阳坡	耐阴植物
	A4：阳坡	喜光植物
降水量	P1：<400 mm	灌木、自然草本、少量乔木
	P2：>400 mm	乔木、灌木、自然草本

（2）适宜性评价模式及其判断矩阵

应用逐级分类组合的方法，依次把降水量、坡向、坡度和高程 4 个评价因子的各个类型进行组合，形成一个生态适宜性评价的模式判断矩阵见表 8-2。

表 8-2　生态适宜性模式体系的建立

降雨（植被类型的选择）	坡向（植物物种类型的选择）	坡度（工程措施的选择）	高度（物种的进一步筛选）	配置模式选择
>400 mm：乔木 + 灌木 + 自然草	阳坡：喜阳乔木 + 灌木 + 自然草	>35°：自然修复（封育）	>3000 m	Ⅰ 自然修复
			2200 ~ 3000 m	
			<2200 m	
		25° ~ 35°：鱼鳞坑/条田	>3000 m	Ⅱ 1
			2200 ~ 3000 m	
			<2200 m	
		15° ~ 25°：梯田/隔坡梯田	>3000 m	Ⅳ 2
			2200 ~ 3000 m	
			<2200 m	
		<15°：梯田	>3000 m	Ⅲ 3
			2200 ~ 3000 m	Ⅳ 2
			<2200 m	Ⅴ 1
	阴坡：喜阴乔木 + 灌木 + 自然草	>35°：自然修复（封育）	>3000 m	Ⅰ 自然修复
			2200 ~ 3000 m	
			<2200 m	
		25° ~ 35°：鱼鳞坑/条田	>3000 m	Ⅱ 2
			2200 ~ 3000 m	Ⅱ 2
			<2200 m	Ⅱ 3
		15° ~ 25°：梯田/隔坡梯田	>3000 m	Ⅱ 4
			2200 ~ 3000 m	Ⅳ 1
			<2200 m	Ⅳ 4
		<15°：梯田/隔坡梯田	>3000 m	Ⅲ 3
			2200 ~ 3000 m	Ⅳ 3
			<2200 m	Ⅴ 1
	半阴/阳坡：中性乔木 + 灌木 + 自然草	>35°：自然修复	>3000 m	Ⅰ 自然修复
			2200 ~ 3000 m	
			<2200 m	
		25° ~ 35°：鱼鳞坑/条田	>3000 m	Ⅱ 3
			2200 ~ 3000 m	Ⅱ 1
			<2200 m	Ⅱ 5
		15° ~ 25°：梯田/隔坡梯田	>3000 m	Ⅳ 1
			2200 ~ 3000 m	Ⅳ 4
		<15°：梯田/隔坡梯田	>3000 m	Ⅲ 3
			2200 ~ 3000 m	Ⅳ 1
			<2200 m	Ⅴ 1

续表

降雨（植被类型的选择）	坡向（植物物种类型的选择）	坡度（工程措施的选择）	高度（物种的进一步筛选）	配置模式选择
<400 mm：灌木 + 自然草 + 乔木	阳坡：喜阳灌木 + 乔木 + 自然草	>35°：自然修复（封育）	>3000 m	Ⅰ 自然修复
			2200 ~ 3000 m	
			<2200 m	
		25° ~ 35°：鱼鳞坑/条田	>3000 m	Ⅲ1
			2200 ~ 3000 m	
			<2200 m	
		15° ~ 25°：梯田/隔坡梯田	>3000 m	Ⅲ2
			2200 ~ 3000 m	Ⅳ2
			<2200 m	Ⅳ5
		<15°：梯田/隔坡梯田	>3000 m	Ⅲ3
			2200 ~ 3000 m	Ⅳ2
			<2200 m	Ⅴ2
	阴坡：喜阴灌木 + 乔木 + 自然草	>35°：自然修复（封育）	>3000 m	Ⅰ 自然修复
			2200 ~ 3000 m	
			<2200 m	
		25° ~ 35°：鱼鳞坑/条田播	>3000 m	Ⅲ1
			2200 ~ 3000 m	
			<2200 m	
		15° ~ 25°：梯田/隔坡梯田	>3000 m	Ⅲ2
			2200 ~ 3000 m	Ⅳ3
			<2200 m	
		<15°：梯田/隔坡梯田	>3000 m	Ⅲ3
			2200 ~ 3000 m	Ⅳ3
			<2200 m	Ⅴ1
	半阴/阳坡：中性灌木 + 乔木 + 自然草	>35°：自然修复	>3000 m	Ⅰ 自然修复
			2200 ~ 3000 m	
			<2200 m	
		25° ~ 35°：鱼鳞坑/条田	>3000 m	Ⅲ1
			2200 ~ 3000 m	
			<2200 m	Ⅲ2
		15° ~ 25°：梯田/隔坡梯田	>3000 m	Ⅲ3
			2200 ~ 3000 m	Ⅳ2
			<2200 m	Ⅳ1
		<15°：梯田/隔坡梯田	>3000 m	Ⅲ3
			2200 ~ 3000 m	Ⅳ2
			<2200 m	Ⅴ1

然后，根据模式判断矩阵确定生态适宜性模式的类型，主要划分为五大类生态适宜性模式和 16 个子生态适宜性模式，具体模式分类如下所述：

Ⅰ自然修复模式

自然修复［封育］

Ⅱ灌草空间配置模式

Ⅱ-1 喜温凉乔灌草生态防护林—鱼鳞坑配置模式

Ⅱ-2 喜阴冷乔灌草生态防护林—鱼鳞坑配置模式

Ⅱ-3 耐阴冷乔灌草生态防护林—鱼鳞坑配置模式

Ⅱ-4 喜温凉乔灌草生态防护林—条田/反坡梯田配置模式

Ⅱ-5 耐温凉乔灌草生态防护林—条田/反坡梯田配置模式

Ⅲ灌乔草空间配置模式

Ⅲ-1 喜阴耐旱灌（乔）草生态防护林—鱼鳞坑配置模式

Ⅲ-2 喜阴耐旱灌（乔）草生态防护林—条田/反坡梯田配置模式

Ⅲ-3 人工草地

Ⅳ经济林/农林复合空间配置模式

Ⅳ-1 喜温凉经济林/农林复合生态系统—梯田/隔坡梯田配置模式

Ⅳ-2 耐旱经济林/农林复合生态系统—梯田/隔坡梯田配置模式

Ⅳ-3 耐阴经济林/农林复合生态系统—梯田/隔坡梯田配置模式

Ⅳ-4 喜阴冷经济林/农林复合生态系统—梯田/隔坡梯田配置模式

Ⅳ-5 耐干旱经济林/农林复合生态系统—梯田/隔坡梯田配置模式

Ⅴ农田/庭院经济配置模式

Ⅴ-1 喜温凉农田生态系统—梯田配置模式

Ⅴ-2 耐干旱农田生态系统—梯田配置模式

生态适应性评价流程及其处理过程适宜性评价流程图见图 8-1。

8.3.2　生态适宜性评价过程

（1）地形数据处理

从全国 1∶25 万数据库中挑选出甘肃省定西地区所在的 6 幅分幅图，通过接边（edgematch）与合并（append）命令分别把分幅图中的行政边界图层（bount 文件）和等高线图层（terlk 文件）合成一个图层。在 arctools 模块下，从合并后的行政边界图层中提取出定西地区所属行政范围，应用 build 命令建立拓扑关系生成空间图形文件。通过裁剪命令（clip），利用定西地区的行政边界切割合并的等高线图层，裁剪出定西地区的等高线图层，并用 clean 命令建立新的拓扑关系。重新建立文件的坐标系统，地理坐标系统为 GCS_Krasovsky_1940 坐标系统。

利用处理好的等高线图层生成 DEM，在此过程中，首先建立 TIN（高程图），然后将 TIN 转化为 Grid 格式。在空间分析模块中，利用 Grid 文件生成坡度、坡向图。最后，利用 reclassfy 命令对高程图、坡度图和坡向图进行再分类。

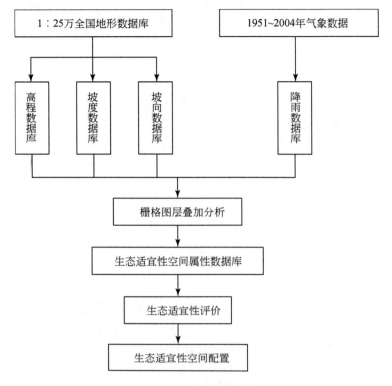

图 8-1　生态适宜性评价流程图

（2）气象数据处理

收集甘肃省定西地区 7 个县及其周边 19 个县 1951～2004 年的气象（降水量）数据，建立气象数据库。在 GIS 中，将数据库中文本格式的气象数据转化为点 Coverage 格式，每个点的属性数据为多年平均降水量值。利用空间插值方法（Kriging 插值法）对点属性数据，即多年平均降水量进行插值分析，然后用定西地区的行政边界对降水量插值分布图进行切割，生成定西地区降雨分布图。

（3）空间叠加分析

应用 Combine 命令将生成的坡度图、坡向图、高程图和降雨图进行叠加，生成定西地区生态适宜性评价属性数据库。

（4）生态适宜性的空间配置

从表 8-3 中可以看出，在整个生态适宜性评价区域内，模式Ⅱ、模式Ⅲ、模式Ⅳ和模式Ⅴ的空间配置面积比较接近，自然恢复模式（模式Ⅰ）的面积最小。模式Ⅰ主要分布于陇西县和通渭县，其他模式在各县均有分布，只是面积比例不同；农田/庭院经济配置模式（模式Ⅴ）的面积比例最大，为 29.74%，其主要分布在定西县、渭源县、陇西县、临洮县和通渭县。五大类生态适宜性模式和 16 类子生态适宜性模式的空间配置见图 8-2 和图 8-3。

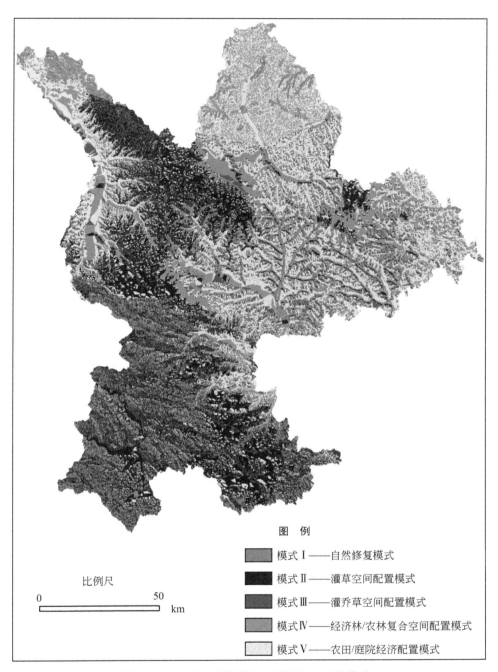

模式 Ⅰ ——自然修复模式

模式 Ⅱ ——灌草空间配置模式

模式 Ⅲ ——灌乔草空间配置模式

模式 Ⅳ ——经济林/农林复合空间配置模式

模式 Ⅴ ——农田/庭院经济配置模式

比例尺

0　　　　　　　50

km

图 8-2　生态适宜性模式的空间配置（五大模式）

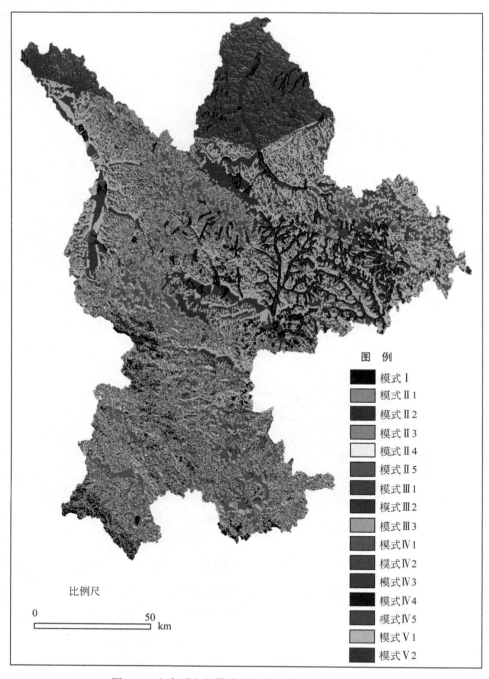

图例

模式 I
模式 II 1
模式 II 2
模式 II 3
模式 II 4
模式 II 5
模式 III 1
模式 III 2
模式 III 3
模式 IV 1
模式 IV 2
模式 IV 3
模式 IV 4
模式 IV 5
模式 V 1
模式 V 2

比例尺

0   50 km

图 8-3　生态适宜性模式的空间配置（16 类子模式）

表 8-3　生态适宜性模式的空间配置

模式类型		面积（km²）	面积比例（%）		主要分布区域
模式 Ⅰ		1212.01	6.18	6.18	陇西县、通渭县
模式 Ⅱ	Ⅱ1	276.58	1.41	23.28	岷县、漳县、渭源、临洮
	Ⅱ3	316.20	1.61		
	Ⅱ2	2007.98	10.2		
	Ⅱ4	469.89	2.39		
	Ⅱ5	1504.48	7.67		
模式 Ⅲ	Ⅲ1	1161.12	5.92	17.47	岷县、漳县、渭源、临洮
	Ⅲ2	774.10	3.94		
	Ⅲ3	1493.64	7.61		
模式 Ⅳ	Ⅳ1	782.69	3.99	23.24	临洮县西部、定西县南部、通渭县、渭源县与陇西县南部
	Ⅳ2	360.68	1.84		
	Ⅳ3	2296.63	11.7		
	Ⅳ4	916.37	4.67		
	Ⅳ5	203.83	1.04		
模式 Ⅴ	Ⅴ1	4898.58	24.9	29.74	定西县、渭源县、陇西县、临洮县和通渭县
	Ⅴ2	949.58	4.84		

8.4　植被恢复及生态空间适宜性评价

8.4.1　定西地区植被恢复技术体系

8.4.1.1　人工与天然灌草群落

（1）人工沙棘群落

在自然界中，土壤水分状况是由降水与植被共同作用的结果。在没有人为干预的情况下，当年降水量相对稳定时，植被就会自然形成一定的类型、结构和密度，并按照自然规律演替和发展，最终形成与降水条件一致的相对稳定的群落结构。在这一演替发展过程中，降水与植被始终处于一种相对平衡状态，土壤水分也处于一种相对稳定状态。在年降水量 400 mm 左右的地区应注意选择好沙棘造林的立地条件，应在沟坡和梁峁阴坡和半阴坡营造沙棘林。沙棘林适宜的密度为 70~150 株/亩，在 3~4 年后快速串根繁衍，郁闭成林。

沙棘有一定的耐旱能力，为广生态幅植物，沙棘生长迅速，竞争力强，3~4 年即可形成茂密的单优群落，以后随着自然稀疏，能形成良好的灌木—草本群落。不存在被其他乔灌木群落替代的条件。

沙棘林对生物多样性的影响：沙棘种植 7~8 年后，即可形成林茂草丰，覆盖度达

80%以上的灌木—草本群落，林下杂草繁茂，种类有 10～20 种。试验区沙棘种植 13 年后，林内天然灌木和草种比实验前增加了 80 多种。由于天然植物是在与其生长相适应的环境下恢复的，经人工作用和自然恢复而形成的沙棘林生态系统，结构比较稳定，关系比较和谐。

沙棘生长快，随着生长年限增加，抗寒、耐旱、抗盐碱、抗瘠薄、抗风的能力增强；在半干旱黄土区，在干旱年份（年降水量为 188～277 mm）沙棘仍生长良好，并能在侵蚀严重，植物难以生长的荒山陡坡和红胶土裸露的沟坡旺盛生长。

沙棘的养分积累及土壤养分动态：沙棘具根瘤固氮，枯枝落叶的分解，植株的淋溶作用以及根系自身的穿透、挤压、胶结、死根的腐烂等作用，改善了土壤结构，使营养元素返回到土壤中，以维持土壤中的养分平衡；沙棘根系发达，在黄土高原半干旱区梁峁坡和沟坡生长的沙棘，根系主要密集于地表 1 m 的上层，形成根系网，使沙棘林形成茂密的林冠层、林下草被层和发达的根系层。创造了良好的水分生态环境和森林生态结构，增强了对土壤的保护作用。沙棘林由于改土作用较强，可增强土壤渗透性、抗蚀性和抗冲性。

沙棘根系吸水对林地水分生态环境的影响：沙棘有良好的水分生态适应性，随着沙棘年限增加，土壤物理性质和肥力状况得到改善，土壤持水能力有较明显的提高，其上层 1～1.5 m 土壤水分在旱季恢复较好，土壤含水量超过荒山天然草地。

沙棘林具有削减坡位对土壤水分影响的作用，在坡下部栽植沙棘更有利于其稳定生长。沙棘及其混交林对土壤水分的利用强度相似，各种林地均存在不同厚度、最高含水量不超过 8.0% 的低湿层。

沙棘与对照荒山土壤水分年动态变化，可以看出沙棘随林龄增加深土层水分严重亏缺。由于其林冠层，林下草被层、枯落物层和根系层形成了良好的森林生态结构，保水固土能力增强。因而 0～60 cm 土层含水量可补充到田间持水量的 50%～80%，持水力超过荒山。在沟坡沙棘活性根集中在 80 cm 土层内，沙棘根蘖繁殖力强，一般 3～4 年即开始产生根蘖苗。根蘖繁殖的迟早和根蘖苗的多少与生境水分条件有密切关系。沟坡生长的沙棘较梁峁坡的根蘖苗多且生长好。在同一立地条件，母株越稀的地段，根蘖苗越多，串根面积越大。

在半干旱黄土区只要注意选择好沙棘造林的立地条件（沟坡、梁峁阴坡、半阴坡），掌握好适宜的造林密度（70～150 株/亩），并加强沙棘成林过程中的抚育、管理（平茬、间伐、修枝、整地、施肥等措施），可提高沙棘林土壤含水量和成林效果。

（2）人工柠条群落

柠条是锦鸡儿属（*Caragana*）植物栽培种的通称，为豆科灌木类植物，属于多年生落叶灌木，在黄土高原地区多有分布（安韶山和黄懿梅，2006）。该植物具有很强的抗旱、防风固沙和保持水土的能力，同时也是优良的灌木饲料植物资源，生态经济价值较高，适合在我国北方干旱半干旱黄土丘陵沟壑区推广种植。已有的研究表明，柠条林地不仅水土保持能力极强，同时可以明显地改善土壤质地和肥力。

总体而言，柠条在庇荫处生长不良，结果少甚至不结实。抗高温、耐旱、耐寒。黄土丘陵阳坡水平台种植柠条，可形成以柠条为主的灌草人工—自然群落类型（Su and Zhao, 2003）。在水平台面及隔坡，本氏针茅等草本侵入，也见铁杆蒿、麻黄等衍生，台面群落盖度达 50%～90%，柠条株丛高度为 50～150 cm，禾本植物等盖度为 25%～50%，高度为 30 ~ 80 cm。据测定，人工柠条群落林内，在柠条高 3 ~ 40 倍远处的风速要比林外空地降低 20% 左右，而在柠条高 10 倍远处地段，土壤蒸发量可降低 54.6%，从而发挥出良好的生态保育功能。

8.4.1.2　天然灌草群落的恢复

根据荒坡、草坡坡面、退耕地、撂荒地的植被恢复调查，灌木、草本植被等天然植被的恢复具有明显的效果。黄土丘陵沟壑区是以干草原植被类型为主，其主要建群种是本氏针茅、短花针茅、百里香、铁杆蒿、灌木亚菊等。群落结构特征为建群种和优势种多数是矮高位芽植物或地上芽植物，群落结构层次不明显。在植被保存比较完整的地段，常出现低矮灌木层与高大草本层（禾草）在垂直空间上处于同一层，难以截然分开。草本层稀疏，主要优势植物有本氏针茅、短花针茅、铁杆蒿、二裂委陵菜等。草本以地面芽植物为主，其次为隐芽植物和一年生植物。

（1）灌草群落类型

甘蒙锦鸡儿—短花针茅群落：分布在定西安家坡海拔 2000 ~ 2450 m 处。灌木层由甘蒙锦鸡儿形成单优群落，周围偶见阿尔泰狗娃花、野枸杞、白刺等，灌木层盖度 40% ~ 60%，长势良好，株高 1.5 ~ 2 m，冠幅平均为 1.1 m × 1.4 m；组成草本层的植物有短花针茅、本氏针茅、达乌里胡枝子、骆驼蓬、瑞香狼毒等。甘蒙锦鸡儿根蘖繁殖力强，在干旱的山坡上适应性极强，是水土保持和绿化的优良植物群落。在降水中等水平年和对植被类型进行封育后，植被恢复状况良好。群落覆盖度在 85% 以上，层次错落杂处，水平分布均匀。

（2）沙棘群落类型

人工沙棘栽植后，沙棘根蘖蔓延形成沙棘—禾草群落。群落盖度多在 70% ~ 100%，多是单优群丛，草本层多为冰草、赖草、硬质早熟禾等。草本层高度多在 60 ~ 100 cm，覆盖度为 70% 以上。

（3）针茅群落类型

自然坡面、撂荒地和稀疏草坡，无论阳坡、阴坡，实行封育后，自然植被演替及繁衍，耐旱喜光禾本草丛状分布，形成典型干旱草原植被群落类型。

8.4.2　流域植被恢复方式

8.4.2.1　荒草地的改良

流域内有较大面积的荒草地，由于利用不合理，退化严重，影响了畜牧业的发展。因此，必须对现有荒草地进行合理的放牧和保护，可以采用以下几种方法。

（1）荒草地封育

将流域内比较集中的连片荒草地，覆盖率在 30% 以上的地段划分到户进行封育。已有研究表明，封育时间可为 2 ~ 3 年，然后进行轮封轮牧，但应严格控制放牧时间和强度。

（2）荒草地管理

对于覆盖率在 30% 以下的荒草地采用工程措施，结合营造灌木林进行草灌等高带状混交种植。在缓坡沿等高线修水平台，田埂种植灌木；而在陡坡则进行鱼鳞坑整地，坑内直播或栽植灌木，坑边种草。

此外，其他措施，如施肥也可以用于荒草地的改良。

8.4.2.2　人工草地建设

在退化荒草地的山坡上，可采用隔坡条田、水平台、水平沟、鱼鳞坑的办法来进行整地造林，幼苗阶段在空地上种草。对带与带间的草地进行保护，让其自然封育。可以营造成灌、草混交或乔、灌、草混交配置模式。

8.4.2.3　乔灌草配置模式

混交类型是根据树种在混交林中的地位、生物学特征及生长型等人为地搭配在一起而成的树种组合类型。

乔木混交类型：作为主要树种的乔木混交在一起所构成的类型，如刺槐＋北京杨、刺槐＋油松、山杨－油松、栎类＋油松等。

阴阳性树种混交类型：主要树种与萌生树种混交。

乔灌木树种混交类型：主要树种与灌木树种混交，如油松＋沙棘、小叶杨＋沙棘、油松＋紫穗槐等。

8.4.3　不同植被恢复空间适宜性评价

半干旱黄土丘陵区是黄土高原水土流失较为严重的地区，也是我国典型的生态脆弱带。长期以来，植树种草作为治理水土流失、改善生态环境的主要措施，在该地区环境综合治理中发挥了重要作用。但在人工植被建设中，如何在不同的环境条件下做到不同类型植物的合理布局，以达到生态效益与经济效益、防护性与开发性的有机结合，以及提高资源利用率等，仍没有得到很好解决。通过比较不同类型植物的耗水特点及适应性差异，探明不同植物的水分生态特征，是在植被建设中针对该区不同立地条件科学合理地选择植物类型和进行配置的基础。

不同植物分布于不同的地区，同一种植物分布范围有大有小，这与不同植物或同种植物的各个种群对环境的适应性有关。植物对环境的适应是由其新陈代谢特性决定的。能量代谢和水分代谢是植物代谢的重要组成部分。在黄土高原地区水分是影响植物生长和发育的主要制约因子之一。因此，对分布于不同环境的不同植被系统的光合特性和蒸腾特性进行了比较研究，以探讨不同植被对环境的适应性机制，为有效利用植被资源，合理选择植被类型进行植被恢复和重建提供重要的科学依据和指导作用。

8.4.3.1　阴坡不同植被系统光合特性空间适宜性

（1）阴坡净光合速率和蒸腾速率

阴坡不同植被系统的净光合速率（P_n）见图 8-4。由图 8-4 可以看出，农地马铃薯的系统净光合速率最大，而铁杆蒿群丛的净光合速率最小。各植被系统的净光合速率大小顺

序为马铃薯 ［18.35 μmol/（m²·s）］ ＞沙棘 ［15.08 μmol/（m²·s）］ ＞山杏 ［11.57 μmol/（m²·s）］ ＞油松 ［4.16 μmol/（m²·s）］ ＞本氏针茅 ［1.14 μmol/（m²·s）］ ＞铁杆蒿 ［1.10μmol/（m²·s）］。马铃薯的净光合速率最高，沙棘、山杏、油松等次之，而本氏针茅群丛（荒草地的优势种）和铁杆蒿群丛（弃耕地的优势种）的净光合速率很低。这是由于禾草和蒿草类植物的长势较差，且它们的生育时期较短，一般在 8 月中下旬就进入籽粒灌浆成熟期，对光能和太阳辐射的利用相对较少而造成的。与荒草地（自然草地）相比，栽植乔、灌木植被后土地的生产能力大幅度增加。建植沙棘、山杏和油松，增加了地表植被覆盖，可以有效吸收太阳辐射，同时还有利于减小水土流失，吸纳和滞留有限的降水资源，增加植被第一性生产力。

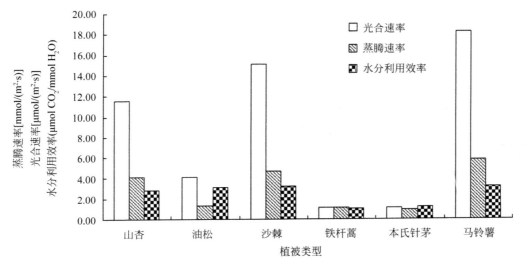

图 8-4　阴坡不同植被系统净光合速率、蒸腾速率和水分利用效率比较

不同植被类型的蒸腾速率 T_n 有较大的差异 （图 8-4）。不同植被系统的蒸腾速率大小排序为马铃薯 ［5.98 mmol/（m²·s）］ ＞沙棘 ［4.70 mmol/（m²·s）］ ＞山杏 ［4.09 mmol/（m²·s）］ ＞油松 ［1.35 mmol/（m²·s）］ ＞铁杆蒿 ［1.09 mmol/（m²·s）］ ＞本氏针茅 ［0.91 mmol/（m²·s）］。可以看出，马铃薯的蒸腾速率最高，而人工植被如沙棘、山杏和油松的蒸腾速率较低，禾草和蒿草类的蒸腾效率最低。这主要是由于不同植被类型土壤含水量的差异和自身生物学特性差异引起的。在自然降水条件下，植被的蒸腾速率不仅受土壤水分含量的影响，还受其自身生理调控、生理阈值和生长节律的制约，并非是土壤含水量越小蒸腾速率就越低，或者土壤含水量越多蒸腾作用就越强。

（2）阴坡水分利用效率

这里所研究的水分利用效率是不同植被类型的叶片水分利用效率，是水分利用效率的理论值（刘昌明，1997）。叶片水分利用效率（WUE）是指单位水量通过叶片蒸腾散失时光合作用所同化的 CO_2 的量，为光合速率与蒸腾速率的比值（P_n/T_r）。水分利用效率是干旱气候环境下确定栽培植物的种类、种植方式和评价其水分生产率的重要指标（王孟本等，2000）。在干旱环境下，植物水分利用效率的大小决定了植物节水能力和水分生产率水平。

不同植被类型的水分利用效率大小顺序为沙棘（3.21 μmol CO_2/mmol H_2O）＞马铃薯（3.18 μmol CO_2/mmol H_2O）＞油松（3.08 μmol CO_2/mmol H_2O）＞山杏（2.83 μmol CO_2/mmol H_2O）＞本氏针茅（1.26 μmol CO_2/mmol H_2O）＞铁杆蒿（1.01 μmol CO_2/mmol H_2O）。可以看出，沙棘的水分利用效率最高，马铃薯、油松、山杏等居中，而本氏针茅和铁杆蒿群落的较低。由于水分利用效率是衡量植物耗水是否经济及其抗旱性的一个重要指标，可见，沙棘耗水比较经济，马铃薯的耗水也较经济，而其他植被类型（如油松、山杏、荒草地等）的耗水就相对较多。由于荒草地（优势种为本氏针茅）和弃耕地（退耕8年，优势种为铁杆蒿等）植被稀疏，长势较差且生育时期较短，其水土保持效果较差，故而其水分利用效率较低。

8.4.3.2 阳坡植被光合特性及空间适宜性

（1）阳坡净光合速率和蒸腾速率

图 8-5 显示的是阳坡不同植被系统的光合速率、蒸腾速率和水分利用效率变化情况。从图 8-5 可以看出，阳坡不同植被系统的净光合速率有明显差异。各植被系统的光合速率从大到小为马铃薯 [13.42 μmol/($m^2 \cdot s$)] ＞柠条 [11.10 μmol/($m^2 \cdot s$)] ＞油松 [μmol/($m^2 \cdot s$)] ＞本氏针茅 [1.32 μmol/($m^2 \cdot s$)] ＞铁杆蒿 [1.26 μmol/($m^2 \cdot s$)] ＞紫花苜蓿 [0.50 μmol/($m^2 \cdot s$)]。农作物马铃薯的净光合速率最大，其次为柠条灌木、油松、禾草群落（荒草地的优势种为本氏针茅）和蒿草群落（8 年期弃耕地的优势种群为铁杆蒿）的净光合速率大致相当，而紫花苜蓿的净光合速率最小。与自然草地相比，人工植被恢复（栽植柠条和油松）可以增加植被的初级生产能力，但 3 年期的人工紫花苜蓿的净光合速率较低，这是因为紫花苜蓿是 2001 年播种的，长势较差且杂草丛生，其光合生产能力较差。

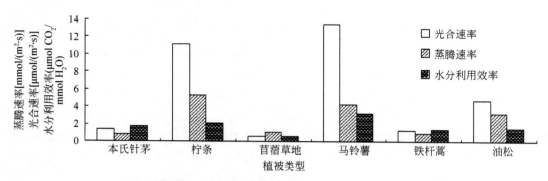

图 8-5　阳坡不同植被系统净光合速率、蒸腾速率和水分利用效率比较

不同植被系统的蒸腾速率也有显著差异（图 8-5）。不同植被类型的蒸腾速率大小排序为柠条 [5.27 mmol/($m^2 \cdot s$)] ＞马铃薯 [4.25 mmol/($m^2 \cdot s$)] ＞油松 [3.16 mmol/($m^2 \cdot s$)] ＞紫花苜蓿 [1.00 mmol/($m^2 \cdot s$)] ＞铁杆蒿 [0.95 mmol/($m^2 \cdot s$)] ＞本氏针茅 [0.76 mmol/($m^2 \cdot s$)]。可以看出，柠条蒸腾耗水较强，其次为马铃薯、油松和紫花苜蓿，禾草和蒿草群落的蒸腾速率较小。这主要是由于不同植被的形态结构及生物学特

性的不同而引起的，外界环境如光照、热量、气温和地温也有一定的影响。

（2）阳坡植被水分利用效率

阳坡不同植被系统的水分利用效率差异较大（图 8-5）。不同植被类型的水分利用效率大小顺序为马铃薯（3.16 μmol CO_2/mmol H_2O）>柠条（2.11 μmol CO_2/mmol H_2O）>本氏针茅（1.73 μmol CO_2/mmol H_2O）>油松（1.50 μmol CO_2/mmol H_2O）>铁杆蒿（1.33 μmol CO_2/mmol H_2O）>紫花苜蓿（0.52 μmol CO_2/mmol H_2O）。可以看出，农作物马铃薯的水分利用效率最大，其次是柠条、禾草群丛和油松人工林，而蒿草类和人工紫花苜蓿的水分利用效率较低。可见，马铃薯和柠条耗水经济，而紫花苜蓿和蒿草（铁杆蒿）更耗水，人工乔木 + 油松耗水也较经济。由于铁杆蒿群落较稀疏，且生育时期较短，长势较差，所以其水分利用效率低下。而紫花苜蓿为 2001 年人工种植的，由于田间管理差、抚育和经营措施较少，长势较差且杂草丛生，野兔和鸟类的采食较多，故而其水分利用效率较低。

第9章 黄土丘陵沟壑区流域综合治理模式和方略

9.1 流域水土流失综合治理的基本方略

9.1.1 小流域治理思想体系的发展

我国以小流域为单元开展水土保持综合治理试验始于20世纪50年代，主要在黄土高原水土保持试验站开展小流域对比治理试验，70年代为了片面追求治理效果，工程措施得到广泛运用，尤其是在黄土丘陵沟壑区，通过坡面梯田化和沟道坝系化，治理效果明显。这一时期还属于零星的、单一措施治理。直到1980年，通过总结以往工作经验提出了小流域概念，小流域治理才正式开始试点，其后才推广和全面发展（孟庆枚，1997）。80年代至今，黄土高原小流域治理大体可以分为三个阶段（斯向宏和彭文英，2002）。

1）20世纪80年代初期到中期，经验积累阶段。这一时期，小流域治理目标是保水保土，因而在总结过去经验基础之上，根据小流域土壤侵蚀规律，因地制宜地配置水土保持措施，在实践中逐渐形成了系统的治理体系，其拦蓄拦沙效益也逐渐增强。但这一时期的小流域治理没有体现经济效益，群众积极性不高，处于被动适应型治理阶段。

2）20世纪80年代后期，初级的效益型小流域治理。这一时期，小流域治理不再是传统的防治型，而是把经济效益作为治理的主要目标，由过去的被动适应型转为主动配置型，从而小流域治理得到很大发展。但仍属于经济效益摸索阶段，特点是片面追求经济效益而忽视水土流失治理，或盲目的经济效益追求而忽视市场导向，小流域治理呈现出高治理、低效益状况。

3）20世纪90年代至今，治理与开发并重的效益型小流域治理。按流域统一规划，多项措施优化配置，贯穿经济思想，把治理与开发融为一体，以小流域治理经验和技术为基础，并以市场为导向，对小流域不同部位实施综合开发治理，最大限度地追求经济效益和生态效益，并形成了小流域综合治理模式。经过20多年的发展，黄土高原小流域治理主要在4个方面发生了巨大转变：一是配置措施方面，由过去的单一的、零星的治理措施发展成综合的、系统的治理模式，工程措施配套生物措施和生物措施配套工程措施相结合，形成区域规模治理。二是治理效益的转变，过去是追求水土保持效益，忽视经济效益，后来又盲目追求经济效益，忽视产品优势向商品优势的转变，当前是开发与治理相结合，治理是为了开发，而开发必须进行治理。三是经营模式的转变，过去主要是政府统一管理和集中经营管理，现在统分结合，多层经营，实现小流域的开发与治理。四是资金投入方面的转变，由国家地方政府单一投入为主转变为企业、集体、个人的多种形式，多种渠道的资金来源的投入模式建立多种，刺激机制、鼓励并保护小流域治理，使黄土高原小流域治理真正走向"治山、治水、治贫、治愚"的治理模式。

小流域治理的研究体系经过几十年的发展，尤其是近 20 年来，无论是在小流域产流产沙等机理研究方面，还是在小流域治理开发基本经验上，均得到系统的发展。小流域研究成果主要表现在以下 5 个方面：一是小流域产流产沙机理及其特征研究。主要表现在流域内产流、产沙与降雨特征、地形因素、土地利用状况等关系的研究，产流和产沙之间关系和流域内泥沙分布特征及输移规律等方面的研究。二是各种水土保持措施减流减沙效益研究。主要是为了比较、论证水保措施效益，为科学选择水保措施提供依据。三是小流域产流、产沙及其与水土保持措施之间关系的定量模拟和模型研究，以及遥感、GIS 在小流域水土流失治理中的应用研究。四是小流域治理模式研究，为小流域综合治理措施配置模式提供科学依据。五是小流域治理综合效益评价指标体系等研究。

9.1.2 小流域治理技术体系在水土流失防治中的成效

黄土高原小流域是黄河流域产水产沙的源头，是一个完整的水文—生态—经济单元。开展以小流域为单元的水土流失治理，有利于从水沙运行规律和生态景观的基本理论出发，统一规划，科学地安排农林牧业生产，合理地配置水土保持措施，发展科学的治理范式并推广。开展小流域治理，合理地开发流域内的自然资源，发展生产，提高经济效益，与现实相结合，因地制宜地发展多种经营，强调以经济效益为中心的治理与开发并重的思想。小流域治理也是江河治理的基础，如果一条条小流域得到控制，整个大流域乃至于全黄土高原将最终得到治理。黄土高原国家项目小流域试验示范区，面积均在 $5 \sim 10 \ km^2$，经过多年示范治理，泥沙流失量减少 75%~90%。2000 年以来，国家实施退耕还林等重大生态工程与流域综合治理相结合，定西段的祖历河规模治理已收到显著成效，平均侵蚀模数下降了 75% 左右。安定区安家坡小流域，流域面积为 10.06 km^2，自 2001 年起，作为国家科技支撑课题的示范流域，通过多项综合措施治理，取得了明显的治理效果。到 2009 年，流域平均侵蚀模数减少 87.8%，各种治理措施与对照区相比，减沙效益达 67%~95%。通渭县大牛流域，以土地合理利用为前提，恢复植被、以草畜产业为重点、发展养殖业和特色种植业。流域输沙量和含沙量明显减少。小流域综合治理已被证明是治理黄土高原水土流失的有效方略。

9.1.3 小流域治理中的关键问题

小流域综合治理的基本原理就是通过各种措施最大限度地保护地表免受雨滴击溅，减少地表径流，减弱径流冲刷作用，并通过调控流域内径流的再分配，减弱和延缓泥沙的搬运迁移（蔡强国等，1998）。在小流域治理中必须注意以下几个关键问题。

1）小流域治理规划的科学性。科学的小流域规划必须充分考虑水土流失规律、流域自然经济和生态特点，科学地安排各种水土保持措施，做到因地制宜和切实可行。既要参考成功的治理模式，又不能生搬硬套，一定要结合流域本身的具体特点，抓好每一个环节的治理，进行全流域"山、水、田、路"统一规划，使全流域治理效益得到最大保证。

2）经济发展与恢复生态的关系。由于经济利益驱动，如何正确处理经济效益和生态效益关系是现代小流域治理中的重要问题。20 世纪 80 年代以前，主要以水土保持为主，忽视经济效益，结果农民治理山水的积极性不高。当前，治理与开发相结合，出现效益性小流域治理。要解决好经济发展与生态建设的关系，必须在治理措施、空间配置、产业结构调整上找出路。强调生态恢复过程的符合当地植被演替规律，同时也为流域经济发展提供支持。

3）产业结构的合理比例问题。小流域治理中，必然面临产业结构的调整，寻求农、林、牧业合理的发展比例。进行产业结构调整必须尊重自然规律和适应流域内生产发展水平。农业结构调整是水保措施配置的具体反映。在黄土高原大部分地区，由于过去几十年片面发展粮食生产，农地比例很大，进行农业产业结构调整，减少农耕地比例，增加林草用地面积。在扩大林草种植面积的同时，尽量积极发展畜牧业，发展经济林木，在保证满足以粮食为主的农产品消费水平所需要的农业用地的同时，使土地利用尽可能朝着其最适宜利用的方向或最能够提高土地利用生产力和经济效益的形式调整。

9.1.4　小流域治理存在的问题及发展前景

虽然黄土高原小流域治理取得了很大进步，但治理任务仍十分艰巨，还需要深入持久地向高、深、细的方向发展。治理规划要细，治理程度要深，经济和生态效益要高。目前，小流域综合治理主要存在以下问题。

1）小流域治理中的关键问题的解决还具有一定的难度。对小流域产流产沙研究虽然取得很多成果，但有些深层次的问题还有待进一步研究。例如，怎样把握小流域的经济发展和生态恢复之间的关系，怎样寻求小流域的农、林、牧业的合理比例，怎样实现产业结构调整，这些问题还需深入研究。

2）小流域治理中措施的合理配置问题。生物、工程措施组合要最优化，要努力提高生物措施效益。例如，退耕还林还草中，林草的存活力很低，或林草效益的时段性强，黄土高原生态水的调配和利用问题，这些都有待深入探讨和研究。

3）怎样建立一个合理有效的刺激机制问题。目前，小流域治理的投入强度不够，群众的积极性不高，应该采取有效措施鼓励多种形式的投资和提高群众积极性，使小流域治理能顺利实施。

4）法制建设还有待进一步完善，还需加强监督和管理，使治理投资能真正见效。总之，作为一种治理模式，小流域治理已经发挥了积极作用，只要国家政策稳定、连续投入，黄土高原小流域治理将续写新的篇章。

9.1.5　促进小流域生态综合治理的建议

实践证明，生物、耕作、工程措施，是黄土高原小流域综合治理的有效措施。恢复植被是黄土高原小流域综合治理的重要手段（刘国彬等，2004）。黄土高原开展了大规模的退耕还林还草工程，为黄土高原小流域综合治理提供了机遇。大规模、高强度投入及农村经济发展的新时期，对水土保持生态建设研究与实践提出了新的要求。黄土高原小流域综合治理，必须在总结以往经验的基础上，进一步强化科学技术研究，以加快生态建设进程，确保该区生态经济社会可持续发展。

(1) 重视生态系统自我修复功能研究和生态系统生物多样性保护

生态建设的实践表明，黄土高原植被建设，应根据立地条件和树木的生物、生态学和群落学特性，模拟天然植被结构，选择以地带性植被优势种为主的林木树种，辅以伴生种，营造各种密度适宜的复层混交植被。对于占黄土高原总面积 40% ~60% 的荒山荒坡，应实行大封禁小治理，停止人为破坏，促使植被向正向演替发展。要重视生态系统自我修复功能研究和生态系统生物多样性保护，充分发挥生态的自我修复能力，加快植被恢复，重新确立人与自然和谐共处的关系。

(2) 退耕还林还草要与沟道工程措施相结合

以坡耕地退耕还林还草为中心的黄土高原生态环境建设，加强了生物措施治理力度。水土流失需要坡沟兼治，加大措施（生物、工程、耕作）优化配置，才可更加有效控制水土流失。根据我们研究的结果，坡耕地通过退耕恢复植被后，即使控制住了坡面侵蚀产生的全部泥沙，也仅能减少入黄泥沙的 58% 左右。冲沟沟壁坡度很陡，多在 35° ~ 40° 以至 40° 以上，重力侵蚀活跃，在那里种树、种草十分困难，目前尚无直接的有效措施来控制沟壁的重力侵蚀，只能通过修建淤地坝来拦截沟蚀产生的泥沙。高产稳产的坝地建设，实现了少种多收，解决了群众生活的后顾之忧，也为多种经营发展、防止退耕反弹创造了条件。研究表明，60 000 hm² 坝地就可促使 200 000 hm² 坡耕地退耕。同时，可以利用坝前期蓄水，缓解水资源匮缺，灌溉林草，提高林草成活率。

(3) 以小流域为单元，加强中尺度生态环境建设试验示范研究

实践证明，一个退化小流域生态系统经过 15 ~20 年连续科学治理，可以初步恢复，进入良性循环。随着国家生态建设的全面推进，在大规模退耕还林还草的实施中，水土保持必须与区域经济的发展和产业化需求相结合。为加快建设速度，确保工程建设可持续发展，很有必要把若干个，甚至十几个、几十个小流域连成片，形成以县为单元的中尺度试验示范区。小流域建设的主要目标是保护水土资源，减少水土流失。以县为单元的中尺度生态建设，是在土地利用结构布局中，与规模化、产业化和市场经济发展相结合。区域的国家目标则是大江大河的生态安全。因此，应深入研究不同尺度建设的目标、相互关系及评价指标体系。

(4) 建立生态环境监测网络，开展长期定位研究

大规模水土保持和生态环境工程建设，将对区域环境要素，如土壤水分、环境演变、土壤侵蚀强度、区域水文过程、社会经济格局和生物多样性等产生重大影响或区域环境效应。应充分利用黄土高原不同类型区已建立的水土保持野外试验站和监测点，建立区域生态环境监测网络系统，跟踪监测建设过程中生态综合因子的变化，开展长期定位研究，科学评估生态恢复的环境效应。客观评价工程的生态、经济和社会效益，为国家计划的实施、修改和补充提供科学依据。

(5) 以流域为单元，加强生态系统功能过程及健康诊断研究

掌握小流域生态经济和社会系统的发展变化过程，必须对流域生态系统功能过程有深人了解。对流域生态系统的认识，了解系统的运行状态，完善流域管理的科学决策及技术措施，进一步预测流域生态系统的发展趋势；探索最佳评价指标和评价方法，进行流域健康诊断，提出生态经济系统健康标准，发展完善流域生态与管理学科。

9.2　流域生态系统空间配置格局

黄土丘陵沟壑区自然条件差，生态环境仍在恶化，能否快速持久地控制黄土丘陵区水土流失，坡面植被防护体系的建设具有重要的实践意义。植被防护体系是依据自然环境条件、水资源分配、植被水分平衡和地形地貌特点，因害设防，选择适宜植被类型，利用合适的树（品）种，合理混交，垂直多层次结构，彼此连接，相互影响，生物学稳定，生态经济持续高效的带、片、网、线、团、簇不同配置类型生态系统集合体。

9.2.1　流域植被恢复的步骤

对于流域尺度来说，植被恢复可以分为以下几个步骤。

首先是退耕坡地的植被恢复。安家沟流域坡耕地面积占流域总面积的2.45%，主要位于阴坡的中部和上部，宜全部退耕。

其次是荒草地的植被恢复。对于坡面荒地，可以采用封育的办法让其自然恢复，在草本层完全恢复后，可以采用人工促进的办法，适当地种植灌木。而沟坡由于水分条件较好，并已有少量灌木和乔木分布，可以采用封育的办法进行自然恢复。

再次是坡上部和中部的农地。安家沟流域的农地比例明显过大，约占流域总面积的60%，过多地依赖于种植业，从而影响其农业生态系统的稳定性。可以将坡上部和中部的梯田由种植粮食作物改为种植牧草或果树。

9.2.2　流域坡面植被恢复空间配置模式

（1）梁峁坡上部

以营造水保林草为主。根据水分平衡和地形小气候的影响，在坡上部不宜大面积种植乔木林，以灌木林地和草地为主。在坡度大于20°时宜恢复成草地，坡度在10°～20°时可以采用柠条＋草（阳坡）或山杏＋草（阴坡）的等高带状结构，但乔灌林的密度不宜过大，草种以该地广为分布的针茅、冰草等为主，并且草本层的种植早于乔灌林。退耕的梯田以种植紫花苜蓿等牧草为主。

（2）梁峁坡中部

以营造经济林草为主。沙棘的水分平衡能力较好，优于油松和山杏。沙棘＋本氏针茅（阴坡）的恢复模式可以较好地利用土壤水分，加强水分的利用效率，改善局部小环境。梁峁坡中部也可种植牧草，牧草以红豆草或紫花苜蓿为主。其他经济林，如梨、山杏、山桃和花椒等也可以种植，但密度不宜过高。

（3）梁峁坡下部

梁峁坡下部有较好的水分条件、较适宜的小气候条件（如风速、光照等），以发展农业种植业为主，品种可依据降水特征，进行不同夏粮和秋粮间的轮作。在现有梯田的地埂种植地埂防护林，植物类型以低矮的柠条、紫穗槐等灌木植物为主。

（4）沟坡

在进行植被修复时要恢复到与目前水热条件相吻合并具有较强景观功能的潜在景观，然后再恢复到原生景观。在沟坡已有较好的以草植被为主的条件下，沟坡可以采用以下的模式进行灌木植被恢复。

沟阳坡：营造甘蒙柽柳、甘蒙柽柳 + 白刺等水土保持林为主，以上二种模式在定西等均有广泛的分布，在试验流域也有分布，且生长良好。

沟阴坡：营造杨树、柠条、沙棘等乔灌水保用材林为主。杨树、杨树 + 沙棘两种结构在定西、渭源等也有分布，且生长良好。

沟道：营造刺槐、沙棘、甘蒙柽柳等乔灌混交的防护林。其主要作用在于减轻沟坡和沟道的侵蚀，减轻洪水流速，增加洪水的下渗量，提高洪水资源的利用效率。

坡脚：营造甘蒙柽柳、沙棘和柠条等混交的薪炭林为主。

9.2.3　人工促进流域自然恢复模式

定西地区植被类型属典型草原地带，天然植被以禾本科和菊科植物为主，主要有冰草、本氏针茅、小黄菊、冷蒿、铁杆蒿、骆驼蓬、二裂委陵菜等，覆盖度一般为 10% ~ 20%。人工栽培的草种主要有紫花苜蓿、白花草木樨、红豆草、沙打旺，根据地形、地貌划分植被配置。缓坡水平梯田地埂生物固土，陡坡林草覆盖，沟畔乔灌镶边，窄沟谷坊拦淤，宽沟打坝种田。结合道路布设乔灌混交型梁峁顶林带。实施软埂反坡梯田、水平阶、鱼鳞坑等整地工程。梁峁区水热条件差，但水土流失风险小。25°以上的坡耕地造林种草，阳坡一般较陡，通过工程整地种植牧草和灌木，或采取补植和封育，促进草场恢复。

上游集中谷坊工程，缓坡处修沟坝地，各段沟岸均结合封沟种草植树，沟坡以鱼鳞坑或穴状等整地方式，直播柠条或植苗栽植杞柳等深根性灌木。沟道比降大的沟底以萌蘖能力强的沙棘和耐盐碱的甘蒙柽柳固定沟底。沟坡林带下为草带（紫花苜蓿、红豆草），草带下是梯田。土壤类型为黄绵土、黑垆土、红土。前两类属黄土层发育的耕作土壤，红土是侵蚀沟等侵蚀剧烈的部位裸露出的红土层。黑垆土分布在侵蚀较轻的梁峁顶及阴坡平缓部位。草本植物主要有本氏针茅、冰草、阿尔泰狗娃花、二裂委陵菜、瑞香狼毒等。阴坡地埂有百里香及菊科旱生植物，呈团状分布。

胶质黄土层，流域内红土露出，剧烈侵蚀。阴坡、半阴坡以发展沙棘灌木林为主，阳坡部位缓坡人工种草为主，陡坡带以营造灌木为主。经济林为花椒、仁用杏，水保林以沙棘、柠条，草种以优质紫花苜蓿为主。对小于30°的荒坡荒山以软埂水平阶为主，间距3 ~ 5 m，田面宽为 1 ~ 1.5 m，软埂高 20 cm 以上。

9.2.4　坡面植被恢复的对位配置水土保持模式

黄土丘陵沟壑区地形变化较大，基本以梁状坡面、沟壑为主。该区气候干旱、水土流失严重、自然灾害频繁、生态平衡严重失调，给群众生产、生活带来许多困难。研究探索本区植被恢复技术模式具有重要意义（张富和胡朝阳，2003）。

（1）沟坝川水地、石砾河滩地造林模式

沟坝川水地和石砾河滩地一般部位较低，地势平坦、水分条件较好，但由于河流的侵蚀作用非常强烈、冲刷严重，致使河道两岸塌陷十分剧烈，所以应营造一些根系密集、发达的树种，进行固岸护堤、稳定河床，这是改善农业生产条件和生态环境的重要措施。该模式的主要造林树种，乔木主要有旱柳、刺槐、白榆、臭椿、沙枣等；灌木有甘蒙柽柳、沙棘、杞柳、紫穗槐等。

（2）黄土梁峁阴坡造林模式

以低、中山为主的阴坡，坡度一般在25°以上，属中温带半干旱区，土壤以黑垆土为主。植被天然分布有山毛桃、甘蒙锦鸡儿、柠条、沙棘、狼牙刺、达乌里胡枝子、百里香、冰草、本氏针茅、短花针茅、大针茅等，该立地条件类型造林条件较好，应以营造水土保持林为主，兼以水源涵养林。该模式主要造林树种，乔木有油松、华北落叶松、河北杨、臭椿、刺槐、小青杨、旱柳、白榆、山桃、山杏等；灌木有杞柳、沙棘等。

（3）黄土梁峁顶部造林模式

在黄土丘陵沟壑区，每个山的顶部，地形如馒头状，梁峁顶部比较平缓，土壤侵蚀轻微，水分条件中等。同一山体的不同部位，向阳沟坡土壤含水量为8.0%~8.5%，向阳梁峁坡为8.5%~9.0%，梁峁顶为8.3%~8.60%，阴向梁峁坡可以达到10.0%左右。该区的地带性土壤为黑垆土，长期而强烈的水土流失，使大部分只残存于梁峁顶和分水岭等平缓侵蚀轻微的部位。植被有禾本科草、百里香、达乌里胡枝子、本氏针茅等一些矮小植物，覆盖度30%左右。该模式主要造林树种，乔木为油松、河北杨、刺槐、山杏、山桃等；灌木为沙棘、毛条、柠条等。

（4）黄土梁峁阳坡造林模式

该造林地立地条件在气候、土壤等诸因素与黄土梁峁阴坡基本相同，因是同一山体，以梁、峁为界，形成坡向的差异，主要差别是光照和温度，导致土壤水分的不同，梁峁阳坡土壤水分比较差的立地条件类型，植被也比阴坡少，以中生型、旱生型为主，有达乌里胡枝子、骆驼蓬、阿尔泰狗娃花、瑞香狼毒等，应以营造护坡为主的水土保持林。该模式造林树种主要采用以阳性耐旱的乔灌木树种为主，如侧柏、臭椿、刺槐、山杏、山桃、毛条、柠条、沙棘、杞柳等。

9.3　生态经济效益评价指标体系

小流域综合治理是一项极其复杂的生态经济工程，它涉及自然、经济、社会、人文等各种因素及相互作用，以及由于治理所引起的一系列变化（王春玲等，2001）。效益分析评价是小流域综合治理过程中不可或缺的有机组成部分。对流域系统在不同时间、空间尺度上的动态变化进行监测，对流域综合治理各项措施及技术模式效益进行客观评价，是检验治理方案及技术路线是否合理，治理成效是否显著的必要步骤，也是制订小流域综合治理决策方案的科学依据，为进一步深入、系统的研究小流域水土流失成因、规律及制订有效治理措施奠定基础。由于项目所在流域区自然社会经济条件纷繁复杂，牵涉面较广，对小流域综合治理成效的评价是一项繁杂的工作，从评价数据的动态监测、评价指标体系的建立、评价方法的选取到最后的评价分析，需要从系统科学研究的角度出发，既要兼顾全面，又要抓住核心，使评价结果能真实地反映流域治理的主要成果和存在问题。

9.3.1 流域治理效益评价指标的野外调查与定位观测

流域生态系统效益评价指标的度量是一件十分复杂的工作，因为流域生态系统是一个社会—经济—自然复合生态系统，流域内每个生态系统都有许多组分、结构和功能，各有一套独立的系统，因此，必须对生态系统的健康指标加以具体度量。所取得的指标因子数据准确与否，直接影响到评价的科学性和可靠性。在课题实施5年期间，根据具体研究内容和评价指标体系各项因子的要求，我们连续进行了野外定点观测和调查，对流域内气象、土壤、水文、植被、社会经济状况等进行了连续监测与调查，建立了流域管理信息数据库。

9.3.1.1 社会经济状况调查

为了解该流域总体社会经济状况，结合安家坡村委会统计年报，在项目实施期内分别于每年年底对全流域的社会经济状况进行了全方位调查，以了解流域内整体社会经济状况。选取的样本农户有87户，这些农户基本上代表了流域内生产经营状况好、中、差各个档次。通过对这些农户的土地利用结构、生产经营、经济收入、教育水平、基础设施建设等进行综合调查，为每个农户建立了调查档案，比较全面地反映了流域内整体社会经济状况。

（1）基本情况调查

调查、统计流域内人口、劳力、教育、文化、医疗卫生、基础设施等状况。

（2）基本生产条件调查

调查、统计流域内土地面积、种植结构、农业机械化程度、化肥、固定资产等。

（3）生产情况调查

调查、统计流域内农、林、牧、副、工等产品量、商品量等。

（4）产业结构和生产总规模

调查统计流域内社会总产值，农林牧业、副业产值和农产品销售状况。

（5）农业收入分配和效益

调查、统计流域内经济总收入，各项费用、税金、提留和农民纯收入等。

（6）农户种植结构调查

通过走访询问及实测等形式，对每个样本农户各类农作物种植面积、生产经营措施、投入产出情况、产品利用及销售状况、生产中存在的问题等进行详细调查登记。

（7）农户养殖业结构调查

对87个样本农户的家庭养殖种类、数量、饲料结构、饲料消耗量、家畜繁殖、畜产品出售、养殖结构变化等情况进行详细调查登记。

（8）农户家庭收入状况调查

对样本农户种植业、养殖业、加工业、劳务输出等方面的经济收入结构、比例和数量进行调查。通过调查，统计出农户人均纯收入、家庭总收入、劳动生产率、储蓄额等经济指标。

（9）农业投入产出调查

对农业生产经营过程中劳力、肥料、种子、畜力等投入项目及农产品产出进行了详细调查。

（10）农户消费调查

对家庭食品、文化教育、医疗卫生、日常用品、生产物资、燃料、交通通讯、基础设施建设等消费结构进行全面调查。

9.3.1.2　野外定位观测

在搜集整理流域内原有资料的基础上，对流域内地形、地貌、地质、水文、土壤、植被、土地利用现状、水土保持工程设施等进行了详细调查，并设立了分类定位观测点，定期对各类指标进行测定。

（1）植物生物量测定

测定了安家沟流域小麦、胡麻、豌豆、马铃薯、扁豆、玉米、大麦等农作物不同器官（根、秸秆和果实等）的生物量，测定了该示范区乔木、灌木和牧草的生长量和生物量。

（2）气象因子观测

以安家沟气象观测哨作为观测点，对该区域气温、降水量、蒸发量、空气相对湿度、风速、风向进行全年观测。

（3）土壤因子观测

在流域内分别对不同坡向、坡位的草地、乔木林地、灌木林地、农地等植被类型，设置了 5 个土壤样带，定位取样点 56 个，于每年 1~10 月定时采取土样，测定土壤水分的时空变化以及土壤养分、土壤孔隙度、土壤容重等。

（4）天然植被调查

对该流域天然植被的物种数量、种群数量、优势种群、植被覆盖率、天然植被地上生物量等进行调查。

（5）土壤侵蚀测定

在流域内分不同土地利用方式、植被种类、坡度、坡位建立了 20 个径流观测小区，每次降雨后对各小区的径流量、泥沙量、降雨持续时间、最大洪峰流量等指标进行监测和记录。

（6）流域土壤侵蚀测定

在流域出口处设卡口站进行径流泥沙的测定。卡口站径流断面底宽 6 m、高 2 m，坡比 1:1。观测方法为：每场雨产流后立即观测径流断面水尺高度，用流速仪或浮标法测定流速，并取样计算泥沙含量，取样时间为 6 min 的倍数，洪峰前后时段加测。

9.3.2　效益评价的指标体系和方法

9.3.2.1　指标选取的原则

小流域综合治理是发展丘陵山区农业经济的重要措施。流域治理效益反映了耕作措施、植被建设和水土保持工程等措施对流域复合生态系统的演替所带来的效果。在选取评价指标时，必须充分考虑在发展当地经济，提高人民生活水平的同时，还要保护生态环境及资源的合理开发利用。多年来科研工作者对小流域综合治理效益评价方面做了大量探讨，在评价指标体系的建立方面也制定出了各自不同的指标构成体系。客观准确地制定出一套能完整反映区域经济发展和生态效应提高的综合指标体系和评价方法，具有重要的理论和实际意义。根据研究示范流域区的主要特征、流域治理目标及综合效益评价的目的，评价指标体系应能全面、真实和定量的反映流域治理后综合效益的变化程度。对于复杂的小流域生态系统，无论从其结构，还是从其功能来看，能够反映该系统功能性质的指标非常多，但任何一个指标都无法反映系统的综合特征。选择反映和评价流域综合治理效益指标是个关键问题，指标选用的不当、数量过少或过多，都不能正确反流域治理效益。为了能够进行准确的度量和评价，首先必须建立一套科学、客观、准确的评价指标体系。本课题大量查阅了国内外有关流域治理效益评价资料，根据本流域治理特点，在前两个子课题研究的基础上，根据以下原则选择流域综合治理效益评价的指标体系。

(1) 科学性

指标应该建立在一定的科学理论基础之上并且是客观存在的，概念内涵和外延应明确，能反应流域水土流失治理在时间、空间上的变化特征和水平，应尽可能反映流域水土流失治理后直接和间接效益。

(2) 系统性

各评价指标及其所反映流域水土流失治理综合效益特征之间有着内在的联系，单个指标仅反映流域水土流失治理效益的某个方面，只有相互联系的指标体系才能全面地反映流域水土流失治理的综合效益。

(3) 可比性

所建立的指标应充分考虑流域水土流失治理的阶段性和综合效益的不断变化，使选择的指标既有纵向的连续性，又有不同区域流域水土流失治理效益的横向可比性。

(4) 层次性

流域水土流失治理综合效益评价指标体系包括生态效益、社会效益和经济效益，而每个效益又可以用众多的指标进行标度，最终合成一个指标来描述水土流失治理的综合效益，因此，指标体系的设置也应具有层次性。

(5) 可操作性

指标具有可测性和可比性，指标的获取具有可能性，易于量化，指标的设置尽可能简洁明了，避免繁杂。

9.3.2.2　评价指标体系的建立

在建立流域水土流失治理模式及综合治理效益评价指标体系时，由于所要评价的目的不同、尺度不同，所以每个指标群下面所选择的评价因子也是不相同的。本项目对于流域综合治理效益的评价，主要从生态、经济、社会三个方面进行。该流域所处的半干旱黄土丘陵沟壑区水资源短缺、水土流失严重、经济发展落后。在选择评价指标时应重点考虑土壤、水分、植被等因子。同时还要考虑在减少水土流失的同时提高群众的经济收入，以及走经济、生态和社会相互协调、可持续发展的道路。

9.3.2.3 小流域水土流失治理综合效益评价指标体系

流域生态系统综合效益评价包括生态、经济和社会效益。所以评价指标包括生态经济和社会指标，还包括其各个子系统的结构、功能等指标。流域治理综合效益，是以保护水土资源、改善生态环境、提高经济效益为目的的。生态效益和经济效益反映到社会效益的综合和统一就是生态经济效益。经济效益是三个效益中最活跃、最积极的因素，生态效益是基础，社会效益是归宿。总体上应将三个效益放在同等重要的位置上，不能片面追求单个效益目标，在实践中必须使经济效益和生态效益互相促进，以经济效益为龙头，并由此来提高生态、社会效益。生态效益是长远经济效益的基础，而良好经济效益为生态环境的改善提供经济动力，两者的功能最终又反映在社会效益上，三者相互作用的矛盾统一，促进了生态经济总体效益的提高。本文所选择的指标体系由流域生态效益指标群、经济效益指标群和社会效益指标群三大指标群 16 个指标因子组成。

（1）生态效益指标群

生态效益指标群（B1）反映了实施水土保持措施对自然生态环境在实现功能有序、结构协调和系统持续发展等方面所作的贡献。由林草覆盖率、土壤侵蚀模数、治理度、禽畜圈养率、土壤有机质含量、土壤含水率 6 个指标因子组成。

1）林草覆盖率：既反映流域治理后生态环境改善的直观效果，又反映流域水土保持的间接效益，此外，还反映生态资源的储备和增值情况。

2）土壤侵蚀模数：反映流域内土壤被侵蚀的程度，也直接反映流域水土流失治理的好坏。

3）治理度：为流域内已治理面积，即实施水土保持措施的面积，包括造林地、种草地、基本农田及筑坝拦蓄面积之和与产生水土流失面积的比值，它反映了控制水土流失的程度。

4）禽畜圈养率：在本流域内，放牧对水土流失具有直接的相关性，它是造成植被退化的主要因子之一，所以通过禽畜圈养率指标的变化，反映畜牧业发展对流域生态环境的压力和草地资源的储备和持续利用能力。

5）土壤有机质含量：土壤中的有机质，来源于动植物残体、死亡的微生物和施用的有机肥料等，土壤有机质含量指某种土壤耕作层有机质重量与该种土壤耕作层土壤总重量的比值。该指标反映了土地的肥力状况。

6）土壤含水率：指土壤中所含水分的重量与同等土壤干重的比率。它在一定程度上反映了土壤的理化性质及持水能力。

（2）社会效益指标群

社会效益指标群（B2）反映了实施水土保持措施对社会进步所作的贡献，它主要体现在文化教育事业的发展，对社会文明的促进以及对社会物质文明的提高等方面。由恩格尔系数、教育水平、农产品商品率、生活生产设施增长率、环保意识 5 个指标因子组成。

1）恩格尔系数：指人均食品消费支出占总消费支出的比值，它反映了流域社会经济发展的不同阶段。系数越高，经济发展越落后，反之，则经济发达。

2）教育水平：反映流域内居民受教育的程度。本项目在调查中将教育水平指标进行量化，分为 5 个水平层次：文盲或半文盲为 0，1～5 分别代表小学 1～5 年级；6、7、8 分别代表初一、初二、初三；9、10、11 分别代表高一、高二、高三；大于 11 为高中以上。

3）农产品商品率：全年农产品转化为商品的产值与全年各种农产品产值之比，它反映了流域生态系统对外部的贡献。

4）生活生产设施增长率：指新增生产生活设施价值与原有生产生活设施的比值，反映了生产、生活设施质量改善程度。其中生产设施主要指大、中型生产资料的购置费用；生活设施主要指"住和行"的设施，并均折为价值计算。"用"的设施主要指中、高档用品，包括自行车、缝纫机、摩托车、小汽车、电视机、收录机、音响、家具、冰箱、洗衣机等。

5）环保意识：反映流域内居民对环境保护工作的认识及支持程度。本项目在调查中将环保意识水平指标进行量化，分为 5 个层次：① 无环保意识；② 对环保有初步认识；③ 支持环保工作；④ 主动参与环保工作；⑤ 有很高环保意识。

（3）经济效益指标群

经济效益指标群（B3）反映了实施流域综合治理措施对促进经济发展所作的贡献，由流域区农民人均收入、农业产值、投入产出比例、劳动生产率、土地生产率 5 个指标因子组成。

1）农民人均纯收入：指从总收入中扣除生产费用后的余额部分，直接反映了流域综合治理后当地群众经济收入的多少，又反映了当地群众生活水平提高的程度，它是反映经济效益指标的主要因子之一。

2）农业总产值：反映流域综合治理后，当地农业生产效益情况，它包括种植业、林业、畜牧业、副业等综合产值。

3）投入产出比例：指一定时期内流域的生产收入与成本的比率，反映了当地群众生产经营活动效益的高低。

4）劳动生产率：指单位活劳动消耗量所创造产品的产值。农产品价格，上交和未出售的按当地政府所公布的统一价计算，已出售的按实际卖出所得的收入计算。活劳动量系指全年有多少人劳动，全劳力以 300 d 出勤计为 1 人·年，半劳力和零星劳动力需折算成全劳动力计。该指标反映了生产过程中劳动消耗和生产效率。

5）土地生产率：为全流域土地总产值与流域总土地面积的比值，它反映了作为流域重要生产资料的土地是否合理利用。

9.4　流域水土流失治理模式与评价

9.4.1　小流域综合治理模式

9.4.1.1　小流域生态经济型治理模式

生态经济型是在立地条件较好，营造经济林为主、多种结构相互结合的一种治理模式。该模式既具有减少水土流失、改善生态环境等生态防护功能，又可获得较高的经济效益，是实现该区林业资源可持续利用的途径之一。该总体模式在不同的区域依据其各自的区域地理条件可分别实行以下各种子模式。

林农复合治理模式：是指按照生态位的原理，选择经济林与粮食作物间作的模式，是一种过渡性的退耕还林模式。适宜在坡下部、土层深厚、水肥条件好的退耕地。经济林树种宜选择品质优良、市场前景佳的名特优新的经济林品种。间作农作物，以不影响经济林树种正常生长为原则，宜选择的农作物，有豆科作物、薯类等。

林药治理模式：是一种林下种植具有经济价值的灌木和草本植物的模式，可在较短时间内获得良好的经济效益。药用植物的选择：一是选择具有耐阴特性且药用价值高的植物；二是选择不需要耕作的植物，以免耕作时造成水土流失。

经济林治理模式：是指在坡度较缓，立地条件较好的地块，营造具有较高经济价值的经济林治理模式。发展经济林需处理好经济、生态和社会效益之间的关系。在生态脆弱地区发展经济林，坚持生态效益优先原则，严格控制经济林与林分的发展比例；立地条件较好的地段，发展经济林采取不易造成水土流失的方式整地、造林、管护和利用；在不易造成水土流失、立地条件好的地段发展经济林，应以经济效益为主，生态效益为辅，实行产业化、基地化和规模化的规划和发展。

多用途治理模式：应用较多的模式有用材林和薪炭林治理模式。这两种模式主要在丘陵起伏严重，地形破坏，降水少而集中，旱灾频繁的地区。用材林采用杨树等速生树种，以提供木材和造纸原料的造林模式。薪炭林模式主要用于拦截径流、涵养水源，为农村提供能源的一种治理模式。

9.4.1.2 集"治理—种植—养殖"为一体的小流域综合治理模式

小流域的综合治理既要考虑生态环境的改善，也要考虑当地居民生活水平的提高，两者必须相互兼顾，不可偏废，只有这样才能相互促进，在治理过程中收到成效。在小流域综合治理过程中，进行植被的恢复重建时，应考虑到当地农民的利益，加强有关经济林果的建设以及饲草的发展，同时，进行家庭庭院经济的培育，如饲草对家畜的养殖、秸秆用来做食用菌的培养等，使家庭经济形成一个小型的产业链，从而达到生态和经济的双重效益。

9.4.2 小流域水土流失治理效益评价与分析

9.4.2.1 流域综合治理效益评价

(1) 建立层次模型

通过对流域各子系统结构、功能与各影响因子做系统分析，将所包含的因素划分为不同层次：目标层（A层）、准则层（B层）、指标层（C层）。将同一层次的因子作为比较和评价的准则，对下一层次的某些因子起支配作用，同时它又从属于上一层次的因子。建立的层次模型如表9-1所示。

表 9-1　黄土丘陵沟壑区小流域水土流失治理综合效益评价指标体系

总目标层	小流域水土流失治理综合效益评价 A															
准则层	生态效益 B1						社会效益 B2					经济效益 B3				
指标层	林草覆盖率 C1	土壤侵蚀模数 C2	治理度 C3	禽畜圈养率 C4	土壤有机质 C5	土壤含水量 C6	恩格尔系数 C7	教育水平 C8	农产品商品率 C9	生活生产设施增长率 C10	环保意识 C11	人均纯收入 C12	土地生产率 C16	农业总产值 C13	投入产出比 C14	劳动生产率 C15

（2）计算指标权重

在确定指标权重时，由于各个评价指标对评价准则及各项评价准则对评价总目标而言，其相对重要性产不相同，必须根据所研究问题的实际情况对各层次指标赋予一定的相对重要性权值。采用群组层次分析法来分析确定各准则对评价总目标及各评价指标对于相应各准则的相对重要性权值。本项目在广泛征询有关专家意见的基础上，结合研究的实际情况，按照有关层次分析法构造判断矩阵的原理和方法，分别建立了三项准则对评价总目标及组合权重，见表 9-2 至表 9-5。

表 9-2　判断矩阵 A 及对应的权重

小流域综合效益评价 A	B1	B2	B3	权重（W_i）	标准化权重（$\overline{W}_i$）
生态效益 B1	1	2	1	1.260	0.400
社会效益 B2	0.50	1	0.5	0.630	0.200
经济效益 B3	1	2	1	1.260	0.400

表 9-3　判断矩阵 B1 及对应的权重

生态效益 B1	C1	C2	C3	C4	C5	C6	权重	标准化权重（W_{ij}）	组合权重（$\overline{W}_i \times W_{ij}$）
林草覆盖率 C1	1	1	2	3	5	5	2.31	0.301	0.120
土壤侵蚀模数 C2	1	1	2	3	4	4	2.14	0.279	0.112
治理度 C3	0.5	0.5	1	3	4	5	1.57	0.205	0.082
禽牧圈养率 C4	0.33	0.33	0.33	1	3	4	0.87	0.114	0.045
土壤有机质 C5	0.20	0.25	0.25	0.33	1	2	0.45	0.059	0.023
土壤含水量 C6	0.20	0.25	0.20	0.25	0.5	1	0.33	0.043	0.017

表 9-4　判断矩阵 B2 及对应的权重

社会效益 B2	C7	C8	C9	C10	C11	权重	标准化权重（W_{ij}）	组合权重（$\overline{W} \times W_{ij}$）
恩格尔系数 C7	1	2	2	3	5	2.268	0.363	0.073
教育水平 C8	0.50	1	3	4	5	1.974	0.316	0.063
农产品商品率 C9	0.50	0.33	1	2	4	1.057	0.169	0.034
生活生产设施增长率 C10	0.33	0.25	0.50	1	2	0.608	0.097	0.019
环保意识 C11	0.20	0.20	0.25	0.50	1	0.347	0.055	0.011

表 9-5 判断矩阵 B3 及对应的权重（小流域综合效益评价）

经济效益 B3	C12	C13	C14	C15	C16	权重	标准化权重（W_{ij}）	组合权重（$\overline{W} \times W_{ij}$）
人均纯收入 C12	1	1	2	3	4	1.888	0.303	0.121
农业总产值 C13	1	1	3	4	5	2.268	0.364	0.146
投入产出比 C14	0.50	0.33	1	3	4	1.149	0.184	0.074
劳动生产率 C15	0.33	0.25	0.33	1	2	0.560	0.090	0.036
土地生产率 C16	0.25	0.20	0.25	0.50	1	0.362	0.058	0.023

1）计算判断矩阵每一行数值的乘积 M_i，并计算其 n 次方根，计算公式为

$$W_i = \sqrt[n]{M_i} = \sqrt[n]{\prod a_{ij}}$$

式中，W_i 为每一指标层单项指标的权重值；a_{ij} 为每一层指标两两比较所得的重要性标度值；n 为每一层指标的个数。从而求得 W_1，W_2，…，W_n。

2）计算各指标的标准化权重：对向量 $W = (W_1, W_2, \cdots, W_i)^{\mathrm{T}}$ 正规化，即 $\overline{W} = W_i \Big/ \sum W_i$ 为所对应的标准化权重。用同样的方法求出各准则层下的各指标的标准化权重为 W_{ij}。

3）计算组合权重：为了确定各指标在总目标层中所占的权重，将各单项指标的标准化权重与其所对应的准则层标准化权重相乘：$\overline{W} \times W_{ij}$，既得到该指标的组合权重。其中，$i$ 为准则数（1，2，3）；而 j 为准则层下面的各指标数（1，2，…，16）。

（3）各层次的权重结果一致性检验

在层次分析法中引入判断矩阵最大特征根以外的其余特征根的负平均值作为度量判断矩阵偏离一致性的指标 C1 值，用来检查决策者判断思维的一致性。

计算判断矩阵的最大特征根：$\lambda_{\max} = \sum \dfrac{(A\overline{W})_i}{n\,\overline{W}_i}$

计算 CR，检查判断思维的一致性：$\mathrm{CR} = \dfrac{\mathrm{CI}}{\mathrm{RI}}$，其中 $\mathrm{CI} = \dfrac{\lambda_{\max} - n}{n - 1}$。而 RI 值可以根据对比判断的指标个数查表 9-6。

表 9-6 RI 随矩阵阶数 n 的变化表

矩阵的阶 n	1	2	3	4	5	6	7	8	9
平均随机一致性指标 RI	0	0	0.58	0.90	1.12	1.24	1.32	1.41	1.45

如 CR≤0.1，则可以认为判断矩阵其有满意的一致性。

如 CR＞0.1，则必须对所构造的判断矩阵进行自修正，然后再重新进行一致性检验，直到完全达到满意的一致性。各层次指标的一致性检验结果见表 9-7 所示。

表 9-7　一致性检验结果

判断矩阵	CR	判断	是否具有一致性（是/否）
准则层指标（A）	0.003 53	≤0.1	是
生态效益层（B1）	0.081 1	≤0.1	是
经济效益层（B2）	0.083 1	≤0.1	是
社会效益层（B3）	0.034 6	≤0.1	是

根据一致性检验结果，所构造的判断矩阵具有满意的一致性。

通过以上方法，可计算出准则层中生态效益（B1）、社会效益（B2）和经济效益（B3）所占的权重分别为 0.40、0.20 和 0.40；在生态效益（B1）指标层中，各指标所占的权重排序分别为 C1 > C2 > C3 > C4 > C5 > C6；在社会效益（B2）指标层中，各指标的权重排序分别为 C7 > C8 > C9 > C10 > C11；在经济效益指标层中，各指标所占的权重排序为 C12 > C13 > C14 > C15 > C16。

（4）指标无量纲化处理

由于评价指标体系的量纲不同，指标间数量差异较大，使得不同指标间在量上不能直接进行比较，并且缺乏可比性。因此，在对流域水土流失评价分析前需对各项指标值进行归一化处理。无量纲化处理的方法有很多，本项目采用流域在生态、经济和社会效益上所能达到的理想值作为标准值，这一标准值是评价指标对于特定时间上一定范围总体水平的参照值，是指某一时段内预计要达到的数值或理论上的最优值。对指标无量纲化值的数据转换采用如下公式：

$$X_{ij} = C_{ij}/C_{\max}, X_{ij} \subset [0,1]$$

式中，X_{ij} 为第 i 效益中第 j 项指标的无量纲化值处理值；C_{ij} 为第 i 效益中第 j 项指标的实际调查和测定值；$C_{\max}$ 为该指标在目前条件下能达到的最大值。根据有关调查资料、专家咨询和某些专项研究资料，确定指标标准值详见表 9-8。

表 9-8　各类型指标实测值及标准值

指标	C1	C2	C3	C4	C5	C6	C7	C8	C9	C10	C11	C12	C13	C14	C15	C16
指标标准值	0.30	500	0.90	0.99	0.03	0.18	0.25	8.00	0.30	0.15	4.00	2 000	180	0.60	10 000	500
2001 年实测值	0.10	4 627	0.73	0.70	0.01	0.12	0.52	4.80	0.14	0.10	2.20	1 620	115.8	0.95	8 074	267
2005 年实测值	0.21	1 300	0.84	0.95	0.01	0.11	0.46	5.60	0.20	0.14	3.80	1 748	158.3	0.82	9 167	343

在进行数据无量纲化处理计算时，对于数值越大治理效果越好的指标，其无量纲化值的确定为 $X_{ij} = C_{ij}/C_{\max}$；对于数值越小治理效果越好的指标，如侵蚀模数、投入产出比、恩格尔系数等指标，则无量纲化值的确定为 $X_{ij} = C_{\max}/C_{ij}$。各层次指标的实测值及无量纲化处理值见表 9-8、表 9-9。

表 9-9　各类型指标无量纲化值

指标	C1	C2	C3	C4	C5	C6	C7	C8	C9	C10	C11	C12	C13	C14	C15	C16
2001 年	0.34	0.11	0.81	0.71	0.42	0.68	0.48	0.60	0.47	0.67	0.55	0.81	0.64	1.75	0.81	0.53
2005 年	0.70	0.38	0.93	0.96	0.45	0.61	0.54	0.70	0.68	0.93	0.95	0.87	0.88	2.03	0.92	0.69

（5）综合效益指标值的确定

对于每一个评价指标经无量纲化处理后的数值为 X_{ij}，而每一个评价指标所对应的组合权重为 $\overline{W}_i \times W_{ij}$。效益指标值的计算公式为

$$A = \sum_i^j X_{ij} \times (\overline{W}_i \times W_{ij})$$

式中，A 为效益指标值；i 的数值分别为 1，2，3，代表 3 个指标层次；j 为流域水土流失治理综合效益评价的指标个数。

利用表 9-9 中各类指标的无量纲化值及所求出的对应权重，计算出 2001 年、2005 年两个时间段的第一层综合效益值及第二层生态效益、经济效益、社会效益指标值，计算结果见表 9-10。

表 9-10　三大效益及综合效益指标值计算表

年份	生态效益	经济效益	社会效益	综合效益
2001	0.431	0.907	0.539	0.280
2005	0.672	1.083	0.676	0.752

通过比较不同时间段流域综合效益指标值的高低，来判断流域治理在不同时间段生态经济系统内部效益的变化，从而达到综合计量和评价小流域综合治理效益的目的。

9.4.2.2　流域综合治理效益分析

效益指标指数代表了流域治理效益的优劣程度。应用层次分析法对小流域治理效益评价的结果显示，经过 5 年的治理工作，流域内的生态、经济、社会效益有了明显提高。从表 9-10 可以看出，生态效益、社会效益和经济效益呈增长趋势，2005 年综合效益指标值为 0.752，2001 年的综合效益指标值为 0.280，2005 年的指标值比 2001 年提高了 168.57%。从三大效益评价结果中，以生态效益提高最大，经济效益次之，社会效益提高水平较低。通过在流域内实施乔灌草空间配置、农林复合经营等综合治理措施，流域系统的生态效益明显提高，生态功能逐步增强，社会、经济效益也稳定增长，小流域的生态经济和社会复合系统，正在向持续、稳定和协调的状态发展。随着小流域生态子系统、经济子系统和社会子系统的结构和功能的进一步完善和提高，必将取得更加显著的治理效益。从三种效益对综合效益的贡献率来看，生态效益和经济效益贡献率相同，效益权重均为 0.4、社会效益权重为 0.2。这也从另一个方面证明只有各个单项效益均较好时，才能体现出较高的综合效益。片面追求某项效益而忽视全面发展，都达不到流域综合治理的真正目的，甚至破坏小流域生态经济系统的运行机制。下面从生态、经济、社会三个方面对流域综合治理效益进行分析。

（1）生态效益分析

表 9-10 的计算结果显示，2005 年的生态效益值为 0.672，比 2001 年的效益值 0.431 增加了 56%，说明经过 5 年的研究与示范与综合治理，有效地控制了流域内的水土流失，使流域的生态环境得到了显著改善，主要体现在以下几个方面。

a. 植被覆盖率增加

通过项目的实施，流域内的植被覆盖率由 2001 年的 10.1% 增加到 2005 年的 21.3%，提高了 11.2%。到目前为止，乔木林面积达到 0.61 hm^2，灌木林面积达到 1.18 hm^2，乔灌混交面积为 0.44 hm^2，乔灌草混交面积达到了 0.40 hm^2，人工草地面积为 0.06 hm^2。流域水土流失治理度由 2001 年的 72.6% 增加到 2005 年的 84%，目前只有陡坎及部分荒坡未加治理，从梁峁顶、梁峁坡、沟道到村庄道路都实施了相应的空间配套治理措施。由于植被覆盖率的增加，有效减少了径流，水土流失得到了有效控制，改善了生态环境条件，一些原来比较活跃的侵蚀沟头由于大量栽植乔木和灌木，已基本停止了前移，为充分利用流域内的水土资源创造了良好的生态环境条件。

通过流域治理，在生态环境得到逐步改善的同时，也强化了流域内的生态功能，系统抗逆力明显增强。目前在小流域内已经形成了多层次综合型防护体系，水土保持功能明显增强。从单项指标的实测值可以看出，土壤侵蚀模数从 2001 年的 4627 $t/(km^2 \cdot a)$ 下降到 2005 年的 1300 $t/(km^2 \cdot a)$，水土流失得到了有效控制。由于水土流失综合治理措施的实施，流域内的土壤特性也发生了一定程度的改变。随着植被覆盖率的增加，土壤的理化性质也相应得到改善，土壤有机质由原来的 1.26% 提高到目前的 1.33%，土壤肥力和抗侵蚀能力明显增强。

b. 生态功能增强

根据流域内不同的自然地理条件，因地制宜地布设不同的治理措施，结合 5 年来研究筛选出的三种农林复合经营配置模式及三种乔灌草空间配置模式，在流域内分不同立地条件进行了有序配置。梁峁顶部和退耕陡坡地以隔坡水平阶整地形式播种紫花苜蓿、红豆草等优质牧草，阶地地埂种植柠条、沙棘等灌木，形成以草灌为主体的生态保护治理带。梁峁坡上部修成窄条梯田，带状栽植侧柏、柠条等耐旱乔木和灌木，同时采用人工封育措施保护原有天然草本植被，形成乔、灌、草空间配置的坡面立体防护带。中坡缓坡地带修成水平梯田，地埂栽植柠条、紫穗槐等灌木护埂，作为发展基本农田的主要场所。坡脚营造乔木和灌木林，沟道布置柳谷坊和淤地坝，以节节拦蓄降水，防止水土流失，合理利用水土资源。通过这些综合防治措施的有序配置，形成了一个全方位的防护体系，流域系统的生态功能增强，结构趋于完善。

通过在陡坡及梁峁顶、沟道等非农业用地营造乔木或灌木林，结合种植紫花苜蓿、红豆草等优质牧草，土地生产力大大提高，林下牧草产量也相应提高，同时由于地表覆盖物的增加，提高了土壤抵抗雨滴打击的能力，减少了地表土壤的冲蚀。监测数据表明，乔灌草空间配置土地利用方式与荒坡相比，径流量减少了 30%。

另外，人工种草及天然草地封育改良措施也具有显著的生态效益。在严重侵蚀的坡面种植优良牧草，同时结合封育改良天然草地，地表的植被覆盖率大大高于未经改良的低矮天然草地，拦蓄径流泥沙效益较高。经实测，人工草地径流量比天然草地减少 54.62%。另外，人工草地和改良草地产草量明显高于天然草地，调查表明，天然草地产草量（鲜重）375 ~ 750 kg/hm^2，而人工草地的平均产草量（鲜重）达 15 000 ~ 22 500 kg/hm^2，人工封育草地产草量达 1500 ~ 3000 kg/hm^2，有效地提高了土地生物量及生产力。

水土保持农业措施、林草措施和工程措施的有机结合，构成了流域综合治理措施体系。实践证明，在流域内实行不同的乔灌草空间配置及农林复合经营配置模式，对拦蓄降水、保护土壤、充分利用光热水资源，以及增产粮食产量、增加农民收入和改善生态环境，都有较好的效益，流域系统的整体生态功能增强，系统趋于稳定，逐步形成了一个多元化良性循环的可持续发展生态经济复合系统。

2) 经济效益

通过综合治理，调整了土地利用结构，扩大了植被，控制了水土流失，改善了流域的生态环境条件和生产条件，同时也促进了流域经济发展。2005 年流域内农业总产值达158.3 万元、其中种植业 153.3 万元、林果业 0.5 万元、畜牧业 4.5 万元，比治理前的115.83 元增加了 42.5 万元。在种植业中，近年来大力发展以优质马铃薯为主的经济作物，每亩地平均产量可达近 1500 kg，亩产值达 600 元，比单纯种植小麦增加了 300 多元，仅这一项极大地提高了农业生产收入。另外，在流域梁峁坡地立体配置的林—草—畜农林复合经营模式充分利用了退耕的低产荒坡地，优质牧草的规模化种植有力促进了家庭养殖业的发展，据测算每公顷林—草—畜复合经营模式产值为 4912.8 元，比坡地农田经营模式产值增加了 2145 元，在减少土壤侵蚀的同时增加了土地经济收入。庭院经济的发展也是增加农民经济收入的一个重要方面，这种模式充分利用了庭院汇集的雨水资源及住宅周围的空隙地，通过对果园的集约化经营管理生产优质果品，同时果树下种植牧草、蔬菜也具有一定的经济价值。调查结果显示，每公顷果园产值可达 24 935 元，为农民带来了可观的经济收入。由于生产条件的改善和土地利用结构的调整，提高了农业生产效率，农业投入产出比由 2001 年的 0.95 降低到 2005 年的 0.82，劳动生产率也由原来的 8074 元/(人·年) 提高到 2005 年的 9167 元/(人·年)，土地生产率由原来的 267 元/亩增加到 343 元/亩，平均增幅为 28.46%。流域内人均纯收入从 2001 年的 1620 元增加到 2005 年的 1748元，提高了 7.9%。

(3) 社会效益

社会效益是综合治理的根本目的或最终目的，生态效益是从属于社会效益的子目的，经济效益是实现社会效益与生态效益的基础或前提。小流域综合治理的社会效益是指小流域范围内，社会发展水平的提高，其核心在于居民生活质量的全面提高。这与社会发展目的、发展战略是协调一致的。所以提高小流域内人们的生活质量，即小流域综合治理的社会效益，应成为小流域综合治理的核心任务和最终目的，这是由整个社会的发展目标与小流域社会的发展目标客观所决定的。

安家沟流域通过 5 年综合治理，社会效益得到显著提高。从表 9-10 综合效益指标计算结果可见，2005 年社会效益指标值为 0.676，比 2001 年的指标值 0.539 提高了 25.4%，说明 5 年来社会效益有很大改善。在对综合效益的贡献率中，社会效益占 20%，由此可见社会效益对综合治理效益具有不可忽视的影响作用。社会效益的提高从单项指标调查数据也可反映出来。根据相关指标的实测值显示，流域区农民的恩格尔系数由 2001 年的 0.52降低到 0.46，这一指标的变化充分显示了人民生活水平提高的程度。教育水平标志着社会进步和文明程度。通过对 87 个样本农户的调查显示，5 年来流域人口的文化教育水平有所上升，由 2001 年的平均受教育 4.8 年上升到 5.6 年，这一变化从数据上看不起眼，但已是很不平常了，因为教育质量的提高是一个漫长的过程，牵涉到国家教育政策、综合国力等多个方面。另外，随着产业结构的调整，农民的传统经营模式发生了改变，在保证基本口粮的前提下，尽量扩大经济作物的种植比例，如马铃薯、豆类、油料作物等，这些农作物产品具有较高的商品价值，使得流域内农产品的商品率大大提高，据调查显示 2001 年农产品商品率为 14.2%，而 2005 年已增加到 20.3%。同时，农产品商品率的提高也促进了农民生活生产设施的增长，5 年来生活生产设施增长率由原来的 10% 增加到 14%，在接受调查的农户中大部分都新购置了摩托车、农用拖拉机、电视、电话等生活生产设施，农民的总体生活水平有了一定程度的提高。另外，在环保意识方面也有了进一步提高，受调查农户普遍认为国家实施退耕还林政策是一件好事，支持封山禁牧，在日常生活及农业生产活动中能够自觉地、有目的的参与环境保护与建设，主动地将水土保持寓于生产经营活动的各个环节中，已成为实施流域水土保持工作的重要力量。受项目实施的影响，农民的经营意识发生了很大转变，从单纯追求粮食生产到积极投入到多元化经营，在注重保护植被、防止土壤侵蚀的前提下充分挖掘土地生产潜力，提高经济效益。总之，生态效益的提高和农村经济的发展，增加了农民收入，生活水平得到大幅度提高，衣食住行有了明显改善，社会效益有了显著提高。

9.5　流域水土流失综合治理模式推广的技术路线

9.5.1　流域综合治理的集成技术

(1) 雨水集蓄和高效利用

水资源的缺乏以及降水在时空上的分布不均，是半干旱黄土丘陵沟壑区生态环境建设及经济发展的主要限制因子。如何充分而高效地利用当地雨水资源，对于植被的恢复与重建以及农业生产就显得非常关键。该集成技术主要包括雨水就地集蓄技术、节水灌溉技术、高效用水调控技术、少耕覆盖和蓄水保水耕作技术以及作物配置技术等。

雨水就地集蓄就是利用流域内居民房顶、庭院、道路以及建立一些集水面和水窖，对雨水资源进行就地拦蓄，以解决当地居民生活、生产以及生态环境建设的用水。该项技术主要是通过对雨水的集蓄保证干旱少雨季节的用水，从而达到对流域内雨水资源在时空上的调控和配置，使有限的雨水资源得到充分利用。

雨水资源的高效利用技术，在对雨水集蓄的基础上，根据作物在不同季节的需水状况，采用节水灌溉技术、高效用水调控技术（根据不同时期的需水进行用水的调控）；在作物管理和耕作过程中，采用少耕覆盖和蓄水保水耕作技术；在作物的配置上，根据不同作物对不同土壤深度的需水以及在不同季节的需水状况进行合理有效的搭配，充分提高水资源的利用效率。

(2) 小流域植被恢复与重建

根据小流域的地形地貌特点，结合流域内光照、土壤水分以及水窖的分布，依据不同植物对光照和水分的需求，对流域进行整体规划，使植被的恢复重建进行流域尺度内的整体空间配置。这个配置技术不仅能充分利用流域内的光照资源和土地资源，同时也可最大限度地提高流域内雨水资源的利用效率，提高植被的保存率，增加流域内植被的覆盖率，从而在减少流域总体水土流失的同时，重视农业生产收入的提高。

（3）生物与工程配套技术

半干旱黄土丘陵沟壑区很多地方由于地形陡峭、土质疏松、雨水冲刷严重，是该区中水土流失较为严重的地方，治理非常困难。而治理这些陡坡地的基本措施就是进行植被恢复。这就要求在小流域综合治理过程中实行工程治理与生物治理的配套技术，如集水造林、反坡梯田、隔坡梯田等技术。工程治理与生物治理两者的结合，可以相互补充，相互促进。一方面，工程措施可对水土进行拦蓄，有利于提高乔灌草的成活率，促进植被生长和恢复，从而提高生物措施的效果；另一方面，植被的恢复又有利于工程措施的维护和加固，从而保证工程措施的使用寿命。两者的有机结合，可使流域内的水土流失得到有效的治理。

（4）特色农产品发展及深加工技术

黄土丘陵沟壑区大部分地区海拔较高，气候冷凉，日照充足，昼夜温差大，雨热同季，生长周期长。深厚的黄土特别适合马铃薯的生长发育，具有发展马铃薯的得天独厚的自然条件，马铃薯的平均单产高于全国平均水平，是我国马铃薯的主产区。近年来，甘肃定西地区已将马铃薯作为支柱产业进行发展，目前已具备了一定的发展规模，建立了马铃薯生产、加工基地。马铃薯是一种高附加值作物，其加工产品灵活多样，可以满足不同加工层次加工增值的需要。因此，该区应从提高经济效益的高度入手，努力开发山区自然资源，不断调整种植业结构，扩大高附加值的马铃薯种植面积。随着市场体系的逐步完善，通过生产基地建设，努力开发以高淀粉品种、炸薯片加工品种，形成农户连基地，基地连市场的利益共同体，把种、加、销，农工贸有机结合起来，通过创特色产品，促进外销，努力发展马铃薯支柱产业，使马铃薯由单纯的鲜薯食用和粗加工食用向医药、化工、食品和生产资料领域发展，提高薯类附加值，并带动养殖业的发展，促进农村经济的进一步发展，使其真正成为该区农业的"朝阳产业"，成为黄土丘陵沟壑区农民脱贫致富的支柱产业。

此外，该地区的一些特色产品和中药材，如山杏、仁用杏、山桃（桃仁）、党参等也极具开发、加工的价值。

9.5.2　流域水土流失综合治理技术推广的政策保障机制

流域治理技术推广是把流域治理领域中的新科学、新技术、新知识、新技能和信息等通过各种手段传授、传播、传递给小流域农业生产经营者，是科研单位和院校与农村、农民联结的纽带，是科技成果由潜在的生产力转化为现实生产力的桥梁，是开发农业生产经营者智力，提高其文化素质的重要途径（王明文和蔡长霞，2004）。流域治理技术推广必须有一个科学完备的推广体系作保证。任何一个技术推广体都是在一定的经济体制（制度）背景和生产力发展水平条件下建立起来的，并且，也应随着体制的变革和生产力水平的发展进行相应的调整。建立适合半干旱黄土丘陵沟壑区水土流失治理技术推广体系是半干旱黄土丘陵沟壑区小流域治理建设成功的保证。

水土流失是当今世界十大环境问题之一。流域是水土流失治理工作的基本组织单位，大面积水土流失区的治理就是将其划分为若干小流域分而治之。半干旱黄土丘陵沟壑区由于气候恶劣，植被稀少，水土流失严重，生态环境极其脆弱，小流域治理在短期内难以取得好的成效。因此，科学的推广体系和管理机制是半干旱黄土丘陵沟壑区小流域治理建设成功的保证。流域治理推广和管理机制的内容非常广泛，几乎涉及各业与水土资源开发和发展有关的领域和部门。其基本概念是，为了充分发挥水土资源的生态效益、经济效益和社会效益，以流域为单元，在全面规划的基础上，合理安排农、林、牧、副各业用地，因地制宜地布设综合治理措施，鼓励科研机构和企业的参与，不断完善治理技术措施，示范推广成熟可靠的科研成果，多方面筹措治理资金，在防治自然灾害的同时，对水土资源进行保护、改良与利用，并严格监督流域建设，做到规划、监督、科研、示范、管理一体化的水土流失防治技术推广和治理体系，保证流域治理快速、健康发展。

由于小流域治理在短期内很难取得好的经济效益，因此，在小流域综合治理过程中，为了保证治理的技术和模式得到广泛的推广和应用，就必须建立一套健全而完善的技术推广保障体系，主要包括以下几方面的内容。

（1）连贯的政策保障

小流域综合治理技术与模式的推广，在空间上，不仅是关系到某一区域，而且也是涉及全国生态安全的一个整体的社会利益；在时间上，不仅是关系当前人民生活、生存环境的改善，而且也是有利于子孙后代生存发展，由此可见，生态环境治理技术与模式的推广是一项"功在当代、利在千秋"的长期工程，而不是一朝一夕、也非一人或某一部门之力所能实现的。因此，在推广过程中，各级政府的正确引导以及在有关政策制定的优先性和政策的连续性是治理技术和模式得以推广的保障，这就要求在政策上有所倾斜和支持。

（2）紧密的部门合作

由于在小流域的治理过程中涉及政府的很多部门，如农业、林业、国土资源、水利、科技以及扶贫办等，因此，这些部门之间应该在政府办公室的组织协调下，以区域或国家的整体利益为重，摒弃各部门之间的小利益，加强部门之间的合作，相互协调、相互配合，从而不仅保证政策制定和执行的一致性，而且也可避免资金投入的重复和浪费，使有限的资金能够发挥最大的效益。

（3）完善的补偿机制和奖励机制

所谓的补偿有两种含义，一是对个人的补偿，另一个是对区域的补偿。在小流域综合治理技术与模式的推广过程中，为了确保社会整体的利益，难免会使少部分人或是局部区域的利益受到一定程度的损失，这就需要我们将二者兼顾，不能实行强硬措施，而是应该采取引导和补偿的手段。在以牺牲少数人（或局部区域）的利益为前提的情况下，必须建立一个完善的补偿机制，使利益受到损失的少部分人或局部区域在某种程度上得到一定的补偿，从而激发其在技术和模式推广中的主观能动性。此外，在生态治理技术和模式的推广过程中，也应该建立健全奖励机制，对于有突出贡献的集体和个人进行表彰和奖励，提高大家对生态环境治理和保护的积极性。

（4）积极的企业参与

企业有一套严格的组织章程和管理体系，具有良好的运行机制。因此，如何吸纳企业加入到生态环境治理之中是技术和模式推广的关键。建立"政府＋公司＋农户"的运行机制，这就要求政府在税收、贷款等方面制定相应的优惠政策，鼓励企业与农民联合，积极参与到技术与模式的推广中。使农民增加收入，企业得到发展，生态环境得到治理，政策得到执行。

（5）适当的市场培育

生态环境的治理技术和模式的推广是一个新的课题，在政府的正确引导、企业的积极参与下，应该适当培育相关市场，根据市场变化进行相应的自我调节，使好的技术和模式得到广泛的推广和发展。

（6）利益分配机制

生态环境的治理关系到全民利益，因此，政府应该加大宣传力度，并组织有关专家对农民进行广泛培训，提高大家的生态环境保护和治理意识，使整个社会统一行动起来。对于参与生态建设的各个单位和个人，应该根据他们在工程建设中的贡献大小，建立科学的利益分配机制。包括义务工的生活补助、劳务工的工资待遇、单位参股的义务和权力、个人参股的义务和权力等。

（7）强有力的科技支撑

我们研究取得的各种治理技术和模式只有应用到实际生产中才能真正变成生产力，使其潜在价值变成现实价值。流域治理必须用系统工程的观点来指导治理过程的各个环节，必须遵循科学的整治思想和正确的治理方针，采取一系列切实可行的技术措施和社会经济措施，在治理中发挥科技的支撑作用，增加对基本农田的投入。加强科学技术指导，提高单位农田面积的产量，稳步提高粮食总产，确保农民吃饭问题，为坡地退耕创造条件。同时使治理与开发相结合，生态效益与经济效益相结合。从总体规划、相关政策的制定等方面要充分应用现代科学技术和新的思维方式，同时加强对群众的教育和培训，采取各种措施去启发培养他们的生态意识，用科学的思想去武装农村干部和群众的头脑，使广大群众自觉地投身于流域治理活动中。

参 考 文 献

安韶山，黄懿梅 . 2006. 黄土丘陵区柠条林改良土壤作用的研究 . 林业科学，42（1）：70-74.

毕慈芬，王富贵，赵光耀 . 2001. 发展沟道人工湿地改善基岩产沙区生态 . 中国水土保持，5：6-7.

蔡强国，王贵平，陈永宗 . 1998. 黄土高原小流域侵蚀产沙过程与模拟 . 北京：科学出版社.

陈宁，张健，谭浩瑜 . 2006. 用机会成本法计算生态环境供水经济效益 . 河海大学学报（自然科学版），34（5）：583-586.

陈应发，刘红 . 1995. 对按木材征税改为按林地面积征税的探讨 . 林业经济，（6）：44-47.

陈云明，刘国彬，侯喜禄 . 2002. 黄土丘陵半干旱区人工沙棘林水土保持和土壤水分生态效益分析 . 应用生态学报，13（11）：1389-1393.

程积民，万惠娥 . 2002. 中国黄土高原植被建设与水土保持 . 北京：中国林业出版社.

崔大练，马玉心，石戈等 . 2010. 紫穗槐幼苗叶片对不同干旱梯度胁迫的生理生态响应 . 水土保持研究，17（2）：178-185.

冯宗炜 . 1999. 中国森林生态系统的生物量和生产力 . 北京：科学出版社.

冯宗炜，陈楚莹 . 1983. 杉木幼林群落生产量的研究 . 生态学报，3（2）：119-130

傅伯杰，陈利顶，马克明 . 1999. 黄土丘陵小流域土地利用变化对生态环境的影响 . 地理学报，54（3）：241-246.

傅伯杰，陈利顶，邱扬等 . 2002. 黄土丘陵沟壑区土地利用结构与生态过程 . 北京：商务印书馆.

傅伯杰，邱扬，王军等 . 2002. 黄土丘陵小流域土地利用变化对水土流失的影响 . 地理学报，57（6）：717-722.

高季章，曹文洪，王浩 . 2003. 加快黄土高原淤地坝建设 . 中国水利，6：28-30.

高世铭，杨封科，苏永生等 . 2003. 陇中黄土丘陵沟壑区生态环境建设与农业可持续发展研究 . 郑州：黄河水利出版社.

巩杰，陈利顶，傅伯杰等 . 2005. 黄土丘陵区小流域植被恢复的土壤养分效应研究 . 水土保持学报，19（1）：93-96.

郭胜利，刘文兆，史竹叶等 . 2003. 半干旱区流域土壤养分分布特征及其与地形、植被的关系 . 干旱地区农业研究，21（4）：40-43.

郭文韬 . 1988. 试论我国北方旱地抗旱耕作体系问题 . 古今农业，（1）：5-13.

郭文韬 . 1991. 略论中国原始农业的耕作制度 . 中国农史，（4）：32-36.

韩仕峰 . 1993. 黄土高原的土壤水分状况 . 见：山仑，陈国良 . 黄土高原旱地农业的理论与实践 . 北京：科学出版社.

侯扶江，肖金玉，南志标 . 2002. 黄土高原退耕地的生态恢复 . 应用生态学报，13（8）：923-929.

侯庆春，韩蕊莲 . 2000. 黄土高原植被建设中的有关问题 . 水土保持通报，20（4）：53-56.

侯庆春，韩蕊莲，韩仕峰 . 1999. 黄土高原人工林草地"土壤干层"问题初探 . 中国水土保持，5：11-14.

侯喜禄，白岗栓，曹清玉 . 1995. 刺槐、柠条、沙棘林土壤入渗及抗冲对比试验 . 水土保持学报，9（3）：90-95.

侯喜禄，白岗栓，曹清玉 . 1996. 黄土丘陵区森林保持水土效益及其机理的研究 . 水土保持研究，3（2）：98-103.

胡甲均 . 2004. 用自然修复理念指导长江流域水土保持工作 . 中国水利，20：35-37.

黄明斌，康绍忠，李玉山．1999．黄土高原沟壑区森林和草地小流域水文行为的比较研究．自然资源学报，14（3）：226-231.

黄奕龙，陈利顶，傅伯杰等．2003．黄土丘陵小流域地形和土地利用对土壤水分时空格局的影响．第四纪研究，23（3）：334-342.

黄奕龙，陈利顶，傅伯杰等．2004．黄土丘陵小流域沟坡水热条件极其生态修复初探．自然资源学报，19（2）：183-189.

黄志霖，傅伯杰，陈利顶．2002．恢复生态学与黄土高原生态系统的恢复与重建问题．水土保持学报，16（3）：122-125.

贾宝全，许英勤．1998．干旱区生态用水的概念和分类——以新疆为例．干旱区地理，21（2）：8-12.

贾增波，于洪波．1981．我省文冠果资源和发展情况的调查．甘肃林业科技，（4）：35-36.

贾志清，孙保平，刘涛等．1999．黄家二岔小流域不同树种蒸腾作用研究．水土保持通报，19（5）：12-15.

蒋定生．1997．黄土高原水土流失与治理模式．北京：中国水利水电出版社.

蒋建平．1990．泡桐栽培学．北京：中国林业出版社.

焦峰，温仲明，李锐．2005．黄土高原退耕还林（草）环境效应分析．水土保持研究，12（1）：26-29，78.

焦居仁．2003．开展生态修复的启示与建议．中国水土保持，3：1-2.

焦菊英，王万忠，李靖等．2001．黄土高原丘陵沟壑区淤地坝的减水减沙效益分析．干旱区资源与环境，15（1）：78-83.

焦菊英，张振国，贾燕锋等．2008．陕北丘陵沟壑区撂荒地自然恢复植被的组成结构与数量分类．生态学报，28（7）：2981-2997.

李代琼，刘克俭．1990．宁南沙棘，柠条蒸腾和土壤水分动态研究．中国水土保持，6：29-32.

李洪建，王孟本，柴宝峰．1999．刺槐群落土壤水分特征．侵蚀与水土保持学报，5（6）：6-10.

李嘉珏，于洪波．1990．甘肃黄土高原的立地分类与适地适树．北京：北京科学技术出版社.

李金昌．1999．要重视森林资源价值的计量和应用．林业资源管理，5：43-46.

李香云．2006．我国水土保持政策现状的几个问题探讨．中国水土保持，5：11-14.

李晓光，苗鸿，郑华等．2009．机会成本法在确定生态补偿标准中的应用．生态学报，29（9）：4875-4883.

李勇，朱显谟．1991．黄土高原植物根系提高土壤抗冲性的有效性．科学通报，（12）：935-938.

李玉山．1983．黄土区土壤水分循环特征及其对陆地水分循环的影响．生态学报，3（2）：91-101.

李玉山．2001．黄土高原森林植被对陆地水循环的影响研究．自然资源学报，16（5）：427-432.

李裕元，邵明安．2001．黄土高原气候变迁、植被演替与土壤干层的形成．干旱区资源与环境，15（1）：72-77.

廉永善，卢顺光，薛顺康等．2000．沙棘属植物生物学和化学．兰州：甘肃省科学技术出版社.

梁季阳，蒋业放，成立等．2000．柴达木盆地水资源决策支持系统的设计与开发研究．自然资源学报，（01）：9-10.

梁瑞驹，王芳，杨小柳等．2000．中国西北地区的生态需水，见：梁瑞驹．2001．中国水利学会2000学术年会论文集．北京：中国三峡出版社.

刘昌明．1997．土壤—植物—大气系统水分运行的界面过程研究．地理学报，52（4）：366-373.

刘国彬，杨勤科，郑粉莉．2004．黄土高原小流域治理与生态建设．中国水土保持科学，2（1）：11-15.

刘金根，薛建辉．2009．香根草与紫穗槐配置方式对护坡地植物群落特征的影响．草业科学，26（12）：75-81.

刘金勋，李文华，赖世登．1997．林农间作系统林木优化采伐模型研究．农业系统科学与综合研究，13（4）：268-272.

刘克亚，黄明健．2004. 从资源产权制度论水土保持政策．水土保持科技情报，5：1-3.

刘铭庭．1995. 柽柳属植物综合研究及大面积推广应用．兰州：兰州大学出版社.

刘榕，史元增．1995. 甘肃杨树．兰州：兰州大学出版社.

刘树坤．2003. 中国水利现代化和新水利理论的形成．水资源保护，19（2）：1-5.

刘向东．1994. 森林植被垂直截流作用与水土保持．水土保持研究，1（3）：9-13

刘孝盈，陈月红，汪岗等．2003. 参与式水土保持规划的内容及实施程序．中国水土保持，1：38-40.

刘增文，王佑民．1990. 人工油松林蒸腾耗水及林地水分动态特征的研究．水土保持通报，10（6）：78-84.

马祥华，焦菊英．2005. 黄土丘陵沟壑区退耕地自然恢复植被特征及其与土壤环境的关系．中国水土保持科学，3（2）：15-22.

马玉玺，杨文治．1990. 陕北黄土丘陵沟壑区刺槐林水分生态条件及生产力研究．水土保持通报，10（6）：71-77.

毛德华，夏军，黄友波．2003. 西北地区若干基本问题的探讨．水土保持学报，17（1）：15-18.

孟庆枚．1997. 黄土高原水土保持．郑州：黄河水利出版社.

孟庆岩，王兆骞，宋莉莉．2000. 我国热带地区胶茶鸡农林复合系统氮循环研究．应用生态学报，11（5）：707-709.

穆兴民．2000. 黄土高原土壤水分与水土保持措施相互作用．农业工程学报，16（2）：41-45.

穆兴民，徐学选，王文龙等．2003. 黄土高原人工林对区域深层土壤水环境的影响．土壤学报，40（2）：210-217.

欧阳志云，王如松，符贵南．1996. 生态位适宜度模型及其在土地利用适宜性评价中的应用．生态学报，16（2）：113-120.

欧阳志云，王效科，苗鸿．1999. 中国陆地生态系统服务功能及其生态经济价值的初步研究．生态学报，19（5）：607-613.

逄丽艳，李桂华，赵云朝．2001. 侧柏林间伐强度的研究．山东林业科技，（增）：13-14.

乔云亭，陈烈庭，张庆云．2002. 东亚季风指数的定义及其与中国气候的关系．大气科学，26（1）：69-82.

秦艳红，康慕谊．2007. 国内外生态补偿现状及其完善措施．自然资源学报，22（4）：557-567.

邱扬，傅伯杰，王军等．2001. 黄土丘陵小流域土壤水分的空间异质性及其形成机制．应用生态学报，12（5）：715-720.

邱扬，傅伯杰，王勇．2002. 土壤侵蚀时空变异及其与环境因子的时空关系．水土保持学报，16（1）：108-111.

任勇，毕华兴，孟晓棠．1998. 水土流失社会经济因素作用机制分析．中国水土保持，1：26-28.

容维中．2005. 甘肃中部半干旱地区优良豆科牧草生产性能的研究．甘肃畜牧兽医，3：11-13.

阮成江，李代琼．1999. 半干旱黄土丘陵区沙棘水分生理生态特征研究．水土保持学报，5（5）：25-30.

阮成江，李代琼，姜峻等．2000. 半干旱黄土丘陵区沙棘的水分生理生态及群落特性研究．西北植物学报，20（4）：621-627.

沈国舫．2000. 生态环境建设与水资源的保护和利用．水利规划设计，4：9-13.

施立民．1997. 宁南山区高效果园建设技术与发展前景．水土保持通报，17（1）：37-42.

史念海．2001. 黄土高原历史地理研究．郑州：黄河水利出版社.

史志嚣．2004. 抗旱耐盐碱准常绿饲料树种四翅滨藜的引种初报．甘肃科技，（04）：146-147.

斯向宏，彭文英．2002 黄土高原小流域治理思想体系的发展．内江师范学院学报，（04）：37-43.

孙长忠，黄宝龙，陈海滨等．1998. 黄土高原人工植被与其水分环境相互作用关系研究．北京林业大学学报，20（3）：7-14.

孙立达，孙保平，陈禹等.1988.西吉县黄土丘陵沟壑区小流域土壤流失量预报方程.自然资源学报，3（2）：141-153.

唐克丽，张科利.1992.黄土高原人为加速侵蚀与全球变化.水土保持学报，6（2）：88-96.

田新会.2001.沙棘资源生态经济效益评价.甘肃农业大学学报，35（3）：104-107.

王百田，张府娥.2003.黄土高原主要造林树种苗木蒸腾耗水特性.南京林业大学学报（自然科学版），27（6）：93-97.

王春玲，李世明，王久丽.2001.小流域综合治理效益评价管理信息系统的研究与应用.北京林业大学学报，（02）：56-59.

王飞，李锐，杨勤科等.2009.黄土高原水土保持政策演变.中国水土保持科学，7（1）：103-107.

王根绪，程国栋，沈永平.2002.干旱区受水资源胁迫的下游绿洲动态变化均势分析——以黑河流域额济纳绿洲为例.应用生态学报，13（5）：564-568.

王国梁，刘国彬，刘芳等.2003a.黄土丘陵沟壑区植被恢复过程中植物群落组成及结构变化.生态学报，23（12）：2550-2557.

王国梁，刘国彬，许明祥.2002.黄土丘陵区纸坊沟流域植被恢复的土壤养分效应.水土保持通报，1：1-5.

王国梁，刘国彬，周生路.2003b.黄土丘陵沟壑区小流域植被恢复对土壤稳定入渗的影响.自然资源学报，18（5）：529-535.

王晗生，周泽生，李立.1994.试论黄土高原农林复合经营问题.水土保持通报，14（1）：43-48.

王军，傅伯杰.2000.黄土丘陵小流域土地利用结构对土壤水分时空分布的影响.地理学报，55（1）：84-91.

王孟本.1995.黄土高原土壤水分特征深度研究.水土保持学报，9（4）：106-108.

王孟本，冯彩平，李洪建等.2000.树种保护酶活性与PV曲线水分参数变化的关系.生态学报，20（1）：173-176.

王孟本，李洪建.1989.人工柠条林地土壤水分生态环境特征研究.中国水土保持，10：155-160.

王孟本，李洪建.1990.柠条林蒸腾状况与土壤水分动态研究.水土保持通报，10（6）：85-90.

王孟本，李洪建，柴宝峰.1996.柠条的水分生理生态学特征.植物生态学报，232-237.

王明文，蔡长霞.2004.新时期中国农业技术推广体系模式的构建.农业与技术，（03）：57-61.

王万忠，焦菊英，郝小品等.1995.中国降雨侵蚀力R值的计算与分布.水土保持学报，9（4）：5-18.

王香亭.1996.甘肃兴隆山国家级自然保护区资源本底调查研究.兰州：甘肃民族出版社.

王效科，冯宗炜，吴刚等.1992.黄淮海平原豫北地区农林业系统结构功能特征研究.农业现代化研究，13（2）：91-94.

韦红波，李锐，杨勤科.2002.我国植被水土保持功能研究进展.植物生态学报，26（4）：489-496.

卫三平.2000.科学技术在山西省水土保持汇总的应用.福建水土保持，12（3）：4-7.

卫伟，陈利顶，傅伯杰等.2006.半干旱黄土丘陵沟壑区降雨特征值和下垫面因子影响下的水土流失规律.生态学报，26（11）：3847-3853.

卫伟，彭鸿，李大寨.2004.黄土高原丘陵沟壑区生态环境现状及对策.西北林学院学报，19（3）：179-182.

温仲明，杨勤科，焦峰等.2002.基于农户参与的退耕还林（草）动态研究.干旱地区农业研究，20（2）：90-94.

吴发启，张玉斌，佘雕等.2003.黄土高原南部梯田土壤水分环境效应研究.水土保持学报，10（4）：128-130.

吴刚，冯宗炜，王效科等．1992．豫北地区混林农业系统综合效益的评价．农业现代化研究，13（3）：154-156．

吴刚，冯宗炜，王效科等．1993．黄淮海平原农林生态系统 N、P、K 营养元素循环——以泡桐－小麦、玉米间作系统为例．应用生态学报，4（2）：141-145．

吴钦孝，杨文治．1998．黄土高原植被建设与持续发展．北京：科学出版社．

吴钦孝，赵鸿雁．2001．植被保持水土的基本规律和总结．水土保持学报，15（4）：13-16．

谢云，刘宝元，伍永秋．2002．切沟中土壤水分的空间变化特征．地球科学进展，17（2）：278-282．

徐进．2004．黄山市重点小流域水土保持综合治理成效及对当地社会经济的影响．水利经济，22（2）：49-50．

徐立荣，雒昆刊，常军等．2002．CO$_2$ 加倍对弥河流域水文极端事件的影响研究．中国科学院研究生院学报，19（2）：121-124．

许明祥，刘国彬．2004．黄土丘陵区刺槐人工林土壤养分特征及演变．植物营养与肥料学报，10（1）：40-46．

薛达元，包浩生，李文华．1999．长白山自然保护区森林生态系统间接经济价值评估．中国环境科学，19（3）：247-252．

杨海军，孙立达，余新晓．1993．晋西黄土区水土保持林水量平衡的研究．北京林业大学学报，15（3）：42-50．

杨劼，宋炳煜，朴顺姬等．2003．皇甫川丘陵沟壑区小流域生态用水实验研究．自然资源学报，18（5）：513-521．

杨维西．1996．试论我国北方地区人工植被的土壤干化问题．林业科学，32（1）：78-84．

杨文治．2001．黄土高原土壤水资源与植树造林．自然资源学报，16（5）：433-438．

杨文治，马玉玺，韩仕峰等．1994．黄土高原地区造林土壤水分生态分区研究．水土保持学报，8（1）：1-9．

杨文治，邵明安．2000．黄土高原土壤水分研究．北京：科学出版社．

杨新民，杨文治．1998．灌木林地的水分平衡研究．水土保持研究，5（1）：109–118．

杨修，吴刚．1993．泡桐人工林生态系统养分循环的研究．林业科学，29（2）：158-164．

叶青超，陆中臣．1992．黄河下游河流地貌．北京：科学出版社．

余优森，邓振镛，仇化民等．1990．人工牧草热量指标的研究．草业科学，7（4）：1-5．

张富，胡朝阳．2003．黄土高原植被对位配置技术研究．中国水土保持，（01）：24-25．

张汉雄，邵明安．2001．黄土高原生态环境建设．西安：陕西科学技术出版社．

张天曾．1993．黄土高原论纲．北京：中国环境科学出版社．

张兴昌，邵明安，黄占斌等．2000．不同植被对土壤侵蚀和氮素流失的影响．生态学报，20（6）：1039-1044．

张祝平，何道泉，敖惠修等．1993．粤北石灰岩山地主要造林树种的生理生态学特征．植物生态学与地植物学学报，17（2）：133-142．

章文波，付金生．2003．不同类型雨量资料估算降雨侵蚀力．资源科学，25（1）：35-41．

赵金荣，孙立达，朱金兆等．1994．黄土高原水土保持灌木．北京：中国林业出版社．

赵文智．2002．内陆河流域生态需水和生态地下水位研究．北京：中国科学院．

赵晓光，吴发启，刘秉正等．1999．黄土高原坡耕地土壤水分主要受控因子研究．水土保持通报，19（1）：10-14，32．

赵志强，包耀贤，廖超英等．2010．乌兰布和沙漠东北部沙区人工林土壤钾素特征研究．水土保持学报，24（1）：176-185．

赵忠，薛德自，苏印泉等.1994.油松侧柏混交林效益及种间关系的研究.西北林学院学报，9（1）：12-17.

周金星，董林水，张丽颖等.2006.关于黄土高原丘陵沟壑区植被地貌演化与土壤侵蚀的复杂响应研究现状及趋势.科学技术与工程，6（6）：726-730.

周立花，延军平，徐小玲等.2006.黄土高原淤地坝对土壤水分及地表径流的影响.干旱区资源与环境，3：112-115.

朱金兆，周心澄，胡建忠.2003.黄土高原植被建设中几个方向性问题的探讨.北京林业大学学报（社会科学版），2（3）：1-4.

朱清科，沈应柏，朱金兆.1999.黄土区农林复合系统分类体系研究.北京林业大学学报，21（3）：39-43

朱显谟.1991.黄土高原的形成与整治对策.水土保持通报，11（1）：1-8.

竺肇华.1987.泡桐研究.北京：中国林业出版社.

邹年根，罗伟祥.1997黄土高原造林学.北京：中国林业出版社.

Backéus S，Wikström P，Lämås T. 2005. A model for regional analysis of carbon sequestration and timber production. Forest Ecology and Management，216（1-3）：28-40.

Baird A J，Wilby R L. 2002. Eco-hydrology：Plants and Water in Terrestrial and Aquatic Environments. London：Routledge.

Bajaracharya R M，Lal R. 1992. Seasonal soil loss and erodibility variation on a Miamian silt loam soil. Soil Science Society of America Journal，56：1560-1565.

Bazzoffi P，Mbagwu J S C，Chukwu W I E. 1995. Statistical models for predicting aggregate stability from intrinsic soil components. Int Agrophysics，9：1-9.

Brooks K N，Ffolliott P F，Gregersen H M，et al. 1997. Hydrology and the Management of Watersheds. 2nd ed. Ames：Iowa State University Press.

Cantón Y，Domingo F，Solé-Benet A，et al. 2001. Hydrological and erosion response of a badlands system in semiarid SE Spain. Journal of Hydrology，252：65-84.

Chapman S B. 1980. 植物生态学的方法.阳含熙译.北京：科学出版社.

Chen L D，Wang J，Fu B J，et al. 2001. Land use change in a small catchment of northern Loess Plateau. China：Agriculture，Ecosystems and Environment，86：163-172.

Chen L D，Wei W，Fu B J，et al. 2007. Soil and water conservation on the Loess Plateau in China：review and perspective. Progress in Physical Geography，31（4）：389-403.

Chen X，Li B L. 2003. Spatial variability of plant functional types of trees along northeast China transect. Applied Ecology and Environmental Research，3（2）：39-49.

Daily G C，Myers J P，Reichert J，et al. 1997. Nature's Services：Societal Dependence on Natural Ecosystems. Washington D. C. ：Island Press.

De Lima J L M P，Singh V P. 2002. The influence of the pattern of moving rainstorms on overland flow. Advances in Water Resources，25：817-828.

Famiglietti J S，Rudnicki J W，Rodell M，1998. Variability in surface moisture content along a hillslope transect：Rattlesnake Hill，Texas. Journal of Hydrology，210：259-281.

Fu B. 1989. Soil erosion risk and its control in the loess plateau of China. Soil Use and Management，5：76-82.

Fu B J，Chen L D. 2000. Agricultural landscape spatial pattern analysis in the semi-arid hill area of the Loess Plateau，China. Journal of Arid Environments，44（3）：291-303.

Glaser P H，Janssens J A，Siegel D I. 1990. The response of vegetation to chemical and hydrological gradients in the lost river peatland northern Minnesota. Journal of Ecology, 78 (2): 1021-1048.

Grayson R B, Western A W, Chiew H S, et al. 1997. Preferred states in spatial soil moisture patterns: local and nonlocal controls. Water Resources Research, 33 (12), 2897-2908.

Hawley M E, Jackson T J, McCuen R H. 1983. Surface soil moisture on a small agricultural watershed. Journal of Hydrology, 62: 179-200.

Hornbeck J W, Adams M B, Corbett E S. 1993. Long term impacts of forest treatments on water yield a summary for northeastern USA . Journal of Hydrology, 150: 323-344.

Huang M B, Dang T H, Gllichand J. 2003. Effect of increased fertilizer applications to wheat crop on soil-water depletion in the Loess Plateau, China. Agricultural Water Management, 58: 267-278.

Hudson N. 1995. Soil Conservation. Iowa: Iowa State University Press: 285-293.

Hunt A G, Wu J Q. 2004. Climate change on Holocene variations in soil erosion rates on a small hill in the Mojave desert. Geomorphology, 58: 263-289.

Jackson I J. 1975. Relationship between rainfall parameters and interception by tropical forest. J Hydro, 24: 215-238.

Jiang H, Ding Z. 2005. Temporal and spatial changes of vegetation cover on the Chinese Loess Plateau through the last glacial cycle: evidence from spore-pollen records. Review of Palaeobotany and Palynology, 133: 23-27.

Kosmas C, Danalatos N, Cammeraat L H, et al. 1997. The effect of land use on runoff and soil erosion rates under Mediterranean conditions. Catena, 29: 45-59.

Köthke M, Dieter M. 2010. Effects of carbon sequestration rewards on forest management-An empirical application of adjusted Faustmann Formulae. Forest Policy and Economics, 12 (8): 589-597.

Ludwig J A, Tongway D J, Marsden S G. 1999. Stripes, strands or stipples: modeling the influence of three landscape banding patterns on resource capture and productivity in semi-arid woodlands, Australia. Catena, 37: 257-273.

Mailhot A, Rousseau A N, Massicotte S, et al. 1997. A watershed-based system for the integrated management of surface water quality: the gibsi system. Water Science and Technology, 36: 381-387.

Michael A, Schmidt J, Enke W, et al. 2005. Impact of expected increase in precipitation intensities on soil loss-results of comparative model simulations. Catena, 61 (2-3): 155-164.

Moore I D, Burch G J, Mackenzie D H. 1988. Topographic effects on the distribution of surface water and the location of ephemeral gullies. Trans Am Soc Agric Eng, 31: 1098-1107.

Morin E, Goodrich D C, Maddox R A, et al. 2006. Spatial patterns in thunderstorm rainfall events and their coupling with watershed hydrological response. Advances in Water Resources, 29: 843-860.

Nair P K R. 1985. Classification of agroforestry systems. Agroforestry Systems, 3: 97-128.

Nair P K R. 1989. Agroforestry Systems in Tropics, Netherlands: Kluwer Academic Publishers: 44-102.

National Climatic Center. 2002. SOD- Daily Surface Data (TD3200/3210 combined), Shoshone, CA, 1972-2001. http://www. ncdc. noaa. gov/. Department of Commerce, National Oceanic and Atmospheric Administration, Environmental Data and Information Service, Asheville, NC. Accessed December, 2002.

Nicolau J M, Sold-Benet A, Puigdefdbregas J, et al. 1996. Effects of soil and vegetation on runoff along a catena in semi-arid Spain. Geomorphology, 14: 297-309.

Nyberg L. 1996. Spatial variability of soil water content in the covered catchment of Gardsjon, Sweden. Hydrology Processes, 10: 89-103.

Perfect E, Kay B D, Loon W K P, et al. 1990. Factors influencing soil structural stability within a growing season. Soil Science Society of America Journal, 54: 173-179.

Qiu Y, Fu B J, Wang J, et al. 2001. Soil moisture variation in relation to topography & land uses in a hillslope catchment of the Loess Plateau, China. Journal of Hydrology, 240: 250-270.

Raeini-Sarjaz M, Barthakur N N, 1997. Water use efficiency and total dry matter production of bush bean under plastic covers. Agricultural and Forest Meteorology, 87: 75-84.

Rai S C, Sharma E. 1998. Comparative assessment of runoff characteristics under different land use patterns within a Himalayan watershed. Hydrological Processes, 12 (13-14): 2235-2248.

Russell L S, Shuttleworth W J, Keefer T O, et al. 2000. Modeling multiyear observations of soil moisture recharge in the semiarid American Southwest. Water Resources Research, 36 (8): 2233-2247.

Shi H, Shao M A. 2000. Soil and water loss from the Loess Plateau in China. Journal of Arid Environments, 45: 9-20.

Su Yongzhong, Zhao Halin. 2003. Soil properties and plant species in an age sequence of Caragana microphylla plantations in the Horqin Sandy Land, north China. Ecological Engineering, 20: 223-235.

Torres F. 1983. Agroforestry: concepts and practices. In: Hoekstra D A, Kuguru F M. "Agroforestry System for Small-Scale Farmers. 27-42.

Valentin C, Poesen J, Li Y. 2005. Gully erosion: impacts, factors and control. Catena, 63: 132-153.

Vergara N. 1985. Agroforestry systems: a primer. In Unasylva, 37 (147): 22-28.

Walker J P, Willgoose G R, Kalma J D. 2001. One-dimensional soil moisture profile retrieval by assimilation of near-surface observations: a comparison of retrieval algorithms. Advances in Water Resources, 24: 631-650.

Wang H X, Zhang L, Dawes W R, et al. 2001. Improving water use efficiency of irrigated crops in the North China plain. Agricultural Water Management, 48: 151-167.

Wang J M, Dai X Y, Hang B. 2000. Soil moisture in Loess hilly region. System Sciences and Comprehensive Studies in Agriculture, 16 (1): 53-56.

Wang L, Shao M A, Wang Q J, et al. 2006. Historical changes in the environment of the Chinese Loess Plateau. Environmental Science and Policy, 9: 675-684.

Wei J, Zhou J, Tian J L, et al. 2006. Decoupling soil erosion and human activities on the Chinese Loess Plateau in the 20th century. Catena, 68: 10-15.

Wei W, Chen L D, Fu B J. 2009. Effects of rainfall change on water erosion processes in terrestrial ecosystems: a review. Progress in Physical Geography, 33 (3): 307-318.

Wei W, Chen L D, Fu B J, et al. 2007. The effect of land use and rainfall regimes on runoff and erosion in the loess hilly area, China. Journal of Hydrology, 335: 247-258.

Wei W, Chen L D, Fu B J, et al. 2010. Water erosion response to rainfall and land use in different drought-level years in a loess hilly area of China. Catena, 81: 24-31.

Wendroth W, Pohl W, Koszinski S, et al. 1999. Spatio-temporal patterns and covariance structures of soil water status in two northeast German field sites. Journal of Hydrology, 215: 38-58.

Western A W, Blöschl G. 1999. On the spatial scaling of soil moisture. Journal of Hydrology, 217: 203-224.

Xu X I, Zhang H W, Zhang O Y. 2004. Development of check-dam systems in gullies on the Loess Plateau, China. Environmental Science and Policy, 7: 79-86.

Zhang X, Quine T A, Walling D E. 1998. Soil erosion rates on sloping cultivated land on the Loess Plateau near Ansai, Shaanxi Province, China: an investigation using ^{137}Cs and rill measurements. Hydrological Processes, 12 (1): 171-189.

Zhou Z Z, Shangguan Z P, Zhao D. 2006. Modeling vegetation coverage and soil erosion in the Loess Plateau area of China. Ecological Modeling, 198: 263-268.